Elemente der Mathematik

EdM

Rheinland-Pfalz

Lineare Algebra/Analytische Geometrie
Stochastik
Leistungsfach
Lösungen

Herausgegeben von
Heinz Griesel, Andreas Gundlach, Helmut Postel, Friedrich Suhr

LÖSUNGEN
Rheinland-Pfalz
Lineare Algebra/Analytische Geometrie
Stochastik
Leistungsfach

Herausgegeben von
Prof. Dr. Heinz Griesel, Dr. Andreas Gundlach, Prof. Helmut Postel, Friedrich Suhr

Bearbeitet von
Karin Benecke, Sibylle Brinkmann, Martin Brüning, Gabriele Dybowski, Dr. Andreas Gundlach, Holger Kohnen, Dr. Reinhard Köhler, Jakob Langenohl, Matthias Lösche, Wolfgang Mathea, Michael Meyer, Hanns Jürgen Morath, Sigrid Schwarz, Heinz Klaus Strick, Friedrich Suhr

westermann GRUPPE

Druck A^5 / Jahr 2021
Alle Drucke der Serie A sind im Unterricht parallel verwendbar.

Redaktion: Kira von Bülow
Grafiken: imprint, Ilona Külen, Zusmarshausen
Taschenrechner-Screenshots: Texas Instruments Education Technology GmbH, Freising
Umschlagsfoto: |Avenue Images GmbH (RF), Hamburg: Peter Eberts / agefotostock
Umschlagsgestaltung: Janssen Kahlert Design & Kommunikation
Druck und Bindung: Westermann Druck GmbH, Georg-Westermann-Allee 66, 38104 Braunschweig

ISBN 978-3-507-**88430**-4

6 Beurteilende Statistik

7 Aufgaben zur Vorbereitung auf das Abitur

1 Lineare Gleichungssysteme – Vektoren und Geraden

1.1 Der GAUSS-Algorithmus zum Lösen eines linearen Gleichungssystems

10 **Einstiegsaufgabe ohne Lösung**

Das lineare Gleichungssystem wird mithilfe des Additionsverfahrens gelöst.
Dabei wurde im gegebenen Gleichungssystem die erste und die zweite Gleichung sowie die erste und die dritte Gleichung so miteinander kombiniert, dass jeweils die Variable x eliminiert wird.

$$\left|\begin{array}{rl} x + y + 3z = 12 \\ 4y + 2z = 14 \\ 8y - 4z = 4 \end{array}\right| \begin{array}{l} \\ \cdot(-2) \ \oplus \\ \leftarrow \end{array}$$

$$\left|\begin{array}{rl} x + y + 3z = 12 \\ 4y + 2z = 14 \\ -8z = -24 \end{array}\right| \begin{array}{l} \\ \\ :(-8) \end{array}$$

$$\left|\begin{array}{r} x + y + 3z = 12 \\ 4y + 2z = 14 \\ z = 3 \end{array}\right| \text{ Einsetzen und vereinfachen}$$

$$\left|\begin{array}{r} x + y = 3 \\ 4y = 8 \\ z = 3 \end{array}\right| \begin{array}{l} \\ :4 \\ \\ \end{array}$$

$$\left|\begin{array}{r} x + y = 3 \\ y = 2 \\ z = 3 \end{array}\right| \text{ Einsetzen und vereinfachen}$$

$$\left|\begin{array}{r} x = 1 \\ y = 2 \\ z = 3 \end{array}\right| \quad L = \{(1\,|\,2\,|\,3)\}$$

12 **1.** **a)** $L = \{(-1\,|\,2)\}$ **b)** $L = \{(-2\,|\,1\,|\,1)\}$ **c)** $L = \{(42\,|\,42\,|\,42)\}$ **d)** $L = \left\{\left(\frac{9}{8}\,\middle|\,0\,\middle|\,\frac{7}{4}\right)\right\}$

2. **a)** $L = \{(-12\,|\,-17\,|\,1)\}$ **b)** $L = \{(1\,|\,-2\,|\,3)\}$ **c)** $L = \left\{\left(\frac{10}{23}\,\middle|\,\frac{49}{23}\,\middle|\,-\frac{22}{23}\,\middle|\,2\right)\right\}$

3. Mögliche Beispiele:

a) $\left|\begin{array}{r} 4a - b + 2c = 8 \\ a + 2b - 2c = 9 \\ 2a + b - c = 9 \end{array}\right|$ hat die Lösung $(3\,|\,2\,|\,-1)$.

b) $\left|\begin{array}{r} 2x + y - 3z = -6 \\ -x + 4y + z = 6 \\ 4x + 2y = 6 \end{array}\right|$ hat die Lösung $(1\,|\,1\,|\,3)$.

c) –

12

4. 30 ist der Hauptnenner aller vorkommenden Brüche. Multiplizieren einer Gleichung mit einer Zahl ungleich null ist eine Äquivalenzumformung, die die Lösungsmenge einer Gleichung nicht verändert.

$$\left|\begin{array}{l} 6x-20y+5z=37 \\ 9x+10y-10z=-2 \\ 5x+6z=16 \end{array}\right| \begin{array}{ll} \cdot 3 & \cdot 5 \\ \cdot(-2) \; \oplus & \oplus \\ & \cdot(-6) \end{array}$$

$$\left|\begin{array}{l} 6x-20y+5z=37 \\ -80y+35z=115 \\ -100y-11z=89 \end{array}\right| \begin{array}{l} \\ \cdot 5 \\ \cdot(-4) \; \oplus \end{array}$$

$$\left|\begin{array}{l} 6x-20y+5z=37 \\ -80y+35z=115 \\ 219z=219 \end{array}\right| \Rightarrow \left|\begin{array}{l} 6x-20y+5z=37 \\ -80y+35z=115 \\ z=1 \end{array}\right| \Rightarrow$$

$$\left|\begin{array}{l} 6x-20y=32 \\ -80y=80 \\ z=1 \end{array}\right| \Rightarrow \left|\begin{array}{l} 6x-20y=32 \\ y=-1 \\ z=1 \end{array}\right| \Rightarrow$$

$$\left|\begin{array}{l} 6x=12 \\ y=-1 \\ z=1 \end{array}\right| \Rightarrow \left|\begin{array}{l} x=2 \\ y=-1 \\ z=1 \end{array}\right|$$

$L=\{(2\,|-1\,|\,1)\}$

5. $$\left(\begin{array}{ccc|c} 3 & -1 & 2 & 35 \\ 0 & 6 & -3 & -21 \\ 0 & 0 & -4 & -12 \end{array}\right) \;|:(-4) \Rightarrow \left(\begin{array}{ccc|c} 3 & -1 & 2 & 35 \\ 0 & 6 & -3 & -21 \\ 0 & 0 & 1 & 3 \end{array}\right) \begin{array}{l} \\ \leftarrow \oplus \\ \cdot 3 \end{array} \Rightarrow$$

$$\left(\begin{array}{ccc|c} 3 & -1 & 0 & 29 \\ 0 & 6 & 0 & -12 \\ 0 & 0 & 1 & 3 \end{array}\right) \;|:6 \Rightarrow \left(\begin{array}{ccc|c} 3 & -1 & 0 & 29 \\ 0 & 1 & 0 & -2 \\ 0 & 0 & 1 & 3 \end{array}\right) \begin{array}{l} \leftarrow \oplus \\ \\ \\ \end{array} \Rightarrow$$

$$\left(\begin{array}{ccc|c} 3 & 0 & 0 & 27 \\ 0 & 1 & 0 & -2 \\ 0 & 0 & 1 & 3 \end{array}\right) \;|:3 \Rightarrow \left(\begin{array}{ccc|c} 1 & 0 & 0 & 9 \\ 0 & 1 & 0 & -2 \\ 0 & 0 & 1 & 3 \end{array}\right)$$

$L=\{(9\,|-2\,|\,3)\}$

6. Mit a: Anzahl Sortiment 1, b: Anzahl Sortiment 2, c: Anzahl Sortiment 3 ergibt sich das Gleichungssystem:

$$\left|\begin{array}{l} 2a+3b+4c=1\,890 \\ 2a+6b+2c=2\,400 \\ 4a+b+c=1\,690 \end{array}\right| \Rightarrow a=330;\; b=250;\; c=120.$$

Das Lager kann also geräumt werden mit 330-mal Sortiment 1, 250-mal Sortiment 2 und 120-mal Sortiment 3.

1.2 Lineare Gleichungssysteme mit unendlich vielen Lösungen oder ohne Lösung

13 **Einstiegsaufgabe ohne Lösung**

Die letzte Gleichung von Theos Ergebnis lautet ausgeschrieben: $0 \cdot x + 0 \cdot y + 0 \cdot z = 0$.
Sie ist für alle Zahlen x, y, z stets erfüllt.
Die zweite Gleichung lautet: $y = 1 + 2z$.
Wählt man für z eine beliebige Zahl und für $y = 1 + 2z$, ist diese Gleichung erfüllt.
Setzt man $y = 1 + 2z$ in die erste Gleichung ein, so erhält man $x = 3z$.
Das Gleichungssystem ist somit erfüllt, wenn man für z eine beliebige Zahl wählt und $x = 3z$ sowie $y = 1 + 2z$ setzt.
Das lineare Gleichungssystem hat somit unendlich viele Lösungen $\{(3z \mid 1 + 2z \mid z),\ z \in \mathbb{R}\}$.

14 **1.** Die letzte Gleichung von Antonias Lösung bedeutet ausgeschrieben: $0 \cdot x + 0 \cdot y + 0 \cdot z = 3$
Diese Gleichung kann von keinen Zahlen x, y, z erfüllt werden. Das lineare Gleichungssystem hat keine Lösung.

2. **a)** $L = \left\{\left(\frac{4}{3} \mid -\frac{8}{3} \mid \frac{10}{3}\right)\right\}$ **b)** $L = \{\ \}$ **c)** $L = \{(3 \mid 0 \mid -1)\}$ **d)** $L = \{(0 \mid 0 \mid 0)\}$

3. (1) Das System besitzt die eindeutige Lösung $x = 1$; $y = 2$.
(2) Das System besitzt keine Lösung.
(3) Das System besitzt unendlich viele Lösungen:
$x = 3 - t$; $y = -1 + 2t$; $z = t$ mit $t \in \mathbb{R}$.
(4) Das System besitzt keine Lösung.
Ein überbestimmtes LGS kann eine eindeutige oder keine Lösung oder unendlich viele Lösungen besitzen.
Ein unterbestimmtes LGS hat entweder unendlich viele Lösungen oder keine Lösung.

15 **4.** –

5. Das lineare Gleichungssystem hat unendlich viele Lösungen.
$L = \{(4 - z \mid 3 + z \mid z),\ z \in \mathbb{R}\}$
Lara hat eine Lösung, nämlich für $z = 1$, angegeben. Tom hat ebenfalls eine Lösung, nämlich für $z = 5$, gefunden.

6. **a)** Das lineare Gleichungssystem hat unendlich viele Lösungen:
$L = \{(2 + 5z \mid 3 + 4z \mid z),\ z \in \mathbb{R}\}$
b) Das lineare Gleichungssystem hat unendlich viele Lösungen:
$L = \left\{\left(-\frac{4}{5} - \frac{1}{5}y + \frac{2}{5}z \,\middle|\, y \,\middle|\, z\right),\ y, z \in \mathbb{R}\right\}$

15

7. a) Das lineare Gleichungssystem hat keine Lösung. Die zweite und dritte Gleichung widersprechen einander. $L = \{\ \}$

b) Multipliziert man die erste Gleichung mit dem Faktor −2, so sind die erste und die dritte Gleichung identisch. Durch Umformen erhält man

$$\left|\begin{array}{l} x + \frac{1}{5}z = -\frac{23}{25} \\ y - \frac{6}{5}z = -\frac{42}{25} \\ 0 = 0 \end{array}\right|, \text{ also } L = \left\{\left(-\frac{23}{25} - \frac{1}{5}z \,\middle|\, -\frac{42}{25} + \frac{6}{5}z \,\middle|\, z\right),\ z \in \mathbb{R}\right\}$$

c) Multipliziert man die erste Gleichung mit dem Faktor 2 und die zweite Gleichung mit dem Faktor −2, so sind alle drei Gleichungen identisch. Das lineare Gleichungssystem hat unendlich viele Lösungen. $L = \{(y - z \mid y \mid z),\ y, z \in \mathbb{R}\}$

d) Das lineare Gleichungssystem hat keine Lösung, da sich die erste und die dritte Gleichung widersprechen. $L = \{\ \}$

e) Das lineare Gleichungssystem hat keine Lösung, die Gleichungen widersprechen sich alle. $L = \{\ \}$

f) Das lineare Gleichungssystem hat unendlich viele Lösungen, weil die Gleichungen Vielfache voneinander sind. $L = \{(1 - y + z \mid y \mid z),\ y, z \in \mathbb{R}\}$

16

8. Dominik hat im 3. Rechenschritt $y = 4$ nur in die zweite Gleichung, aber nicht in die erste Gleichung einsetzt. Dann hätte er den Widerspruch entdeckt.

9. (1) Maren hat bei der zweiten Gleichung nur die rechte Seite der ersten Gleichung geändert. Dadurch widersprechen sich die ersten beiden Gleichungen.

(2) Maren hat die zweite Gleichung mit dem Faktor 2 multipliziert und dann die rechte Seite geändert. Dadurch widersprechen sich die letzten beiden Gleichungen.

(3) Maren hat die beiden ersten Gleichungen addiert, um die dritte Gleichung zu erhalten, dann aber die rechte Seite abgeändert.

10. a)

$$\left|\begin{array}{l} 3x - y + z = 1 \\ 6x - 2y + z = 2 \\ 9x - 3y + 3z = 3 \end{array}\right| \begin{array}{l} \cdot 2 \ominus,\ \cdot 3 \ominus \\ \leftarrow \\ \leftarrow \end{array}$$

$$\left|\begin{array}{l} 3x - y + z = 1 \\ 0 = 0 \\ 0 = 0 \end{array}\right|, \text{ also } 3x = 1 + y - z \text{ bzw. } x = \frac{1}{3}(1 + y - z)$$

$$L = \left\{\left(\frac{1}{3}(1 + y - z) \,\middle|\, y \,\middle|\, z\right),\ y, z \in \mathbb{R}\right\}$$

b) –

c) Setze die Lösung aus Teilaufgabe a) in die linke Seite der Gleichung ein:

$3 \cdot \frac{1}{3}(y - z + 1) - y + z = y - z + 1 - y + z = 1$

Die Gleichung ist erfüllt.

11. Die linken Seiten der Gleichungen sind Vielfache voneinander. Damit das lineare Gleichungssystem Lösungen besitzt, müssen die rechten Seiten die entsprechenden Vielfachen sein, also $a = 2$, $b = 3$.

16 **12. a)** Mit den Bezeichnungen a: Apfelsaft; b: Ananassaft; c: Multivitaminsaft und d: Orangensaft (jeweils in 100 ml) ergibt sich das Gleichungssystem:

$$\left|\begin{array}{l} 7{,}4\,a + 12{,}5\,b + 55\,c + 35\,d = 100 \\ \quad a + \quad\; b + \quad c + \quad d = 2 \end{array}\right|, \text{ mit } 0 < a, b, c, d < 2.$$

Es hat die Lösungsmenge $L = \left\{\left(a \,\middle|\, b \,\middle|\, c = \frac{69}{50}a + \frac{9}{8}b + \frac{3}{2} \,\middle|\, d = -\frac{119}{50}a - \frac{17}{8}b + \frac{1}{2}\right)\right\}$

mit $0 < a, b, c, d < 2$ und $a + b + c + d = 2$.

Betrachten wir die Gleichung $c = \frac{69}{50}a + \frac{9}{8}b + \frac{3}{2}$. Wegen $0 < c < 2$ muss gelten

(1) $\frac{69}{50}a + \frac{9}{8}b + \frac{3}{2} > 0$ bzw. $b > -\frac{92}{75}a - \frac{4}{3}$.

(2) $\frac{69}{50}a + \frac{9}{8}b + \frac{3}{2} < 2$ bzw. $b < -\frac{92}{75}a + \frac{4}{9}$

Betrachten wir die Gleichung $d = -\frac{119}{50}a - \frac{17}{8}b + \frac{1}{2}$. Wegen $0 < d < 2$ muss gelten

(1) $-\frac{119}{50}a - \frac{17}{8}b + \frac{1}{2} > 0$ bzw. $b < -1{,}12\,a + \frac{4}{17}$

(2) $-\frac{119}{50}a - \frac{17}{8}b + \frac{1}{2} < 2$ bzw. $b > -1{,}12\,a + \frac{12}{17}$

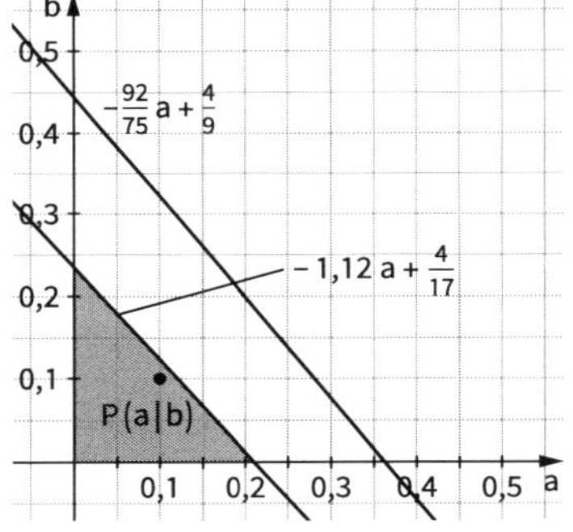

Wir können das Problem jetzt grafisch lösen: Die Lösungen für a und b sind die Koordinaten aller Punkte P(a | b) im 1. Quadranten, die unterhalb der Geraden mit der Gleichung $b = -1{,}12\,a + \frac{4}{17}$ liegen.

(Die Gerade $b = -\frac{92}{75}a + \frac{4}{9}$ liegt oberhalb dieser Geraden, die beiden anderen Geraden gehen durch den dritten Quadranten, sind also unerheblich, wenn $b, a > 0$ gilt.)

Es gibt unendlich viele Lösungen mit

$0 < a < \frac{25}{119} \approx 0{,}2108$ und $b < -1{,}12\,a + \frac{4}{17}$,

$c = \frac{69}{50}a + \frac{9}{8}b + \frac{3}{2}$, $d = -\frac{119}{50}a - \frac{17}{8}b + \frac{1}{2}$.

Eine mögliche Lösung ist $a = \frac{1}{10}$; $b = \frac{1}{10}$. Für diese Werte erhält man $c = \frac{3501}{2000}$; $d = \frac{99}{2000}$.

Der Vitamin-C-Bedarf kann z. B. durch 10 ml Apfelsaft, 10 ml Ananassaft, 175,05 ml Multivitaminsaft und 4,95 ml Orangensaft gedeckt werden.

b)

$$\left|\begin{array}{l} 12{,}5\,b + \;\;55\,c + \;\;35\,d = 100 \\ 243\,b + 197\,c + 163\,d = 397 \\ \quad\;\; b + \qquad c + \qquad d = \;\;2 \end{array}\right|$$

besitzt die Lösungsmenge $L = \{(0{,}169133 \,|\, 1{,}69027 \,|\, 0{,}140592)\}$.

Die gewünschte Menge besteht aus 16,9 ml Ananassaft, 169 ml Multivitaminsaft und 14,1 ml Orangensaft.

17

13. a) Im Gleichungssystem wird für jedes einzelne Atom die Bedingung dargestellt, dass es links und rechts der chemischen Reaktionsgleichung gleich viele Atome sein müssen.

Als Lösung ergibt sich: $\left| \begin{array}{l} a = \frac{1}{4}d \\ b = \frac{1}{4}d \\ c = \frac{1}{4}d \end{array} \right|$

Hier erkennt man, dass man ohne Einschränkung unendlich viele Zahlen für d einsetzen kann und immer eine Lösung erhält.

Möglichst kleine natürliche Zahlen sind: $\left| \begin{array}{l} a = 1 \\ b = 1 \\ c = 1 \\ d = 4 \end{array} \right|$

b) (1) Es ergibt sich als Gleichungssystem $\left| \begin{array}{l} 3a = 1c \\ 8a = 2d \\ 2b = 2c + d \end{array} \right|$

Als Lösung ergibt sich: $\left| \begin{array}{l} a = \frac{1}{4}d \\ b = \frac{5}{4}d \\ c = \frac{3}{4}d \end{array} \right|$

oder mit möglichst kleinen natürlichen Zahlen $a = 1;\ b = 5;\ c = 3;\ d = 4$

(2) Als Gleichungssystem ergibt sich: $\left| \begin{array}{l} 3a = 1b \\ 5a = 2c \\ 3a = 2d \\ 9a = 2e \end{array} \right|$

Als Lösung ergibt sich: $\left| \begin{array}{l} a = \frac{2}{3}e \\ b = \frac{2}{3}e \\ c = \frac{5}{9}e \\ d = \frac{1}{3}e \end{array} \right|$

oder mit möglichst kleinen natürlichen Zahlen: $a = 2;\ b = 6;\ c = 5;\ d = 3;\ e = 9$

(3) Als Gleichungssystem ergibt sich: $\left| \begin{array}{lllll} 2a & & & = & e \\ 4a & & & = & d \\ 7a + & & c & = & 3d \\ & b + & 2c & = & 3d \\ & b & & = & e \end{array} \right|$

Als Lösung ergibt sich: $\left| \begin{array}{l} a = \frac{1}{2}e \\ b = e \\ c = \frac{5}{2}e \\ d = 2e \end{array} \right|$

oder mit möglichst kleinen natürlichen Zahlen:
$a = 1;\ b = 2;\ c = 5;\ d = 4;\ e = 2$

17

14. a) x Anteil von Neon A, y Anteil von Neon B, z Anteil von Neon S
Es soll festgestellt werden, ob Neon E durch ein Gemisch von Neon A, Neon B und Neon S entstanden ist. Dies ist der Fall, wenn das Gleichungssystem eine Lösung hat.
Für Neon 20 gilt: $8{,}2 \cdot x + 12{,}5 \cdot y + 0{,}9 \cdot z = 4{,}2$
Für Neon 21 gilt: $0{,}03 \cdot x + 0{,}04 \cdot y + 0{,}91 \cdot z = 0{,}04$
Für Neon 22 gilt: $x + y + z = 1$
Bedingung für x, y, z: $x, y, z \geq 0$

b) $L = \{(1{,}872 \mid -0{,}894 \mid 0{,}022)\}$
Da $y < 0$, kann das Gemisch E nicht durch Vermengung aus den drei anderen Gemischen entstanden sein.

18

15. a) a: Anteil der Bohnensorte A an der Gesamtmenge (500 g) in Prozent
b: Anteil der Bohnensorte B an der Gesamtmenge (500 g) in Prozent
c: Anteil der Bohnensorte C an der Gesamtmenge (500 g) in Prozent
d: Anteil der Bohnensorte D an der Gesamtmenge (500 g) in Prozent
Für den Gesamtpreis der Mischung gilt:
$6a + 7{,}5b + 9c = 6{,}75$
Die Anteile müssen zusammen 100 % ergeben, also $a + b + c = 1$
Das zugehörige LGS hat die Lösungsmenge $L = \left\{\left(a = c + \frac{1}{2} \,\middle|\, b = \frac{1}{2} - 2c \,\middle|\, c\right)\right\}$
mit $0 < a, b, c < 1$.
Wegen $0 < b < 1$ gilt $0 < \frac{1}{2} - 2c < 1$, also $0 < c < \frac{1}{4}$.
Der Anteil der Sorte C darf höchstens 25 % betragen.

b) Das LGS $\begin{vmatrix} 6a + 7{,}5b + 11{,}25d = 9 \\ a + \quad b + \qquad d = 1 \end{vmatrix}$ hat die Lösungsmenge
$L = \left\{\left(a = -1 + \frac{5}{2}d \,\middle|\, b = 2 - \frac{7}{2}d \,\middle|\, d\right)\right\}$ mit $0 < a, b, d < 1$.
Für $d = 0{,}1$ ergibt sich $a = -0{,}75$. Eine solche Mischung ist damit nicht möglich.
Aus der Forderung $a > 0$, also $-1 + \frac{5}{2}d > 0$ ergibt sich: $d > 0{,}4$.
Aus der Forderung $b > 0$, also $2 - \frac{7}{2}d > 0$ ergibt sich: $d < \frac{4}{7} \approx 0{,}5714$
Aus $a < 1$ ergibt sich $d < 0{,}8$; und aus $b < 1$ ergibt sich $d > \frac{2}{7} \approx 0{,}2857$
Für $0{,}4 < d < \frac{4}{7}$ gibt es also eine Lösung des Gleichungssystems. Der Anteil der Sorte D muss zwischen 40 % und 57 % liegen.

16. a) Gelb: $\begin{pmatrix} 1 \\ 0 \\ 0 \end{pmatrix} + \begin{pmatrix} 0 \\ 1 \\ 0 \end{pmatrix} = \begin{pmatrix} 1 \\ 1 \\ 0 \end{pmatrix}$; Weiß: $\begin{pmatrix} 1 \\ 1 \\ 1 \end{pmatrix}$; Schwarz: $\begin{pmatrix} 0 \\ 0 \\ 0 \end{pmatrix}$; Grau: $\begin{pmatrix} 0{,}5 \\ 0{,}5 \\ 0{,}5 \end{pmatrix}$

b) $\begin{pmatrix} 0{,}63 \\ 0{,}33 \\ 0{,}48 \end{pmatrix} = \begin{pmatrix} 1{,}5 \cdot 0{,}42 \\ 1{,}5 \cdot 0{,}22 \\ 1{,}5 \cdot 0{,}32 \end{pmatrix} = 1{,}5 \cdot \begin{pmatrix} 0{,}42 \\ 0{,}22 \\ 0{,}32 \end{pmatrix}$

Der RGB-Farbvektor $\begin{pmatrix} 0{,}63 \\ 0{,}33 \\ 0{,}48 \end{pmatrix}$ hat die 1,5-fache Farbintensität des RGB-Farbvektors $\begin{pmatrix} 0{,}42 \\ 0{,}22 \\ 0{,}32 \end{pmatrix}$.
Gesucht sind $r, s \in \mathbb{R}$, sodass $\begin{pmatrix} 0{,}82 \\ 0{,}34 \\ 0{,}62 \end{pmatrix} = r \cdot \begin{pmatrix} 0{,}40 \\ 0{,}15 \\ 0{,}31 \end{pmatrix} + s \cdot \begin{pmatrix} 0{,}2 \\ 0{,}4 \\ 0 \end{pmatrix}$.

Dies ist der Fall für $r = 2$ und $s = 0{,}1$.

18 c) Dunkelgrün: Gesucht sind $r, s \in \mathbb{R}$, sodass $\begin{pmatrix} 0,3 \\ 0,45 \\ 0,31 \end{pmatrix} = r \cdot \begin{pmatrix} 0,42 \\ 0,56 \\ 0,14 \end{pmatrix} + s \cdot \begin{pmatrix} 0,27 \\ 0,51 \\ 0,72 \end{pmatrix}$

Dies ist der Fall für $r = \frac{1}{2}$ und $s = \frac{1}{3}$.

Dunkelgrün kann aus Olive und Stahlblau gemischt werden.

Mittelpurpur: Gesucht sind $r, s \in \mathbb{R}$, sodass $\begin{pmatrix} 0,58 \\ 0,44 \\ 0,86 \end{pmatrix} = r \cdot \begin{pmatrix} 0,42 \\ 0,56 \\ 0,14 \end{pmatrix} + s \cdot \begin{pmatrix} 0,27 \\ 0,51 \\ 0,72 \end{pmatrix}$.

Dieses Gleichungssystem hat keine Lösung.

Mittelpurpur kann nicht aus Olive und Stahlblau gemischt werden.

1.3 Punkte und Vektoren im Raum

1.3.1 Lage von Punkten im Raum beschreiben

19 **Einstiegsaufgabe ohne Lösung**

Hinweis: Als Koordinatenursprung sollte man eine untere Ecke des Klassenraumes wählen. Zwei Schüler/innen sollten dann möglichst mit einem Maßband die Koordinaten bestimmen. Bei den Messungen ist darauf zu achten, dass das Maßband orthogonal zu den beiden Achsen am Boden bzw. bei der Höhe orthogonal zum Fußboden gehalten wird. Die Schüler/innen sollten bei den Messungen ihr Vorgehen beschreiben. Bei der Gelegenheit können die Begriffe Ursprung, Koordinatenachsen und Koordinatenebene eingeführt werden.

21 **1.** **a)** A(6|4|−1); B(−2|0|1,5); C(2|5|1)

b) Die Koordinaten des Punktes D könnten beispielsweise D(4|5|0) lauten. Auch die Punkte R(2|4|−1) oder S(0|3|−2) erscheinen im Schrägbild an der Stelle D. An der Stelle E erscheinen im Schrägbild zum Beispiel die Punkte E(2|−2|3), T(0|−3|2), Q(−2|−4|1).

c) D(−6|0|−5); E(−4|−5|0)

22 **2.** **a)**

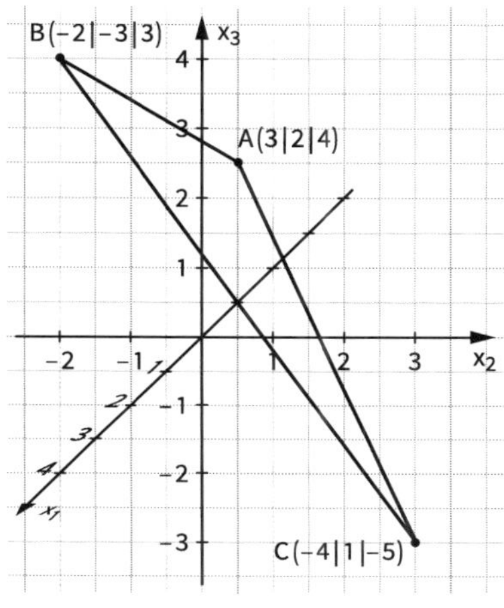

22 **b)**

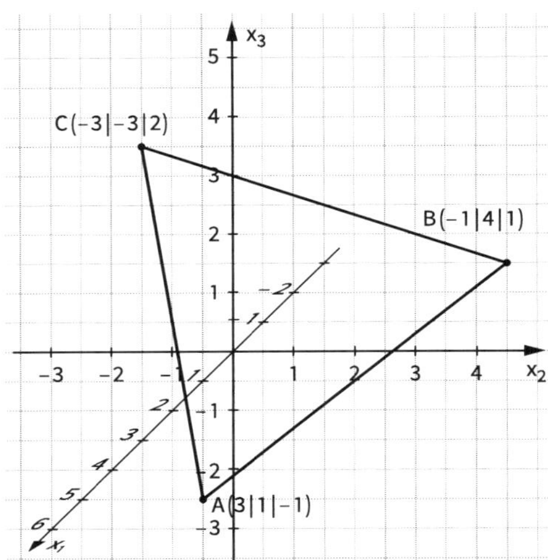

c) Zeichnet man das Koordinatensystem wie üblich, so liegen die Punkte E und F übereinander und die Gerade lässt sich nicht einzeichnen.

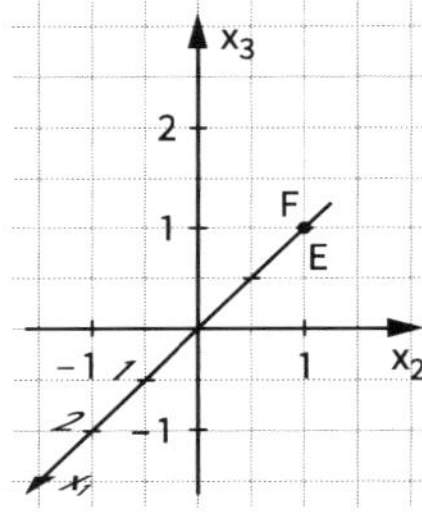

3. Lina hat das perspektivische Zeichnen beim Abtragen der x_2- und x_3-Koordinaten missachtet und dementsprechend diese zu lang gezeichnet.

4. *Beispiel*
Eckpunkte:
A(5|2,5|0); B(5|12,5|0); C(−5|2,5|0);
D(−5|12,5|0); S(0|7,5|8)

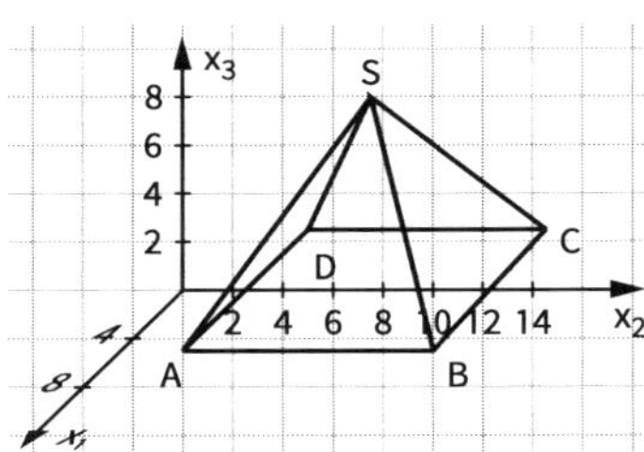

5. **a)** Schrägbild siehe Schülerbuch.
A(4|0|0); B(4|4|0); C(0|4|0); D(0|0|0); E(4|0|6); F(4|4|6);
G(0|4|6); H(0|0|6); S(2|2|9)

b) A(2|−2|0); B(2|2|0); C(−2|2|0); D(−2|−2|0); E(2|−2|6);
F(2|2|6); G(−2|2|6); H(−2|−2|6); S(0|0|9)

c) Die x_3-Koordinaten sind gleich. Jeweils die x_1- und x_2-Koordinate ist bei a) um 2 Einheiten größer als bei b).
Dies entspricht gerade der Verschiebung von D zu M.

22 **6. a)**

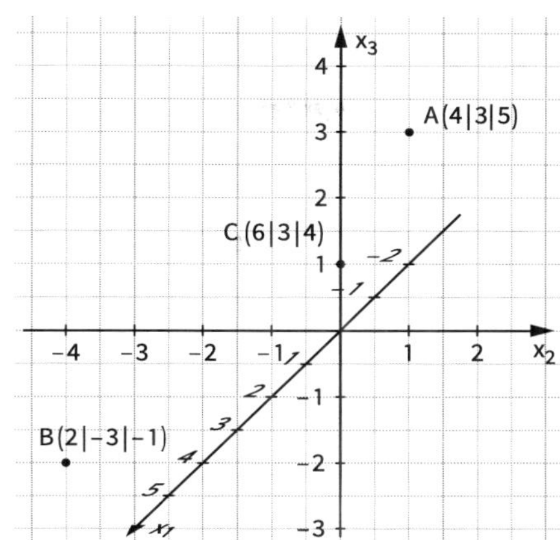

b) Punkte, die an derselben Stelle erscheinen wie Punkt

- A: z. B. (−2|0|2), (0|1|3)
- B: z. B. (4|−2|0), (−2|−5|−3)
- C: z. B. (0|0|1), (−2|−1|0)

23 **7.** A(6|0|0); B(6|6|0); C(0|6|0); D(0|0|0); E(6|0|6); F(6|2|6); G(6|6|2); H(4|6|6); I(0|6|6); K(0|0|6)

8. a) Auf der x_2x_3-Ebene.
b) Auf der x_1x_3-Ebene.
c) Auf der x_1x_2-Ebene.
d) Auf der x_3-Achse.
e) Auf einer Ebene parallel zur x_1x_2-Ebene mit der x_3-Koordinate 3.
f) Auf einer Geraden parallel zur x_3-Achse durch den Punkt P(2|3|0).

9. a) A(17|−15|0) B(17|−15|8) C(17|0|8)
D(0|0|8) E(0|22|8) F(−12|22|8)
G(−12|22|0) H(0|22|0) I(0|0|0)
J(17|0|0)

b) x_1x_2-Ebene: A, G, H, I, J
x_2x_3-Ebene: D, E, H, I
x_1x_3-Ebene: C, D, I, J

c) A(37|17|0) B(37|17|8) C(22|17|8)
D(22|0|8) E(0|0|8) F(0|−12|8)
G(0|−12|0) H(0|0|0) I(22|0|0)
J(22|17|0)
x_1x_2-Ebene: A, G, H, I, J
x_2x_3-Ebene: E, F, G, H
x_1x_3-Ebene: D, E, H, I

23 **10.** Aus der Darstellung eines 3-dimensionalen Koordinatensystems auf einer 2-dimensionalen Zeichenfläche kann man nicht eindeutig die Koordinaten von Punkten ablesen, z. B. könnten die Punkte auch durch:
P(−2|2|1) und Q(1|−2|−1) beschrieben werden.
Erst durch weitere Informationen bzw. Lagebeziehungen kann Eindeutigkeit erreicht werden.

11. a) P'(2|0|4)
b) x_1x_2-Ebene: P''(2|3|0) x_2x_3-Ebene: P'''(0|3|4)
c) Spiegelung an x_1x_3-Ebene: (2|−3|4)

12. a) P'(−4|0|0); Q'(0|3|0); R'(3|−2|−4); S'(−8|5|3)
b) P''(−4|0|0); Q''(0|−3|0); R''(3|2|4); S''(−8|−5|−3)
c) P'''(4|0|0); Q'''(0|3|0); R'''(−3|−2|4); S'''(8|5|−3)
d) P''''(4|0|0); Q''''(0|−3|0); R''''(−3|2|−4); S''''(8|−5|3)

1.3.2 Vektoren

24 **Einstiegsaufgabe ohne Lösung**

- Richtung x_1-Achse: 5 Einheiten
  Richtung x_2-Achse: 7 Einheiten
  Richtung x_3-Achse: 1,5 Einheiten
- Die Verschiebung auf G angewandt, ergibt G'(−12|30,5|4).

26 **1.** Das Dreieck A'B'C' muss mit dem Vektor $\begin{pmatrix} -4 \\ 2 \\ 0 \end{pmatrix}$ verschoben werden.

2. Man kann jeden Vektor im Raum durch einen Quader mit den Seitenlängen aus den Verschiebungskoordinaten darstellen.
Der Quader hat rechte Winkel, sodass die Länge des Vektors durch zweimalige Anwendung des Satzes des Pythagoras berechnet werden kann:
$d^2 = 5^2 + 7^2 = 74$
$|\vec{v}|^2 = d^2 + (1{,}5)^2 = 76{,}25$
$|\overline{AA'}| = |\vec{v}| = \sqrt{76{,}25} \approx 8{,}7$

27 **3. a)** A'(11|7|1)
b) A'(10,6|5,4|−10,9)
c) A'(6|4|−3)
d) A'(0|0|0)

27

4. a)

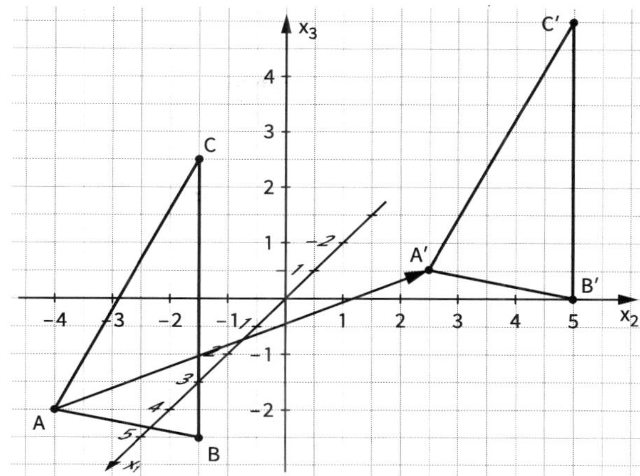

b) Das Dreieck wurde mit dem Vektor $\vec{v} = \begin{pmatrix} -3 \\ 5 \\ 1 \end{pmatrix}$ verschoben.
Der Gegenvektor ist $-\vec{v} = \begin{pmatrix} 3 \\ -5 \\ -1 \end{pmatrix}$.

5. (1) $-\vec{v} = \begin{pmatrix} -1 \\ 2 \\ -3 \end{pmatrix}$ (2) $-\vec{v} = \begin{pmatrix} 2 \\ 0 \\ -1 \end{pmatrix}$ (3) $-\vec{v} = \begin{pmatrix} -r \\ s \\ -t \end{pmatrix}$ (4) $-\vec{v} = \begin{pmatrix} 0 \\ 0 \\ 0 \end{pmatrix}$

6. a) Z. B.

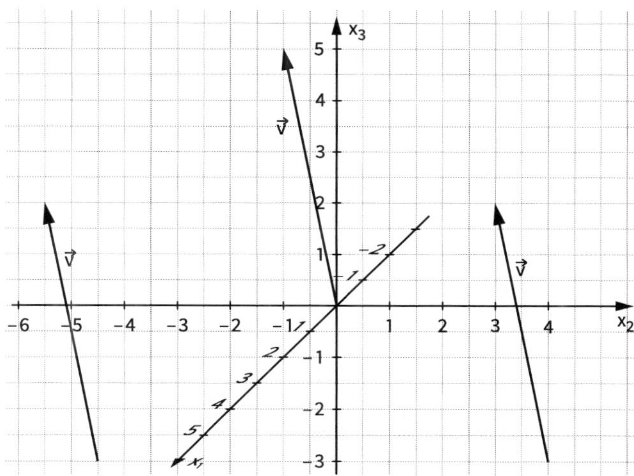

b) A′(−1 | 2 | 5); B (−4 | 20 | −26)

c) Q um $\vec{v}$ verschoben gibt Q′(8 | 11 | 4) ≠ P (8 | 11 | −4)
P ist kein Bildpunkt von Q unter $\vec{v}$.

7. a) Q (9 | −6 | 24)

b) P (−3 | 13 | 18)

c) Q (−4 | −1 | −8)

d) P (q + 3 | q − 7 | 3 q + 3)

27 **8. a)** $\overrightarrow{OA} = \begin{pmatrix} 4 \\ 0 \\ 0 \end{pmatrix}$; $\overrightarrow{OB} = \begin{pmatrix} 4 \\ 6 \\ 0 \end{pmatrix}$; $\overrightarrow{OC} = \begin{pmatrix} 0 \\ 6 \\ 0 \end{pmatrix}$; $\overrightarrow{OD} = \begin{pmatrix} 0 \\ 0 \\ 0 \end{pmatrix}$; $\overrightarrow{OE} = \begin{pmatrix} 4 \\ 0 \\ 4 \end{pmatrix}$; $\overrightarrow{OF} = \begin{pmatrix} 4 \\ 6 \\ 4 \end{pmatrix}$; $\overrightarrow{OG} = \begin{pmatrix} 0 \\ 6 \\ 4 \end{pmatrix}$; $\overrightarrow{OH} = \begin{pmatrix} 0 \\ 0 \\ 4 \end{pmatrix}$

b) Zum selben Vektor gehören
- $\overrightarrow{DC}$; $\overrightarrow{AB}$ und $\overrightarrow{EF}$
- $\overrightarrow{HF}$ und $\overrightarrow{DB}$

28 **9. a)** Es gibt 5 verschiedene Vektoren.
$\overrightarrow{AB} = \overrightarrow{DE}$; $\overrightarrow{AC}$; $\overrightarrow{BC} = \overrightarrow{EF}$; $\overrightarrow{AD} = \overrightarrow{CF} = \overrightarrow{BE}$; $\overrightarrow{FD}$

b) $\overrightarrow{AC} = \overrightarrow{JL}$; $\overrightarrow{AB} = \overrightarrow{IL}$; $\overrightarrow{BC} = \overrightarrow{ED} = \overrightarrow{GH} = \overrightarrow{JI}$; $\overrightarrow{IJ} = \overrightarrow{HG} = \overrightarrow{DE} = \overrightarrow{CB}$; $\overrightarrow{CG} = \overrightarrow{DJ}$

10. a) $\vec{a} = \overrightarrow{AB} = \overrightarrow{ED} = \overrightarrow{FM} = \overrightarrow{MC}$ $\quad$ $\vec{b} = \overrightarrow{BM} = \overrightarrow{ME} = \overrightarrow{CD} = \overrightarrow{AF}$ $\quad$ $\vec{d} = \overrightarrow{DM} = \overrightarrow{MA} = \overrightarrow{EF} = \overrightarrow{CB}$

b) Da es sich bei ABCDEF um ein regelmäßiges Sechseck handelt, sind alle angegebenen Vektoren gleich lang, es gilt also $|\vec{a}| = |\vec{b}| = |\vec{d}|$.

11. a) $\vec{v} = \begin{pmatrix} 7 \\ -6 \\ -4 \end{pmatrix}$; $|\vec{v}| = \sqrt{101} \approx 10{,}05$

b) $\vec{v} = \begin{pmatrix} 3 \\ -4 \\ 3 \end{pmatrix}$; $|\vec{v}| = \sqrt{34} \approx 5{,}83$

c) $\vec{v} = \begin{pmatrix} 19 \\ -9 \\ 11 \end{pmatrix}$; $|\vec{v}| = \sqrt{563} \approx 23{,}73$

d) $\vec{v} = \begin{pmatrix} 8 \\ -8 \\ 8 \end{pmatrix}$; $|\vec{v}| = \sqrt{192} \approx 13{,}86$

12. Max hat die einzelnen Einträge des Vektors nicht quadriert.
Laura dagegen hat zwar den ersten und dritten Eintrag des Vektors quadriert, beim zweiten Eintrag allerdings das Minus nicht ins Quadrat gesetzt.
Die richtige Lösung lautet: $|\vec{v}| = \sqrt{4^2 + (-2)^2 + 3^2} = \sqrt{29} \approx 5{,}39$.

13. a) $b_3 = 7$ oder $b_3 = 3$

b) $a_2 = 0$ oder $a_2 = 6$

c) $b_1 = 6 + \sqrt{6}$; $b_1 = 6 - \sqrt{6}$

d) $b_2 = 23$ oder $b_2 = 19$

14. a) P wird auf den Bildpunkt P'(1 | −3 | −8) abgebildet. Es gilt:
$\overrightarrow{PP'} = \begin{pmatrix} 0 \\ 0 \\ -16 \end{pmatrix}$ und $|\overrightarrow{PP'}| = \sqrt{0^2 + 0^2 + (-16)^2} = 16$

b) A wird auf den Punkt A'(−4 | 5 | 0) abgebildet. Es gilt:
$\overrightarrow{AA'} = \begin{pmatrix} 0 \\ 0 \\ -9 \end{pmatrix}$ und $|\overrightarrow{AA'}| = \sqrt{0^2 + 0^2 + (-9)^2} = 9$

1.3.3 Addition und Subtraktion von Vektoren

29

Einstiegsaufgabe ohne Lösung

- Die erste Verschiebung lässt sich durch den Vektor $\vec{v} = \begin{pmatrix} 10 \\ -7 \\ -5 \end{pmatrix}$, die zweite durch den Vektor $\vec{w} = \begin{pmatrix} -8 \\ -6 \\ 8 \end{pmatrix}$ beschreiben.
- Bei der Verschiebung mit dem Vektor $\vec{v}$ ändert sich die erste Koordinate von A um 10. Wird anschließend der Bildpunkt A′ mit dem Vektor $\vec{w}$ verschoben, dann wird die erste Koordinate von A′ um −8 verändert. Insgesamt ändert sich bei der Hintereinanderausführung der beiden Verschiebungen die erste Koordinate von A um $10 + (-8)$, also um 2. Entsprechend ändert sich die zweite Koordinate von A um $-7 + (-6) = -13$ und die dritte um $-5 + 8 = 3$. Dies gilt für jeden Punkt des Containers.

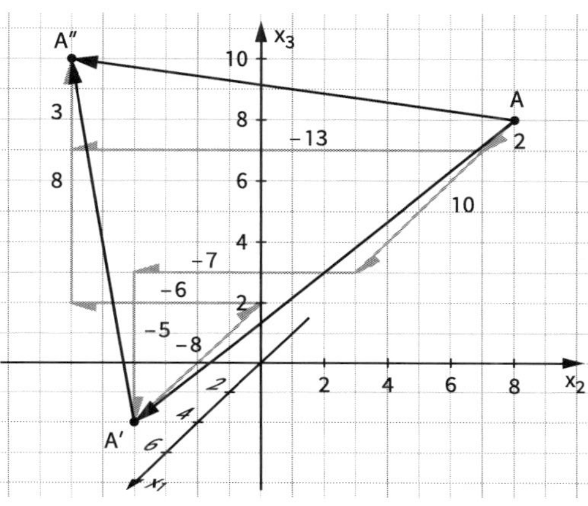

Die Hintereinanderausführung zweier Verschiebungen ist wieder eine Verschiebung.

Der Vektor $\vec{z}$ der Hintereinanderausführung hat somit die Koordinaten $\begin{pmatrix} 2 \\ -13 \\ 3 \end{pmatrix}$.

Offensichtlich erhält man die Koordinaten des Vektors $\vec{z}$, indem man die Koordinaten von $\vec{w}$ zu den Koordinaten des Vektors $\vec{v}$ addiert, also $\vec{z} = \begin{pmatrix} 10 + (-8) \\ -7 + (-6) \\ -5 + 8 \end{pmatrix} = \begin{pmatrix} 2 \\ -13 \\ 3 \end{pmatrix}$.

31

1. $\overrightarrow{AB} = \begin{pmatrix} 1-4 \\ 5-2 \\ -1-(-1) \end{pmatrix}$, also $\overline{AB} = |\overrightarrow{AB}| = \sqrt{(1-4)^2 + (5-2)^2 + (-1-(-1))^2} = \sqrt{18} \approx 4{,}24$

$\overrightarrow{AC} = \begin{pmatrix} 1-4 \\ 2-2 \\ 2-(-1) \end{pmatrix}$, also $\overline{AC} = |\overrightarrow{AC}| = \sqrt{(1-4)^2 + (2-2)^2 + (2-(-1))^2} = \sqrt{18} \approx 4{,}24$

$\overrightarrow{BC} = \begin{pmatrix} 1-1 \\ 2-5 \\ 2-(-1) \end{pmatrix}$, also $\overline{BC} = |\overrightarrow{BC}| = \sqrt{(1-1)^2 + (2-5)^2 + (2-(-1))^2} = \sqrt{18} \approx 4{,}24$

Es handelt sich also um ein gleichseitiges Dreieck.

31 **2.** **a)** $\begin{pmatrix}2\\3\\5\end{pmatrix}+\begin{pmatrix}1\\4\\-4\end{pmatrix}=\begin{pmatrix}3\\7\\1\end{pmatrix}$

b) $\begin{pmatrix}6\\9\\3\end{pmatrix}+\begin{pmatrix}-9\\-5\\4\end{pmatrix}=\begin{pmatrix}-3\\4\\7\end{pmatrix}$

c) $\begin{pmatrix}8\\-5\\3\end{pmatrix}+\begin{pmatrix}-6\\-1\\-3\end{pmatrix}=\begin{pmatrix}2\\-6\\0\end{pmatrix}$

d) $\begin{pmatrix}-3\\2\\-4\end{pmatrix}+\begin{pmatrix}-1\\-4\\6\end{pmatrix}+\begin{pmatrix}2\\5\\-3\end{pmatrix}=\begin{pmatrix}-2\\3\\-1\end{pmatrix}$

e) $\begin{pmatrix}1\\2\\4\end{pmatrix}-\begin{pmatrix}3\\-1\\-1\end{pmatrix}=\begin{pmatrix}-2\\3\\5\end{pmatrix}$

f) $\begin{pmatrix}-3\\2\\1\end{pmatrix}-\begin{pmatrix}6\\-8\\-9\end{pmatrix}=\begin{pmatrix}-9\\10\\10\end{pmatrix}$

g) $\begin{pmatrix}1\\-2\\3\end{pmatrix}-\begin{pmatrix}5\\4\\-2\end{pmatrix}=\begin{pmatrix}-4\\-6\\5\end{pmatrix}$

h) $\begin{pmatrix}-3\\5\\-2\end{pmatrix}-\begin{pmatrix}-7\\-1\\3\end{pmatrix}-\begin{pmatrix}3\\-2\\-4\end{pmatrix}=\begin{pmatrix}1\\8\\-1\end{pmatrix}$

i) $\begin{pmatrix}7\\-3\\-10\end{pmatrix}-\begin{pmatrix}-4\\1\\0\end{pmatrix}+\begin{pmatrix}5\\8\\1\end{pmatrix}=\begin{pmatrix}16\\4\\9\end{pmatrix}$

32 **3.**

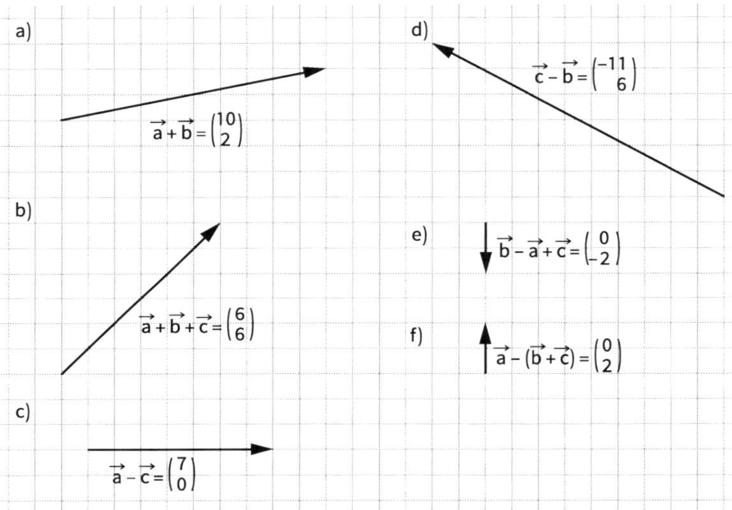

4. **a)** $\vec{a}+\vec{b}=\overrightarrow{AC}=\overrightarrow{EG}$

b) $\vec{a}-\vec{b}=\overrightarrow{DB}=\overrightarrow{HF}$

c) $\vec{b}-\vec{a}=\overrightarrow{BD}=\overrightarrow{FH}$

d) $\vec{a}-\vec{c}=\overrightarrow{EB}=\overrightarrow{HC}$

e) $\vec{b}+\vec{c}=\overrightarrow{AH}=\overrightarrow{BG}$

f) $\vec{b}-\vec{c}=\overrightarrow{ED}=\overrightarrow{FC}$

g) $\vec{a}+\vec{b}+\vec{c}=\overrightarrow{AG}$

h) $\vec{a}-(\vec{b}+\vec{c})=\overrightarrow{AB}-\overrightarrow{AH}=\overrightarrow{HB}$

5. $\overrightarrow{AC}=-\vec{u}$, $\overrightarrow{AD}=-\vec{u}+\vec{s}$, $\overrightarrow{AE}=\vec{r}+\vec{t}$, $\overrightarrow{BA}=-\vec{r}$, $\overrightarrow{BC}=-\vec{r}-\vec{u}$,
$\overrightarrow{BD}=-\vec{r}-\vec{u}+\vec{s}$, $\overrightarrow{CB}=\vec{u}+\vec{r}$, $\overrightarrow{CE}=\vec{u}+\vec{r}+\vec{t}$, $\overrightarrow{DA}=-\vec{s}+\vec{u}$,
$\overrightarrow{DB}=-\vec{s}+\vec{u}+\vec{r}$, $\overrightarrow{DE}=-\vec{s}+\vec{u}+\vec{r}+\vec{t}$

6. **a)** $|\overrightarrow{AB}|=\sqrt{(8-(-3))^2+(-3-5)^2+(0-2)^2}=\sqrt{189}\approx 13{,}75$

b) $|\overrightarrow{AB}|=\sqrt{(3-6)^2+(0-6)^2+(-2-6)^2}=\sqrt{109}\approx 10{,}44$

c) $|\overrightarrow{AB}|=\sqrt{(-4-0)^2+(3-0)^2+(-5-0)^2}=\sqrt{50}\approx 7{,}07$

d) $|\overrightarrow{AB}|=\sqrt{(3-(-2))^2+(-5-(-1))^2+(2-(-5))^2}=\sqrt{90}\approx 9{,}49$

32 **7.** **a)** $|\overrightarrow{AB}| = \sqrt{(2-0)^2 + (-2-0)^2 + (7-3)^2}$

$= \sqrt{24} \approx 4{,}9$

$|\overrightarrow{BC}| = \sqrt{(0-2)^2 + (-4-(-2))^2 + (4-7)^2}$

$= \sqrt{17} \approx 4{,}1$

$|\overrightarrow{AC}| = \sqrt{(2-2)^2 + (-2-2)^2 + (4-3)^2}$

$= \sqrt{17} \approx 4{,}12$

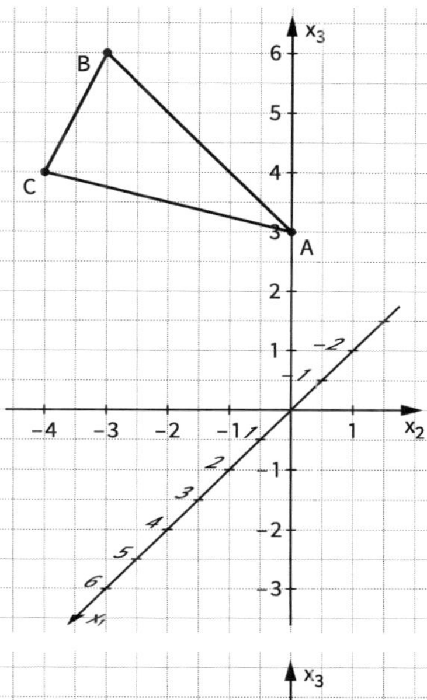

b) $|\overrightarrow{AB}| = \sqrt{(0-4)^2 + (-3-1)^2 + (1-0)^2}$

$= \sqrt{33} \approx 5{,}74$

$|\overrightarrow{BC}| = \sqrt{(6-0)^2 + (-1-(-3))^2 + (2-1)^2}$

$= \sqrt{41} \approx 6{,}4$

$|\overrightarrow{AC}| = |\overrightarrow{AB} + \overrightarrow{BC}|$

$= \sqrt{(-4+6)^2 + (-4+2)^2 + (1+1)^2}$

$= \sqrt{12} \approx 3{,}46$

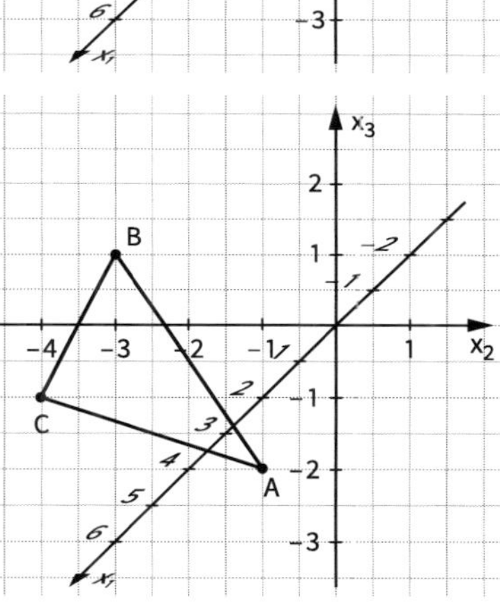

8. Die Überlegung ist falsch. Nach der Dreiecksregel kann man nur einen inneren gemeinsamen Punkt streichen.

32

9. a) $\overrightarrow{AB} + \overrightarrow{BC} + \overrightarrow{CD} = \overrightarrow{AC} + \overrightarrow{CD} = \overrightarrow{AD}$

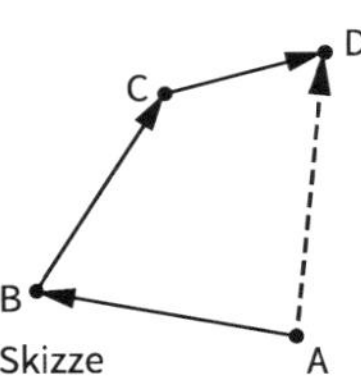

b) $\overrightarrow{AB} - \overrightarrow{CB} + \overrightarrow{CA} = \overrightarrow{AB} + \overrightarrow{BC} + \overrightarrow{CA} = \overrightarrow{AC} + \overrightarrow{CA} = \vec{o}$

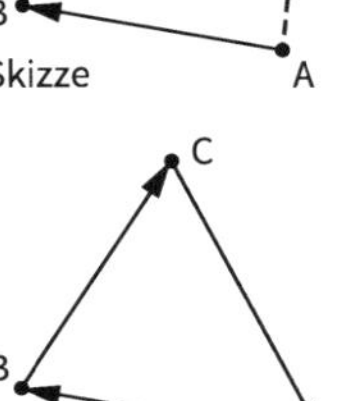

c) $\overrightarrow{RS} + \overrightarrow{SR} = \overrightarrow{RR} = \vec{o}$

S

Skizze R

d) $\overrightarrow{RP} - \left(\overrightarrow{RP} - \overrightarrow{PQ}\right) + \overrightarrow{QS} = \overrightarrow{RP} - \overrightarrow{RP} + \overrightarrow{PQ} + \overrightarrow{QS} = \vec{o} + \overrightarrow{PS} = \overrightarrow{PS}$

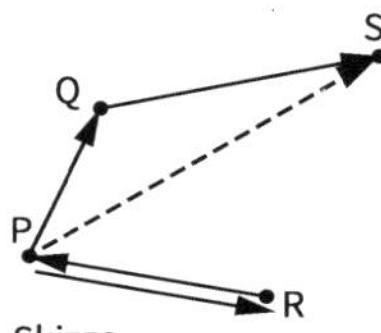

e) $\overrightarrow{FG} + \overrightarrow{GH} - \overrightarrow{FI} = \overrightarrow{FH} - \overrightarrow{FI} = \overrightarrow{IH}$

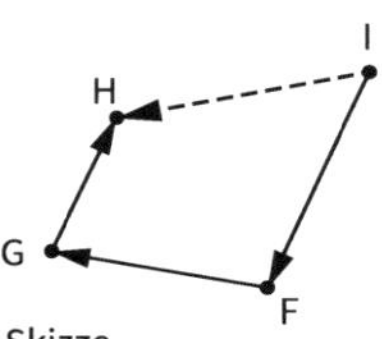

f) $\overrightarrow{PQ} - \left(\overrightarrow{SR} - \overrightarrow{QR}\right) + \overrightarrow{SP}$

$= \overrightarrow{PQ} - \overrightarrow{SR} + \overrightarrow{QR} + \overrightarrow{SP}$

$= \overrightarrow{PQ} + \overrightarrow{QR} - \overrightarrow{SR} + \overrightarrow{SP}$

$= \overrightarrow{PR} + \overrightarrow{RS} + \overrightarrow{SP} = \overrightarrow{PS} + \overrightarrow{SP} = \vec{o}$

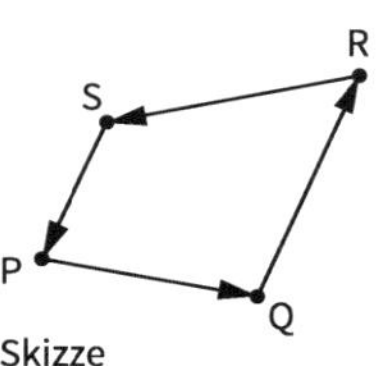

10. a) $C(0|2|7)$; $D(3|-1|2)$

b) Seiten als Vektoren dargestellt:

$\overrightarrow{AB} = \begin{pmatrix} -5 \\ 4 \\ 5 \end{pmatrix}$ $\quad |\overrightarrow{AB}| = \sqrt{66} \approx 8{,}12$ $\qquad \overrightarrow{DC} = \begin{pmatrix} -3 \\ 3 \\ 5 \end{pmatrix}$ $\quad |\overrightarrow{DC}| = \sqrt{43} \approx 6{,}56$

$\overrightarrow{BC} = \begin{pmatrix} 2 \\ -3 \\ 4 \end{pmatrix}$ $\quad |\overrightarrow{BC}| = \sqrt{29} \approx 5{,}39$ $\qquad \overrightarrow{AD} = \begin{pmatrix} 0 \\ -2 \\ 4 \end{pmatrix}$ $\quad |\overrightarrow{AD}| = \sqrt{20} \approx 4{,}47$

Das Viereck ABCD ist kein Parallelogramm!

Gründe: 1) $\overrightarrow{AB} \neq \overrightarrow{CD}$ $\quad$ 2) $\overrightarrow{BC} \neq \overrightarrow{AD}$

33

11. a) $\overrightarrow{TB} = \begin{pmatrix} 1\,725 \\ 1\,649 \\ 2\,116 \end{pmatrix}$

b) $\overrightarrow{Z_{neu}B} = \begin{pmatrix} 1\,237 \\ 1\,115 \\ 1\,471 \end{pmatrix}$

c) Es gilt:

$\left|\overrightarrow{TZ}\right| + \left|\overrightarrow{ZB}\right|$

$\approx 1\,113{,}13 + 2\,086{,}46$

$= 3\,199{,}59$

$\left|\overrightarrow{TZ_{neu}}\right| + \left|\overrightarrow{Z_{neu}B}\right|$

$\approx 969{,}19 + 2\,222$

$= 3\,191{,}19$

Vor der Verlegung der Zwischenstation war der Weg von der Tal- zur Bergstation 3 199,59 m lang. Nach der Verlegung ist der Weg mit 3 191,19 m Länge etwas kürzer.

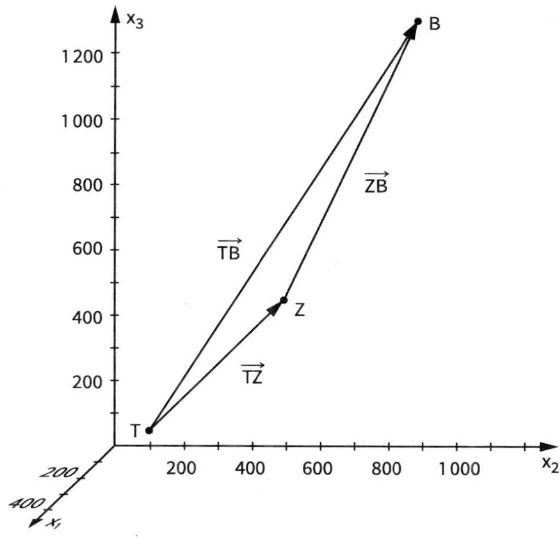

12. a) T(375 | 251 | 1 314)

b) $|\vec{v}| = \sqrt{150^2 + 600^2 + 1\,200^2} = 1\,350$,

In den ersten 5 Minuten erreicht der Ballon eine Durchschnittsgeschwindigkeit von $\frac{1350\,\text{m}}{5\,\text{min}} = 270\,\frac{\text{m}}{\text{min}} = 16{,}2\,\frac{\text{km}}{\text{h}}$.

13. a) in Richtung x_1: −4 Einheiten
in Richtung x_2: 14 Einheiten
in Richtung x_3: − 12 Einheiten
$\begin{pmatrix} -4 \\ 14 \\ -12 \end{pmatrix}$

b) H′(74 | 42 | 91)

c) $\sqrt{(-4)^2 + 14^2 + (-12)^2} = \sqrt{356} \approx 18{,}87$

34

14. a) D(0 | 2 | 9)

$\left|\overrightarrow{AB}\right| = \left|\overrightarrow{DC}\right| = \sqrt{41} \approx 6{,}4$

$\left|\overrightarrow{AD}\right| = \left|\overrightarrow{BC}\right| = \sqrt{50} \approx 7{,}07$

b) D(9 | 7 | 14)

$\left|\overrightarrow{AB}\right| = \left|\overrightarrow{DC}\right| = \sqrt{77} \approx 8{,}77$

$\left|\overrightarrow{AD}\right| = \left|\overrightarrow{BC}\right| = \sqrt{35} \approx 5{,}92$

c) D(6 | 8 | −4)

$\left|\overrightarrow{AB}\right| = \left|\overrightarrow{DC}\right| = \sqrt{116} \approx 10{,}77$

$\left|\overrightarrow{AD}\right| = \left|\overrightarrow{BC}\right| = \sqrt{29} \approx 5{,}39$

34

15. a) $\overrightarrow{DC} = \begin{pmatrix} -2 \\ 1 \\ -4 \end{pmatrix}$; $\overrightarrow{AB} = \overrightarrow{DC}$ und $\overrightarrow{BC} = \begin{pmatrix} 1 \\ 1 \\ 4 \end{pmatrix} = \overrightarrow{DA}$

ABCD ist ein Parallelogramm.

b) $\overrightarrow{DC} = \begin{pmatrix} 5 \\ 4 \\ 1 \end{pmatrix}$, $\overrightarrow{AB} \neq \overrightarrow{DC}$

ABCD ist kein Parallelogramm. Allerdings ist das Viereck ABDC ein Parallelogramm.

c) $\overrightarrow{DC} = \begin{pmatrix} 3 \\ 1 \\ 3 \end{pmatrix}$; $\overrightarrow{AB} = \overrightarrow{DC}$ und $\overrightarrow{BC} = \begin{pmatrix} -9 \\ -2 \\ -4 \end{pmatrix} = \overrightarrow{DA}$

ABCD ist ein Parallelogramm.

16.

Dreieck	Eigenschaften
Gleichseitiges Dreieck	Alle drei Seiten sind gleich lang. Alle drei Winkel haben 60°.
Gleichschenkliges Dreieck	Zwei Winkel sind gleich groß. Die anliegenden Schenkel sind gleich lang.
Rechtwinkliges Dreieck	Ein Winkel hat 90°. Ein Dreieck ist genau dann rechtwinklig, wenn der Satz des Pythagoras gilt.

17. a) $|\overrightarrow{AB}| = \sqrt{41}$, $|\overrightarrow{AC}| = \sqrt{41}$, $|\overrightarrow{BC}| = \sqrt{122}$

$41 + 41 = 82 \neq 122$, das Dreieck ist gleichschenklig, aber nicht rechtwinklig.

b) $|\overrightarrow{AB}| = \sqrt{68}$, $|\overrightarrow{AC}| = \sqrt{85}$, $|\overrightarrow{BC}| = \sqrt{17}$

$68 + 17 = 85$, das Dreieck ist rechtwinklig.

c) $|\overrightarrow{AB}| = \sqrt{20}$, $|\overrightarrow{AC}| = \sqrt{16{,}25}$, $|\overrightarrow{BC}| = \sqrt{16{,}25}$

$16{,}25 + 16{,}25 = 32{,}5 \neq 20$, das Dreieck ist gleichschenklig, aber nicht rechtwinklig.

d) $|\overrightarrow{AB}| = \sqrt{36}$, $|\overrightarrow{AC}| = \sqrt{10}$, $|\overrightarrow{BC}| = \sqrt{26}$

$10 + 26 = 36$, das Dreieck ist rechtwinklig.

e) $|\overrightarrow{AB}| = \sqrt{36}$, $|\overrightarrow{AC}| = \sqrt{36}$, $|\overrightarrow{BC}| = \sqrt{72}$

$36 + 36 = 72$, das Dreieck ist gleichschenklig-rechtwinklig.

18. a) $u = |\overrightarrow{AB}| + |\overrightarrow{AC}| + |\overrightarrow{BC}| = \sqrt{30} + \sqrt{50} + \sqrt{148} \approx 24{,}71$

b) $|\overrightarrow{AB}| = |\overrightarrow{AC}|$, also $30 = k^2 + 6k + 10$; $k_1 = -3 + \sqrt{29} \approx 2{,}39$; $k_2 = -3 - \sqrt{29} \approx -8{,}39$

$|\overrightarrow{AB}| = |\overrightarrow{BC}|$, also $30 = k^2 - 4k + 8$; $k_3 = 2 + \sqrt{26} \approx 7{,}1$; $k_4 = 2 - \sqrt{26} \approx -3{,}1$

$|\overrightarrow{AC}| = |\overrightarrow{BC}|$, also $k^2 + 6k + 10 = k^2 - 4k + 8$; $k_5 = -\frac{1}{5}$

Für die Werte k_1 bis k_5 erhält man ein gleichschenkliges Dreieck.

Das Dreieck kann nicht gleichseitig sein, da es keinen Wert für k gibt, für den alle drei Seiten gleich lang sind.

19. a) Es gilt: $|\overrightarrow{AB}| = \sqrt{25}$, $|\overrightarrow{AC}| = \sqrt{50}$, $|\overrightarrow{BC}| = \sqrt{25}$,

also $|\overrightarrow{AB}| = |\overrightarrow{BC}|$. Außerdem gilt $|\overrightarrow{AB}|^2 + |\overrightarrow{BC}|^2 = |\overrightarrow{AC}|^2$.

Das Dreieck ist also gleichschenklig-rechtwinklig.

$\overrightarrow{OD} = \overrightarrow{OA} + \overrightarrow{BC} = \begin{pmatrix} 4 \\ 3 \\ 9 \end{pmatrix}$. Für D(4|3|9) ist das Viereck ABCD ein Quadrat.

34 **b)** Es gilt: $|\overrightarrow{AS}| = \sqrt{52}$, $|\overrightarrow{BS}| = \sqrt{17}$, $|\overrightarrow{CS}| = \sqrt{18}$, $|\overrightarrow{DS}| = \sqrt{53}$

Die Seiten der Pyramide haben alle eine unterschiedliche Länge.

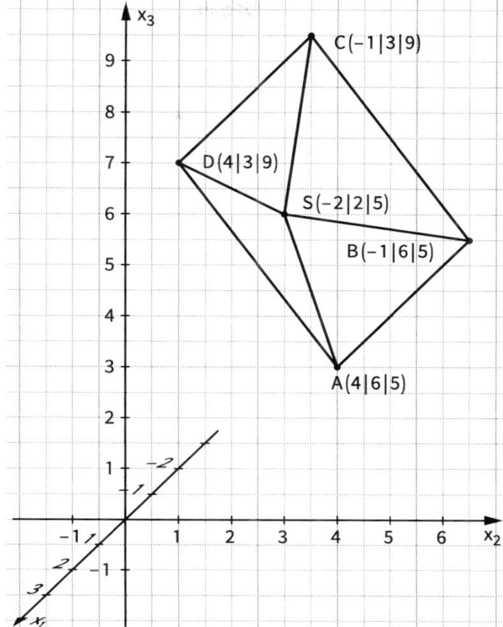

1.3.4 Vervielfachen von Vektoren

36 **1.** **a)** $\begin{pmatrix} -2 \\ 10 \\ 14 \end{pmatrix}$ **b)** $\begin{pmatrix} 3 \\ -6 \\ 4{,}5 \end{pmatrix}$ **c)** $\begin{pmatrix} -2 \\ 0 \\ -2{,}5 \end{pmatrix}$ **d)** $\begin{pmatrix} -6 \\ -3 \\ 15 \end{pmatrix}$ **e)** $\begin{pmatrix} 5 \\ -7{,}5 \\ 6{,}25 \end{pmatrix}$

2. Mehrere Lösungen immer möglich; einfache Beispiele:

a) $\vec{a} = \frac{1}{6} \cdot \begin{pmatrix} 4 \\ -6 \\ 3 \end{pmatrix}$

b) $\vec{a} = \frac{1}{12} \cdot \begin{pmatrix} -48 \\ -9 \\ 4 \end{pmatrix}$

c) $\vec{a} = 6 \cdot \begin{pmatrix} 3 \\ -2 \\ 4 \end{pmatrix}$; hier wäre die Aufgabenstellung ebenfalls eine Lösung.

d) $\vec{a} = \frac{1}{6} \cdot \begin{pmatrix} -3 \\ 120 \\ 4 \end{pmatrix}$

3. (1) Wegen der ersten Koordinate müsste der Faktor (−1) sein.
Dies passt nicht zur dritten Koordinate.

(2) Wegen der ersten Koordinate müsste der Faktor $\frac{1}{2}$ sein.
Dies passt weder zur zweiten noch zur dritten Koordinate.

(3) Wegen der ersten Koordinate müsste der Faktor $\frac{1}{2}$ sein.
Dies passt nicht zur dritten Koordinate.

(4) Da $\vec{a}$ und $\vec{b}$ die gleiche x_3-Koordinate haben, aber unterschiedliche x_1- und x_2-Koordinaten, kann $\vec{b}$ kein Vielfaches von $\vec{a}$ sein.

37

4. **a)** $\vec{b} = \begin{pmatrix} \frac{2}{3} \\ -\frac{1}{3} \\ \frac{2}{3} \end{pmatrix}$ **b)** $\vec{b} = \frac{1}{5\sqrt{2}} \begin{pmatrix} 5 \\ 3 \\ -4 \end{pmatrix}$ **c)** $\vec{b} = \frac{1}{\sqrt{106}} \begin{pmatrix} 9 \\ 0 \\ 5 \end{pmatrix}$ **d)** $\vec{b} = \frac{1}{\sqrt{2}} \begin{pmatrix} 1 \\ 0 \\ 1 \end{pmatrix}$

Es gibt jeweils nur eine Lösung.

5. $\vec{b} = 2 \cdot \begin{pmatrix} -2 \\ 5 \\ 4 \end{pmatrix} = 2 \cdot \vec{d}$; $\vec{b}$ und $\vec{d}$ sind parallel zueinander.

$\vec{c} = -1{,}2 \cdot \begin{pmatrix} 2 \\ -5 \\ 4 \end{pmatrix} = -1{,}2 \cdot \vec{a}$; $\vec{e} = 150 \cdot \begin{pmatrix} 2 \\ -5 \\ 4 \end{pmatrix} = 150 \cdot \vec{a}$; $\vec{a}, \vec{c}$ und $\vec{e}$ sind parallel zueinander.

6.

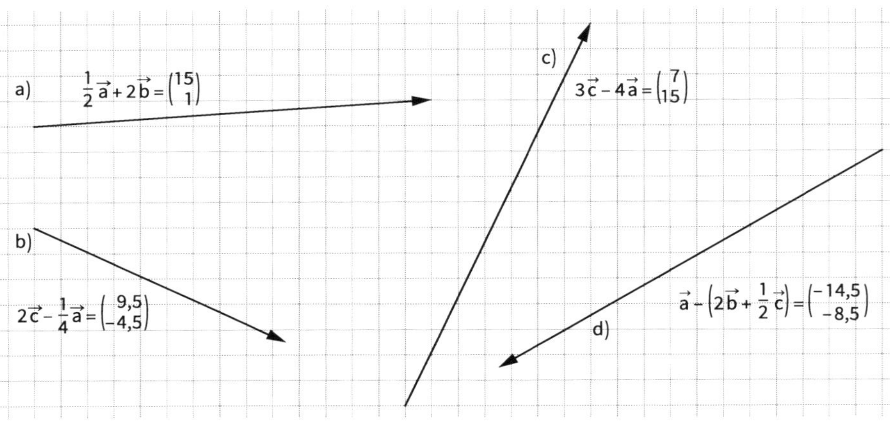

7. (1) $\frac{1}{2}\vec{a} + \frac{1}{2}\vec{b}$ (2) $-\vec{a} + \vec{b}$ (3) $\vec{a}$ (4) $\frac{1}{2}\vec{b}$

8. $\overrightarrow{AM_1} = \vec{a} + \frac{1}{2}\vec{b} + \frac{1}{2}\vec{c}$ $\overrightarrow{M_1M_2} = \frac{1}{2}\vec{b} - \frac{1}{2}\vec{a}$ $\overrightarrow{HM_3} = \frac{1}{2}\vec{a} - \vec{b} - \frac{1}{2}\vec{c}$ $\overrightarrow{M_2A} = -\frac{1}{2}\vec{c} - \frac{1}{2}\vec{a} - \vec{b}$

9. $\overrightarrow{MS} = -\frac{1}{2}(\vec{a} + \vec{b}) + \vec{c}$ $\overrightarrow{CS} = -(\vec{a} + \vec{b}) + \vec{c}$ $\overrightarrow{SB} = \vec{a} - \vec{c}$

10. $\overrightarrow{AB} = \begin{pmatrix} -12 \\ 12 \\ -4 \end{pmatrix}$ $\overrightarrow{OM} = \overrightarrow{OA} + \frac{1}{2}\overrightarrow{AB} = \begin{pmatrix} 3 \\ -4 \\ 7 \end{pmatrix} + \begin{pmatrix} -6 \\ 6 \\ -2 \end{pmatrix} = \begin{pmatrix} -3 \\ 2 \\ 5 \end{pmatrix}$

Der Mittelpunkt M der Strecke $\overline{AB}$ liegt bei M(−3 | 2 | 5).
Für den Mittelpunkt M einer Strecke $\overline{AB}$ gilt allgemein:
$\overrightarrow{OM} = \overrightarrow{OA} + \frac{1}{2}\overrightarrow{AB} = \overrightarrow{OA} + \frac{1}{2}(\overrightarrow{AO} + \overrightarrow{OB}) = \overrightarrow{OA} + \frac{1}{2}(-\overrightarrow{OA} + \overrightarrow{OB}) = \frac{1}{2}\overrightarrow{OA} + \frac{1}{2}\overrightarrow{OB} = \frac{1}{2}(\overrightarrow{OA} + \overrightarrow{OB})$

11. $\overrightarrow{AB} = \begin{pmatrix} -6 \\ 4 \\ 2 \end{pmatrix}$; $\overrightarrow{AC} = \begin{pmatrix} 4 \\ -6 \\ -2 \end{pmatrix}$; $\overrightarrow{BC} = \begin{pmatrix} 10 \\ -10 \\ -4 \end{pmatrix}$ $M_a(1 | 0 | 4)$; $M_b(4 | -2 | 3)$; $M_c(-1 | 3 | 5)$

$\overrightarrow{M_aM_b} = \begin{pmatrix} -3 \\ -2 \\ -1 \end{pmatrix} = -\frac{1}{2}\overrightarrow{AB}$ $\overrightarrow{M_aM_c} = \begin{pmatrix} -2 \\ 3 \\ 1 \end{pmatrix} = -\frac{1}{2}\overrightarrow{AC}$ $\overrightarrow{M_bM_c} = \begin{pmatrix} -5 \\ 5 \\ 2 \end{pmatrix} = -\frac{1}{2}\overrightarrow{BC}$

Jede Seite des Mittendreiecks $M_aM_bM_c$ ist parallel zur gegenüberliegenden Seite des Dreiecks ABC und halb so lang wie diese.
Die Dreiecke ABC und $M_aM_bM_A$ sind ähnlich zueinander.

1.3.5 Lineare Abhängigkeit und Unabhängigkeit von Vektoren

38 **Einstiegsaufgabe ohne Lösung**

- Die Vektoren $\vec{u} = \begin{pmatrix} 1 \\ -2 \\ 1 \end{pmatrix}$ und $\vec{v} = \begin{pmatrix} 0 \\ 3 \\ -2 \end{pmatrix}$ sind nicht parallel zueinander. Sie legen zusammen mit dem Punkt A ein Parallelogramm mit den Eckpunkten A, B (1 | −2 | 1), C (1 | 1 | −1) und D (0 | 3 | −2) fest.
  Jeder Punkt P mit $\overrightarrow{OP} = r \cdot \vec{u} + s \cdot \vec{v}$ liegt in der Ebene, in der das Parallelogramm liegt.
  Der Punkt E (2 | −1 | 3) mit $\overrightarrow{OE} = \vec{w}$ liegt nicht in dieser Grundflächenebene, da es keine Werte für die Parameter r und s gibt, sodass die Gleichung $\vec{w} = r \cdot \vec{u} + s \cdot \vec{v}$ erfüllt ist.
  Damit erhält man die restlichen Eckpunkte:
  $\overrightarrow{OF} = \overrightarrow{OE} + \vec{u} = \begin{pmatrix} 3 \\ -3 \\ 4 \end{pmatrix}$, $\overrightarrow{OG} = \overrightarrow{OF} + \vec{v} = \begin{pmatrix} 3 \\ 0 \\ 2 \end{pmatrix}$; $\overrightarrow{OH} = \overrightarrow{OE} + \vec{v} = \begin{pmatrix} 2 \\ 2 \\ 1 \end{pmatrix}$
  also F (3 | −3 | 4); G (3 | 0 | 2); H (2 | 2 | 1)
- Ein Punkt P mit $\overrightarrow{OP} = r \cdot \vec{u} + s \cdot \vec{v}$; $0 \le r, s \le 1$ liegt innerhalb oder auf den Seiten der Grundfläche.
  Ein Punkt P mit $\overrightarrow{OP} = r \cdot \vec{u} + s \cdot \vec{v}$; $0 \le r \le 1$; $s \in \mathbb{R}$ liegt in einem Streifen, der von den Parallelen AD und BC begrenzt wird.
- $\overrightarrow{OM} = \frac{1}{2} \cdot (\vec{u} + \vec{v}) + \vec{w}$
- Die Gleichung $\vec{w} = r \cdot \vec{u} + s \cdot \vec{v}$ hat die Lösung $r = -1$; $s = 2$.
  Der Punkt E mit $\overrightarrow{OE} = \vec{w}$ liegt somit in der Grundflächenebene. Die drei Vektoren spannen keinen Spat auf.

40 **1.** Voraussetzung: $r\vec{a} + s\vec{b} + t\vec{c} = \vec{0}$ nur für $r = s = t = 0$
Beweis durch Widerspruch:
Annahme: $\vec{a}, \vec{b}, \vec{c}$ linear abhängig
$\Rightarrow$ Z. B. $\vec{a} = s\vec{b} + t\vec{c}$ für mindestens einen Parameter s, t ungleich 0.
$\Rightarrow$ $\vec{0} = -1 \cdot \vec{a} + s\vec{b} + t\vec{c}$ für mindestens einen Parameter s, t ungleich 0
Widerspruch zur Voraussetzung
$\Rightarrow$ $\vec{a}, \vec{b}, \vec{c}$ linear unabhängig

2. **a)** linear unabhängig
b) linear unabhängig
c) linear unabhängig
d) linear unabhängig
e) linear abhängig

3. **a)** Für $t = 8$ linear abhängig.
b) Für $t = 0$ oder $t = 3$ linear abhängig.
c) Für alle $t \in \mathbb{R}$ linear abhängig.

40

4. a) $(3r+s)\vec{u}+(3r-s+2t)\vec{v}+(2s-t)\vec{w}=\vec{0}$

Lineares Gleichungssystem:

$\left|\begin{array}{l} 3r+s=0 \\ 3r-s+2t=0 \\ 2s-t=0 \end{array}\right|$ nur $r=s=t=0$ Lösung

$\Rightarrow$ Die Vektoren sind linear unabhängig.

b) $(2r+4s)\vec{u}+(7r+3t)\vec{v}+(-5s+6t)\vec{w}=\vec{0}$

Lineares Gleichungssystem:

$\left|\begin{array}{l} 2r+4s=0 \\ 7r+3t=0 \\ -5s+6t=0 \end{array}\right|$ nur $r=s=t=0$ Lösung

$\Rightarrow$ Die Vektoren sind linear unabhängig.

5. a) $\overrightarrow{BT}=-\frac{1}{5}\cdot\overrightarrow{AB}$

b) Es gilt: $\overrightarrow{AB}=\frac{1}{k}\cdot\overrightarrow{AT}$ und $\overrightarrow{TB}=(1-k)\cdot\overrightarrow{AB}$, also auch $\overrightarrow{TB}=(1-k)\cdot\frac{1}{k}\cdot\overrightarrow{AT}=\frac{1-k}{k}\cdot\overrightarrow{AT}$

c) Die Gleichung gilt auch in den Fällen $k \geq 1$ und $k \leq 0$.

Ist $k=1$, so fällt T auf den Punkt B. Dann gilt: $\overrightarrow{AB}=1\cdot\overrightarrow{AT}$ und $\overrightarrow{TB}=0\cdot\overrightarrow{AT}$.

Ist $k>1$, so ist T ein äußerer Teilpunkt, der auf der Geraden AB außerhalb der Strecke $\overline{AB}$ liegt.

Dann ist $\frac{1-k}{k}<0$, $\overrightarrow{AT}$ und $\overrightarrow{TB}$ sind entgegengesetzt gerichtet.

Ist $k=0$, so fällt T auf den Punkt A. Dann gilt: $\overrightarrow{AT}=0\cdot\overrightarrow{AB}$ und $\overrightarrow{TB}=1\cdot\overrightarrow{AB}$.

Ist $k<0$, so ist T ein äußerer Teilpunkt, der auf der Geraden AB außerhalb der Strecke $\overline{AB}$ liegt.

Dann ist $\frac{1-k}{k}<0$, $\overrightarrow{AT}$ und $\overrightarrow{TB}$ sind entgegengesetzt gerichtet.

6. a) $\overrightarrow{EO}=-\vec{b}-\vec{c}$; $\overrightarrow{DB}=-\vec{a}+\vec{b}-\vec{c}$; $\overrightarrow{OM}=\frac{1}{2}\vec{a}+\frac{1}{2}\vec{b}+\frac{1}{2}\vec{c}$;

$\overrightarrow{SM}=\overrightarrow{SO}+\overrightarrow{OM}$

Für den Schwerpunkt eines Dreiecks ABC gilt $\overrightarrow{OS}=\frac{1}{3}\left(\overrightarrow{OA}+\overrightarrow{OB}+\overrightarrow{OC}\right)$ (siehe Einstiegsaufgabe mit Lösung auf Seite 70), wobei O und C in diesem Fall zusammenfallen.

$\Rightarrow \overrightarrow{SM}=-\frac{1}{3}\left(\overrightarrow{OA}+\overrightarrow{OB}\right)=\frac{1}{6}\vec{a}+\frac{1}{6}\vec{b}+\frac{1}{2}\vec{c}$

b) P ist der Mittelpunkt von $\overline{DE}$.

c) Bedingungen: $r=-s$, $0<r<1$ $(0>s>-1)$ und $t=1$

d) Bedingungen: $0<r<1$ $(0>s>-1)$, $t=1$

7. a)

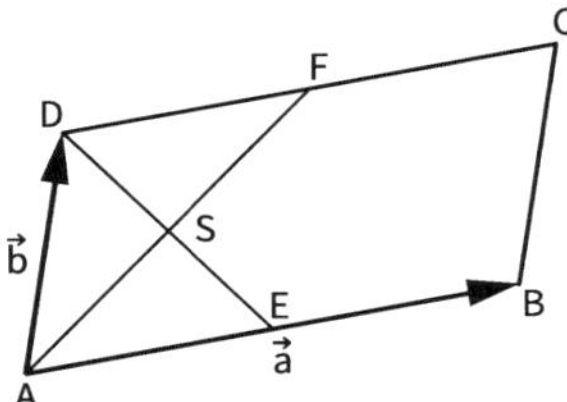

$\overrightarrow{ED}=\overrightarrow{AD}-\overrightarrow{AE}=\vec{b}-\frac{1}{2}\cdot\vec{a}$; $\overrightarrow{AF}=\vec{b}+k\cdot\vec{a}$; $0<k<1$

b) Das Viereck AEFD ist in diesem Fall ebenfalls ein Parallelogramm, deshalb muss F der Mittelpunkt der Strecke $\overline{DC}$ sein. Somit ist $k=\frac{1}{2}$.

Blickpunkt: Bewegungen auf dem Wasser

41

1. $|\vec{v}| = \sqrt{1{,}4^2 + (-2{,}1)^2} \approx 2{,}52$
Geschwindigkeit $v = 2{,}52\,\frac{m}{s} \approx 9{,}07\,\frac{km}{h} \approx 5{,}04$ kn

2. $|\vec{v_A}| = 6\,\text{kn} \approx 10{,}8\,\frac{km}{h} \approx 3\,\frac{m}{s}$;
$|\vec{v_B}| = 10\,\text{kn} \approx 18\,\frac{km}{h} \approx 5\,\frac{m}{s}$
Der Winkel zwischen den beiden Kursen beträgt 90°.
$x_A = 3 \cdot \sin(22{,}5°) \approx 2{,}30$;
$y_A = -3 \cdot \cos(22{,}5°) \approx -5{,}54$; $\vec{v_A} \approx \begin{pmatrix} 2{,}30 \\ -5{,}54 \end{pmatrix}$
$x_B = 5 \cdot \cos(22{,}5°) \approx 9{,}24$;
$y_B = 5 \cdot \sin(22{,}5°) \approx 3{,}83$; $\vec{v_B} \approx \begin{pmatrix} 9{,}24 \\ 3{,}83 \end{pmatrix}$

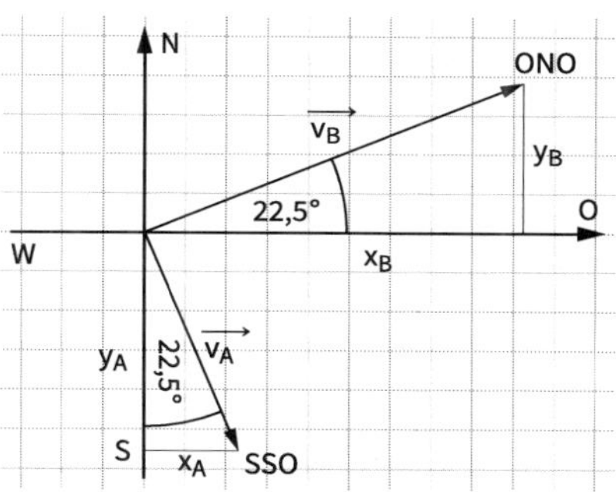

42

3. $\vec{v} = \vec{v_1} + \vec{v_2} = \begin{pmatrix} 2 \\ 5 \end{pmatrix} + \begin{pmatrix} 1 \\ -2 \end{pmatrix} = \begin{pmatrix} 3 \\ 3 \end{pmatrix}$
$|\vec{v}| = \sqrt{18}\,\frac{m}{s} \approx 4{,}24\,\frac{m}{s} \approx 15{,}27\,\frac{km}{h}$

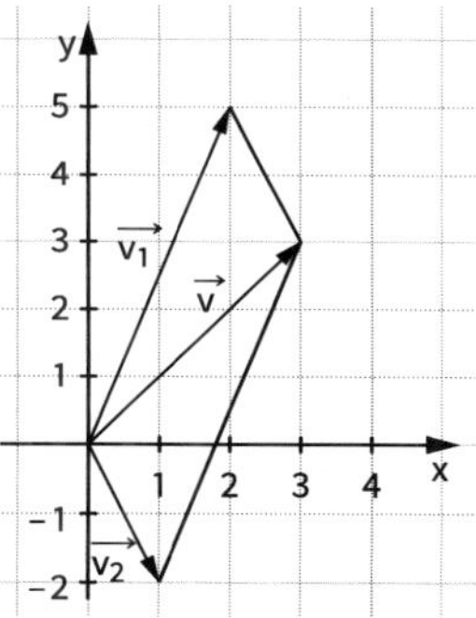

4. $x_1 = 4 \cdot \cos(75°) \approx 1{,}04$; $y_1 = 4 \cdot \sin(75°) \approx 3{,}86$
$\vec{v_1} \approx \begin{pmatrix} 1{,}04 \\ 3{,}86 \end{pmatrix}$; $\vec{v_2} = \begin{pmatrix} 3 \\ 0 \end{pmatrix}$
$\vec{v} = \vec{v_1} + \vec{v_2} \approx \begin{pmatrix} 4{,}04 \\ 3{,}86 \end{pmatrix}$
$|\vec{v}| \approx \sqrt{4{,}042 + 3{,}862} \approx 5{,}59$
Der Tanker bewegt sich mit einer Geschwindigkeit von ca. 5,6 kn.
Anmerkung: Die Geschwindigkeit kann auch durch Ablesen in einer maßstabsgetreuen Zeichnung bestimmt werden.

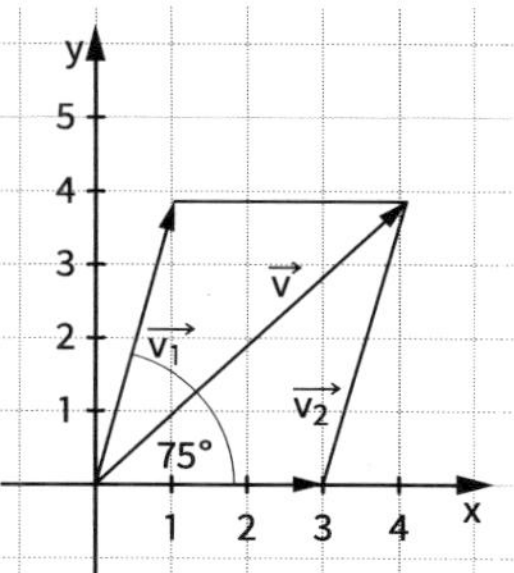

1.4 Winkel im Raum

1.4.1 Orthogonalität zweier Vektoren – Skalarprodukt

43 **Einstiegsaufgabe ohne Lösung**

- $\vec{a} = \overrightarrow{CB} = \begin{pmatrix} 0 \\ 0 \\ 8 \end{pmatrix}$, $|\vec{a}| = 8$; $\vec{b} = \overrightarrow{CA} = \begin{pmatrix} 0 \\ 3 \\ 0 \end{pmatrix}$, $|\vec{b}| = 3$; $\vec{c} = \overrightarrow{AB} = \begin{pmatrix} 0 \\ -3 \\ 8 \end{pmatrix}$, $|\vec{c}| = \sqrt{0^2 + (-3)^2 + 8^2} = \sqrt{73}$

  Es gilt: $|\vec{a}|^2 + |\vec{b}|^2 = |\vec{c}|^2$

  Nach dem Satz des Pythagoras ist das Dreieck ABC rechtwinklig mit einem rechten Winkel im Punkt C.
- Kriterium: $|\vec{a}|^2 + |\vec{b}|^2 = |\vec{b} - \vec{a}|^2$

  $a_1^2 + a_2^2 + a_3^2 + b_1^2 + b_2^2 + b_3^2 = (b_1 - a_1)^2 + (b_2 - a_2)^2 + (b_3 - a_3)^2$

  Ausmultiplizieren und Zusammenfassen ergibt:

  $0 = -2\,b_1 a_1 - 2\,b_2 a_2 - 2\,b_3 a_3$ und somit $a_1 b_1 + a_2 b_2 + a_3 b_3 = 0$

45 **1.** $\vec{u} * \vec{u} = u_1 \cdot u_1 + u_2 \cdot u_2 + u_3 \cdot u_3 = u_1^2 + u_2^2 + u_3^2$

Nach Seite 27 (Schülerband) ist $|\vec{u}| = \sqrt{u_1^2 + u_2^2 + u_3^2}$.

Einsetzen der ersten Gleichung liefert $|\vec{u}| = \sqrt{\vec{u} * \vec{u}}$.

2. $\vec{u} * (\vec{v} + \vec{w}) = \begin{pmatrix} 2 \\ -4 \\ 3 \end{pmatrix} * \left(\begin{pmatrix} 8 \\ 1 \\ -4 \end{pmatrix} + \begin{pmatrix} -1 \\ 5 \\ 7 \end{pmatrix} \right) = \begin{pmatrix} 2 \\ -4 \\ 3 \end{pmatrix} * \begin{pmatrix} 7 \\ 6 \\ 3 \end{pmatrix} = 14 - 24 + 9 = -1$

$\vec{u} * \vec{v} + \vec{u} * \vec{w} = \begin{pmatrix} 2 \\ -4 \\ 3 \end{pmatrix} * \begin{pmatrix} 8 \\ 1 \\ -4 \end{pmatrix} + \begin{pmatrix} 2 \\ -4 \\ 3 \end{pmatrix} * \begin{pmatrix} -1 \\ 5 \\ 7 \end{pmatrix} = 16 - 4 - 12 + (-2) - 20 + 21 = -1$

Vermutung: Das Distributivgesetz gilt auch für das Skalarprodukt.

Beweis: Für $\vec{u} = \begin{pmatrix} u_1 \\ u_2 \\ u_3 \end{pmatrix}$, $\vec{v} = \begin{pmatrix} v_1 \\ v_2 \\ v_3 \end{pmatrix}$, $\vec{w} = \begin{pmatrix} w_1 \\ w_2 \\ w_3 \end{pmatrix}$ gilt:

$$\begin{aligned} \vec{u} * (\vec{v} + \vec{w}) &= \begin{pmatrix} u_1 \\ u_2 \\ u_3 \end{pmatrix} * \begin{pmatrix} v_1 + w_1 \\ v_2 + w_2 \\ v_3 + w_3 \end{pmatrix} \\ &= u_1 (v_1 + w_1) + u_2 (v_2 + w_2) + u_3 (v_3 + w_3) \\ &= u_1 v_1 + u_1 w_1 + u_2 v_2 + u_2 w_2 + u_3 v_3 + u_3 w_3 \\ &= (u_1 v_1 + u_2 v_2 + u_3 v_3) + (u_1 w_1 + u_2 w_2 + u_3 w_3) \\ &= \vec{u} * \vec{v} + \vec{u} * \vec{w} \end{aligned}$$

46 **3. a)** $\vec{u} * \vec{v} = 0 + 0 + 0 = 0$ $\Rightarrow$ orthogonal

b) $\vec{u} * \vec{v} = 2 + 1 - 3 = 0$ $\Rightarrow$ orthogonal

c) $\vec{u} * \vec{v} = 2 - 4 + 15 = 13$ $\Rightarrow$ nicht orthogonal

d) $\vec{u} * \vec{v} = 6 + 0 - 6 = 0$ $\Rightarrow$ orthogonal

e) $\vec{u} * \vec{v} = 5 - 8 + 3 = 0$ $\Rightarrow$ orthogonal

f) $\vec{u} * \vec{v} = 0$, aber wegen $\vec{u} = \vec{0}$ spricht man nicht von Orthogonalität.

4. $\overrightarrow{AC} = \begin{pmatrix} 4 \\ 2 \\ -6 \end{pmatrix}$, $\overrightarrow{BD} = \begin{pmatrix} 3 \\ 3 \\ 3 \end{pmatrix}$

$\begin{pmatrix} 4 \\ 2 \\ -6 \end{pmatrix} * \begin{pmatrix} 3 \\ 3 \\ 3 \end{pmatrix} = 12 + 6 - 18 = 0$

Die beiden Diagonalen sind orthogonal zueinander. Das Viereck ist ein Drachenviereck.

46

5. Vektor Balken 1: $\vec{a} = \begin{pmatrix} 0{,}2 \\ 6 \\ -5 \end{pmatrix} - \begin{pmatrix} 0 \\ 0 \\ -2 \end{pmatrix} = \begin{pmatrix} 0{,}2 \\ 6 \\ -3 \end{pmatrix}$

Vektor Balken 2: $\vec{b} = \begin{pmatrix} -0{,}1 \\ -3 \\ -6 \end{pmatrix} - \begin{pmatrix} 0 \\ 0 \\ -2 \end{pmatrix} = \begin{pmatrix} -0{,}1 \\ -3 \\ -4 \end{pmatrix}$

$\vec{a} * \vec{b} = -0{,}02 - 18 + 12 = -6{,}02 \neq 0$

Die Balken sind nicht orthogonal.

6. $\overrightarrow{AB} = \begin{pmatrix} 4 \\ -3 \\ -1{,}5 \end{pmatrix}$ $\overrightarrow{AC} = \begin{pmatrix} 4 \\ 3 \\ -1{,}5 \end{pmatrix}$

$\overrightarrow{AB} * \overrightarrow{AC} = 16 - 9 + 2{,}25 = 9{,}25 \neq 0$

Die Vektoren sind nicht orthogonal zueinander, es wird kein rechter Winkel eingeschlossen.

7. a) $\vec{u} * \vec{v} = 2a + 8 - (3 + b) = 2a - b + 5 = 0$, also $b = 2a + 5$

Drei Möglichkeiten

(1) $a = 1;\ b = 7$ (2) $a = -1;\ b = 3$ (3) $a = 0;\ b = 5$

b) $\vec{u} * \vec{v} = 2a + b - 2 = 0$, also $b = 2 - 2a$

(1) $a = 0;\ b = 2$ (2) $a = 1;\ b = 0$ (3) $a = -1;\ b = 4$

c) $\vec{u} * \vec{v} = a + b = 0$, also $b = -a$

(1) $a = 1;\ b = -1$ (2) $a = b = 0$ (3) $a = 2;\ b = -2$

8. $\vec{a} = \overrightarrow{CB} = \begin{pmatrix} 4 \\ 3 \\ 1 - c_3 \end{pmatrix}$ $\vec{b} = \overrightarrow{CA} = \begin{pmatrix} 8 \\ 0 \\ -c_3 \end{pmatrix}$ $\vec{c} = \overrightarrow{AB} = \begin{pmatrix} -4 \\ 3 \\ 1 \end{pmatrix}$

Rechter Winkel bei C $\Rightarrow \vec{a} * \vec{b} = 0 \Leftrightarrow c_3^2 - c_3 + 32 = 0$; keine Lösung

Rechter Winkel bei B $\Rightarrow \vec{a} * \vec{c} = 0 \Leftrightarrow c_3 = -6$

Rechter Winkel bei A $\Rightarrow \vec{b} * \vec{c} = 0 \Leftrightarrow c_3 = -32$

9. Wähle D so, dass alle 4 Skalarprodukte null sind.

$\overrightarrow{AB} = \begin{pmatrix} 0 \\ 5 \\ 0 \end{pmatrix}$; $\overrightarrow{CB} = \begin{pmatrix} -3 \\ 0 \\ -4 \end{pmatrix}$; $\overrightarrow{CA} = \begin{pmatrix} -3 \\ -5 \\ -4 \end{pmatrix}$

Rechter Winkel bei B, da $\overrightarrow{AB} * \overrightarrow{CB} = 0$.

$|\overrightarrow{AB}| = |\overrightarrow{CB}| = 5$

Das Dreieck ABC ist ein gleichschenklig-rechtwinkliges Dreieck und kann zu einem Quadrat ergänzt werden.

$\overrightarrow{OD} = \overrightarrow{OA} + \overrightarrow{BC} = \begin{pmatrix} 1 \\ 1 \\ 2 \end{pmatrix} + \begin{pmatrix} 3 \\ 0 \\ 4 \end{pmatrix} = \begin{pmatrix} 4 \\ 1 \\ 6 \end{pmatrix}$ $D(4\,|\,1\,|\,6)$

10. a) $|\overrightarrow{AB}| = \left|\begin{pmatrix} -4 \\ 4 \\ 2 \end{pmatrix}\right| = 6$; $|\overrightarrow{AC}| = \left|\begin{pmatrix} -6 \\ 0 \\ 6 \end{pmatrix}\right| = \sqrt{72}$; $|\overrightarrow{BC}| = \left|\begin{pmatrix} -2 \\ -4 \\ 4 \end{pmatrix}\right| = 6$

$\overrightarrow{AB} * \overrightarrow{BC} = \begin{pmatrix} -4 \\ 4 \\ 2 \end{pmatrix} * \begin{pmatrix} -2 \\ -4 \\ 4 \end{pmatrix} = 0$

Das Dreieck ABC ist ein gleichschenklig-rechtwinkliges Dreieck mit dem rechten Winkel bei B.

b) Flächeninhalt: $A = \frac{1}{2} \cdot |\overrightarrow{AB}| \cdot |\overrightarrow{BC}| = 18$

46

11. a) (1) $\vec{a} = \overrightarrow{CB} = \begin{pmatrix} 0 \\ -2 \\ 2 \end{pmatrix}; \vec{b} = \overrightarrow{CA} = \begin{pmatrix} 2 \\ 0 \\ -2 \end{pmatrix}; \vec{c} = \overrightarrow{AB} = \begin{pmatrix} -2 \\ 2 \\ 0 \end{pmatrix}$

$|\vec{a}| = |\vec{b}| = |\vec{c}| = \sqrt{8} \Rightarrow$ gleichseitig

(2) $\vec{a} = \overrightarrow{CB} = \begin{pmatrix} -5 \\ 1 \\ -3 \end{pmatrix}; \vec{b} = \overrightarrow{CA} = \begin{pmatrix} -1 \\ 4 \\ -6 \end{pmatrix}; \vec{c} = \overrightarrow{AB} = \begin{pmatrix} -4 \\ -3 \\ 3 \end{pmatrix}$

alle Skalarprodukte ungleich 0 und

$|\vec{a}| = \sqrt{35}$; $|\vec{b}| = \sqrt{53}$; $|\vec{c}| = \sqrt{34}$; keine Besonderheiten

(3) $\vec{a} = \overrightarrow{CB} = \begin{pmatrix} 0 \\ -3 \\ 0 \end{pmatrix}; \vec{b} = \overrightarrow{CA} = \begin{pmatrix} 0 \\ 0 \\ 3 \end{pmatrix}; \vec{c} = \overrightarrow{AB} = \begin{pmatrix} 0 \\ -3 \\ -3 \end{pmatrix}$

$\vec{a} * \vec{b} = 0 \Rightarrow$ rechter Winkel bei C;

$|\vec{a}| = |\vec{b}| = 3$; $|\vec{c}| = 3\sqrt{2} \Rightarrow$ gleichschenklig

b) (1) Eines der Skalarprodukte $\overrightarrow{AB} * \overrightarrow{BC}$, $\overrightarrow{AB} * \overrightarrow{CA}$ oder $\overrightarrow{BC} * \overrightarrow{CA}$ muss null ergeben, dann ist das Dreieck rechtwinklig.

(2) Das Dreieck ist gleichschenklig, falls von $|\overrightarrow{AB}| = |\overrightarrow{BC}|$ oder $|\overrightarrow{AB}| = |\overrightarrow{CA}|$ oder $|\overrightarrow{BC}| = |\overrightarrow{CA}|$ genau eine Gleichung erfüllt ist.

(3) Das Dreieck ist gleichseitig, falls $|\overrightarrow{AB}| = |\overrightarrow{BC}| = |\overrightarrow{CA}|$ gilt.

47

12. $\overrightarrow{CB} = \begin{pmatrix} -1{,}85 \\ 1{,}4 \\ -0{,}19 \end{pmatrix}$; $\overrightarrow{CA} = \begin{pmatrix} -1{,}3 \\ -1{,}75 \\ -0{,}32 \end{pmatrix}$; $\overrightarrow{AB} = \begin{pmatrix} -0{,}55 \\ 3{,}15 \\ 0{,}13 \end{pmatrix}$

$\overrightarrow{AB} * \overrightarrow{CB} = 5{,}4028$ $\overrightarrow{CB} * \overrightarrow{CA} = 0{,}0158$ $\overrightarrow{CA} * \overrightarrow{AB} = -4{,}84$

Bei Punkt C liegt „annähernd“ ein rechter Winkel vor.

13. ▪ Nachweis, dass die Grundfläche ein Quadrat ist:

$|\overrightarrow{AB}| = \left|\begin{pmatrix} -4 \\ 4 \\ 2 \end{pmatrix}\right| = 6$; $|\overrightarrow{BC}| = \left|\begin{pmatrix} -2 \\ -4 \\ 4 \end{pmatrix}\right| = 6$; $|\overrightarrow{CD}| = \left|\begin{pmatrix} 4 \\ -4 \\ -2 \end{pmatrix}\right| = 6$; $|\overrightarrow{AD}| = \left|\begin{pmatrix} -2 \\ -4 \\ 4 \end{pmatrix}\right| = 6$

$\overrightarrow{AB} * \overrightarrow{AD} = \begin{pmatrix} -4 \\ 4 \\ 2 \end{pmatrix} * \begin{pmatrix} -2 \\ -4 \\ 4 \end{pmatrix} = 0$

Die Grundfläche ist ein Quadrat mit der Seitenlänge 6.

▪ Nachweis, dass die Pyramide eine senkrechte Pyramide ist:

Mittelpunkt der Grundfläche $M(8|-5|8)$; $\overrightarrow{MS} = \begin{pmatrix} 16 \\ 8 \\ 16 \end{pmatrix}$

$\overrightarrow{MS} * \overrightarrow{AC} = \begin{pmatrix} 16 \\ 8 \\ 16 \end{pmatrix} * \begin{pmatrix} -6 \\ 0 \\ 6 \end{pmatrix} = 0$; $\overrightarrow{MS} * \overrightarrow{BD} = \begin{pmatrix} 16 \\ 8 \\ 16 \end{pmatrix} * \begin{pmatrix} 2 \\ -8 \\ 2 \end{pmatrix} = 0$

Die Gerade durch M und S ist orthogonal zu den beiden Diagonalen der Grundfläche.
Die Pyramide ist eine quadratische senkrechte Pyramide.

14. $(r \cdot \vec{a}) * (s \cdot \vec{b}) = r \cdot a_1 \cdot s \cdot b_1 + r \cdot a_2 \cdot s \cdot b_2 + r \cdot a_3 \cdot s \cdot b_3 = r \cdot s \cdot (a_1 b_1 + a_2 b_2 + a_3 b_3) = r \cdot s \cdot 0 = 0$
Somit sind auch die Vektoren $r \cdot \vec{a}$ und $s \cdot \vec{b}$ orthogonal zueinander.

15. a) $\begin{pmatrix} 1 \\ 2 \\ 3 \end{pmatrix} * \begin{pmatrix} -4 \\ 2 \\ 0 \end{pmatrix} = -4 + 4 = 0$; $\begin{pmatrix} 1 \\ 2 \\ 3 \end{pmatrix} * \begin{pmatrix} 3 \\ 0 \\ -1 \end{pmatrix} = 3 - 3 = 0$

Beide Vektoren sind orthogonal zum Vektor $\vec{v}$.

b) Es gibt unendlich viele Vektoren, die zu $\vec{v}$ orthogonal sind.

47

16. a) Es wurden lediglich die Komponenten multipliziert, aber die Ergebnisse nicht addiert. Das Skalarprodukt ergibt eine Zahl.

b) Hier wurde falsch addiert.

17. Bei der Verwendung des $*$ als Skalarproduktzeichen hat Jenny Recht.
(Bei der auch üblichen Verwendung eines „normalen" Malpunktes für das Skalarprodukt wäre Tims Aussage korrekt und Jennys Argumentation falsch.)

18. (1) $\begin{pmatrix} 1 \\ 0 \\ 0 \end{pmatrix}$ ist ein Richtungsvektor der x_1-Achse. Orthogonal zu ihm sind die Richtungsvektoren der x_2- und der x_3-Achse, also z. B. $\begin{pmatrix} 0 \\ 1 \\ 0 \end{pmatrix}$ und $\begin{pmatrix} 0 \\ 0 \\ 1 \end{pmatrix}$.

(2) $\begin{pmatrix} 0 \\ 1 \\ 0 \end{pmatrix}$ ist ein Richtungsvektor der x_2-Achse. Orthogonal zu ihm sind die Richtungsvektoren der x_1- und der x_3-Achse, also z. B. $\begin{pmatrix} 1 \\ 0 \\ 0 \end{pmatrix}$ und $\begin{pmatrix} 0 \\ 0 \\ 1 \end{pmatrix}$.

(3) $\begin{pmatrix} 0 \\ 0 \\ 1 \end{pmatrix}$ ist ein Richtungsvektor der x_3-Achse. Orthogonal zu ihm sind die Richtungsvektoren der x_1- und der x_2-Achse, also z. B. $\begin{pmatrix} 1 \\ 0 \\ 0 \end{pmatrix}$ und $\begin{pmatrix} 0 \\ 1 \\ 0 \end{pmatrix}$.

(4) $\begin{pmatrix} 1 \\ 1 \\ 0 \end{pmatrix}$ ist ein Richtungsvektor der 1. Winkelhalbierenden der x_1x_2-Koordinatenebene.
Orthogonal zu ihm sind die Richtungsvektoren der x_3-Achse sowie der 2. Winkelhalbierenden der x_1x_2-Koordinatenebene, also z. B. $\begin{pmatrix} 1 \\ -1 \\ 0 \end{pmatrix}$ und $\begin{pmatrix} 0 \\ 0 \\ 1 \end{pmatrix}$.

(5) $\begin{pmatrix} -1 \\ 0 \\ 1 \end{pmatrix}$ ist ein Richtungsvektor der 2. Winkelhalbierenden der x_1x_3-Koordinatenebene.
Orthogonal zu ihm sind die Richtungsvektoren der x_2-Achse sowie der 1. Winkelhalbierenden der x_1x_3-Koordinatenebene, also z. B. $\begin{pmatrix} 1 \\ 0 \\ 1 \end{pmatrix}$ und $\begin{pmatrix} 0 \\ 1 \\ 0 \end{pmatrix}$.

19. a) $\overrightarrow{AB} = \begin{pmatrix} 4 \\ 8 \\ 1 \end{pmatrix}$; $\overrightarrow{DC} = \begin{pmatrix} 4 \\ 8 \\ 1 \end{pmatrix}$; $\overrightarrow{AD} = \begin{pmatrix} 7 \\ -4 \\ 4 \end{pmatrix}$; $\overrightarrow{BC} = \begin{pmatrix} 7 \\ -4 \\ 4 \end{pmatrix}$

Das Viereck ist auf jeden Fall ein Parallelogramm.

$|\overrightarrow{AB}| = 9$; $|\overrightarrow{AD}| = 9$

$\overrightarrow{AB} * \overrightarrow{AD} = 0$

Alle Seiten des Parallelogramms sind gleich lang, der Winkel bei A ist ein rechter Winkel.

Damit ist das Parallelogramm ein Quadrat.

b) Lucas Aussage ist falsch. Ein Viereck mit vier gleich langen Seiten ist eine Raute, aber i. A. kein Quadrat. Er muss auch untersuchen, ob an einer Ecke ein rechter Winkel vorhanden ist.

Lenas Aussage ist ebenfalls falsch. Ein Viereck mit vier rechten Winkeln ist ein Rechteck, aber i. A. kein Quadrat. Sie muss auch untersuchen, ob zwei nicht zueinander parallele Seiten gleich lang sind.

1.4.2 Winkel zwischen Vektoren

48

Einstiegsaufgabe ohne Lösung

- Die lange Rechteckseite hat die Länge $|\vec{a}|$. Die kurze hat die Länge $|\vec{b}| \cdot \cos(\alpha)$.
  Somit gilt für den Flächeninhalt A die angegebene Formel.
- Es gilt: $|\overrightarrow{AB}| = |\overrightarrow{AC}| = |\overrightarrow{BC}| = \sqrt{32}$; alle Seiten sind gleich lang.
  $A = \sqrt{32} \cdot \sqrt{32} \cdot \cos(60°) = 16$; $\overrightarrow{AB} * \overrightarrow{AC} = 16$
  Hier gilt: $\overrightarrow{AB} * \overrightarrow{AC} = |\overrightarrow{AB}| \cdot |\overrightarrow{AC}| \cdot \cos(\alpha)$
- Es gilt auch hier $\overrightarrow{CA} * \overrightarrow{CB} = |\overrightarrow{CA}| \cdot |\overrightarrow{CB}| \cdot \cos(\gamma)$
  Allgemein kann man vermuten, dass für zwei Vektoren $\vec{a}$ und $\vec{b}$ mit dem eingeschlossenen Winkel α gilt: $\vec{a} * \vec{b} = |\vec{a}| \cdot |\vec{b}| \cdot \cos(\alpha)$
- Weitere Beispiele bestätigen diese Vermutung. Zum Beweis siehe Information (2) auf Seite 49 im Schülerband.

50

1. $\alpha = \cos^{-1}\left(\frac{\vec{u} * \vec{v}}{|\vec{u}| \cdot |\vec{v}|}\right)$

a) $\alpha = 82{,}388°$ **b)** $\alpha = 107{,}024°$ **c)** $\alpha = 149{,}163°$

2. Die gesuchte Winkelgröße ist gleich der Größe des Winkels zwischen den Vektoren $\vec{u} = \overrightarrow{CA}$ und $\vec{v} = \overrightarrow{CB}$, welche die Richtungen der Dachkanten beschreiben.
Für das Skalarprodukt $\vec{u} * \vec{v}$ gilt: $\vec{u} * \vec{v} = |\vec{u}| \cdot |\vec{v}| \cdot \cos(\varphi)$.
Der Kosinus des Winkels φ kann daraus wie folgt bestimmt werden: $\cos(\varphi) = \frac{\vec{u} * \vec{v}}{|\vec{u}| \cdot |\vec{v}|}$
Aus dieser Gleichung lässt sich der Winkel φ berechnen.
Wir berechnen zunächst die Verbindungsvektoren $\vec{u} = \overrightarrow{CA}$ und $\vec{v} = \overrightarrow{CB}$:

$\vec{u} = \overrightarrow{CA} = \begin{pmatrix} 4 \\ 3 \\ 2 \end{pmatrix} - \begin{pmatrix} 0 \\ 0 \\ 3 \end{pmatrix} = \begin{pmatrix} 4 \\ 3 \\ -1 \end{pmatrix}$ und $\vec{v} = \overrightarrow{CB} = \begin{pmatrix} -5 \\ 3 \\ 2 \end{pmatrix} - \begin{pmatrix} 0 \\ 0 \\ 3 \end{pmatrix} = \begin{pmatrix} -5 \\ 3 \\ -1 \end{pmatrix}$

Für die Längen der Vektoren erhalten wir:
$|\vec{u}| = \sqrt{\vec{u} * \vec{u}} = \sqrt{4^2 + 3^2 + (-1)^2} = \sqrt{26}$ und $|\vec{v}| = \sqrt{\vec{v} * \vec{v}} = \sqrt{(-5)^2 + 3^2 + (-1)^2} = \sqrt{35}$

Wir berechnen das Skalarprodukt $\vec{u} * \vec{v} = \begin{pmatrix} 4 \\ 3 \\ -1 \end{pmatrix} * \begin{pmatrix} -5 \\ 3 \\ -1 \end{pmatrix} = -10.$

Diese Werte setzen wir in die Gleichung $\cos(\varphi) = \frac{\vec{u} * \vec{v}}{|\vec{u}| \cdot |\vec{v}|}$ ein:
$\cos(\varphi) = \frac{-10}{\sqrt{26} \cdot \sqrt{35}} \approx -0{,}33$
Die Gleichung $\cos(\varphi) = -0{,}33$ hat zwischen 0° und 360° zwei Lösungen:
$\varphi_1 \approx 109°$ und $\varphi_2 \approx 360° - \varphi_1 = 251°$.
Beide Winkel φ_1 und φ_2 ergänzen sich zu 360°. Es kommt am Dachvorsprung nur der kleinere Winkel, also $\varphi_1 = 109°$, infrage.

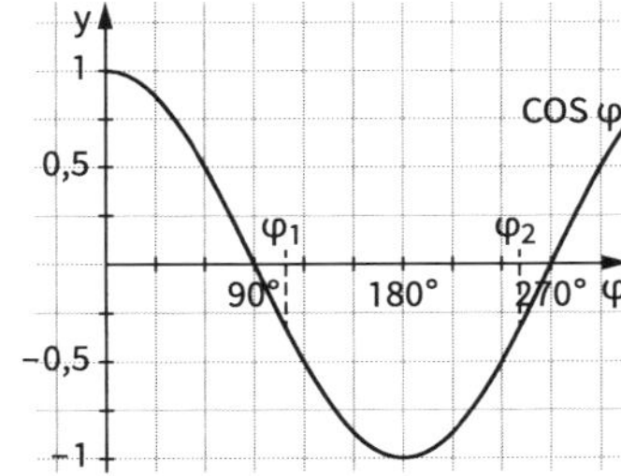

3. a) $\overrightarrow{AB} = \begin{pmatrix} -3 \\ 4 \\ 0 \end{pmatrix}$; $\overrightarrow{AC} = \begin{pmatrix} -3 \\ 0 \\ 5 \end{pmatrix}$; $\overrightarrow{BC} = \begin{pmatrix} 0 \\ -4 \\ 5 \end{pmatrix}$

Längen: $|\overrightarrow{AB}| = \sqrt{25} = 5$; $|\overrightarrow{AC}| = \sqrt{34} \approx 5{,}831$; $|\overrightarrow{BC}| = \sqrt{41} = 6{,}403$
Winkel bei A: $\alpha = 72{,}02°$; Winkel bei B: $\beta = 60{,}02°$; Winkel bei C: $\gamma = 47{,}96°$

50 **b)** $\overrightarrow{AB} = \begin{pmatrix} 1 \\ -2 \\ 4 \end{pmatrix}$; $\overrightarrow{AC} = \begin{pmatrix} 3 \\ 4 \\ 9 \end{pmatrix}$; $\overrightarrow{BC} = \begin{pmatrix} 2 \\ 6 \\ 5 \end{pmatrix}$

Längen: $|\overrightarrow{AB}| = \sqrt{21} \approx 4{,}583$; $|\overrightarrow{AC}| = \sqrt{106} \approx 10{,}296$; $|\overrightarrow{BC}| = \sqrt{65} \approx 8{,}062$
Winkel bei A: $\alpha = 48{,}925°$; Winkel bei B: $\beta = 105{,}704°$; Winkel bei C: $\gamma = 25{,}371°$

c) $\overrightarrow{AB} = \begin{pmatrix} 1 \\ 1 \\ 0 \end{pmatrix}$; $\overrightarrow{AC} = \begin{pmatrix} -3 \\ 3 \\ -2 \end{pmatrix}$; $\overrightarrow{BC} = \begin{pmatrix} -4 \\ 2 \\ -2 \end{pmatrix}$

Längen: $|\overrightarrow{AB}| = \sqrt{2} \approx 1{,}414$; $|\overrightarrow{AC}| = \sqrt{22} \approx 4{,}690$; $|\overrightarrow{BC}| = \sqrt{24} \approx 4{,}90$
Winkel bei A: $\alpha = 90°$; Winkel bei B: $\beta = 73{,}22°$, Winkel bei C: $\gamma = 16{,}78°$

4. Berechne den Winkel zwischen den Vektoren $\vec{u} = \overrightarrow{AB}$ und $\vec{v} = \overrightarrow{AC}$ mit

$\vec{u} = \begin{pmatrix} 8 \\ -8 \\ -4 \end{pmatrix}$; $\vec{v} = \begin{pmatrix} 2 \\ 10 \\ 11 \end{pmatrix}$.

$|\vec{u}| = \sqrt{\vec{u} * \vec{u}} = \sqrt{144} = 12$; $|\vec{v}| = \sqrt{\vec{v} * \vec{v}} = \sqrt{225} = 15$

$\vec{u} * \vec{v} = -108$
Winkel berechnen: $\cos(\varphi) = \frac{-108}{12 \cdot 15} = -0{,}6 \Rightarrow \varphi = 126{,}9°$

51 **5.** Der Winkel berechnet sich aus $\cos(\alpha) = \frac{\vec{u} * \vec{v}}{|\vec{u}| \cdot |\vec{v}|}$.
Das Vorzeichen von $\cos(\alpha)$ hängt nur vom Skalarprodukt ab. Da $\cos(\alpha) > 0$ für $0° \le \alpha < 90°$ und $\cos(\alpha) < 0$ für $90° < \alpha \le 180°$ ist, ist die Aussage korrekt.

6. Koordinatenursprung z. B. links unten hinten, Achsen x_1 nach vorn, x_2 nach rechts, x_3 nach oben. Dann: $P(12|2|12)$; $Q(12|12|4)$; $R(10|12|12)$

$\overrightarrow{PQ} = \begin{pmatrix} 0 \\ 10 \\ -8 \end{pmatrix}$; $\overrightarrow{PR} = \begin{pmatrix} -2 \\ 10 \\ 0 \end{pmatrix}$; $\overrightarrow{QR} = \begin{pmatrix} -2 \\ 0 \\ 8 \end{pmatrix}$

Innenwinkel: Bei P: $\alpha = 40{,}03°$; bei Q: $\beta = 52{,}70°$; bei R: $\gamma = 87{,}27°$

7. **a)** $\overrightarrow{AB} = \overrightarrow{DC} = \begin{pmatrix} 7 \\ -4 \\ -4 \end{pmatrix}$, $\overrightarrow{BC} = \overrightarrow{AD} = \begin{pmatrix} 1 \\ 8 \\ 7 \end{pmatrix}$

b) $|\overrightarrow{AB}| = |\overrightarrow{DC}| = \sqrt{7^2 + (-4)^2 + (-4)^2} = 9$
$|\overrightarrow{BC}| = |\overrightarrow{AD}| = \sqrt{1^2 + 8^2 + 7^2} = \sqrt{114} \approx 10{,}68$
$\cos(\alpha) = \frac{\overrightarrow{AB} * \overrightarrow{AD}}{|\overrightarrow{AB}| \cdot |\overrightarrow{AD}|} = \frac{-53}{9 \cdot \sqrt{114}} \approx -0{,}55154$; $\alpha \approx 123°$
Somit gilt $\alpha = \gamma \approx 123°$ und $\beta = \delta \approx 57°$

8. Es gilt:
$|\overrightarrow{AC}|^2 = h^2 + |\overrightarrow{AS}|^2$ und $|\overrightarrow{AS}| = |\overrightarrow{AC}| \cdot \cos(\alpha)$
Daraus ergibt sich:
$|\overrightarrow{AC}|^2 = h^2 + |\overrightarrow{AC}|^2 \cdot (\cos(\alpha))^2$ und
somit $h^2 = |\overrightarrow{AC}|^2 - |\overrightarrow{AC}|^2 \cdot (\cos(\alpha))^2$

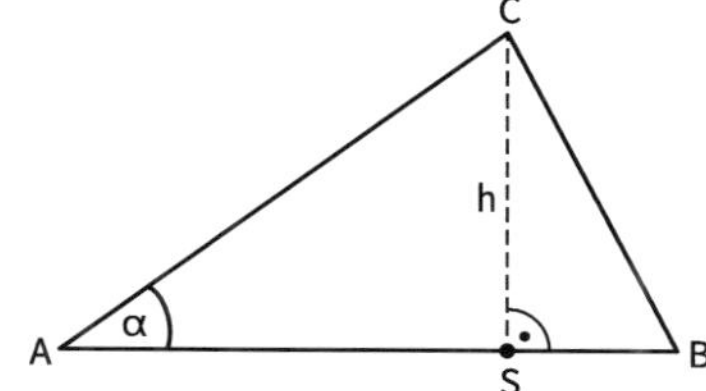

51

9. Ein Würfel hat vier Raumdiagonalen.
Aufgrund der Symmetrieeigenschaften eines Würfels schneiden sich jeweils zwei Raumdiagonalen unter dem gleichen Winkel. Es genügt deshalb, einen dieser Schnittwinkel zu bestimmen.
Die Diagonale AG (s. Skizze) hat z. B. $\vec{u} = \begin{pmatrix} -4 \\ 4 \\ 4 \end{pmatrix}$,

die Diagonale BH hat z. B. $\vec{v} = \begin{pmatrix} -4 \\ -4 \\ 4 \end{pmatrix}$ als Richtungsvektor.

Schnittwinkel: $\cos(\alpha) = \dfrac{\begin{pmatrix} -4 \\ 4 \\ 4 \end{pmatrix} * \begin{pmatrix} -4 \\ -4 \\ 4 \end{pmatrix}}{\left|\begin{pmatrix} -4 \\ 4 \\ 4 \end{pmatrix}\right| \cdot \left|\begin{pmatrix} -4 \\ -4 \\ 4 \end{pmatrix}\right|} = \frac{16}{48} = \frac{1}{3}$, also

$\alpha \approx 70{,}5°$

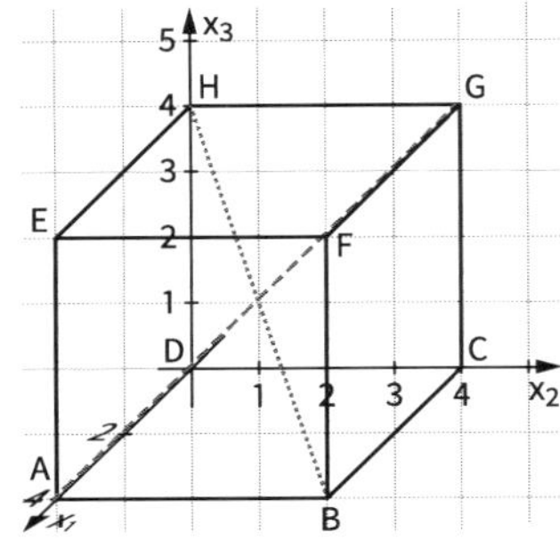

10. a) $|\vec{u}| = 3$ und $|\vec{v}| = 3$
$\Rightarrow$ Alle Seiten des Vierecks sind gleich lang $\Rightarrow$ Raute.

b) A(1 | 1 | 2)

$\overrightarrow{OB} = \overrightarrow{OA} + \vec{u} = \begin{pmatrix} 3 \\ 0 \\ 4 \end{pmatrix} \Rightarrow B(3\,|\,0\,|\,4)$

$\overrightarrow{OC} = \overrightarrow{OA} + \vec{v} = \begin{pmatrix} 2 \\ 3 \\ 0 \end{pmatrix} \Rightarrow C(2\,|\,3\,|\,0)$

$\overrightarrow{OD} = \overrightarrow{OA} + \vec{u} + \vec{v} = \begin{pmatrix} 4 \\ 2 \\ 2 \end{pmatrix} \Rightarrow D(4\,|\,2\,|\,2)$

$\cos(\varphi) = \dfrac{\overrightarrow{AD} * \overrightarrow{BC}}{|\overrightarrow{AD}| \cdot |\overrightarrow{BC}|} = \dfrac{\begin{pmatrix} 3 \\ 1 \\ 0 \end{pmatrix} * \begin{pmatrix} -1 \\ 3 \\ -4 \end{pmatrix}}{\sqrt{10} \cdot \sqrt{26}} = 0 \Rightarrow \varphi = 90°$

11. Kraft in Wegrichtung $\vec{F_S} = \vec{F} \cdot \cos(\alpha)$
$|\vec{F_S}| = 120\,\text{N} \cdot \cos(35°) = 98{,}3\,\text{N}$
physikalische Arbeit: $W = \vec{F} * \vec{s} = |\vec{F_S}| \cdot |\vec{s}|$
$W = 98{,}3\,\text{N} \cdot 300\,\text{m} = 29\,489{,}5\,\text{Nm}$

12. Die Tastatur liegt in der x_1x_2-Ebene.
Die obere linke Ecke P(−6,1 | 0 | 16,7) liegt in der x_1x_3-Ebene.
$\overrightarrow{OP} = \begin{pmatrix} -6{,}1 \\ 0 \\ 16{,}7 \end{pmatrix}$
Der Winkel, in dem das Kontrollfeld aufgeklappt wurde, entspricht dem Winkel zwischen der x_1-Achse und dem Ortsvektor $\overrightarrow{OP}$, wenn man davon ausgeht, dass die x_2-Achse zwischen der Tastatur und dem Kontrollfeld liegt.

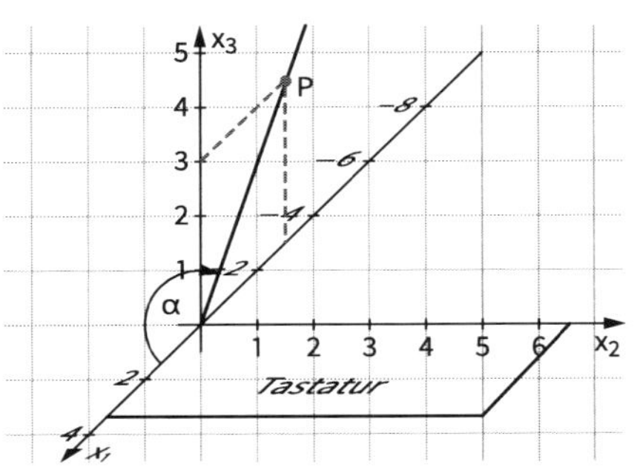

51 Somit ist der Winkel zwischen den Vektoren $\vec{v} = \begin{pmatrix} 1 \\ 0 \\ 0 \end{pmatrix}$ und $\overrightarrow{OP}$ zu bestimmen.

$$\cos(\alpha) = \frac{\begin{pmatrix} -6{,}1 \\ 0 \\ 16{,}7 \end{pmatrix} * \begin{pmatrix} 1 \\ 0 \\ 0 \end{pmatrix}}{|\overrightarrow{OP}| \cdot \left|\begin{pmatrix} 1 \\ 0 \\ 0 \end{pmatrix}\right|}$$

$|\overrightarrow{OP}| = \sqrt{(-6{,}1)^2 + 0^2 + 16{,}7^2} \approx 17{,}78$

$|\vec{v}| = 1$

$\cos(\alpha) = -\frac{6{,}1}{17{,}78}$

$\cos(\alpha) \approx -0{,}34308$

$\alpha \approx 110°$

Das Kontrollfeld ist unter einem Winkel von 110° aufgeklappt.

1.5 Geraden im Raum

1.5.1 Parameterdarstellung einer Geraden

52 **Einstiegsaufgabe ohne Lösung**

P_t sei der Punkt nach t Minuten.

- $P_1(5234 + 1 \cdot 74 \mid 805 + 1 \cdot 65 \mid -34 + 1 \cdot (-4))$
  $P_1(5308 \mid 870 \mid -38)$
  $P_2(5456 \mid 1000 \mid -46)$
  $P_5(5604 \mid 1130 \mid -54)$
- $\overrightarrow{OP_t} = \begin{pmatrix} 5234 \\ 805 \\ -34 \end{pmatrix} + t \cdot \begin{pmatrix} 74 \\ 65 \\ -4 \end{pmatrix}$
- $\overrightarrow{OB} = \begin{pmatrix} 6196 \\ 1650 \\ -86 \end{pmatrix} = \begin{pmatrix} 5234 \\ 805 \\ -34 \end{pmatrix} + t \cdot \begin{pmatrix} 74 \\ 65 \\ -4 \end{pmatrix}$ für $t = 13$ Minuten.

54 **1. a)** Am einfachsten kann man die Lage der Geraden im Koordinatensystem mithilfe von Bens Darstellung beschreiben. Geht man in Richtung des Richtungsvektors, so schneidet g die x_2x_3-Koordinatenebene in Punkt $S_{23}(0 \mid -2 \mid 3)$ und anschließend die x_1x_3-Ebene im Punkt $S_{13}(1 \mid 0 \mid 2)$. Dabei verläuft sie die ganze Zeit oberhalb der x_1x_2-Ebene, bis sie diese im Punkt $S_{12}(3 \mid 4 \mid 0)$ schneidet.

b) Für $k = 0$ erhält man $A(-4 \mid 1 \mid 3)$ und für $k = 2$ $B(0 \mid -1 \mid 9)$.
Schnittpunkte von h mit den Koordinatenebenen:
mit der x_1x_2-Ebene: $x_3 = 3 + 3k = 0$, also $k = -1$; $S_{12}(-6 \mid 2 \mid 0)$
mit der x_1x_3-Ebene: $x_2 = 1 - k = 0$, also $k = 1$; $S_{13}(-2 \mid 0 \mid 6)$
mit der x_2x_3-Ebene: $x_1 = -4 + 2k = 0$, also $k = 2$; $S_{23}(0 \mid -1 \mid 9)$

54

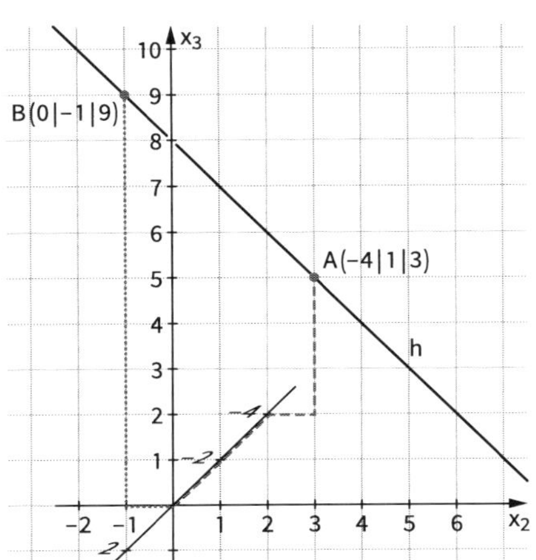

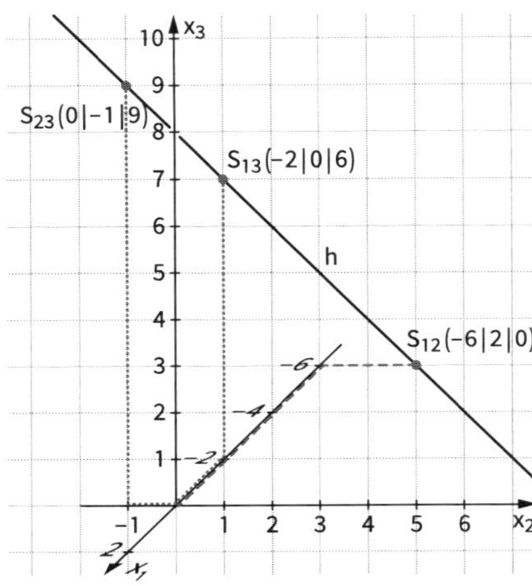

55

2. a) (1) $\vec{x} = \begin{pmatrix} -3 \\ 6 \\ 12 \end{pmatrix} + k \cdot \begin{pmatrix} 8 \\ -6 \\ -11 \end{pmatrix}$ (3) $\vec{x} = \begin{pmatrix} 9 \\ 0 \\ -5 \end{pmatrix} + k \cdot \begin{pmatrix} -9 \\ 0 \\ 5 \end{pmatrix}$

(2) $\vec{x} = \begin{pmatrix} -5 \\ 7 \\ 4 \end{pmatrix} + k \cdot \begin{pmatrix} 6 \\ -11 \\ 2 \end{pmatrix}$ (4) $\vec{x} = k \cdot \begin{pmatrix} 7 \\ 7 \\ 8 \end{pmatrix}$

b) Der Richtungsvektor $\begin{pmatrix} -8 \\ -6 \\ 8 \end{pmatrix}$ ist ein Vielfaches des Richtungsvektors der Geraden durch A und B.

Punktprobe: $\begin{pmatrix} 1 \\ 10 \\ -5 \end{pmatrix} = \begin{pmatrix} -7 \\ 4 \\ 3 \end{pmatrix} + k \cdot \begin{pmatrix} 8 \\ 6 \\ -8 \end{pmatrix}$

Die Vektorgleichung ist erfüllt für $k = 1$, somit liegt der Punkt P(1 | 10 | −5) auf der Geraden durch A und B.

Die Parameterdarstellung $\overrightarrow{OX} = \begin{pmatrix} 1 \\ 10 \\ -5 \end{pmatrix} + k \cdot \begin{pmatrix} -8 \\ -6 \\ 8 \end{pmatrix}$ beschreibt ebenfalls die Gerade durch A und B.

(1) $\vec{x} = \begin{pmatrix} 5 \\ 0 \\ 1 \end{pmatrix} + r \cdot \begin{pmatrix} -8 \\ 6 \\ 11 \end{pmatrix}$ (3) $\vec{x} = r \cdot \begin{pmatrix} 9 \\ 0 \\ -5 \end{pmatrix}$

(2) $\vec{x} = \begin{pmatrix} 1 \\ -4 \\ 6 \end{pmatrix} + r \cdot \begin{pmatrix} -6 \\ 11 \\ -2 \end{pmatrix}$ (4) $\vec{x} = \begin{pmatrix} 7 \\ 7 \\ 8 \end{pmatrix} + r \cdot \begin{pmatrix} -7 \\ -7 \\ -8 \end{pmatrix}$

c) (1) $\vec{x} = \begin{pmatrix} 13 \\ -6 \\ -10 \end{pmatrix} + s \cdot \begin{pmatrix} 8 \\ -6 \\ -11 \end{pmatrix}$ (3) $\vec{x} = \begin{pmatrix} -9 \\ 0 \\ 5 \end{pmatrix} + s \cdot \begin{pmatrix} -9 \\ 0 \\ 5 \end{pmatrix}$

(2) $\vec{x} = \begin{pmatrix} 7 \\ -15 \\ 8 \end{pmatrix} + s \cdot \begin{pmatrix} 6 \\ -11 \\ 2 \end{pmatrix}$ (4) $\vec{x} = \begin{pmatrix} 21 \\ 21 \\ 24 \end{pmatrix} + s \cdot \begin{pmatrix} 7 \\ 7 \\ 8 \end{pmatrix}$

3. a) Es gibt unendlich viele Lösungen. Beispiele:

$g: \vec{x} = \begin{pmatrix} 0 \\ 0 \\ 0 \end{pmatrix} + s \begin{pmatrix} 3 \\ -2 \\ 4 \end{pmatrix} = s \cdot \begin{pmatrix} 3 \\ -2 \\ 4 \end{pmatrix};\ s \in \mathbb{R}$

$g: \vec{x} = \begin{pmatrix} 3 \\ -2 \\ 4 \end{pmatrix} + r \cdot \begin{pmatrix} 3 \\ -2 \\ 4 \end{pmatrix};\ r \in \mathbb{R}$

$g: \vec{x} = \begin{pmatrix} -3 \\ 2 \\ -4 \end{pmatrix} + t \cdot \begin{pmatrix} 6 \\ -4 \\ 8 \end{pmatrix};\ t \in \mathbb{R}$

b) Man erkennt an der Parameterdarstellung einer Geraden eine Ursprungsgerade daran, dass der Ortsvektor ein Vielfaches des Richtungsvektors ist.

55 **4. a)** z. B. $\vec{x} = \begin{pmatrix} -3 \\ 4 \\ -3 \end{pmatrix} + r \cdot \begin{pmatrix} -2 \\ -1 \\ 4 \end{pmatrix}$

b) Es gilt: $\begin{pmatrix} -10 \\ -5 \\ 20 \end{pmatrix} = -5 \cdot \begin{pmatrix} 2 \\ 1 \\ -4 \end{pmatrix}$

Punktprobe: $\begin{pmatrix} 29 \\ 20 \\ -67 \end{pmatrix} = \begin{pmatrix} -5 \\ 3 \\ 1 \end{pmatrix} + k \cdot \begin{pmatrix} 2 \\ 1 \\ -4 \end{pmatrix}$ für $k = 17$

Also liegt $P(29 \mid 20 \mid -67)$ auf g und die Richtungsvektoren sind Vielfache voneinander, somit ist diese Parameterdarstellung ebenfalls eine Parameterdarstellung von g.

56 **5.** Beim Stützvektor kommt es auf die Länge an. Nur beim Richtungsvektor ist die Länge irrelevant. Zu einem bekannten Stützvektor dürfen Vielfache eines Richtungsvektors addiert werden. Janniks alternative Darstellung der Geraden ist daher falsch.

6. Es gibt unendlich viele äquivalente Lösungen. Als Beispiel wird das übliche Koordinatensystem verwendet und der Ursprung immer in die untere, hintere, linke Ecke des Körpers gelegt. Alle Einheiten sind cm.

a) g: $\vec{x} = \begin{pmatrix} 4 \\ 0 \\ 0 \end{pmatrix} + k \cdot \begin{pmatrix} -4 \\ 6 \\ 3 \end{pmatrix}$; $k \in \mathbb{R}$ h: $\vec{x} = \begin{pmatrix} 2 \\ 0 \\ 3 \end{pmatrix} + r \cdot \begin{pmatrix} 0 \\ 6 \\ -3 \end{pmatrix}$; $r \in \mathbb{R}$

i: $\vec{x} = \begin{pmatrix} 0 \\ 3 \\ 3 \end{pmatrix} + t \cdot \begin{pmatrix} 2 \\ 3 \\ -3 \end{pmatrix}$; $t \in \mathbb{R}$ k: $\vec{x} = \begin{pmatrix} 0 \\ 3 \\ 3 \end{pmatrix} + s \cdot \begin{pmatrix} 4 \\ 3 \\ -3 \end{pmatrix}$; $s \in \mathbb{R}$

b) g: $\vec{x} = \begin{pmatrix} 4 \\ 6 \\ 0 \end{pmatrix} + k \cdot \begin{pmatrix} -4 \\ -3 \\ 3 \end{pmatrix}$; $k \in \mathbb{R}$ h: $\vec{x} = \begin{pmatrix} 0 \\ 3 \\ 3 \end{pmatrix} + r \cdot \begin{pmatrix} 2 \\ 3 \\ -3 \end{pmatrix}$; $r \in \mathbb{R}$

i: $\vec{x} = \begin{pmatrix} 2 \\ 6 \\ 0 \end{pmatrix} + t \cdot \begin{pmatrix} -2 \\ -6 \\ 3 \end{pmatrix}$; $t \in \mathbb{R}$ k: $\vec{x} = \begin{pmatrix} 2 \\ 0 \\ 0 \end{pmatrix} + s \cdot \begin{pmatrix} -2 \\ 6 \\ 3 \end{pmatrix}$; $s \in \mathbb{R}$

c) g: $\vec{x} = \begin{pmatrix} 0 \\ 0 \\ 0 \end{pmatrix} + t \cdot \begin{pmatrix} 3 \\ 3 \\ 2{,}5 \end{pmatrix}$; $t \in \mathbb{R}$ i: $\vec{x} = \begin{pmatrix} 4 \\ 0 \\ 0 \end{pmatrix} + s \cdot \begin{pmatrix} -2 \\ 4 \\ 0 \end{pmatrix}$; $s \in \mathbb{R}$

k: $\vec{x} = \begin{pmatrix} 2 \\ 4 \\ 0 \end{pmatrix} + r \cdot \begin{pmatrix} 2 \\ 2 \\ 5 \end{pmatrix}$; $r \in \mathbb{R}$

7. a) $|\vec{v}| = \sqrt{4^2 + 4^2 + (-2)^2} = 6$

Die Bohrmaschine schafft 6 m pro Tag.

b) $\overrightarrow{OP} = \begin{pmatrix} 250 \\ 780 \\ 1030 \end{pmatrix} + 10 \cdot \begin{pmatrix} 4 \\ 4 \\ -2 \end{pmatrix} = \begin{pmatrix} 290 \\ 820 \\ 1010 \end{pmatrix}$

Das Tunnelende liegt im Punkt $P(290 \mid 820 \mid 1010)$.

c) Pro Tag bewegt sich der Bohrkopf um den Vektor $\vec{v}$.

Nach 1 Tag: $\overrightarrow{OP_1} = \overrightarrow{OA} + 1 \cdot \vec{v}$

Nach 2 Tagen: $\overrightarrow{OP_2} = \overrightarrow{OP_1} + 1 \cdot \vec{v} = \overrightarrow{OA} + \vec{v} + \vec{v} = \overrightarrow{OA} + 2 \cdot \vec{v}$

Entsprechend nach k Tagen:

$$\overrightarrow{OP_k} = \overrightarrow{OP_{k-1}} + \vec{v} = \overrightarrow{OA} + \underbrace{\vec{v} + \vec{v} + \ldots + \vec{v}}_{k \text{ Summanden}} = \overrightarrow{OA} + k \cdot \vec{v}$$

$0 \le k \le 10$

$P_1(254 \mid 784 \mid 1028)$, $P_2(258 \mid 788 \mid 1026)$, $P_3(262 \mid 792 \mid 1024)$

56

d) Es muss ein k mit $0 \le k \le 10$ geben, sodass gilt: $\begin{pmatrix} 270 \\ 800 \\ 1\,020 \end{pmatrix} = \begin{pmatrix} 250 \\ 780 \\ 1\,030 \end{pmatrix} + k \cdot \begin{pmatrix} 4 \\ 4 \\ -2 \end{pmatrix}$
Dies ist der Fall für $k = 5$.
Entsprechend:
$\begin{pmatrix} 300 \\ 820 \\ 1\,010 \end{pmatrix} = \begin{pmatrix} 250 \\ 780 \\ 1\,030 \end{pmatrix} + k \cdot \begin{pmatrix} 4 \\ 4 \\ -2 \end{pmatrix}$
Es gibt keinen Wert für k, der diese Gleichung erfüllt.
$\begin{pmatrix} 310 \\ 840 \\ 1\,000 \end{pmatrix} = \begin{pmatrix} 250 \\ 780 \\ 1\,030 \end{pmatrix} + k \cdot \begin{pmatrix} 4 \\ 4 \\ -2 \end{pmatrix}$
Dies ist der Fall für $k = 15$, die Lösung liegt aber nicht im Intervall [0; 10].
Somit gilt: E liegt auf der Tunnelstrecke, die Punkte F und G aber nicht.

8. a) Z. B.: $g\colon \vec{x} = \begin{pmatrix} -2 \\ 5 \\ 3 \end{pmatrix} + t \cdot \begin{pmatrix} 4 \\ -8 \\ -2 \end{pmatrix}$; $t \in \mathbb{R}$ oder $g\colon \vec{x} = \begin{pmatrix} 2 \\ -3 \\ 1 \end{pmatrix} + s \cdot \begin{pmatrix} -4 \\ 8 \\ 2 \end{pmatrix}$; $s \in \mathbb{R}$
P liegt auf g (im Beispiel: $t = -3$, $s = 4$). P liegt nicht zwischen A und B.

b) Z. B.: $g\colon \vec{x} = \begin{pmatrix} 5 \\ -3 \\ -1 \end{pmatrix} + t \begin{pmatrix} -3 \\ 2 \\ 3 \end{pmatrix}$; $t \in \mathbb{R}$ oder $g\colon \vec{x} = \begin{pmatrix} 2 \\ -1 \\ 2 \end{pmatrix} + s \begin{pmatrix} -6 \\ 4 \\ 6 \end{pmatrix}$; $s \in \mathbb{R}$
P liegt nicht auf g.

9. a) Alle Punkte der Strecke $\overline{AB}$ mit A(−4 | −6 | 3) und B(1 | 9 | 3) inklusive der Punkte A und B.

b) Alle inneren Punkte der Strecke $\overline{CD}$ mit C(4 | 0 | −4) und D(20 | −8 | 0) (d. h. exklusive der Punkte C und D).

10. a) A liegt auf g für $k = -2$.
B liegt nicht auf g.
C liegt auf g für $k = 5$.

b) A liegt auf g für $t = -3$.
B liegt nicht auf g.
C liegt nicht auf g.

57

11. a) $\overrightarrow{PQ} = \begin{pmatrix} -2 \\ -4 \\ 4 \end{pmatrix}$, $\overrightarrow{PR} = \begin{pmatrix} 3 \\ 6 \\ -6 \end{pmatrix}$
Da $\overrightarrow{PR} = -\frac{3}{2} \cdot \overrightarrow{PQ}$, liegen P, Q, R auf einer Geraden und da der Vorfaktor negativ ist, liegt P zwischen Q und R.

b) $\overrightarrow{PQ} = \begin{pmatrix} 24 \\ -32 \\ 16 \end{pmatrix}$, $\overrightarrow{PR} = \begin{pmatrix} 15 \\ -20 \\ 10 \end{pmatrix}$, $\overrightarrow{PR} = \frac{5}{8}\overrightarrow{PQ}$
P, Q, R liegen auf einer Geraden. Da $\frac{5}{8} < 1$ liegt R näher an P als Q. Also liegt R zwischen P und Q.

12. a) $g\colon \vec{x} = \begin{pmatrix} 11 \\ 1 \\ 6 \end{pmatrix} + k \cdot \begin{pmatrix} -6 \\ -2 \\ -4 \end{pmatrix}$
Punkte der Geraden liegen zwischen A und B für $0 < k < 1$.
Also: $k = \frac{1}{2}$ $\quad P_1(8 \mid 0 \mid 4)$
$k = \frac{1}{4}$ $\quad P_2(9{,}5 \mid 0{,}5 \mid 5)$

57

b) Q(a | a | a) ist ein Punkt mit drei gleichen Koordinaten.

Es muss gelten: $\begin{pmatrix} a \\ a \\ a \end{pmatrix} = \begin{pmatrix} 11 \\ 1 \\ 6 \end{pmatrix} + k \cdot \begin{pmatrix} -6 \\ -2 \\ -4 \end{pmatrix}$

Also $\begin{vmatrix} a = 11 - 6k \\ a = 1 - 2k \\ a = 6 - 4k \end{vmatrix}$, bzw. $\begin{vmatrix} k = \frac{11-a}{6} \\ k = \frac{1-a}{2} \\ k = \frac{6-a}{4} \end{vmatrix}$

Aus den beiden letzten Gleichungen erhalten wir $a = -4$; $k = \frac{5}{2}$

Diese Lösung erfüllt auch die erste Gleichung.

Q(−4 | −4 | −4) liegt auf g.

13. a) P(−4 634 | 2 035 | −500)

b) $\overrightarrow{PW} = \begin{pmatrix} 69 \\ 80 \\ -8 \end{pmatrix}$

Entfernung Tauchboot zum Wrack ist die Länge des Vektors $\overrightarrow{PW}$:

$|\overrightarrow{PW}| = \sqrt{11\,225} \approx 105{,}95 > 100$

Die Crew sieht das Wrack nicht.

14. a) $\begin{pmatrix} -14 \\ -11 \\ 9 \end{pmatrix} = \begin{pmatrix} -2 \\ 1 \\ 3 \end{pmatrix} + t \cdot \begin{pmatrix} -4 \\ -4 \\ 2 \end{pmatrix}$ für $t = 3$

$\begin{pmatrix} 18 \\ 21 \\ -7 \end{pmatrix} = \begin{pmatrix} -2 \\ 1 \\ 3 \end{pmatrix} + t \cdot \begin{pmatrix} -4 \\ -4 \\ 2 \end{pmatrix}$ für $t = -5$

Für die Punkte auf der Strecke $\overline{AB}$ gilt:

$\overrightarrow{OX} = \begin{pmatrix} -2 \\ 1 \\ 3 \end{pmatrix} + t \cdot \begin{pmatrix} -4 \\ -4 \\ 2 \end{pmatrix}$ für $-5 \le t \le 3$

b) $\begin{pmatrix} 30 \\ 101 \\ 115 \end{pmatrix} = \begin{pmatrix} 0 \\ 1 \\ -5 \end{pmatrix} + t \cdot \begin{pmatrix} 3 \\ 10 \\ 12 \end{pmatrix}$ für $t = 10$

$\begin{pmatrix} 300 \\ 1\,001 \\ 1\,195 \end{pmatrix} = \begin{pmatrix} 0 \\ 1 \\ -5 \end{pmatrix} + t \cdot \begin{pmatrix} 3 \\ 10 \\ 12 \end{pmatrix}$ für $t = 100$

Für die Punkte auf der Strecke $\overline{AB}$ gilt:

$\overrightarrow{OX} = \begin{pmatrix} 0 \\ 1 \\ -5 \end{pmatrix} + t \cdot \begin{pmatrix} 3 \\ 10 \\ 12 \end{pmatrix}$ für $10 \le t \le 100$

15. a) (1) g: $\vec{x} = \begin{pmatrix} 4 \\ 2 \\ 3 \end{pmatrix} + r \cdot \begin{pmatrix} -2 \\ 3 \\ -4 \end{pmatrix}$; $r \in \mathbb{R}$

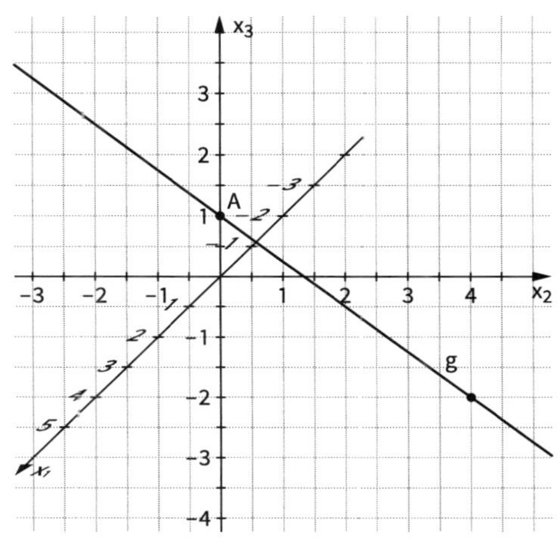

57 (2) g: $\vec{x} = \begin{pmatrix} 2 \\ 1 \\ -2 \end{pmatrix} + r \cdot \begin{pmatrix} -4 \\ 2 \\ 4 \end{pmatrix}$; $r \in \mathbb{R}$

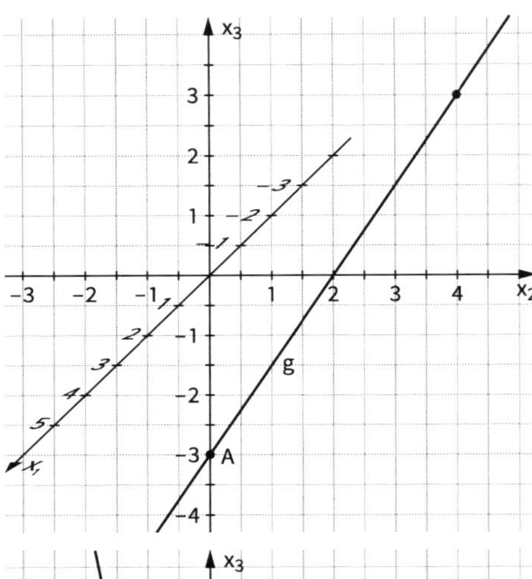

(3) g: $\vec{x} = \begin{pmatrix} -3 \\ -3 \\ 1 \end{pmatrix} + r \cdot \begin{pmatrix} 3 \\ 2 \\ -1 \end{pmatrix}$; $r \in \mathbb{R}$

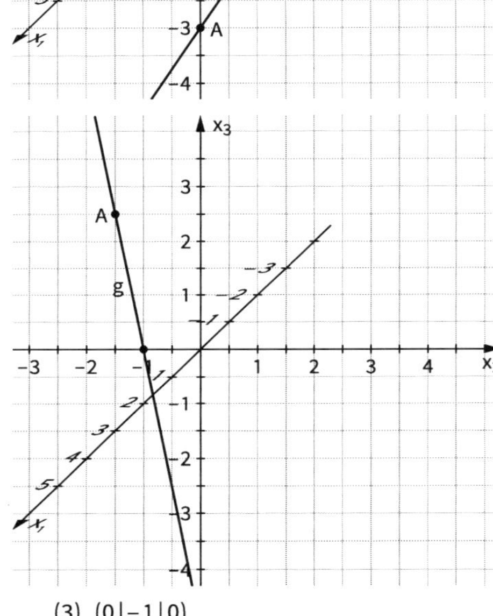

b) (1) $\left(2{,}5 \middle| \frac{17}{4} \middle| 0\right)$ (2) $(0|2|0)$ (3) $(0|-1|0)$

Dies sind jeweils die Schnittpunkte der Geraden g mit der x_1x_2-Ebene.

58 **16. a)** $S_{12}(2|-1|0)$; $S_{13}\left(\frac{4}{3}\middle|0\middle|1\right)$, $S_{23}(0|2|3)$

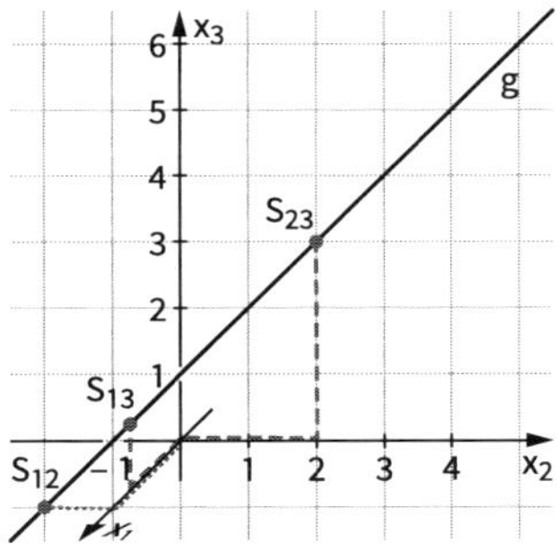

58

b) $S_{12}(10|2|0)$; $S_{13}(10|0|3)$;
S_{23} existiert nicht
g verläuft parallel zur x_2x_3-Ebene

c) S_{12} und S_{13} existieren nicht.
$S_{23}(0|-2|4)$
g verläuft parallel zur x_1x_2-Ebene und zur x_1x_3-Ebene.

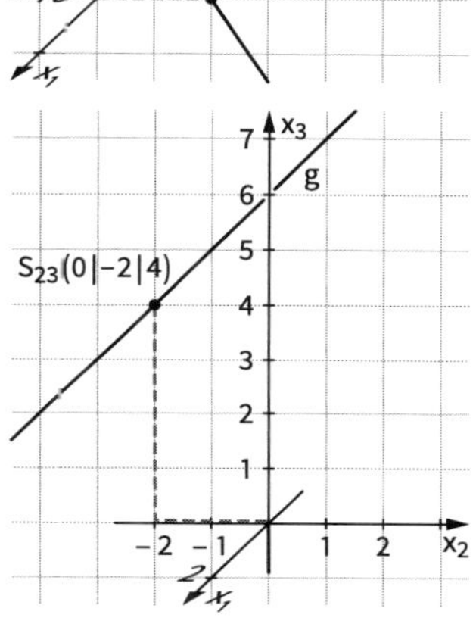

17. a) $S_{12}(6|0|0) = S_{13}$; $S_{23}(0|2|5)$
Zwei Spurpunkte fallen zusammen.
g schneidet die x_1x_2-Ebene und die x_1x_3-Ebene in einem Punkt der x_1-Achse.

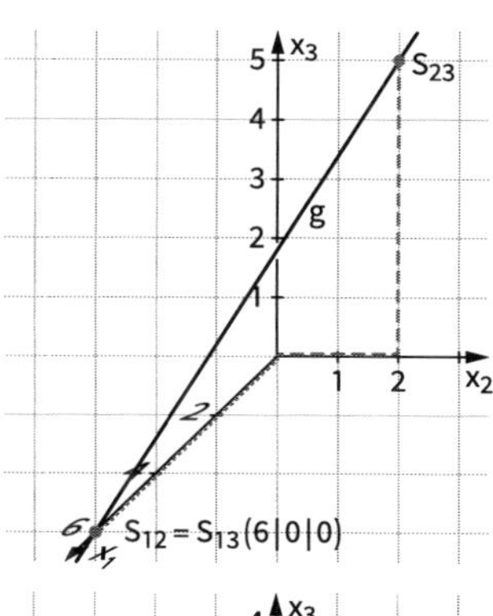

b) $S_{12}(0|0|0) = S_{13} = S_{23}$
g ist eine Ursprungsgerade.

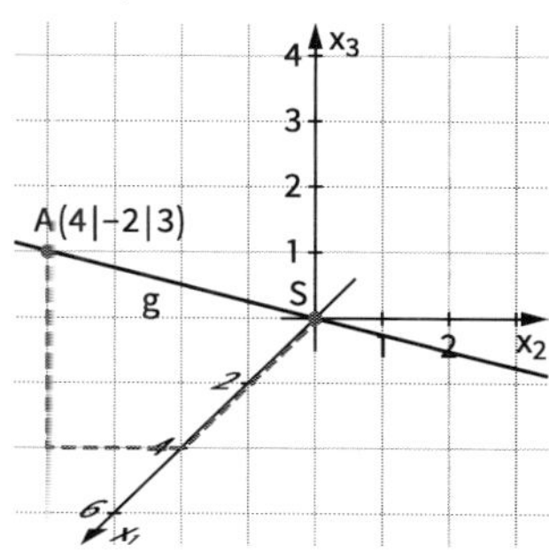

58

c) $S_{12}(0|8|0) = S_{23}$; $S_{13}(-16|0|-24)$
Zwei Spurpunkte fallen zusammen.
g schneidet die x_1x_2-Ebene und die x_2x_3-Ebene in einem Punkt der x_2-Achse.

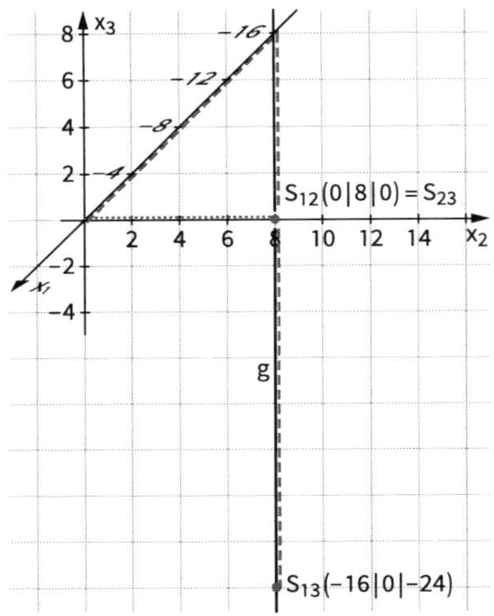

18. a) $S_{13}(4|0|3)$; $S_{23}(0|2|3)$; g: $\vec{x} = \begin{pmatrix} 4 \\ 0 \\ 3 \end{pmatrix} + k \cdot \begin{pmatrix} -4 \\ 2 \\ 0 \end{pmatrix}$

b) $S_{13}(2|0|3)$ g: $\vec{x} = \begin{pmatrix} 2 \\ 0 \\ 3 \end{pmatrix} + r \cdot \begin{pmatrix} 0 \\ 1 \\ 0 \end{pmatrix}$

58

19.

Anzahl der Spurpunkte	Beschreibung und Beipiel	Skizze
1 Spurpunkt	g verläuft paralell zu zwei Koordinatenebenen z. B. g: $\vec{x} = \begin{pmatrix} 2 \\ 3 \\ 2 \end{pmatrix} + k \cdot \begin{pmatrix} 1 \\ 0 \\ 0 \end{pmatrix}$ $S_{23}(0\|3\|2)$	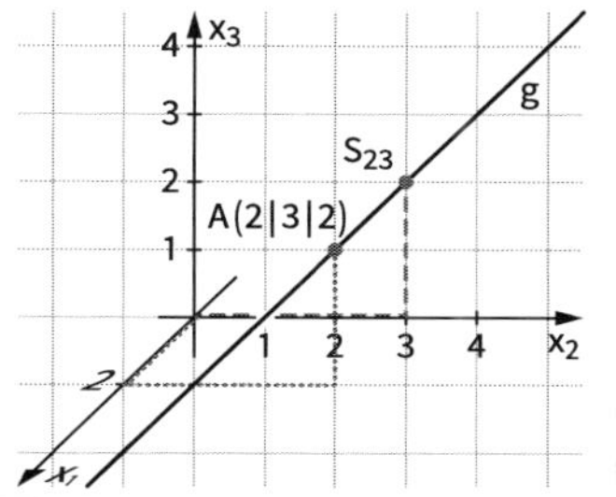
2 Spurpunkte	g verläuft parallel zu einer Koordinatenebene z. B. g: $\vec{x} = \begin{pmatrix} 4 \\ 0 \\ 3 \end{pmatrix} + k \cdot \begin{pmatrix} 2 \\ -1 \\ 0 \end{pmatrix}$ $S_{13}(4\|0\|3)$; $S_{23}(0\|2\|3)$	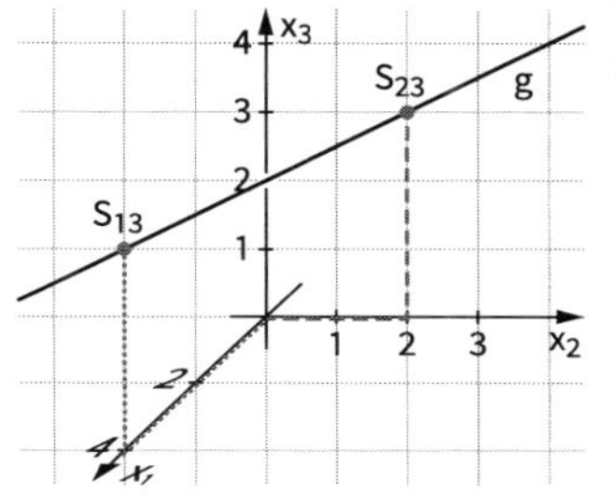
3 Spurpunkte	g schneidet alle drei Koordinatenebenen z. B. g: $\vec{x} = \begin{pmatrix} 4 \\ 6 \\ -1 \end{pmatrix} + k \cdot \begin{pmatrix} -1 \\ -2 \\ 1 \end{pmatrix}$ $S_{12}(3\|4\|0)$; $S_{13}(1\|0\|2)$; $S_{23}(0\|-2\|3)$	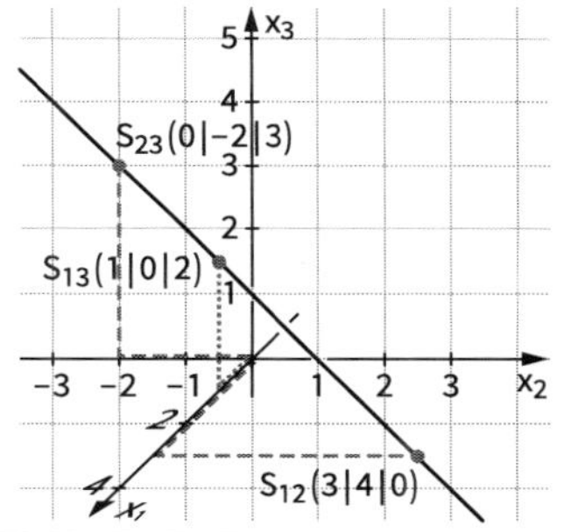

20. a) Ursprungsgerade in x_1x_2-Ebene — z. B.: g: $\vec{x} = \begin{pmatrix} 1 \\ 1 \\ 0 \end{pmatrix} + t \cdot \begin{pmatrix} 1 \\ 1 \\ 0 \end{pmatrix}$; $t \in \mathbb{R}$

b) x_2-Achse — z. B.: g: $\vec{x} = \begin{pmatrix} 0 \\ 1 \\ 0 \end{pmatrix} + t \cdot \begin{pmatrix} 0 \\ 1 \\ 0 \end{pmatrix}$; $t \in \mathbb{R}$

c) Ursprungsgerade in x_2x_3-Ebene — z. B.: g: $\vec{x} = \begin{pmatrix} 0 \\ 1 \\ -1 \end{pmatrix} + t \cdot \begin{pmatrix} 0 \\ 1 \\ -1 \end{pmatrix}$; $t \in \mathbb{R}$

d) Gerade verläuft in x_2x_3-Ebene — z. B.: g: $\vec{x} = \begin{pmatrix} 2 \\ 0 \\ 3 \end{pmatrix} + t \cdot \begin{pmatrix} 1 \\ 0 \\ 1 \end{pmatrix}$; $t \in \mathbb{R}$

58

21. Bei der Spiegelung eines Punktes an der x_1x_3-Ebene bleiben die x_1- und die x_3-Koordinate des Punktes erhalten, die x_2-Koordinate erhält das entgegengesetzte Vorzeichen.

a) Zwei Punkte, die auf g liegen: A(4|3|2), B(5|2|0)
Bildpunkte bei der Spiegelung:
A′(4|−3|2), B′(5|−2|0)
Die Bildgerade geht durch die Punkte A′ und B′, also $g': \vec{x} = \begin{pmatrix} 4 \\ -3 \\ 2 \end{pmatrix} + r \cdot \begin{pmatrix} 1 \\ 1 \\ -2 \end{pmatrix}$.

Beobachtung: Da sich A und A′ sowie B und B′ nur im Vorzeichen der x_2-Koordinate unterscheiden, gilt dies auch für die Vektoren $\overrightarrow{AB}$ und $\overrightarrow{A'B'}$.

b) $g': \vec{x} = \begin{pmatrix} -5 \\ -2 \\ -2 \end{pmatrix} + s \cdot \begin{pmatrix} 0 \\ -1 \\ -1 \end{pmatrix}$

c) $g': \vec{x} = \begin{pmatrix} 2 \\ -2 \\ 1 \end{pmatrix} + t \cdot \begin{pmatrix} -2 \\ 0 \\ 3 \end{pmatrix}$

22. a) $g: \vec{x} = k \cdot \begin{pmatrix} 0 \\ 1 \\ 0 \end{pmatrix}$

c) $g: \vec{x} = \begin{pmatrix} 1 \\ 0 \\ 1 \end{pmatrix} + k \cdot \begin{pmatrix} 0 \\ 1 \\ 0 \end{pmatrix}$

e) $g: \vec{x} = \begin{pmatrix} 3 \\ 3 \\ 3 \end{pmatrix} + k \cdot \begin{pmatrix} 1 \\ 1 \\ 0 \end{pmatrix}$

b) $g: \vec{x} = \begin{pmatrix} 7 \\ 4 \\ 6 \end{pmatrix} + k \cdot \begin{pmatrix} 0 \\ 0 \\ 1 \end{pmatrix}$

d) $g: \vec{x} = k \cdot \begin{pmatrix} 0 \\ 1 \\ 1 \end{pmatrix}$

1.5.2 Lagebeziehungen zwischen Geraden

59

Einstiegsaufgabe ohne Lösung

▪

	Lagebeziehung	Rechnung
1. Fall:	Zwei Geraden schneiden sich in einem gemeinsamen Punkt. In der Abbildung schneiden sich g_1 und g_2 im Punkt C.	Parameterdarstellungen gleichsetzen. Lineares Gleichungssystem mit 3 Gleichungen und zwei Unbekannten (Parameter der beiden Geraden) aufstellen und lösen. Es gibt genau eine Lösung.
2. Fall	Die beiden Geraden sind parallel zueinander. In der Abbildung gilt: $g_1 \parallel g_3$	Das Gleichungssystem wie im Fall 1 hat keine Lösungen. Die Richtungsvektoren sind Vielfache voneinander.
3. Fall	Die beiden Geraden schneiden sich nicht und sind auch nicht parallel zueinander.	Das Gleichungssystem wie im Fall 1 hat keine Lösungen. Die Richtungsvektoren sind keine Vielfachen voneinander.

Wenn das Gleichungssystem wie im Fall 1 beliebig viele Lösungen hat, dann handelt es sich um ein und dieselbe Gerade.

▪ $g_1: \vec{x} = \begin{pmatrix} 6 \\ 6 \\ 0 \end{pmatrix} + k \cdot \begin{pmatrix} 6 \\ 0 \\ 0 \end{pmatrix}$ $g_2: \vec{x} = \begin{pmatrix} 0 \\ 6 \\ 0 \end{pmatrix} + r \cdot \begin{pmatrix} 1 \\ -1 \\ 4 \end{pmatrix}$ $g_3: \vec{x} = \begin{pmatrix} 5 \\ 1 \\ 4 \end{pmatrix} + s \cdot \begin{pmatrix} -4 \\ 0 \\ 0 \end{pmatrix}$

1) Wir betrachten zuerst paarweise die Richtungsvektoren der Geraden:

- g_1 und g_2:
  Die beiden Richtungsvektoren sind keine Vielfachen voneinander, also sind g_1 und g_2 nicht parallel zueinander.
- g_1 und g_3:
  $\begin{pmatrix} 6 \\ 0 \\ 0 \end{pmatrix} = -\frac{3}{2} \begin{pmatrix} -4 \\ 0 \\ 0 \end{pmatrix}$, also sind g_1 und g_3 parallel zueinander.
- Somit sind auch g_2 und g_3 nicht parallel zueinander.

59

2) Untersuchung auf gemeinsame Punkte

- g_1 und g_2:
  Die Gleichung $\begin{pmatrix} 6 \\ 6 \\ 0 \end{pmatrix} + k \cdot \begin{pmatrix} 6 \\ 0 \\ 0 \end{pmatrix} = \begin{pmatrix} 0 \\ 6 \\ 0 \end{pmatrix} + r \cdot \begin{pmatrix} 1 \\ -1 \\ 4 \end{pmatrix}$
  führt auf das lineare Gleichungssystem $\left| \begin{array}{rl} 6k - r = & -6 \\ r = & 0 \\ -4r = & 0 \end{array} \right|$ mit der Lösung $k = -1;\ r = 0$
  Die beiden Geraden g_1 und g_2 schneiden sich im Punkt $C(0\,|\,6\,|\,0)$.
- g_1 und g_3:
  $E(5\,|\,1\,|\,4)$ liegt nicht auf g_1 (Punktprobe), also sind g_1 und g_3 parallel zueinander, aber nicht identisch.
- g_2 und g_3:
  Die Gleichung $\begin{pmatrix} 0 \\ 6 \\ 0 \end{pmatrix} + r \cdot \begin{pmatrix} 1 \\ -1 \\ 4 \end{pmatrix} = \begin{pmatrix} 5 \\ 1 \\ 4 \end{pmatrix} + s \cdot \begin{pmatrix} -4 \\ 0 \\ 0 \end{pmatrix}$
  führt auf das lineare Gleichungssystem $\left| \begin{array}{rl} r + 4s = & 5 \\ -r = & -5 \\ 4r = & 4 \end{array} \right|$, das keine Lösung hat.
  Also schneiden sich g_2 und g_3 nicht, sind aber auch nicht parallel zueinander.

62

1. Man kann den Schnittwinkel als Winkel zwischen den Richtungsvektoren der beiden Geraden bestimmen. Siehe dazu Schülerband Seite 49 f.

$$\cos(\alpha) = \frac{\begin{pmatrix} -2 \\ 2 \\ 1 \end{pmatrix} * \begin{pmatrix} 2 \\ 10 \\ 11 \end{pmatrix}}{\left|\begin{pmatrix} -2 \\ 2 \\ 1 \end{pmatrix}\right| \cdot \left|\begin{pmatrix} 2 \\ 10 \\ 11 \end{pmatrix}\right|} = \frac{-4 + 20 + 11}{\sqrt{(-2)^2 + 2^2 + 1^2} \cdot \sqrt{2^2 + 10^2 + 11^2}} = \frac{27}{3 \cdot 15} = 0{,}6$$

$\alpha \approx 53°$

2. **a)** g und h schneiden sich im Punkt $S(-5\,|\,1\,|\,4)$.
b) g und h sind zueinander parallel.
c) g und h sind identisch.
d) g und h schneiden sich im Punkt $S(3\,|\,-4\,|\,5)$
e) g und h sind windschief.
f) g und h schneiden sich im Punkt $S(3\,|\,-2\,|\,4)$

3. **a)** Spurpunkte von g:
$S_{12}(1\,|\,1\,|\,0)$; $S_{13}(0\,|\,0\,|\,-2) = S_{23}$
Spurpunkte von h:
$S_{12}(2\,|\,5\,|\,0)$; $S_{13}(2\,|\,0\,|\,5)$;
S_{23} existiert nicht.

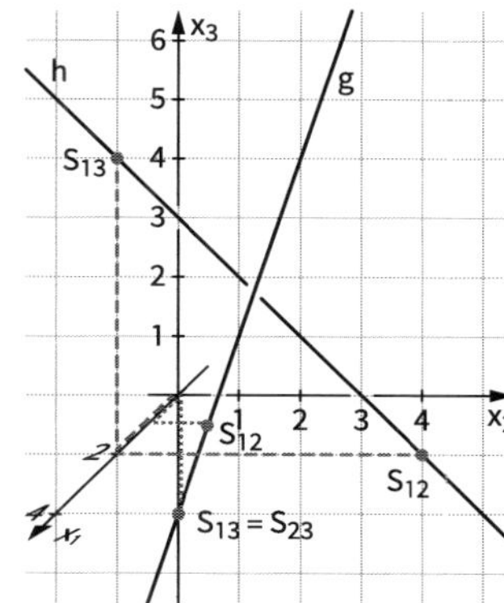

62 **b)** Die beiden Richtungsvektoren von g und h sind keine Vielfachen voneinander. Somit sind g und h nicht parallel zueinander.

Die Gleichung $\begin{pmatrix} 3 \\ 3 \\ 4 \end{pmatrix} + s \cdot \begin{pmatrix} 1 \\ 1 \\ 2 \end{pmatrix} = \begin{pmatrix} 2 \\ 2 \\ 3 \end{pmatrix} + t \cdot \begin{pmatrix} 0 \\ 1 \\ -1 \end{pmatrix}$

führt auf das lineare Gleichungssystem $\left| \begin{array}{l} s \quad\;\; = -1 \\ s - t = -1 \\ 2s + t = -1 \end{array} \right|$, das keine Lösung hat.

g und h sind windschief zueinander.

4. Lena hat aus den ersten beiden Gleichungen $t = 1$ und $k = 2$ richtig errechnet. Sie hat aber vergessen zu überprüfen, ob $t = 1$ und $k = 2$ auch die dritte Gleichung erfüllen. Dies ist nicht der Fall, deshalb sind die beiden Geraden windschief zueinander.

63 **5.** In der Aufgabenstellung benutzen beide Parameterdarstellungen den Parameter k. Fabian hat nicht beachtet, dass er einen der beiden Parameter umbenennen muss, wenn er den Schnittpunkt bestimmen möchte.

$$\begin{array}{l} (1) \\ (2) \\ (3) \end{array} \left| \begin{array}{r} -2 + 3k = 7 + s \\ 6 - 2k = 4 - 2s \\ -3 + 2k = -4 + 3s \end{array} \right|$$

Aus (2) folgt $k = 1 + s$

eingesetzt in (1): $s = 3$

eingesetzt in (3): $s = 3$

Die Graphen g und h schneiden sich im Punkt $S(10\,|\,-2\,|\,5)$.

6. a) Die Geraden schneiden sich in $(3\,|\,-2\,|\,0)$.

$$\cos(\alpha) = \frac{\begin{pmatrix} -2 \\ 3 \\ 1 \end{pmatrix} * \begin{pmatrix} 1 \\ 0 \\ 4 \end{pmatrix}}{\left|\begin{pmatrix} -2 \\ 3 \\ 1 \end{pmatrix}\right| \cdot \left|\begin{pmatrix} 1 \\ 0 \\ 4 \end{pmatrix}\right|} = \frac{2}{\sqrt{14} \cdot \sqrt{17}} \approx 0{,}1296, \text{ also } \alpha \approx 82{,}6°$$

b) Die Geraden schneiden sich nicht.

$$\cos(\alpha) = \frac{\begin{pmatrix} 1 \\ -4 \\ 6 \end{pmatrix} * \begin{pmatrix} -5 \\ 1 \\ 7 \end{pmatrix}}{\left|\begin{pmatrix} 1 \\ -4 \\ 6 \end{pmatrix}\right| \cdot \left|\begin{pmatrix} -5 \\ 1 \\ 7 \end{pmatrix}\right|} = \frac{33}{\sqrt{53} \cdot \sqrt{75}} \approx 0{,}5234, \text{ also } \alpha \approx 58{,}4°$$

c) Die Geraden schneiden sich im Ursprung.

$$\cos(\alpha) = \frac{\begin{pmatrix} -6 \\ 1 \\ -2 \end{pmatrix} * \begin{pmatrix} -1 \\ 2 \\ -3 \end{pmatrix}}{\left|\begin{pmatrix} -6 \\ 1 \\ -2 \end{pmatrix}\right| \cdot \left|\begin{pmatrix} -1 \\ 2 \\ -3 \end{pmatrix}\right|} = \frac{14}{\sqrt{41} \cdot \sqrt{14}} \approx 0{,}5843, \text{ also } \alpha \approx 54{,}2°$$

7. a) Skalarprodukt der Richtungsvektoren:

$\begin{pmatrix} -2 \\ 1 \\ 3 \end{pmatrix} * \begin{pmatrix} 1 \\ -1 \\ 1 \end{pmatrix} = 0 \Rightarrow$ Geraden orthogonal

Man kann an den Geradengleichungen direkt ablesen, dass die Geraden sich im gemeinsamen Stützvektor $\begin{pmatrix} 2 \\ 4 \\ -3 \end{pmatrix}$ schneiden.

63

b) Skalarprodukt der Richtungsvektoren:

$\begin{pmatrix} -1 \\ 3 \\ 5 \end{pmatrix} * \begin{pmatrix} 7 \\ -1 \\ 2 \end{pmatrix} = 0 \Rightarrow$ Geraden orthogonal

Gleichsetzen der Parameterdarstellungen liefert für $r = -1$ bzw. $s = 1$ den Schnittpunkt $S(2|1|1)$.

c) Skalarprodukt der Richtungsvektoren:

$\begin{pmatrix} 4 \\ 2 \\ -1 \end{pmatrix} * \begin{pmatrix} 5 \\ -7 \\ 5 \end{pmatrix} = 1 \Rightarrow$ nicht orthogonal

Gleichsetzen der Parameterdarstellungen ergibt keine Lösung für r, s
$\Rightarrow$ kein Schnittpunkt

d) Skalarprodukt der Richtungsvektoren:

$\begin{pmatrix} 1 \\ -1 \\ 2 \end{pmatrix} * \begin{pmatrix} 2 \\ 2 \\ 0 \end{pmatrix} = 0 \Rightarrow$ Geraden orthogonal

Gleichsetzen der Parameterdarstellungen ergibt keine Lösung für r, s
$\Rightarrow$ kein Schnittpunkt

8. a) Spurpunkte von g: $S_{12}(0|-1|0) = S_{23}$; $S_{13}(2|0|1)$
Spurpunkte von h: $S_{12}(2|1|0)$; $S_{23}(0|1|-2)$; S_{13} existiert nicht.
Die Spurpunkte und alle anderen Punkte von g liegen in der Zeichnung mit unserem üblichen Verkürzungsfaktor $k \approx 0{,}7$ und dem Winkel 45° alle auf einem Punkt.
Daher fertigen wir eine Zeichnung mit einem Winkel von ca. 56,3° und einem Verkürzungsfaktor von $k \approx 0{,}6$ an.

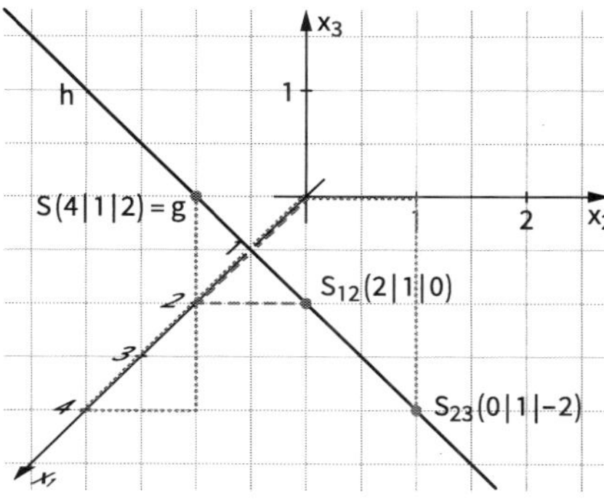

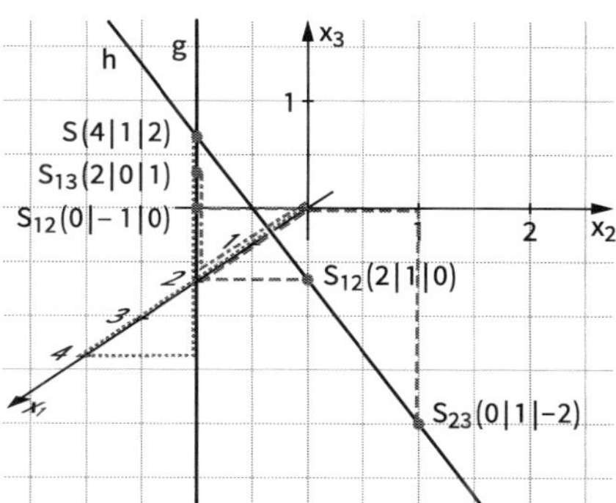

b) Die Gleichung $\begin{pmatrix} 0 \\ -1 \\ 0 \end{pmatrix} + s \cdot \begin{pmatrix} 2 \\ 1 \\ 1 \end{pmatrix} = \begin{pmatrix} 3 \\ 1 \\ 1 \end{pmatrix} + t \cdot \begin{pmatrix} 1 \\ 0 \\ 1 \end{pmatrix}$

führt auf das lineare Gleichungssystem $\begin{vmatrix} 2s - t = 3 \\ s \quad = 2 \\ s - t = 1 \end{vmatrix}$ mit der Lösung $s = 2$; $t = 1$

Schnittpunkt $S(4|1|2)$
Punkte, deren Schrägbild im üblichen dreidimensionalen Koordinatensystem an derselben Stelle liegen:
$P_1(0|-1|0)$, $P_2(-2|-2|-1)$, $P_3(6|2|3)$

9. a) P liegt nicht auf g. Wir wählen P als Aufpunkt der Geraden h und verwenden denselben Richtungsvektor.

Eine mögliche Lösung: $h: \vec{x} = \begin{pmatrix} 15 \\ 26 \\ 31 \end{pmatrix} + t \cdot \begin{pmatrix} -2 \\ -3 \\ 5 \end{pmatrix}$

63 **b)** P liegt nicht auf g. Wir wählen P als Aufpunkt der Geraden h und verwenden denselben Richtungsvektor. Eine mögliche Lösung: h: $\vec{x} = \begin{pmatrix} 8 \\ 16 \\ 5 \end{pmatrix} + t \cdot \begin{pmatrix} 1 \\ -4 \\ 0 \end{pmatrix}$

64 **10. a)** $\vec{x} = \begin{pmatrix} 0 \\ 0 \\ 0 \end{pmatrix} + t \cdot \begin{pmatrix} 4 \\ 2 \\ 3 \end{pmatrix}$ **b)** $\vec{x} = \begin{pmatrix} 1 \\ 1 \\ 1 \end{pmatrix} + t \cdot \begin{pmatrix} 4 \\ 2 \\ 1 \end{pmatrix}$ **c)** $\vec{x} = \begin{pmatrix} 1 \\ 1 \\ 0 \end{pmatrix} + t \cdot \begin{pmatrix} 4 \\ 2 \\ 3 \end{pmatrix}$

11. g ∦ h: Richtungsvektoren sind nicht kollinear zueinander.

$\left| \begin{matrix} -p+2t = 2+2s \\ 1-8t = 6-2s \\ -2-4t = 4p-4s \end{matrix} \right|; \left| \begin{matrix} 2t-2s = p+2 \\ -8t+2s = 5 \\ -4t+4s = 4p+2 \end{matrix} \right|$

1. und 2. Gleichung addieren:

$\left| \begin{matrix} -6t = p+7 \\ -8t+2s = 5 \\ -4t+4s = 4p+2 \end{matrix} \right|$

Das Doppelte der 2. Gleichung von der 3. Gleichung subtrahieren:

$\left| \begin{matrix} -6t = p+7 \\ -8t+2s = 5 \\ 12t = 4p-8 \end{matrix} \right|$

Das Doppelte der 1. Gleichung zur 3. Gleichung addieren:

$\left| \begin{matrix} -6t = p+7 \\ -8t+2s = 5 \\ 0 = 6p+6 \end{matrix} \right|; \left| \begin{matrix} -6t = p+7 \\ -8t+2s = 5 \\ p = -1 \end{matrix} \right|; \left| \begin{matrix} t = -\frac{1}{6}p - \frac{7}{6} \\ s = 4t+2{,}5 \\ p = -1 \end{matrix} \right|; \left| \begin{matrix} t = -1 \\ s = -1{,}5 \\ p = -1 \end{matrix} \right|$

Für p = −1 schneiden sich die Geraden g und h im Punkt S(−1 | 9 | 2).

Schnittwinkel: $\cos(\alpha) = \frac{\begin{pmatrix} 2 \\ -8 \\ -4 \end{pmatrix} * \begin{pmatrix} 2 \\ -2 \\ -4 \end{pmatrix}}{\left|\begin{pmatrix} 2 \\ -8 \\ -4 \end{pmatrix}\right| \cdot \left|\begin{pmatrix} 2 \\ -2 \\ -4 \end{pmatrix}\right|} = \frac{24}{\sqrt{84} \cdot \sqrt{24}} \Rightarrow \alpha \approx 57{,}69°$

12. Die Gleichung $\begin{pmatrix} 6 \\ -10 \\ -3 \end{pmatrix} + r \cdot \begin{pmatrix} 2 \\ -1 \\ 3 \end{pmatrix} = \begin{pmatrix} 4 \\ -2 \\ 1 \end{pmatrix} + s \cdot \begin{pmatrix} 1 \\ 3 \\ a \end{pmatrix}$

führt auf das lineare Gleichungssystem $\left| \begin{matrix} 2r - s = -2 \\ -r - 3s = 8 \\ 3r - a \cdot s = 4 \end{matrix} \right|$,
das für r = −2, s = −2, a = 5 erfüllt ist.
Schnittpunkt S(2 | −8 | −9)

Schnittwinkel: $\cos(\alpha) = \frac{\begin{pmatrix} 2 \\ -1 \\ 3 \end{pmatrix} * \begin{pmatrix} 1 \\ 3 \\ 5 \end{pmatrix}}{\left|\begin{pmatrix} 2 \\ -1 \\ 3 \end{pmatrix}\right| \cdot \left|\begin{pmatrix} 1 \\ 3 \\ 5 \end{pmatrix}\right|} = \frac{14}{\sqrt{14} \cdot \sqrt{35}} \approx 0{,}6325$, also $\alpha \approx 50{,}8°$

13. a) Die Geraden a und b liegen windschief zueinander und bilden kein Dreieck.

b) A(−8 | −12 | 10); B(6 | 9 | 24); C(−4 | −4 | −2); $\overrightarrow{AB} = \begin{pmatrix} 14 \\ 21 \\ 14 \end{pmatrix}$; $\overrightarrow{AC} = \begin{pmatrix} 4 \\ 8 \\ -12 \end{pmatrix}$; $\overrightarrow{BC} = \begin{pmatrix} -10 \\ -13 \\ -26 \end{pmatrix}$

$|\overrightarrow{AB}| = \sqrt{833} \approx 28{,}86$; $|\overrightarrow{AC}| = \sqrt{244} \approx 14{,}97$; $|\overrightarrow{BC}| = \sqrt{945} \approx 30{,}74$

Winkel an A: $\cos(\alpha) = \frac{\overrightarrow{AB} * \overrightarrow{AC}}{|\overrightarrow{AB}| \cdot |\overrightarrow{AC}|} = \frac{56}{\sqrt{833} \cdot \sqrt{244}} \Rightarrow \alpha \approx 82{,}9°$

Winkel an B: $\cos(\beta) = \frac{\overrightarrow{AB} * \overrightarrow{BC}}{|\overrightarrow{AB}| \cdot |\overrightarrow{BC}|} = \frac{777}{\sqrt{833} \cdot \sqrt{945}} \Rightarrow \beta \approx 28{,}87°$

Winkel an C: $\gamma = 180° - \alpha - \beta \approx 68{,}23°$

64

14. a) Z. B.

h_{AB}: $\vec{x} = \begin{pmatrix} 3 \\ 1 \\ 4 \end{pmatrix} + s \begin{pmatrix} -5 \\ 3 \\ -3 \end{pmatrix}$; $s \in \mathbb{R}$

g und h_{AB} liegen windschief zueinander.

b) Da $\overrightarrow{AB} = \begin{pmatrix} -5 \\ 3 \\ -3 \end{pmatrix} = \overrightarrow{DC}$ und

$\overrightarrow{AD} = \begin{pmatrix} 0 \\ -3 \\ 2 \end{pmatrix} = \overrightarrow{BC}$,

liegt ein Parallelogramm vor.
Schnittpunkt der Diagonalen: (0,5 | 1 | 3,5).

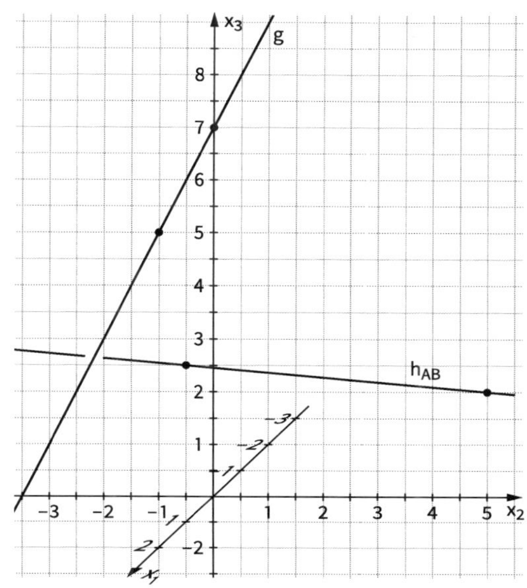

15. a) D(−1 | −1 | 2)

b) Z. B.

g_{M_1C}: $\vec{x} = \begin{pmatrix} 1 \\ -5 \\ 8 \end{pmatrix} + s \cdot \begin{pmatrix} -3 \\ -4 \\ 7 \end{pmatrix}$; $s \in \mathbb{R}$

Z. B.

h_{M_2D}: $\vec{x} = \begin{pmatrix} -1 \\ -1 \\ 2 \end{pmatrix} + r \cdot \begin{pmatrix} -4 \\ 3 \\ -4 \end{pmatrix}$; $r \in \mathbb{R}$

Schnittpunkt (2,2 | −3,4 | 5,2)

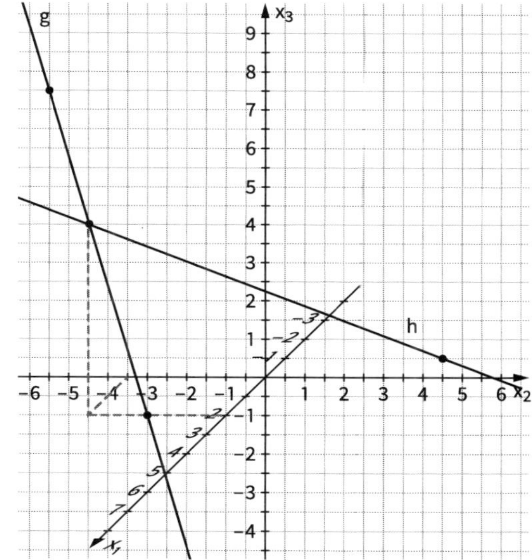

16. a) C(5 | 5 | 0); F(6 | 5 | 1); G(6 | 6 | 0); H(4 | 6 | 1)

b) Die Diagonalen AG und EC schneiden sich im Punkt (4,5 | 5 | 1).

17. a) G(2 | 4 | 5); H(2 | 2 | 5); Zeichnung siehe Schülerband.

b) Gerade AQ liegt zur Geraden BH windschief.
Gerade AQ schneidet Gerade EP im Punkt (3,75 | 3 | 3,75).
Gerade BH schneidet Gerade EP im Punkt (3,6 | 3,6 | 3).

c) S(3 | 3 | 7,5)

65 **18.** Das Flugzeug überfliegt das Windrad mit einer Flughöhe von 384 m, d. h. der vertikale Abstand vom höchsten Punkt des Windrades beträgt 214 m.

19. Ein Stollen verläuft entlang einer Geraden

$s\colon \vec{x} = \begin{pmatrix} 120 \\ 315 \\ -80 \end{pmatrix} + k \cdot \begin{pmatrix} -25 \\ -36 \\ -12 \end{pmatrix}$

Der Stollen trifft das Wasser im Punkt P.

$x_3 = -90 \Rightarrow -90 = -80 + k\,(-12)$

$k = \frac{10}{12} = \frac{5}{6}$

$x_1 = 120 - \frac{25 \cdot 5}{6} = \frac{595}{6};\ x_2 = 315 - \frac{36 \cdot 5}{6} = 285$

$P\left(\frac{595}{6} \middle| 285 \middle| -90\right)$

Die Bohrungen für den Stollen auf der Erdoberfläche befinden sich zwischen den Punkten $(120\,|\,315\,|\,0)$ und $\left(\frac{595}{6} \middle| 285 \middle| 0\right)$.

Der Bereich auf der Erdoberfläche ist $\vec{x} = \begin{pmatrix} 120 \\ 315 \\ 0 \end{pmatrix} + s \cdot \begin{pmatrix} -25 \\ -36 \\ 0 \end{pmatrix}$ für $0 \le s \le \frac{5}{6}$.

66 **20. a)** Flugbahn des Passagierflugzeugs: $g\colon \vec{x} = \begin{pmatrix} 8{,}5 \\ -28 \\ 7{,}5 \end{pmatrix} + k \cdot \begin{pmatrix} -0{,}12 \\ 0{,}175 \\ 0 \end{pmatrix}$

Flugbahn des zweiten Flugzeugs: $h\colon \vec{x} = \begin{pmatrix} 22 \\ 15{,}5 \\ 7{,}3 \end{pmatrix} + r \cdot \begin{pmatrix} 0{,}1 \\ -0{,}05 \\ 0{,}001 \end{pmatrix}$

Die beiden Geraden g und h sind nicht parallel zueinander, da ihre Richtungsvektoren keine Vielfachen voneinander sind.

Wir untersuchen, ob g und h sich schneiden:

$\begin{pmatrix} 8{,}5 \\ -28 \\ 7{,}5 \end{pmatrix} + k \cdot \begin{pmatrix} -0{,}12 \\ 0{,}175 \\ 0 \end{pmatrix} = \begin{pmatrix} 22 \\ 15{,}5 \\ 7{,}3 \end{pmatrix} + r \cdot \begin{pmatrix} 0{,}1 \\ -0{,}05 \\ 0{,}001 \end{pmatrix}$ führt auf das LGS $\left| \begin{array}{rl} -0{,}12k - 0{,}1r &= 13{,}5 \\ 0{,}175k + 0{,}05r &= 43{,}5 \\ -0{,}001r &= -0{,}2 \end{array} \right|$

Das LGS hat keine Lösung.

Die Geraden g und h sind windschief zueinander. Es kann zu keiner Kollision kommen.

b) Passagierflugzeug: $v_1 = \left|\begin{pmatrix} -0{,}12 \\ 0{,}175 \\ 0 \end{pmatrix}\right| \approx 0{,}2122$ (in km pro s); $v_1 \approx 0{,}2122\,\frac{\text{km}}{\text{s}} \approx 764\,\frac{\text{km}}{\text{h}}$

zweites Flugzeug: $v_2 = \left|\begin{pmatrix} 0{,}1 \\ -0{,}05 \\ 0{,}001 \end{pmatrix}\right| \approx 0{,}1118$ (in km pro s); $v_2 \approx 0{,}1118\,\frac{\text{km}}{\text{s}} \approx 402\,\frac{\text{km}}{\text{h}}$

21. Richtungsvektor der Geraden h: $\vec{u} = \begin{pmatrix} 1 \\ -1 \\ 3 \end{pmatrix}$

a) Richtungsvektor der Geraden g_k: $\vec{v_k} = \begin{pmatrix} k \\ 1 \\ -3 \end{pmatrix}$

g_k und h sind orthogonal zueinander, falls $\vec{u} * \vec{v_k} = k - 1 - 9 = 0$, also für $k = 10$.

Überprüfen, ob h und g_{10} sich schneiden:

Das LGS $\left| \begin{array}{l} 2 + t = 3 + 10s \\ 1 - t = 1 + s \\ -1 + 3t = 2 - 3s \end{array} \right|$ hat keine Lösung. h und g_{10} schneiden sich nicht, sie sind zueinander windschief.

66 **b)** Richtungsvektor der Geraden g_k: $\overrightarrow{v_k} = \begin{pmatrix} 2 \\ -1 \\ k \end{pmatrix}$

g_k und h sind orthogonal zueinander, falls $\vec{u} * \overrightarrow{v_k} = 2 + 1 + 3k = 0$, also für $k = -1$.
Überprüfen, ob h und g_{-1} sich schneiden:

Das LGS $\left| \begin{array}{l} 2 + t = 1 + 2s \\ 1 - t = 0 - s \\ -1 + 3t = 2 - s \end{array} \right|$ hat keine Lösung. h und g_{-1} schneiden sich nicht, sie sind zueinander windschief.

c) Richtungsvektor der Geraden g_k: $\overrightarrow{v_k} = \begin{pmatrix} -1 \\ 2k \\ -3 \end{pmatrix}$

g_k und h sind orthogonal zueinander, falls $\vec{u} * \overrightarrow{v_k} = -1 - 2k - 9 = 0$, also für $k = -5$.
Überprüfen, ob h und g_{-5} sich schneiden:

Das LGS $\left| \begin{array}{l} 2 + t = -3 - s \\ 1 - t = -1 - 10s \\ -1 + 3t = 0 - 3s \end{array} \right|$ hat keine Lösung. h und g_{-5} schneiden sich nicht, sie sind zueinander windschief.

d) Richtungsvektor der Geraden g_k: $\overrightarrow{v_k} = \begin{pmatrix} 2 \\ k \\ 3 \end{pmatrix}$

g_k und h sind orthogonal zueinander, falls $\vec{u} * \overrightarrow{v_k} = 2 - k + 9 = 0$, also für $k = 11$.
Überprüfen, ob h und g_{11} sich schneiden:

Das LGS $\left| \begin{array}{l} 2 + t = 0 + 2s \\ 1 - t = 0 + 11s \\ -1 + 3t = 0 + 3s \end{array} \right|$ hat keine Lösung. h und g_{11} schneiden sich nicht, sie sind zueinander windschief.

22. a) $h: \vec{x} = \begin{pmatrix} -1 \\ 1 \\ 2 \end{pmatrix} + r \cdot \begin{pmatrix} 6 \\ 3 \\ 5 \end{pmatrix}$

Richtungsvektor von h: $\vec{u} = \begin{pmatrix} 6 \\ 3 \\ 5 \end{pmatrix}$; Richtungsvektor von g_k: $\overrightarrow{v_k} = \begin{pmatrix} k \\ 2 \\ 2k \end{pmatrix}$

g_k und h sind orthogonal zueinander, falls $\vec{u} * \overrightarrow{v_k} = 6k + 6 + 10k = 0$, also für $k = -\frac{3}{8}$.

b) g_k verläuft parallel zur x_2-Achse, falls $\begin{pmatrix} k \\ 2 \\ 2k \end{pmatrix} = m \cdot \begin{pmatrix} 0 \\ 1 \\ 0 \end{pmatrix}$, also für $m = \frac{1}{2}$; $k = 0$.

Die Gerade g_0 verläuft parallel zur x_2-Achse.

g_k verläuft parallel zur x_1-Achse, falls $\begin{pmatrix} k \\ 2 \\ 2k \end{pmatrix} = m \cdot \begin{pmatrix} 1 \\ 0 \\ 0 \end{pmatrix}$.

Dieses Gleichungssystem hat keine Lösung.

g_k verläuft parallel zur x_3-Achse, falls $\begin{pmatrix} k \\ 2 \\ 2k \end{pmatrix} = m \cdot \begin{pmatrix} 0 \\ 0 \\ 1 \end{pmatrix}$.

Dieses Gleichungssystem hat keine Lösung.
Es gibt keine Gerade der Schar, die parallel zur x_1-Achse oder zur x_3-Achse ist.

c) Das LGS $\left| \begin{array}{l} -1 + 6r = 0 + k \cdot t \\ 1 + 3r = 0 + 2t \\ 2 + 5r = 2 + 2k \cdot t \end{array} \right|$ hat die Lösung $r = \frac{2}{7}$; $t = \frac{13}{14}$; $k = \frac{10}{13}$.

Die Gerade $g_{\frac{10}{13}}$ schneidet die Gerade h im Punkt $S\left(\frac{5}{7} \middle| \frac{13}{7} \middle| \frac{24}{7}\right)$.

d) Für den Spurpunkt S_1 der Geraden g_k mit der x_1x_2-Ebene gilt:

$x_3 = 2 + 2k \cdot t = 0$, also $t = -\frac{1}{k}$

$S_1\left(-1 \middle| -\frac{2}{k} \middle| 0\right)$

67 **23. a)** $g_2: \vec{x} = \begin{pmatrix} 2 \\ 1 \\ 4 \end{pmatrix} + t \cdot \begin{pmatrix} 1 \\ -1 \\ 2 \end{pmatrix}$

Das LGS $\left| \begin{matrix} 2+2s=2+\ \ t \\ 4-4s=1-\ \ t \\ 4+4s=4+2t \end{matrix} \right|$ hat die Lösung $s = \frac{3}{2};\ t = 3$.

Schnittpunkt $S(5\,|-2\,|\,10)$

b) Die Gerade j verläuft orthogonal zu g_2 und zu h, falls der Richtungsvektor

$\vec{u} = \begin{pmatrix} u_1 \\ u_2 \\ u_3 \end{pmatrix}$ orthogonal zu $\begin{pmatrix} 2 \\ -4 \\ 4 \end{pmatrix}$ und zu $\begin{pmatrix} 1 \\ -1 \\ 2 \end{pmatrix}$ ist.

Das LGS $\left| \begin{matrix} 2u_1 - 4u_2 + 4u_3 = 0 \\ u_1 - \ \ u_2 + 2u_3 = 0 \end{matrix} \right|$ hat z. B. die Lösung $u_1 = 2;\ u_2 = 0;\ u_3 = -1$.

$j: \vec{x} = \begin{pmatrix} 5 \\ -2 \\ 10 \end{pmatrix} + r \cdot \begin{pmatrix} 2 \\ 0 \\ -1 \end{pmatrix}$

c) g_k und h sind orthogonal zueinander, falls $\begin{pmatrix} 2 \\ -4 \\ 4 \end{pmatrix} * \begin{pmatrix} 1 \\ -1 \\ k \end{pmatrix} = 2 + 4 + 4k = 0$, also für $k = -\frac{3}{2}$.

Überprüfen, ob h und $g_{-\frac{3}{2}}$ sich schneiden:

Das LGS $\left| \begin{matrix} 2+2s=2+\ \ t \\ 4-4s=1-\ \ t \\ 4+4s=4-\frac{3}{2}t \end{matrix} \right|$ hat keine Lösung.

h und $g_{-\frac{3}{2}}$ schneiden sich nicht, sind zueinander windschief.

d) Für den Spurpunkt S_2 von h mit der x_1x_3-Ebene gilt:

$x_2 = 4 - 4s = 0$, also $s = 1$; $S_2(4\,|\,0\,|\,8)$

Für den Spurpunkt T_2 von g_k mit der x_1x_3-Ebene gilt:

$x_2 = 1 - t = 0$, also $t = 1$; $T_2(3\,|\,0\,|\,4+k)$

24. Koordinaten der Eckpunkte des Quaders:

$A(2\,|-2\,|\,0)$, $B(2\,|\,2\,|\,0)$, $C(-2\,|\,2\,|\,0)$, $D(-2\,|-2\,|\,0)$

$E(2\,|-2\,|\,4)$, $F(2\,|\,2\,|\,4)$, $G(-2\,|\,2\,|\,4)$, $H(-2\,|-2\,|\,4)$

$M_1(0\,|-2\,|\,4)$, $M_2(2\,|\,2\,|\,2)$; $P_t(-2\,|\,2\,|\,t)$, $0 \le t \le 4$

$g: \vec{x} = \begin{pmatrix} 0 \\ -2 \\ 4 \end{pmatrix} + k \cdot \begin{pmatrix} 1 \\ 2 \\ -1 \end{pmatrix}$

$h_t: \vec{x} = \begin{pmatrix} 2 \\ -2 \\ 4 \end{pmatrix} + r \cdot \begin{pmatrix} -4 \\ 4 \\ t-4 \end{pmatrix}$

Gemeinsame Punkte von g und h_t:

Die Gleichung $\begin{pmatrix} 0 \\ -2 \\ 4 \end{pmatrix} + k \cdot \begin{pmatrix} 1 \\ 2 \\ 1 \end{pmatrix} = \begin{pmatrix} 2 \\ -2 \\ 4 \end{pmatrix} + r \cdot \begin{pmatrix} -4 \\ 4 \\ t-4 \end{pmatrix}$

führt auf das lineare Gleichungssystem $\left| \begin{matrix} k \qquad\quad + 4r = 2 \\ 2k \qquad\quad - 4r = 0 \\ -k - (t-4) \cdot r = 0 \end{matrix} \right|$,

das für $k = \frac{2}{3}$, $r = \frac{1}{3}$, $t = 2$ erfüllt ist.

Die Gerade h_2: $\vec{x} = \begin{pmatrix} 2 \\ -2 \\ 4 \end{pmatrix} + r \cdot \begin{pmatrix} -4 \\ 4 \\ -2 \end{pmatrix}$ schneidet die Gerade g.

67

25. h: $\vec{x} = \begin{pmatrix} 1 \\ 5 \\ -10 \end{pmatrix} + t\begin{pmatrix} 0 \\ 2 \\ -4 \end{pmatrix}$; $t \in \mathbb{R}$

Die Geraden g und h sind parallel zueinander, aber nicht identisch.

26. a) Die Geraden sind parallel zueinander. Die Gerade g_{-3} schneidet die x_3-Achse in $(0|0|-2)$.

b) A liegt auf g_5.
2 Möglichkeiten für Punkt B: $B(-18|-11|60)$ oder $B(-2|-19|76)$.

27. a) Das durch das Gleichsetzen von g und h_t entstehende Gleichungssystem besitzt für jedes t genau eine Lösung.
Der Schnittpunkt in Abhängigkeit von t ist $S_t(2-t|1+2t|-1+t)$.

b) $t = 15$

28. a) Z. B.: $h_t = \begin{pmatrix} 4 \\ 2 \\ 0 \end{pmatrix} + r \cdot \begin{pmatrix} -4 \\ t-2 \\ 3 \end{pmatrix}$; $r \in \mathbb{R}$

b) $Q_t^* = (0|0|3)$ $\quad |\overrightarrow{OQ_t^*}| = 3$ $\quad |\overrightarrow{OP}| = \sqrt{20}$
$A_{OPQ_t^*} = \frac{1}{2}|\overrightarrow{OQ_t^*}| \cdot |\overrightarrow{OP}| \approx 3\sqrt{5} \approx 6{,}71$

Blickpunkt: Licht und Schatten

69

1. Eckpunkte des Daches:
$A(5{,}0|-2{,}4|2{,}4)$; $B(5{,}0|0|2{,}4)$; $C(0|-2{,}4|2{,}4)$; $D(0|0|2{,}4)$
Schattenpunkte durch $\vec{v}$: z. B. $\overrightarrow{OA} = \overrightarrow{OA} + \frac{6}{5}\vec{v}$
$A'(7{,}4|1{,}2|0)$; $B'(7{,}4|3{,}6|0)$; $C'(2{,}4|1{,}2|0)$; $D'(2{,}4|3{,}6|0)$
Schattenpunkte durch $\vec{u}$:
$A''(5{,}8|-0{,}8|0)$; $B''(5{,}8|1{,}6|0)$; $C''(0{,}8|-0{,}8|0)$; $D''(0{,}8|1{,}6|0)$
Grundstücksgrenze:
g: $\vec{x} = r \cdot \begin{pmatrix} 1 \\ 0 \\ 0 \end{pmatrix}$; $r \in \mathbb{R}$

- Bei $\vec{v}$ liegt der Schatten ganz im Nachbargarten
  $A = 2{,}4\text{ m} \cdot 5\text{ m} = 12\text{ m}^2$.
- Bei $\vec{u}$ liegt der Schatten auf beiden Grundstücken.
  Er ist begrenzt durch B″, D″, $E(5{,}8|0|0)$; $F(0{,}8|0|0)$.
  $A = 1{,}6\text{ m} \cdot 5\text{ m} = 8\text{ m}^2$

69

2. a) Koordinaten der Spitze: $S(3|3|5)$
Lichtstrahl durch S:
$g: \vec{x} = \begin{pmatrix} 3 \\ 3 \\ 5 \end{pmatrix} + k \cdot \begin{pmatrix} 2 \\ 3 \\ -2 \end{pmatrix}$
In der x_1x_2-Ebene gilt $x_3 = 0$
$\Rightarrow k = 2{,}5$
$\Rightarrow S'(8|10{,}5|0)$.

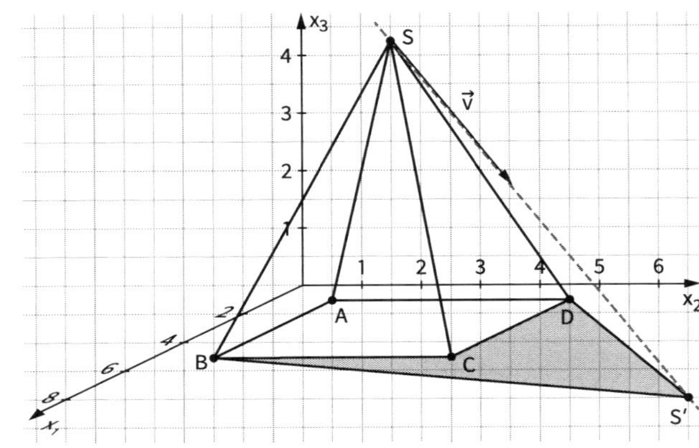

b) Schatten an der Wand (x_1x_3-Ebene)
Berechnung von S' in der x_1x_2-Ebene:
$g: \vec{x} = \begin{pmatrix} 3 \\ 3 \\ 5 \end{pmatrix} + k \cdot \begin{pmatrix} 0{,}5 \\ -2 \\ -1 \end{pmatrix}$, $x_3 = 0 \Rightarrow k = 5$
$S'(5{,}5|-7|0)$
S' liegt „hinter" der x_1x_3-Ebene. Die „Knickstelle" des Schattens erhält man durch Schnitt der Geraden S'B mit der x_1-Achse.
$\begin{pmatrix} 5 \\ 1 \\ 0 \end{pmatrix} + k \cdot \begin{pmatrix} -0{,}5 \\ 8 \\ 0 \end{pmatrix} = r \cdot \begin{pmatrix} 1 \\ 0 \\ 0 \end{pmatrix} \Rightarrow x_1 = 5{,}0625$
Schattenpunkt am Boden: $(5{,}5|-7|0)$
Schattenpunkt an der Wand: $(3{,}75|0|3{,}5)$
Knickstellen: $(1{,}5625|0|0)$; $(5{,}0625|0|0)$

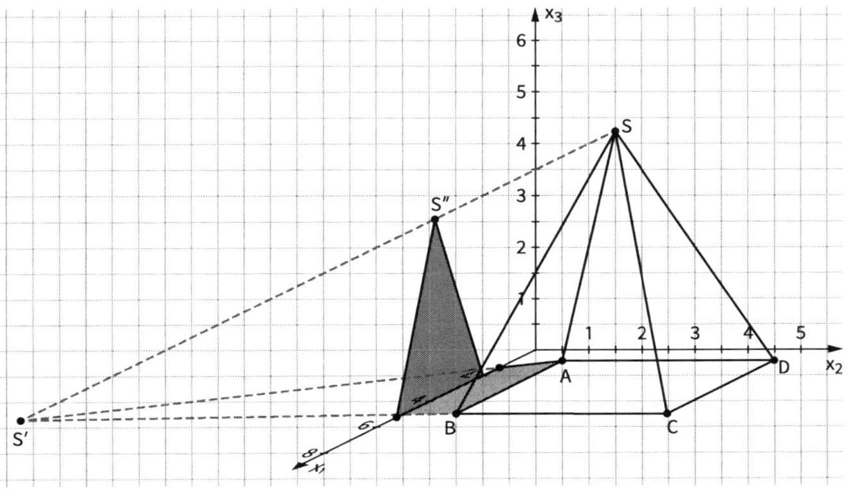

69

c) Schattenpunkt am Boden:
(6 | 4 | 0)

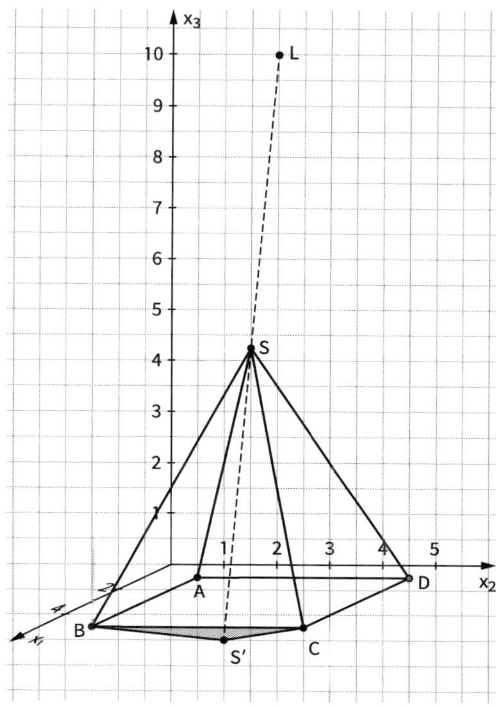

3. a) A (6 | 4 | 0); B (6 | 6 | 0); C (4 | 6 | 0); D (4 | 4 | 0); E (6 | 4 | 3); F (6 | 6 | 3); G (4 | 6 | 3); H (4 | 4 | 3); S (5 | 5 | 6)

b)

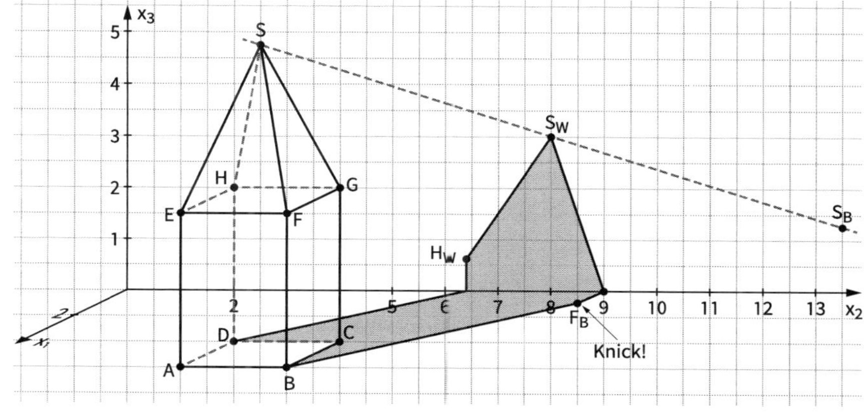

69 S: Schattenpunkt am Boden: (−5 | 11 | 0)
Schattenpunkt an der x_2x_3-Ebene: (0 | 8 | 3)

E: Schattenpunkt am Boden: (1 | 7 | 0)
Schattenpunkt an der Wand (0 | 7,6 | −0,6)
(er wirft also keinen „direkten" Schatten)

F: Schattenpunkt am Boden: (1 | 9 | 0)
„Schattenpunkt" an der Wand: (0 | 9,6 | −0,6)
(existiert aber eigentlich nicht)

G: Schattenpunkt am Boden: (−1 | 9 | 0)
Schattenpunkt an der Wand: (0 | 8,4 | 0,6)

H: Schattenpunkt am Boden: (−1 | 7 | 0)
Schattenpunkt an der Wand: (0 | 6,4 | 0,6)

Knickstellen: (0 | 7 | 0) und (0 | 9 | 0).

Der Schatten wird also durch die Punkte (1 | 7 | 0); (0 | 7 | 0); (0 | 6,4 | 0,6); (0 | 8 | 3); (0 | 8,4 | 0,6); (0 | 9 | 0) und (1 | 9 | 0) beschrieben.

c) Schattenpunkte:
E′(7,7 | 5,7 | 0);
F′(7,7 | 8,6 | 0);
G′(4,9 | 8,6 | 0);
H′(4,9 | 5,7 | 0);
S′(9,5 | 12,5 | 0)

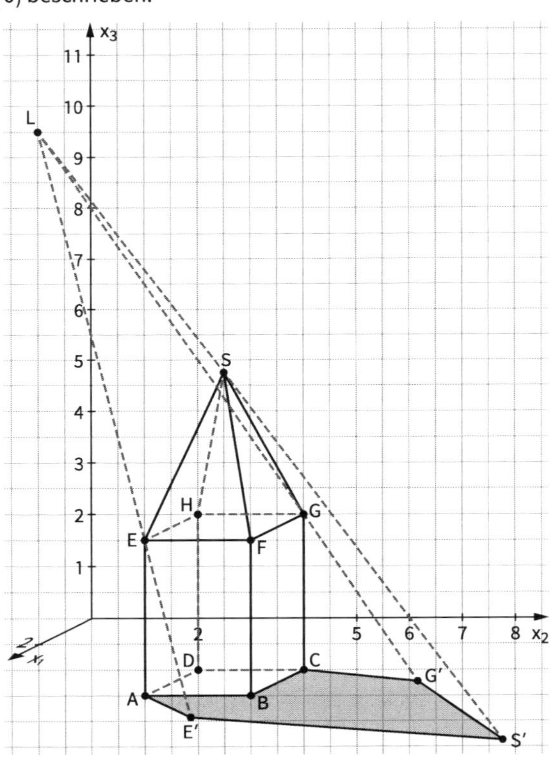

69 **4.** Wir legen ein Koordinatensystem so fest, dass das betrachtete Windrad auf der x_3-Achse liegt, mit seinem Fußpunkt im Koordinatenursprung und der Längeneinheit 1 m.
Spitze des Windrades: $S(0|0|200)$

- g_1: $\vec{x} = \begin{pmatrix} 0 \\ 0 \\ 200 \end{pmatrix} + k \cdot \begin{pmatrix} 1 \\ 4 \\ -1 \end{pmatrix}$
  Der Schattenpunkt der Spitze ist der Spurpunkt S_{12} der Geraden g_1, also $S_{12}(200|800|0)$.
  Länge des Schattens: $\left|\overrightarrow{OS_{12}}\right| = \sqrt{680\,000} \approx 824{,}6$
- g_2: $\vec{x} = \begin{pmatrix} 0 \\ 0 \\ 200 \end{pmatrix} + r \cdot \begin{pmatrix} 2 \\ -6 \\ -1 \end{pmatrix}$; $S_{12}^*(400|-1\,200|0)$
  $\left|\overrightarrow{OS_{12}^*}\right| = \sqrt{1\,600\,000} \approx 1\,264{,}9$
  Im ersten Fall ist der Schatten ca. 825 m lang, im zweiten Fall ca. 1 265 m.

1.6 Beweisen mit Vektoren

70 **Einstiegsaufgabe ohne Lösung**

- Behauptung: $b^2 = c \cdot q$
- Wir führen die folgenden Vektoren ein: $\vec{a} = \overrightarrow{CB}$, $\vec{b} = \overrightarrow{CA}$, $\vec{c} = \overrightarrow{AB}$ und $\vec{q} = \overrightarrow{AH}$ sowie $\vec{h} = \overrightarrow{HC}$.
  Dabei gilt: $\vec{a} * \vec{b} = 0$ und $\vec{c} * \vec{h} = 0$, da die Vektoren orthogonal zueinander sind.
- Die Flächeninhalte des Rechtecks über der Hypotenuse und des Quadrats über der Kathete erhalten wir als folgende Skalarprodukte:
  $A_{Rechteck} = |\vec{c}| \cdot |\vec{q}| = \vec{c} * \vec{q}$, $A_{Quadrat} = |\vec{b}| \cdot |\vec{b}| = \vec{b} * \vec{b}$.
  Es ist also zu zeigen: $\vec{b} * \vec{b} = \vec{c} * \vec{q}$.
- Es gilt $\vec{c} = \vec{a} - \vec{b}$ und $\vec{q} = -\vec{h} - \vec{b}$.
  Man erhält dann: $\vec{c} * \vec{q} = (\vec{a} - \vec{b}) * (-\vec{h} - \vec{b})$.
  Multipliziert man die Klammern teilweise aus, so ergibt sich:
  $$\begin{aligned} \vec{c} * \vec{q} &= (\vec{a} - \vec{b}) * (-\vec{h} - \vec{b}) \\ &= (\vec{b} - \vec{a}) * (\vec{h} + \vec{b}) \\ &= -\vec{c} * \vec{h} + \vec{b} * \vec{b} - \vec{a} * \vec{b} \end{aligned}$$
  Wegen $\vec{a} * \vec{b} = 0$ und $\vec{c} * \vec{h} = 0$ folgt also: $\vec{c} * \vec{q} = \vec{b} * \vec{b}$.

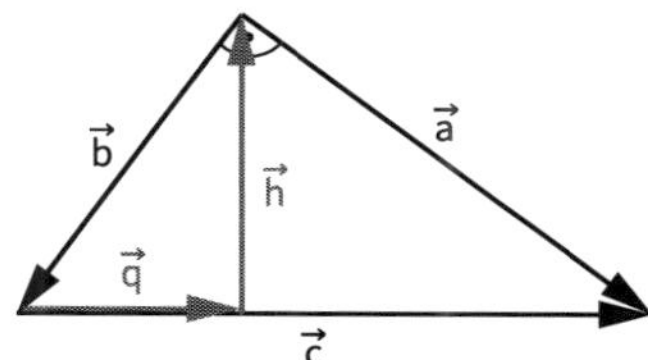

71 **1.**
- Voraussetzung: Die Diagonalen eines Vierecks halbieren sich, also $\overrightarrow{AS} = \frac{1}{2} \cdot \overrightarrow{AC}$ und $\overrightarrow{BS} = \frac{1}{2} \cdot \overrightarrow{BD}$, wobei S der Schnittpunkt der beiden Diagonalen ist.
- Behauptung: Zwei gegenüberliegende Seiten sind parallel zueinander und gleich lang, also $\overrightarrow{AB} = \overrightarrow{DC}$ bzw. $\overrightarrow{BC} = \overrightarrow{AD}$.
- Einführung von geeigneten Vektoren:
  $\overrightarrow{AB} = \vec{a}$; $\overrightarrow{BC} = \vec{b}$; $\overrightarrow{DC} = \vec{c}$

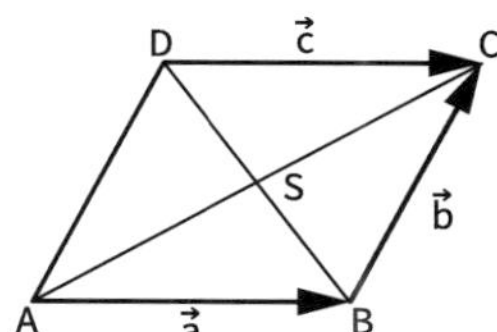

71

- Beweis:
  (1) $\overrightarrow{AS} = \frac{1}{2} \cdot \overrightarrow{AC} = \frac{1}{2} \cdot (\vec{a} + \vec{b})$
  (2) $\overrightarrow{AS} = \vec{a} + \overrightarrow{BS} = \vec{a} + \frac{1}{2} \cdot \overrightarrow{BD} = \vec{a} + \frac{1}{2} \cdot (\overrightarrow{BC} + \overrightarrow{CD}) = \vec{a} + \frac{1}{2} \cdot (\vec{b} - \vec{c})$
- Gleichsetzen von (1) und (2): $\frac{1}{2} \cdot (\vec{a} + \vec{b}) = \vec{a} + \frac{1}{2} \cdot (\vec{b} - \vec{c})$, also $\frac{1}{2} \cdot \vec{a} + \frac{1}{2} \cdot \vec{b} = \vec{a} + \frac{1}{2} \cdot \vec{b} - \frac{1}{2} \cdot \vec{c}$
  Zusammengefasst erhält man: $-\frac{1}{2} \cdot \vec{a} = -\frac{1}{2} \cdot \vec{c}$ bzw. $\vec{a} = \vec{c}$
- Die Seiten $\overline{AB}$ und $\overline{DC}$ sind parallel zueinander und gleich lang. Damit ist bewiesen, dass das Viereck ein Parallelogramm ist.

2.
- Voraussetzung: M_a und M_b sind die Mittelpunkte der Seiten $\overline{BC}$ und $\overline{AC}$.
- Behauptung: Die Strecke $\overline{M_aM_b}$ ist parallel zur Seite $\overline{AB}$ und halb so lang wie diese, also $\overrightarrow{M_aM_b} = \frac{1}{2} \cdot \overrightarrow{AB}$
- Einführung von geeigneten Vektoren: $\overrightarrow{AC} = \vec{a}$; $\overrightarrow{CB} = \vec{b}$;
- (1) $\overrightarrow{AB} = \vec{a} + \vec{b}$
  (2) $\overrightarrow{M_aM_b} = \frac{1}{2} \cdot \vec{a} + \frac{1}{2} \cdot \vec{b} = \frac{1}{2} \cdot (\vec{a} + \vec{b})$
  Also: $\overrightarrow{M_aM_b} = \frac{1}{2} \cdot \overrightarrow{AB}$
- Damit ist die Behauptung bewiesen.

3.
- Voraussetzung: Das Viereck ABCD ist ein Drachenviereck, d. h. $|\overrightarrow{AB}| = |\overrightarrow{BC}|$ und $|\overrightarrow{AD}| = |\overrightarrow{DC}|$.
- Behauptung: Die Diagonalen sind orthogonal zueinander, also $\overrightarrow{AC} * \overrightarrow{BD} = 0$.

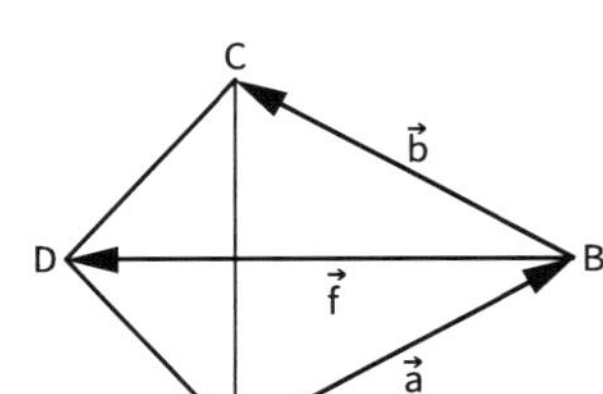

- Einführung von geeigneten Vektoren:
  $\overrightarrow{AB} = \vec{a}$; $\overrightarrow{BC} = \vec{b}$; $\overrightarrow{BD} = \vec{f}$

- Beweis:
  (1) $\overrightarrow{AD} = \vec{a} + \vec{f}$; $\overrightarrow{DC} = \vec{b} - \vec{f}$; $\overrightarrow{AC} = \vec{a} + \vec{b}$
  (2) Es gilt: $|\overrightarrow{AD}| = |\overrightarrow{DC}|$ bzw. $|\vec{a} + \vec{f}| = |\vec{b} - \vec{f}|$ und $|\vec{a}| = |\vec{b}|$
  (3) Durch Quadrieren erhalten wir: $(\vec{a} + \vec{f})^2 = (\vec{b} - \vec{f})^2$ bzw.
  $\vec{a}^2 + 2 \cdot \vec{a} * \vec{f} + \vec{f}^2 = \vec{b}^2 - 2 \cdot \vec{b} * \vec{f} + \vec{f}^2$
- Wegen $\vec{a}^2 = |\vec{a}|^2 = |\vec{b}|^2 = \vec{b}^2$ können wir zusammenfassen zu $2 \cdot \vec{a} * \vec{f} = -2 \cdot \vec{b} * \vec{f}$, also $2 \cdot (\vec{a} + \vec{b}) * \vec{f} = 0$
- Damit gilt: $\overrightarrow{AC} * \overrightarrow{BD} = 0$.
  Die Behauptung ist bewiesen.

4.
- Voraussetzung: Das Viereck ABCD ist ein Parallelogramm, d. h. $|\overrightarrow{AB}| = |\overrightarrow{CD}|$ und $|\overrightarrow{AD}| = |\overrightarrow{BC}|$

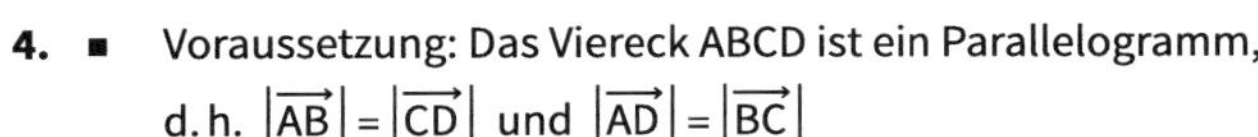

- Behauptung: Es gilt:
  $|\overrightarrow{AC}|^2 + |\overrightarrow{BD}|^2 = |\overrightarrow{AB}|^2 + |\overrightarrow{BC}|^2 + |\overrightarrow{CD}|^2 + |\overrightarrow{DA}|^2$
- Einführung geeigneter Vektoren $\overrightarrow{AB} = \vec{a}$; $\overrightarrow{AD} = \vec{b}$

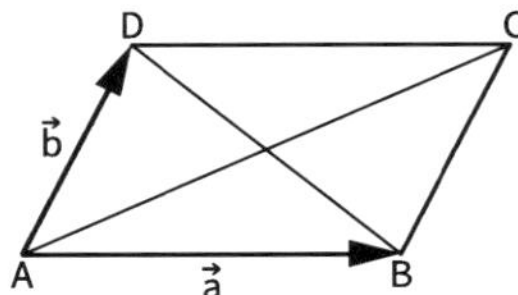

71

- Beweis:
  (1) $\overrightarrow{AC} = \vec{a} + \vec{b}$; $\overrightarrow{BD} = \vec{b} - \vec{a}$
  (2) $|\overrightarrow{AC}|^2 + |\overrightarrow{BD}|^2 = (\vec{a} + \vec{b})^2 + (\vec{b} - \vec{a})^2 = \vec{a}^2 + 2 \cdot \vec{a} * \vec{b} + \vec{b}^2 + \vec{a}^2 - 2 \cdot \vec{a} * \vec{b} + \vec{b}^2$, also
  $|\overrightarrow{AC}|^2 + |\overrightarrow{BD}|^2 = 2 \cdot \vec{a}^2 + 2 \cdot \vec{b}^2 = 2 \cdot |\vec{a}|^2 + 2 \cdot |\vec{b}|^2$
- Wegen $2 \cdot |\vec{a}|^2 = |\overrightarrow{AB}|^2 + |\overrightarrow{CD}|^2$ und $2 \cdot |\vec{b}|^2 = |\overrightarrow{AD}|^2 + |\overrightarrow{BC}|^2$ erhalten wir
  $|\overrightarrow{AC}|^2 + |\overrightarrow{BD}|^2 = |\overrightarrow{AB}|^2 + |\overrightarrow{BC}|^2 + |\overrightarrow{CD}|^2 + |\overrightarrow{DA}|^2$.
  Die Behauptung ist bewiesen.

5.
- Voraussetzung: Die Mittelsenkrechten der Seiten $\overline{AC}$ und $\overline{BC}$ schneiden sich im Punkt U.
- Behauptung:
  - Die Strecke $\overline{M_cU}$ ist orthogonal zur Seite $\overline{AB}$.
  - Der Punkt U ist der Mittelpunkt des Umkreises, d. h. $|\overrightarrow{AU}| = |\overrightarrow{BU}| = |\overrightarrow{CU}|$.

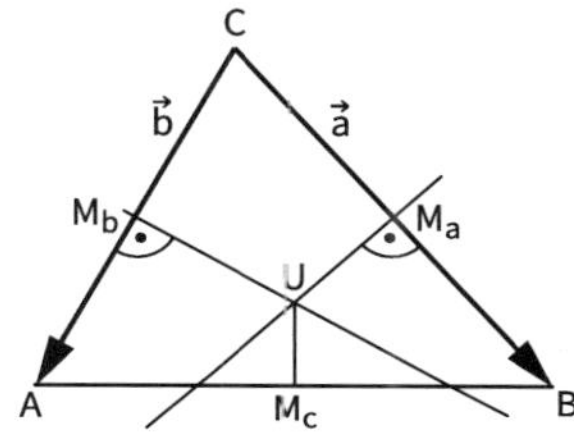

- Einführung geeigneter Vektoren: $\overrightarrow{CB} = \vec{a}$; $\overrightarrow{CA} = \vec{b}$

- Beweis:
  (1) $\overrightarrow{M_cU} = \overrightarrow{M_cB} + \overrightarrow{BM_a} + \overrightarrow{M_aU} = \frac{1}{2} \cdot \overrightarrow{AB} - \frac{1}{2} \cdot \vec{a} + \overrightarrow{M_aU} = -\frac{1}{2} \cdot (\vec{a} - \overrightarrow{AB}) + \overrightarrow{M_aU} = -\frac{1}{2} \cdot \vec{b} + \overrightarrow{M_aU}$
  (2) $\overrightarrow{M_cU} * \overrightarrow{AB} = \left(-\frac{1}{2} \cdot \vec{b} + \overrightarrow{M_aU}\right) * (\vec{a} - \vec{b}) = -\frac{1}{2} \cdot \vec{a} * \vec{b} + \overrightarrow{M_aU} * \vec{a} + \frac{1}{2} \cdot \vec{b}^2 - \overrightarrow{M_aU} * \vec{b}$
  Da $\overline{M_aU}$ orthogonal zu $\overline{BC}$ ist, gilt: $\overrightarrow{M_cU} * \overrightarrow{AB} = -\frac{1}{2} \cdot \vec{a} * \vec{b} + \frac{1}{2} \cdot \vec{b}^2 - \overrightarrow{M_aU} * \vec{b}$ bzw.
  $\overrightarrow{M_cU} * \overrightarrow{AB} = -\vec{b} * \left(-\frac{1}{2} \cdot \vec{b} + \frac{1}{2} \cdot \vec{a} + \overrightarrow{M_aU}\right) = -\vec{b} * \left(\overrightarrow{M_bC} + \overrightarrow{CM_a} + \overrightarrow{M_aU}\right) = -\vec{b} * \overrightarrow{M_bU} = 0$
- Die Strecke $\overline{M_cU}$ ist orthogonal zur Seite $\overline{AB}$. Der erste Teil der Behauptung ist bewiesen.
- (3) Der Punkt U liegt auf der Mittelsenkrechten der Seite $\overline{AB}$ und ist deshalb von den Eckpunkten A und B gleich weit entfernt. Damit gilt: $|\overrightarrow{AU}| = |\overrightarrow{BU}|$.
  (4) Der Punkt U liegt auf der Mittelsenkrechten der Seite $\overline{BC}$ und ist deshalb von den Eckpunkten B und C gleich weit entfernt. Damit gilt: $|\overrightarrow{BU}| = |\overrightarrow{CU}|$.
  Aus (3) und (4) folgt: $|\overrightarrow{AU}| = |\overrightarrow{BU}| = |\overrightarrow{CU}|$
  Der zweite Teil der Behauptung ist bewiesen.

6. a) Ist $\vec{n}$ der normierte Normalenvektor der Ebenen E_1, E_2, dann gilt:
$\overrightarrow{PP'} = 2a \cdot \vec{n}$, P′ Spiegelpunkt von P bei Spiegelung an E_1, $|a| = \text{Abst}(P; E_1)$, und
$\overrightarrow{P'P''} = 2b \cdot \vec{n}$, P″ Spiegelpunkt von P′ an E_2, $|b| = \text{Abst}(P'; E_2)$.
Fallunterscheidung:
$a \cdot b > 0$, dann liegt P′ zwischen E_1, E_2 und es gilt
$\text{Abst}(E_1, E_2) = |a + b|$.
$\text{Abst}(P; P'') = 2\,|a + b|$
$a \cdot b < 0$: dann gilt:
$|a| = \text{Abst}(E_1, E_2) + |b|$ bzw. $|b| = \text{Abst}(E_1, E_2) + |a|$
also $\text{Abst}(P; P'') = 2\,\big||a| - |b|\big| = 2 \cdot \text{Abst}(E_1; E_2)$

b) Die Punkte P, P′, P″ liegen in einer Ebene H, die orthogonal zur Schnittgeraden g der Ebenen E_1, E_2 ist.

71

7. Die Vektoren $\vec{d}, \vec{e}$ werden so gewählt, dass $|\vec{d}| = |\vec{a}|$, $\vec{d} \perp \vec{a}$ sowie $|\vec{c}| = |\vec{e}|$, $\vec{e} \perp \vec{c}$.

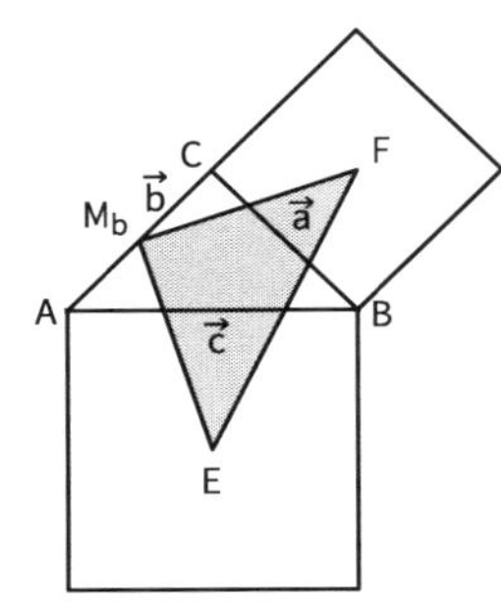

a) EFM_b ist rechtwinklig, denn

$$\overrightarrow{EM_b} * \overrightarrow{FM_b} = \left(\tfrac{1}{2}(\vec{a}+\vec{c}) - \tfrac{1}{2}(\vec{c}+\vec{e})\right) * \left(\tfrac{1}{2}(\vec{a}+\vec{c}) - \tfrac{1}{2}(\vec{a}+\vec{d})\right)$$
$$= \tfrac{1}{4}\left((\vec{a}-\vec{e}) * (\vec{c}-\vec{d})\right)$$
$$= \tfrac{1}{4}\left(\vec{a}*\vec{c} - \vec{e}*\vec{c} - \vec{a}*\vec{d} + \vec{e}*\vec{d}\right)$$
$$= \tfrac{1}{4}\left(\vec{a}*\vec{c} + \vec{e}*\vec{d}\right).$$

$\vec{a} * \vec{c} = |\vec{a}| \cdot |\vec{c}| \cdot \cos(\beta)$,

$\vec{e} * \vec{d} = |\vec{e}| \cdot |\vec{d}| \cos(180° - \beta) = -|\vec{a}| \cdot |\vec{c}| \cos(\beta) = -\vec{a} * \vec{c}$

Also gilt: $\overrightarrow{EM_b} * \overrightarrow{FM_b} = \tfrac{1}{4}(\vec{a}*\vec{c} - \vec{a}*\vec{c}) = 0.$

b) $\overrightarrow{EM_b}^2 = \tfrac{1}{4}(\vec{a}-\vec{e})^2 = \vec{a}^2 - 2\vec{a}*\vec{e} + \vec{e}^2$

$\overrightarrow{FM_b} = \tfrac{1}{4}(\vec{c}-\vec{d})^2 = \vec{c}^2 - 2\vec{c}*\vec{d} + \vec{d}^2$

Da $\sphericalangle(\vec{c}, \vec{d}) = \sphericalangle(\vec{a}, \vec{e}) = 90° + \beta$, gilt $\vec{a}*\vec{e} = \vec{c}*\vec{d}$.
Die Aussage gilt für beliebige Dreiecke ABC.

8.
- Voraussetzung: Die Punkte M_1, M_2, M_3 und M_4 sind die Mittelpunkte der Seiten $\overline{AB}$, $\overline{AC}$, $\overline{BS}$ und $\overline{CS}$ einer dreiseitigen Pyramide.

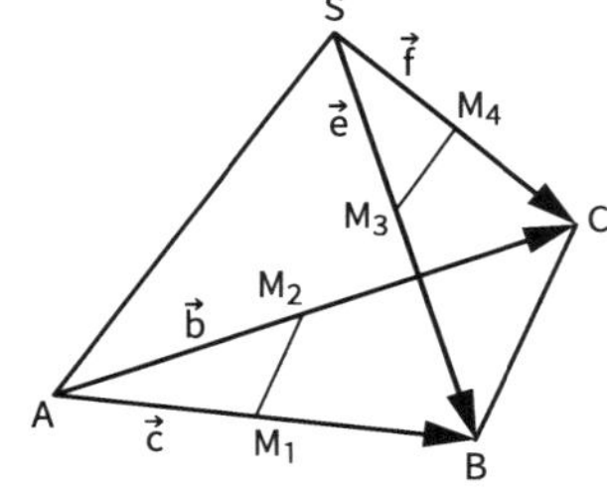

- Behauptung: $|\overrightarrow{M_1M_2}| = |\overrightarrow{M_3M_4}|$
- Einführung geeigneter Vektoren:
  $\overrightarrow{AB} = \vec{c}$; $\overrightarrow{AC} = \vec{b}$; $\overrightarrow{SB} = \vec{e}$; $\overrightarrow{SC} = \vec{f}$
- Beweis:
  (1) $\overrightarrow{M_1M_2} = \overrightarrow{M_1B} + \overrightarrow{BC} + \overrightarrow{CM_2} = \tfrac{1}{2}\cdot\vec{c} + \vec{b} - \vec{c} - \tfrac{1}{2}\cdot\vec{b}$
  $= \tfrac{1}{2}\cdot(\vec{b} - \vec{c}) = \tfrac{1}{2}\cdot\overrightarrow{BC}$
  (2) $\overrightarrow{M_3M_4} = \overrightarrow{M_3B} + \overrightarrow{BC} + \overrightarrow{CM_4} = \tfrac{1}{2}\cdot\vec{e} + \vec{f} - \vec{e} - \tfrac{1}{2}\cdot\vec{f} = \tfrac{1}{2}\cdot(\vec{f} - \vec{e}) = \tfrac{1}{2}\cdot\overrightarrow{BC}$
- Damit gilt: $|\overrightarrow{M_1M_2}| = |\overrightarrow{M_3M_4}|$
  Die Behauptung ist bewiesen.

9.
- Voraussetzung: Die Punkte U und V sind die Mittelpunkte der Seiten $\overline{CD}$ und $\overline{AB}$ eines Parallelogramms.
- Behauptung: Der Schnittpunkt S der Strecken $\overline{AU}$ und $\overline{CV}$ liegt auf der Diagonalen $\overline{BD}$.
- Einführung geeigneter Vektoren: $\overrightarrow{AB} = \vec{a}$; $\overrightarrow{AD} = \vec{b}$
- Beweis:
  (1) Es gilt: $\overrightarrow{BD} = \vec{b} - \vec{a}$; $\overrightarrow{AU} = \vec{b} + \tfrac{1}{2}\cdot\vec{a}$; $\overrightarrow{CV} = -\vec{a} - \tfrac{1}{2}\cdot\vec{b}$
  (2) $\overrightarrow{AS} + \overrightarrow{SV} + \overrightarrow{VA} = \vec{0}$ bzw. $r\cdot\overrightarrow{AU} + s\cdot\overrightarrow{CV} - \tfrac{1}{2}\cdot\vec{b} = \vec{0}$
  Wir setzen $\overrightarrow{AU} = \vec{b} + \tfrac{1}{2}\cdot\vec{a}$ und $\overrightarrow{CV} = -\vec{a} - \tfrac{1}{2}\cdot\vec{b}$ ein:
  $r\cdot\left(\vec{b} + \tfrac{1}{2}\cdot\vec{a}\right) + s\cdot\left(-\vec{a} - \tfrac{1}{2}\cdot\vec{b}\right) - \tfrac{1}{2}\cdot\vec{b} = \vec{0}$ bzw. $r\cdot\vec{b} + \tfrac{1}{2}\cdot r\cdot\vec{a} - s\cdot\vec{a} - \tfrac{1}{2}\cdot s\cdot\vec{b} - \tfrac{1}{2}\cdot\vec{b} = \vec{0}$
  Umsortieren ergibt $\left(\tfrac{1}{2}\cdot r - s\right)\cdot\vec{a} + \left(r - \tfrac{1}{2}\cdot s - \tfrac{1}{2}\right)\cdot\vec{b} = \vec{0}$

71 Da die beiden Vektoren $\vec{a}$ und $\vec{b}$ voneinander linear unabhängig sind, kann ihre Linearkombination nur dann den Nullvektor ergeben, wenn gilt:

(I) $\frac{1}{2} \cdot r - s = 0$ und (II) $r - \frac{1}{2} \cdot s - \frac{1}{2} = 0$

Dieses Gleichungssystem hat die Lösung $r = \frac{2}{3}$; $s = \frac{1}{3}$.

D. h. $\overrightarrow{AS} = \frac{2}{3} \cdot \overrightarrow{AU}$; $\overrightarrow{SV} = \frac{1}{3} \cdot \overrightarrow{CV}$

- $\overrightarrow{BS} = \overrightarrow{AS} - \overrightarrow{AB} = \frac{2}{3} \cdot \overrightarrow{AU} - \vec{a} = \frac{2}{3} \cdot \left(\vec{b} + \frac{1}{2} \cdot \vec{a}\right) - \vec{a} = \frac{2}{3} \cdot \vec{b} + \frac{1}{3} \cdot \vec{a} - \vec{a} = \frac{2}{3} \cdot \left(\vec{b} - \vec{a}\right) = \frac{2}{3} \cdot \overrightarrow{BD}$

  Also liegt S auf der Diagonalen $\overline{BD}$.

  Die Behauptung ist bewiesen.

10. Aus den Voraussetzungen ergibt sich: $x \cdot \overrightarrow{AZ} = \overrightarrow{AB} + \overrightarrow{BU} \Rightarrow \overrightarrow{AZ} = \frac{1}{x(1+u)} \overrightarrow{AB} + \frac{u}{x(1+u)} \overrightarrow{AC}$

Da $\left(\overrightarrow{AZ} - \overrightarrow{AB}\right) \parallel \left(\overrightarrow{AV} - \overrightarrow{AB}\right) = \frac{1}{1+v} \overrightarrow{AC} - \overrightarrow{AB}$ folgt $\overrightarrow{AZ} - \overrightarrow{AB} = r\left(\frac{1}{v+1} \overrightarrow{AC} - \overrightarrow{AB}\right)$ und genauso ergibt sich aus $\left(\overrightarrow{AZ} - \overrightarrow{AC}\right) \parallel \left(\overrightarrow{AW} - \overrightarrow{AC}\right) = \frac{w}{1+w} \overrightarrow{AB} - \overrightarrow{AC}$, dass $\overrightarrow{AZ} - \overrightarrow{AC} = s\left(\frac{w}{w+1} \overrightarrow{AB} - \overrightarrow{AC}\right)$.

Formt man diese beiden Gleichungen nach $\overrightarrow{AZ}$ um, so hat man drei unterschiedliche Gleichungen, die auf der linken Seite $\overrightarrow{AZ}$ stehen haben und auf der rechten eine Linearkombination aus $\overrightarrow{AC}$ und $\overrightarrow{AB}$. Durch Koeffizientenvergleich dieser drei Gleichungen und geschicktes Umformen und ineinander einsetzen, erhält man am Ende $u \cdot v \cdot w = 1$, womit die Aufgabe gelöst ist.

11.
- Voraussetzungen:

  (a) Die Punkte S_1 und S_2 sind die Schwerpunkte der Dreiecke ABC und $M_aM_bM_c$.

  (b) Ein Schwerpunkt teilt die Seitenhalbierenden im Verhältnis 2 : 1.
- Behauptung: Die beiden Schwerpunkte S_1 und S_2 fallen auf einen Punkt.
- Einführung geeigneter Vektoren: $\overrightarrow{AB} = \vec{c}$; $\overrightarrow{AC} = \vec{b}$
- Beweis:

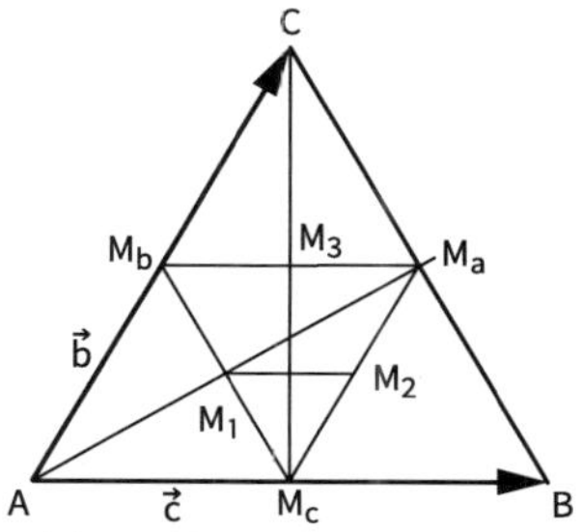

  (1) Im Dreieck ABC gilt: $\overrightarrow{M_cS_1} = \frac{1}{3} \cdot \overrightarrow{M_cC} = \frac{1}{3} \cdot \left(\overrightarrow{AC} - \overrightarrow{AM_c}\right) = \frac{1}{3} \cdot \left(\vec{b} - \frac{1}{2} \cdot \vec{c}\right)$

  (2) Im Dreieck $M_aM_bM_c$ gilt: $\overrightarrow{M_cS_2} = \frac{2}{3} \cdot \overrightarrow{M_cM_3} = \frac{2}{3} \cdot \left(\overrightarrow{AM_3} - \overrightarrow{AM_c}\right)$

  (3) $\overrightarrow{AM_3} = \overrightarrow{AM_b} + \overrightarrow{M_bM_3} = \frac{1}{2} \cdot \vec{b} + \frac{1}{4} \cdot \overrightarrow{AB} = \frac{1}{2} \cdot \vec{b} + \frac{1}{4} \cdot \vec{c}$

  (4) (3) eingesetzt in (2):

  $\overrightarrow{M_cS_2} = \frac{2}{3} \cdot \left(\overrightarrow{AM_3} - \overrightarrow{AM_c}\right) = \frac{2}{3} \cdot \left(\frac{1}{2} \cdot \vec{b} + \frac{1}{4} \cdot \vec{c} - \frac{1}{2} \cdot \vec{c}\right) = \frac{2}{3} \cdot \left(\frac{1}{2} \cdot \vec{b} - \frac{1}{4} \cdot \vec{c}\right) = \frac{1}{3} \cdot \left(\vec{b} - \frac{1}{2} \cdot \vec{c}\right)$

  (5) Also gilt: $\overrightarrow{M_cS_1} = \overrightarrow{M_cS_2}$, d. h. die beiden Schwerpunkte fallen auf einen Punkt.

  Die Behauptung ist bewiesen.

71

12. Nach Voraussetzung gilt: $\overrightarrow{AC'} = \frac{x}{x+1}\overrightarrow{AB}$, $\overrightarrow{C'B} = \frac{1}{x+1}\overrightarrow{AB}$, $\overrightarrow{BA'} = \frac{y}{y+1}\overrightarrow{BC}$,
$\overrightarrow{A'C} = \frac{1}{y+1}\overrightarrow{BC}$ und $\overrightarrow{CB'} = \frac{z}{z+1}\overrightarrow{CA}$, $\overrightarrow{B'A} = \frac{1}{z+1}\overrightarrow{CA}$.
Wegen $\overrightarrow{AC'} = \overrightarrow{AB'} + s\cdot\left(\overrightarrow{A'C} + \overrightarrow{CB'}\right)$ gilt:
$\frac{x}{x+1}\overrightarrow{AB} = -\frac{1}{z+1}\overrightarrow{CA} + s\cdot\left(\frac{1}{y+1}\overrightarrow{BC} + \frac{z}{z+1}\overrightarrow{CA}\right)$, also
$\overrightarrow{AB} = 1\cdot\overrightarrow{AC} - 1\cdot\overrightarrow{BC} = \frac{x+1}{x}\cdot\left[-\frac{1}{z+1}\overrightarrow{CA} + s\left(\frac{1}{y+1}\overrightarrow{BC} + \frac{z}{z+1}\overrightarrow{CA}\right)\right]$.
Koeffizientenvergleich ergibt die Gleichungen:
$-1 = \frac{x+1}{x}\cdot s\cdot\frac{1}{y+1}$, also $s = \frac{-x(y+1)}{x+1}$
$1 = \frac{x+1}{x}\cdot\left(\frac{1}{z+1} + \frac{x(y+1)}{x+1}\cdot\frac{z}{z+1}\right)$.
Formt man diese letzte Gleichung geschickt um und fasst zusammen, so folgt: $xyz = -1$.

2 Analytische Geometrie mit Ebenen

2.1 Ebenen im Raum

2.1.1 Parameterdarstellung einer Ebene

80 **Einstiegsaufgabe ohne Lösung**

- Grafik siehe rechts
- $\overrightarrow{OB} = \overrightarrow{OA} + 6\cdot\vec{u} + \vec{v}$

  $= \begin{pmatrix} 0 \\ 0 \\ 4 \end{pmatrix} + 6\cdot\begin{pmatrix} 0 \\ 0{,}5 \\ 0 \end{pmatrix} + \begin{pmatrix} -0{,}8 \\ 0 \\ 0{,}6 \end{pmatrix} = \begin{pmatrix} -0{,}8 \\ 3 \\ 4{,}6 \end{pmatrix}$

  B(−0,8 | 3 | 4,6)

  z. B. $\overrightarrow{OC} = \overrightarrow{OA} + 4\cdot\vec{u} + 2\cdot\vec{v}$

  $= \begin{pmatrix} 0 \\ 0 \\ 4 \end{pmatrix} + 4\cdot\begin{pmatrix} 0 \\ 0{,}5 \\ 0 \end{pmatrix} + 2\cdot\begin{pmatrix} -0{,}8 \\ 0 \\ 0{,}6 \end{pmatrix}$

  $= \begin{pmatrix} -1{,}6 \\ 2 \\ 5{,}2 \end{pmatrix}$; C(−1,6 | 2 | 5,2)

- $g\colon \vec{x} = \begin{pmatrix} 0 \\ 0 \\ 4 \end{pmatrix} + r\cdot\begin{pmatrix} 0 \\ 0{,}5 \\ 0 \end{pmatrix}$; $h\colon \vec{x} = \begin{pmatrix} 0 \\ 0 \\ 4 \end{pmatrix} + s\cdot\begin{pmatrix} -0{,}8 \\ 0 \\ 0{,}6 \end{pmatrix}$

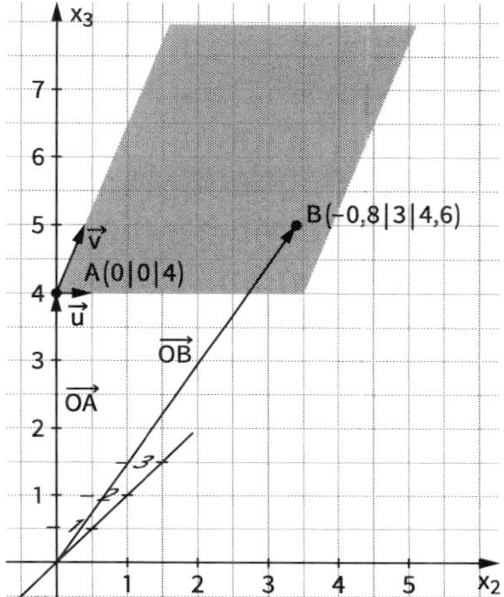

- Wir können einen beliebigen Punkt X der Solaranlage erreichen, indem wir vom Punkt A aus zuerst ein Vielfaches des Vektors $\vec{u}$, also $r\cdot\vec{u}$, zurücklegen und anschließend ein Vielfaches des Vektors $\vec{v}$, also $s\cdot\vec{v}$. Damit gilt $\overrightarrow{OX} = \overrightarrow{OA} + r\cdot\vec{u} + s\cdot\vec{v}$

82 **1.** Maren: Stützvektor: $\overrightarrow{OA}$; Richtungsvektoren: $\overrightarrow{AB}$ und $\overrightarrow{AC}$

Janik: Stützvektor: $\overrightarrow{OB}$; Richtungsvektoren: $-\frac{1}{2}\overrightarrow{AB}$ und $\overrightarrow{BC}$

weitere Beispiele: $E\colon \vec{x} = \begin{pmatrix} 7 \\ 0 \\ -7 \end{pmatrix} + s\begin{pmatrix} -5 \\ 3 \\ 5 \end{pmatrix} + t\begin{pmatrix} 2 \\ -1 \\ -4 \end{pmatrix}$; $E\colon \vec{x} = \begin{pmatrix} 2 \\ 3 \\ -2 \end{pmatrix} + s\begin{pmatrix} -9 \\ 5 \\ 13 \end{pmatrix} + t\begin{pmatrix} -8 \\ 4 \\ 16 \end{pmatrix}$

83 **2.** (1) E ist festgelegt durch zwei zueinander parallele Geraden.
$g\colon \vec{x} = \vec{a} + k\cdot\vec{u}$ und $h\colon \vec{x} = \vec{b} + r\cdot\vec{v}$; mit $\vec{u} = s\cdot\vec{v}$; $s \in \mathbb{R}$; $E\colon \vec{x} = \vec{a} + k\cdot\vec{u} + l\cdot(\vec{b} - \vec{a})$

(2) E ist festgelegt durch zwei sich in einem Punkt S schneidende Geraden: $g\colon \vec{x} = \vec{a} + k\cdot\vec{u}$ und $h\colon \vec{x} = \vec{b} + r\cdot\vec{v}$
$E\colon \vec{x} = \overrightarrow{OS} + k\cdot\vec{u} + r\cdot\vec{v}$

(3) E ist festgelegt durch eine Gerade g und einen Punkt P, der nicht auf g liegt:
$g\colon \vec{x} = \vec{a} + k\cdot\vec{u}$; $E\colon \vec{x} = \vec{a} + k\cdot\vec{u} + l\cdot(\vec{p} - \vec{a})$

(4) E ist festgelegt durch drei Punkte P, Q und R, die nicht auf einer Geraden liegen.
$E\colon \vec{x} = \vec{p} + k\cdot(\vec{q} - \vec{p}) + l\cdot(\vec{r} - \vec{p})$

83 **3. a)** (1) $\begin{pmatrix} 10 \\ 5{,}5 \\ 50 \end{pmatrix}$ (2) $\begin{pmatrix} 43 \\ -35 \\ 146 \end{pmatrix}$ (3) $\begin{pmatrix} -4{,}8 \\ -0{,}2 \\ 17{,}6 \end{pmatrix}$ (4) $\begin{pmatrix} 1{,}675 \\ -3{,}6125 \\ 5{,}9 \end{pmatrix}$

b) (1) $\begin{pmatrix} 2 \\ 1 \\ 12 \end{pmatrix} = \begin{pmatrix} 3 \\ -5 \\ 10 \end{pmatrix} + r\cdot\begin{pmatrix} -1 \\ 6 \\ 2 \end{pmatrix} + s\cdot\begin{pmatrix} 3 \\ -0{,}5 \\ 12 \end{pmatrix}$ führt auf das LGS $\left|\begin{array}{l} -r + 3s = -1 \\ 6r - 0{,}5s = 6 \\ 2r + 12s = 2 \end{array}\right|$,

das die Lösung $r = 1;\ s = 0$ hat. A liegt in der Ebene.

(2) $\begin{pmatrix} -3 \\ 5 \\ -10 \end{pmatrix} = \begin{pmatrix} 3 \\ -5 \\ 10 \end{pmatrix} + r\cdot\begin{pmatrix} -1 \\ 6 \\ 2 \end{pmatrix} + s\cdot\begin{pmatrix} 3 \\ -0{,}5 \\ 12 \end{pmatrix}$

führt auf das Gleichungssystem $\left|\begin{array}{l} -r + 3s = -6 \\ 6r - 0{,}5s = 10 \\ 2r + 12s = -20 \end{array}\right|$, das keine Lösung hat.

B liegt nicht in E.

(3) $\begin{pmatrix} 8 \\ 0 \\ 35 \end{pmatrix} = \begin{pmatrix} 3 \\ -5 \\ 10 \end{pmatrix} + r\cdot\begin{pmatrix} -1 \\ 6 \\ 2 \end{pmatrix} + s\cdot\begin{pmatrix} 3 \\ -0{,}5 \\ 12 \end{pmatrix}$

führt auf das Gleichungssystem $\left|\begin{array}{l} -r + 3s = 5 \\ 6r - 0{,}5s = 5 \\ 2r + 12s = 25 \end{array}\right|$,

das keine Lösung hat. C liegt nicht in E.

(4) $\begin{pmatrix} -4 \\ 2 \\ -12 \end{pmatrix} = \begin{pmatrix} 3 \\ -5 \\ 10 \end{pmatrix} + r\cdot\begin{pmatrix} -1 \\ 6 \\ 2 \end{pmatrix} + s\cdot\begin{pmatrix} 3 \\ -0{,}5 \\ 12 \end{pmatrix}$

führt auf das Gleichungssystem $\left|\begin{array}{l} -r + 3s = -7 \\ 6r - 0{,}5s = 7 \\ 2r + 12s = -22 \end{array}\right|$,

mit der Lösung $r = 1;\ s = -2$. D liegt in E.

4. Es muss jeweils erst geprüft werden, dass die drei Punkte nicht auf einer Geraden liegen, die Richtungsvektoren dürfen also keine Vielfachen voneinander sein.

a) $E: \vec{x} = \overrightarrow{OP} + s\cdot\overrightarrow{PQ} + t\cdot\overrightarrow{PR} = \begin{pmatrix} 0 \\ 1 \\ 2 \end{pmatrix} + s\cdot\begin{pmatrix} 2 \\ -1 \\ 2 \end{pmatrix} + t\cdot\begin{pmatrix} 4 \\ 7 \\ -2 \end{pmatrix};\ s, t \in \mathbb{R}$

b) $E: \vec{x} = \begin{pmatrix} 1 \\ 1 \\ 1 \end{pmatrix} + s\cdot\begin{pmatrix} 1 \\ 1 \\ 2 \end{pmatrix} + t\cdot\begin{pmatrix} 9 \\ 3 \\ 5 \end{pmatrix};\ s, t \in \mathbb{R}$

c) $E: \vec{x} = \begin{pmatrix} 1 \\ -2 \\ 3 \end{pmatrix} + s\cdot\begin{pmatrix} 2 \\ 6 \\ -5 \end{pmatrix} + t\cdot\begin{pmatrix} 2 \\ 6 \\ 2 \end{pmatrix};\ s, t \in \mathbb{R}$

d) $E: \vec{x} = \begin{pmatrix} 0 \\ 7 \\ 2 \end{pmatrix} + s\cdot\begin{pmatrix} -10 \\ -7 \\ -8 \end{pmatrix} + t\cdot\begin{pmatrix} -4 \\ -11 \\ -2 \end{pmatrix};\ s, t \in \mathbb{R}$

5. Zum Beispiel:

P_1: $s = 0,\ t = 0$: $P_1(-2|0|1)$;

P_2: $s = 1,\ t = 2$: $P_2(-3|5|2)$;

P_3: $s = -1,\ t = 1$: $P_3(-4|1|0)$

$E: \vec{x} = \begin{pmatrix} -2 \\ 0 \\ 1 \end{pmatrix} + s\cdot\begin{pmatrix} -1 \\ 5 \\ 1 \end{pmatrix} + t\cdot\begin{pmatrix} -2 \\ 1 \\ -1 \end{pmatrix};\ s, t \in \mathbb{R}$

6. $E: \vec{x} = \begin{pmatrix} 4 \\ 3 \\ 1 \end{pmatrix} + r\cdot\begin{pmatrix} -1 \\ -1 \\ 1 \end{pmatrix} + s\cdot\begin{pmatrix} 1 \\ -2 \\ 3 \end{pmatrix}$

83 **7.** Mögliche Richtungsvektoren:

$\overrightarrow{AB} = \begin{pmatrix} -4 \\ 2 \\ 8 \end{pmatrix}$; $\overrightarrow{BC} = \begin{pmatrix} 9 \\ -5 \\ -13 \end{pmatrix}$; $\overrightarrow{AC} = \begin{pmatrix} 5 \\ -3 \\ -5 \end{pmatrix}$ oder: $\overrightarrow{BA} = \begin{pmatrix} 4 \\ -2 \\ -8 \end{pmatrix}$; $\overrightarrow{CB} = \begin{pmatrix} -9 \\ 5 \\ 13 \end{pmatrix}$; $\overrightarrow{CA} = \begin{pmatrix} -5 \\ 3 \\ 5 \end{pmatrix}$

oder: $3\,\overrightarrow{CA} = \begin{pmatrix} -15 \\ 9 \\ 15 \end{pmatrix}$; $\overrightarrow{AB} + \overrightarrow{AC} = \begin{pmatrix} 1 \\ -1 \\ 3 \end{pmatrix}$; $2\,\overrightarrow{BA} - \overrightarrow{AC} = \begin{pmatrix} 8-5 \\ -4+3 \\ -16+5 \end{pmatrix} = \begin{pmatrix} 3 \\ -1 \\ -11 \end{pmatrix}$

Mögliche Parameterdarstellung:

$E: \vec{x} = \begin{pmatrix} 2 \\ 3 \\ -2 \end{pmatrix} + r \cdot \begin{pmatrix} -4 \\ 2 \\ 8 \end{pmatrix} + s \cdot \begin{pmatrix} 5 \\ -3 \\ -5 \end{pmatrix}$ $\quad$ $E: \vec{x} = \begin{pmatrix} -2 \\ 5 \\ 6 \end{pmatrix} + k \cdot \begin{pmatrix} 4 \\ -2 \\ -8 \end{pmatrix} + l \cdot \begin{pmatrix} 9 \\ -5 \\ -13 \end{pmatrix}$

$E: \vec{x} = \begin{pmatrix} 7 \\ 0 \\ -7 \end{pmatrix} + m \cdot \begin{pmatrix} -15 \\ 9 \\ 15 \end{pmatrix} + n \cdot \begin{pmatrix} -9 \\ 5 \\ 13 \end{pmatrix}$ $\quad$ $E: \vec{x} = \begin{pmatrix} 2 \\ 3 \\ -2 \end{pmatrix} + u \cdot \begin{pmatrix} 1 \\ -1 \\ 3 \end{pmatrix} + v \cdot \begin{pmatrix} 3 \\ -1 \\ -11 \end{pmatrix}$

8. a) Beispiel: $\vec{x} = \begin{pmatrix} -1 \\ 2 \\ 5 \end{pmatrix} + m \cdot \begin{pmatrix} 20 \\ -3 \\ 7 \end{pmatrix} + n \cdot \begin{pmatrix} 0 \\ 8 \\ -1 \end{pmatrix}$

b) Beispiel: $\vec{x} = \begin{pmatrix} 4 \\ \frac{1}{2} \\ 1 \end{pmatrix} + m \cdot \begin{pmatrix} 3 \\ -5 \\ 10 \end{pmatrix} + n \cdot \begin{pmatrix} 4 \\ 15 \\ -15 \end{pmatrix}$

84 **9. a)** $\vec{v} = \begin{pmatrix} 1 \\ 4 \\ -1 \end{pmatrix} - \begin{pmatrix} 4 \\ 0 \\ 2 \end{pmatrix} = \begin{pmatrix} -3 \\ 4 \\ -3 \end{pmatrix}$

Die Vektoren $\begin{pmatrix} -3 \\ 4 \\ -3 \end{pmatrix}$ und $\begin{pmatrix} 3 \\ -1 \\ -3 \end{pmatrix}$ sind keine Vielfachen voneinander, der Punkt P liegt somit nicht auf g. Die Gerade g und der Punkt P legen eine Ebene eindeutig fest.

$E: \vec{x} = \begin{pmatrix} 4 \\ 0 \\ 2 \end{pmatrix} + r \cdot \begin{pmatrix} 3 \\ -1 \\ -3 \end{pmatrix} + s \cdot \begin{pmatrix} -3 \\ 4 \\ -3 \end{pmatrix}$

b) $\vec{v} = \begin{pmatrix} 2 \\ 4 \\ -3 \end{pmatrix} - \begin{pmatrix} 1 \\ 0 \\ 0 \end{pmatrix} = \begin{pmatrix} 1 \\ 4 \\ -3 \end{pmatrix}$

Die Vektoren $\begin{pmatrix} 1 \\ 4 \\ -3 \end{pmatrix}$ und $\begin{pmatrix} 5 \\ 2 \\ -3 \end{pmatrix}$ sind keine Vielfachen voneinander, der Punkt P liegt somit nicht auf g. Die Gerade g und der Punkt P legen eine Ebene eindeutig fest.

$E: \vec{x} = \begin{pmatrix} 1 \\ 0 \\ 0 \end{pmatrix} + r \cdot \begin{pmatrix} 5 \\ 2 \\ -3 \end{pmatrix} + s \cdot \begin{pmatrix} 1 \\ 4 \\ -3 \end{pmatrix}$

c) $\vec{v} = \begin{pmatrix} 0 \\ 0 \\ 0 \end{pmatrix} - \begin{pmatrix} -200 \\ 150 \\ 30 \end{pmatrix} = \begin{pmatrix} 200 \\ -150 \\ -30 \end{pmatrix} = 10 \cdot \begin{pmatrix} 20 \\ -15 \\ -3 \end{pmatrix}$

Die Vektoren $\begin{pmatrix} 20 \\ -15 \\ -3 \end{pmatrix}$ und $\begin{pmatrix} 10 \\ -10 \\ 5 \end{pmatrix}$ sind keine Vielfachen voneinander, der Punkt P liegt somit nicht auf g. Die Gerade g und der Punkt P legen eine Ebene eindeutig fest.

$E: \vec{x} = \begin{pmatrix} -200 \\ 150 \\ 30 \end{pmatrix} + r \cdot \begin{pmatrix} 2 \\ -2 \\ 1 \end{pmatrix} + s \cdot \begin{pmatrix} 20 \\ -15 \\ -3 \end{pmatrix}$

84

10. a) Die Richtungsvektoren $\begin{pmatrix}-1\\2\\1\end{pmatrix}$ und $\begin{pmatrix}2\\1\\-1\end{pmatrix}$ sind keine Vielfachen voneinander, die beiden Geraden sind somit nicht parallel zueinander.

Die Gleichung $\begin{pmatrix}-3\\2\\-1\end{pmatrix}+s\cdot\begin{pmatrix}-1\\2\\1\end{pmatrix}=\begin{pmatrix}-2\\0\\-2\end{pmatrix}+t\cdot\begin{pmatrix}2\\1\\-1\end{pmatrix}$ hat die Lösung $s=-1;\ t=0$.

Die beiden Geraden schneiden sich, sie legen also eine Ebene eindeutig fest.

$E\colon \vec{x}=\begin{pmatrix}-3\\2\\-1\end{pmatrix}+s\cdot\begin{pmatrix}-1\\2\\1\end{pmatrix}+t\cdot\begin{pmatrix}2\\1\\-1\end{pmatrix}$

b) Für die beiden Richtungsvektoren gilt $\begin{pmatrix}-3\\1\\-4\end{pmatrix}=-\begin{pmatrix}3\\-1\\4\end{pmatrix}$. Die beiden Geraden sind somit parallel zueinander.

Die Gleichung $\begin{pmatrix}0\\-1\\-1\end{pmatrix}=\begin{pmatrix}5\\0\\2\end{pmatrix}+s\cdot\begin{pmatrix}3\\-1\\4\end{pmatrix}$ hat keine Lösung, d. h. der Punkt $Q(0\,|-1\,|-1)$ liegt nicht auf g.

Die beiden Geraden sind parallel zueinander, aber nicht identisch, und legen eine Ebene eindeutig fest.

Einen zweiten Richtungsvektor der Ebene erhalten wir aus $\begin{pmatrix}0\\-1\\-1\end{pmatrix}-\begin{pmatrix}5\\0\\2\end{pmatrix}=\begin{pmatrix}-5\\-1\\-3\end{pmatrix}$

$E\colon \vec{x}=\begin{pmatrix}5\\0\\2\end{pmatrix}+s\cdot\begin{pmatrix}3\\-1\\4\end{pmatrix}+t\cdot\begin{pmatrix}5\\1\\3\end{pmatrix}$

c) Für die beiden Richtungsvektoren gilt $\begin{pmatrix}-3\\-3\\6\end{pmatrix}=-3\cdot\begin{pmatrix}1\\1\\-2\end{pmatrix}$. Die beiden Geraden sind somit parallel zueinander.

Der Vektor $\begin{pmatrix}3\\-4\\1\end{pmatrix}-\begin{pmatrix}2\\1\\3\end{pmatrix}=\begin{pmatrix}1\\-5\\-2\end{pmatrix}$ ist kein Vielfaches des Richtungsvektors $\begin{pmatrix}1\\1\\-2\end{pmatrix}$ der Geraden g.

Die beiden Geraden sind parallel zueinander, aber nicht identisch, und legen eine Ebene eindeutig fest.

$E\colon \vec{x}=\begin{pmatrix}2\\1\\3\end{pmatrix}+s\cdot\begin{pmatrix}1\\1\\-2\end{pmatrix}+t\cdot\begin{pmatrix}1\\-5\\-2\end{pmatrix}$

d) Die Richtungsvektoren $\begin{pmatrix}-1\\2\\0\end{pmatrix}$ und $\begin{pmatrix}2\\-1\\1\end{pmatrix}$ sind keine Vielfachen voneinander, die beiden Geraden sind somit nicht parallel zueinander.

Die Gleichung $\begin{pmatrix}2\\-3\\5\end{pmatrix}+s\cdot\begin{pmatrix}-1\\2\\0\end{pmatrix}=\begin{pmatrix}4\\-7\\5\end{pmatrix}+t\cdot\begin{pmatrix}2\\-1\\1\end{pmatrix}$ hat die Lösung $s=-2;\ t=0$.

Die beiden Geraden schneiden sich, sie legen also eine Ebene eindeutig fest.

$E\colon \vec{x}=\begin{pmatrix}2\\-3\\5\end{pmatrix}+s\cdot\begin{pmatrix}-1\\2\\0\end{pmatrix}+t\cdot\begin{pmatrix}2\\-1\\1\end{pmatrix}$

11. Er hat nicht überprüft, ob Lösungen für s und t, die er aus den ersten beiden Gleichungen erhalten hat, auch die dritte Gleichung erfüllen. Dies ist nämlich nicht der Fall. Das Gleichungssystem hat keine Lösung, also liegt P nicht in der Ebene.

12. a) Überprüfe, ob P, Q und R *nicht* auf einer Geraden liegen.

(1) $\overrightarrow{PQ}=\overrightarrow{QR}$ (d. h. die Punkte liegen auf einer Geraden)

(2) $\overrightarrow{PR}=2\cdot\overrightarrow{PQ}$ (d. h. die Punkte liegen auf einer Geraden)

b) Überprüfe, ob P *nicht* auf g liegt.

(1) Es wird eine Ebene festgelegt, denn P liegt nicht auf g.

(2) Für $s=10$ ergibt sich $\vec{x}=\overrightarrow{OP}$. P liegt auf g.

84 **c)** Überprüfe, ob die Geraden **nicht** windschief zueinander oder identisch sind.

(1) $\begin{pmatrix}2\\1\\4\end{pmatrix}+s\cdot\begin{pmatrix}3\\0\\1\end{pmatrix}=\begin{pmatrix}1\\2\\3\end{pmatrix}+t\cdot\begin{pmatrix}-1\\2\\1\end{pmatrix} \Leftrightarrow \left|\begin{array}{l}3s+\ \ t=-1\\ \quad -2t=+1\\ s-\ \ t=-1\end{array}\right| \Leftrightarrow \left|\begin{array}{l}s=-\frac{1}{6}\\ t=-0{,}5\\ s=-0{,}5\end{array}\right|$

Die Geraden sind windschief zueinander.

(2) $\begin{pmatrix}1\\1\\0\end{pmatrix}+s\cdot\begin{pmatrix}-1\\1\\2\end{pmatrix}=\begin{pmatrix}2\\1\\1\end{pmatrix}+t\cdot\begin{pmatrix}0\\1\\1\end{pmatrix} \Leftrightarrow \left|\begin{array}{l}-s\quad\ =1\\ \ \ s-t=0\\ 2s-t=1\end{array}\right| \Leftrightarrow \left|\begin{array}{l}s=-1\\ t=-1\\ t=-3\end{array}\right|$

Die Geraden sind windschief zueinander.

(3) $\begin{pmatrix}5\\0\\2\end{pmatrix}+s\cdot\begin{pmatrix}3\\-1\\4\end{pmatrix}=\begin{pmatrix}-1\\2\\-6\end{pmatrix}+t\cdot\begin{pmatrix}6\\-2\\8\end{pmatrix} \Leftrightarrow \left|\begin{array}{l}3s-6t=-6\\ \ \ s+2t=\ \ 2\\ 4s-8t=-8\end{array}\right| \Leftrightarrow$ t beliebig und $s=2t-2$

Die beiden Geraden sind identisch.

(4) Da $\begin{pmatrix}2\\-1\\3\end{pmatrix}\cdot 2=\begin{pmatrix}4\\-2\\0\end{pmatrix}$ und $(2|3|1)\notin g_1$ sind die Geraden parallel und nicht identisch.

85 **13.** Geprüft wird, ob P_4 in der Ebene E liegt, die von P_1, P_2, P_3 bestimmt ist.

a) $\begin{pmatrix}3\\2\\1\end{pmatrix}=\begin{pmatrix}7\\2\\-1\end{pmatrix}+s\cdot\begin{pmatrix}-8\\0\\4\end{pmatrix}+t\cdot\begin{pmatrix}-7\\-4\\3\end{pmatrix} \Leftrightarrow \left|\begin{array}{l}s=\frac{1}{2}\\ t=0\\ s=\frac{1}{2}\end{array}\right|$, d.h. $P_4\in E$

b) $\begin{pmatrix}-2\\-1\\5\end{pmatrix}=\begin{pmatrix}2\\1\\3\end{pmatrix}+s\cdot\begin{pmatrix}-4\\1\\-2\end{pmatrix}+t\cdot\begin{pmatrix}-2\\-1\\1\end{pmatrix} \Leftrightarrow \left|\begin{array}{l}s=0\\ t=2\\ s=0\end{array}\right|$, d.h. $P_4\in E$

c) $\begin{pmatrix}7\\0\\-1\end{pmatrix}=\begin{pmatrix}5\\-1\\5\end{pmatrix}+s\cdot\begin{pmatrix}-4\\2\\-6\end{pmatrix}+t\cdot\begin{pmatrix}-2\\3\\-10\end{pmatrix} \Leftrightarrow \left|\begin{array}{l}s=-1\\ t=\ \ 1\\ -1=\ \ 1\end{array}\right|$, d.h. $P_4\notin E$

14. a) (1) Eine Ebene kann festgelegt werden durch drei Punkte, die nicht auf einer Geraden liegen.

z.B.: A(2|−1|3), B(3|−1|1), C(−4|4|12); $E:\vec{x}=\begin{pmatrix}2\\-1\\3\end{pmatrix}+r\cdot\begin{pmatrix}1\\0\\-2\end{pmatrix}+s\cdot\begin{pmatrix}-6\\5\\9\end{pmatrix}$

(2) Eine Ebene kann festgelegt werden durch eine Gerade und einen Punkt, der nicht auf der Geraden liegt.

z.B.: $g:\vec{x}=\begin{pmatrix}2\\-3\\1\end{pmatrix}+r\cdot\begin{pmatrix}1\\4\\0\end{pmatrix}$; P(5|−2|2); $E:\vec{x}=\begin{pmatrix}2\\-3\\1\end{pmatrix}+r\cdot\begin{pmatrix}1\\4\\0\end{pmatrix}+s\cdot\begin{pmatrix}3\\1\\1\end{pmatrix}$

(3) Eine Ebene kann festgelegt werden durch zwei Geraden, die parallel zueinander, aber nicht identisch sind.

z.B.: $g:\vec{x}=\begin{pmatrix}2\\1\\3\end{pmatrix}+r\cdot\begin{pmatrix}1\\-1\\1\end{pmatrix}$; $h:\vec{x}=\begin{pmatrix}4\\3\\-1\end{pmatrix}+s\cdot\begin{pmatrix}-2\\2\\-2\end{pmatrix}$; $E:\vec{x}=\begin{pmatrix}2\\1\\3\end{pmatrix}+r\cdot\begin{pmatrix}1\\-1\\1\end{pmatrix}+s\cdot\begin{pmatrix}2\\2\\-4\end{pmatrix}$

(4) Eine Ebene kann festgelegt werden durch zwei Geraden, die sich schneiden.

z.B.: $g:\vec{x}=\begin{pmatrix}3\\1\\0\end{pmatrix}+r\cdot\begin{pmatrix}5\\1\\1\end{pmatrix}$; $h:\vec{x}=\begin{pmatrix}-7\\-1\\-2\end{pmatrix}+s\cdot\begin{pmatrix}-2\\1\\3\end{pmatrix}$; S(−7|−1|−2)

$E:\vec{x}=\begin{pmatrix}-7\\-1\\-2\end{pmatrix}+r\cdot\begin{pmatrix}5\\1\\1\end{pmatrix}+t\cdot\begin{pmatrix}-2\\1\\3\end{pmatrix}$

85

b) $E: \vec{x} = \begin{pmatrix} -1 \\ 2 \\ 1 \end{pmatrix} + r \cdot \begin{pmatrix} 3 \\ -1 \\ 1 \end{pmatrix} + s \cdot \begin{pmatrix} -2 \\ 0 \\ 3 \end{pmatrix}$

(1) Punkte bestimmen, die in der Ebene liegen:
Man wählt für die Parameter r und s jeweils einen Wert und erhält den Ortsvektor zu einem Punkt, der in E liegt.
z. B.: $r = 1,\ s = 0 \quad P_1(2\,|\,1\,|\,2)$
$r = 1,\ s = -1 \quad P_2(4\,|\,1\,|\,-1)$
$r = 5,\ s = -7 \quad P_3(28\,|\,-3\,|\,-15)$

(2) Sucht man einen Punkt, der nicht in E liegt, kann man vorgehen wie unter (1). Man bestimmt einen Punkt, der in E liegt und ändert z. B. eine Koordinate ab.
z. B. $Q_1(2\,|\,-1\,|\,2)$, $Q_2(0\,|\,1\,|\,-1)$ und $Q_3(17\,|\,-3\,|\,-15)$ liegen nicht in E.

15. a) $E: \vec{x} = \begin{pmatrix} 6 \\ 5 \\ 0 \end{pmatrix} + s \cdot \begin{pmatrix} 0 \\ -5 \\ 2 \end{pmatrix} + t \cdot \begin{pmatrix} -6 \\ -4 \\ 3 \end{pmatrix}$

b) $E: \vec{x} = \begin{pmatrix} 0 \\ 3 \\ 3 \end{pmatrix} + s \cdot \begin{pmatrix} 6 \\ -1 \\ -1 \end{pmatrix} + t \cdot \begin{pmatrix} 1 \\ 3 \\ -2 \end{pmatrix}$

16. Aufgrund der selbstständigen Wahl des Koordinatensystems gibt es unendlich viele Lösungsmöglichkeiten. Beispiel: Wahl des Ursprungs in dem Mittelpunkt der Grundfläche.
Koordinatensystem: Standard-Rechtssystem

Grundfläche: $E_G: \vec{x} = \begin{pmatrix} 0 \\ 0 \\ 0 \end{pmatrix} + s \cdot \begin{pmatrix} 1 \\ 0 \\ 0 \end{pmatrix} + t \cdot \begin{pmatrix} 0 \\ 1 \\ 0 \end{pmatrix};\ s, t \in \mathbb{R}$

Seitenflächen: $E_{S_1}: \vec{x} = \begin{pmatrix} 0 \\ 0 \\ 12 \end{pmatrix} + s \cdot \begin{pmatrix} 1 \\ 0 \\ 0 \end{pmatrix} + t \cdot \begin{pmatrix} 0 \\ 2{,}5 \\ 12 \end{pmatrix};\ s, t \in \mathbb{R}$

$E_{S_2}: \vec{x} = \begin{pmatrix} 0 \\ 0 \\ 12 \end{pmatrix} + s \cdot \begin{pmatrix} 0 \\ 1 \\ 0 \end{pmatrix} + t \cdot \begin{pmatrix} 2{,}5 \\ 0 \\ 12 \end{pmatrix};\ s, t \in \mathbb{R}$

$E_{S_3}: \vec{x} = \begin{pmatrix} 0 \\ 0 \\ 12 \end{pmatrix} + s \cdot \begin{pmatrix} -1 \\ 0 \\ 0 \end{pmatrix} + t \cdot \begin{pmatrix} 0 \\ -2{,}5 \\ 12 \end{pmatrix};\ s, t \in \mathbb{R}$

$E_{S_4}: \vec{x} = \begin{pmatrix} 0 \\ 0 \\ 12 \end{pmatrix} + s \cdot \begin{pmatrix} 0 \\ -1 \\ 0 \end{pmatrix} + t \cdot \begin{pmatrix} -2{,}5 \\ 0 \\ 12 \end{pmatrix};\ s, t \in \mathbb{R}$

17. a) $E: \vec{x} = \begin{pmatrix} 0 \\ 9 \\ 4 \end{pmatrix} + r \cdot \begin{pmatrix} 0 \\ -2 \\ 0 \end{pmatrix} + s \cdot \begin{pmatrix} -2 \\ 0 \\ 2 \end{pmatrix}$

b) $\left| \begin{pmatrix} 0 \\ -2 \\ 0 \end{pmatrix} \right| = 2;\ \left| \begin{pmatrix} -2 \\ 0 \\ 2 \end{pmatrix} \right| = \sqrt{8}$

Für die Parameter gilt: $0 \le r \le 4{,}5$

$$0 \le s \le \frac{7}{\sqrt{8}} \approx 2{,}47$$

Die Punkte der Dachfläche können beschrieben werden durch die Parameterdarstellung $\vec{x} = \begin{pmatrix} 0 \\ 9 \\ 4 \end{pmatrix} + r \cdot \begin{pmatrix} 0 \\ -2 \\ 0 \end{pmatrix} + s \cdot \begin{pmatrix} -2 \\ 0 \\ 2 \end{pmatrix};\ 0 \le r \le 4{,}5;\ 0 \le s \le \frac{7}{\sqrt{8}}$.

85 c) $\overrightarrow{OB} = \begin{pmatrix} 0 \\ 9 \\ 4 \end{pmatrix} + 0 \cdot \begin{pmatrix} 0 \\ -2 \\ 0 \end{pmatrix} + \frac{7}{\sqrt{8}} \cdot \begin{pmatrix} -2 \\ 0 \\ 2 \end{pmatrix} \approx \begin{pmatrix} -4{,}95 \\ 9 \\ 8{,}95 \end{pmatrix}$ also $B(-4{,}95\,|\,9\,|\,8{,}95)$

$\overrightarrow{OC} = \begin{pmatrix} 0 \\ 9 \\ 4 \end{pmatrix} + 4{,}5 \cdot \begin{pmatrix} 0 \\ -2 \\ 0 \end{pmatrix} + \frac{7}{\sqrt{8}} \cdot \begin{pmatrix} -2 \\ 0 \\ 2 \end{pmatrix} \approx \begin{pmatrix} -4{,}95 \\ 0 \\ 8{,}95 \end{pmatrix}$ also $C(-4{,}95\,|\,0\,|\,8{,}95)$

$\overrightarrow{OD} = \begin{pmatrix} 0 \\ 9 \\ 4 \end{pmatrix} + 4{,}5 \cdot \begin{pmatrix} 0 \\ -2 \\ 0 \end{pmatrix} + 0 \cdot \begin{pmatrix} -2 \\ 0 \\ 2 \end{pmatrix} = \begin{pmatrix} 0 \\ 0 \\ 4 \end{pmatrix}$ also $D(0\,|\,0\,|\,4)$

Punkte, die außerhalb der Dachfläche liegen:

z. B.: $r = 5,\ s = 4$ $\quad P_1(-8\,|\,-1\,|\,12)$

$r = -1,\ s = -1$ $\quad P_2(2\,|\,11\,|\,2)$

$r = -1,\ s = 0$ $\quad P_3(0\,|\,11\,|\,4)$

2.1.2 Lagebeziehungen zwischen Gerade und Ebene

86 **Einstiegsaufgabe ohne Lösung**

- Geraden, auf denen die beiden Laserstrahlen verlaufen.

  $g: \vec{x} = \begin{pmatrix} 5 \\ 6 \\ 1 \end{pmatrix} + k \cdot \begin{pmatrix} -1 \\ -2 \\ 3 \end{pmatrix};\ h: \vec{x} = \begin{pmatrix} 0 \\ 7 \\ 10 \end{pmatrix} + t \cdot \begin{pmatrix} 0 \\ 0 \\ 1 \end{pmatrix}$

- Überprüfen, ob eine Gerade mit der Ebene gemeinsame Punkte hat.

  (1) Für einen gemeinsamen Punkt von g und E gilt

  S liegt auf g: $\overrightarrow{OS} = \begin{pmatrix} 5 \\ 6 \\ 1 \end{pmatrix} + k \cdot \begin{pmatrix} -1 \\ -2 \\ 3 \end{pmatrix}$

  S liegt auf E: $\overrightarrow{OS} = \begin{pmatrix} 1 \\ 0 \\ 0 \end{pmatrix} + r \cdot \begin{pmatrix} -1 \\ 6 \\ 0 \end{pmatrix} + s \cdot \begin{pmatrix} 0 \\ 0 \\ 20 \end{pmatrix}$

  Wir erhalten die Vektorgleichung $\begin{pmatrix} 5 \\ 6 \\ 1 \end{pmatrix} + k \cdot \begin{pmatrix} -1 \\ -2 \\ 3 \end{pmatrix} = \begin{pmatrix} 1 \\ 0 \\ 0 \end{pmatrix} + r \cdot \begin{pmatrix} -1 \\ 6 \\ 0 \end{pmatrix} + s \cdot \begin{pmatrix} 0 \\ 0 \\ 20 \end{pmatrix}$,

  die auf das lineare Gleichungssystem $\left| \begin{array}{l} r - k = -4 \\ -6r - 2k = -6 \\ -20s + 3k = -1 \end{array} \right|$

  mit der Lösung $r = -\frac{1}{4};\ s = \frac{49}{80};\ k = \frac{15}{4}$ führt.

  Die Gerade g und die Ebene E haben den Punkt $S\left(\frac{5}{4}\,\middle|\,-\frac{3}{2}\,\middle|\,\frac{49}{4}\right)$ als gemeinsamen Punkt. Sie schneiden sich also im Punkt S.

  (2) Entsprechend geht man bei der Untersuchung eines gemeinsamen Punktes von h und E vor. Wir erhalten das Gleichungssystem $\left| \begin{array}{l} -r = -1 \\ 6r = 7 \\ 20s - t = 10 \end{array} \right|$, das keine Lösung besitzt.

  h und E haben keinen gemeinsamen Punkt. h verläuft parallel zu E.

87 **1. a)** Siehe hierzu die Information auf Seite 87 im Schülerband.

b) Wir prüfen, ob die Gerade g und die Ebene E gemeinsame Punkte haben. Wenn die Gerade und die Ebene gemeinsame Punkte haben, so gibt es Werte r, s und t, die die Vektorgleichung $\begin{pmatrix}1\\-1\\4\end{pmatrix}+t\cdot\begin{pmatrix}2\\1\\-6\end{pmatrix}=\begin{pmatrix}1\\2\\1\end{pmatrix}+r\cdot\begin{pmatrix}1\\2\\-4\end{pmatrix}+s\cdot\begin{pmatrix}0\\-3\\2\end{pmatrix}$ erfüllen, andernfalls nicht.

Durch Umformen ergibt sich $r\cdot\begin{pmatrix}1\\2\\-4\end{pmatrix}+s\cdot\begin{pmatrix}0\\-3\\2\end{pmatrix}-t\cdot\begin{pmatrix}2\\1\\-6\end{pmatrix}=\begin{pmatrix}1\\-1\\4\end{pmatrix}-\begin{pmatrix}1\\2\\1\end{pmatrix}=\begin{pmatrix}0\\-3\\3\end{pmatrix}$.

Umgeschrieben erhält man ein Gleichungssystem für r, s und t

$$\left|\begin{array}{rcl} r - \quad 2t &=& 0 \\ 2r-3s-\; t &=& -3 \\ -4r+2s+6t &=& 3 \end{array}\right| \Rightarrow \left|\begin{array}{rcl} r - \quad 2t &=& 0 \\ s - \; t &=& 1 \\ 0 &=& 1 \end{array}\right|$$

Das Gleichungssystem besitzt keine Lösung, da die letzte Zeile eine falsche Aussage ist. Die Gerade und die Ebene haben also keinen Punkt gemeinsam. Die Gerade und die Ebene sind parallel zueinander.

c) (1) Gleichsetzen führt auf ein Gleichungssystem:

$$\left|\begin{array}{rcl} r - \quad\quad t &=& 1 \\ 2r-3s+4t &=& -1 \\ -4r+2s \quad\quad &=& -2 \end{array}\right| \Rightarrow \left|\begin{array}{rcl} r+\; t \quad &=& 1 \\ 6t-3s &=& -3 \\ 0 &=& 0 \end{array}\right|$$

Das Gleichungssystem hat einen freien Parameter und somit unendlich viele Lösungen $\Rightarrow$ g liegt in E.

(2) Richtungsvektor von g liegt in E

(Linearkombination der Richtungsvektoren von E): $\begin{pmatrix}1\\-4\\0\end{pmatrix}=\begin{pmatrix}1\\2\\-4\end{pmatrix}+2\cdot\begin{pmatrix}0\\-3\\2\end{pmatrix}$.

Punkt $A(2\,|\,1\,|\,-1)$ des Stützvektors $\overrightarrow{OA}$ von g liegt in E für $r=1$; $s=1$.

d) Beispiele:

$g_1\colon \vec{x}=\begin{pmatrix}1\\2\\1\end{pmatrix}+t\cdot\begin{pmatrix}1\\2\\-4\end{pmatrix}$ mit $t\in\mathbb{R}$

$g_2\colon \vec{x}=\begin{pmatrix}1\\2\\1\end{pmatrix}+t\cdot\begin{pmatrix}0\\-3\\2\end{pmatrix}$ mit $t\in\mathbb{R}$

$g_3\colon \vec{x}=\begin{pmatrix}2\\4\\-3\end{pmatrix}+t\cdot\begin{pmatrix}1\\-1\\-2\end{pmatrix}$ mit $t\in\mathbb{R}$

88 **2. a)** (1) $S(-3\,|\,8\,|\,1)$ (3) keine Lösung, $g \parallel E$

(2) keine Lösung, $g \parallel E$ (4) g liegt in E

b) g und E haben den gleichen Stützvektor.
Richtungsvektor von g ist auch Richtungsvektor von E.

3. Ebene $P_1P_2P_3$: $\overrightarrow{OX}=\overrightarrow{OP_1}+r\cdot\overrightarrow{P_1P_2}+s\cdot\overrightarrow{P_1P_3}$

Gerade AB: $\overrightarrow{OX}=\overrightarrow{OA}+t\cdot\overrightarrow{AB}$

$r\cdot\overrightarrow{P_1P_2}+s\cdot\overrightarrow{P_1P_3}-t\cdot\overrightarrow{AB}=\overrightarrow{OA}-\overrightarrow{OP_1}$

Für einen Schnittpunkt müssen wir Parameter r, s und t finden.

$r\cdot\begin{pmatrix}-7\\5\\-3\end{pmatrix}+s\cdot\begin{pmatrix}14\\-10\\-2\end{pmatrix}-t\cdot\begin{pmatrix}-3\\3\\15\end{pmatrix}=\begin{pmatrix}2\\-2\\-14\end{pmatrix}$

$r=1$, $t=\frac{2}{3}$ und $s=\frac{1}{2}$.

$S(-1\,|\,3\,|\,1)$

88

4. Das Tauchboot taucht auf im Punkt (13 | 0 | 0).

5. Der Parameter in der Gleichung der Geraden muss mit einem anderen Buchstaben benannt werden, da bereits ein Parameter in der Ebenengleichung mit dem Buchstaben r benannt ist.

z. B. g: $\vec{x} = \begin{pmatrix} -1 \\ -1 \\ 4 \end{pmatrix} + t \cdot \begin{pmatrix} 2 \\ 3 \\ -3 \end{pmatrix}$

Die führt auf das Gleichungssystem $\left| \begin{matrix} -r + 2s - 2t = -1 \\ r - s - 3t = -17 \\ -2r + 3t = 5 \end{matrix} \right|$ mit der Lösung $r = 5;\ s = 7;\ t = 5$.

Es ergibt sich als Schnittpunkt S (9 | 14 | −11), der zufälligerweise auch im falschen Ansatz als Lösung gefunden wurde.

6. Für $a = -1$ sind die 3 Richtungsvektoren linear abhängig und somit Ebene und Gerade parallel. Der Stützvektor der Geraden liegt nicht in der Ebene.

89

7. a) Z. B.: $g: \vec{x} = \begin{pmatrix} -1 \\ 2 \\ 3 \end{pmatrix} + t \cdot \begin{pmatrix} 12 \\ 13 \\ 2 \end{pmatrix};\ t \in \mathbb{R}$

b) Z. B.: $g: \vec{x} = \begin{pmatrix} -1 \\ 2 \\ 3 \end{pmatrix} + t \cdot \begin{pmatrix} 3 \\ -2 \\ 1 \end{pmatrix};\ t \in \mathbb{R}$ oder $g: \vec{x} = \begin{pmatrix} -1 \\ 2 \\ 3 \end{pmatrix} + t \cdot \begin{pmatrix} 2 \\ -2 \\ 5 \end{pmatrix};\ t \in \mathbb{R}$

c) Z. B.: $g: \vec{x} = \begin{pmatrix} 3 \\ -2 \\ 5 \end{pmatrix} + t \cdot \begin{pmatrix} 2 \\ -2 \\ 5 \end{pmatrix};\ t \in \mathbb{R}$ oder $g: \vec{x} = \begin{pmatrix} 3 \\ -2 \\ 5 \end{pmatrix} + t \cdot \begin{pmatrix} 3 \\ -2 \\ 1 \end{pmatrix};\ t \in \mathbb{R}$

8. a) Die Ebene und die beiden Geraden haben den Punkt A (3 | 1 | 2) gemeinsam.
Der Richtungsvektor von g_1 stimmt mit dem ersten Richtungsvektor von E überein.
Der Richtungsvektor von g_2 ist ein Vielfaches des zweiten Richtungsvektors von E.

b) z. B. P (5 | 1 | −6)
Wir wählen als Richtungsvektoren der neuen Ebene die Richtungsvektoren von E.

$E_1^*: \vec{x} = \begin{pmatrix} 5 \\ 1 \\ -6 \end{pmatrix} + k \cdot \begin{pmatrix} 1 \\ -1 \\ 2 \end{pmatrix} + l \cdot \begin{pmatrix} 2 \\ 1 \\ 4 \end{pmatrix}$

c) Als Aufpunkt der Ebene E_2 wählen wir den Punkt A (3 | 1 | 2), als ersten Richtungsvektor den Richtungsvektor von g_1. Der zweite Richtungsvektor ist der Vektor $\overrightarrow{AP} = \begin{pmatrix} 2 \\ 0 \\ -8 \end{pmatrix}$

$E_2: \vec{x} = \begin{pmatrix} 3 \\ 1 \\ 2 \end{pmatrix} + r \cdot \begin{pmatrix} 1 \\ -1 \\ 2 \end{pmatrix} + s \cdot \begin{pmatrix} 2 \\ 0 \\ -8 \end{pmatrix}$

Skizze

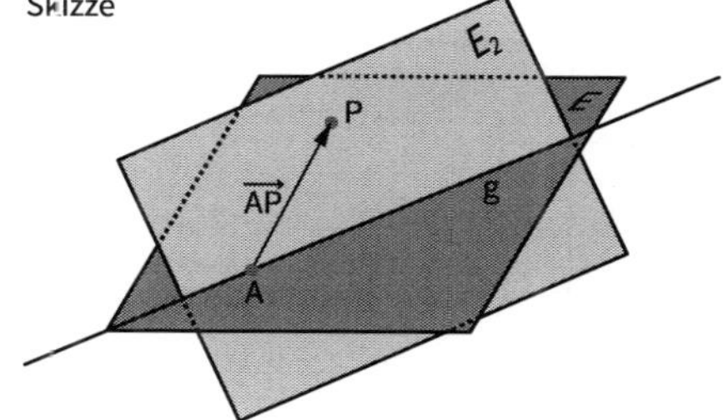

9. a) Z. B.: $E: \vec{x} = \begin{pmatrix} 0 \\ 2 \\ 0 \end{pmatrix} + r \cdot \begin{pmatrix} 0 \\ 0 \\ 1 \end{pmatrix} + s \cdot \begin{pmatrix} 1 \\ 0 \\ 0 \end{pmatrix}$

b) Z. B.: $E: \vec{x} = \begin{pmatrix} 1 \\ 0 \\ 0 \end{pmatrix} + r \cdot \begin{pmatrix} 0 \\ 1 \\ 0 \end{pmatrix} + s \cdot \begin{pmatrix} 0 \\ 0 \\ 1 \end{pmatrix}$

89

10. Punkt C erhalten wir aus $\overrightarrow{OC} = \overrightarrow{OA} + \overrightarrow{AB} + \overrightarrow{AD} = \begin{pmatrix} 1 \\ 2 \\ 0 \end{pmatrix} + \begin{pmatrix} 2 \\ 3 \\ 0 \end{pmatrix} + \begin{pmatrix} 0 \\ 2 \\ 6 \end{pmatrix} = \begin{pmatrix} 3 \\ 7 \\ 6 \end{pmatrix}$, also C(3|7|6) oder

$\overrightarrow{OC} = \overrightarrow{OD} + \overrightarrow{AB} = \begin{pmatrix} 1 \\ 4 \\ 6 \end{pmatrix} + \begin{pmatrix} 2 \\ 3 \\ 0 \end{pmatrix} = \begin{pmatrix} 3 \\ 7 \\ 6 \end{pmatrix}$, also C(3|7|6).

Ebene, in der das Parallelogramm liegt: E: $\vec{x} = \begin{pmatrix} 1 \\ 2 \\ 0 \end{pmatrix} + r \cdot \begin{pmatrix} 2 \\ 3 \\ 0 \end{pmatrix} + s \cdot \begin{pmatrix} 0 \\ 2 \\ 6 \end{pmatrix}$

Für die Punkte des Parallelogramms gilt die Einschränkung $0 \le r \le 1$ und $0 \le s \le 1$.

Schnittpunkt von g und E:

Das Gleichungssystem $\left| \begin{array}{l} 2r - 4t = 1 \\ 3r + 2s - t = -5 \\ 6s + 3t = 5 \end{array} \right|$ hat die Lösung $r = -\frac{20}{9}$; $s = \frac{109}{72}$; $t = -\frac{49}{36}$

Der Schnittpunkt $S\left(-\frac{31}{9} \middle| -\frac{59}{36} \middle| \frac{109}{12}\right)$ von g und E liegt nicht innerhalb des Parallelogramms.

11. Beispiel:

$E_1: \vec{x} = \begin{pmatrix} 3 \\ 1 \\ -2 \end{pmatrix} + s \cdot \begin{pmatrix} -1 \\ 1 \\ 2 \end{pmatrix} + t \cdot \begin{pmatrix} 1 \\ 0 \\ 0 \end{pmatrix}$ $E_2: \vec{x} = \begin{pmatrix} 1 \\ 1 \\ 3 \end{pmatrix} + s \cdot \begin{pmatrix} 1 \\ 0 \\ 0 \end{pmatrix} + t \cdot \begin{pmatrix} -1 \\ 1 \\ 2 \end{pmatrix}$ $E_3: \vec{x} = \begin{pmatrix} 1 \\ 1 \\ 3 \end{pmatrix} + s \cdot \begin{pmatrix} -1 \\ 1 \\ 2 \end{pmatrix} + t \cdot \begin{pmatrix} 2 \\ 0 \\ -5 \end{pmatrix}$

12. $E_1: \vec{x} = \begin{pmatrix} 0 \\ 4 \\ 7 \end{pmatrix} + r \cdot \begin{pmatrix} 0 \\ 4 \\ -3 \end{pmatrix} + s \cdot \begin{pmatrix} -9 \\ 0 \\ 0 \end{pmatrix}$ $E_2: \vec{x} = \begin{pmatrix} -3 \\ 11 \\ 4 \end{pmatrix} + r \cdot \begin{pmatrix} -3 \\ 0 \\ 2 \end{pmatrix} + s \cdot \begin{pmatrix} 0 \\ -3 \\ 0 \end{pmatrix}$

Ermitteln Durchstoßpunkt S:

Die x_1 und x_2 Koordinate des Durchstoßpunktes sind schon bekannt, gesucht ist nur noch die x_3 Koordinate. Löse das Gleichungssystem, das durch die Gleichung

$\begin{pmatrix} -2 \\ 6 \\ x_3 \end{pmatrix} = \begin{pmatrix} 0 \\ 4 \\ 7 \end{pmatrix} + r \cdot \begin{pmatrix} 0 \\ 4 \\ -3 \end{pmatrix} + s \cdot \begin{pmatrix} -9 \\ 0 \\ 0 \end{pmatrix}$ entsteht. Man erhält $x_3 = 5{,}5$ $\left(r = \frac{1}{2};\ s = \frac{2}{9}\right)$.

S = (−2|6|5,5)

13. a) B(4|4|0); C(−4|4|0); D(−4|−4|0); P(2|−2|8)

b) S(−0,857|−0,857|12,571)

c) Man benötigt lediglich Richtungsvektoren

$\overrightarrow{BE} = \begin{pmatrix} -4 \\ -4 \\ 16 \end{pmatrix}$; $\overrightarrow{QR} = \begin{pmatrix} 4 \\ 2 \\ -8 \end{pmatrix}$

$\cos(\varphi) = \frac{\overrightarrow{BE} * \overrightarrow{QR}}{|\overrightarrow{BE}| \cdot |\overrightarrow{QR}|} = \frac{-152}{24\sqrt{42}} \Rightarrow \varphi \approx 167{,}76°$

Blickpunkt: Die Entstehung der Analytischen Geometrie – FERMAT und DESCARTES

91

1. a) $\sin(60°) = \frac{2}{y} \Rightarrow y = \frac{2}{\sin(60°)} \approx 2{,}31$

$\tan(60°) = \frac{2}{x^*} \Rightarrow x^* = \frac{2}{\tan(60°)} \approx 1{,}15$

$x = 3 - x^* \approx 1{,}85$

Q hat die Koordinaten Q(1,85|2,31).

91 **b)** $\sin(\alpha) = \frac{y}{y'} \Rightarrow y' = \frac{y}{\sin(\alpha)}$

$\tan(\alpha) = \frac{y}{x^*} \Rightarrow x^* = \frac{y}{\tan(\alpha)}$

$x' = x - x^* = x - \frac{y}{\tan(\alpha)}$

Der Punkt P hat im Koordinatensystem, das einen spitzen Winkel α einschließt, die Koordinaten $P\left(x - \frac{y}{\tan(\alpha)} \middle| \frac{y}{\sin(\alpha)}\right)$.

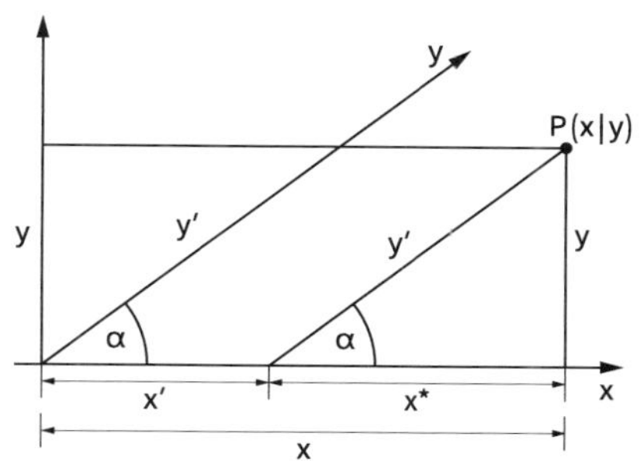

2. ■ 4472^{12} endet auf die Ziffern 4416, $3987^{12} + 4365^{12}$ endet auf die Ziffern 7106.

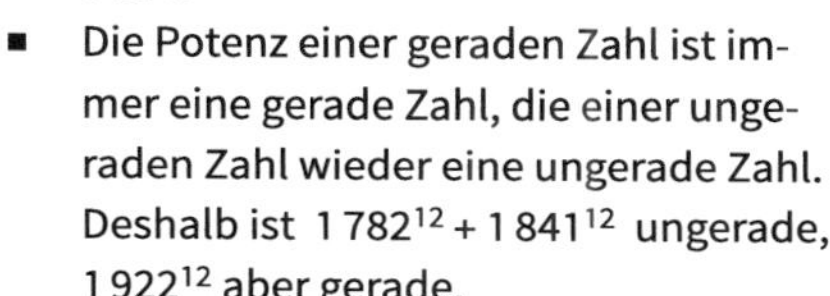

■ Die Potenz einer geraden Zahl ist immer eine gerade Zahl, die einer ungeraden Zahl wieder eine ungerade Zahl. Deshalb ist $1782^{12} + 1841^{12}$ ungerade, 1922^{12} aber gerade.

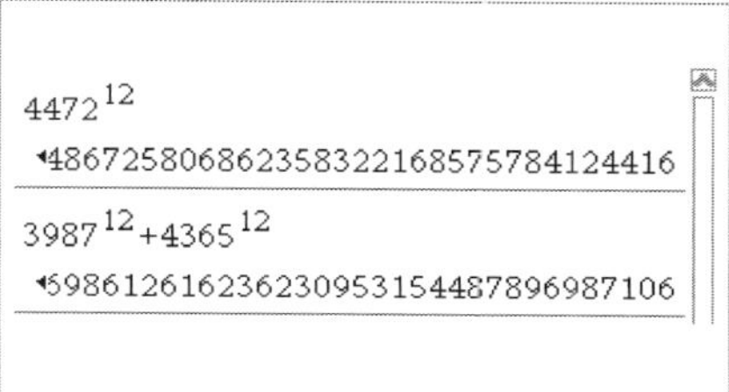

2.2 Koordinatenform einer Ebene

2.2.1 Koordinatenform einer Ebenengleichung – Normalenvektor

92 **Einstiegsaufgabe ohne Lösung**

- Der Schattenstab liegt auf einer Geraden. Diese ist orthogonal zu allen Geraden der Ebene E.
  Der Richtungsvektor $\vec{n} = \begin{pmatrix} 1 \\ 1 \\ 1 \end{pmatrix}$ ist also orthogonal zu den Richtungsvektoren aller Geraden, die in E liegen.
  Da A und B in E liegen, muss der Vektor $\vec{n}$ orthogonal zum Vektor $\overrightarrow{AB} = \begin{pmatrix} 1 \\ 4 \\ -5 \end{pmatrix}$ sein.
  Wir überprüfen dies:
  $\vec{n} * \overrightarrow{AB} = 1 \cdot 1 + 1 \cdot 4 + 1 \cdot (-5) = 0$
  Entsprechend kann man dies auch für die Punkte C und D untersuchen:
  $\vec{n} * \overrightarrow{AC} = \begin{pmatrix} 1 \\ 1 \\ 1 \end{pmatrix} * \begin{pmatrix} 6 \\ 3 \\ -9 \end{pmatrix} = 1 \cdot 6 + 1 \cdot 3 + 1 \cdot (-9) = 0$
  $\vec{n} * \overrightarrow{AD} = \begin{pmatrix} 1 \\ 1 \\ 1 \end{pmatrix} * \begin{pmatrix} -1 \\ 6 \\ 1 \end{pmatrix} = 1 \cdot (-1) + 1 \cdot 6 + 1 \cdot 1 = 6 \neq 0$
  C liegt in der Ebene E, aber nicht der Punkt D.
- Ein Punkt $X \neq A$ liegt in der Ebene E, falls $\vec{n} \perp \overrightarrow{AX}$, also falls $\vec{n} * \overrightarrow{AX} = 0$ gilt.
  Ist $\vec{n} * \overrightarrow{AX} \neq 0$, liegt X nicht in E.
  Beispiele für Punkte, die in E liegen: $P_1(0|0|3)$, $P_2(1|2|0)$, $P_3(-2|8|-3)$

94

1. **Anmerkung zur ersten Auflage:** Entgegen der Aufgabenstellung sind hier alle drei Ebenen identisch. Ab der 2. Auflage lautet $E_2\colon 4x_1 + 10x_2 - 2x_3 = +16$.

   Normalenvektoren der drei Ebenen: $\overrightarrow{n_1} = \begin{pmatrix} 2 \\ 5 \\ -1 \end{pmatrix}$; $\overrightarrow{n_2} = \begin{pmatrix} 4 \\ 10 \\ -2 \end{pmatrix}$; $\overrightarrow{n_3} = \begin{pmatrix} -8 \\ -20 \\ 4 \end{pmatrix}$

   Es gilt: $\overrightarrow{n_2} = 2 \cdot \overrightarrow{n_1}$ und $\overrightarrow{n_3} = -4 \cdot \overrightarrow{n_1}$

   Die drei Normalenvektoren sind Vielfache voneinander, deshalb sind die Ebenen parallel zueinander.

   Lösung zur ersten Auflage: Dividiert man die Koordinatengleichung von E_2 durch 2 und die Koordinatengleichung von E_3 durch -4, so erhält man in beiden Fällen die Gleichung $2x_1 + 5x_2 - x_3 = -8$. Dies ist die Koordinatengleichung von E_1. Somit sind sogar alle drei Ebenen identisch.

   Lösung zu folgenden Auflagen: Dividiert man die Koordinatengleichung von E_3 durch -4, so erhält man die Koordinatengleichung von E_1. E_1 und E_3 sind also identisch. Dividiert man die Koordinatengleichung von E_2 durch 2, so erhält man $2x_1 + 5x_2 - x_3 = 8$. Die linke Seite stimmt mit der linken Seite der Koordinatengleichung von E_1 überein, die rechte Seite allerdings nicht. Somit ist E_2 parallel aber nicht identisch zu den anderen beiden Ebenen.

2. **a)** $E\colon x_1 - 2x_2 - 3x_3 = 3$

   b) $E\colon x_1 + 3x_2 + 8x_3 = -20$

   c) $E\colon x_1 = 7$

   d) $E\colon \vec{x} = \begin{pmatrix} 0 \\ 1 \\ 2 \end{pmatrix} + r \cdot \begin{pmatrix} 2 \\ -1 \\ 2 \end{pmatrix} + s \cdot \begin{pmatrix} 4 \\ 7 \\ -2 \end{pmatrix}$ $\quad$ $E\colon 2x_1 - 2x_2 - 3x_3 = -8$

   e) $E\colon \vec{x} = \begin{pmatrix} 1 \\ -2 \\ 3 \end{pmatrix} + r \cdot \begin{pmatrix} 2 \\ 6 \\ -5 \end{pmatrix} + s \cdot \begin{pmatrix} 2 \\ 6 \\ 2 \end{pmatrix}$ $\quad$ $E\colon 3x_1 - x_2 = 5$

   f) $E\colon \vec{x} = \begin{pmatrix} 4 \\ 0 \\ 2 \end{pmatrix} + r \cdot \begin{pmatrix} 3 \\ -1 \\ -3 \end{pmatrix} + s \cdot \begin{pmatrix} -3 \\ 4 \\ -3 \end{pmatrix}$ $\quad$ $E\colon 5x_1 + 6x_2 + 3x_3 = 26$

   g) $E\colon \vec{x} = \begin{pmatrix} 5 \\ 0 \\ 2 \end{pmatrix} + r \cdot \begin{pmatrix} 3 \\ -1 \\ 4 \end{pmatrix} + s \cdot \begin{pmatrix} -5 \\ -1 \\ -3 \end{pmatrix}$ $\quad$ $E\colon 7x_1 - 11x_2 - 8x_3 = 19$

95

3. **a)** $E\colon \begin{pmatrix} 3 \\ -1 \\ 2 \end{pmatrix} * \left(\vec{x} - \begin{pmatrix} 3 \\ -5 \\ 2 \end{pmatrix}\right) = 0$, also $3x_1 - x_2 + 2x_3 = 18$

   $3 \cdot (-3) - (-27) + 2 \cdot 0 = 18$, Q liegt in E.

   b) $E\colon \begin{pmatrix} 2 \\ 0 \\ -1 \end{pmatrix} * \left(\vec{x} - \begin{pmatrix} -1 \\ -1 \\ 4 \end{pmatrix}\right) = 0$, also $2x_1 - x_3 = -6$

   $2 \cdot (-3) - 0 = -6$, Q liegt in E.

   c) $E\colon \begin{pmatrix} 2 \\ 1 \\ -2 \end{pmatrix} * \left(\vec{x} - \begin{pmatrix} 0 \\ 0 \\ 0 \end{pmatrix}\right) = 0$, also $2x_1 + x_2 - 2x_3 = 0$

   $2 \cdot (-3) + (-27) - 2 \cdot 0 = -33 \neq 0$, Q liegt nicht in E.

   d) $E\colon \begin{pmatrix} 1 \\ -1 \\ -1 \end{pmatrix} * \left(\vec{x} - \begin{pmatrix} 7 \\ -20 \\ -3 \end{pmatrix}\right) = 0$, also $x_1 - x_2 - x_3 = 30$

   $-3 - (-27) - 0 = 24 \neq 30$, Q liegt nicht in E.

   e) $E\colon \begin{pmatrix} 2 \\ 1 \\ 1 \end{pmatrix} * \left(\vec{x} - \begin{pmatrix} 1 \\ 1 \\ -3 \end{pmatrix}\right) = 0$, also $2x_1 + x_2 + x_3 = 0$

   $2 \cdot (-3) + (-27) + 0 = -33 \neq 0$, Q liegt nicht in E.

95

f) E: $\begin{pmatrix} 0 \\ 0 \\ 1 \end{pmatrix} * \left(\vec{x} - \begin{pmatrix} 1 \\ 1 \\ 0 \end{pmatrix}\right) = 0$, also $x_3 = 0$

Q liegt in E.

4. a) E: $2x_1 - 3x_2 + x_3 = 3$ $P_1(1|1|4)$, $P_2(5|-1|-10)$

b) E: $2x_1 - x_2 + x_3 = 5$ $P_1(0|1|6)$, $P_2(-1|4|11)$

c) E: $3x_1 - x_2 + 2x_3 = -15$ $P_1(1|20|1)$, $P_2(0|19|2)$

5. a) E: $\vec{x} = \begin{pmatrix} 0 \\ 1 \\ 2 \end{pmatrix} + r \cdot \begin{pmatrix} 2 \\ -1 \\ 2 \end{pmatrix} + s \cdot \begin{pmatrix} 4 \\ 7 \\ -2 \end{pmatrix}$ E: $2x_1 - 2x_2 - 3x_3 = -8$

F: $\begin{pmatrix} 2 \\ -2 \\ -3 \end{pmatrix} * \left(\vec{x} - \begin{pmatrix} 3 \\ -4 \\ 1 \end{pmatrix}\right) = 0$ F: $2x_1 - 2x_2 - 3x_3 = 11$

b) E: $\vec{x} = \begin{pmatrix} 3 \\ 1 \\ -1 \end{pmatrix} + r \cdot \begin{pmatrix} 1 \\ 0 \\ 2 \end{pmatrix} + s \cdot \begin{pmatrix} -5 \\ -3 \\ 4 \end{pmatrix}$ E: $6x_1 - 14x_2 - 3x_3 = 7$

F: $\begin{pmatrix} 6 \\ -14 \\ -3 \end{pmatrix} * \left(\vec{x} - \begin{pmatrix} 5 \\ -2 \\ 2 \end{pmatrix}\right) = 0$ F: $6x_1 - 14x_2 - 3x_3 = 52$

6. a) E(2|1|6), F(5|3|6), G(3|6|6), H(0|4|6)

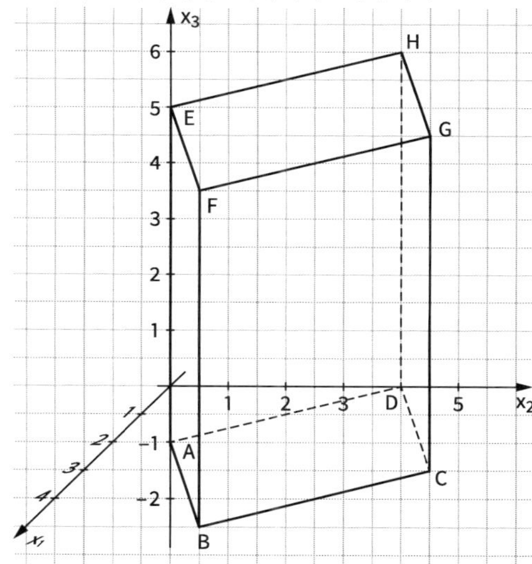

b) Grundfläche: $x_3 = 0$

Deckfläche: $x_3 = 6$

E_{ABFE}: $\vec{x} = \begin{pmatrix} 2 \\ 1 \\ 0 \end{pmatrix} + r \cdot \begin{pmatrix} 3 \\ 2 \\ 0 \end{pmatrix} + s \cdot \begin{pmatrix} 0 \\ 0 \\ 1 \end{pmatrix}$ $2x_1 - 3x_2 = 1$

$E_{DCGH} \parallel E_{ABFE}$

E_{DCGH}: $\begin{pmatrix} 2 \\ -3 \\ 0 \end{pmatrix} * \left(\vec{x} - \begin{pmatrix} 3 \\ 6 \\ 0 \end{pmatrix}\right) = 0$ $2x_1 - 3x_2 = -12$

E_{BCGF}: $\vec{x} = \begin{pmatrix} 5 \\ 3 \\ 0 \end{pmatrix} + r \cdot \begin{pmatrix} -2 \\ 3 \\ 0 \end{pmatrix} + s \cdot \begin{pmatrix} 0 \\ 0 \\ 1 \end{pmatrix}$ $3x_1 + 2x_2 = 21$

$E_{ADHE} \parallel E_{BCGF}$

E_{ADHE}: $\begin{pmatrix} 3 \\ 2 \\ 0 \end{pmatrix} * \left(\vec{x} - \begin{pmatrix} 2 \\ 1 \\ 0 \end{pmatrix}\right) = 0$ $3x_1 + 2x_2 = 8$

95

7. **a)** Beispiel

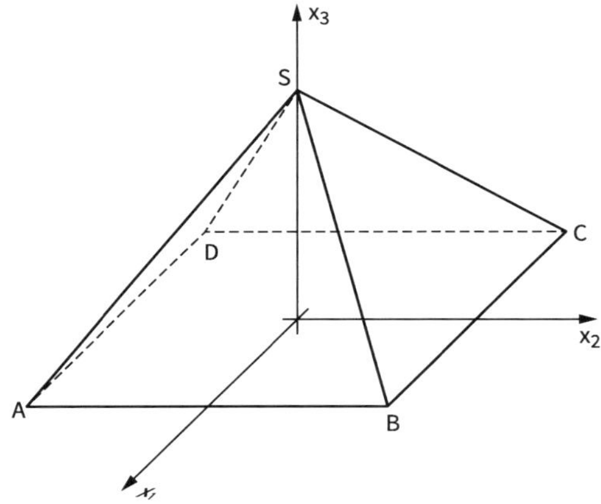

b) Eckpunkte der Pyramide

A(3|−3|0), B(3|3|0), C(−3|3|0), D(−3|−3|0), S(0|0|4)

E_{ABS}: $\vec{x} = \begin{pmatrix} 3 \\ -3 \\ 0 \end{pmatrix} + r \cdot \begin{pmatrix} 0 \\ 1 \\ 0 \end{pmatrix} + s \cdot \begin{pmatrix} -3 \\ 3 \\ 4 \end{pmatrix}$ $\quad 4x_1 + 3x_3 = 12$

E_{BCS}: $\vec{x} = \begin{pmatrix} 3 \\ 3 \\ 0 \end{pmatrix} + r \cdot \begin{pmatrix} 1 \\ 0 \\ 0 \end{pmatrix} + s \cdot \begin{pmatrix} -3 \\ -3 \\ 4 \end{pmatrix}$ $\quad 4x_2 + 3x_3 = 12$

E_{DCS}: $\vec{x} = \begin{pmatrix} -3 \\ 3 \\ 0 \end{pmatrix} + r \cdot \begin{pmatrix} 0 \\ 1 \\ 0 \end{pmatrix} + s \cdot \begin{pmatrix} 3 \\ -3 \\ 4 \end{pmatrix}$ $\quad -4x_1 + 3x_3 = 12$

E_{DAS}: $\vec{x} = \begin{pmatrix} 3 \\ -3 \\ 0 \end{pmatrix} + r \cdot \begin{pmatrix} 1 \\ 0 \\ 0 \end{pmatrix} + s \cdot \begin{pmatrix} -3 \\ 3 \\ 4 \end{pmatrix}$ $\quad 4x_2 - 3x_3 = -12$

8. E: $\vec{x} = \begin{pmatrix} -5 \\ -1 \\ 2 \end{pmatrix} + r \cdot \begin{pmatrix} 4 \\ 1 \\ -1 \end{pmatrix} + s \cdot \begin{pmatrix} 6 \\ 18 \\ 6 \end{pmatrix}$

$4x_1 - 5x_2 + 11x_3 = 7$

F: $\vec{x} = \begin{pmatrix} -5 \\ -1 \\ 2 \end{pmatrix} + r \cdot \begin{pmatrix} 4 \\ 1 \\ -1 \end{pmatrix} + s \cdot \begin{pmatrix} 4 \\ -5 \\ 11 \end{pmatrix}$

$x_1 - 8x_2 - 4x_3 = -5$

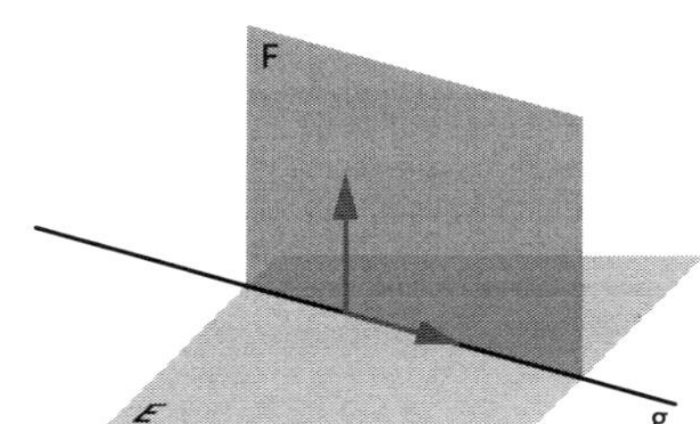

95 **9. a)** Beispiel

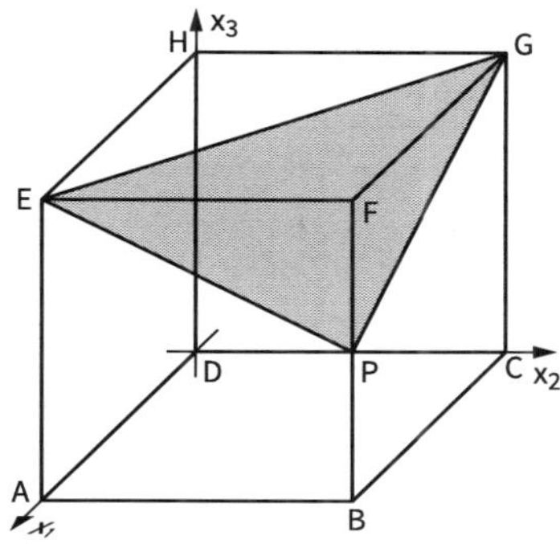

b) E(6|0|6), G(0|6|6), P(6|6|3)

Ebene E: $\vec{x} = \begin{pmatrix} 6 \\ 0 \\ 6 \end{pmatrix} + r \cdot \begin{pmatrix} -6 \\ 6 \\ 0 \end{pmatrix} + s \cdot \begin{pmatrix} 0 \\ 6 \\ -3 \end{pmatrix}$

$x_1 + x_2 + 2x_3 = 18$

c) $P(6|6|x_3)$

Ebene E: $\vec{x} = \begin{pmatrix} 6 \\ 0 \\ 6 \end{pmatrix} + r \cdot \begin{pmatrix} -6 \\ 6 \\ 0 \end{pmatrix} + s \cdot \begin{pmatrix} 0 \\ 6 \\ x_3 - 6 \end{pmatrix}$

Normalenvektor von E: $\vec{n} = \begin{pmatrix} x_3 - 6 \\ x_3 - 6 \\ -6 \end{pmatrix}$

Gesucht k, sodass $\begin{pmatrix} x_3 - 6 \\ x_3 - 6 \\ -6 \end{pmatrix} = k \cdot \begin{pmatrix} 3 \\ 3 \\ 4 \end{pmatrix}$ also $k = -\frac{3}{2}$ und $x_3 = \frac{3}{2}$

$P\left(6 \middle| 6 \middle| \frac{3}{2}\right)$

$|EG| = \left|\overrightarrow{EG}\right| = \left|\begin{pmatrix} -6 \\ 6 \\ 0 \end{pmatrix}\right| = \sqrt{72}$

Das Dreieck EPG ist gleichschenklig, also $|EP| = |PG| = \left|\overrightarrow{EP}\right| = \left|\begin{pmatrix} 0 \\ 6 \\ -4{,}5 \end{pmatrix}\right| = \frac{15}{2}$

Umfang des Dreiecks EPG:

$u = \sqrt{72} + 2 \cdot \frac{15}{2} = 15 + \sqrt{72} \approx 23{,}5$

2.2.2 Vektorprodukt

96 **Einstiegsaufgabe ohne Lösung**

- Gesucht ist ein Vektor $\vec{n} = \begin{pmatrix} n_1 \\ n_2 \\ n_3 \end{pmatrix}$, sodass

  (1) $\vec{n} * \begin{pmatrix} 3 \\ 5 \\ -2 \end{pmatrix} = 0$, also $3n_1 + 5n_2 - 2n_3 = 0$

  (2) $\vec{n} * \begin{pmatrix} 0 \\ -1 \\ 3 \end{pmatrix} = 0$, also $-n_2 + 3n_3 = 0$

  Wir lösen das LGS

  $\begin{vmatrix} 3n_1 + 5n_2 = 2t \\ -n_2 = -3t \end{vmatrix}$ mit $n_3 = t$

  Lösungsmenge: $L = \left\{\left(-\frac{13}{3}t \middle| 3t \middle| t\right) \middle| t \in \mathbb{R}\right\}$

  Jeder Vektor $t \cdot \begin{pmatrix} -13 \\ 9 \\ 3 \end{pmatrix}$ mit $t \neq 0$ ist ein Normalenvektor der Ebene, z. B. der Vektor $\begin{pmatrix} 13 \\ -9 \\ -3 \end{pmatrix}$.

96

- Wir erhalten einen Normalenvektor einer Ebene, die von den zwei Vektoren $\vec{a} = \begin{pmatrix} a_1 \\ a_2 \\ a_3 \end{pmatrix}$ und $\vec{b} = \begin{pmatrix} b_1 \\ b_2 \\ b_3 \end{pmatrix}$ aufgespannt wird, indem wir das LGS $\left| \begin{matrix} a_1 \cdot n_1 + a_2 \cdot n_2 + a_3 \cdot n_3 = 0 \\ b_1 \cdot n_1 + b_2 \cdot n_2 + b_3 \cdot n_3 = 0 \end{matrix} \right|$ lösen.
  Man erhält die Lösungsmenge
  $L = \left\{ \left(\frac{a_2 b_3 - a_3 b_2}{a_1 b_2 - a_2 b_1} \cdot n_3 \,\middle|\, \frac{a_3 b_1 - a_1 b_3}{a_1 b_2 - a_2 b_1} \cdot n_3 \,\middle|\, n_3 \right) \right\}$, falls $a_1 b_2 - a_2 b_1 \neq 0$.
  $n_3 \neq 0$ ist frei wählbar. Jeder Vektor dieser Form ist dann ein Normalenvektor der gegebenen Ebene.

98

1. Zu $\vec{u}$ und $\vec{v}$ orthogonale Vektoren sind Vielfache von $\vec{u} \times \vec{v} = \begin{pmatrix} 13 \\ -9 \\ -3 \end{pmatrix}$.

2. **a)** $\vec{a} \times \vec{b} = \begin{pmatrix} -1 \\ 17 \\ 10 \end{pmatrix}$ **b)** $\vec{a} \times \vec{b} = \begin{pmatrix} 16 \\ 6 \\ 15 \end{pmatrix}$ **c)** $\vec{a} \times \vec{b} = \begin{pmatrix} -4 \\ -7 \\ 1 \end{pmatrix}$

3. **a)** Man erkennt hier leicht, dass alle Vektoren $\vec{w}$ mit $\vec{w} = \begin{pmatrix} t \\ t \\ -t \end{pmatrix}$ und $t \in \mathbb{R}$ mit $t \neq 0$ zu den beiden Vektoren $\vec{u}$ und $\vec{v}$ orthogonal sind.
$|\vec{w}| = \sqrt{t^2 + t^2 + (-t)^2} = \sqrt{3} \cdot |t|$
Für $t = \frac{1}{\sqrt{3}}$ und $t = -\frac{1}{\sqrt{3}}$ hat $\vec{w}$ die Länge 1.
Man kann auch das Vektorprodukt bilden: $\vec{u} \times \vec{v} = \begin{pmatrix} -1 \\ -1 \\ 1 \end{pmatrix}$. Durch Vervielfachen mit $\frac{1}{\sqrt{3}}$ oder $-\frac{1}{\sqrt{3}}$ erhält man einen Vektor der Länge 1.

b) $\vec{u} \times \vec{v} = \begin{pmatrix} 3 \\ 7 \\ 8 \end{pmatrix}$ $|\vec{u} \times \vec{v}| = \sqrt{3^2 + 7^2 + 8^2} = \sqrt{122}$
Der Vektor $\frac{1}{\sqrt{122}} \cdot \begin{pmatrix} 3 \\ 7 \\ 8 \end{pmatrix}$ ist orthogonal zu $\vec{u}$ und $\vec{v}$ und hat die Länge 1.

4.
- Wenn $\vec{u} \parallel \vec{v}$, dann sind die Vektoren Vielfache voneinander und es gibt eine Zahl a, sodass $\vec{u} = a \cdot \vec{v}$.
  Mit $\vec{u} = \begin{pmatrix} u_1 \\ u_2 \\ u_3 \end{pmatrix}$ ergibt sich $\vec{v} = a \cdot \begin{pmatrix} u_1 \\ u_2 \\ u_3 \end{pmatrix}$ und somit $\vec{u} \times \vec{v} = \begin{pmatrix} u_2 \cdot a \cdot u_3 - u_3 \cdot a \cdot u_2 \\ u_3 \cdot a \cdot u_1 - u_1 \cdot a \cdot u_3 \\ u_1 \cdot a \cdot u_2 - u_2 \cdot a \cdot u_1 \end{pmatrix} = \vec{o}$
- Wenn $\vec{u} \times \vec{v} = \vec{o}$, dann gilt: $\begin{pmatrix} u_2 \cdot v_3 - u_3 \cdot v_2 \\ u_3 \cdot v_1 - u_1 \cdot v_3 \\ u_1 \cdot v_2 - u_2 \cdot v_1 \end{pmatrix} = \vec{o}$
  Daraus ergibt sich $\left| \begin{matrix} -u_3 \cdot v_2 + u_2 \cdot v_3 = 0 \\ u_3 \cdot v_1 - u_1 \cdot v_3 = 0 \\ -u_2 \cdot v_1 + u_1 \cdot v_2 = 0 \end{matrix} \right|$.
  Löst man dieses Gleichungssystem nach v_1, v_2 und v_3 auf, so ergibt sich aus der 1. Zeile $v_3 = \frac{u_3}{u_2} \cdot v_2$ und aus der 3. Zeile $v_1 = \frac{u_1}{u_2} \cdot v_2$ und somit $\vec{v} = \begin{pmatrix} \frac{u_1}{u_2} \cdot v_2 \\ v_2 \\ \frac{u_3}{u_2} \cdot v_2 \end{pmatrix} = \frac{v_2}{u_2} \cdot \begin{pmatrix} u_1 \\ u_2 \\ u_3 \end{pmatrix}$.
  $\vec{v}$ ist also ein Vielfaches von $\vec{u}$ und somit gilt $\vec{u} \parallel \vec{v}$.

98

5. $\vec{u} \times \vec{v} = \begin{pmatrix} -1\cdot(-2)-3\cdot 5 \\ 3\cdot 3-2\cdot(-2) \\ 2\cdot 5-(-1)\cdot 3 \end{pmatrix} = \begin{pmatrix} -13 \\ 13 \\ 13 \end{pmatrix}$; $\vec{v} \times \vec{u} = \begin{pmatrix} 5\cdot 3-(-2)\cdot(-1) \\ -2\cdot 2-3\cdot 3 \\ 3\cdot(-1)-5\cdot 2 \end{pmatrix} = \begin{pmatrix} 13 \\ -13 \\ -13 \end{pmatrix}$

Das Vektorprodukt $\vec{u} \times \vec{v}$ ist nicht kommutativ, aber es gilt: $\vec{u} \times \vec{v} = -\vec{v} \times \vec{u}$.

6. **a)** $\begin{pmatrix} 2 \\ 1 \\ 0 \end{pmatrix} \times \begin{pmatrix} -1 \\ -2 \\ 1 \end{pmatrix} = \begin{pmatrix} 1 \\ -2 \\ -3 \end{pmatrix}$ Ansatz: $x_1 - 2x_2 - 3x_3 = d$

Koordinaten des Aufpunktes einsetzen ergibt $d = 3$.

Lösung: $x_1 - 2x_2 - 3x_3 = 3$

Die Lösungen der anderen Teilaufgaben erhält man analog.

b) $x_1 + 3x_2 + 8x_3 = -20$

c) $11x_1 = 0$, also $x_1 = 0$

Es handelt sich hier also um die x_2x_3-Ebene.

d) $3x_1 - x_2 + 7x_3 = 12$

99

7. **a)** Bestimmen je eines Normalenvektors der beiden Ebenen:

$\overrightarrow{n_1} = \begin{pmatrix} 1 \\ -2 \\ 3 \end{pmatrix} \times \begin{pmatrix} -4 \\ 0 \\ 2 \end{pmatrix} = \begin{pmatrix} -4 \\ -14 \\ -8 \end{pmatrix}$; $\overrightarrow{n_2} = \begin{pmatrix} -2 \\ 4 \\ -4 \end{pmatrix} \times \begin{pmatrix} 1 \\ 6 \\ -8 \end{pmatrix} = \begin{pmatrix} -8 \\ -20 \\ -16 \end{pmatrix}$

Die beiden Normalenvektoren sind keine Vielfachen voneinander, also sind die beiden Ebenen nicht parallel zueinander.

b) Bestimmen je eines Normalenvektors der beiden Ebenen:

$\overrightarrow{n_1} = \begin{pmatrix} -2 \\ 1 \\ -1 \end{pmatrix} \times \begin{pmatrix} 1 \\ 0 \\ 1 \end{pmatrix} = \begin{pmatrix} 1 \\ 1 \\ -1 \end{pmatrix}$; $\overrightarrow{n_2} = \begin{pmatrix} -7 \\ 2 \\ -5 \end{pmatrix} \times \begin{pmatrix} 4 \\ -1 \\ 3 \end{pmatrix} = \begin{pmatrix} 1 \\ 1 \\ -1 \end{pmatrix}$

Die beiden Normalenvektoren sind Vielfachen voneinander, also sind die beiden Ebenen parallel zueinander.

8. **a)** Nach dem Satz auf Seite 98 ist der Flächeninhalt eines Parallelogramms, das von $\overrightarrow{AB}$ und $\overrightarrow{AC}$ aufgespannt wird, $A_P = |\overrightarrow{AB} \times \overrightarrow{AC}|$. Für den Flächeninhalt A des Dreiecks gilt $2A = A_P$ und somit $A = \frac{1}{2}|\overrightarrow{AB} \times \overrightarrow{AC}|$.

b) (1) $A = \frac{1}{2}|\overrightarrow{PQ} \times \overrightarrow{PR}| = \frac{1}{2}\left|\begin{pmatrix} 5 \\ -6 \\ 4 \end{pmatrix} \times \begin{pmatrix} 9 \\ 7 \\ -9 \end{pmatrix}\right| = \frac{1}{2}\left|\begin{pmatrix} 26 \\ 81 \\ 89 \end{pmatrix}\right| = \frac{1}{2}\sqrt{15\,158} \approx 61{,}56$

(2) $A = \frac{1}{2}|\overrightarrow{PQ} \times \overrightarrow{PR}| = \frac{1}{2}\left|\begin{pmatrix} 4 \\ 7 \\ -7 \end{pmatrix} \times \begin{pmatrix} 3 \\ 12 \\ 9 \end{pmatrix}\right| = \frac{1}{2}\left|\begin{pmatrix} 147 \\ -57 \\ 27 \end{pmatrix}\right| = \frac{1}{2}3\sqrt{2843} \approx 80{,}00$

9. ▪ $\overrightarrow{AB} = \begin{pmatrix} 3 \\ 2 \\ 0 \end{pmatrix}$; $\overrightarrow{AC} = \begin{pmatrix} 5 \\ 0 \\ -3 \end{pmatrix}$

Die drei Punkte A, B und C liegen nicht auf einer Geraden und legen eine Ebene eindeutig fest.

- Ebene, in der die Punkte A, B und C liegen $E: 6x_1 - 9x_2 + 10x_3 - 17 = 0$
- Punktprobe, ob D in E liegt: $217 \neq 0$, also liegt D nicht in E.
  Die vier Punkte sind die Eckpunkte einer Pyramide.
- Inhalte der Seitenflächen der Pyramide

$A_1 = \frac{1}{2}\cdot|\overrightarrow{AB} \times \overrightarrow{AC}| = \frac{1}{2}\cdot\left|\begin{pmatrix} -6 \\ 9 \\ -10 \end{pmatrix}\right| = \frac{\sqrt{217}}{2}$; $A_2 = \frac{1}{2}\cdot|\overrightarrow{AB} \times \overrightarrow{AD}| = \frac{1}{2}\cdot\left|\begin{pmatrix} 14 \\ -21 \\ -49 \end{pmatrix}\right| = \frac{\sqrt{3038}}{2}$

$A_3 = \frac{1}{2}\cdot|\overrightarrow{BC} \times \overrightarrow{BD}| = \frac{1}{2}\cdot\left|\begin{pmatrix} -47 \\ -38 \\ -6 \end{pmatrix}\right| = \frac{\sqrt{3689}}{2}$; $A_4 = \frac{1}{2}\cdot|\overrightarrow{CA} \times \overrightarrow{CD}| = \frac{1}{2}\cdot\left|\begin{pmatrix} 27 \\ 68 \\ 45 \end{pmatrix}\right| = \frac{\sqrt{7378}}{2}$

99

- Oberflächeninhalt der Pyramide

  $O = \frac{\sqrt{217}}{2} + \frac{\sqrt{3038}}{2} + \frac{\sqrt{3689}}{2} + \frac{\sqrt{7378}}{2} \approx 108{,}24$

10. a) $\overrightarrow{OC} = \overrightarrow{OA} + \overrightarrow{AB} + \overrightarrow{AD} = \begin{pmatrix} 3 \\ 1 \\ 2 \end{pmatrix} + \begin{pmatrix} 2 \\ 1 \\ 2 \end{pmatrix} + \begin{pmatrix} 1 \\ 1 \\ -2 \end{pmatrix} = \begin{pmatrix} 6 \\ 3 \\ 2 \end{pmatrix}$, also lautet der fehlende Eckpunkt C(6|3|2).

Für den Flächeninhalt des Parallelogramms gilt:

$A = |\overrightarrow{AB} \times \overrightarrow{AD}| = \left|\begin{pmatrix} -4 \\ 6 \\ 1 \end{pmatrix}\right| = \sqrt{53} \approx 7{,}28$

b) $\overrightarrow{AB} = \begin{pmatrix} 12 \\ 12 \\ -6 \end{pmatrix}$, $\overrightarrow{AD} = \begin{pmatrix} 4 \\ 1 \\ 1 \end{pmatrix}$, $\overrightarrow{BC} = \begin{pmatrix} 0 \\ -3 \\ 3 \end{pmatrix}$ und $\overrightarrow{CD} = \begin{pmatrix} -8 \\ -8 \\ 4 \end{pmatrix}$.

Es ist also $\overrightarrow{AB} = -\frac{3}{2}\overrightarrow{CD}$ und $|\overrightarrow{AD}| = |\overrightarrow{BC}|$, daran sieht man, dass ABCD ein gleichschenkliges Trapez ist.

Für den Flächeninhalt gilt: $A = \frac{|\overrightarrow{AB}| + |\overrightarrow{CD}|}{2} \cdot h$, es muss also noch die Höhe des Trapezes bestimmt werden. Das geht über die Formel von Seite 98: $h = |\overrightarrow{AD}| \cdot \sin(\alpha)$.

Mit $\cos(\alpha) = \frac{\overrightarrow{AB} * \overrightarrow{AD}}{|\overrightarrow{AB}| \cdot |\overrightarrow{AD}|} = \frac{1}{\sqrt{2}}$ folgt $\alpha = 45°$ und damit:

$h = \sqrt{18} \cdot \sin(45°) = 3$

$A = \frac{|\overrightarrow{AB}| + |\overrightarrow{CD}|}{2} \cdot h = \frac{\sqrt{324} + \sqrt{144}}{2} \cdot 3 = 45$

11. a) Da $\overrightarrow{AB} = \overrightarrow{DC} = \begin{pmatrix} 4 \\ 3 \\ -1 \end{pmatrix}$ und $\overrightarrow{AD} = \overrightarrow{BC} = \begin{pmatrix} -1 \\ 2 \\ 2 \end{pmatrix}$ und $\overrightarrow{AB} * \overrightarrow{AD} = 0$ ist, ist die Grundfläche ein Rechteck.

b) Es gibt drei unterschiedlich große Flächeninhalte:

$A_{ABCD} = A_{EFGH} = |\overrightarrow{AB} \times \overrightarrow{AD}| = \left|\begin{pmatrix} 8 \\ -7 \\ 11 \end{pmatrix}\right| = 3\sqrt{26} \approx 15{,}3$

$A_{BCFG} = A_{ADHE} = |\overrightarrow{BC} \times \overrightarrow{BF}| = \left|\begin{pmatrix} -1 \\ 2 \\ 2 \end{pmatrix} \times \begin{pmatrix} -2 \\ 2 \\ 6 \end{pmatrix}\right| = \left|\begin{pmatrix} 8 \\ 2 \\ 2 \end{pmatrix}\right| = 6\sqrt{2} \approx 8{,}5$

$A_{ABEF} = A_{DCGH} = |\overrightarrow{BA} \times \overrightarrow{BF}| = \left|\begin{pmatrix} -20 \\ 22 \\ -14 \end{pmatrix}\right| = 6\sqrt{30} \approx 32{,}9$

$\Rightarrow$ Die Seiten ABEF und DCGH haben den größten Flächeninhalt.

12. a) R(2|10|10)

b) Zerlege das Viereck in zwei Dreiecke PSQ und RSQ

$A = A_{PSQ} + A_{RSQ} = \frac{1}{2}|\overrightarrow{PS} \times \overrightarrow{PQ}| + \frac{1}{2}|\overrightarrow{RS} \times \overrightarrow{RQ}|$

$= \frac{1}{2}\left|\begin{pmatrix} -5 \\ 0 \\ 5 \end{pmatrix} \times \begin{pmatrix} 0 \\ 10 \\ -3 \end{pmatrix}\right| + \frac{1}{2}\left|\begin{pmatrix} 3 \\ -10 \\ 0 \end{pmatrix} \times \begin{pmatrix} 8 \\ 0 \\ -8 \end{pmatrix}\right|$

$= \frac{1}{2}\left|\begin{pmatrix} -50 \\ -15 \\ -50 \end{pmatrix}\right| + \frac{1}{2}\left|\begin{pmatrix} 80 \\ 24 \\ 80 \end{pmatrix}\right| = \frac{13}{2}\sqrt{209} \approx 93{,}97$

c) Bei P: $\alpha_P \approx 101{,}723°$ Bei S: $\alpha_S \approx 101{,}723°$

Bei R: $\alpha_R \approx 78{,}277°$ Bei Q: $\alpha_Q \approx 78{,}277°$

99 **13. a)** Es gilt $E_t: \vec{x} = \begin{pmatrix} -1 \\ 1 \\ -1 \end{pmatrix} + r \begin{pmatrix} 0 \\ 1 \\ 2t+2 \end{pmatrix} + s \begin{pmatrix} 6 \\ 3t \\ 0 \end{pmatrix}$ und $g_t: \vec{x} = \begin{pmatrix} 7 \\ -11 \\ 4 \end{pmatrix} + r \begin{pmatrix} -3t(2+2t) \\ 6(2+2t) \\ -6 \end{pmatrix}$

g_t kann wegen der x_3-Koordinate -6 nur parallel zur x_3-Achse laufen.

$2 + 2t = 0 \Leftrightarrow t = -1.$

b) $A = \frac{1}{2}\left|\overrightarrow{AB_{-1}} \times \overrightarrow{AC_{-1}}\right| = \frac{1}{2}\left|\begin{pmatrix} 0 \\ 0 \\ -6 \end{pmatrix}\right| = 3$

2.2.3 Spurpunkte – Lage einer Ebene im Koordinatensystem erkennen

102 **1. a)** $S_1(12|0|0), S_2(0|4|0), S_3(0|0|6)$

$g_{12}: \vec{x} = \begin{pmatrix} 12 \\ 0 \\ 0 \end{pmatrix} + k \cdot \begin{pmatrix} -3 \\ 1 \\ 0 \end{pmatrix}$

$g_{13}: \vec{x} = \begin{pmatrix} 12 \\ 0 \\ 0 \end{pmatrix} + r \cdot \begin{pmatrix} -2 \\ 0 \\ 1 \end{pmatrix}$

$g_{23}: \vec{x} = \begin{pmatrix} 0 \\ 4 \\ 0 \end{pmatrix} + s \cdot \begin{pmatrix} 0 \\ -2 \\ 3 \end{pmatrix}$

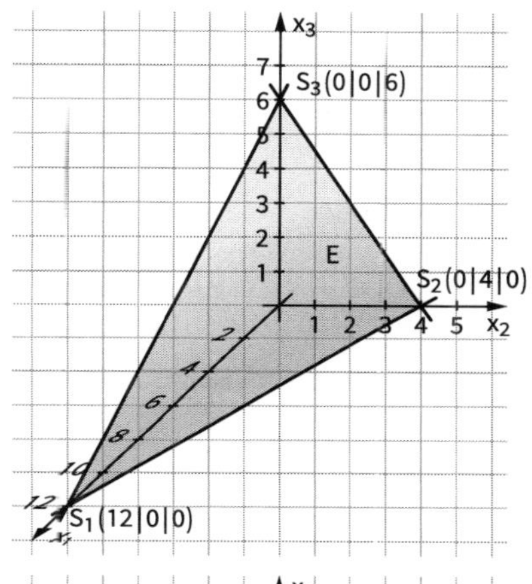

b) $S_1(8|0|0), S_2(0|-4|0), S_3(0|0|4)$

$g_{12}: \vec{x} = \begin{pmatrix} 8 \\ 0 \\ 0 \end{pmatrix} + k \cdot \begin{pmatrix} 2 \\ 1 \\ 0 \end{pmatrix}$

$g_{13}: \vec{x} = \begin{pmatrix} 8 \\ 0 \\ 0 \end{pmatrix} + r \cdot \begin{pmatrix} -2 \\ 0 \\ 1 \end{pmatrix}$

$g_{23}: \vec{x} = \begin{pmatrix} 0 \\ -4 \\ 0 \end{pmatrix} + s \cdot \begin{pmatrix} 0 \\ 1 \\ 1 \end{pmatrix}$

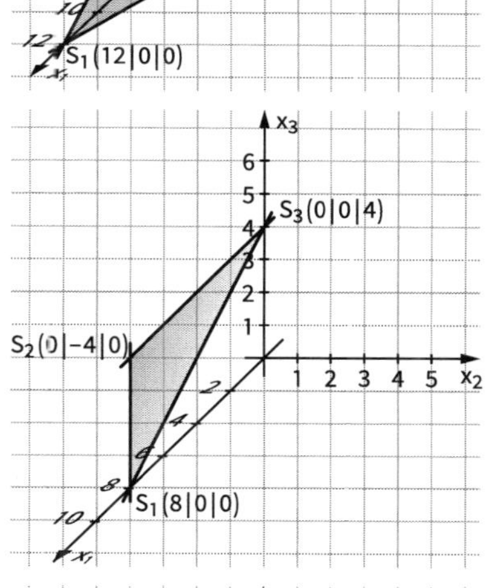

c) E: $x_1 + 4x_2 - 2x_3 = 8$

$S_1(8|0|0), S_2(0|2|0), S_3(0|0|-4)$

$g_{12}: \vec{x} = \begin{pmatrix} 8 \\ 0 \\ 0 \end{pmatrix} + k \cdot \begin{pmatrix} 4 \\ -1 \\ 0 \end{pmatrix}$

$g_{13}: \vec{x} = \begin{pmatrix} 8 \\ 0 \\ 0 \end{pmatrix} + r \cdot \begin{pmatrix} 2 \\ 0 \\ 1 \end{pmatrix}$

$g_{23}: \vec{x} = \begin{pmatrix} 0 \\ 2 \\ 0 \end{pmatrix} + s \cdot \begin{pmatrix} 0 \\ 1 \\ 2 \end{pmatrix}$

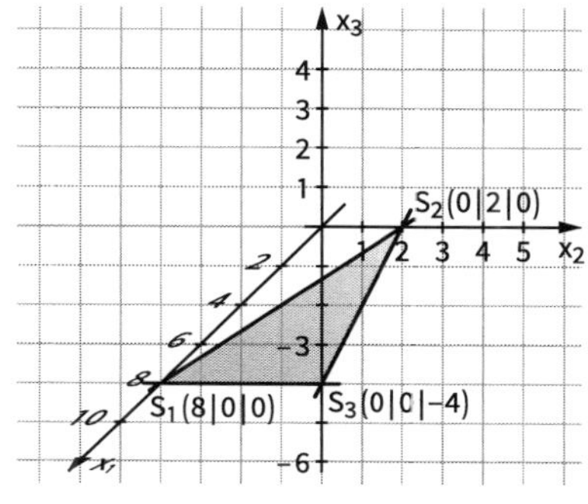

102 **2.** **a)** $E: \frac{x_1}{2} + \frac{x_2}{3} + \frac{x_3}{4} = 1 \Leftrightarrow E: 6x_1 + 4x_2 + 3x_3 = 12$

b) $E: x_1 + \frac{x_2}{3} - \frac{x_3}{4} = 1 \Leftrightarrow E: 12x_1 + 4x_2 - 3x_3 = 12$

c) $E: -\frac{x_1}{2} + \frac{x_2}{5} + \frac{x_3}{2} = 1 \Leftrightarrow E: -5x_1 + 2x_2 + 5x_3 = 10$

103 **3.** **a)** S_1: $x_2 = 0$ und $x_3 = 0$ für $r = 0$; $s = 3$,
also $S_1(6|0|0)$;
$S_2(0|3|0)$
S_3: $x_1 = 0$ und $x_2 = 0$ für $r = -1$; $s = 0$,
also $S_3(0|0|-4)$

b) $S_1(4|0|0)$; $S_2(0|5|0)$; $S_3(0|0|6)$

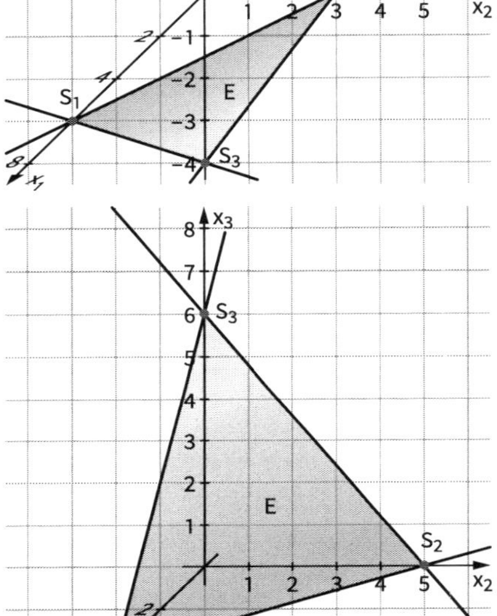

4. **a)**
- $E: \frac{x_1}{12} + \frac{3x_2}{12} + \frac{2x_3}{12} = 1$ bzw. $E: \frac{x_1}{12} + \frac{x_2}{4} + \frac{x_3}{6} = 1$
  $S_1(12|0|0)$, $S_2(0|4|0)$, $S_3(0|0|6)$ Abbildung siehe Aufgabe 1. a)
- $E: \frac{x_1}{8} - \frac{2x_2}{8} + \frac{2x_3}{8} = 1$ bzw. $E: \frac{x_1}{8} - \frac{x_2}{4} + \frac{x_3}{4} = 1$
  $S_1(8|0|0)$, $S_2(0|-4|0)$, $S_3(0|0|4)$ Abbildung siehe Aufgabe 1. b)
- $E: \frac{1}{4}x_1 + x_2 - \frac{1}{2}x_3 = 2$ bzw. $E: \frac{x_1}{8} + \frac{x_2}{2} - \frac{x_3}{4} = 1$
  $S_1(8|0|0)$, $S_2(0|2|0)$, $S_3(0|0|-4)$ Abbildung siehe Aufgabe 1. c)

b) $E: \frac{x_1}{a_1} + \frac{x_2}{a_2} + \frac{x_3}{a_3} = 1$
Spurpunkt mit der x_1-Achse: $x_2 = x_3 = 0$, also $\frac{x_1}{a_1} = 1$ bzw. $x_1 = a_1$, $S_1(a_1|0|0)$
Spurpunkt mit der x_2-Achse: $\frac{x_2}{a_2} = 1$, also $x_2 = a_2$, $S_2(0|a_2|0)$
Spurpunkt mit der x_3-Achse: $\frac{x_3}{a_3} = 1$, also $x_3 = a_3$, $S_3(0|0|a_3)$

103 **c)** Achsenabschnittsformen gibt es auch in diesen Fällen.

- Die Ebene $E_1: \frac{x_1}{8} + \frac{x_3}{4} = 1$ hat die Spurpunkte $S_1(8|0|0)$ und $S_3(0|0|4)$, aber keinen Spurpunkt mit der x_2-Achse.
- Die Ebene $E_2: \frac{x_2}{6} = 1$ hat den Spurpunkt $S_2(0|6|0)$, aber keinen Spurpunkt mit der x_1-Achse und mit der x_3-Achse.

5. **a)** $E: \frac{x_2}{3} + \frac{x_3}{4} = 1 \Leftrightarrow E: 4x_2 + 3x_2 = 12$

b) $E: \frac{x_1}{3} = 1 \Leftrightarrow x_1 = 3$

c) $E: x_1 + \frac{x_2}{3} = 1 \Leftrightarrow 3x_1 + x_2 = 3$

d) $E: \frac{x_1}{2} + \frac{x_3}{4} = 1 \Leftrightarrow 2x_1 + x_3 = 4$

6. **a)** Ebene E_1: $S_1(6|0|0)$, $S_3(0|0|5)$
E_1 ist parallel zur x_2-Achse.

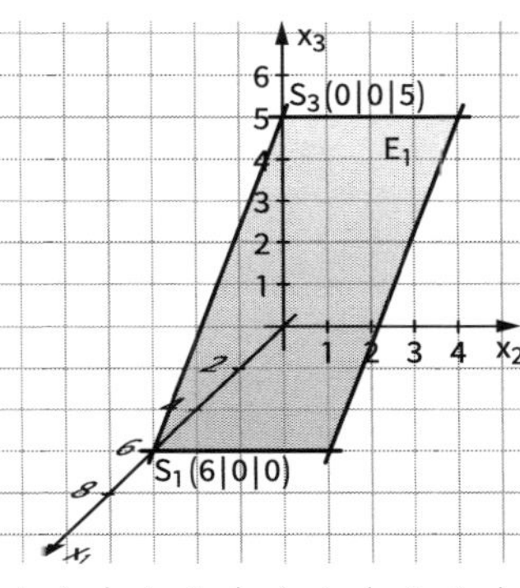

Ebene E_2: $S_1(6|0|0)$, $S_2(0|-1|0)$
E_2 ist parallel zur x_3-Achse.

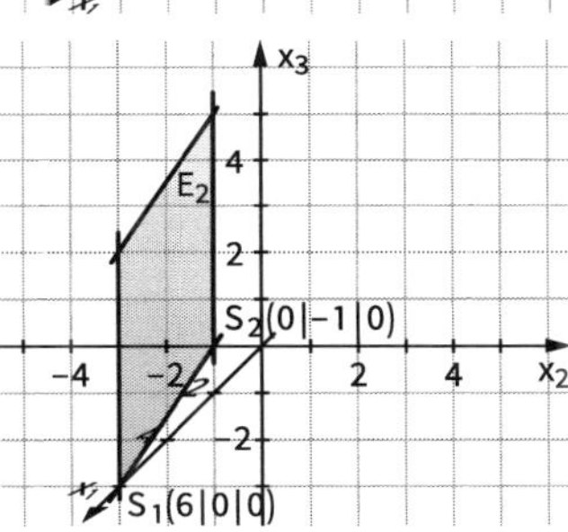

Ebene E_3: $S_3(0|0|5)$
E_3 ist parallel zur x_1-Achse und zur x_2-Achse und damit auch zur x_1x_2-Ebene.

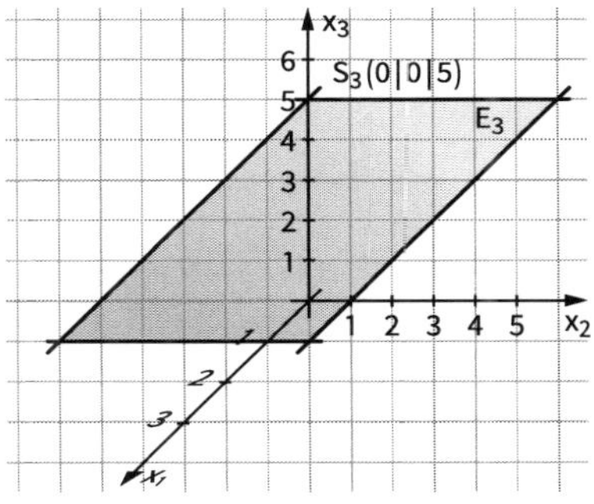

103 **b)** Ebene E_1: $g_{13}: \vec{x} = \begin{pmatrix} 6 \\ 0 \\ 0 \end{pmatrix} + k \cdot \begin{pmatrix} -6 \\ 0 \\ 5 \end{pmatrix}$ $g_{12}: \vec{x} = \begin{pmatrix} 6 \\ 0 \\ 0 \end{pmatrix} + r \cdot \begin{pmatrix} 0 \\ 1 \\ 0 \end{pmatrix}$ $g_{23}: \vec{x} = \begin{pmatrix} 0 \\ 0 \\ 5 \end{pmatrix} + s \cdot \begin{pmatrix} 0 \\ 1 \\ 0 \end{pmatrix}$

Ebene E_2: $g_{13}: \vec{x} = \begin{pmatrix} 6 \\ 0 \\ 0 \end{pmatrix} + k \cdot \begin{pmatrix} 0 \\ 0 \\ 1 \end{pmatrix}$ $g_{12}: \vec{x} = \begin{pmatrix} 6 \\ 0 \\ 0 \end{pmatrix} + r \cdot \begin{pmatrix} -6 \\ 1 \\ 0 \end{pmatrix}$ $g_{23}: \vec{x} = \begin{pmatrix} 0 \\ -1 \\ 0 \end{pmatrix} + s \cdot \begin{pmatrix} 0 \\ 0 \\ 1 \end{pmatrix}$

Ebene E_3: $g_{13}: \vec{x} = \begin{pmatrix} 0 \\ 0 \\ 5 \end{pmatrix} + r \cdot \begin{pmatrix} 1 \\ 0 \\ 0 \end{pmatrix}$ $g_{23}: \vec{x} = \begin{pmatrix} 0 \\ 0 \\ 5 \end{pmatrix} + s \cdot \begin{pmatrix} 0 \\ 1 \\ 0 \end{pmatrix}$

Keine Spurgerade mit der x_1x_2-Ebene

2.3 Lagebeziehungen mithilfe der Koordinatengleichung untersuchen

2.3.1 Lagebeziehungen zwischen Gerade und Ebene

104 **Einstiegsaufgabe ohne Lösung**

- Die Gerade schneidet die Ebene in einem Punkt. Beispiel: $g: \vec{x} = \begin{pmatrix} 1 \\ -2 \\ 2 \end{pmatrix} + k \cdot \begin{pmatrix} 1 \\ 0 \\ 1 \end{pmatrix}$
- Die Gerade verläuft parallel zur Ebene, liegt aber nicht in ihr. Beispiel: $h: \vec{x} = \begin{pmatrix} 1 \\ 4 \\ 2 \end{pmatrix} + r \cdot \begin{pmatrix} 1 \\ 0 \\ -1 \end{pmatrix}$
- Die Gerade liegt in der Ebene. Beispiel: $i: \vec{x} = \begin{pmatrix} 1 \\ -2 \\ 2 \end{pmatrix} + s \cdot \begin{pmatrix} 1 \\ 0 \\ -1 \end{pmatrix}$
- Sind der Normalenvektor der Ebene und der Richtungsvektor der Gerade orthogonal zueinander, ist die Gerade parallel zur Ebene. Andernfalls schneidet die Gerade die Ebene. Sind Gerade und Ebene parallel zueinander, so muss man prüfen, ob ein Punkt der Geraden in der Ebene liegt. Ist dies der Fall, so liegt die Gerade in der Ebene.

106 **1.** **a)** g ist parallel zu E.

b) g schneidet E in $S(-3|8|1)$.

c) g liegt ganz in E.

d) g schneidet E in $S\left(4\left|-\frac{7}{2}\right|-\frac{1}{2}\right)$

e) $g: \vec{x} = \begin{pmatrix} 3 \\ -2 \\ -1 \end{pmatrix} + k \cdot \begin{pmatrix} 1 \\ 1 \\ -2 \end{pmatrix}$; $\vec{n} * \vec{u} = \begin{pmatrix} 1 \\ -1 \\ 1 \end{pmatrix} * \begin{pmatrix} 1 \\ 1 \\ -2 \end{pmatrix} = -2 \neq 0$; g schneidet E.

f) E: $x_1 - 3x_2 - x_3 = 4$; $\vec{n} * \vec{u} = \begin{pmatrix} 1 \\ -3 \\ -1 \end{pmatrix} * \begin{pmatrix} 1 \\ 0 \\ 1 \end{pmatrix} = 0$; g und E sind parallel zueinander.

Punktprobe: liegt $P(-1|-2|4)$ in E?

$-1 - 3 \cdot (-2) - 4 = 4$

$1 = 4$ falsch

g ist parallel zu E, liegt aber nicht in E.

2. **a)** $S(4|8|-6)$ **b)** $S\left(-\frac{13}{8}\left|-\frac{1}{4}\right|-\frac{23}{8}\right)$ **c)** $S(5|-10|-2)$ **d)** $S(4|-1|-3)$

3. (1) **a)** Normalenvektor von E: $\vec{n} = \begin{pmatrix} 1 \\ 2 \\ 3 \end{pmatrix}$; Richtungsvektor von g: $\vec{u} = \begin{pmatrix} 1 \\ 2 \\ 3 \end{pmatrix}$

$\Rightarrow \vec{n} = \vec{u}$

Die Gerade steht senkrecht auf der Ebene.

b) Neuer Richtungsvektor z. B. $\vec{u_2} = \begin{pmatrix} -2 \\ 1 \\ 0 \end{pmatrix}$, sodass $\vec{u_2} * \vec{n} = 0$

$\Rightarrow g_2: \vec{x} = \begin{pmatrix} 2 \\ 9 \\ -4 \end{pmatrix} + s \begin{pmatrix} -2 \\ 1 \\ 0 \end{pmatrix}$

106 (2) **a)** Normalenvektor von E: $\vec{n} = \begin{pmatrix} 0 \\ 2 \\ -3 \end{pmatrix}$

Richtungsvektor von g: $\vec{u} = \begin{pmatrix} 1 \\ 3 \\ 2 \end{pmatrix}$

$\Rightarrow \vec{n} * \vec{u} = 0$

Prüfe, ob der Punkt $(3|5|2)$ in E liegt: $10 - 6 = 4 \Rightarrow$ g liegt in E

b) g liegt bereits in E.

4. **a)** Z.B. $g: \vec{x} = \begin{pmatrix} 1 \\ -2 \\ 4 \end{pmatrix} + t \cdot \begin{pmatrix} 1 \\ 1 \\ 1 \end{pmatrix}$

Für den Richtungsvektor $\vec{u}$ muss gelten: $\vec{u} * \begin{pmatrix} -2 \\ 5 \\ -1 \end{pmatrix} \neq 0$.

b) Z.B. $g: \vec{x} = \begin{pmatrix} 1 \\ 1 \\ 1 \end{pmatrix} + t \cdot \begin{pmatrix} 5 \\ 2 \\ 0 \end{pmatrix}$

Für den Richtungsvektor $\vec{u}$ muss gelten: $\vec{u} * \begin{pmatrix} -2 \\ 5 \\ -1 \end{pmatrix} = 0$ und der Punkt A darf nicht in der Ebene liegen.

c) Z.B. $g: \vec{x} = \begin{pmatrix} 0 \\ 2 \\ 0 \end{pmatrix} + t \cdot \begin{pmatrix} 0 \\ 1 \\ 5 \end{pmatrix}$

Für den Richtungsvektor $\vec{u}$ muss gelten: $\vec{u} * \begin{pmatrix} -2 \\ 5 \\ -1 \end{pmatrix} = 0$ und der Aufpunkt muss in der Ebene liegen.

5. **a)**
- Hat die Gleichung genau eine Lösung für k, so haben g und E einen Punkt gemeinsam. g schneidet E.
- Hat die Gleichung unendlich viele Lösungen, so liegt g in E.
- Hat die Gleichung keine Lösung, so haben g und E keinen gemeinsamen Punkt. g ist parallel zu E, liegt aber nicht in E.

$$2 \cdot (3 + k) - 4 \cdot (1 - k) - 1 + 2k = 9$$
$$8k + 1 = 9$$
$$k = 1$$

$S(4|0|1)$

g schneidet E im Punkt $S(4|0|1)$.

b) $2 \cdot (-5 + 3r) - 4 \cdot (-2 + 2r) + 11 + 2r = 9$

$$0 \cdot r + 9 = 9$$

Die Gleichung hat unendlich viele Lösungen. h liegt in E.

6. $S(4|2|3)$

7. **a)** $\begin{pmatrix} -1 \\ 3 \\ 2 \end{pmatrix}$ und $\begin{pmatrix} 4 \\ 2 \\ -1 \end{pmatrix}$ sind keine Vielfachen voneinander.

Somit sind g und h nicht parallel zueinander.

Überprüfen, ob g und h einen gemeinsamen Punkt besitzen.

$$\left| \begin{array}{rl} 2 - r &= 6 + 4s \\ -4 + 3r &= 4 + 2s \\ 5 + 2r &= -2 - s \end{array} \right|, \text{ also } \left| \begin{array}{rl} -r - 4s &= 4 \\ 3r - 2s &= 8 \\ 2r + s &= -7 \end{array} \right|$$

Dieses Gleichungssystem hat keine Lösung. g und h sind windschief zueinander.

b) $E: \vec{x} = \begin{pmatrix} 2 \\ -4 \\ 5 \end{pmatrix} + r \cdot \begin{pmatrix} -1 \\ 3 \\ 2 \end{pmatrix} + s \cdot \begin{pmatrix} 4 \\ 2 \\ -1 \end{pmatrix}$ $\quad$ $E: x_1 - x_2 + 2x_3 = 16$

107 **8. a)** A(6 | 0 | 0), C(0 | 6 | 0), P(3 | 0 | 6), Q(0 | 3 | 6)

$E\colon \vec{x} = \begin{pmatrix} 6 \\ 0 \\ 0 \end{pmatrix} + r \cdot \begin{pmatrix} -1 \\ 1 \\ 0 \end{pmatrix} + s \cdot \begin{pmatrix} -1 \\ 0 \\ 2 \end{pmatrix}$ $\qquad$ $E\colon 2x_1 + 2x_2 + x_3 = 12$

b) M(3 | 3 | 6), B(6 | 6 | 0)

$g\colon \vec{x} = \begin{pmatrix} 3 \\ 3 \\ 6 \end{pmatrix} + k \cdot \begin{pmatrix} 1 \\ 1 \\ -2 \end{pmatrix}$ $\qquad$ $\vec{n} * \vec{u} = \begin{pmatrix} 2 \\ 2 \\ 1 \end{pmatrix} * \begin{pmatrix} 1 \\ 1 \\ -2 \end{pmatrix} = 2 \neq 0$

g ist nicht parallel zu E.

$2 \cdot (3 + k) + 2 \cdot (3 + k) + 6 - 2k = 12$

$18 + 2k = 12$, also $k = -3$

S(0 | 0 | 12)

9. A(4 | 0 | 0), B(4 | 4 | 0), C(0 | 4 | 0), T(2 | 2 | 8)

Gerade durch A und T: $g_1\colon \vec{x} = \begin{pmatrix} 4 \\ 0 \\ 0 \end{pmatrix} + k \cdot \begin{pmatrix} -1 \\ 1 \\ 4 \end{pmatrix}$; $x_3 = 4k = 2$, also $k = \frac{1}{2}$; P(3,5 | 0,5 | 2)

Gerade durch B und T: $g_2\colon \vec{x} = \begin{pmatrix} 4 \\ 4 \\ 0 \end{pmatrix} + r \cdot \begin{pmatrix} -1 \\ -1 \\ 4 \end{pmatrix}$; $x_3 = 4r = 4$, also $r = 1$; Q(3 | 3 | 4)

Gerade durch C und T: $g_3\colon \vec{x} = \begin{pmatrix} 0 \\ 4 \\ 0 \end{pmatrix} + s \cdot \begin{pmatrix} 1 \\ -1 \\ 4 \end{pmatrix}$; $x_3 = 4s = 4$, also $s = 1$; R(1 | 3 | 4)

$E\colon \vec{x} = \begin{pmatrix} 3 \\ 3 \\ 4 \end{pmatrix} + r \cdot \begin{pmatrix} 1 \\ -5 \\ -4 \end{pmatrix} + s \cdot \begin{pmatrix} -1 \\ 0 \\ 0 \end{pmatrix}$

$E\colon 4x_2 - 5x_3 = -8$

Gerade durch D und T: $g_4\colon \vec{x} = k \cdot \begin{pmatrix} 1 \\ 1 \\ 4 \end{pmatrix}$

Schnitt von g_4 mit E:

$4 \cdot k - 5 \cdot 4k = -8$

$-16k = -8$, also $k = \frac{1}{2}$

S(0,5 | 0,5 | 2)

10. a) Passende Aufgabenstellung:
Gegeben sind eine Gerade g durch die Punkte A(3 | −1 | 5) und B(4 | 1 | 2) sowie die Ebene $E\colon 2x_1 + 2x_2 - 3x_3 - 4 = 0$. Bestimmen Sie den Schnittpunkt von g und E.

b) $2 \cdot (3 + k) + 2 \cdot (-1 + 2k) - 3 \cdot (5 - 3k) - 4 = 0$, also $k = 1$. Somit Schnittpunkt S(4 | 1 | 2) = B.

11.
- Spitze der Antenne T(4,5 | 6 | 28)
- Ebene, in der die Dachfläche SFG liegt: $E\colon 5x_2 + 6x_3 - 180 = 0$
- Gerade, auf der der Lichtstrahl durch T verläuft $g\colon \vec{x} = \begin{pmatrix} 4{,}5 \\ 6 \\ 28 \end{pmatrix} + k \cdot \begin{pmatrix} 1 \\ 3 \\ -3 \end{pmatrix}$
- Schnittpunkt von g und E: T*(10,5 | 24 | 10)

Der Punkt T* liegt nicht in der Dachfläche SFG, da seine x_3-Koodinate kleiner als 20 ist. Somit liegt der Schatten der Antenne nicht vollständig auf der Dachfläche.

107

12. a) E: $\vec{x} = \begin{pmatrix} 10 \\ 10 \\ 0 \end{pmatrix} + r \cdot \begin{pmatrix} 1 \\ 0 \\ 0 \end{pmatrix} + s \cdot \begin{pmatrix} -1 \\ -1 \\ 2 \end{pmatrix}$

bzw. $2x_2 + x_3 = 20$

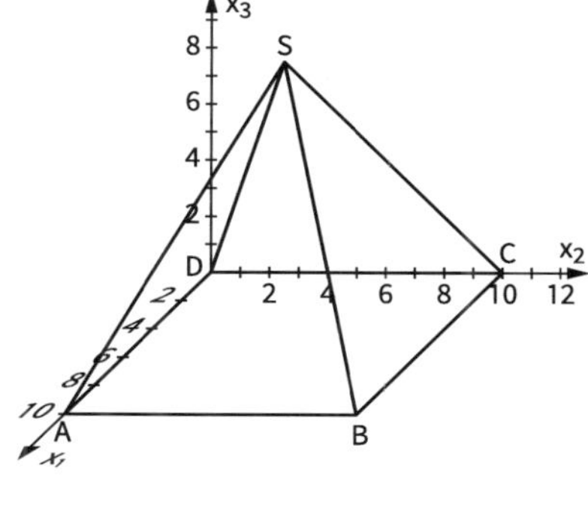

b) Gerade, auf welcher der Lichtstrahl verläuft g: $\vec{x} = \begin{pmatrix} 5 \\ 30 \\ 15 \end{pmatrix} + k \cdot \begin{pmatrix} 0 \\ 2 \\ 1 \end{pmatrix}$

Schnittpunkt von g und E: G(5 | 8 | 4)

Der Lichtstrahl trifft im Punkt G(5 | 8 | 4) auf die Seitenfläche BCS.

Die Projektionsfläche liegt in der Ebene F: $x_2 = 0$.

Der Lichtstrahl von L nach S liegt auf der Geraden h: $\vec{x} = \begin{pmatrix} 5 \\ 30 \\ 15 \end{pmatrix} + m \cdot \begin{pmatrix} 0 \\ -5 \\ -1 \end{pmatrix}$.

Schnittpunkt von h mit der Ebene F: S* (5 | 0 | 9). S* liegt auf der Projektionsfläche.

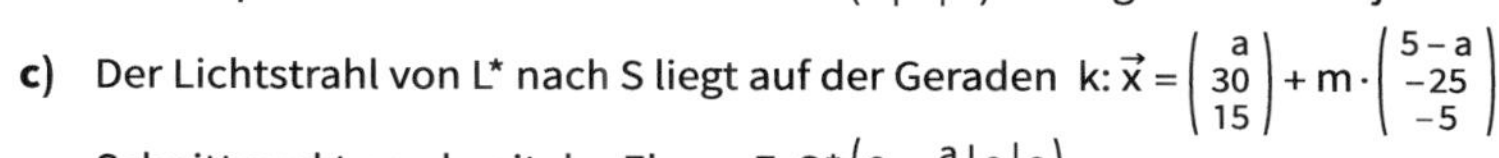

c) Der Lichtstrahl von L* nach S liegt auf der Geraden k: $\vec{x} = \begin{pmatrix} a \\ 30 \\ 15 \end{pmatrix} + m \cdot \begin{pmatrix} 5-a \\ -25 \\ -5 \end{pmatrix}$

Schnittpunkt von k mit der Ebene F: $S_1^*\left(6 - \frac{a}{5} \,\middle|\, 0 \,\middle|\, 9\right)$

Damit $S_1^*\left(6 - \frac{a}{5} \,\middle|\, 0 \,\middle|\, 9\right)$ nicht auf der Projektionsfläche liegt, muss gelten:

(1) $6 - \frac{a}{5} > 10$, also $a < -20$ oder (2) $6 - \frac{a}{5} < 0$, also $a > 30$

Es kommt nur $a > 30$ in Frage.

108

13. a) Spurpunkte von E: $S_1(9 | 0 | 0)$, $S_2(0 | 6 | 0)$, $S_3(0 | 0 | 6)$

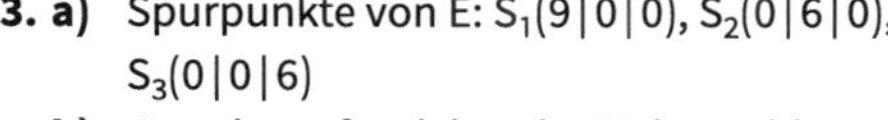

b) Gerade, auf welcher der Lichtstrahl durch S verläuft: g: $\vec{x} = \begin{pmatrix} 1{,}5 \\ 5 \\ 8 \end{pmatrix} + k \cdot \begin{pmatrix} 2 \\ 3 \\ 3 \end{pmatrix}$

Schnittpunkt von g mit der x_2x_3-Ebene = Schatten der Spitze des Stabs: S* (0 | 2,75 | 5,75)

Der Schatten des Stabs in der x_2x_3-Ebene verläuft parallel zur x_3-Achse, somit ist K der Schnittpunkt der Geraden durch S_2 und S_3 mit der Geraden h: $\vec{x} = \begin{pmatrix} 0 \\ 2{,}75 \\ 5{,}75 \end{pmatrix} + r \cdot \begin{pmatrix} 0 \\ 0 \\ 1 \end{pmatrix}$.

Gerade durch S_2 und S_3 k: $\vec{x} = \begin{pmatrix} 0 \\ 0 \\ 6 \end{pmatrix} + s \cdot \begin{pmatrix} 0 \\ 1 \\ -1 \end{pmatrix}$

Schnittpunkt der Geraden h und k = Knickpunkt des Schattens: K(0 | 2,75 | 3,25)

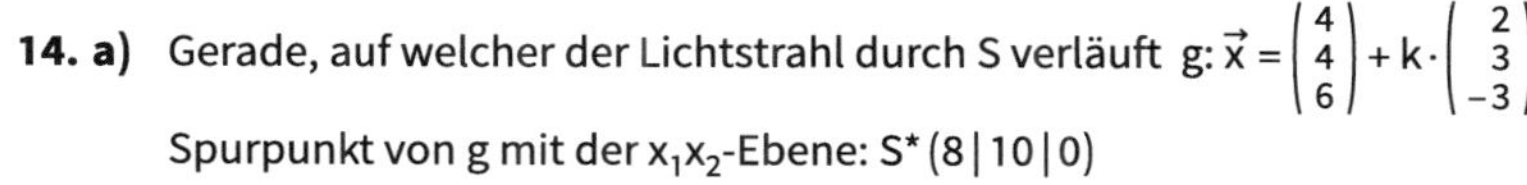

14. a) Gerade, auf welcher der Lichtstrahl durch S verläuft g: $\vec{x} = \begin{pmatrix} 4 \\ 4 \\ 6 \end{pmatrix} + k \cdot \begin{pmatrix} 2 \\ 3 \\ -3 \end{pmatrix}$

Spurpunkt von g mit der x_1x_2-Ebene: S* (8 | 10 | 0)

Die Eckpunkte der Schattenfigur sind A, S*, C und B.

108 **b)** Gerade, auf welcher der Lichtstrahl durch S verläuft $h: \vec{x} = \begin{pmatrix} 4 \\ 4 \\ 6 \end{pmatrix} + k \cdot \begin{pmatrix} 1 \\ 6 \\ -3 \end{pmatrix}$

Spurpunkt von h mit der x_1x_2-Ebene: $S_1(6|16|0)$

Schnittpunkt von h mit der Ebene mit der Gleichung $x_2 = 12$: $S_2\left(\frac{16}{3}\middle|12\middle|2\right)$

Gerade durch die Punkte A und S_1 $i: \vec{x} = \begin{pmatrix} 6 \\ 2 \\ 0 \end{pmatrix} + r \cdot \begin{pmatrix} 0 \\ 1 \\ 0 \end{pmatrix}$

Schnittpunkt von i mit der Ebene mit der Gleichung $x_2 = 12$: $A^*(6|12|0)$

Gerade durch die Punkte B und S_1 $k: \vec{x} = \begin{pmatrix} 2 \\ 6 \\ 0 \end{pmatrix} + r \cdot \begin{pmatrix} 2 \\ 5 \\ 0 \end{pmatrix}$

Schnittpunkt von k mit der Ebene mit der Gleichung $x_2 = 12$: $C^*\left(\frac{22}{5}\middle|12\middle|0\right)$

Eckpunkte der Schattenfigur in der x_1x_2-Ebene: A, A*, C*, C, B
Eckpunkte der Schattenfigur in der Ebene mit der Gleichung $x_2 = 12$: A*, C*, S_2

15. a) $\vec{n} * \vec{u_t} = \begin{pmatrix} 2 \\ 0 \\ 1 \end{pmatrix} * \begin{pmatrix} 1+t \\ 1-t \\ 2t \end{pmatrix} = 2(1+t) + 2t = 4t + 2;$

g_t ist parallel zu E, falls $\vec{n} * \vec{u_t} = 0$, also für $t = -\frac{1}{2}$
Punktprobe: liegt $P(2|1|1)$ in E?
$2 \cdot 2 + 1 - 3 = 0$
$2 = 0$
$g_{-\frac{1}{2}}$ liegt nicht in E, ist aber parallel zu E.

b) g_t ist orthogonal zu E_1 falls es einen Wert k und einen Wert t gibt, sodass gilt:

$\begin{pmatrix} 1+t \\ 1-t \\ 2t \end{pmatrix} = k \cdot \begin{pmatrix} 2 \\ 0 \\ 1 \end{pmatrix}$

Das LGS $\left| \begin{array}{l} t - 2k = -1 \\ -t \quad\quad = -1 \\ 2t - \quad k = 0 \end{array} \right|$ hat keine Lösung.

Keine Gerade der Schar ist orthogonal zu E.

16. Normalenvektor von E: $\vec{n} = \begin{pmatrix} 1 \\ 1 \\ -3 \end{pmatrix}$; Richtungsvektor von g: $\vec{u} = \begin{pmatrix} 0 \\ -3 \\ a \end{pmatrix}$

Es muss gelten: $\vec{n} * \vec{u} = -3 - 3a = 0 \Leftrightarrow a = -1$

17. a) $\vec{n} * \vec{u_t} = \begin{pmatrix} 1 \\ 1 \\ 1 \end{pmatrix} * \begin{pmatrix} 3t \\ -3t \\ 8 \end{pmatrix} = 3t - 3t + 8 \neq 0$ für alle $t \in \mathbb{R}$.

Es gibt keine Geraden der Schar, die parallel zu E ist.

$\begin{pmatrix} 3t \\ -3t \\ 8 \end{pmatrix} = k \cdot \begin{pmatrix} 1 \\ 1 \\ 1 \end{pmatrix}$

Diese Gleichung hat keine Lösung. Es gibt keine Gerade der Schar, die orthogonal zu E ist.

108 **b)** Schnittpunkt von g_t und E:

$$1 + 3\cdot k\cdot t - 3\cdot k\cdot t - 1 + 8k - 8 = 0$$
$$8k - 8 = 0$$
$$k = 1$$

$S_t(1+3t\,|\,-3t\,|\,7)$

Abstand von S_t zum Ursprung:

$d(t) = \left|\overrightarrow{OS_t}\right| = \sqrt{(1+3t)^2 + (-3t)^2 + 7^2} = \sqrt{18t^2 + 6t + 50}$

Die Funktion hat ein Minimum an der Stelle, an der die Funktion D mit $D(t) = 18t^2 + 6t + 50$ ein Minimum hat. Dies ist die Stelle $t = -\frac{1}{6}$.

Der Punkt $S_{-\frac{1}{6}}\left(\frac{1}{2}\,\middle|\,\frac{1}{2}\,\middle|\,7\right)$ hat die geringste Entfernung vom Ursprung.

2.3.2 Lagebeziehungen zwischen Ebenen untersuchen

109 **Einstiegsaufgabe ohne Lösung**

- Die Punkte von g liegen sowohl in E_1 als auch in E_2, sie müssen also beide Koordinatenformen erfüllen. Daraus ergibt sich ein lineares Gleichungssystem mit zwei Gleichungen und drei Unbekannten:

  $\left|\begin{matrix} x_1 - x_2 + 3x_3 = 12 \\ x_1 - x_2 + 5x_3 = 0 \end{matrix}\right|$, umformen führt auf: $\left|\begin{matrix} x_1 - x_2 + 3x_3 = 12 \\ 2x_3 = -12 \end{matrix}\right|$

  Setzt man nun $x_2 = t,\ t \in \mathbb{R}$, so ergeben sich alle Schnittpunkte von E_1 und E_2 als

  $S_t(30+t\,|\,t\,|\,-6)$, also die Gerade $g\colon \vec{x} = \begin{pmatrix} 30 \\ 0 \\ -6 \end{pmatrix} + t\cdot\begin{pmatrix} 1 \\ 1 \\ 0 \end{pmatrix}$.
- Für den zweiten Punkt siehe auch die Lösung auf Seite 109 f. und die Information auf Seite 110 im Schülerband.

110 **1. a)** $\overrightarrow{n_1} = \begin{pmatrix} 6 \\ 3 \\ -9 \end{pmatrix}$, $\overrightarrow{n_2} = \begin{pmatrix} -2 \\ -1 \\ 3 \end{pmatrix}$

Es gilt: $\overrightarrow{n_1} = -3\cdot\overrightarrow{n_2}$, E_1 und E_2 sind parallel zueinander.

$-2x_1 - x_2 + 3x_3 = -5 \quad |\cdot(-3)$

$6x_1 + 3x_2 - 9x_3 = 15$

E_1 und E_2 sind identisch.

b) $\overrightarrow{n_1} = \begin{pmatrix} 3 \\ -12 \\ 6 \end{pmatrix}$, $\overrightarrow{n_2} = \begin{pmatrix} -2 \\ 8 \\ -4 \end{pmatrix}$

Es gilt: $\overrightarrow{n_1} = -1{,}5\cdot\overrightarrow{n_2}$, E_1 und E_2 sind parallel zueinander.

$-2x_1 + 8x_2 - 4x_3 = -12 \quad |\cdot(-1{,}5)$

$3x_1 - 12x_2 + 6x_3 = 18$

E_1 und E_2 sind parallel zueinander und verschieden.

c) $\overrightarrow{n_1} = \begin{pmatrix} 4 \\ 2 \\ 1 \end{pmatrix}$, $\overrightarrow{n_2} = \begin{pmatrix} -1 \\ -3 \\ 4 \end{pmatrix}$

Die beiden Normalenvektoren sind keine Vielfachen voneinander. E_1 und E_2 schneiden sich.

d) $E_1\colon\ 2x_1 + 2x_2 - x_3 = 0$

$E_2\colon\ 2x_1 + 2x_2 - x_3 = 4$

E_1 und E_2 sind parallel zueinander und verschieden.

111

2. a) Löse $\left|\begin{array}{l} x_1 + x_2 - x_3 = 1 \\ 4x_1 - x_2 - x_3 = 3 \end{array}\right| \Rightarrow \left|\begin{array}{l} x_1 + x_2 - x_3 = 1 \\ -5x_2 + 3x_3 = -1 \end{array}\right|$

Setze $x_3 = t \Rightarrow x_2 = \frac{1+3t}{5} \Rightarrow x_1 = \frac{4+2t}{5} \Rightarrow \vec{x} = \begin{pmatrix} \frac{4}{5} \\ \frac{1}{5} \\ 0 \end{pmatrix} + t \cdot \begin{pmatrix} 2 \\ 3 \\ 5 \end{pmatrix}$

b) g: $\vec{x} = \begin{pmatrix} -\frac{48}{5} \\ -\frac{12}{5} \\ 0 \end{pmatrix} + t \cdot \begin{pmatrix} 7 \\ -2 \\ -5 \end{pmatrix}$

c) $\left|\begin{array}{l} 3x_1 - 2x_2 + x_3 = 4 \\ x_1 - 2x_3 = -1 \end{array}\right|$

Wir setzen $x_3 = t$, also $\left|\begin{array}{l} 3x_1 - 2x_2 = 4 - t \\ x_1 = -1 + 2t \end{array}\right|$ mit der Lösung

$x_1 = -1 + 2t$; $x_2 = -\frac{7}{2} + \frac{7}{2}t$; $x_3 = t$

Parameterdarstellung der Schnittgeraden:

g: $\vec{x} = \begin{pmatrix} -1 \\ -\frac{7}{2} \\ 0 \end{pmatrix} + t \cdot \begin{pmatrix} 2 \\ \frac{7}{2} \\ 1 \end{pmatrix}$ bzw. $\vec{x} = \begin{pmatrix} -1 \\ -\frac{7}{2} \\ 0 \end{pmatrix} + r \cdot \begin{pmatrix} 4 \\ 7 \\ 2 \end{pmatrix}$

3. a) $E_1 \nparallel E_2 \nparallel E_3$

Schnittgerade s_{12} von E_1 und E_2:

Mit $x_3 = t$ erhält man das lineare Gleichungssystem

$\left|\begin{array}{l} 6x_1 + 3x_2 = 15 + 6t \\ -x_1 - x_2 = -5 - 2t \end{array}\right|$ mit der Lösung $x_1 = 0$; $x_2 = 5 + 2t$; $x_3 = t$

s_{12}: $\vec{x} = \begin{pmatrix} 0 \\ 5 \\ 0 \end{pmatrix} + t \cdot \begin{pmatrix} 0 \\ 2 \\ 1 \end{pmatrix}$

Schnittgerade s_{13} von E_1 und E_3:

Mit $x_1 = t$ erhält man das lineare Gleichungssystem

$\left|\begin{array}{l} 3x_2 - 6x_3 = 15 - 6t \\ 2x_2 + 6x_3 = 5 - 4t \end{array}\right|$ mit der Lösung $x_1 = t$; $x_2 = 4 - 2t$; $x_3 = -0{,}5$

s_{13}: $\vec{x} = \begin{pmatrix} 0 \\ 4 \\ -0{,}5 \end{pmatrix} + t \cdot \begin{pmatrix} 1 \\ -2 \\ 0 \end{pmatrix}$

Schnittgerade s_{23} von E_2 und E_3:

Mit $x_3 = t$ erhält man das lineare Gleichungssystem

$\left|\begin{array}{l} -x_1 - x_2 = -5 - 2t \\ 4x_1 + 2x_2 = 5 - 6t \end{array}\right|$ mit der Lösung $x_1 = -2{,}5 - 5t$; $x_2 = 7{,}5 + 7t$; $x_3 = t$

s_{23}: $\vec{x} = \begin{pmatrix} -2{,}5 \\ 7{,}5 \\ 0 \end{pmatrix} + t \cdot \begin{pmatrix} -5 \\ 7 \\ 1 \end{pmatrix}$

111 **b)** $E_1 \parallel E_3$, $E_1 \nparallel E_2$, $E_2 \nparallel E_3$

Schnittgerade s_{12} von E_1 und E_2:

Mit $x_1 = t$ erhält man das lineare Gleichungssystem

$\left| \begin{array}{r} 2x_2 = 5 - t \\ 2x_2 + x_3 = 10 - 4t \end{array} \right|$ mit der Lösung $x_1 = t;\ x_2 = 2{,}5 - 0{,}5t;\ x_3 = 5 - 3t$

$s_{12}\colon \vec{x} = \begin{pmatrix} 0 \\ 2{,}5 \\ 5 \end{pmatrix} + t \cdot \begin{pmatrix} 1 \\ -0{,}5 \\ -3 \end{pmatrix}$

Schnittgerade s_{23} von E_2 und E_3:

Mit $x_1 = t$ erhält man das lineare Gleichungssystem

$\left| \begin{array}{r} 4x_2 = 3 - 2t \\ 2x_2 + x_3 = 10 - 4t \end{array} \right|$ mit der Lösung $x_1 = t;\ x_2 = 0{,}75 - 0{,}5t;\ x_3 = 8{,}5 - t$

$s_{23}\colon \vec{x} = \begin{pmatrix} 0 \\ 0{,}75 \\ 8{,}5 \end{pmatrix} + t \cdot \begin{pmatrix} 1 \\ -0{,}5 \\ -3 \end{pmatrix}$

c) $E_1 \parallel E_2 \parallel E_3$

4. a) Beide Ebenen enthalten den Punkt $A(1|2|1)$ und haben den Vektor $\vec{u} = \begin{pmatrix} 2 \\ -1 \\ 3 \end{pmatrix}$ als Richtungsvektor.

Für die Ebene E_1 bestimmt man einen zweiten Richtungsvektor, der kein Vielfaches von $\vec{u}$ ist, z. B. $\vec{v_1} = \begin{pmatrix} 3 \\ 0 \\ 1 \end{pmatrix}$.

Parameterdarstellung von $E_1\colon \vec{x} = \begin{pmatrix} 1 \\ 2 \\ 1 \end{pmatrix} + t \cdot \begin{pmatrix} 2 \\ -1 \\ 3 \end{pmatrix} + k \cdot \begin{pmatrix} 3 \\ 0 \\ 1 \end{pmatrix}$

Man bestimmt nun einen beliebigen Punkt B, der nicht in E_1 liegt, z. B. $B(-4|5|-3)$.

$\vec{v_2} = \overrightarrow{AB} = \begin{pmatrix} -5 \\ 3 \\ -4 \end{pmatrix}$ ist dann ein möglicher Richtungsvektor einer Ebene E_2, die die Ebene E_1 in g schneidet.

Parameterdarstellung von $E_2\colon \vec{x} = \begin{pmatrix} 1 \\ 2 \\ 1 \end{pmatrix} + t \cdot \begin{pmatrix} 2 \\ -1 \\ 3 \end{pmatrix} + k \cdot \begin{pmatrix} -5 \\ 3 \\ -4 \end{pmatrix}$

b) $E_1\colon x_1 - 7x_2 - 3x_3 + 16 = 0;\ E_2\colon 5x_1 + 7x_2 - x_3 - 18 = 0$

5.
- Wir bestimmen eine Parameterdarstellung der Schnittgeraden s von zwei Ebenen der Schar, z. B. von $E_0\colon x_1 + x_2 - x_3 + 3 = 0$ und $E_1\colon 2x_1 + x_2 + 4 = 0$

  Eine mögliche Parameterdarstellung von s lautet: $\vec{x} = \begin{pmatrix} 0 \\ -4 \\ -1 \end{pmatrix} + r \cdot \begin{pmatrix} 1 \\ -2 \\ -1 \end{pmatrix}$
- Wir zeigen, dass s in jeder der Ebenen E_t liegt.

  $(t+1) \cdot r - 4 - 2r + (t-1) \cdot (-1 - r) + 3 + t = 0$, also $r \cdot t + r - 4 - 2r - t + 1 - r \cdot t + r + 3 + t = 0$

  Diese Gleichung ist für jeden Wert von r und von t erfüllt, d. h. die Gerade s liegt in jeder Ebene der Schar.

  Somit ist s die gemeinsame Schnittgerade aller Ebenen der Schar.

6. a) **Anmerkung zur 1. Auflage:** Es fehlt eine Angabe, um F eindeutig bestimmen zu können.

Veränderte Aufgabenstellung: Die Ebene F ist orthogonal zur Ebene E_6 und enthält die Punkte $P(5|3|-1)$ und $Q(7|4|-1)$. Bestimmen Sie …

111

E_6: $2x_1 - 2x_2 + 6x_3 = 12$

F: $\vec{x} = \begin{pmatrix} 5 \\ 3 \\ -1 \end{pmatrix} + r \cdot \begin{pmatrix} 2 \\ -2 \\ 6 \end{pmatrix} + s \cdot \begin{pmatrix} 2 \\ 1 \\ 0 \end{pmatrix}$ bzw. $x_1 + 2x_2 - x_3 = -2$

Mögliche Parameterdarstellung der Schnittgeraden s von E_6 und F

$\vec{x} = \begin{pmatrix} 0 \\ 0 \\ 2 \end{pmatrix} + t \cdot \begin{pmatrix} -5 \\ 4 \\ 3 \end{pmatrix}$

b) $\overrightarrow{n_{a_1}} = \begin{pmatrix} a_1 - 4 \\ -2 \\ 6 \end{pmatrix}$ und $\overrightarrow{n_{a_2}} = \begin{pmatrix} a_2 - 4 \\ -2 \\ 6 \end{pmatrix}$ sind Normalenvektoren zweier Ebenen E_{a_1} und E_{a_2} $(a_1 \neq a_2)$.

E_{a_1} und E_{a_2} sind orthogonal zueinander, falls $\overrightarrow{n_{a_1}} * \overrightarrow{n_{a_2}} = 0$, also falls $(a_1 - 4) \cdot (a_2 - 4) = -40$ bzw. $a_2 = 4 - \frac{40}{a_1 - 4}$.

Es gibt keine Ebene der Schar, die zur Ebene E_4 orthogonal ist.

c) E_a ist parallel zu g, falls $\begin{pmatrix} a-4 \\ -2 \\ 6 \end{pmatrix} * \begin{pmatrix} 1 \\ -1 \\ 1 \end{pmatrix} = 0$, also für $a = -4$.

7. a) Spurpunkte von E_k: $S_1(k|0|0)$; $S_2(0|k|0)$; $S_3(0|0|k)$

b) Schnittpunkte von E_k mit den Geraden, auf denen die Kanten des Würfels liegen:

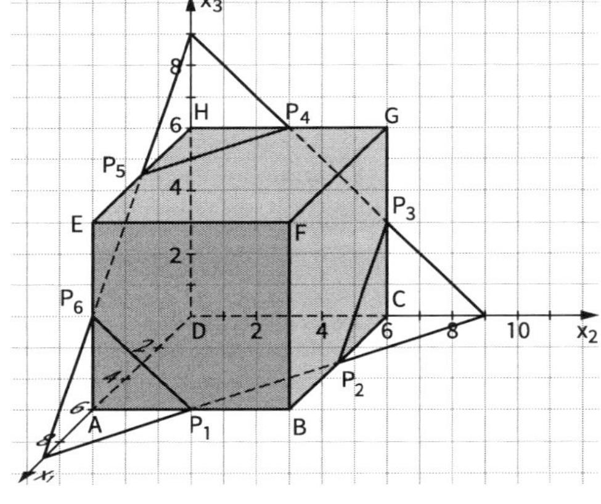

$P_1(6|k-6|0)$; $P_2(k-6|6|0)$; $P_3(0|6|k-6)$; $P_4(0|k-6|6)$; $P_5(k-6|0|6)$; $P_6(6|0|k-6)$; $P_7(6|k-12|6)$; $P_8(6|6|k-12)$; $P_9(k-12|6|6)$

(1) Für $0 < k < 6$ liegen die Punkte P_1 bis P_6 nicht auf den Würfelkanten. Das Dreieck $S_1S_2S_3$ liegt innerhalb des Würfels und ist damit die Schnittfigur von E_k mit dem Würfel.

(2) $k = 6$: die Punkte P_1 und P_6 fallen auf den Punkt A, die Punkte P_2 und P_3 auf den Punkt C und die Punkte P_4 und P_5 auf den Punkt H. Das Dreieck ACH ist die Schnittfigur von E_6 mit dem Würfel.

(3) $k = 12$: die Punkte P_1 und P_2 fallen auf $B(6|6|0)$, die Punkte P_3 und P_4 auf $G(0|6|6)$ und die Punkte P_5 und P_6 auf $E(6|0|6)$. Das Dreieck BGE ist die Schnittfigur von E_{12} mit dem Würfel.

(4) $6 < k < 12$: Die Schnittfigur ist das regelmäßige Sechseck $P_1P_2P_3P_4P_5P_6$. Für $k = 9$ ist die Schnittfigur das regelmäßige Sechseck mit den Eckpunkten $P_1(6|3|0)$; $P_2(3|6|0)$; $P_3(0|6|3)$; $P_4(0|3|6)$; $P_5(3|0|6)$; $P_6(6|0|3)$.

(5) $k = 18$: die Punkte P_7, P_8 und P_9 fallen auf den Punkt $F(6|6|6)$. F ist der einzige gemeinsame Punkt von E_{18} und dem Würfel.

(6) $12 < k < 18$: Die Schnittfigur ist das gleichseitige Dreieck $P_7P_8P_9$.

(7) $k = 0$. Der Ursprung O ist der einzige gemeinsame Punkt von E_0 und dem Würfel.

(8) Für $k < 0$ und $k > 18$ haben E_k und der Würfel keine Punkte gemeinsam.

111 **8.** **a)** Mögliche Parameterdarstellung: $s: \vec{x} = \begin{pmatrix} 4 \\ -2 \\ 0 \end{pmatrix} + t \cdot \begin{pmatrix} -4 \\ 3 \\ 8 \end{pmatrix}$

b) $E_3: \begin{pmatrix} -4 \\ 3 \\ 8 \end{pmatrix} * \left(\vec{x} - \begin{pmatrix} 5 \\ 4 \\ 5 \end{pmatrix} \right) = 0$ bzw. $-4x_1 + 3x_2 + 8x_3 = 32$

112 **9.** **a)** $E: \vec{x} = \begin{pmatrix} -6 \\ -3 \\ 2 \end{pmatrix} + r \cdot \begin{pmatrix} 8 \\ 2 \\ -1 \end{pmatrix} + s \cdot \begin{pmatrix} 2 \\ 3 \\ 1 \end{pmatrix}$ bzw. $x_1 - 2x_2 + 4x_3 - 8 = 0$

b) Passende Aufgabenstellung:
Gegeben sind die Ebenen $E: x_1 - 2x_2 + 4x_3 - 8 = 0$ und $F: 3x_1 + x_2 + 5x_3 - 3 = 0$.
Bestimmen Sie eine Parameterdarstellung der Schnittgeraden der beiden Ebenen.
Man multipliziert die erste Gleichung mit dem Faktor 3 und subtrahiert anschließend die zweite Gleichung. Die entstandene Gleichung wird durch 7 dividiert.
$L = \{(-4 - 2t \mid t \mid 3 + t),\ t \in \mathbb{R}\}$
Die beiden Ebenen schneiden sich in der Geraden $s: \vec{x} = \begin{pmatrix} -4 \\ 0 \\ 3 \end{pmatrix} + t \cdot \begin{pmatrix} -2 \\ 1 \\ 1 \end{pmatrix}$

10. Die drei Gleichungen des linearen Gleichungssystems können als Koordinatengleichungen dreier Ebenen interpretiert werden.

a) $L = \{(1 \mid -1 \mid 2)\}$
Die drei Ebenen haben den gemeinsamen Punkt $S(1 \mid -1 \mid 2)$.

b) $L = \left\{ \left(\frac{17}{4} + \frac{11}{8}t \mid t \mid \frac{7}{2} - \frac{1}{4}t \right),\ t \in \mathbb{R} \right\}$
Die zweite und die dritte Ebene sind identisch. Sie schneiden die erste Ebene in der Geraden $s: \vec{x} = \begin{pmatrix} \frac{17}{4} \\ 0 \\ \frac{7}{2} \end{pmatrix} + t \cdot \begin{pmatrix} 11 \\ 8 \\ -2 \end{pmatrix}$.

11. **a)** Preis einer Tafel Vollmilchschokolade a; Preis einer Tafel Nougatcreme b;
Preis einer Tafel Schoko Crisps c

LGS: $\begin{vmatrix} 3a + 3b + 2c = 12 \\ 4a + 4c = 12 \end{vmatrix}$

Dividiert man die zweite Gleichung durch 4, erhält man das angegebene LGS.
$L = \left\{ \left(3 - c \mid 1 + \frac{c}{3} \mid c\right),\ c \in \mathbb{R};\ 0 < c < 3 \right\}$
Mögliche Lösungen: $\left(1 \mid 1\frac{2}{3} \mid 2\right)$, $(1{,}2 \mid 1{,}6 \mid 1{,}8)$

b) $E_1: \vec{x} = \begin{pmatrix} 2 \\ 2 \\ 0 \end{pmatrix} + r \cdot \begin{pmatrix} 2 \\ 4 \\ -9 \end{pmatrix} + s \cdot \begin{pmatrix} -4 \\ 2 \\ 3 \end{pmatrix}$ bzw. $3x_1 + 3x_2 + 2x_3 = 12$

Anmerkung zur ersten Auflage: Es fehlt eine Angabe, um E_2 eindeutig bestimmen zu können.
Veränderte Aufgabenstellung: Die Ebene E_2 ist parallel zur x_2-Achse und enthält die Punkte $P(-2 \mid 3 \mid 5)$ und $Q(4 \mid 0 \mid -1)$.

E_2: Der Ansatz $\frac{x_1}{a} + \frac{x_2}{b} = 1$ führt auf das Gleichungssystem

$\begin{vmatrix} \frac{4}{a} - \frac{1}{b} = 1 \\ -\frac{2}{a} + \frac{5}{b} = 1 \end{vmatrix}$ mit der Lösung

$a = 3;\ b = 3$.
Somit $E_2: x_1 + x_3 = 3$

112 Schnittgerade von E_1 und E_2:

$\left|\begin{array}{l} 3x_1 + 3x_2 + 2x_3 = 12 \\ x_1 + \qquad\quad x_3 = 3 \end{array}\right|$ mit der Lösungsmenge $L = \left\{\left(3 - t \,\middle|\, 1 + \frac{t}{3} \,\middle|\, t\right),\ t \in \mathbb{N}\right\}$.

Mögliche Parameterdarstellung von $s: \vec{x} = \begin{pmatrix} 3 \\ 1 \\ 0 \end{pmatrix} + t \cdot \begin{pmatrix} -3 \\ 1 \\ 3 \end{pmatrix}$

c) Beide Probleme führen auf das gleiche Gleichungssystem, das unendlich viele Lösungen hat.
Beim geometrischen Problem können die Lösungen als Punkte einer Geraden interpretiert werden.
Die Lösungen des Problems bei Teilaufgabe a) sind eingeschränkt durch die Tatsache, dass der Preis einer Tafel Schoko Crisps weniger als 3 € betragen muss. Die Lösungen sind hier nur die Punkte einer Strecke.

12. a) Eine Lösung des LGS entspricht einem gemeinsamen Punkt der drei Ebenen.

(1) genau eine Lösung:
Geometrische Bedeutung: Es gibt genau einen Punkt, der in allen drei Ebenen liegt.
Die Ebenen sind paarweise nicht parallel zueinander. Die Schnittgerade zweier Ebenen schneidet die dritte Ebene in einem Punkt.

(2) keine Lösung:
Geometrische Bedeutung: Es gibt keinen Punkt, der in allen drei Ebenen liegt.
1. Möglichkeit: die drei Ebenen sind parallel zueinander, aber alle drei sind nicht identisch.
2. Möglichkeit: Zwei Ebenen sind parallel zueinander, aber nicht identisch. Sie werden von der dritten Ebene in zwei verschiedenen Schnittgeraden geschnitten.
3. Möglichkeit: Die Ebenen sind paarweise nicht parallel zueinander. Die Schnittgerade zweier Ebenen ist parallel zur dritten Ebene, liegt aber nicht in ihr.
4. Möglichkeit: Zwei der drei Ebenen sind identisch. Die dritte Ebene ist parallel dazu, aber nicht identisch mit den beiden anderen.

(3) unendlich viele Lösungen:
Geometrische Bedeutung:
- Alle Punkte einer gemeinsamen Schnittgeraden liegen in allen drei Ebenen.

oder
- Alle Punkte einer Ebene liegen auch in den beiden anderen Ebenen.

1. Möglichkeit: alle drei Ebenen sind identisch. Alle Punkte der Ebenen sind Lösungen des LGS.
2. Möglichkeit. Alle drei Ebenen schneiden sich in einer gemeinsamen Schnittgeraden. Alle Punkte der Schnittgeraden sind Lösungen des Gleichungssystems.
3. Möglichkeit: Zwei der drei Ebenen sind identisch. Die dritte Ebene ist nicht parallel zu den beiden und hat mit den beiden eine Gerade gemeinsam.

112 **b)** 1. Abbildung:
Zwei der drei Ebenen sind parallel zueinander, aber nicht identisch. Sie werden von der dritten Ebene in zwei verschiedenen Schnittgeraden geschnitten. Es gibt keinen Punkt, den alle drei Ebenen gemeinsam haben.
Beispiel: $E_1: 3x_1 + x_2 - 4x_3 = 12$; $E_2: 2x_1 - 5x_2 + x_3 = 30$; $E_3: 2x_1 - 5x_2 + x_3 = -15$
2. Abbildung:
Die drei Ebenen schneiden sich in einer gemeinsamen Schnittgeraden. Alle Punkte der Schnittgeraden liegen in allen drei Ebenen.
Beispiel: $E_1: \vec{x} = \begin{pmatrix} 2 \\ 3 \\ -5 \end{pmatrix} + r \cdot \begin{pmatrix} -1 \\ 2 \\ 1 \end{pmatrix} + s \cdot \begin{pmatrix} 0 \\ 5 \\ -2 \end{pmatrix}$; $E_2: \vec{x} = \begin{pmatrix} 2 \\ 3 \\ -5 \end{pmatrix} + r \cdot \begin{pmatrix} -1 \\ 2 \\ 1 \end{pmatrix} + s \cdot \begin{pmatrix} 2 \\ 0 \\ 3 \end{pmatrix}$;
$E_3: \vec{x} = \begin{pmatrix} 2 \\ 3 \\ -5 \end{pmatrix} + r \cdot \begin{pmatrix} -1 \\ 2 \\ 1 \end{pmatrix} + s \cdot \begin{pmatrix} 1 \\ -1 \\ -1 \end{pmatrix}$
3. Abbildung:
Alle drei Ebenen sind parallel zueinander, aber alle drei sind nicht identisch.
Es gibt keinen Punkt, den alle drei Ebenen gemeinsam haben.
Beispiel: $E_1: 3x_1 - 4x_2 - x_3 = 12$; $E_2: 3x_1 - 4x_2 - x_3 = 30$; $E_3: 3x_1 - 4x_2 - x_3 = -24$
4. Abbildung:
Die Ebenen sind paarweise nicht parallel zueinander. Die Schnittgerade zweier Ebenen schneidet die dritte Ebene in einem Punkt. Dieser Punkt ist der gemeinsame Punkt aller drei Ebenen.
Beispiel: $E_1: \vec{x} = \begin{pmatrix} 1 \\ -2 \\ -3 \end{pmatrix} + r \cdot \begin{pmatrix} 1 \\ 0 \\ 1 \end{pmatrix} + s \cdot \begin{pmatrix} 0 \\ 3 \\ -2 \end{pmatrix}$; $E_2: \vec{x} = \begin{pmatrix} 1 \\ -2 \\ -3 \end{pmatrix} + r \cdot \begin{pmatrix} 1 \\ 0 \\ 1 \end{pmatrix} + s \cdot \begin{pmatrix} 1 \\ 2 \\ -2 \end{pmatrix}$;
$E_3: 3x_1 - 2x_2 + 4x_3 = 5$

2.4 Winkel zwischen Geraden und Ebenen

2.4.1 Winkel zwischen einer Geraden und einer Ebene

113 **Einstiegsaufgabe ohne Lösung**

- Man kann sich dies an einem konkreten Beispiel klar machen, indem man die Parameterdarstellung einer Geraden und einer Ebene vorgibt und die Winkel bestimmt:
  Beispiel: $E: \vec{x} = \begin{pmatrix} 3 \\ 2 \\ 1 \end{pmatrix} + r \cdot \begin{pmatrix} 3 \\ 4 \\ 0 \end{pmatrix} + t \cdot \begin{pmatrix} 0 \\ 0 \\ 1 \end{pmatrix}$; $g: \vec{x} = \begin{pmatrix} 3 \\ 2 \\ 1 \end{pmatrix} + k \cdot \begin{pmatrix} 1 \\ 0 \\ 0 \end{pmatrix}$
  Richtungsvektoren der Ebene: $\vec{u} = \begin{pmatrix} 3 \\ 4 \\ 0 \end{pmatrix}$, $\vec{v} = \begin{pmatrix} 0 \\ 0 \\ 1 \end{pmatrix}$; $|\vec{u}| = 5$, $|\vec{v}| = 1$
  Richtungsvektor der Geraden: $\vec{w} = \begin{pmatrix} 1 \\ 0 \\ 0 \end{pmatrix}$, $|\vec{w}| = 1$
  Winkel zwischen $\vec{w}$ und $\vec{u}$ berechnen: $\cos(\varphi) = \frac{\vec{u} * \vec{w}}{|\vec{u}| \cdot |\vec{w}|} = \frac{3}{5}$; $\varphi \approx 53°$
  Winkel zwischen $\vec{w}$ und $\vec{v}$ berechnen:
  $\cos(\varphi) = 0$; $\varphi = 90°$. Die Winkel sind verschieden.

113

- Wenn man ein Buch auf den Tisch legt und auf das Buch einen Stift in schräger Position stellt und dann versucht den Winkel zwischen dem Buch und dem Stift mit einem Geodreieck zu messen, wird man das Geodreieck so halten, dass es orthogonal zum Buch steht und dass der Stift dabei so auf der Dreiecksfläche liegt, als ob er in der Ebene des Geodreiecks liegt. Legt man das Dreieck anders an, z. B. mit der unteren Kante auf dem Buch an einen anderen Richtungsvektor, sodass der Stift in der Ebene des Dreiecks bleibt, steht das Dreieck nicht mehr orthogonal auf dem Buch und der gemessene Winkel wird größer.
- Siehe dazu Lösung b) im Schülerband auf Seite 114.

114

1. a) $\vec{n} * \vec{u} = \begin{pmatrix} 1 \\ 0 \\ 2 \end{pmatrix} * \begin{pmatrix} -2 \\ 5 \\ 8 \end{pmatrix} = 14 \neq 0$ g und E schneiden sich.

$\sin(\varphi) = \dfrac{\left|\begin{pmatrix} 1 \\ 0 \\ 2 \end{pmatrix} * \begin{pmatrix} -2 \\ 5 \\ 8 \end{pmatrix}\right|}{\left|\begin{pmatrix} 1 \\ 0 \\ 2 \end{pmatrix}\right| \cdot \left|\begin{pmatrix} -2 \\ 5 \\ 8 \end{pmatrix}\right|} = \dfrac{14}{\sqrt{5} \cdot \sqrt{93}}$ also: $\varphi \approx 40{,}5°$

b) $\vec{n} * \vec{u} = \begin{pmatrix} 5 \\ 1 \\ 3 \end{pmatrix} * \begin{pmatrix} 0 \\ -2 \\ 1 \end{pmatrix} = 1 \neq 0$ g und E schneiden sich.

$\sin(\varphi) = \dfrac{\left|\begin{pmatrix} 5 \\ 1 \\ 3 \end{pmatrix} * \begin{pmatrix} 0 \\ -2 \\ 1 \end{pmatrix}\right|}{\left|\begin{pmatrix} 5 \\ 1 \\ 3 \end{pmatrix}\right| \cdot \left|\begin{pmatrix} 0 \\ -2 \\ 1 \end{pmatrix}\right|} = \dfrac{1}{\sqrt{35} \cdot \sqrt{5}}$ also: $\varphi \approx 4{,}3°$

c) $\vec{n} * \vec{u} = \begin{pmatrix} 3 \\ 2 \\ 1 \end{pmatrix} * \begin{pmatrix} 0 \\ -1 \\ 0 \end{pmatrix} = -2 \neq 0$ g und E schneiden sich.

$\sin(\varphi) = \dfrac{\left|\begin{pmatrix} 3 \\ 2 \\ 1 \end{pmatrix} * \begin{pmatrix} 0 \\ -1 \\ 0 \end{pmatrix}\right|}{\left|\begin{pmatrix} 3 \\ 2 \\ 1 \end{pmatrix}\right| \cdot \left|\begin{pmatrix} 0 \\ -1 \\ 0 \end{pmatrix}\right|} = \dfrac{2}{\sqrt{14}}$ also: $\varphi \approx 32{,}3°$

115

2. a) g liegt auf E

b) g liegt auf E

c) E: $x_1 + 2x_2 - 3x_3 = -28$ $S\left(-\frac{4}{7} \middle| -\frac{36}{7} \middle| \frac{40}{7}\right)$, $\varphi \approx 90°$

Projektion besteht nur aus S.

d) E: $\vec{x} = \begin{pmatrix} 1 \\ -1 \\ 3 \end{pmatrix} + r \cdot \begin{pmatrix} 1 \\ 2 \\ 1 \end{pmatrix} + s \cdot \begin{pmatrix} 2 \\ 1 \\ 3 \end{pmatrix}$

$5x_1 - x_2 - 3x_3 = -3$

Schnittpunkt $S(2|1|4)$

Projektion des Punktes $A(-1|0|6)$ auf E:

Gerade durch A senkrecht zu E: $l: \vec{x} = \begin{pmatrix} -1 \\ 0 \\ 6 \end{pmatrix} + k \cdot \begin{pmatrix} 5 \\ -1 \\ -3 \end{pmatrix}$

Schnittpunkt von l mit E: $A'\left(\frac{13}{7} \middle| -\frac{4}{7} \middle| \frac{30}{7}\right)$

Projektionsgerade: g': $\vec{x} = \begin{pmatrix} 2 \\ 1 \\ 4 \end{pmatrix} + r \cdot \begin{pmatrix} -1 \\ -11 \\ 2 \end{pmatrix}$

115

3. a) Spurpunkte: $S_1\left(\frac{2}{3}\middle|0\middle|0\right)$, $S_2(0|-1|0)$, $S_3(0|0|2)$

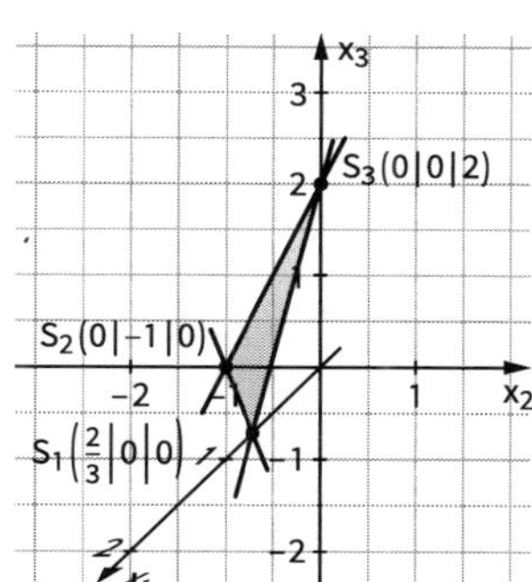

Winkel zwischen E und der x_1-Achse:

$$\sin(\alpha) = \frac{\left|\begin{pmatrix}1\\0\\0\end{pmatrix} * \begin{pmatrix}3\\-2\\1\end{pmatrix}\right|}{\left|\begin{pmatrix}1\\0\\0\end{pmatrix}\right| \cdot \left|\begin{pmatrix}3\\-2\\1\end{pmatrix}\right|} = \frac{3}{\sqrt{14}},\ \alpha \approx 53{,}3°$$

Winkel zwischen E und der x_2-Achse:

$$\sin(\beta) = \frac{\left|\begin{pmatrix}0\\1\\0\end{pmatrix} * \begin{pmatrix}3\\-2\\1\end{pmatrix}\right|}{\left|\begin{pmatrix}0\\1\\0\end{pmatrix}\right| \cdot \left|\begin{pmatrix}3\\-2\\1\end{pmatrix}\right|} = \frac{2}{\sqrt{14}},\ \beta \approx 32{,}3°$$

Winkel zwischen E und der x_3-Achse:

$$\sin(\gamma) = \frac{\left|\begin{pmatrix}0\\0\\1\end{pmatrix} * \begin{pmatrix}3\\-2\\1\end{pmatrix}\right|}{\left|\begin{pmatrix}0\\0\\1\end{pmatrix}\right| \cdot \left|\begin{pmatrix}3\\-2\\1\end{pmatrix}\right|} = \frac{1}{\sqrt{14}},\ \gamma \approx 15{,}5°$$

b) E enthält den Ursprung, also $O(0|0|0)$ ist einziger Spurpunkt.

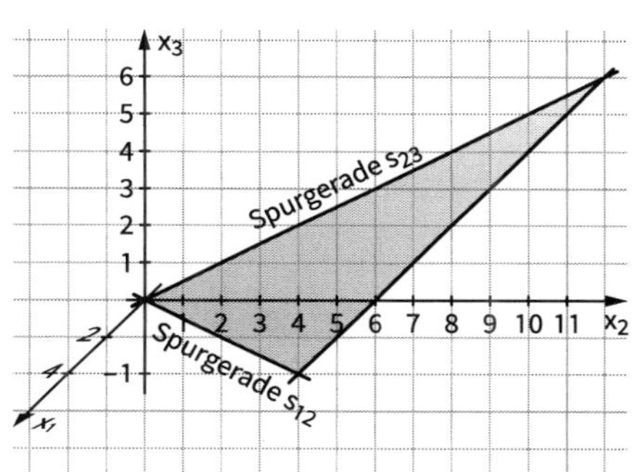

Winkel zwischen E und der x_1-Achse:

$$\sin(\alpha) = \frac{\left|\begin{pmatrix}1\\0\\0\end{pmatrix} * \begin{pmatrix}1\\-1\\2\end{pmatrix}\right|}{\left|\begin{pmatrix}1\\0\\0\end{pmatrix}\right| \cdot \left|\begin{pmatrix}1\\-1\\2\end{pmatrix}\right|} = \frac{1}{\sqrt{6}},\ \alpha \approx 24{,}1°$$

Winkel zwischen E und der x_2-Achse:

$$\sin(\beta) = \frac{\left|\begin{pmatrix}0\\1\\0\end{pmatrix} * \begin{pmatrix}1\\-1\\2\end{pmatrix}\right|}{\left|\begin{pmatrix}0\\1\\0\end{pmatrix}\right| \cdot \left|\begin{pmatrix}1\\-1\\2\end{pmatrix}\right|} = \frac{1}{\sqrt{6}},\ \beta \approx 24{,}1°$$

Winkel zwischen E und der x_3-Achse:

$$\sin(\gamma) = \frac{\left|\begin{pmatrix}0\\0\\1\end{pmatrix} * \begin{pmatrix}1\\-1\\2\end{pmatrix}\right|}{\left|\begin{pmatrix}0\\0\\1\end{pmatrix}\right| \cdot \left|\begin{pmatrix}1\\-1\\2\end{pmatrix}\right|} = \frac{2}{\sqrt{6}},\ \gamma \approx 54{,}7°$$

4. Wegen $\vec{n} * \vec{v} = 0$ liegt g entweder in E oder parallel zu E.
Da $(1|2|3) \notin E$, liegt g parallel. Es existiert also kein Schnittwinkel.

115

5. Z. B. $\vec{v_R} = \begin{pmatrix} 4 \\ 3 \\ -5 \end{pmatrix}$; $\vec{v_G} = \begin{pmatrix} 4 \\ -3 \\ -5 \end{pmatrix}$

Ebene	Gerade	
	rot	grün
x_1x_2	45°	45°
x_1x_3	25,1°	25,1°
x_2x_3	34,45°	34,45°

6. **a)** F(6|6|6), H(0|0|6), P(6|0|z)

T: $\vec{x} = \begin{pmatrix} 6 \\ 6 \\ 6 \end{pmatrix} + r \cdot \begin{pmatrix} 1 \\ 1 \\ 0 \end{pmatrix} + s \cdot \begin{pmatrix} 0 \\ -6 \\ z-6 \end{pmatrix}$

Normalenvektor von T: $\vec{n} = \begin{pmatrix} z-6 \\ 6-z \\ -6 \end{pmatrix}$; $0 \le z \le 6$

$$\sin(\alpha) = \frac{\left|\begin{pmatrix} 0 \\ 0 \\ 1 \end{pmatrix} * \begin{pmatrix} z-6 \\ 6-z \\ -6 \end{pmatrix}\right|}{\left|\begin{pmatrix} 0 \\ 0 \\ 1 \end{pmatrix}\right| \cdot \left|\begin{pmatrix} z-6 \\ 6-z \\ -6 \end{pmatrix}\right|} = \frac{6}{\sqrt{2z^2 - 24z + 108}}$$

P liegt auf A, also $z = 0$: $\sin(\alpha) = \frac{6}{\sqrt{108}}$, also $\alpha \approx 35{,}3°$

P liegt auf E, also $z = 6$: $\sin(\alpha) = \frac{6}{6} = 1$, also $\alpha = 90°$

Wenn P von A nach E wandert, wächst die Größe des Winkels von 35,3° auf 90° an.

b) $\overrightarrow{PF} = \begin{pmatrix} 0 \\ 6 \\ 6-z \end{pmatrix}$, $\overrightarrow{PH} = \begin{pmatrix} -6 \\ 0 \\ 6-z \end{pmatrix}$

$$\cos(\beta) = \frac{|\overrightarrow{PF} * \overrightarrow{PH}|}{|\overrightarrow{PF}| \cdot |\overrightarrow{PH}|} = \frac{(6-z)^2}{z^2 - 12z + 72}$$

P liegt auf A, also $z = 0$: $\cos(\beta) = \frac{36}{72}$, $\beta = 60°$

P liegt auf E, also $z = 6$: $\cos(\beta) = 0$, $\beta = 90°$

Wenn P von A nach E wandert, wächst die Größe des Innenwinkels von 60° auf 90°.

7. **a)** $\overrightarrow{OD} = \overrightarrow{OA} + \overrightarrow{BC} = \begin{pmatrix} -6 \\ 3 \\ 2 \end{pmatrix}$, D(−6|3|2)

Mittelpunkt der Grundfläche: $\overrightarrow{OM} = \frac{1}{2}(\overrightarrow{OA} + \overrightarrow{OC}) = \begin{pmatrix} -3 \\ 0 \\ 2 \end{pmatrix}$, M(−3|0|2)

Ebene E, in der die Grundfläche liegt: E: $2x_1 + 2x_2 + x_3 = -4$, $\vec{n} = \begin{pmatrix} 2 \\ 2 \\ 1 \end{pmatrix}$

$|\overrightarrow{MS}| = k \cdot |\vec{n}| = 3 \cdot k = 9$, also $k = 3$

$\overrightarrow{OS} = \overrightarrow{OM} + k \cdot \vec{n} = \begin{pmatrix} -3 \\ 0 \\ 2 \end{pmatrix} + 3 \cdot \begin{pmatrix} 2 \\ 2 \\ 1 \end{pmatrix} = \begin{pmatrix} 3 \\ 6 \\ 5 \end{pmatrix}$

S(3|6|5) ist die Spitze der Pyramide

b) $\overrightarrow{AS} = \begin{pmatrix} 7 \\ 7 \\ -1 \end{pmatrix}$, $\overrightarrow{BS} = \begin{pmatrix} 3 \\ 9 \\ 3 \end{pmatrix}$; $\cos(\alpha) = \frac{|\overrightarrow{AS} * \overrightarrow{BS}|}{|\overrightarrow{AS}| \cdot |\overrightarrow{BS}|} = \frac{81}{\sqrt{99} \cdot \sqrt{99}} = \frac{9}{11} \Rightarrow \alpha \approx 35{,}1°$

Aus Symmetriegründen ist der Winkel zwischen den anderen benachbarten Seitenkanten genau so groß.

115 c) $\overrightarrow{AS} = \begin{pmatrix} 7 \\ 7 \\ -1 \end{pmatrix}$, $\vec{n} = \begin{pmatrix} 2 \\ 2 \\ 1 \end{pmatrix}$; $\sin(\beta) = \frac{|\overrightarrow{AS} * \vec{n}|}{|\overrightarrow{AS}| \cdot |\vec{n}|} = \frac{27}{3 \cdot \sqrt{99}} = \frac{3}{\sqrt{11}} \Rightarrow \beta \approx 64{,}8°$

Aus Symmetriegründen schließen alle Seitenkanten mit der Grundfläche den Winkel 64,8° ein.

116 **8.** Ebene E, in der die Punkte A, B und C liegen: $E: \vec{x} = \begin{pmatrix} 6 \\ -1 \\ 1 \end{pmatrix} + r \cdot \begin{pmatrix} -2 \\ 9 \\ 2 \end{pmatrix} + s \cdot \begin{pmatrix} -5 \\ 4 \\ 5 \end{pmatrix}$

$E: x_1 + x_3 = 7$; $\overrightarrow{CD} = \begin{pmatrix} -1 \\ -2 \\ -3 \end{pmatrix}$

Winkel zwischen $\overrightarrow{CD}$ und E: $\sin(\alpha) = \frac{\left|\begin{pmatrix} 1 \\ 0 \\ 1 \end{pmatrix} * \begin{pmatrix} -1 \\ -2 \\ -3 \end{pmatrix}\right|}{\left|\begin{pmatrix} 1 \\ 0 \\ 1 \end{pmatrix}\right| \cdot \left|\begin{pmatrix} -1 \\ -2 \\ -3 \end{pmatrix}\right|} = \frac{|-4|}{\sqrt{2} \cdot \sqrt{14}} = \frac{4}{\sqrt{28}}$; also: $\alpha \approx 49{,}1°$

Der Winkel zwischen der Kante $\overrightarrow{CD}$ und der Seitenfläche ABC beträgt ca. 49,1°.

9. **a)** Mast: $\vec{u} = \begin{pmatrix} 0 \\ 0 \\ 1 \end{pmatrix}$, Hang: $\vec{n} = \begin{pmatrix} 3 \\ 4 \\ 6 \end{pmatrix}$

$\sin(\alpha) = \frac{\left|\begin{pmatrix} 0 \\ 0 \\ 1 \end{pmatrix} * \begin{pmatrix} 3 \\ 4 \\ 6 \end{pmatrix}\right|}{\left|\begin{pmatrix} 0 \\ 0 \\ 1 \end{pmatrix}\right| \cdot \left|\begin{pmatrix} 3 \\ 4 \\ 6 \end{pmatrix}\right|} = \frac{6}{\sqrt{61}}$; also: $\alpha \approx 50{,}2°$

Der Winkel zwischen Hang und Mast beträgt ca. 50,2°.

b) Gerade g, auf der der Sonnenstrahl durch die Mastspitze verläuft: $g: \vec{x} = \begin{pmatrix} 2 \\ -3 \\ 6 \end{pmatrix} + k \cdot \begin{pmatrix} -4 \\ 6 \\ -5 \end{pmatrix}$

Schnitt von g mit E:

$3 \cdot (2 - 4k) + 4 \cdot (-3 + 6k) + 6 \cdot (6 - 5k) = 12$

also: $k = 1$

Schattenende: $S'(-2|3|1)$

Länge des Schattens: $|\overrightarrow{FS'}| = \left|\begin{pmatrix} -4 \\ 6 \\ -2 \end{pmatrix}\right| = \sqrt{56} \approx 7{,}5$

Der Schatten ist ca. 7,5 m lang.

Winkel zwischen den Sonnenstrahlen und dem Hang: $\sin(\beta) = \frac{\left|\begin{pmatrix} -4 \\ 6 \\ -5 \end{pmatrix} * \begin{pmatrix} 3 \\ 4 \\ 6 \end{pmatrix}\right|}{\left|\begin{pmatrix} -4 \\ 6 \\ -5 \end{pmatrix}\right| \cdot \left|\begin{pmatrix} 3 \\ 4 \\ 6 \end{pmatrix}\right|} = \frac{|-18|}{\sqrt{77} \cdot \sqrt{61}}$

also: $\beta \approx 15{,}2°$

Die Sonnenstrahlen treffen unter einem Winkel von ca. 15,2° auf dem Hang auf.

c) Länge des Schattens: $|\overrightarrow{FR}| = \left|\begin{pmatrix} -3 \\ 3 \\ -\frac{1}{2} \end{pmatrix}\right| = \sqrt{\frac{73}{4}} \approx 4{,}3$

Der Schatten ist jetzt ca. 4,3 m lang.

Winkel zwischen $\overrightarrow{FS'}$ und $\overrightarrow{FR}$: $\sin(\gamma) = \frac{\left|\begin{pmatrix} -4 \\ 6 \\ -2 \end{pmatrix} * \begin{pmatrix} -3 \\ 3 \\ \frac{1}{2} \end{pmatrix}\right|}{\left|\begin{pmatrix} -4 \\ 6 \\ -2 \end{pmatrix}\right| \cdot \left|\begin{pmatrix} -3 \\ 3 \\ -\frac{1}{2} \end{pmatrix}\right|} = \frac{31}{\sqrt{56} \cdot \sqrt{\frac{73}{4}}}$; also: $\gamma \approx 14{,}1°$

Der Schatten ist um ca. 14,1° weitergewandert.

116 **10. a)** g: $\vec{x} = \begin{pmatrix} 5 \\ 2 \\ -3 \end{pmatrix} + t \cdot \begin{pmatrix} 2 \\ -1 \\ 1 \end{pmatrix}$

Schnittpunkt von g mit der $x_1 x_2$-Ebene: $x_2 = 2 - t = 0$, also $t = 2$

$S(9\,|\,0\,|\,-1)$

Schnittwinkel: $\sin(\alpha) = \dfrac{\left|\begin{pmatrix} 2 \\ -1 \\ 1 \end{pmatrix} * \begin{pmatrix} 0 \\ 1 \\ 0 \end{pmatrix}\right|}{\left|\begin{pmatrix} 2 \\ -1 \\ 1 \end{pmatrix}\right| \cdot \left|\begin{pmatrix} 0 \\ 1 \\ 0 \end{pmatrix}\right|} = \dfrac{|-1|}{\sqrt{6}}$; also: $\alpha \approx 24{,}1°$

b) $d(t) = \left|\overrightarrow{QR_t}\right| = \left|\begin{pmatrix} 2t+2 \\ -t-6 \\ t-4 \end{pmatrix}\right| = \sqrt{6t^2 + 12t + 28}$

Hilfsfunktion

$D(t) = 6t^2 + 12t + 28$; $D'(t) = 12t + 12$; $D''(t) = 12 > 0$

$D'(t) = 0$, also $t = -1$, $R(3\,|\,3\,|\,-4)$

Der Punkt $R(3\,|\,3\,|\,-4)$ hat von Q den geringsten Abstand.

c) $\overrightarrow{PQ} = \begin{pmatrix} -2 \\ 4 \\ 7 \end{pmatrix}$; $\overrightarrow{PR_t} = \begin{pmatrix} 2t \\ -t-2 \\ t-3 \end{pmatrix}$; $\overrightarrow{QR_t} = \begin{pmatrix} 2t+2 \\ -t-6 \\ t-4 \end{pmatrix}$

Rechter Winkel bei P: $\overrightarrow{PQ} * \overrightarrow{PR_t} = 13 - t = 0$ für $t_1 = 13$

Rechter Winkel bei Q: $\overrightarrow{PQ} * \overrightarrow{QR} = -t - 56 = 0$ für $t_2 = -56$

Rechter Winkel bei R: $\overrightarrow{PR_t} * \overrightarrow{QR_t} = 6t^2 + 11t = 0$ für $t_3 = 0$; $t_4 = -\frac{11}{6}$

Das Dreieck PQR_t wird rechtwinklig für $t_1 = 13$, $t_2 = -56$, $t_3 = 0$, $t_4 = -\frac{11}{6}$.

d) Rechter Winkel bei P, also $t = 13$ und $R(31\,|\,-11\,|\,10)$

$\left|\overrightarrow{PR}\right| = \sqrt{1\,157}$; $\left|\overrightarrow{QR}\right| = \sqrt{1\,226}$; $\left|\overrightarrow{PQ}\right| = \sqrt{69}$

Winkel bei Q: $\cos(\beta) = \dfrac{\left|\overrightarrow{QR} * \overrightarrow{QP}\right|}{\left|\overrightarrow{QR}\right| \cdot \left|\overrightarrow{QP}\right|} = \dfrac{69}{\sqrt{1\,226} \cdot \sqrt{69}}$; also $\beta \approx 76{,}3°$

Somit $\gamma = 90° - \beta \approx 13{,}7°$

11. a) $\vec{n} = \begin{pmatrix} 2 \\ 3 \\ 1 \end{pmatrix}$; $|\vec{n}| = \sqrt{14}$; $\sin(30°) = \frac{1}{2}$

Der Richtungsvektor habe die Länge 1

$\Rightarrow \frac{1}{2} = \dfrac{2v_1 + 3v_2 + v_3}{\sqrt{14}}$; $v_1^2 + v_2^2 + v_3^2 = 1$

Beispiele für Richtungsvektoren: $\vec{v_1} = \begin{pmatrix} 0{,}864 \\ 0{,}503 \\ 0 \end{pmatrix}$; $\vec{v_2} = \begin{pmatrix} 0{,}778 \\ 0 \\ 0{,}628 \end{pmatrix}$

b) Beispiele für die Position des Lasers: $P_1 = (21{,}6\,|\,12{,}575\,|\,0)$; $P_2(19{,}45\,|\,0\,|\,15{,}7)$

(Alle möglichen Punkte bilden einen Kreis.)

2.4.2 Winkel zwischen zwei Ebenen

118 **1. a)** $\cos(\varphi) = \frac{1}{3}$; $\varphi \approx 70{,}53°$

b) $\cos(\varphi) = \frac{1}{2}$; $\varphi = 60°$

c) $\overrightarrow{n_2} = \begin{pmatrix} 9 \\ 4 \\ -7 \end{pmatrix} \Rightarrow \cos(\varphi) = \dfrac{4 \cdot \sqrt{292}}{73}$; $\varphi \approx 20{,}56°$

d) $\overrightarrow{n_1} = \begin{pmatrix} 1 \\ -2 \\ -1 \end{pmatrix}$, $\overrightarrow{n_2} = \begin{pmatrix} 7 \\ -5 \\ -4 \end{pmatrix} \Rightarrow \cos(\varphi) = \dfrac{7\sqrt{60}}{60}$; $\varphi \approx 25{,}35°$

e) $\overrightarrow{n_1} = \begin{pmatrix} 2 \\ 2 \\ 1 \end{pmatrix}$, $\overrightarrow{n_2} = \begin{pmatrix} -4 \\ 11 \\ 5 \end{pmatrix} \Rightarrow \cos(\varphi) = \dfrac{19}{27\sqrt{2}}$; $\varphi \approx 60{,}16°$

118

f) $E_1\colon \vec{x} = \begin{pmatrix} 2 \\ 2 \\ 1 \end{pmatrix} + r \cdot \begin{pmatrix} 1 \\ -1 \\ 1 \end{pmatrix} + s \cdot \begin{pmatrix} -2 \\ 1 \\ 3 \end{pmatrix}$; $\overrightarrow{n_1} = \begin{pmatrix} 4 \\ 5 \\ 1 \end{pmatrix}$; $E_2\colon x_2 = 2$, $\overrightarrow{n_2} = \begin{pmatrix} 0 \\ 1 \\ 0 \end{pmatrix}$

$$\cos(\alpha) = \frac{\left|\begin{pmatrix} 4 \\ 5 \\ 1 \end{pmatrix} * \begin{pmatrix} 0 \\ 1 \\ 0 \end{pmatrix}\right|}{\left|\begin{pmatrix} 4 \\ 5 \\ 1 \end{pmatrix}\right| \cdot \left|\begin{pmatrix} 0 \\ 1 \\ 0 \end{pmatrix}\right|} = \frac{5}{\sqrt{42}}, \text{ also } \alpha \approx 39{,}5°$$

2. Normalenvektoren der Koordinatenebenen

x_1x_2-Ebene $\overrightarrow{n_{12}} = \begin{pmatrix} 0 \\ 0 \\ 1 \end{pmatrix} \Rightarrow$ Winkel φ_1

x_1x_3-Ebene $\overrightarrow{n_{13}} = \begin{pmatrix} 0 \\ 1 \\ 0 \end{pmatrix} \Rightarrow$ Winkel φ_2

x_2x_3-Ebene $\overrightarrow{n_{23}} = \begin{pmatrix} 1 \\ 0 \\ 0 \end{pmatrix} \Rightarrow$ Winkel φ_3

a) $\vec{n} = \begin{pmatrix} 1 \\ -1 \\ -2 \end{pmatrix}$;

$\cos(\varphi_1) = \sqrt{\frac{2}{3}}$; $\varphi_1 \approx 35{,}26°$

$\cos(\varphi_2) = \frac{1}{\sqrt{6}}$; $\varphi_2 \approx 65{,}91°$

$\cos(\varphi_3) = \frac{1}{\sqrt{6}}$; $\varphi_3 \approx 65{,}91°$

Spurpunkte $S_1(6|0|0)$; $S_2(0|-6|0)$; $S_3(0|0|-3)$

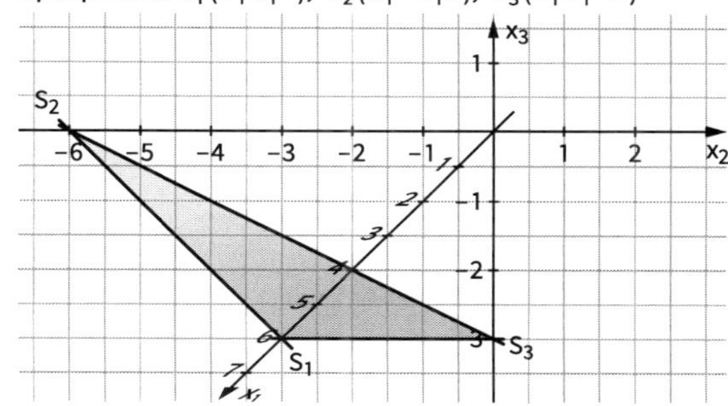

b) $\vec{n} = \begin{pmatrix} 1 \\ -3 \\ 5 \end{pmatrix}$;

$\cos(\varphi_1) = \sqrt{\frac{5}{7}}$; $\varphi_1 \approx 32{,}31°$

$\cos(\varphi_2) = \frac{3}{\sqrt{35}}$; $\varphi_2 \approx 59{,}53°$

$\cos(\varphi_3) = \frac{1}{\sqrt{35}}$; $\varphi_3 \approx 80{,}27°$

$E\colon x_1 - 3x_2 + 5x_3 = 4$

$S_1(4|0|0)$; $S_2\left(0\middle|-\frac{4}{3}\middle|0\right)$; $S_3\left(0\middle|0\middle|\frac{4}{5}\right)$

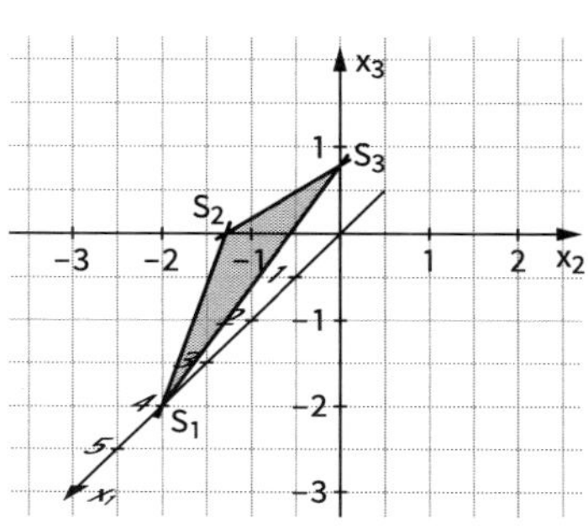

118 **c)** $\vec{n} = \begin{pmatrix} 1 \\ 3 \\ -4 \end{pmatrix}$; $\cos(\varphi_1) = 2\sqrt{\frac{2}{13}}$; $\varphi_1 \approx 38{,}33°$

$\cos(\varphi_2) = \frac{3}{\sqrt{26}}$; $\varphi_2 \approx 53{,}96°$

$\cos(\varphi_3) = \frac{1}{\sqrt{26}}$; $\varphi_3 \approx 78{,}69°$

$S_1(12\,|\,0\,|\,0)$; $S_2(0\,|\,4\,|\,0)$; $S_3(0\,|\,0\,|\,-3)$

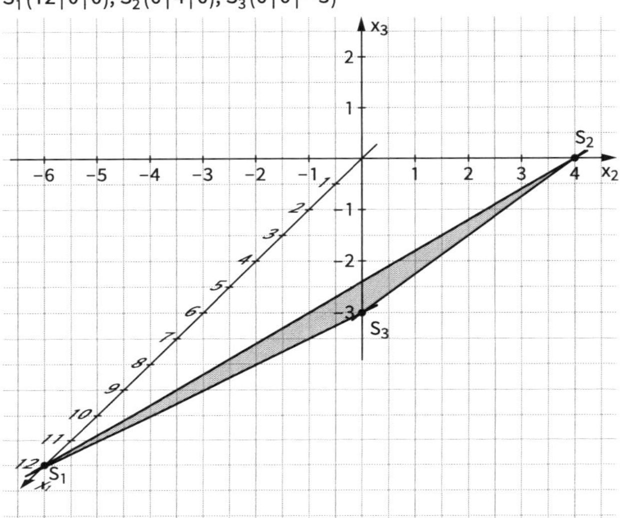

d) $\vec{n} = \begin{pmatrix} 1 \\ 3 \\ 0 \end{pmatrix}$; $\cos(\varphi_1) = 0$; $\varphi_1 = 90°$

$\cos(\varphi_2) = \frac{3}{\sqrt{10}}$; $\varphi_2 \approx 18{,}43°$

$\cos(\varphi_3) = \frac{1}{\sqrt{10}}$; $\varphi_3 \approx 80{,}27°$

E: $x_1 + 3x_2 = 6$

$S_1(6\,|\,0\,|\,0)$; $S_2(0\,|\,2\,|\,0)$; S_3 existiert nicht

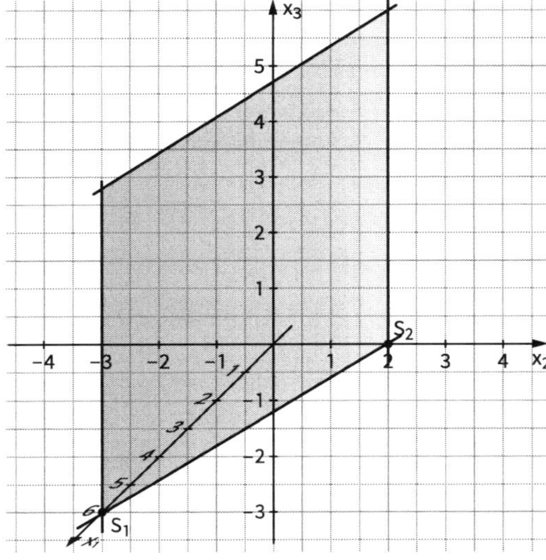

118

3. **a)** S(4 | 4 | 10); A(8 | 0 | 0); B(8 | 8 | 0); C(0 | 8 | 0)

Normalenvektor SAB: $\overrightarrow{n_1} = \begin{pmatrix} 3 \\ 2 \\ 2 \end{pmatrix}$;

Normalenvektor SBC: $\overrightarrow{n_2} = \begin{pmatrix} 6 \\ 4 \\ 1 \end{pmatrix}$; $\cos(\varphi) = \frac{28}{\sqrt{901}} \Rightarrow \varphi \approx 21{,}12°$

Da die Figur symmetrisch ist, gilt dies für alle Winkel zwischen Seitenflächen.

b) Schnittpunkte von E mit Kanten der Pyramide:

$S_1(6 | 2 | 5)$; $S_2\left(7 \middle| 7 \middle| \frac{5}{2}\right)$; $S_3\left(3 \middle| 5 \middle| \frac{15}{2}\right)$; $S_4\left(\frac{22}{7} \middle| \frac{22}{7} \middle| \frac{55}{7}\right)$

Schnittfläche ist Viereck mit $A = \frac{1}{2} d_1 \cdot d_2 \cdot \sin(\alpha)$.

Länge der Diagonalen $d_1 \approx 4{,}92$; $d_2 \approx 7{,}65$;

Schnittwinkel der Diagonalen $\alpha \approx 69{,}16° \Rightarrow A \approx 17{,}59$

c) $\overrightarrow{AS} = \begin{pmatrix} -4 \\ 4 \\ 10 \end{pmatrix}$; $\vec{n} = \begin{pmatrix} 20 \\ 5 \\ 18 \end{pmatrix} \Rightarrow \sin(\varphi) \approx 0{,}382 \Rightarrow \varphi \approx 22{,}44°$

4. **a)** $\overrightarrow{n_{PQR}} = \begin{pmatrix} 1 \\ 1 \\ 3 \end{pmatrix}$; $\overrightarrow{n_{BCG}} = \begin{pmatrix} 0 \\ 1 \\ 0 \end{pmatrix} \Rightarrow \cos(\varphi_{Seite}) = \frac{1}{\sqrt{11}} \Rightarrow \varphi_{Seite} \approx 72{,}45°$

$\overrightarrow{n_{EGH}} = \begin{pmatrix} 0 \\ 0 \\ 1 \end{pmatrix} \Rightarrow \cos(\varphi_{Deck}) = \frac{3}{\sqrt{11}} \Rightarrow \varphi_{Deck} = 25{,}24°$

b) Wir berechnen das Volumen des „abgeschnittenen Eckkörpers", einer Pyramide mit der rechtwinkligen Grundfläche QRF und der Spitze P.

$A_{QRF} = \frac{1}{2} \cdot \left|\overrightarrow{FQ}\right| \cdot \left|\overrightarrow{FR}\right| = \frac{1}{2} \cdot 1 \cdot 3 = \frac{3}{2}$

Pyramidenhöhe: $h_1 = \left|\overrightarrow{FP}\right| = 3$

$V_{Pyramide} = \frac{1}{3} \cdot A_{QRF} \cdot h_1 = \frac{1}{3} \cdot \frac{3}{2} \cdot 3 = \frac{3}{2}$

Volumen des abgebildeten Körpers: $V = V_{Würfel} - V_{Pyramide} = 4^3 - \frac{3}{2} = 62{,}5$

c) $\left|\overrightarrow{QP}\right| = \left|\overrightarrow{QR}\right| = \sqrt{10}$; $\left|\overrightarrow{PR}\right| = \sqrt{18}$

Das Dreieck PQR ist ein gleichschenkliges Dreieck mit der Schenkellänge $s = \sqrt{10}$ und der Länge der Basis $a = \sqrt{18}$.

Für die Höhe h_2 des gleichschenkligen Dreiecks gilt: $h_2 = \sqrt{s^2 - \frac{a^2}{4}} = \sqrt{10 - \frac{9}{2}} = \sqrt{\frac{11}{2}}$

Flächeninhalt des Dreiecks PQR: $A_{PQR} = \frac{1}{2} \cdot a \cdot h_2 = \frac{1}{2} \cdot \sqrt{18} \cdot \sqrt{\frac{11}{2}} = \frac{3}{2}\sqrt{11} \approx 5{,}0$

5. Normalenvektor der Ebene, die A, B, C enthält: $\overrightarrow{n_1} = \begin{pmatrix} 1 \\ 1 \\ -1 \end{pmatrix}$

Normalenvektor der Ebene, die B, C, D enthält: $\overrightarrow{n_2} = \begin{pmatrix} -1 \\ 1 \\ 1 \end{pmatrix}$

Winkel φ zwischen den Ebenen: $\cos(\varphi) = \frac{\left|\overrightarrow{n_1} * \overrightarrow{n_2}\right|}{\left|\overrightarrow{n_1}\right| \cdot \left|\overrightarrow{n_2}\right|} = \frac{1}{3} \Rightarrow \varphi \approx 70{,}5°$

Oberflächeninhalt

Die Oberfläche der Pyramide ABCD besteht aus vier gleichseitigen Dreiecken, alle mit der Seitenlänge $a = \sqrt{8}$.

$A_{Dreieck} = \frac{a^2}{4}\sqrt{3} = \frac{8}{4}\sqrt{3} = 2\sqrt{3}$ (Formel für den Flächeninhalt eines gleichseitigen Dreiecks)

Oberflächeninhalt der Pyramide: $O = 4 \cdot A_{Dreieck} = 8\sqrt{3}$

118

Volumen:

$V_{Tetraeder} = V_{Quader} - 4 \cdot V_{Pyramide}$

$|\overrightarrow{EA}| = 2,\ |\overrightarrow{EB}| = 2,\ |\overrightarrow{EC}| = 2$

$V_{Quader} = 2 \cdot 2 \cdot 2 = 8$

$V_{Pyramide} = \frac{1}{3} G \cdot h = \frac{1}{3} \cdot \left(\frac{1}{2} \cdot 2 \cdot 2\right) \cdot 2 = \frac{4}{3}$

Dann gilt:

$V_{Tetraeder} = 8 - 4 \cdot \frac{4}{3} = \frac{8}{3} \approx 3{,}33$

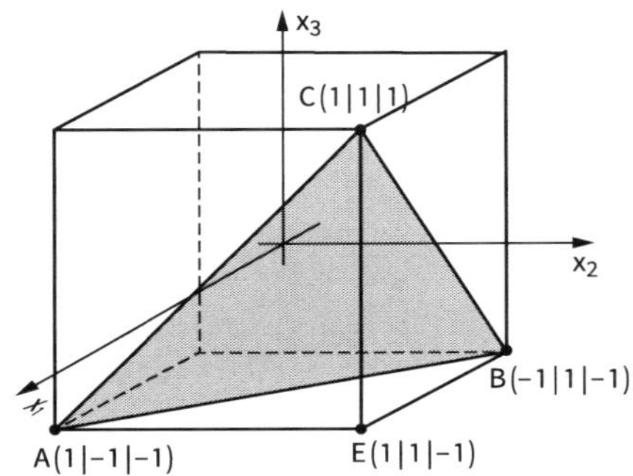

119

6. a) Dachneigung: $\tan(\alpha) = \frac{\text{Dachhhöhe}}{\text{Grundmaß bis First}} = \frac{3\,\text{m}}{4\,\text{m}} \Rightarrow \alpha \approx 36{,}87°$

$A_{ABQP} = \frac{1}{2}\left(|\overrightarrow{BQ}| + |\overrightarrow{AP}|\right) \cdot |\overrightarrow{AB}| = \frac{1}{2}(12 + 16) \cdot 5 = 70\,\text{m}^2$

$A_{PQCD} = \frac{1}{2}\left(|\overrightarrow{QC}| + |\overrightarrow{PD}|\right) \cdot |\overrightarrow{CD}| = 55\,\text{m}^2$

Normalenvektoren:

$\overrightarrow{n_{ABQP}} = \begin{pmatrix} 0 \\ 3 \\ 4 \end{pmatrix};\ \overrightarrow{n_{PQCD}} = \begin{pmatrix} 3 \\ 0 \\ 4 \end{pmatrix};\ \Rightarrow \cos(\varphi) = \frac{|\overrightarrow{n_{ABQP}} * \overrightarrow{n_{PQCD}}|}{|\overrightarrow{n_{ABQP}}| \cdot |\overrightarrow{n_{PQCD}}|} = \frac{16}{25} \Rightarrow \varphi \approx 50{,}2°$

b) $|\overrightarrow{PQ}| = \left|\begin{pmatrix} 4 \\ 4 \\ -3 \end{pmatrix}\right| = \sqrt{41} \approx 6{,}403\,\text{m}$

c) Ebene E durch P, Q und D: E: $\vec{x} = \overrightarrow{OP} + r \cdot \overrightarrow{PQ} + t \cdot \overrightarrow{PD}$

$\vec{x} = \begin{pmatrix} 0 \\ 0 \\ 8 \end{pmatrix} + r \cdot \begin{pmatrix} 4 \\ 4 \\ -3 \end{pmatrix} + t \cdot \begin{pmatrix} 0 \\ 14 \\ 0 \end{pmatrix}$

Normalenvektor: $\vec{n} = \begin{pmatrix} 3 \\ 0 \\ 4 \end{pmatrix}$

Koordinatengleichung: E: $3x_1 + 4x_3 = 32$

$K(3\,|\,10\,|\,k_3)$ liegt in E, also $3 \cdot 3 + 4 \cdot k_3 = 32$.

Damit ergibt sich $k_3 = \frac{23}{4} = 5{,}75$. Also $K(3\,|\,10\,|\,5{,}75)$

Die Schornsteinspitze liegt 2 m oberhalb des Punktes K, also:

$S\left(3\,\middle|\,10\,\middle|\,\frac{31}{4}\right)$, bzw. $S(3\,|\,10\,|\,7{,}75)$

Richtungsvektor des Schornsteins: $\vec{u} = \begin{pmatrix} 0 \\ 0 \\ 1 \end{pmatrix}$; Normalenvektor der Dachfläche: $\vec{n} = \begin{pmatrix} 3 \\ 0 \\ 4 \end{pmatrix}$

$\sin(\alpha) = \frac{|\vec{u} * \vec{n}|}{|\vec{u}| \cdot |\vec{n}|} = \frac{|4|}{1 \cdot 5} = \frac{4}{5}$, also $\alpha \approx 53{,}1°$

Schornstein und Dachfläche schließen einen Winkel von ca. 53° ein.

7. a) $C(-3\,|\,5\,|\,0)$; $D(-3\,|\,-5\,|\,0)$; $G(-2\,|\,3\,|\,3)$; $H(-2\,|\,-3\,|\,3)$

Zeichnung siehe Schülerbuch

Neigungswinkel = Winkel zwischen Seitenfläche und x_1x_2-Ebene mit $\overrightarrow{n_1} = \begin{pmatrix} 0 \\ 0 \\ 1 \end{pmatrix}$

Normalenvektoren der Seitenflächen: $\overrightarrow{n_{ABFE}} = \begin{pmatrix} 3 \\ 0 \\ 1 \end{pmatrix}$; $\overrightarrow{n_{BCFG}} = \begin{pmatrix} 0 \\ 3 \\ 2 \end{pmatrix}$

Neigungswinkel zwischen ABFE und CDHG: $\cos(\varphi_1) = \frac{|\overrightarrow{n_{ABFE}} * \overrightarrow{n_1}|}{|\overrightarrow{n_{ABFE}}| \cdot |\overrightarrow{n_1}|} = \frac{1}{\sqrt{10}}$; $\varphi_1 \approx 71{,}6°$

Neigungswinkel zwischen BCGF und ADHE: $\cos(\varphi_2) = \frac{2}{\sqrt{13}}$; $\varphi_2 \approx 56{,}3°$

119

b) Der Mast ragt durch die Fläche BCGF, die in der Ebene $E: 3x_2 + 2x_3 - 15 = 0$ liegt.
Durchstoßpunkt: $D(0|4|1{,}5)$
$\Rightarrow$ Der Mast ragt 3,5 m heraus.

8. a) Böschungswinkel:

$$\tan(\alpha) = \frac{47{,}04\,\text{m}}{\frac{1}{2}(189{,}43\,\text{m} - 123{,}58\,\text{m})} = \frac{47{,}04}{32{,}925}$$

$\alpha \approx 55{,}01° \approx 55°0'36''$
Mit den Längenangaben ist der Böschungswinkel etwas größer als der im Internet angegebene.
Innenwinkel:
$\gamma \approx 168{,}014° \approx 168°0'50''$

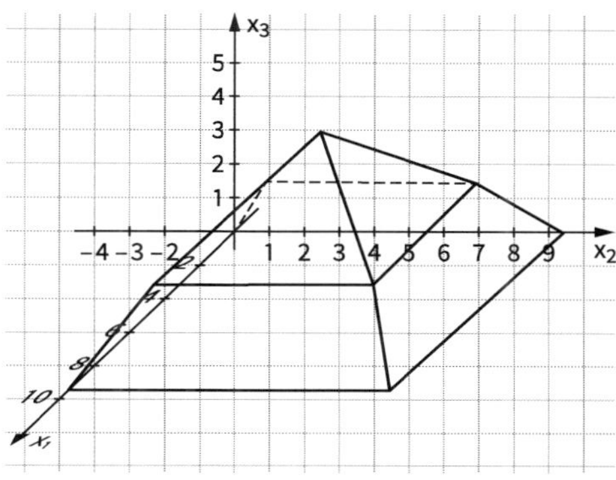

b) $h_P = \tan(\alpha) \cdot \frac{1}{2}(189{,}43\,\text{m}) \approx 135{,}32\,\text{m}$

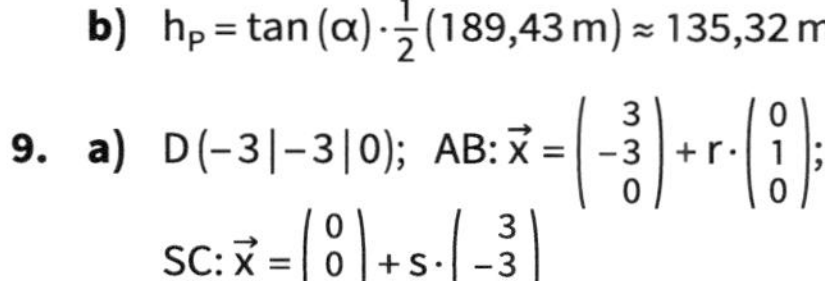

9. a) $D(-3|-3|0)$; AB: $\vec{x} = \begin{pmatrix} 3 \\ -3 \\ 0 \end{pmatrix} + r \cdot \begin{pmatrix} 0 \\ 1 \\ 0 \end{pmatrix}$;
SC: $\vec{x} = \begin{pmatrix} 0 \\ 0 \\ 4 \end{pmatrix} + s \cdot \begin{pmatrix} 3 \\ -3 \\ 4 \end{pmatrix}$

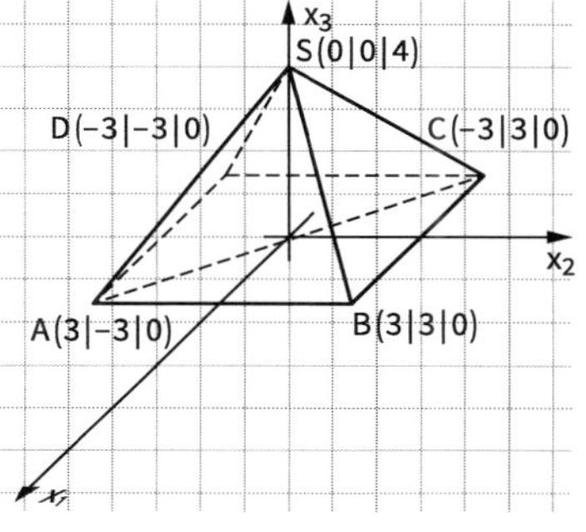

Die Richtungsvektoren $\begin{pmatrix} 0 \\ 1 \\ 0 \end{pmatrix}$ und $\begin{pmatrix} 3 \\ -3 \\ 4 \end{pmatrix}$ sind keine Vielfachen voneinander, deshalb sind die beiden Geraden nicht parallel zueinander.
Untersuchung auf gemeinsame Punkte:

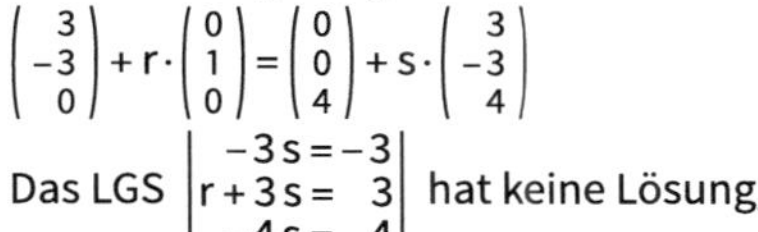

$$\begin{pmatrix} 3 \\ -3 \\ 0 \end{pmatrix} + r \cdot \begin{pmatrix} 0 \\ 1 \\ 0 \end{pmatrix} = \begin{pmatrix} 0 \\ 0 \\ 4 \end{pmatrix} + s \cdot \begin{pmatrix} 3 \\ -3 \\ 4 \end{pmatrix}$$

Das LGS $\left| \begin{array}{rl} -3s = & -3 \\ r + 3s = & 3 \\ -4s = & 4 \end{array} \right|$ hat keine Lösung,
deshalb sind die beiden Geraden windschief zueinander.

b) $E_1: \vec{x} = \begin{pmatrix} 3 \\ -3 \\ 0 \end{pmatrix} + r \cdot \begin{pmatrix} 0 \\ 1 \\ 0 \end{pmatrix} + s \cdot \begin{pmatrix} -3 \\ 3 \\ 4 \end{pmatrix}$; $\vec{n_1} = \begin{pmatrix} 4 \\ 0 \\ 3 \end{pmatrix}$; $E_2: \vec{x} = \begin{pmatrix} 3 \\ 3 \\ 0 \end{pmatrix} + m \cdot \begin{pmatrix} 1 \\ 0 \\ 0 \end{pmatrix} + n \cdot \begin{pmatrix} -3 \\ -3 \\ 4 \end{pmatrix}$; $\vec{n_2} = \begin{pmatrix} 0 \\ 4 \\ 3 \end{pmatrix}$

$$\cos(\alpha) = \frac{\left| \begin{pmatrix} 4 \\ 0 \\ 3 \end{pmatrix} * \begin{pmatrix} 0 \\ 4 \\ 3 \end{pmatrix} \right|}{\left| \begin{pmatrix} 4 \\ 0 \\ 3 \end{pmatrix} \right| \cdot \left| \begin{pmatrix} 0 \\ 4 \\ 3 \end{pmatrix} \right|} = \frac{9}{5 \cdot 5}, \text{ also } \alpha \approx 68{,}9°$$

c) $E^*: \vec{x} = r \cdot \begin{pmatrix} 4 \\ 0 \\ 3 \end{pmatrix} + s \cdot \begin{pmatrix} 0 \\ 4 \\ 3 \end{pmatrix}$; $\vec{n} = \begin{pmatrix} 3 \\ 3 \\ -4 \end{pmatrix}$; $E^*: 3x_1 + 3x_2 - 4x_3 = 0$

2.5 Abstandsberechnungen

2.5.1 Abstand eines Punktes von einer Ebene

120 **Einstiegsaufgabe ohne Lösung**

- Gerade durch S orthogonal zu E: $g: \vec{x} = \begin{pmatrix} 8 \\ 4 \\ 10 \end{pmatrix} + t \cdot \begin{pmatrix} 2 \\ 1 \\ 2 \end{pmatrix}$
  Schnittpunkt F von g mit E:
  $$2 \cdot (8 + 2t) + (4 + t) + 2 \cdot (10 + 2t) = 12$$
  $$16 + 4t + 4 + t + 20 + 4t = 12$$
  $$9t = -28$$
  $$t = -\frac{28}{9}$$
  $F\left(\frac{16}{9} \middle| \frac{8}{9} \middle| \frac{34}{9}\right)$
  $\overrightarrow{SF} = \begin{pmatrix} -\frac{56}{9} \\ -\frac{28}{9} \\ -\frac{56}{9} \end{pmatrix}$, $|\overrightarrow{SF}| = \frac{28}{3} \approx 9{,}33$
  Das Seil muss im Punkt $F\left(\frac{16}{9} \middle| \frac{8}{9} \middle| \frac{34}{9}\right)$ verankert werden und mindestens 9,4 m lang sein.
- Siehe Information auf Seite 121 im Schülerband.

122 **1.** **a)** Normalenvektor von E: $\vec{n} = \begin{pmatrix} 3 \\ -1 \\ 2 \end{pmatrix}$; Richtungsvektor von g: $\vec{u} = \begin{pmatrix} 5 \\ 7 \\ -4 \end{pmatrix}$

$\vec{n} * \vec{u} = 0 \Rightarrow$ die Gerade steht senkrecht auf $\vec{n}$.
Wegen $(11 | -11 | 1) \notin E$ ist $g \parallel E$.

b) Man wählt einen beliebigen Punkt P der Geraden und berechnet wie in der Einstiegsaufgabe (Seite 120/121) den Abstand des Punktes zur Ebene:

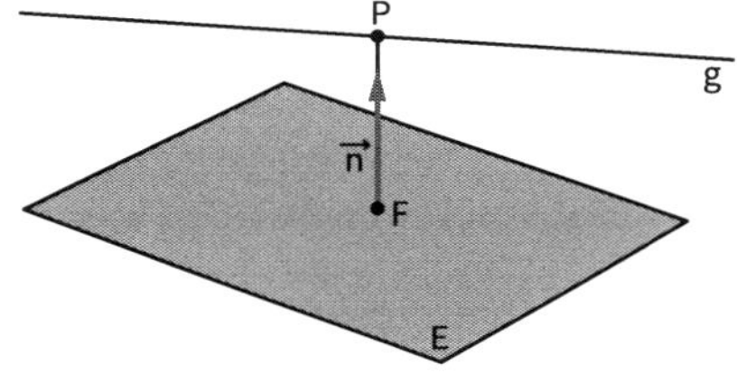

Z. B.: $P(11 | -11 | 1)$; $\vec{n} = \begin{pmatrix} 3 \\ -1 \\ 2 \end{pmatrix}$

$\Rightarrow h: \vec{x} = \begin{pmatrix} 11 \\ -11 \\ 1 \end{pmatrix} + t \cdot \begin{pmatrix} 3 \\ -1 \\ 2 \end{pmatrix}$

Schnittpunkt von h mit E: $F(5 | -9 | -3)$

$|\overrightarrow{PF}| = \left|\begin{pmatrix} 6 \\ -2 \\ 4 \end{pmatrix}\right| = 2\sqrt{14} \approx 7{,}48$

2. **a)** Die Normalenvektoren sind Vielfache voneinander:

$\overrightarrow{n_1} = \begin{pmatrix} 10 \\ -2 \\ 11 \end{pmatrix}$; $\overrightarrow{n_2} = \begin{pmatrix} -20 \\ 4 \\ -22 \end{pmatrix}$

Jedoch ist z. B. $(3 | 0 | 0)$ ein Punkt von E_1, aber nicht von E_2.
Die Ebenen sind parallel, aber verschieden.

122 **b)** Man wählt beliebig einen Punkt P auf der Ebene E_1 und berechnet wie in der Einstiegsaufgabe (Seite 120 / 121) den Abstand des Punktes P zur Ebene E_2:

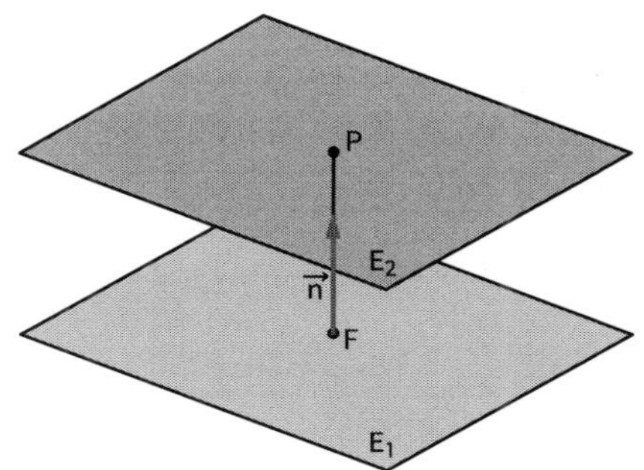

Z. B.: $P(3|0|0)$; $\vec{n} = \begin{pmatrix} 10 \\ -2 \\ 11 \end{pmatrix}$

$\Rightarrow$ g: $\vec{x} = \begin{pmatrix} 3 \\ 0 \\ 0 \end{pmatrix} + t \cdot \begin{pmatrix} 10 \\ -2 \\ 11 \end{pmatrix}$

Schnittpunkt von g mit E_2:

$F\left(1 \,\middle|\, \frac{2}{5} \,\middle|\, -\frac{11}{5}\right)$; $|\overrightarrow{PF}| = \left|\begin{pmatrix} 2 \\ -\frac{2}{5} \\ \frac{11}{5} \end{pmatrix}\right| = 3$

3. **a)** $F\left(\frac{16}{9} \,\middle|\, -\frac{10}{9} \,\middle|\, \frac{16}{9}\right)$, Abst (P; E) $= \frac{1}{3}$

b) $F\left(-\frac{35}{27} \,\middle|\, \frac{212}{27} \,\middle|\, \frac{161}{27}\right)$, Abst (P; E) $= \frac{1}{3}$

c) $F\left(-\frac{24}{13} \,\middle|\, \frac{8}{13} \,\middle|\, -\frac{6}{13}\right)$, Abst (P; E) $= 2$

d) $F(7|1|2)$; Abst (P; E) $= 7$

e) $F\left(\frac{12}{11} \,\middle|\, \frac{10}{11} \,\middle|\, \frac{14}{11}\right)$; Abst (P; E) $= \frac{1}{\sqrt{11}}$

f) $F\left(\frac{4}{5} \,\middle|\, -2 \,\middle|\, -\frac{2}{5}\right)$, Abst (P; E) $= \frac{1}{\sqrt{5}}$

4. **a)** Der Normalenvektor $\vec{n} = \begin{pmatrix} 1 \\ 1 \\ -2 \end{pmatrix}$ ist senkrecht zum Richtungsvektor: $\vec{n} * \begin{pmatrix} 2 \\ 1 \\ 3 \end{pmatrix} = 0$

Wähle z. B. $P(3|-1|2) \Rightarrow$ Abst (g; E) = Abst (P; E) $= \frac{5}{3}\sqrt{3} \approx 2{,}887$

b) Der Richtungsvektor der Geraden ist eine Linearkombination der Richtungsvektoren der Ebene:

$\begin{pmatrix} 2 \\ -1 \\ 0 \end{pmatrix} = \begin{pmatrix} 1 \\ 3 \\ 2 \end{pmatrix} - \begin{pmatrix} -1 \\ 4 \\ 2 \end{pmatrix}$

Gerade und Ebene sind parallel.

Wähle z. B. $P(1|-2|1) \Rightarrow$ Abst (g; E) = Abst (P; E) $= \frac{3}{23}\sqrt{69} \approx 1{,}083$

5. **a)** Die Normalenvektoren sind Vielfache voneinander:

$\vec{n_1} = \begin{pmatrix} 3 \\ -1 \\ 2 \end{pmatrix}$; $\vec{n_2} = \begin{pmatrix} -9 \\ 3 \\ -6 \end{pmatrix}$; $-3\vec{n_1} = \vec{n_2} \Rightarrow$ Ebenen parallel

Abst $(E_1; E_2) = \sqrt{14} \approx 3{,}742$

b) Normalenvektoren: $\vec{n_1} = \begin{pmatrix} -2 \\ -4 \\ 3 \end{pmatrix}$; $\vec{n_2} = \begin{pmatrix} 2 \\ 4 \\ -3 \end{pmatrix}$

Die beiden Normalenvektoren sind Vielfache voneinander, somit sind E_1 und E_2 parallel zueinander.

Der Abstand der beiden Ebenen ist gleich dem Abstand des Punktes $P(-2|3|4)$ von der Ebene E_2.

Lotgerade durch P zu E_2: g: $\vec{x} = \begin{pmatrix} -2 \\ 3 \\ 4 \end{pmatrix} + k \cdot \begin{pmatrix} 2 \\ 4 \\ -3 \end{pmatrix}$

Schnitt von g und E_2: $2 \cdot (-2 + 2k) + 4 \cdot (3 + 4k) - 3 \cdot (4 - 3k) = 9$, also $k = \frac{13}{29}$

122 Schnittpunkt $S\left(-\frac{32}{29}\middle|\frac{139}{29}\middle|\frac{77}{29}\right)$

$\text{Abst}(E_1; E_2) = |\overrightarrow{PS}| = \left|\begin{pmatrix} \frac{26}{29} \\ \frac{52}{29} \\ -\frac{39}{29} \end{pmatrix}\right| = \frac{13}{29}\sqrt{29} \approx 2{,}41$

c) Normalenvektoren: $n_1 = \begin{pmatrix} 2 \\ 1 \\ 3 \end{pmatrix}$; $n_2 = \begin{pmatrix} -2 \\ -1 \\ -3 \end{pmatrix}$; E_2: $2x_1 + x_2 + 3x_3 = 26$

Die beiden Normalenvektoren sind Vielfache voneinander, somit sind E_1 und E_2 parallel zueinander.

Der Abstand der beiden Ebenen ist gleich dem Abstand des Punktes $P(-1\,|\,1\,|\,3)$ von der Ebene E_2.

Lotgerade durch P zu E_2: g: $\vec{x} = \begin{pmatrix} -1 \\ 1 \\ 3 \end{pmatrix} + k \cdot \begin{pmatrix} 2 \\ 1 \\ 3 \end{pmatrix}$

Schnitt von g und E_2: $2 \cdot (-1 + 2k) + 1 + k + 3 \cdot (3 + 3k) = 26$, also $k = \frac{9}{7}$

Schnittpunkt $S\left(\frac{11}{7}\middle|\frac{16}{7}\middle|\frac{48}{7}\right)$

$\text{Abst}(E_1; E_2) = |\overrightarrow{PS}| = \left|\begin{pmatrix} \frac{18}{7} \\ \frac{9}{7} \\ \frac{27}{7} \end{pmatrix}\right| = \frac{9}{7}\sqrt{14} \approx 4{,}81$

6. a) Lotgerade g zu E durch P: $\vec{x} = \begin{pmatrix} 2 \\ 1 \\ 3 \end{pmatrix} + k \cdot \begin{pmatrix} 3 \\ 0 \\ -1 \end{pmatrix}$

Schnitt von g und E: $3 \cdot (2 + 3k) - (3 - k) = 4$, also $k = \frac{1}{10}$; $F(2{,}3\,|\,1\,|\,2{,}9)$

Abstand von P zu E: $d = |\overrightarrow{PF}| = \left|\begin{pmatrix} \frac{3}{10} \\ 0 \\ -\frac{1}{10} \end{pmatrix}\right| = \frac{1}{\sqrt{10}} \approx 0{,}32$

b) Gerade h durch P und Q: $\vec{x} = \begin{pmatrix} 2 \\ 1 \\ 3 \end{pmatrix} + k \cdot \begin{pmatrix} 1 \\ -3 \\ 1 \end{pmatrix}$

Schnitt von h und E: $3 \cdot (2 + k) - (3 + k) = 4$, also $k = \frac{1}{2}$; $S(2{,}5\,|\,-0{,}5\,|\,3{,}5)$

Es gilt: $\overrightarrow{PS} = \frac{1}{2} \cdot \overrightarrow{PQ}$, also liegt S in der Mitte zwischen P und Q.

7. Anmerkung zur ersten Auflage: Es sind zwei Schreibfehler in der Aufgabe. Richtig muss es heißen:

Gegeben sind die Ebenen E_1: $\vec{x} = \begin{pmatrix} 2 \\ 3 \\ -1 \end{pmatrix} + r \cdot \begin{pmatrix} 1 \\ 1 \\ 0 \end{pmatrix} + s \cdot \begin{pmatrix} 2 \\ -1 \\ 2 \end{pmatrix}$ und E_2: $2 \cdot x_1 - 2 \cdot x_2 - 3 \cdot x_3 - 52 = 0$.

(Nicht korrigiert sind die beiden Ebenen nicht parallel zueinander und die restlichen Arbeitsaufträge dadurch nicht sinnvoll).

a) Es gilt: $\begin{pmatrix} 2 \\ -2 \\ -3 \end{pmatrix} * \begin{pmatrix} 1 \\ 1 \\ 0 \end{pmatrix} = 0$ und $\begin{pmatrix} 2 \\ -2 \\ -3 \end{pmatrix} * \begin{pmatrix} 2 \\ -1 \\ 2 \end{pmatrix} = 0$

Der Normalenvektor $\begin{pmatrix} 2 \\ -2 \\ -3 \end{pmatrix}$ der Ebene E_2 ist auch Normalenvektor der Ebene E_1. Damit sind die beiden Ebenen parallel zueinander.

Abstand der beiden Ebenen:

Lotgerade g zu E_2 durch $P(2\,|\,3\,|\,-1)$: $\vec{x} = \begin{pmatrix} 2 \\ 3 \\ -1 \end{pmatrix} + k \cdot \begin{pmatrix} 2 \\ -2 \\ -3 \end{pmatrix}$

122 Schnitt von g und E_2: $2\cdot(2+2k)-2\cdot(3-2k)-3\cdot(-1-3k)-52=0$, also $k=3$;
$S(8|-3|-10)$
Abstand von P zu E_2 = Abstand von E_1 zu E_2: $d=|\overrightarrow{PS}|=\left|\begin{pmatrix}6\\-6\\-9\end{pmatrix}\right|=\sqrt{153}\approx 12{,}37$

b) Mittelpunkt M der Strecke $\overline{PS}$: $M\left(5\,\middle|\,0\,\middle|\,-\frac{11}{2}\right)$

E_3: $\begin{pmatrix}2\\-2\\-2\end{pmatrix}*\left(\vec{x}-\begin{pmatrix}5\\0\\-\frac{11}{2}\end{pmatrix}\right)=0$ bzw. $2\cdot x_1-2\cdot x_2-3\cdot x_3-\frac{53}{2}=0$

123 **8. a)** $E:\vec{x}=\begin{pmatrix}3\\1\\3\end{pmatrix}+r\cdot\begin{pmatrix}-3\\1\\1\end{pmatrix}+s\cdot\begin{pmatrix}-9\\4\\2\end{pmatrix}$

bzw. $2x_1+3x_2+3x_3=18$
Spurpunkte von E: $S_1(9|0|0)$; $S_2(0|6|0)$; $S_3(0|0|6)$

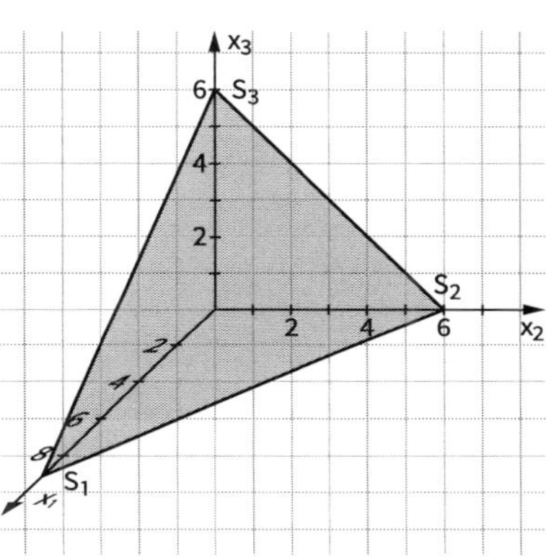

b) Lotgerade g vom Ursprung auf die Ebene
$E:\vec{x}=k\cdot\begin{pmatrix}2\\3\\3\end{pmatrix}$
Schnittpunkt von g und E:
$2\cdot 2k+3\cdot 3k+3\cdot 3k=18$, also $k=\frac{9}{11}$;
$F\left(\frac{18}{11}\,\middle|\,\frac{27}{11}\,\middle|\,\frac{27}{11}\right)$
Die Gleichung $\overrightarrow{S_1F}=r\cdot\overrightarrow{S_1S_2}+s\cdot\overrightarrow{S_1S_3}$ ist erfüllt für $r=\frac{9}{22}$; $s=\frac{9}{22}$, somit liegt F innerhalb des Dreiecks $S_1S_2S_3$.

c) 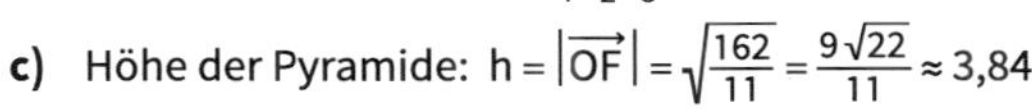
Höhe der Pyramide: $h=|\overrightarrow{OF}|=\sqrt{\frac{162}{11}}=\frac{9\sqrt{22}}{11}\approx 3{,}84$

Flächeninhalt des Dreiecks $S_1S_2S_3$: $A=\frac{1}{2}\cdot\left|\overrightarrow{S_1S_2}\times\overrightarrow{S_1S_2}\right|=\frac{1}{2}\cdot\left|\begin{pmatrix}36\\54\\54\end{pmatrix}\right|=9\cdot\sqrt{22}\approx 42{,}21$

Volumen der Pyramide: $V=\frac{1}{3}\cdot A\cdot h=\frac{1}{3}\cdot 9\sqrt{22}\cdot\frac{9\sqrt{22}}{11}=54$

9.
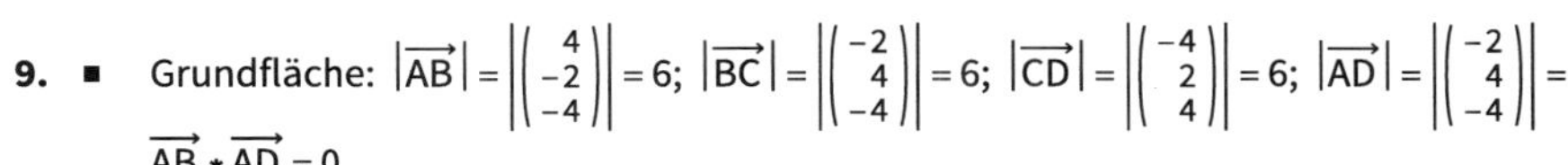

- Grundfläche: $|\overrightarrow{AB}|=\left|\begin{pmatrix}4\\-2\\-4\end{pmatrix}\right|=6$; $|\overrightarrow{BC}|=\left|\begin{pmatrix}-2\\4\\-4\end{pmatrix}\right|=6$; $|\overrightarrow{CD}|=\left|\begin{pmatrix}-4\\2\\4\end{pmatrix}\right|=6$; $|\overrightarrow{AD}|=\left|\begin{pmatrix}-2\\4\\-4\end{pmatrix}\right|=6$
  $\overrightarrow{AB}*\overrightarrow{AD}=0$
  Die Grundfläche ist ein Quadrat.
- Mittelpunkt der Grundfläche: $M(3|3|-1)$; $\overrightarrow{MS}=\begin{pmatrix}4\\4\\2\end{pmatrix}$
  $\overrightarrow{MS}*\overrightarrow{AB}=0$; $\overrightarrow{MS}*\overrightarrow{AD}=0$
  Die Gerade durch M und S ist orthogonal zur Grundfläche, somit ist die Pyramide eine quadratische senkrechte Pyramide.
- Volumen der Pyramide:
  $V=\frac{1}{3}\cdot 6^2\cdot|\overrightarrow{MS}|=\frac{1}{3}\cdot 6^2\cdot 6=72$

123

10. a) Für das Volumen berechnet man zunächst den Flächeninhalt der Grundfläche:

$$A_G = \frac{|\overrightarrow{AB} \times \overrightarrow{AC}|}{2} = \frac{\left|\begin{pmatrix} -4 \\ 2 \\ 0 \end{pmatrix} \times \begin{pmatrix} -6 \\ -6 \\ 0 \end{pmatrix}\right|}{2} = \frac{\left|\begin{pmatrix} 0 \\ 0 \\ 36 \end{pmatrix}\right|}{2} = 18$$

Die Höhe entspricht der x_3-Koordinate von S, also gilt für das Volumen: $V = \frac{1}{3} \cdot A_G \cdot h = 60$

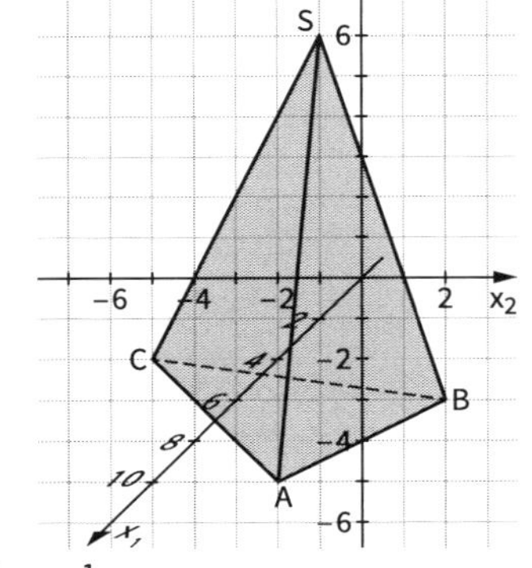

b) Die Grundfläche der Pyramide liegt in der x_1x_2-Koordinatenebene.
Lot von der Pyramidenspitze auf die x_1x_2-Koordinatenebene:
Lotfußpunkt F(8 | 3 | 0)

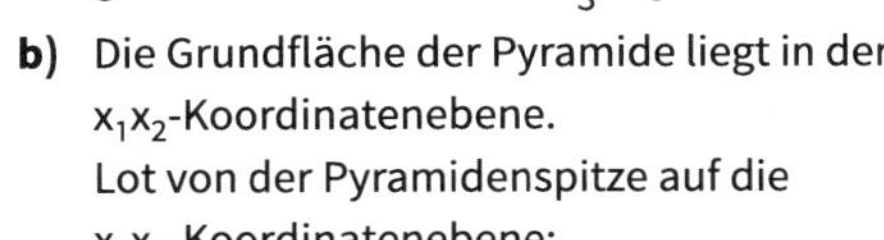

Die Gleichung $\overrightarrow{AF} = r \cdot \overrightarrow{AB} + s \cdot \overrightarrow{AC}$ hat die Lösung $r = \frac{1}{3}$; $s = \frac{1}{9}$.
Der Lotfußpunkt liegt innerhalb des Dreiecks ABC.

11. a) Orthogonale zu E durch P: g: $\vec{x} = \begin{pmatrix} -8 \\ 0 \\ 4 \end{pmatrix} + k \cdot \begin{pmatrix} 3 \\ -1 \\ 2 \end{pmatrix}$

Schnitt von g und E: $3 \cdot (-8 + 3k) - (-k) + 2 \cdot (4 + 2k) = 12$, also $k = 2$; F(−2 | −2 | 8)

$\overrightarrow{OP'} = \overrightarrow{OP} + 2 \cdot \overrightarrow{PF} = \begin{pmatrix} 4 \\ -4 \\ 12 \end{pmatrix}$; P′(4 | −4 | 12)

b) E: $x_1 - 2x_2 - 3x_3 = 3$
Orthogonale zu E durch P: g: $\vec{x} = \begin{pmatrix} 1 \\ 11 \\ 6 \end{pmatrix} + k \cdot \begin{pmatrix} 1 \\ -2 \\ -3 \end{pmatrix}$

Schnitt von g und E: $1 + k - 2 \cdot (11 - 2k) - 3 \cdot (6 - 3k) = 3$, also $k = 3$; F(4 | 5 | −3)

Koordinaten des Bildpunktes: $\overrightarrow{OP'} = \overrightarrow{OP} + 2 \cdot \overrightarrow{PF} = \begin{pmatrix} 7 \\ -1 \\ -12 \end{pmatrix}$; P′(7 | −1 | −12)

c) E: $\vec{x} = \begin{pmatrix} 2 \\ 6 \\ -4 \end{pmatrix} + r \cdot \begin{pmatrix} 1 \\ 1 \\ -1 \end{pmatrix} + s \cdot \begin{pmatrix} -2 \\ 2 \\ 3 \end{pmatrix}$; E: $5x_1 - x_2 + 4x_3 = -12$

Orthogonale zu E durch P: g: $\vec{x} = \begin{pmatrix} 17 \\ 15 \\ 11 \end{pmatrix} + k \cdot \begin{pmatrix} 5 \\ -1 \\ 4 \end{pmatrix}$

Schnitt von g und E: $5 \cdot (17 + 5k) - (15 - k) + 4 \cdot (11 + 4k) = -12$, also $k = -3$; F(2 | 18 | −1)

Koordinaten des Bildpunktes: $\overrightarrow{OP'} = \overrightarrow{OP} + 2 \cdot \overrightarrow{PF} = \begin{pmatrix} -13 \\ 21 \\ -13 \end{pmatrix}$; P′(−13 | 21 | −13)

12. Gerade g, auf der der Lichtstrahl verläuft:
g: $\vec{x} = \begin{pmatrix} 6 \\ -4 \\ 6 \end{pmatrix} + r \cdot \begin{pmatrix} -4 \\ 0 \\ -5 \end{pmatrix}$

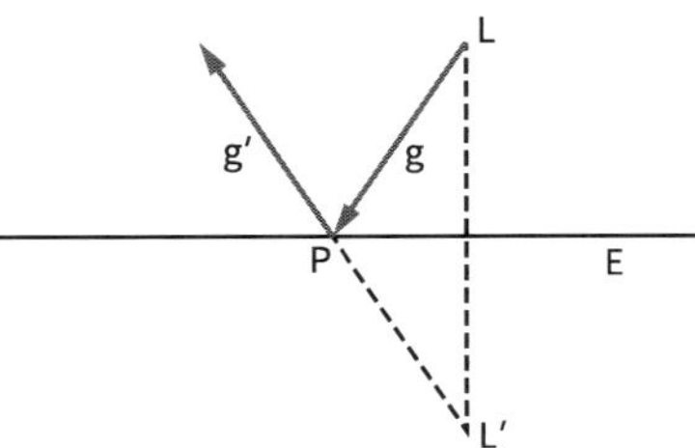

Koordinaten des Bildpunktes L′ von L bei einer Spiegelung an E:

Orthogonale zu E durch L: h: $\vec{x} = \begin{pmatrix} 6 \\ -4 \\ 6 \end{pmatrix} + k \cdot \begin{pmatrix} 2 \\ -1 \\ 2 \end{pmatrix}$

Schnitt von h mit E:
$2 \cdot (6 + 2k) - (-4 - k) + 2 \cdot (6 + 2k) = 10$, also
$k = -2$; F(2 | −2 | 2)

123 Koordinaten des Bildpunktes L': $\overrightarrow{OL'} = \overrightarrow{OL} + 2 \cdot \overrightarrow{LF} = \begin{pmatrix} -2 \\ 0 \\ -2 \end{pmatrix}$; L'(−2 | 0 | −2)

Der reflektierte Strahl verläuft auf der Geraden durch die Punkte L' und P

$g' = \vec{x} = \begin{pmatrix} 2 \\ -4 \\ 1 \end{pmatrix} + r \cdot \begin{pmatrix} 4 \\ -4 \\ 3 \end{pmatrix}$

13. ▪ Bildpunkt von L bei der Spiegelung an der Ebene E

Lotgerade g durch L auf E: $\vec{x} = \begin{pmatrix} 4 \\ -10 \\ 11 \end{pmatrix} + k \cdot \begin{pmatrix} 2 \\ -1 \\ 2 \end{pmatrix}$

Schnitt von g und E: $2 \cdot (4 + 2k) - (-10 - k) + 2 \cdot (11 + 2k) = 1$, also $k = -\frac{13}{3}$

Lotfußpunkt $F\left(-\frac{14}{3} \middle| -\frac{17}{3} \middle| \frac{7}{3}\right)$

Bildpunkt L*: $\overrightarrow{OL^*} = \overrightarrow{OL} + 2 \cdot \overrightarrow{LF} = \begin{pmatrix} -\frac{40}{3} \\ -\frac{4}{3} \\ -\frac{19}{3} \end{pmatrix}$, also $L^*\left(-\frac{40}{3} \middle| -\frac{4}{3} \middle| -\frac{19}{3}\right)$

▪ S ist der Schnittpunkt der Geraden durch L* und P:

Gerade h durch L* und P: $\vec{x} = \begin{pmatrix} 30 \\ 10 \\ 13 \end{pmatrix} + r \cdot \begin{pmatrix} 65 \\ 17 \\ 29 \end{pmatrix}$

Schnitt von h mit E: $2 \cdot (30 + 65r) - (10 + 17r) + 2 \cdot (13 + 29r) = 1$, also $r = -\frac{25}{57}$;

$S\left(\frac{85}{57} \middle| \frac{145}{57} \middle| \frac{16}{57}\right)$

▪ Der Einfallswinkel ist der halbe Winkel zwischen den Vektoren $\overrightarrow{SL}$ und $\overrightarrow{SP}$.

$\overrightarrow{SL} = \frac{13}{57}\begin{pmatrix} 11 \\ -55 \\ 47 \end{pmatrix}$; $\overrightarrow{SP} = \frac{25}{57}\begin{pmatrix} 65 \\ 17 \\ 29 \end{pmatrix}$; $\cos(\alpha) = \frac{\begin{pmatrix} 11 \\ -55 \\ 47 \end{pmatrix} * \begin{pmatrix} 65 \\ 17 \\ 29 \end{pmatrix}}{\left|\begin{pmatrix} 11 \\ -55 \\ 47 \end{pmatrix}\right| \cdot \left|\begin{pmatrix} 65 \\ 17 \\ 29 \end{pmatrix}\right|} = \frac{1143}{\sqrt{5355} \cdot \sqrt{5355}} = \frac{1143}{5355}$

$\alpha = \cos^{-1}\left(\frac{1143}{5355}\right) \approx 77{,}68°$

Der Einfallswinkel beträgt ca. 38,84°.

2.5.2 HESSE'sche Normalenform einer Ebene

125 **1.** **a)** HNF: $E: \frac{1}{3}(2x_1 + x_2 + 2x_3 - 6) = 0$

Einsetzen von P: $\frac{1}{3}(4 - 1 + 4 - 6) = \frac{1}{3} \Rightarrow \text{Abst}(P; E) = \frac{1}{3}$

b) HNF: $E: \frac{1}{9}(8x_1 + 4x_2 + x_3 - 27) = 0 \Rightarrow \text{Abst}(P; E) = \frac{1}{3}$

c) HNF: $E: \frac{1}{9}(8x_1 + 4x_2 + x_3 - 30) = 0 \Rightarrow \text{Abst}(P; E) = \frac{53}{9}$

d) HNF: $E: \frac{1}{3}(2x_1 + 2x_2 - x_3 - 18) = 0 \Rightarrow \text{Abst}(P; E) = 3$

e) HNF: $E: \frac{1}{\sqrt{42}}(4x_1 + 5x_2 + x_3 + 5) = 0 \Rightarrow \text{Abst}(P; E) = \frac{5}{21}\sqrt{42}$

f) HNF: $E: \frac{1}{\sqrt{5}}(x_1 + 2x_3) = 0 \Rightarrow \text{Abst}(P; E) = \frac{1}{\sqrt{5}}$

125 **2.** Grundfläche Dreieck ABC:

Seitenlängen: $|\overrightarrow{AB}| = \left|\begin{pmatrix}-4\\4\\0\end{pmatrix}\right| = \sqrt{32}$; $|\overrightarrow{AC}| = \left|\begin{pmatrix}0\\4\\5\end{pmatrix}\right| = \sqrt{41}$; $|\overrightarrow{BC}| = \left|\begin{pmatrix}4\\0\\5\end{pmatrix}\right| = \sqrt{41}$

Das Dreieck ABC ist gleichschenklig. Die Länge der Schenkel beträgt $s = \sqrt{41}$, die Länge der Basis $a = \sqrt{32}$.

Höhe h_1 des Dreiecks: $h_1 = \sqrt{s_2 - \frac{a^2}{4}} = \sqrt{41 - \frac{32}{4}} = \sqrt{33}$

Inhalt der Grundfläche: $A_{\text{Dreieck}} = \frac{1}{2} \cdot a \cdot h_1 = \frac{1}{2} \cdot \sqrt{32} \cdot \sqrt{33} = 2 \cdot \sqrt{66}$

Pyramidenhöhe:

h_2 = Abstand des Punktes S von der Ebene E, in der die Grundfläche liegt.

E: $\vec{x} = \begin{pmatrix}13\\-1\\5\end{pmatrix} + r \cdot \begin{pmatrix}-1\\1\\0\end{pmatrix} + s \cdot \begin{pmatrix}0\\4\\5\end{pmatrix}$ bzw. $5x_1 + 5x_2 - 4x_3 - 40 = 0$

$$h_2 = \frac{|5 \cdot 3 + 5 \cdot (-3) - 4 \cdot 15 - 40|}{\sqrt{66}} = \frac{100}{\sqrt{66}}$$

Volumen der Pyramide: $V = \frac{1}{3} \cdot A_{\text{Dreieck}} \cdot h_2 = \frac{1}{3} \cdot 2\sqrt{66} \cdot \frac{100}{\sqrt{66}} = \frac{200}{3}$

3. Die Punkte liegen auf zwei zu E parallelen Ebenen, die zu E den Abstand 3 haben.

E: $2x_1 - 5x_2 + x_3 = 13$

Orthogonale zu E durch $P(2|-1|4)$: g: $\vec{x} = \begin{pmatrix}2\\-1\\4\end{pmatrix} + k \cdot \begin{pmatrix}2\\-5\\1\end{pmatrix}$

$G(2+2k|-1-5k|4+k)$ ist ein Punkt der Geraden g

Gesucht ist k, so dass der Abstand von G zu E 3 beträgt.

$\text{Abst}(G; E) = \frac{|2 \cdot (2+2k) - 5(-1-5k) + 4 + k - 13|}{\sqrt{30}} = \frac{|30k|}{\sqrt{30}} = 3$, also $k_{1,2} = \pm\frac{3}{\sqrt{30}} = \pm\frac{\sqrt{30}}{10}$

Die gesuchten Punkte sind $G_1\left(2 + \frac{\sqrt{30}}{5} \middle| -1 - \frac{\sqrt{30}}{2} \middle| 4 + \frac{\sqrt{30}}{10}\right)$, $G_2\left(2 - \frac{\sqrt{30}}{5} \middle| -1 + \frac{\sqrt{30}}{2} \middle| 4 - \frac{\sqrt{30}}{10}\right)$

Die beiden gesuchten Ebenen sind die zu E parallelen Ebenen durch G_1 und G_2

F_1: $2x_1 - 5x_2 + x_3 = 13 + 3\sqrt{30}$; F_2: $2x_1 - 5x_2 + x_3 = 13 - 3\sqrt{30}$

4. **a)** $\vec{n} = \begin{pmatrix}2\\1\\2\end{pmatrix}$; $\vec{u} = \begin{pmatrix}3\\-1\\5\end{pmatrix}$

Da $\vec{n} * \vec{u} = 15 \neq 0$, sind Gerade und Ebene nicht parallel.

Schnittpunkt $S(2|-4|-10)$

b) Sei P_k ein Punkt der Geraden: $P_k(11+3k|-7-k|5+5k)$

HNF: E: $\frac{1}{3}(2x_1 + x_2 + 2x_3 + 20) = 0$

$\Rightarrow \text{Abst}(P_k; E) = |15 + 5k| = 5 \Leftrightarrow k = -2$ oder $k = -4$

$\Rightarrow P_{-2}(5|-5|-5)$ und $P_{-4}(-1|-3|-15)$ haben den Abstand 5 von E.

2.5.3 Abstand eines Punktes von einer Geraden

126 **Einstiegsaufgabe ohne Lösung**

- $A(3+k\,|\,-2+4k\,|\,2+k)$, $\overrightarrow{PA} = \begin{pmatrix} k-7 \\ 4k-10 \\ k-7 \end{pmatrix}$

  $|\overrightarrow{PA}| = \sqrt{(k-7)^2 + (4k-10)^2 + (k-7)^2} = \sqrt{18k^2 - 108k + 198}$
  $= 3\cdot\sqrt{2k^2 - 12k + 22} = 3\cdot\sqrt{2}\cdot\sqrt{k^2 - 6k + 11}$

  $|\overrightarrow{PA}| = 18$, also $3\cdot\sqrt{2}\cdot\sqrt{k^2-6k+11} = 18$
  $9\cdot 2\cdot(k^2 - 6k + 11) = 18^2$
  $k^2 - 6k + 11 = 18$
  $k^2 - 6k - 7 = 0$
  Lösung: $k = 7$ oder $k = -1$
  Damit erhält man die gesuchten Punkte A und B:
  $A(10\,|\,26\,|\,9)$, $B(2\,|\,-6\,|\,1)$
  Beide liegen auf g und haben von P den Abstand 18.
- $|\overrightarrow{PA}| = 3\cdot\sqrt{2}\cdot\sqrt{k^2-6k+11}$ wird minimal für $k = 3$, man erhält dann $|\overrightarrow{PA}| = 6$ als minimalen Abstand. Dies ist der Abstand der Geraden g vom Punkt P.

127 **1.** **a)** $\text{Abst}(g;\,h) = \sqrt{\frac{2949}{29}} \approx 10{,}08$

b) Für parallele Geraden wählt man einen beliebigen Punkt P der ersten Geraden und berechnet den Abstand zwischen P und der zweiten Geraden.

2. **a)** Hilfsebene E: $\begin{pmatrix} 2 \\ 1 \\ 0 \end{pmatrix} * \left(\vec{x} - \begin{pmatrix} 4 \\ 1 \\ 4 \end{pmatrix}\right) = 0$; E: $2x_1 + x_2 = 9$

Schnitt von g und E: $2\cdot(2t) + (-1+t) = 9$, also $t = 2$; $F(4\,|\,1\,|\,1)$

Abstand $d = \left|\begin{pmatrix} 4 \\ 1 \\ 1 \end{pmatrix} - \begin{pmatrix} 4 \\ 1 \\ 4 \end{pmatrix}\right| = 3$

b) Hilfsebene E: $\begin{pmatrix} 4 \\ 1 \\ 2 \end{pmatrix} * \left(\vec{x} - \begin{pmatrix} 1 \\ 2 \\ 2 \end{pmatrix}\right) = 0$; E: $4x_1 + x_2 + 2x_3 = 10$

Schnitt von g und E: $4(3+4t) + 1 + t + 2(2t) = 10$, also $t = -\frac{1}{7}$; $F\left(\frac{17}{7}\,\middle|\,\frac{6}{7}\,\middle|\,-\frac{2}{7}\right)$

Abstand $d = \left|\begin{pmatrix} \frac{17}{7} \\ \frac{6}{7} \\ -\frac{2}{7} \end{pmatrix} - \begin{pmatrix} 1 \\ 2 \\ 2 \end{pmatrix}\right| = \left|\begin{pmatrix} \frac{10}{7} \\ -\frac{8}{7} \\ -\frac{16}{7} \end{pmatrix}\right| = \frac{\sqrt{420}}{7} \approx 2{,}9$

c) $g\colon \vec{x} = \begin{pmatrix} 1 \\ 1 \\ 0 \end{pmatrix} + k\cdot\begin{pmatrix} 0 \\ 1 \\ 0 \end{pmatrix}$; Hilfsebene E: $\begin{pmatrix} 0 \\ 1 \\ 1 \end{pmatrix} * \left(\vec{x} - \begin{pmatrix} 2 \\ 1 \\ 4 \end{pmatrix}\right) = 0$; E: $x_2 + x_3 = 5$

Schnitt von g und E: $1 + k + k = 5$, also $k = 2$
$F(1\,|\,3\,|\,2)$

Abstand $d = \left|\begin{pmatrix} 1 \\ 3 \\ 2 \end{pmatrix} - \begin{pmatrix} 2 \\ 1 \\ 4 \end{pmatrix}\right| = \left|\begin{pmatrix} -1 \\ 2 \\ -2 \end{pmatrix}\right| = 3$

127

d) g: $\vec{x} = \begin{pmatrix} 6 \\ 2 \\ 1 \end{pmatrix} + k \cdot \begin{pmatrix} 4 \\ 1 \\ -10 \end{pmatrix}$; Hilfsebene E: $\begin{pmatrix} 4 \\ 1 \\ -10 \end{pmatrix} * \left(\vec{x} - \begin{pmatrix} 1 \\ 1 \\ 14 \end{pmatrix}\right) = 0$; E: $4x_1 + x_2 - 10x_3 = -135$

Schnitt von g und E: $4 \cdot (6 + 4k) + 2 + k - 10 \cdot (1 - 10k) = -135$, also $k = -\frac{151}{117}$;

$F\left(\frac{98}{117} \middle| \frac{83}{117} \middle| \frac{1627}{117}\right)$

Abstand $d = \left|\begin{pmatrix} \frac{98}{117} \\ \frac{83}{117} \\ \frac{1627}{117} \end{pmatrix} - \begin{pmatrix} 1 \\ 1 \\ 14 \end{pmatrix}\right| = \left|\begin{pmatrix} -\frac{19}{117} \\ -\frac{34}{117} \\ -\frac{11}{117} \end{pmatrix}\right| = \frac{\sqrt{182}}{39} \approx 0{,}3$

3. a) $\begin{pmatrix} 4 \\ -2 \\ 4 \end{pmatrix} = 2 \cdot \begin{pmatrix} 2 \\ -1 \\ 2 \end{pmatrix}$, die Richtungsvektoren sind Vielfache voneinander. Somit sind die beiden Geraden parallel zueinander.

Abstand des Punktes $Q(-5|-3|4)$ von der Geraden g:

Hilfsebene E: $\begin{pmatrix} 2 \\ -1 \\ 2 \end{pmatrix} * \left(\vec{x} - \begin{pmatrix} -5 \\ -3 \\ 4 \end{pmatrix}\right) = 0$; E: $2x_1 - x_2 + 2x_3 = 1$

Schnitt von g und E: $2(4 + 2s) - (-s) + 2 \cdot (3 + 2s) = 1$, also $s = -\frac{13}{9}$

$F\left(\frac{10}{9} \middle| \frac{13}{9} \middle| \frac{1}{9}\right)$

$d = \left|\begin{pmatrix} \frac{10}{9} \\ \frac{13}{9} \\ \frac{1}{9} \end{pmatrix} - \begin{pmatrix} -5 \\ -3 \\ 4 \end{pmatrix}\right| = \left|\begin{pmatrix} \frac{55}{9} \\ \frac{40}{9} \\ -\frac{35}{9} \end{pmatrix}\right| = \frac{5}{3}\sqrt{26} \approx 8{,}5$

b) $\begin{pmatrix} -6 \\ 6 \\ -8 \end{pmatrix} = -2 \cdot \begin{pmatrix} 3 \\ -3 \\ 4 \end{pmatrix}$

g und h sind parallel zueinander, da ihre Richtungsvektoren Vielfache voneinander sind.

Abstand des Punktes $Q(-8|4|2)$ von der Geraden g:

Hilfsebene E: $\begin{pmatrix} 3 \\ -3 \\ 4 \end{pmatrix} * \left(\vec{x} - \begin{pmatrix} -8 \\ 4 \\ 2 \end{pmatrix}\right) = 0$; E: $3x_1 - 3x_2 + 4x_3 = -28$

Schnitt von g mit E: $3 \cdot (6 + 3s) - 3 \cdot (1 - 3s) + 4 \cdot (4 + 4s) = -28$

$s = -\frac{59}{34}$, also $F\left(\frac{27}{34} \middle| \frac{211}{34} \middle| -\frac{50}{17}\right)$

$d = |\overrightarrow{FQ}| = \left|\begin{pmatrix} -\frac{299}{34} \\ -\frac{75}{34} \\ \frac{84}{17} \end{pmatrix}\right| = \frac{5\sqrt{4930}}{34} \approx 10{,}3$

4. a) Wenn $P \in g$ gelten soll, müssen die Gleichungen für die x_1- und die x_3-Koordinate für das gleiche t erfüllt sein:

für x_1: $8 = 4 + t \quad \Rightarrow t = 4$

für x_3: $5 = -1 + t \Rightarrow t = 6$

Aus diesem Widerspruch folgt, dass $P \notin g$ ist.

b) Schnittpunkt F einer Orthogonalen zu g

$F\left(\frac{1}{3}(20 - p) \middle| \frac{1}{3}(2p - 7) \middle| \frac{1}{3}(5 - p)\right)$

$\text{Abst}(P; g) = |\overrightarrow{FP}| = \sqrt{\frac{1}{3}(p^2 + 14p + 55)} = 5$

$\Rightarrow p = -7 + \sqrt{69} \approx 1{,}31$ oder $p = -7 - \sqrt{69} \approx -15{,}31$

127 **5. a)** $a_1 = 5$, denn $\begin{pmatrix} 5 \\ -10 \\ 15 \end{pmatrix} = -5\begin{pmatrix} -1 \\ 2 \\ -3 \end{pmatrix}$

Abst$(g;\, h_5) = \sqrt{\frac{5}{14}}$

b) $\begin{pmatrix} 5 \\ -2a \\ 3a \end{pmatrix} * \begin{pmatrix} -1 \\ 2 \\ -3 \end{pmatrix} = -5 - 13a = 0 \Rightarrow a_2 = -\frac{5}{13}$

Lösen der Vektorgleichung $h_{a_2} = g$ nach t, r liefert Widerspruch ⇒ windschief

128 **6.** Individuelle Schülerlösungen

7. Hilfsebene: E: $\begin{pmatrix} 3 \\ -2 \\ 4 \end{pmatrix} * \left[\vec{x} - \begin{pmatrix} 4 \\ -5 \\ 8 \end{pmatrix} \right] = 0$

Schnittpunkt von E und g: $F\left(\frac{216}{29} \middle| \frac{1}{29} \middle| \frac{230}{29}\right)$ für $s = \frac{14}{29}$

$|\overrightarrow{FP}| = 6 \cdot \sqrt{\frac{30}{29}}$

8. a) … da d ein Minimum an derselben Stelle hat wie die Funktion D mit

$D(t) = (-3-2t)^2 + (17+t)^2 + (-2-2t)^2 = 9t^2 + 54t + 302.$

$D'(t) = 18t + 54$

$D''(t) = 18 > 0$

D′ hat die Nullstelle $t = -3$.

$d(-3) = \sqrt{D(-3)} = \sqrt{221} \approx 14{,}9$

b) P liegt auf der Geraden g.

2.5.4 Abstand zueinander windschiefer Geraden

129 **Einstiegsaufgabe ohne Lösung**

- $\overrightarrow{OB} = \overrightarrow{OA} + \overrightarrow{DC} = \begin{pmatrix} 4 \\ 0 \\ 0 \end{pmatrix} + \begin{pmatrix} 0 \\ 4 \\ 0 \end{pmatrix} = \begin{pmatrix} 4 \\ 4 \\ 0 \end{pmatrix}$ B(4|4|0)

  $\overrightarrow{OF} = \overrightarrow{OE} + \overrightarrow{HG} = \begin{pmatrix} 4 \\ 2 \\ 6 \end{pmatrix} + \begin{pmatrix} 0 \\ 4 \\ 0 \end{pmatrix} = \begin{pmatrix} 4 \\ 6 \\ 6 \end{pmatrix}$ F(4|6|6)

- Beide Geraden liegen in den Ebenen der Grundfläche bzw. der Deckfläche, die parallel zueinander sind. Also können sich diese Geraden nicht schneiden. Außerdem sind die Richtungsvektoren $\overrightarrow{HF} = \begin{pmatrix} 4 \\ 4 \\ 0 \end{pmatrix}$ und $\overrightarrow{AC} = \begin{pmatrix} -4 \\ 4 \\ 0 \end{pmatrix}$ keine Vielfachen voneinander, also sind diese Geraden zueinander windschief.

  Gerade FH: $\vec{x} = \begin{pmatrix} 0 \\ 2 \\ 6 \end{pmatrix} + t \cdot \begin{pmatrix} 4 \\ 4 \\ 0 \end{pmatrix}$

  Gerade AC: $\vec{x} = \begin{pmatrix} 4 \\ 0 \\ 0 \end{pmatrix} + r \cdot \begin{pmatrix} -4 \\ 4 \\ 0 \end{pmatrix}$

  Der Abstand der beiden Geraden voneinander ist genau so groß wie die Höhe des Prismas, also 6 Längeneinheiten.

- Wie in der vorgegebenen Abbildung bestimmen wir eine Ebene E, in der die Gerade g liegt und die parallel zur Geraden h ist.

  Dann ist der Abstand der Geraden h zu E der Abstand der beiden windschiefen Geraden.

131 1. a) ▪ Die Richtungsvektoren $\begin{pmatrix} 2 \\ -2 \\ 3 \end{pmatrix}$ und $\begin{pmatrix} 0 \\ 2 \\ 1 \end{pmatrix}$ sind keine Vielfachen voneinander, somit sind g und h nicht parallel zueinander.

Untersuchung auf gemeinsame Punkte: $\begin{pmatrix} 0 \\ 6 \\ 2 \end{pmatrix} + r \cdot \begin{pmatrix} 2 \\ -2 \\ 3 \end{pmatrix} = \begin{pmatrix} -7 \\ 1 \\ 6 \end{pmatrix} + s \cdot \begin{pmatrix} 0 \\ 2 \\ 1 \end{pmatrix}$,

also $\left| \begin{array}{l} 2r = -7 \\ -2r - 2s = -5 \\ 3r - s = 4 \end{array} \right|$ hat keine Lösung.

g und h sind zueinander windschief.

▪ Abstand von g und h

$G(2r \mid 6 - 2r \mid 2 + 3r)$, $H(-7 \mid 1 + 2s \mid 6 + s)$

$\overrightarrow{GH} = \begin{pmatrix} -2r - 7 \\ 2r + 2s - 5 \\ -3r + s + 4 \end{pmatrix}$

Es gilt: (1) $\overrightarrow{GH} * \begin{pmatrix} 2 \\ -2 \\ 3 \end{pmatrix} = 0$, also $-17r - s = -8$

(2) $\overrightarrow{GH} * \begin{pmatrix} 0 \\ 2 \\ 1 \end{pmatrix} = 0$, also $r + 5s = 6$

Das LGS $\left| \begin{array}{l} -17r - s = -8 \\ r + 5s = 6 \end{array} \right|$ hat die Lösung $r = \frac{17}{42}$; $s = \frac{47}{42}$.

Also: $\overrightarrow{GH} = \begin{pmatrix} -\frac{164}{21} \\ -\frac{41}{21} \\ \frac{82}{21} \end{pmatrix}$; Abstand $d = \left|\overrightarrow{GH}\right| = \frac{41 \cdot \sqrt{21}}{21} \approx 8{,}9$

b) Die Richtungsvektoren sind keine Vielfachen voneinander.

$\left| \begin{array}{l} 2r + s - 9 = 0 \\ -2r - 2s + \frac{7}{2} = 0 \\ 3r - s - 4 = 0 \end{array} \right| \Leftrightarrow \left| \begin{array}{l} 2r + s - 9 = 0 \\ -2s - 11 = 0 \\ -\frac{93}{2} = 0 \end{array} \right|$

Widerspruch; die Geraden sind windschief.

$\overrightarrow{PQ} = \begin{pmatrix} 2r + s - 9 \\ -2r - 2s + \frac{7}{2} \\ 3r - s - 4 \end{pmatrix}$

Für $r = 2$ und $s = 1$ steht $\overrightarrow{PQ}$ senkrecht auf g und h.

Abst (g; h) $= \frac{\sqrt{93}}{2} \approx 4{,}822$

c) Z. B. h: $\vec{x} = \begin{pmatrix} 12 \\ -7 \\ 8 \end{pmatrix} + s \begin{pmatrix} -8 \\ 5 \\ 4 \end{pmatrix}$

Die Richtungsvektoren sind keine Vielfachen voneinander.

$\left| \begin{array}{l} 3r + 8s - 17 = 0 \\ r - 5s + 9 = 0 \\ -r - 4s - 1 = 0 \end{array} \right| \Leftrightarrow \left| \begin{array}{l} 3r + 8s - 17 = 0 \\ -23s + 44 = 0 \\ 212 = 0 \end{array} \right|$

Widerspruch; die Geraden sind also windschief.

$\overrightarrow{PQ} = \begin{pmatrix} 3r + 8s - 17 \\ r - 5s + 9 \\ -r - 4s - 1 \end{pmatrix}$

Für $r = \frac{117}{313}$ und $s = \frac{502}{313}$ steht $\overrightarrow{PQ}$ senkrecht auf g und h.

Abst (g; h) $= \frac{106}{313} \cdot \sqrt{626} \approx 8{,}473$

131 **d)** Z. B. g: $\vec{x} = \begin{pmatrix} -1 \\ -1 \\ 5 \end{pmatrix} + r \cdot \begin{pmatrix} 6 \\ 8 \\ 67 \end{pmatrix}$; h: $\vec{x} = \begin{pmatrix} -1 \\ 19 \\ -5 \end{pmatrix} + s \cdot \begin{pmatrix} 8 \\ 6 \\ -4 \end{pmatrix}$

Die Richtungsvektoren sind keine Vielfachen voneinander.
Das Gleichungssystem zur Schnittpunktbestimmung führt auf einen Widerspruch, also sind g und h windschief zueinander.
Abst (g; h) $= \frac{164}{171}\sqrt{285} \approx 16{,}191$

2. **a)** Abst (g; x_1-Achse) = 0; Schnittpunkt (4 | 0 | 0)
Abst (g; x_2-Achse) $= \frac{8}{\sqrt{5}} \approx 3{,}578$
Abst (g; x_3-Achse) $= 2\sqrt{2} \approx 2{,}828$

b) Abst (g; x_1-Achse) $= \frac{\sqrt{10}}{2} \approx 1{,}581$
Abst (g; x_2-Achse) $= \frac{5}{\sqrt{13}} \approx 1{,}387$
Abst (g; x_3-Achse) $= \sqrt{5} \approx 2{,}236$

3. Die Richtungsvektoren $\begin{pmatrix} 4 \\ -3 \\ 1 \end{pmatrix}$ und $\begin{pmatrix} 4 \\ 3 \\ -2 \end{pmatrix}$ sind keine Vielfachen voneinander und die Geraden haben keinen Schnittpunkt, sie liegen windschief zueinander.
Der Vektor der kürzesten Verbindung der Geraden ist eindeutig und steht senkrecht auf den Geraden. Die Verlängerung dieses Vektors ist die gesuchte Gerade.
$\overrightarrow{PQ} = \begin{pmatrix} 4r - 4s - \frac{33}{4} \\ -3r - 3s \\ r + 2s + 9 \end{pmatrix}$ steht für $r = 0{,}605$ und $s \approx -1{,}654$ senkrecht auf beiden Geraden.
$\Rightarrow$ P (0,420 | −1,815 | 4,605); Q (−0,367 | −4,963 | −1,691)

4. **a)** Verbindungsvektor $\overrightarrow{PQ} = \begin{pmatrix} 2r - 2s \\ 3r + 10 \\ s - 13 \end{pmatrix}$; ($P \in h$; $Q \in g$)

Für $r = -2$ und $s = 1$ steht $\overrightarrow{PQ^*} = \begin{pmatrix} -6 \\ 4 \\ -12 \end{pmatrix}$ senkrecht auf g und h.
Abst (g; h) $= |\overrightarrow{PQ^*}| = 14$

b) Der Punkt P (4 | −3 | 6) ist Lotfußpunkt auf h $\Rightarrow$ g*: $\vec{x} = \begin{pmatrix} 4 \\ -3 \\ 6 \end{pmatrix} + r \cdot \begin{pmatrix} 2 \\ 3 \\ 0 \end{pmatrix}$ ist parallel zu g, schneidet h in (4 | −3 | 6) und hat den geringsten Abstand zu g.

5. Sie hat recht. Beide Geraden liegen jeweils in einer Ebene, die parallel zur x_1x_2-Ebene ist, da von beiden Richtungsvektoren die x_3-Komponente null ist.
Die Ebene, die g enthält, besitzt die x_3-Koordinate 6. Die Ebene, die h enthält, besitzt die x_3-Koordinate 14. Damit haben beide Ebenen und somit auch beide Geraden den Abstand 8.

6. **a)** Wir überprüfen Marias Behauptung, indem wir den Abstand der Geraden g und h aus Teil b) nach dem bisher bekannten Verfahren berechnen und mit dem Ergebnis aus b) vergleichen.
G (2 + 2r | 7 + 3r | −6); H (2 + 2s | −3 | 7 − s); $\overrightarrow{GH} = \begin{pmatrix} 2s - 2r \\ -3r - 10 \\ 13 - s \end{pmatrix}$

(1) $\overrightarrow{GH} * \begin{pmatrix} 2 \\ 3 \\ 0 \end{pmatrix} = 0$, also $-13r + 4s - 30 = 0$

131 (2) $\overrightarrow{GH} * \begin{pmatrix} 2 \\ 0 \\ -1 \end{pmatrix} = 0$, also $-4r + 5s - 13 = 0$

Das LGS $\begin{vmatrix} -13r + 4s - 30 = 0 \\ -\ \ 4r + 5s - 13 = 0 \end{vmatrix}$ hat die Lösung $r = -2$; $s = 1$

$|\overrightarrow{GH}| = \left|\begin{pmatrix} 6 \\ -4 \\ 12 \end{pmatrix}\right| = 14$

b) $E: \vec{x} = \begin{pmatrix} 2 \\ 7 \\ -6 \end{pmatrix} + r \cdot \begin{pmatrix} 2 \\ 3 \\ 0 \end{pmatrix} + s \cdot \begin{pmatrix} 2 \\ 0 \\ -1 \end{pmatrix}$

HESSE'sche Normalenform: $E_{HNF}: \frac{1}{7}(-3x_1 + 2x_2 - 6x_3 - 44) = 0$

Abst (g; E) = 14 = Abst (g; h)

Beide Verfahren liefern das gleiche Ergebnis.

132 **7. a)** Z. B. $h: \vec{x} = \begin{pmatrix} -1 \\ 1 \\ -1 \end{pmatrix} + s \begin{pmatrix} 4 \\ 2 \\ -4 \end{pmatrix}$

Die Richtungsvektoren $\begin{pmatrix} 2 \\ -2 \\ 1 \end{pmatrix}$ und $\begin{pmatrix} 4 \\ 2 \\ -6 \end{pmatrix}$ sind keine Vielfachen voneinander, und das Gleichungssystem zur Schnittpunktbestimmung führt auf einen Widerspruch.

$\begin{vmatrix} -2r + 4s + 2 = 0 \\ 2r + 2s - 5 = 0 \\ -r - 4s - 5 = 0 \end{vmatrix} \Leftrightarrow \begin{vmatrix} -2r + 4s + \ \ 2 = 0 \\ 6s - \ \ 3 = 0 \\ -108 = 0 \end{vmatrix}$

$\Rightarrow$ Die Geraden liegen windschief zueinander.

Verbindungsvektor von $P' \in g$ zu $Q \in h$

$\overrightarrow{P'Q} = \begin{pmatrix} -2r + 4s - 2 \\ 2r + 2s - 5 \\ -r - 4s - 5 \end{pmatrix}$ ist für $r = 1$; $s = -\frac{1}{2}$ senkrecht auf g und h.

Lotfußpunkte $P'(-1|4|5)$; $Q(-3|0|1)$

Mittelpunkt: $\overrightarrow{OM} = \overrightarrow{OP'} + \frac{1}{2}\overrightarrow{P'Q} \Rightarrow M(-2|2|3)$

Radius: $\frac{|\overrightarrow{P'Q}|}{2} = \frac{\text{Abst}(g; h)}{2} = 3$

b) Gerade durch P und einen Punkt $G(-3 + 2r|6 - 2r|4 + r)$ auf g:

$g_P: \vec{x} = \begin{pmatrix} 4 \\ 2 \\ 0 \end{pmatrix} + k \cdot \left(\begin{pmatrix} -3 + 2r \\ 6 - 2r \\ 4 + r \end{pmatrix} - \begin{pmatrix} 4 \\ 2 \\ 0 \end{pmatrix}\right) = \begin{pmatrix} 4 \\ 2 \\ 0 \end{pmatrix} + k \cdot \begin{pmatrix} -7 + 2r \\ 4 - 2r \\ 4 + r \end{pmatrix}$

Schnitt von g_P mit h liefert ein Gleichungssystem mit 3 Gleichungen für die Unbekannten k, r, s mit Lösung $k = -1$; $r = 3$; $s = \frac{3}{2}$.

Die Gerade g_P schneidet g für $r = 3$ im Punkt $(3|0|7)$ und die Gerade h für $s = \frac{3}{2}$ im Punkt $(5|4|-7)$.

Da Abst $(g_P; M) \approx 5{,}61 > r = 3$, liegt die Gerade außerhalb der Kugel.

8. a) Beispiel:

- Wähle eine Ebene in der g liegt. Z. B. $E_1: \vec{x} = \begin{pmatrix} -2 \\ 1 \\ 3 \end{pmatrix} + r \cdot \begin{pmatrix} 4 \\ -2 \\ 1 \end{pmatrix} + s \cdot \begin{pmatrix} 1 \\ 0 \\ 0 \end{pmatrix}$

  Der neue Richtungsvektor darf kein Vielfaches des Richtungsvektors der Geraden sein.
- Konstruiere eine Ebene, die Abstand 10 von E_1 hat, z. B. über HESSE'sche Normalenform: $E_1: \frac{1}{\sqrt{3}}(x_2 + 2x_3 - 5) = 0$

  $E_2: \frac{1}{\sqrt{3}}(x_2 + 2x_3 - 5) + 10 = 0$

132

- Wähle Gerade in E_2, die nicht parallel zu g ist.

  Z. B. $h: \vec{x} = \begin{pmatrix} 0 \\ 10 \cdot \sqrt{3} - 5 \\ 0 \end{pmatrix} + s \cdot \begin{pmatrix} 1 \\ 0 \\ 0 \end{pmatrix}$

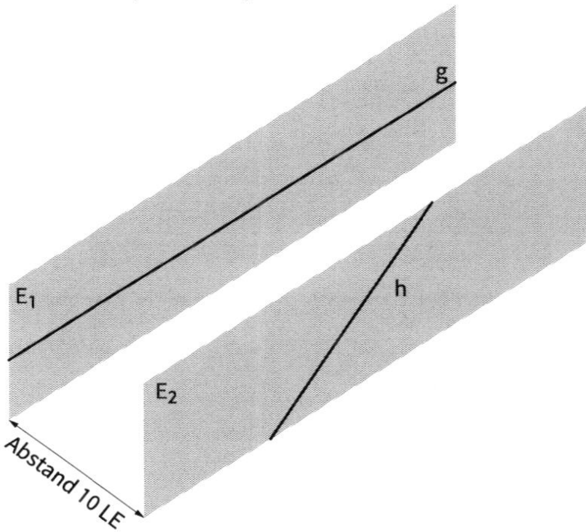

Alternative Lösung:

- Suche einen Vektor, der senkrecht auf dem Richtungsvektor steht und Länge 10 hat.

  Z. B. $\vec{n} = \begin{pmatrix} 0 \\ 1 \\ 2 \end{pmatrix} \cdot \frac{10}{\sqrt{5}}$

- Verschiebe Stützvektor von g um den Vektor $\vec{n}$, um den Stützvektor der neuen Geraden zu erhalten. Z. B. $\begin{pmatrix} -2 \\ 1 \\ 3 \end{pmatrix} + \begin{pmatrix} 0 \\ 1 \\ 2 \end{pmatrix} \cdot \frac{10}{\sqrt{5}}$

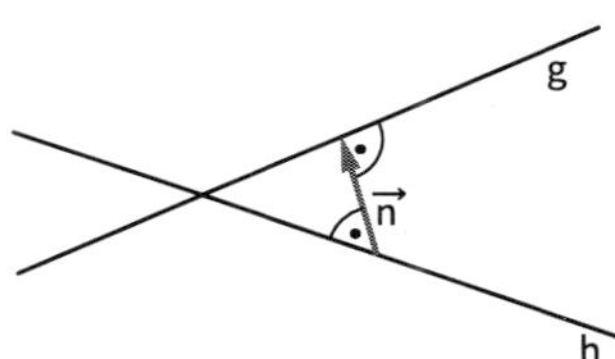

- Richtungsvektor der neuen Geraden ist ein Vektor, der senkrecht auf $\vec{n}$ steht, aber nicht der Richtungsvektor von g ist, z. B. $\begin{pmatrix} 1 \\ 0 \\ 0 \end{pmatrix}$

  $h: \vec{x} = \begin{pmatrix} -2 \\ 1 \\ 3 \end{pmatrix} + \frac{10}{\sqrt{5}} \cdot \begin{pmatrix} 0 \\ 1 \\ 2 \end{pmatrix} + s \cdot \begin{pmatrix} 1 \\ 0 \\ 0 \end{pmatrix}$

b) –

132

9. Sei $P \in g$ und $Q \in h$, dann gilt für den Abstand von P zu Q:

$$\text{Abst}(P; Q) = \left|\overrightarrow{PQ}\right| = \left|\begin{pmatrix} 3-2s-3r \\ 1-2s+5r \\ 1-r \end{pmatrix}\right|$$

Gesucht ist der kleinste Abstand von P und Q, dann ist $\overrightarrow{PQ} * \begin{pmatrix} 3 \\ -5 \\ 1 \end{pmatrix} = 0$ und $\overrightarrow{PQ} * \begin{pmatrix} -2 \\ -2 \\ 0 \end{pmatrix} = 0$

$$\Rightarrow \text{LGS} \left| \begin{matrix} 5+4s-35r=0 \\ -8+8s-\ \ 4r=0 \end{matrix} \right| \Rightarrow s = \frac{25}{22};\ r = \frac{3}{11}$$

$$\Rightarrow \overrightarrow{PQ} = \begin{pmatrix} -\frac{1}{11} \\ \frac{1}{11} \\ \frac{8}{11} \end{pmatrix} \Rightarrow \left|\overrightarrow{PQ}\right| = \frac{1}{11}\sqrt{66} \approx 0{,}7385\,\text{km}$$

Der geringste Abstand der beiden Routen beträgt 738,5 m und unterschreitet somit nicht den Mindestabstand.

10. a) Gerade des Flugzeugs mit Parameter t in min:

$$g: \vec{x} = \begin{pmatrix} -225 \\ 317 \\ 1{,}1 \end{pmatrix} + t \cdot \begin{pmatrix} 5 \\ -12 \\ 0{,}1 \end{pmatrix}$$

Höhe von 4 km nach $t = \frac{4{,}0 - 1{,}1}{0{,}1} = 29\,\text{min}$

29 min nachdem das Flugzeug an P_1 war, hat es 4 km Höhe erreicht.

Geschwindigkeit: $\left|\begin{pmatrix} 5 \\ -12 \\ 0{,}1 \end{pmatrix}\right| \approx 13\,\frac{\text{km}}{\text{min}} = 780\,\frac{\text{km}}{\text{h}}$

b) Gerade des Sportflugzeugs mit Parameter s in min:

$$h: \vec{x} = \begin{pmatrix} -198 \\ 251 \\ 2{,}3 \end{pmatrix} + s \cdot \begin{pmatrix} -2 \\ -3 \\ -\frac{1}{6} \end{pmatrix}$$

Die Richtungsvektoren von g und h sind keine Vielfachen voneinander und die Schnittpunktbestimmung führt auf einen Widerspruch $\Rightarrow$ die Geraden liegen windschief zueinander und es gibt keine Kollision.

Abst (g; h) = 0,678 km

c) Zum Zeitpunkt t (in min, gemessen ab dem Zeitpunkt, in dem das Verkehrsflugzeug den Punkt P_2 passiert) befindet sich

- das Verkehrsflugzeug im Punkt $V(-200 + 5t \mid 257 - 12t \mid 1{,}6 + 0{,}1t)$;
- das Sportflugzeug im Punkt $S\left(-198 - 2t \mid 251 - 3t \mid 2{,}3 - \frac{1}{6}t\right)$.

Abstand der beiden Flugzeuge zum Zeitpunkt t:

$$d(t) = \left|\overrightarrow{VS}\right| = \left|\begin{pmatrix} 2-7t \\ -6+9t \\ \frac{7}{10} - \frac{4}{15}t \end{pmatrix}\right| = \frac{1}{30}\sqrt{117\,064\,t^2 - 122\,736\,t + 36\,441}$$

Wir bestimmen das Minimum der Funktion D mit $D(t) = 117\,064\,t^2 - 122\,736\,t + 36\,441$.
Es liegt bei $t \approx 0{,}52$.

Der minimale Abstand beträgt $d(0{,}52) \approx 2{,}18$. Die beiden Flugzeuge kommen sich also nach ungefähr $\frac{1}{2}$ Minute am nächsten, ihr Abstand beträgt dann ungefähr 2,18 km.

132 **11. a)** E: $\vec{x} = \begin{pmatrix} 3 \\ 2 \\ 6 \end{pmatrix} + r \cdot \begin{pmatrix} 8 \\ 4 \\ -1 \end{pmatrix} + s \cdot \begin{pmatrix} 4 \\ -4 \\ 7 \end{pmatrix}$; E: $2x_1 - 5x_2 - 4x_3 = -28$; $\vec{n} = \begin{pmatrix} 2 \\ -5 \\ -4 \end{pmatrix}$

Radius $r = |\overrightarrow{MA}| = \left|\begin{pmatrix} 8 \\ 4 \\ -1 \end{pmatrix}\right| = 9$

Länge des Flugweges von A nach B

Winkel zwischen $\overrightarrow{MA}$ und $\overrightarrow{MB}$

$\cos(\alpha) = \frac{|\overrightarrow{MA} * \overrightarrow{MB}|}{|\overrightarrow{MA}| \cdot |\overrightarrow{MB}|} = \frac{9}{9 \cdot 9} = \frac{1}{9}$, also $\alpha \approx 83{,}6°$

$s = \frac{\alpha}{360°} \cdot 2\pi r \approx \frac{83{,}6°}{360°} \cdot 18\pi \approx 13{,}1$

b) Für den Richtungsvektor $\vec{u}$ der Tangente gilt:

(1) $\vec{u} * \overrightarrow{MB} = 0$, also $4u_2 - 4u_2 + 7u_3 = 0$

(2) $\vec{u} * \vec{n} = 0$, also $2u_1 - 5u_2 - 4u_3 = 0$

Eine mögliche Lösung ist $\vec{u} = \begin{pmatrix} 17 \\ 10 \\ -4 \end{pmatrix}$.

Kreistangente g: $\vec{x} = \begin{pmatrix} 7 \\ -2 \\ 13 \end{pmatrix} + r \cdot \begin{pmatrix} 17 \\ 10 \\ -4 \end{pmatrix}$

c) Die Richtungsvektoren von g und h sind keine Vielfachen voneinander, also sind g und h nicht parallel zueinander.

Untersuchung auf gemeinsame Punkt $\begin{pmatrix} 7 \\ -2 \\ 13 \end{pmatrix} + r \cdot \begin{pmatrix} 17 \\ 10 \\ -4 \end{pmatrix} = \begin{pmatrix} 47 \\ 28 \\ 1 \end{pmatrix} + k \cdot \begin{pmatrix} -3 \\ -5 \\ 2 \end{pmatrix}$,

$\left| \begin{array}{l} 17r + 3k = 40 \\ 10r + 5k = 30 \\ -4r - 2k = -12 \end{array} \right|$ hat die Lösung $r = 2$; $k = 2$

Die beiden Flugbahnen schneiden sich im Punkt S (41 | 18 | 5).

Es könnte also zu einem Zusammenstoß kommen. Die Frage nach dem Abstand erübrigt sich damit.

2.6 Kreis und Kugel

2.6.1 Gleichungen von Kreis und Kugel

133 **Einstiegsaufgabe ohne Lösung**

Alle Punkte der Kugel müssen vom Punkt M (0 | 0 | 0) den gleichen Abstand 10 haben.

Es muss also gelten: $\sqrt{(x_1 - 0)^2 + (x_2 - 0)^2 + (x_3 - 0)^2} = 10$, bzw. quadriert:

$(x_1 - 0)^2 + (x_2 - 0)^2 + (x_3 - 0)^2 = 10^2$

$x_1^2 + x_2^2 + x_3^2 = 100$

134 **1. a)** k: $x_1^2 + x_2^2 = 36$

k: $\vec{x}^2 = 36$

b) k: $(x_1 - 4)^2 + (x_2 + 5)^2 = 5$

k: $\left(\vec{x} - \begin{pmatrix} 4 \\ -5 \end{pmatrix}\right)^2 = 5$

c) k: $(x_1 + 4)^2 + (x_2 + 2)^2 = 9$

k: $\left(\vec{x} - \begin{pmatrix} -4 \\ -2 \end{pmatrix}\right)^2 = 9$

d) k: $(x_1 + 1)^2 + (x_2 - 11)^2 = 400$

k: $\left(\vec{x} - \begin{pmatrix} -1 \\ 11 \end{pmatrix}\right)^2 = 400$

e) k: $(x_1 - 5)^2 + (x_2 - 2)^2 = 6{,}25$

k: $\left(\vec{x} - \begin{pmatrix} 5 \\ 2 \end{pmatrix}\right)^2 = 6{,}25$

f) k: $(x_1 - 2)^2 + (x_2 + 3)^2 = 18$

k: $\left(\vec{x} - \begin{pmatrix} 2 \\ -3 \end{pmatrix}\right)^2 = 18$

134

2. **a)** M(2|7), $r=\sqrt{6}$
b) M(3|−4), $r=3$
c) M(4|−3), $r=\sqrt{20}$
d) M(5|1), $r=\sqrt{30}$

3. **Anmerkung zur ersten Auflage:** die Mittelpunkte sind falsch angegeben, es fehlt jeweils die dritte Koordinate.
Richtig wäre: **a)** M(0|0|0) **b)** M(−3|5|1) **c)** M(−5|−2|2)

a) K: $x_1^2 + x_2^2 + x_3^2 = 16$
K: $\vec{x}^2 = 16$

b) K: $(x_1+3)^2 + (x_2-5)^2 + (x_3-1)^2 = 100$
K: $\left(\vec{x} - \begin{pmatrix} -3 \\ 5 \\ 1 \end{pmatrix}\right)^2 = 100$

c) K: $(x_1+5)^2 + (x_2+2)^2 + (x_3-2)^2 = 32$
K: $\left(\vec{x} - \begin{pmatrix} -5 \\ -2 \\ 2 \end{pmatrix}\right)^2 = 32$

4. **a)** M(4|−3|0), $r=3$
b) M(−3|7|−8), $r=11$

135

5. $x_1^2 + x_2^2 + x_3^2 = 6\,30^2 = 40\,576\,900$

a) Koordinaten:
- des Nordpols (0|0|6 370)
- des Südpols (0|0|−6 370)
- des Ortes 180° östlicher Länge (−6 370|0|0)

Die Koordinaten des Ortes 180° östlicher Länge, der auf dem Äquator liegt, kann man nur genau bestimmen, wenn man wie in der Realität den 0. Längengrad, der durch Greenwich (England) verläuft, festlegt.

b) $5\,096^2 + 0^2 + 3\,882^2 = 40\,576\,900$
Der Punkt P liegt auf der Oberfläche.

6. **a)** A: $(-1-1)^2 + (2+2)^2 = 20 = 20$ A liegt auf k
B: $(1-1)^2 + (-4+2)^2 = 4 < 20$ B liegt innerhalb von k
C: $(-3-1)^2 + (-5+2)^2 = 25 > 20$ C liegt außerhalb von k

b) A: $\left(\begin{pmatrix} -2 \\ 9 \end{pmatrix} - \begin{pmatrix} -3 \\ 5 \end{pmatrix}\right)^2 = \begin{pmatrix} 1 \\ 4 \end{pmatrix}^2 = 1 + 16 = 17 > 13$ A liegt außerhalb von k
B: $\left(\begin{pmatrix} -6 \\ 3 \end{pmatrix} - \begin{pmatrix} -3 \\ 5 \end{pmatrix}\right)^2 = \begin{pmatrix} 3 \\ -2 \end{pmatrix}^2 = 9 + 4 = 13 = 13$ B liegt auf k
C: $\left(\begin{pmatrix} -5 \\ 7 \end{pmatrix} - \begin{pmatrix} -3 \\ 5 \end{pmatrix}\right)^2 = \begin{pmatrix} -2 \\ 2 \end{pmatrix}^2 = 4 + 4 = 8 < 13$ C liegt innerhalb von k

7. **a)** A: $\left[\begin{pmatrix} 1 \\ -2 \\ 2 \end{pmatrix} - \begin{pmatrix} 2 \\ -4 \\ 1 \end{pmatrix}\right]^2 = \left[\begin{pmatrix} -1 \\ 2 \\ 1 \end{pmatrix}\right]^2 = 1 + 4 + 1 = 6$
B: $\left[\begin{pmatrix} 4 \\ 0 \\ -4 \end{pmatrix} - \begin{pmatrix} 2 \\ -4 \\ 1 \end{pmatrix}\right]^2 = \left[\begin{pmatrix} 2 \\ 4 \\ -5 \end{pmatrix}\right]^2 = 4 + 16 + 25 = 45 \neq 6$
C: $\left[\begin{pmatrix} 4 \\ -5 \\ 0 \end{pmatrix} - \begin{pmatrix} 2 \\ -4 \\ 1 \end{pmatrix}\right]^2 = \left[\begin{pmatrix} 2 \\ -1 \\ 1 \end{pmatrix}\right]^2 = 4 + 1 + 1 = 6$
Die Punkte A und C liegen auf der Oberfläche der Kugel.

135

b) A: $(0-2)^2+(5+1)^2+(11-2)^2=4+36+81=121$
B: $(-7-2)^2+(7+1)^2+(0-2)^2=81+64+4=149\neq 121$
C: $(8-2)^2+(6+1)^2+(-4-2)^2=36+49+36=121$
Die Punkte A und C liegen auf der Oberfläche der Kugel.

8. a) $(3-1)^2+(3-1)^2+(2-m_3)^2=9$; Lösungen: $m_3=1$ oder $m_3=3$
b) $(3-2)^2+(4+1)^2+(-7+m_3)^2=90 \Leftrightarrow m_3^2-14m_3-25=0$
Lösungen: $m_3=7+\sqrt{74}$ oder $m_3=7-\sqrt{74}$
c) $4^2+(-1)^2+4^2-2\cdot 4m_1+14\cdot(-1)+m_1^2=32$
$m_1^2-8m_1=13$
$(m_1-4)^2=29$
Lösungen: $m_1=\sqrt{29}+4$ oder $m_2=-\sqrt{29}+4$

9. a) A: $(-3-m_1)^2+(7-m_2)^2=r^2$
B: $(-5-m_1)^2+(1-m_2)^2=r^2$
C: $(-11-m_1)^2+(3-m_2)^2=r^2$
Lösungen: $m_1=-7,\ m_2=5,\ r=\sqrt{20}$
k: $(x_1+7)^2+(x_2-5)^2=20$
b) $m_1=16,\ m_2=12,\ r=\sqrt{130}$
k: $(x_1-16)^2+(x_2-12)^2=130$
c) $m_1=33{,}5,\ m_2=7{,}5,\ r=\frac{5}{2}\sqrt{130}$
k: $(x_1-33{,}5)^2+(x_2-7{,}5)^2=812{,}5$

10. Setzt man die Koordinaten der vier Punkte in die Kugelgleichung $(x_1-m_1)^2+(x_2-m_2)^2+(x_3-m_3)^2=r^2$ ein, so erhält man vier Gleichungen für m_1, m_2, m_3 und r.
Das entstandene Gleichungssystem hat die Lösung $m_1=1,\ m_2=2,\ m_3=-2,\ r=17$
Die gesuchte Kugelgleichung hat die Form:
K: $(x_1-1)^2+(x_2-2)^2+(x_3+2)^2=289$

11. Schnittpunkte mit der x_1-Achse: $x_2=0$
$(x_1-2)^2+(0-4)^2=\sqrt{52}$
$(x_1-2)^2\approx-8{,}79 \quad\Rightarrow$ keine Schnittpunkte mit der x_1-Achse
Schnittpunkte mit der x_2-Achse: $x_1=0$
$(0-2)^2=(x_2-4)^2=\sqrt{52}$
$(x_2-4)^2\approx 3{,}21$
$S_1(0|5{,}79)$, $S_2(0|2{,}21)$

136

12. a) k: $(x_1-2)^2+(x_2+4)^2=16$ oder k: $(x_1-2)^2+(x_2-4)^2=16$
b) k: $(x_1-3)^2+(x_2-0)^2=9$ oder k: $(x_1+3)^2+(x_2-0)^2=9$
c) k: $(x_1+1)^2+(x_2-3)^2=9$

13. a) $(x_1+1)^2+(x_2-2)^2+(x_3-5)^2=13^2$
$P_1(12|2|5)$; $P_2(-1|15|5)$; $P_3(-1|2|18)$
b) $(x_1+2)^2+(x_2-3)^2+(x_3+1)^2=4^2$
$P_1(-2|-1|-1)$; $P_2(2|3|-1)$; $P_3(-2|3|3)$

136

14. a) Kreis mit $M(3|-1)$ und $r = 1$

b) kein Kreis und keine Kugel

c) kein Kreis und keine Kugel

d) Kugel mit $M(-4; 3; 0)$ und $r = 5 \cdot \sqrt{5}$

15. a) K_1: $(x_1 - 8)^2 + x_2^2 + x_3^2 = 64$

K_2: $(x_1 + 8)^2 + x_2^2 + x_3^2 = 64$

b) K_1: $x_1^2 + x_2^2 + (x_3 - 3{,}8)^2 = 3{,}8^2 = 14{,}44$

16. a) Koordinatenursprung liegt im Kugelmittelpunkt, dann gilt $\left(\overrightarrow{OX}\right)^2 = r^2$ mit $r^2 = 3 \cdot 2{,}5^2$

b) R: Radius der Außenkugel: $\left(\overrightarrow{OX}\right)^2 = R^2$

r: Radius der Innenkugel: $\left(\overrightarrow{OX}\right)^2 = r^2$

	Tetraeder	Hexaeder	Oktaeder	Dodekaeder	Ikosaeder
$\frac{R}{a}$	$\frac{1}{4}\sqrt{6}$	$\frac{1}{2}\sqrt{3}$	$\frac{1}{2}\sqrt{2}$	$\frac{1}{4}\sqrt{3} \cdot (1 + \sqrt{5})$	$\frac{1}{4}\sqrt{10 + 2\sqrt{5}}$
$\frac{r}{a}$	$\frac{1}{12}\sqrt{6}$	$\frac{1}{2}$	$\frac{1}{6}\sqrt{6}$	$\frac{1}{20}\sqrt{250 + 110\sqrt{5}}$	$\frac{1}{12}\sqrt{3} \cdot (3 + \sqrt{5})$

17. Mit Kugelmittelpunkt $M = (m_1 | m_2 | m_3)$ und Radius r ist eine Halbkugel z. B. durch $(x_1 - m_1) = \sqrt{r^2 - (x_2 - m_2)^2 - (x_3 - m_3)^2}$ gegeben.

2.6.2 Kreis und Gerade

137

Einstiegsaufgabe ohne Lösung

Laut grafischer Darstellung berührt die Gerade durch die Punkte P und Q den Kreis k im Punkt $S(-4|-4)$; die Gerade ist Tangente an den Kreis. Es wird also zum Berühren der Objekte kommen.

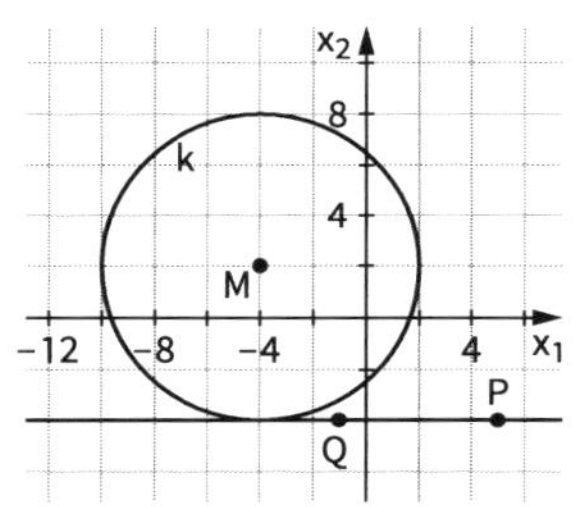

138

1. a) $(-2 - 2t)^2 + (8 + 7t)^2 = 36 \Leftrightarrow 53t^2 + 120t + 32 = 0$

$$t^2 + \frac{120}{53}t + \frac{32}{53} = 0 \Rightarrow t_{1,2} = -\frac{120}{106} \pm \sqrt{\underbrace{\left(\frac{120}{106}\right)^2 - \frac{32}{53}}_{>0}}$$

Es gibt also zwei Lösungen, da der Radikand größer Null ist. Also ist g Sekante von k.

b) $(4 - t)^2 + (-2 + 2t)^2 = 4 \Leftrightarrow 5t^2 - 16t + 16 = 0$

$$t^2 - \frac{16}{5}t + \frac{16}{5} = 0 \Rightarrow t_{1,2} = \frac{16}{10} \pm \sqrt{\underbrace{\left(\frac{16}{10}\right)^2 - \frac{16}{5}}_{<0}}$$

Es gibt keine Lösung, da der Radikand kleiner Null ist. Also ist g Passante von k.

c) $(-3 + t)^2 + (-1 + t)^2 = 2 \Leftrightarrow 2t^2 - 8t + 8 = 0$

$t^2 - 4t + 4 = 0 \Rightarrow t_{1,2} = 2 \pm \sqrt{4 - 4} = 2$

Es gibt nur eine Lösung. Also ist g Tangente von k.

138

2. a) $g: \vec{x} = \begin{pmatrix} 8 \\ 50 \end{pmatrix} + t\begin{pmatrix} 52 \\ 43 \end{pmatrix}$

$h: (x_1 - 12)^2 + (x_2 - 82)^2 = 400$

$(8 + 52t - 12)^2 + (50 + 43t - 82)^2 = 400$

$(52t - 4)^2 + (43t - 32)^2 = 400$

$\Leftrightarrow 4553t^2 - 3168t - 640 = 0$

$t^2 - \frac{3168}{4553}t + \frac{640}{4553} = 0$

$t_{1,2} = \frac{1584}{4553} + \sqrt{\underbrace{\left(\frac{1584}{4553}\right)^2 - \frac{640}{4553}}_{<0}}$

Es gibt keine Lösung, da der Radikand negativ ist.
Das Schiff verletzt die Sperrzone nicht.

b) Zu g senkrechte Gerade durch R:

$h: \vec{x} = \begin{pmatrix} 12 \\ 82 \end{pmatrix} + s\begin{pmatrix} -43 \\ 52 \end{pmatrix}$

Der Schnittpunkt S von g und h hat die Koordinaten:

$S(26{,}09 \mid 64{,}96)$

$|\overrightarrow{RS}| \approx 22{,}11$ km

Die kürzeste Entfernung zwischen Sperrzone und Schiff beträgt ca. 22,11 km.

139

3. Zu g senkrechte Gerade: h: $\vec{x} = \begin{pmatrix} 8 \\ 3 \end{pmatrix} + s \cdot \begin{pmatrix} 2 \\ 1 \end{pmatrix}$. Bestimme B als Schnittpunkt von g und h.

$B(4 \mid 1)$, $r = |\overrightarrow{BM}| = 2\sqrt{5}$

4. Parallel zur x_1-Achse

$g_1: \vec{x} = \begin{pmatrix} 4 \\ 3 \end{pmatrix} + t\begin{pmatrix} 1 \\ 0 \end{pmatrix}$ $\quad g_2: \vec{x} = \begin{pmatrix} 4 \\ -11 \end{pmatrix} + t\begin{pmatrix} 1 \\ 0 \end{pmatrix}$

Parallel zur x_2-Achse

$h_1: \vec{x} = \begin{pmatrix} -3 \\ -4 \end{pmatrix} + t\begin{pmatrix} 0 \\ 1 \end{pmatrix}$ $\quad h_2: \vec{x} = \begin{pmatrix} 11 \\ -4 \end{pmatrix} + t\begin{pmatrix} 0 \\ 1 \end{pmatrix}$

5. Halbgerade h senkrecht zu g durch $M(5 \mid -1)$

$h: x_2 = -\frac{3}{2}x_1 + \frac{13}{2}$

h in k einsetzen:

$(x_1 - 5)^2 + \left(-\frac{3}{2}x_1 + \frac{13}{2} + 1\right)^2 = 13$

$\frac{13}{4}(x_1 - 5)^2 = 13$

$|x_1 - 5| = 2$

$x_1 = 7$ oder $x_1 = 3$

$B_1(7 \mid -4)$, $B_2(3 \mid 2)$

t_1 in B_1: $x_2 = \frac{2}{3}x_1 - \frac{26}{3}$

t_2 in B_2: $x_2 = \frac{2}{3}x_1$

139

6. Halbgerade h senkrecht zu g_a durch M (−3 | 1)

$h\colon x_2 = -\frac{1}{2}x_1 - \frac{1}{2}$

h in k einsetzen:

$(x_1+3)^2 + \left(-\frac{1}{2}x_1 - \frac{1}{2} - 1\right)^2 = 4$

$\frac{5}{4}x_1^2 + \frac{15}{2}x_1 + \frac{15}{4} = 4$

$x_1 = \frac{-15-4\sqrt{5}}{5}$ oder $x_1 = \frac{-15+4\sqrt{5}}{5}$

$B_1\left(\frac{-15-4\sqrt{5}}{5}\,\middle|\,\frac{5+2\sqrt{5}}{5}\right)$ $B_2\left(\frac{-15+4\sqrt{5}}{5}\,\middle|\,\frac{5-2\sqrt{5}}{5}\right)$

t_1 in B_1: $x_2 = 2x_1 + 7 + 2\sqrt{5}$

t_2 in B_2: $x_2 = 2x_1 + 7 - 2\sqrt{5}$

also $a = 7 + 2\sqrt{5}$ oder $a = -7 - 2\sqrt{5}$.

7. a) M (−4 | −3) ist Mittelpunkt des Kreises k.
Für $\overrightarrow{MP}$ gilt: $\overrightarrow{MP} = \begin{pmatrix} -3 \\ 1{,}5 \end{pmatrix}$, also $|\overrightarrow{MP}| = \sqrt{11{,}25}$.
Der Radius des Kreises ist $r = 3$. Wegen $r < |\overrightarrow{MP}|$ liegt P also außerhalb des Kreises.

b) Wir verbinden P mit M und zeichnen um den Mittelpunkt der Strecke $\overline{PM}$ einen Kreis mit dem Radius $\frac{1}{2}|\overrightarrow{PM}|$ Die Schnittpunkte mit dem Kreis k sind die Berührpunkte der Tangenten durch P an k.

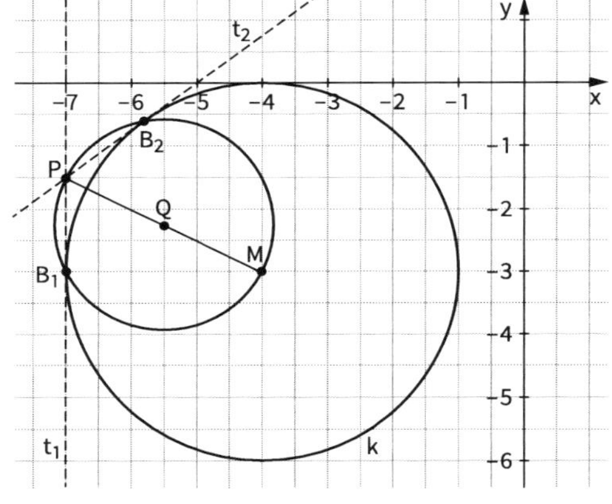

c) Ist B (x | y) ein gesuchter Berührungspunkt, so gilt:

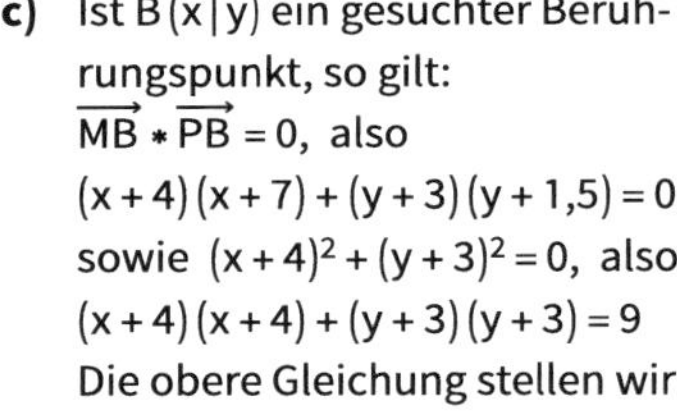

$\overrightarrow{MB} * \overrightarrow{PB} = 0$, also

$(x+4)(x+7) + (y+3)(y+1{,}5) = 0$

sowie $(x+4)^2 + (y+3)^2 = 0$, also

$(x+4)(x+4) + (y+3)(y+3) = 9$

Die obere Gleichung stellen wir wie folgt um:

$0 = (x+4)(x+7) + (y+3)(y+1{,}5)$

$\quad = (x+4)(x+4+3) + (y+3)(y+3-1{,}5)$

$\quad = (x+4)^2 + 3\cdot(x+4) + (y+3)^2 - 1{,}5(y+3)$

Nun setzen wir $(x+4)^2 + (y+3)^2 = 9$ ein und erhalten $0 = 9 + 3(x+4) - 1{,}5(y+3)$.
Daraus ergibt sich $y = 2x + 11$.
Dies setzen wir in $(x+4)^2 + (y+3)^2 = 9$ ein und erhalten so $(x+4)^2 + (2x+14)^2 = 9$ mit den Lösungen $x_1 = -7$ und $x_2 = -5{,}8$.
Diese Werte setzen wir in die Kreisgleichung ein und bestimmen den zugehörigen y-Wert. Es ergeben sich $y_1 = -3$ und $y_2 = -0{,}6$.
Die gesuchten Tangenten t_1 und t_2 berühren den Kreis k also in den Punkten $B_1(-7\,|\,-3)$ und $B_2(-5{,}8\,|\,-0{,}6)$.
Mit P als Aufpunkt erhält man daraus die folgenden Gleichungen für die Tangenten:

$t_1\colon \vec{x} = \begin{pmatrix} -7 \\ -1{,}5 \end{pmatrix} + r\cdot\begin{pmatrix} 0 \\ -1{,}5 \end{pmatrix}$; $t_2\colon \vec{x} = \begin{pmatrix} -7 \\ -1{,}5 \end{pmatrix} + s\cdot\begin{pmatrix} 1{,}2 \\ 0{,}9 \end{pmatrix}$

139

8. a) Skizze

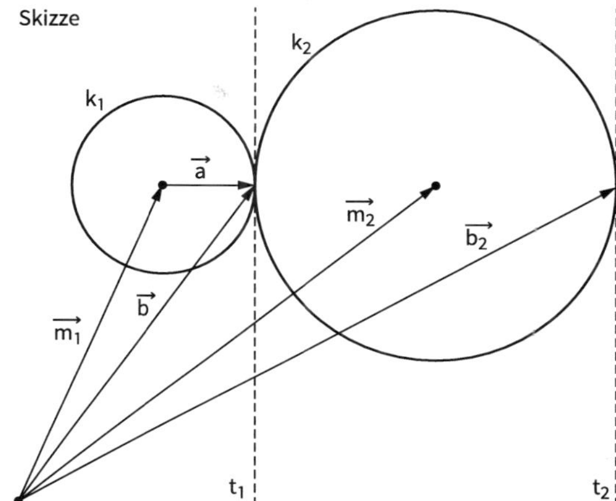

$k_1: \left[\vec{x} - \begin{pmatrix} 8 \\ 0 \end{pmatrix}\right]^2 = 25$

Für $\overrightarrow{m_2}$ gilt:

$\overrightarrow{m_2} = \overrightarrow{m_1} + (r_1 + r_2) \cdot \frac{1}{|\vec{a}|} \cdot \vec{a}$

mit $\vec{a} = \begin{pmatrix} -3 \\ 4 \end{pmatrix}$:

$\overrightarrow{m_2} = \begin{pmatrix} 8 \\ 0 \end{pmatrix} + 15 \cdot \frac{1}{5} \begin{pmatrix} -3 \\ 4 \end{pmatrix}$

$= \begin{pmatrix} -1 \\ 12 \end{pmatrix}$

$k_2: \left[\vec{x} - \begin{pmatrix} -1 \\ 12 \end{pmatrix}\right]^2 = 100$

b) $B(5\,|\,4)$, $M_1(8\,|\,0)$

$t_1: \vec{x} = \begin{pmatrix} 5 \\ 4 \end{pmatrix} + r \begin{pmatrix} 4 \\ 3 \end{pmatrix}$

c) $\overrightarrow{b_2} = \overrightarrow{m_1} + (r_1 + 2r_2) \cdot \frac{1}{|\vec{a}|} \cdot \vec{a}$

$\overrightarrow{b_2} = \begin{pmatrix} 8 \\ 0 \end{pmatrix} + 25 \cdot \frac{1}{5} \cdot \begin{pmatrix} -3 \\ 4 \end{pmatrix} = \begin{pmatrix} -7 \\ 20 \end{pmatrix}$; $B_2(-7\,|\,20)$

$t_2: \vec{x} = \begin{pmatrix} -7 \\ 20 \end{pmatrix} + r \begin{pmatrix} 4 \\ 3 \end{pmatrix}$

9. a) Einsetzen von $x_2 = 6$ in k:

$x_1^2 + 36 + 4x_1 - 48 + 15 = 0$

$x_1^2 + 4x_1 + 3 = 0$

$\Rightarrow x_1 = -3$ oder $x_1 = -1$

$S_1(-3\,|\,6)$ oder $S_2(-1\,|\,6)$

b) Ermittlung von M:

$(x_1 + 2)^2 - 4 + (x_2 - 4)^2 - 16 + 15 = 0$

$(x_1 + 2)^2 + (x_2 - 4)^2 = 5$

$\Rightarrow M(-2\,|\,4)$, $r = \sqrt{5}$

Somit erhält man durch Spiegeln von S_1 und S_2 an M: $S_1^*(-3\,|\,2)$ oder $S_2^*(-1\,|\,2)$

c) für $S_2^*(-3\,|\,2)$ und $M(-2\,|\,4)$ erhält man:

$t_1: \vec{x} = \begin{pmatrix} -3 \\ 2 \end{pmatrix} + s \begin{pmatrix} -2 \\ 1 \end{pmatrix}$.

für $S_1^*(-1\,|\,2)$ und $M(-2\,|\,4)$ erhält man:

$t_2: \vec{x} = \begin{pmatrix} -1 \\ 2 \end{pmatrix} + t \begin{pmatrix} 2 \\ 1 \end{pmatrix}$.

d) $\left|\begin{matrix} -3 - 2s = -1 + 2t \\ 2 + s = 2 + t \end{matrix}\right|$; $s = -\frac{1}{2}$ und $t = -\frac{1}{2}$ lösen das lineare Gleichugssystem, man erhält $T\left(-2\,\middle|\,\frac{3}{2}\right)$.

e) $u = 2r + 2 \cdot \left|\overrightarrow{S_1^*T}\right| = 2 \cdot \sqrt{5} + 2 \cdot \left|\begin{pmatrix} -1 \\ -\frac{1}{2} \end{pmatrix}\right|$

$= 2\sqrt{5} + 2 \cdot \frac{1}{2}\sqrt{5} = 3\sqrt{5} \approx 6{,}71$ LE

139

10. a) k: $x_1^2 + x_2^2 = 5$

g: $-x_1 + 3x_2 = 5 \Rightarrow x_1 = 3x_2 - 5$

Schnittpunkte S_1 und S_2 folgen aus

$(3x_2 - 5)^2 + x_2^2 = 5 \Rightarrow x_1 = 1\,(-2),\ x_2 = 2\,(1)$

$S_1(1\,|\,2),\ S_2(-2\,|\,1);\ \overline{S_1S_2} = \sqrt{10}.$

b) Für $S_1(1\,|\,2)$ und $M(0\,|\,0)$ erhält man:

t_1: $\vec{x} = \begin{pmatrix} 1 \\ 2 \end{pmatrix} + s\begin{pmatrix} 2 \\ -1 \end{pmatrix}.$

Für $S_2(-2\,|\,1)$ und $M(0\,|\,0)$ erhält man:

t_2: $\vec{x} = \begin{pmatrix} -2 \\ 1 \end{pmatrix} + t\begin{pmatrix} 1 \\ 2 \end{pmatrix}.$

c) Schnittpunkt $P(-1\,|\,3)$; der Vektor $\overrightarrow{OP}$ steht senkrecht auf der Geraden g.

d) $F_{S_1S_2P} = \left|\overrightarrow{PS_1} \times \overrightarrow{PS_2}\right| = 5$

$\overrightarrow{PS_1} = \begin{pmatrix} 2 \\ -1 \end{pmatrix};\ \overrightarrow{PS_2} = \begin{pmatrix} -1 \\ -2 \end{pmatrix};\ \overrightarrow{S_1S_2} = \begin{pmatrix} -3 \\ -1 \end{pmatrix}$

$\overrightarrow{PS_1} * \overrightarrow{PS_2} = 0 \Rightarrow \sphericalangle S_1PS_2 = 90°$; aus Symmetriegründen folgt $\sphericalangle S_1S_2P = S_2S_1P = 45°$.

e) Die Gleichung der Geraden h entspricht der der Geraden g, also liegen S_1 und S_2 auf h.

11. a) g: $\vec{x} = \begin{pmatrix} -2 \\ -7 \end{pmatrix} + r\cdot\begin{pmatrix} -3 \\ -2 \end{pmatrix}$

b) Skizze

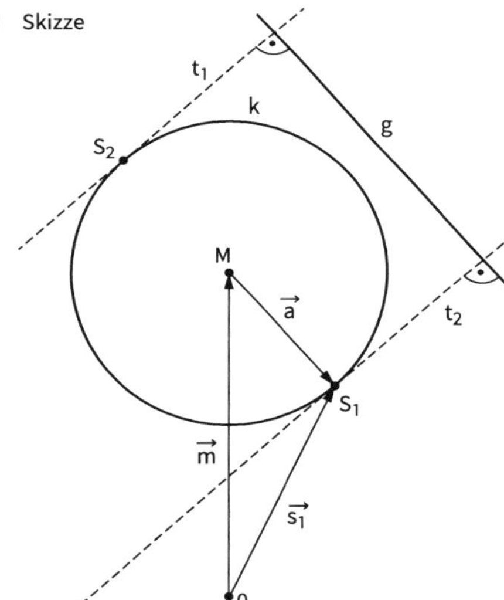

t_1: $\vec{x} = \vec{s}_1 + t\cdot\begin{pmatrix} -2 \\ 3 \end{pmatrix}$ und

t_2: $\vec{x} = \vec{s}_2 + t\cdot\begin{pmatrix} -2 \\ 3 \end{pmatrix}$

Vektor $\vec{a}$ ist das r-fache des normierten Richtungsvektors von g.

Also: $\vec{a} = 10\cdot\frac{1}{\sqrt{13}}\cdot\begin{pmatrix} -3 \\ -2 \end{pmatrix}.$

Dann ist $\vec{s}_1 = \vec{m} + \vec{a}$ und $\vec{s}_2 = \vec{m} - \vec{a}$.

Also: t_1: $\vec{x} = \begin{pmatrix} 4 \\ -3 \end{pmatrix} + \frac{10}{\sqrt{13}}\begin{pmatrix} -3 \\ -2 \end{pmatrix} + t\cdot\begin{pmatrix} 2 \\ -3 \end{pmatrix}$

$\approx \begin{pmatrix} -4{,}3 \\ -8{,}5 \end{pmatrix} + t\cdot\begin{pmatrix} 2 \\ -3 \end{pmatrix}$

t_2: $\vec{x} = \begin{pmatrix} 4 \\ -3 \end{pmatrix} - \frac{10}{\sqrt{13}}\begin{pmatrix} -3 \\ -2 \end{pmatrix} + t\cdot\begin{pmatrix} 2 \\ -3 \end{pmatrix}$

$\approx \begin{pmatrix} 12{,}3 \\ 2{,}5 \end{pmatrix} + t\cdot\begin{pmatrix} 2 \\ -3 \end{pmatrix}$

2.6.3 Kugel und Gerade – Tangente an eine Kugel

140 **Einstiegsaufgabe ohne Lösung**

Tatjana: $g: \vec{x} = \begin{pmatrix} 7 \\ 2 \\ 8 \end{pmatrix} + r\begin{pmatrix} 1 \\ -1 \\ -8 \end{pmatrix}$

Abstand g zu M(6|2|1): $\overrightarrow{MX} = \begin{pmatrix} 7+r-6 \\ 2-r-2 \\ 8-8r-1 \end{pmatrix} = \begin{pmatrix} 1+r \\ -r \\ 7-8r \end{pmatrix}$

$\overrightarrow{MX} \cdot \overrightarrow{u_g} = \begin{pmatrix} 1+r \\ -r \\ 7-8r \end{pmatrix} \cdot \begin{pmatrix} 1 \\ -1 \\ -8 \end{pmatrix} = 1 + r + r - 56 + 64r = 0$

$$66r = 55$$
$$r = \frac{5}{6}$$

$r = \frac{5}{6}$ in g: $F\left(\frac{47}{6} \middle| \frac{7}{6} \middle| \frac{4}{3}\right)$

$|\overrightarrow{FM}| = \left|\begin{pmatrix} -\frac{11}{6} \\ \frac{5}{6} \\ -\frac{1}{3} \end{pmatrix}\right| = \frac{5}{6}\sqrt{6} \approx 2{,}04$

$r = \sqrt{14} \approx 3{,}7 \Rightarrow |\overrightarrow{FM}| < r$, g schneidet K in zwei Punkten, g ist Sekante.

Ben: $g: \vec{x} = \begin{pmatrix} 7 \\ 2 \\ 8 \end{pmatrix} + r\begin{pmatrix} 1 \\ -1 \\ -8 \end{pmatrix}$

g in K:

$(7 + r - 6)^2 + (2 - r - 2)^2 + (8 - 8r - 1)^2 = 14$

$(1 + r)^2 + r^2 + (7 - 8r)^2 = 14$

$r^2 - \frac{5}{3}r + \frac{6}{11} = 0$

$r_1 \approx -0{,}45$, $r_2 \approx -1{,}22$ } zwei Lösungen für r, also zwei Schnittpunkte von g und K, g ist Sekante

142 **1. a)** Aus $\left[\begin{pmatrix} 3 \\ 0 \\ 6 \end{pmatrix} + t\begin{pmatrix} 1 \\ -1 \\ 4 \end{pmatrix}\right]^2 = 9$ folgt $t^2 + 3t + 2 = 0$.

Lösungen sind $t_1 = -2$; $t_2 = -1$

Die gemeinsamen Punkte von K und g sind $S_1(1|2|-2)$ und $S_2(2|1|2)$.

b) Die Länge der Sehne ist $s = |\overrightarrow{S_1S_2}| = \left|\begin{pmatrix} 1 \\ -1 \\ 4 \end{pmatrix}\right| = \sqrt{18}$.

143 **2. a)** $\left[\begin{pmatrix} 7 \\ 12 \\ -9 \end{pmatrix} + t\begin{pmatrix} 19 \\ 5 \\ -8 \end{pmatrix} - \begin{pmatrix} 2 \\ 2 \\ 1 \end{pmatrix}\right]^2 = 225$

$\left[\begin{pmatrix} 5 \\ 10 \\ -10 \end{pmatrix} + t\begin{pmatrix} 19 \\ 5 \\ -8 \end{pmatrix}\right]^2 = 225$

$\Rightarrow 450t^2 + 450t = 0$, Lösungen: $t_1 = 0$, $t_2 = -1$

$P_1 = \begin{pmatrix} 7 \\ 12 \\ -9 \end{pmatrix}$ und $P_2 = \begin{pmatrix} -12 \\ 7 \\ -1 \end{pmatrix}$ sind gemeinsame Punkte von K und g.

143

b) $\left[\begin{pmatrix}1\\6\\18\end{pmatrix}+s\begin{pmatrix}1\\2\\-2\end{pmatrix}-\begin{pmatrix}2\\2\\1\end{pmatrix}\right]^2=225$

$\left[\begin{pmatrix}-1\\4\\17\end{pmatrix}+s\begin{pmatrix}1\\2\\-2\end{pmatrix}\right]^2=225$

$\Rightarrow s^2-6s+9=(s-3)^2=0$

$\Rightarrow$ K und h haben den Punkt $P(4\,|\,12\,|\,12)$ gemeinsam; h ist Tangente.

3. $g\colon \vec{x}=\begin{pmatrix}4{,}11\\5{,}12\\0{,}76\end{pmatrix}+r\begin{pmatrix}-4\\-5\\3\end{pmatrix}$

g in K:

$(4{,}11-4r)^2+(5{,}12-5r)^2+(0{,}76+3r-4)^2=0{,}29^2$

$50r^2-103{,}52r-53{,}6041=0{,}0841$

$r_1=1$ $\rightarrow$ in g: $S(0{,}11\,|\,0{,}12\,|\,3{,}76)$

$r_2=1{,}0704$ entf.

Der Laserstrahl trifft die Discokugel im Punkt $S(0{,}11\,|\,0{,}12\,|\,3{,}76)$.

4. Wie in der Information auf Seite 142 steht, kann man den Abstand der Gerade vom Mittelpunkt berechnen um die Frage zu beantworten.

a) Hilfsebene senkrecht zu g durch M:

$E\colon \begin{pmatrix}1\\2\\0\end{pmatrix}*\left(\vec{x}-\begin{pmatrix}2\\-1\\3\end{pmatrix}\right)=0$, bzw. $E\colon x_1+2x_2=0$

Schnittpunkt von g und E: $S(2\,|\,-1\,|\,0)$

$\text{Abst}(M;g)=|\overrightarrow{MS}|=3=r$, also ist g eine Tangente.

b) Hilfsebene senkrecht zu g durch M:

$E\colon \begin{pmatrix}1\\-2\\5\end{pmatrix}*\left(\vec{x}-\begin{pmatrix}2\\-1\\3\end{pmatrix}\right)=0$, bzw. $E\colon x_1-2x_2+5x_3=19$

Schnittpunkt von g und E: $S\left(\frac{49}{30}\,\middle|\,\frac{26}{15}\,\middle|\,\frac{25}{6}\right)$

$\text{Abst}(M;g)=|\overrightarrow{MS}|\approx 2{,}99<r$, also ist g eine Sekante.

c) Hilfsebene senkrecht zu g durch M:

$E\colon \begin{pmatrix}3\\3\\0\end{pmatrix}*\left(\vec{x}-\begin{pmatrix}2\\-1\\3\end{pmatrix}\right)=0$, bzw. $E\colon 3x_1+3x_2=3$

Schnittpunkt von g und E: $S(3{,}5\,|\,-2{,}5\,|\,3)$

$\text{Abst}(M;g)=|\overrightarrow{MS}|=1{,}5\sqrt{2}<r$, also ist g eine Sekante.

5. a) Aus $\left[\begin{pmatrix}5\\-1\\3\end{pmatrix}+t\begin{pmatrix}1\\-1\\4\end{pmatrix}-\begin{pmatrix}2\\-1\\-3\end{pmatrix}\right]^2=9$ folgt: $t^2+3t+2=0$

Lösungen sind $t_1=-2$ und $t_2=-1$.

Die gemeinsamen Punkte sind $S_1(3\,|\,1\,|\,-5)$ und $S_2(4\,|\,0\,|\,-1)$.

b) Die gesuchte Gerade g_2 hat den gleichen Richtungsvektor wie g_1.

Es gibt keine eindeutige Lösung. Um einen geeigneten Aufpunkt für g_2 zu bestimmen, kann man beispielsweise wie folgt vorgehen:

Stelle eine zu g_1 senkrechte Gerade durch M auf, z. B. $h\colon \vec{x}=\begin{pmatrix}2\\-1\\-3\end{pmatrix}+s\cdot\begin{pmatrix}1\\1\\0\end{pmatrix}$ (auch diese Gerade ist nicht eindeutig!)

Bestimme s so, dass für einen Punkt P auf der Geraden h gilt: $|\overrightarrow{MP}|^2>r^2$, das ist erfüllt für $|s|>\frac{9}{2}$.

143 Als Aufpunkt für g_2 kann man nun jeden Punkt auf der Geraden h wählen, für den $|s| > \frac{9}{2}$ gilt. Also z. B. für $s = 5$: $g_2\colon \vec{x} = \begin{pmatrix} 7 \\ 4 \\ -3 \end{pmatrix} + t \cdot \begin{pmatrix} 1 \\ -1 \\ 4 \end{pmatrix}$

c) Für g_3 können wir genauso, wie in Aufgabenteil b) vorgehen, müssen nur fordern, dass $|\overrightarrow{MP}|^2 = r^2$, also $|s| = \frac{9}{2}$.

$g_3\colon \vec{x} = \begin{pmatrix} \frac{13}{2} \\ \frac{7}{2} \\ -3 \end{pmatrix} + t \cdot \begin{pmatrix} 1 \\ -1 \\ 4 \end{pmatrix}$

6. $(\vec{x} - \vec{b}) * (\vec{b} - \vec{m}) = 0$ mit $\vec{x} - \vec{b} = (\vec{x} - \vec{m}) - (\vec{b} - \vec{m})$ folgt $((\vec{x} - \vec{m}) - (\vec{b} - \vec{m})) * (\vec{b} - \vec{m}) = 0$

$(\vec{x} - \vec{m}) * (\vec{b} - \vec{m}) - (\vec{b} - \vec{m}) * (\vec{b} - \vec{m}) = 0$

$(\vec{x} - \vec{m}) * (\vec{b} - \vec{m}) = (\vec{b} - \vec{m}) * (\vec{b} - \vec{m})$

$(\vec{x} - \vec{m}) * (\vec{b} - \vec{m}) = (\vec{b} - \vec{m})^2$

$(\vec{x} - \vec{m}) * (\vec{b} - \vec{m}) = r^2$

7. a) $g\colon \vec{x} = \begin{pmatrix} 0 \\ -1 \\ -1 \end{pmatrix} + t \cdot \begin{pmatrix} 2 \\ 1 \\ 2 \end{pmatrix}$

Stelle zunächst eine Hilfsebene auf, die senkrecht zur Geraden g steht und den Punkt M enthält:

$E\colon \begin{pmatrix} 2 \\ 1 \\ 2 \end{pmatrix} * \vec{x} = \begin{pmatrix} 2 \\ 1 \\ 2 \end{pmatrix} * \begin{pmatrix} 4 \\ 1 \\ 4 \end{pmatrix} = 17$

Der Schnittpunkt P der Ebene E mit der Geraden g ist der gesuchte Berührpunkt und der Radius berechnet sich durch $r = \text{Abst}(g; M) = |\overrightarrow{MP}|$.

$\begin{pmatrix} 2 \\ 1 \\ 2 \end{pmatrix} * \left[\begin{pmatrix} 0 \\ -1 \\ -1 \end{pmatrix} + t \cdot \begin{pmatrix} 2 \\ 1 \\ 2 \end{pmatrix}\right] = -3 + 5t = 17$, also $t = 4$.

Damit folgt $\overrightarrow{OP} = \begin{pmatrix} 0 \\ -1 \\ -1 \end{pmatrix} + 4 \cdot \begin{pmatrix} 2 \\ 1 \\ 2 \end{pmatrix} = \begin{pmatrix} 8 \\ 3 \\ 7 \end{pmatrix}$, also Berührpunkt $P(8|3|7)$ und $r = |\overrightarrow{MP}| = \sqrt{29}$.

b) Die Vorgehensweise entspricht der in Aufgabenteil a).

$g\colon \vec{x} = \begin{pmatrix} 3 \\ 1 \\ 0 \end{pmatrix} + t \cdot \begin{pmatrix} 4 \\ 1 \\ 2 \end{pmatrix}$

Stelle zunächst eine Hilfsebene auf, die senkrecht zur Geraden g steht und den Punkt M enthält:

$E\colon \begin{pmatrix} 4 \\ 1 \\ 2 \end{pmatrix} * \vec{x} = \begin{pmatrix} 4 \\ 1 \\ 2 \end{pmatrix} * \begin{pmatrix} 1 \\ 2 \\ 2 \end{pmatrix} = 10$

$\begin{pmatrix} 4 \\ 1 \\ 2 \end{pmatrix} * \left[\begin{pmatrix} 3 \\ 1 \\ 0 \end{pmatrix} + t \cdot \begin{pmatrix} 4 \\ 1 \\ 2 \end{pmatrix}\right] = 13 + 21t = 10$, also $t = -\frac{1}{7}$.

Damit folgt $\overrightarrow{OP} = \begin{pmatrix} 3 \\ 1 \\ 0 \end{pmatrix} - \frac{1}{7} \cdot \begin{pmatrix} 4 \\ 1 \\ 2 \end{pmatrix} = \frac{1}{7}\begin{pmatrix} 17 \\ 6 \\ -2 \end{pmatrix}$, also Berührpunkt $P\left(\frac{17}{7}\middle|\frac{6}{7}\middle|-\frac{2}{7}\right)$

und $r = |\overrightarrow{MP}| = 2\sqrt{\frac{15}{7}}$.

143

8. Um den Abstand zu berechnen, wähle beliebigen Punkt P auf g und berechne den Abstand von P zu h, denn bei parallelen Geraden ist Abst(g; h) = Abst(P; h).

Z. B. P(−2|1|5)

$\overrightarrow{PX} = \begin{pmatrix} 4-3s \\ 2s \\ -11-4s \end{pmatrix}$ für einen Punkt X auf h.

$\overrightarrow{PX} * \begin{pmatrix} -3 \\ 2 \\ -4 \end{pmatrix} = -12 + 9s + 4s + 44 + 16s = 0$ für $s = -\frac{32}{29}$, der Lotfußpunkt des Lotes von P auf h ist also $F\left(\frac{154}{29} \middle| -\frac{35}{29} \middle| -\frac{46}{29}\right)$.

$\text{Abst}(g;h) = |\overrightarrow{PF}| = \left|\begin{pmatrix} \frac{212}{29} \\ -\frac{64}{29} \\ -\frac{191}{29} \end{pmatrix}\right| \approx 10{,}08$

Die Mittelpunkte der Kugeln liegen auf der Geraden, die mittig zwischen g und h und parallel zu den beiden liegt, also auf der Geraden

$m: \vec{x} = \frac{1}{2}\left(\overrightarrow{OP} + \overrightarrow{OF}\right) + t \cdot \begin{pmatrix} -3 \\ 2 \\ -4 \end{pmatrix} = \frac{1}{58}\begin{pmatrix} 96 \\ -6 \\ 99 \end{pmatrix} + t \cdot \begin{pmatrix} -3 \\ 2 \\ -4 \end{pmatrix}$

Gleichungen aller Kugeln:

$K: \left(\vec{x} - \frac{1}{58}\begin{pmatrix} 96 \\ -6 \\ 99 \end{pmatrix} - t \cdot \begin{pmatrix} -3 \\ 2 \\ -4 \end{pmatrix}\right)^2 = 5{,}04^2$

144

9. Wir bestimmen zunächst den Durchmesser d der Kugel, der dem Abstand der windschiefen Geraden entspricht:

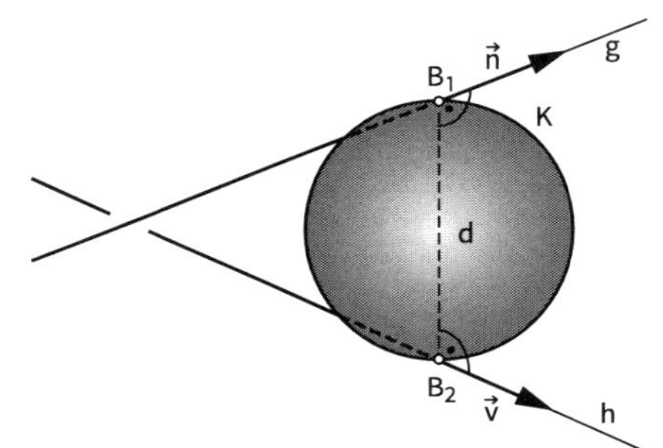

- B_1 und B_2 berechnen

  $\overrightarrow{B_1} = \begin{pmatrix} 4+2r \\ 10+3r \\ -6 \end{pmatrix}$; $\overrightarrow{B_2} = \begin{pmatrix} 4+2s \\ -3 \\ 6-s \end{pmatrix}$

  $\overrightarrow{B_1B_2} = \begin{pmatrix} 2s-2r \\ -13-3r \\ 12-s \end{pmatrix}$

  $\overrightarrow{B_1B_2} * \vec{u} = \begin{pmatrix} 2s-2r \\ -13-3r \\ 12-s \end{pmatrix} * \begin{pmatrix} 2 \\ 3 \\ 0 \end{pmatrix} = 4s - 13r - 39 = 0$

  $\overrightarrow{B_1B_2} * \vec{v} = \begin{pmatrix} 2s-2r \\ -13-3r \\ 12-s \end{pmatrix} * \begin{pmatrix} 2 \\ 0 \\ 1 \end{pmatrix} = 5s - 4r - 12 = 0$

  Das lineare Gleichungssystem $\left|\begin{matrix} 4s - 13r = 39 \\ 5s - 4r = 12 \end{matrix}\right|$ hat die Lösung $r = -3$ und $s = 0$.

  Also: $B_1(-2|1|-6)$ und $B_2(4|-3|6)$

- $d = |\overrightarrow{B_1B_2}| = 14$

  Die Kugel mit dem kleinsten Radius und $\vec{m} = \frac{1}{2}\left(\vec{b}_1 + \vec{b}_2\right)$ lautet:

  $K: \left[\vec{x} - \begin{pmatrix} 1 \\ -1 \\ 0 \end{pmatrix}\right]^2 = 49$

144 **10.** Gesucht wird der Abstand zwischen den Punkten B und M. Falls $\overline{BM} = r$, liegt B auf der Kugel K.

$\overline{BM} = \sqrt{(12-3)^2 + (12-6)^2 + (-7-(-9))^2} = \sqrt{81+36+4} = \sqrt{121} = 11 \Rightarrow \overline{BM} = r$

Tangente t: $\overrightarrow{OX} = \overrightarrow{OB} + t \cdot \vec{v}$

Die Tangente schneidet die x_1-Achse im Punkt $C(x|0|0)$. Dann ist $\vec{v} = \overrightarrow{OB} - \overrightarrow{OC} = \begin{pmatrix} 3-x \\ 6 \\ -9 \end{pmatrix}$.

Da t eine Tangente ist, gilt $\overrightarrow{BM} \perp \vec{v} \Rightarrow \overrightarrow{BM} * \vec{v} = 0$

$\begin{pmatrix} 9 \\ 6 \\ 2 \end{pmatrix} * \begin{pmatrix} 3-x \\ 6 \\ -9 \end{pmatrix} = 0$

$9(3-x) + 36 - 18 = 0$

$x = 5$

$\overrightarrow{OX} = \begin{pmatrix} 3 \\ 6 \\ -9 \end{pmatrix} + t\begin{pmatrix} -2 \\ 6 \\ -9 \end{pmatrix}$

11. a) Alle Kugeln haben einen Mittelpunkt in $M(-1|3|2)$, sie sind konzentrisch.

b) $g: \vec{x} = \begin{pmatrix} -1 \\ 1 \\ 1 \end{pmatrix} + t\begin{pmatrix} 0 \\ -9 \\ 0 \end{pmatrix}$

Einsetzen der Gerade g in die Koordinatengleichung der Kugel:

$(-1+1)^2 + (1-9t-3)^2 + (1-2)^2 = r^2$

$(2+9t)^2 + 1 = r^2$

$t^2 + \frac{4}{9}t + \frac{5-r^2}{81} = 0$

$t = -\frac{2}{9} \pm \sqrt{\frac{r^2-1}{81}}$

Für $r = 1$ ist die Gerade g eine Tangente an die Kugel K_1, für $r^2 < 1$ ist die Gerade eine Passante und für r^2 ist die Gerade eine Sekante.

12. a) $g_p: \overrightarrow{OX} = \overrightarrow{OP} + t\vec{v}$

$E: \overrightarrow{OX} = \overrightarrow{OP} + t \cdot \vec{v} + s \cdot \overrightarrow{OP}$

$\overrightarrow{OX} = \begin{pmatrix} p \\ p \\ 0 \end{pmatrix} + t \cdot \begin{pmatrix} 1 \\ 1 \\ -2 \end{pmatrix} + s \cdot \begin{pmatrix} p \\ p \\ 0 \end{pmatrix} = (s+1) \cdot p \begin{pmatrix} 1 \\ 1 \\ 0 \end{pmatrix} + t \cdot \begin{pmatrix} 1 \\ 1 \\ -2 \end{pmatrix}$

sei $(s+1)p = r$, dann $\overrightarrow{OX} = r\begin{pmatrix} 1 \\ 1 \\ 0 \end{pmatrix} + t\begin{pmatrix} 1 \\ 1 \\ -2 \end{pmatrix}$

b) Einsetzen der Geradenschar g_p in die Kugelgleichung:

$(p+t-1)^2 + (p+t)^2 + (-2t-3)^2 = 4$

$\Rightarrow t^2 + \frac{4p+10}{6}t + \frac{2p^2-2p+6}{6} = 0$

also $t = -\frac{2p+5}{6} \pm \frac{1}{6}\sqrt{-8p^2+32p-11}$

Gibt es für t genau eine Lösung, so ist die Gerade eine Tangente, dies ist erfüllt für $p = 2 \pm \sqrt{\frac{21}{8}}$.

c) Mit dem Ergebnis aus Aufgabenteil b) ergibt sich $t = -\frac{9 \pm \sqrt{\frac{21}{8}}}{6}$ und damit

$\overrightarrow{OB} = \begin{pmatrix} 2 \pm \sqrt{\frac{21}{8}} \\ 2 \pm \sqrt{\frac{21}{8}} \\ 0 \end{pmatrix} - \frac{9 \pm \sqrt{\frac{21}{8}}}{6}\begin{pmatrix} 1 \\ 1 \\ -2 \end{pmatrix} = \frac{1}{6}\begin{pmatrix} 3 \pm 4\sqrt{\frac{21}{8}} \\ 3 \pm 4\sqrt{\frac{21}{8}} \\ 18 \pm 4\sqrt{\frac{21}{8}} \end{pmatrix}$

144

13. a) $\begin{pmatrix} -1+t \\ 1 \\ 8+2t \end{pmatrix}^2 = 36 \Leftrightarrow 5t^2 + 30t + 30 = 0 \Leftrightarrow t^2 + 6t + 6 = 0$

$t_{1,2} = -3 \pm \sqrt{3}$. Also $\vec{s}_1 = \begin{pmatrix} -2+\sqrt{3} \\ 0 \\ 6+2\sqrt{3} \end{pmatrix} \approx \begin{pmatrix} -0{,}268 \\ 0 \\ 9{,}464 \end{pmatrix}$ und

$\vec{s}_2 = \begin{pmatrix} -2-\sqrt{3} \\ 0 \\ 6-2\sqrt{3} \end{pmatrix} \approx \begin{pmatrix} -3{,}732 \\ 0 \\ -2{,}536 \end{pmatrix}$.

b) $\left[\begin{pmatrix} 1 \\ a \\ 12 \end{pmatrix} + t\begin{pmatrix} 1 \\ 0 \\ 2 \end{pmatrix} - \begin{pmatrix} 2 \\ -1 \\ 4 \end{pmatrix}\right]^2 = \begin{pmatrix} -1+t \\ a+1 \\ 8+2t \end{pmatrix}^2 = 36$

$\Leftrightarrow 5t^2 + 30t + 30 + 2a + a^2 = 0 \Leftrightarrow t^2 + 6t + 6 + \frac{2a + a^2}{5} = 20$

$t_{1,2} = -3 \pm \sqrt{3 - \frac{2a + a^2}{5}}$

Damit es nur einen Berührpunkt gibt, muss gelten: $3 - \frac{2a + a^2}{5} = 0$.

Das ist der Fall für $a_1 = 3$ und $a_2 = -5$. Somit lauten die beiden Tangenten an K:

$t_1\colon \vec{x} = \begin{pmatrix} 1 \\ 3 \\ 12 \end{pmatrix} + t\begin{pmatrix} 1 \\ 0 \\ 2 \end{pmatrix}$ und $t_2\colon \vec{x} = \begin{pmatrix} 1 \\ -5 \\ 12 \end{pmatrix} + t\begin{pmatrix} 1 \\ 0 \\ 2 \end{pmatrix}$

14. a) $H = 8 + \sqrt{5} + 3 = 11 + \sqrt{5}$

b) Für den halben Öffnungswinkel gilt:

$\tan(\alpha) = \frac{r_k}{h} = \frac{1}{4}$; $\alpha \approx 14{,}036$

Für das in der Grafik dargestellte Szenario gilt dann: $\tan(\alpha) = \frac{r}{l}$, also ist die Länge der Seitenlinie $l = 4r = 12$.

Außerdem ergibt sich aus $\sin(\alpha) = \frac{r_l}{l} \approx 0{,}243$, dass $r_l = 2{,}916$ und damit:

$h_l = \sqrt{l^2 - r_l^2} \approx 11{,}64$

Der Kegel muss also 11,64 cm hoch sein.

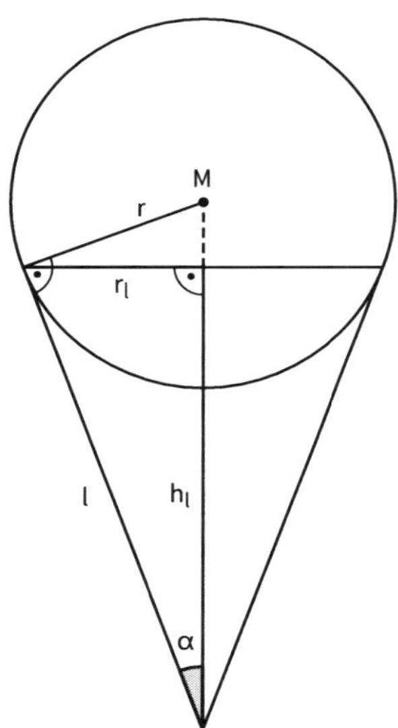

144

15. Wir rechnen im folgenden in km statt in m.

t: die Zeit; v: Geschwindigkeit;

Das U-Boot bewegt sich auf der Geraden $g: \vec{x} = \vec{x_0} + t \cdot \vec{v} = \begin{pmatrix} x_{01} \\ x_{02} \\ x_{03} \end{pmatrix} + t \cdot \begin{pmatrix} v_1 \\ v_2 \\ v_3 \end{pmatrix}$ mit:

$v_1 = -v \cdot \cos(45°) = -\frac{\sqrt{2}}{2} v$

$v_2 = v \cdot \cos(45°) = \frac{\sqrt{2}}{2} v$

$v_3 = 0$

$x_{01} = 1{,}2\,\text{km}$

$x_{03} = -0{,}5\,\text{km}$

$x_1 = x_{01} + v_1 \cdot t$

$x_2 = x_{02} + v_2 \cdot t \Rightarrow x_2 = v_2 \cdot t$

$x_3 = x_{03} + v_3 \cdot t \Rightarrow x_3 = x_{03}$

Für den Überwachungsbereich gilt: ${x_1}^2 + {x_2}^2 + {x_3}^2 \le 1{,}3\,\text{km}$

a) Einsetzen der Geraden in die Gleichung des Überwachungsbereichs:

$x_{01}^2 + x_{03}^2 + t_M \cdot 2 v_1 \cdot x_{01} + t_M^2 \left(v_1^2 + v_2^2\right) \le 1{,}3^2$

$v^2 \cdot t_M^2 - \sqrt{2} \cdot v \cdot x_{01} \cdot t_M \le 0,$ da $x_{01}^2 + x_{03}^2 = 1{,}3^2$

$0 < t_M < \sqrt{2}\frac{x_{01}}{v} \approx 0{,}0367\,\text{h} = 2{,}2\,\text{min}$

b) Das U-Boot wechselt auf halber Strecke im Überwachungsbereich den Kurs, d. h. für $t = \frac{x_{01}}{\sqrt{2}\,v}$, also im Punkt $P_1\,(0{,}6\,|\,0{,}6\,|\,-0{,}5)$ und fährt dann weiter auf der Geraden

$h: \vec{x} = \begin{pmatrix} 0{,}6 \\ 0{,}6 \\ -0{,}5 \end{pmatrix} + s \cdot \begin{pmatrix} -v \\ 0 \\ 0 \end{pmatrix}$

Einsetzen der Geradengleichung in die der Kugel des Überwachungsbereichs (hier kann man auch = anstatt des ≤ verwenden, da der gesuchte Punkt auf dem Rand des Überwachungsbereichs liegt):

$(0{,}6 - s\,v)^2 + 0{,}6^2 + (-0{,}5)^2 = 1{,}3^2$

$s^2 - \frac{1{,}2}{v} s - \frac{0{,}33}{v^2} = 0$

$s_1 = \frac{1{,}43}{v}$ und $s_2 = -\frac{0{,}23}{v}$

Das U-Boot fährt Richtung Norden, also kommt nur die positive Lösung infrage. Damit:

$\begin{pmatrix} 0{,}6 \\ 0{,}6 \\ -0{,}5 \end{pmatrix} + \frac{1{,}43}{v} \cdot \begin{pmatrix} -v \\ 0 \\ 0 \end{pmatrix} = \begin{pmatrix} -0{,}83 \\ 0{,}6 \\ -0{,}5 \end{pmatrix}$

Das U-Boot wird zuletzt im Punkt $P_2\,(-0{,}83\,|\,0{,}6\,|\,-0{,}5)$ registriert (Einheiten in km).

c) Das U-Boot müsste im Punkt P auf der Tangente im Punkt P an die Kugel, die den Überwachungsbereich beschreibt, weiterfahren.

2.6.4 Kugel und Ebene – Tangentialebene an eine Kugel

145 **Einstiegsaufgabe ohne Lösung**

Annahmen:

- Zorb ist eine Kugel
- Auflagefläche ist ein Kreis

Abstand M zu E berechnen:

$\text{Abst}(M;E) = \left|\frac{3+3+8-4}{\sqrt{1^2+1^2+8^2}}\right| = \frac{10}{\sqrt{66}} \approx 1{,}23\,\text{m}$

$r_K = \sqrt{r^2 - \text{Abst}(M;E)^2} \approx 0{,}86\,\text{m}$

Auflagefläche: $A = \pi \cdot r_K^2 = 2{,}32\,\text{m}^2$

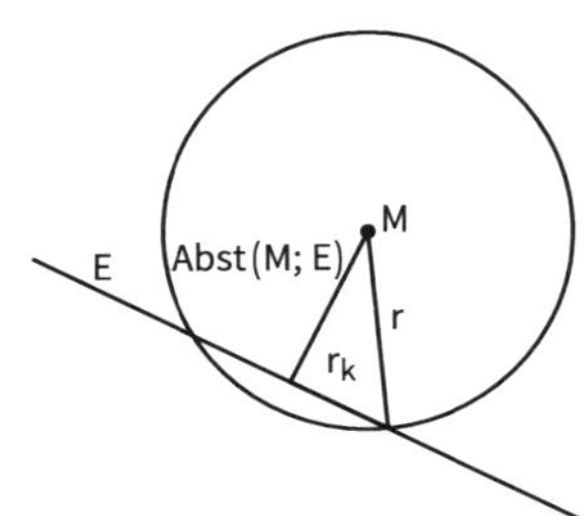

147 **1.** Die Tangentialebene E ist orthogonal zum Berührungsradius r. Daher ist $\overrightarrow{BM}$ ein Normalenvektor der Ebene E.
Für jeden Punkt X der Ebene E gilt dann: $\overrightarrow{BM} * \overrightarrow{BX} = 0$
Mit $\overrightarrow{BM} = \overrightarrow{OM} - \overrightarrow{OB}$ und $\overrightarrow{BX} = \overrightarrow{OX} - \overrightarrow{OB}$ folgt daraus für die Tangentialebene:
$(\overrightarrow{OM} - \overrightarrow{OB}) * (\overrightarrow{OX} - \overrightarrow{OB}) = 0.$

148 **2. a)** Zwei Kugeln

- liegen nebeneinander ohne Schnittmenge,
- berühren sich in einem Punkt
- schneiden sich, Schnittmenge ist ein Kreis, oder
- sind konzentrisch.

b) Sei $M_1(0|-2|1)$ Mittelpunkt der Kugel K_1 und $M_2(2|4|4)$ Mittelpunkt der Kugel K_2.

$\overline{M_1M_2}^2 = (2-0)^2 + (4-(-2))^2 + (1-4)^2 = 4 + 36 + 9 = 49$

Seien M^* Mittelpunkt und r^* Radius des Schnittkreises.
Dann gilt

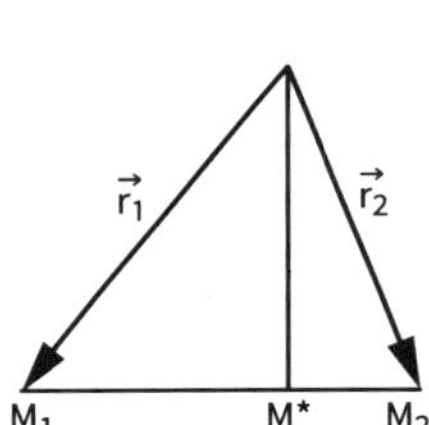

$\sqrt{r_2^2 - (r^*)^2} + \sqrt{r_1^2 - (r^*)^2} = \overline{M_1M_2}$

$\sqrt{25 - (r^*)^2} + \sqrt{32 - (r^*)^2} = 7 \Rightarrow r^* = 4.$

Die Gleichung einer Geraden durch M_1 und M_2:

$\overrightarrow{OX} = \overrightarrow{OM_1} + t \cdot (\overrightarrow{OM_2} - \overrightarrow{OM_1})$ $\quad\quad \overrightarrow{OX} = \begin{pmatrix} 0 \\ -2 \\ 1 \end{pmatrix} + t\begin{pmatrix} 2 \\ 6 \\ 3 \end{pmatrix}.$

$\overline{M^*M_1} = \sqrt{r_1^2 - (r^*)^2} = 4$ $\quad\quad \overline{M^*M_1}^2 = (\overrightarrow{OM_1} - \overrightarrow{OM^*})^2 = 16$

$\overrightarrow{OM^*} = \overrightarrow{OM_1} + t^*\begin{pmatrix} 2 \\ 6 \\ 3 \end{pmatrix}$

$\left[t^*\begin{pmatrix} 2 \\ 6 \\ 3 \end{pmatrix}\right]^2 = (\overrightarrow{OM_1} - \overrightarrow{OM^*})^2 = 16$

$(t^*)^2 \cdot (4 + 36 + 9) = 16$

$(t^*)^2 = \frac{16}{49} \Rightarrow t^* = \frac{4}{7}$

$\overrightarrow{OM^*} = \begin{pmatrix} 0 \\ -2 \\ 1 \end{pmatrix} + \frac{4}{7}\begin{pmatrix} 2 \\ 6 \\ 3 \end{pmatrix} = \begin{pmatrix} \frac{8}{7} \\ \frac{10}{7} \\ \frac{19}{7} \end{pmatrix}$

$M^*\left(\frac{8}{7} \middle| \frac{10}{7} \middle| \frac{19}{7}\right)$

148

c) $\overrightarrow{M_1M_2} * \overrightarrow{OX} = \overrightarrow{OM} * \overrightarrow{M_1M_2}$

$$\begin{pmatrix}2\\6\\3\end{pmatrix} * \overrightarrow{OX} = \begin{pmatrix}\frac{8}{7}\\ \frac{10}{7}\\ \frac{19}{7}\end{pmatrix} * \begin{pmatrix}2\\6\\3\end{pmatrix}$$

$$\begin{pmatrix}2\\6\\3\end{pmatrix} * \overrightarrow{OX} = \frac{1}{7}(16+60+57) = \frac{133}{7} = 19$$

$$E^*: \begin{pmatrix}2\\6\\3\end{pmatrix} * \overrightarrow{OX} = 19$$

d) $r_1 + r_2 = 7$ oder $|r_2 - r_1| = 7$, z. B. $r_1 = 3$, $r_2 = 4$ oder $r_1 = 11$, $r_2 = 4$ usw.

3. $\left(\overrightarrow{OB} - \overrightarrow{OM}\right) * \left(\left(\overrightarrow{OX} - \overrightarrow{OM}\right) + \left(\overrightarrow{OM} - \overrightarrow{OB}\right)\right) = 0$

$\left(\overrightarrow{OB} - \overrightarrow{OM}\right) * \left(\overrightarrow{OX} - \overrightarrow{OM}\right) + \left(\overrightarrow{OB} - \overrightarrow{OM}\right) * \left(\overrightarrow{OM} - \overrightarrow{OB}\right) = 0$

$\left(\overrightarrow{OB} - \overrightarrow{OM}\right) * \left(\overrightarrow{OX} - \overrightarrow{OM}\right) = \left(\overrightarrow{OB} - \overrightarrow{OM}\right)^2 = r^2$

4. a) $\text{Abst}(E; M) = \frac{27}{\sqrt{1^2+4+4}} = 9$

$r = 15 \Rightarrow r > 9 \Rightarrow$ die Ebene E und die Kugel K schneiden sich in einem Kreis.

b) Bestimme M* als Schnittpunkt der Ebene E und einer Geraden durch M senkrecht zu E:

$\begin{pmatrix}1\\2\\-2\end{pmatrix} * \left[\begin{pmatrix}0\\0\\0\end{pmatrix} + s\begin{pmatrix}1\\2\\-2\end{pmatrix}\right] = 27 \qquad s(1+4+4) = 27 \qquad s = 3$

$M^*(3|6|-6)$; $(r^*)^2 = 225 - 81 = 144$; $r^* = 12$

c) $E^*: \begin{pmatrix}1\\2\\-2\end{pmatrix} * \overrightarrow{OX} = \pm 45$

Schnittpunkt der zu E* senkrechten Gerade durch M mit E berechnen:

$\begin{pmatrix}1\\2\\-2\end{pmatrix} * \left[\begin{pmatrix}0\\0\\0\end{pmatrix} + s \cdot \begin{pmatrix}1\\2\\-2\end{pmatrix}\right] = \pm 45 \Rightarrow s = \pm 5$

Also ist der Berührpunkt $B(\pm 5 | \pm 10 | \mp 10)$

5. $\overline{MM^*} = \frac{15+54+6-75}{\sqrt{9+36+4}} = 0$

Die Ebene E geht durch den Mittelpunkt der Kugel K.

Die Schnittmenge von E und K ist ein Kreis mit dem Radius 7.

6. $\text{Abst}(0; E) = 15$; die Ebene E ist Tangentialebene.

Für den Abstand $\text{Abst}(0; E^*)$ gilt $\text{Abst}(0; E^*) = \sqrt{r^2 - r^{*2}} = \sqrt{209}$

Damit folgt:

$E_1^*: \begin{pmatrix}2\\10\\11\end{pmatrix} * \vec{x} = 15 \cdot \sqrt{209}$ bzw.

$E_2^*: \begin{pmatrix}2\\10\\11\end{pmatrix} * \vec{x} = -15 \cdot \sqrt{209}$

(2 Lösungen, E* kann auch auf der anderen Seite von M liegen) und

$\overrightarrow{OM_1^*} = \sqrt{209} \cdot \frac{1}{15}\begin{pmatrix}2\\10\\11\end{pmatrix}$ bzw. $\overrightarrow{OM_2^*} = -\sqrt{209} \cdot \frac{1}{15}\begin{pmatrix}2\\10\\11\end{pmatrix}$

148

7. **a)** Sei K: $\left[\overrightarrow{OX} - \overrightarrow{OM}\right]^2 = r^2$ und E: $\overrightarrow{OX} * \vec{a} = b$, dann $\text{Abst}(M; E) = \frac{\left|b - \vec{a} * \overrightarrow{OM}\right|}{\sqrt{\vec{a} * \vec{a}}} = \frac{12}{3} = 4$
$r = 6$, $r > 4 \Rightarrow$ K und E schneiden sich in einem Kreis.

b) Lotgerade durch M zu E: $g: \vec{x} = \begin{pmatrix} -2 \\ -1 \\ 2 \end{pmatrix} + s\begin{pmatrix} 2 \\ 1 \\ -2 \end{pmatrix}$

Einsetzen von g in E liefert $s = \frac{4}{3}$, also $M^*\left(\frac{2}{3}\middle|\frac{1}{3}\middle|-\frac{2}{3}\right)$

$$(r^*)^2 = r^2 - \left(\overline{MM^*}\right)^2 = 36 - \left[\begin{pmatrix} \frac{2}{3} \\ \frac{1}{3} \\ -\frac{2}{3} \end{pmatrix} - \begin{pmatrix} -2 \\ -1 \\ 2 \end{pmatrix}\right]^2 = 36 - \left[\begin{pmatrix} \frac{8}{3} \\ \frac{4}{3} \\ -\frac{8}{3} \end{pmatrix}\right]^2 = 36 - \frac{1}{9}(64 + 16 + 64) = 20$$

$r^* = 2\sqrt{5}$

c) Sei M_1 Mittelpunkt der Kugel K*. Dann ist

$$\overrightarrow{OM_1} = \overrightarrow{OM} + 2\,\overrightarrow{MM^*} = \begin{pmatrix} -2 \\ -1 \\ 2 \end{pmatrix} + 2 \cdot \frac{1}{3}\begin{pmatrix} 8 \\ 4 \\ -8 \end{pmatrix} = \frac{1}{3}\begin{pmatrix} -6 + 16 \\ -3 + 8 \\ 6 - 16 \end{pmatrix} = \frac{1}{3}\begin{pmatrix} 10 \\ 5 \\ -10 \end{pmatrix}$$

$$K^*: \left[\overrightarrow{OX} - \begin{pmatrix} \frac{10}{3} \\ \frac{5}{3} \\ -\frac{10}{3} \end{pmatrix}\right]^2 = 36$$

8. **a)** Stelle zunächst die Koordinatenform der Ebene auf:

$$\vec{n} = \begin{pmatrix} 1 \\ -1 \\ 0 \end{pmatrix} \times \begin{pmatrix} -2 \\ 1 \\ 1 \end{pmatrix} = \begin{pmatrix} -1 \\ -1 \\ -1 \end{pmatrix}$$

$$d = \begin{pmatrix} 1 \\ 3 \\ 1 \end{pmatrix} * \begin{pmatrix} -1 \\ -1 \\ -1 \end{pmatrix} = -1 - 3 - 1 = -5$$

E: $\vec{n} * \vec{x} = d$, also E: $-x_1 - x_2 - x_3 = -5$

$\text{Abst}(M; E) = \frac{8}{\sqrt{3}} < 6$, also schneiden sich E und K.

Lotgerade durch M senkrecht zu E:

$$g: \vec{x} = \begin{pmatrix} 5 \\ 5 \\ 3 \end{pmatrix} + s\begin{pmatrix} -1 \\ -1 \\ -1 \end{pmatrix}$$

Schnittpunkt von E und g ist der Mittelpunkt des Schnittkreises: $M^*\left(\frac{7}{3}\middle|\frac{7}{3}\middle|\frac{1}{3}\right)$

$(r^*)^2 = r^2 - \text{Abst}(M;E)^2 = 36 - \frac{64}{3} = \frac{44}{3}$

$r^* = \sqrt{\frac{44}{3}}$

b) $\left[\begin{pmatrix} 3 \\ 1 \\ x_3 \end{pmatrix} - \begin{pmatrix} 5 \\ 5 \\ 3 \end{pmatrix}\right]^2 = 36 \Rightarrow 4 + 16 + (x - 3)^2 = 36 \Rightarrow (x - 3)^2 = 16$

$x_3 = 7$ oder $x_3 = -1$

E*: $\left(\overrightarrow{OX} - \overrightarrow{OP}\right) * \left(\overrightarrow{OM} - \overrightarrow{OP}\right) = 0$

$\left(\overrightarrow{OX} - \begin{pmatrix} 3 \\ 1 \\ 7 \end{pmatrix}\right) * \left(\begin{pmatrix} 5 \\ 5 \\ 3 \end{pmatrix} - \begin{pmatrix} 3 \\ 1 \\ 7 \end{pmatrix}\right) = 0$ oder $\left(\overrightarrow{OX} - \begin{pmatrix} 3 \\ 1 \\ -1 \end{pmatrix}\right) * \left(\begin{pmatrix} 5 \\ 5 \\ 3 \end{pmatrix} - \begin{pmatrix} 3 \\ 1 \\ -1 \end{pmatrix}\right) = 0$ bzw.

E*: $\overrightarrow{OX} * \begin{pmatrix} 2 \\ 4 \\ -4 \end{pmatrix} = -18$ oder E*: $\overrightarrow{OX} * \begin{pmatrix} 2 \\ 4 \\ 4 \end{pmatrix} = 6$

148

9. $r^* = \sqrt{24}$; $r = 7$

Nach dem Satz des Pythagoras gilt:

$m_3^2 + r^{*2} = r^2$

$m_3^2 = 49 - 24 = 25$

$m_3 = 5$ oder $m_3 = -5$

Kugelgleichungen: $K_1: \left[\vec{x} - \begin{pmatrix} 3 \\ 2 \\ 5 \end{pmatrix}\right]^2 = 49$;

$K_2: \left[\vec{x} - \begin{pmatrix} 3 \\ 2 \\ -5 \end{pmatrix}\right]^2 = 49$

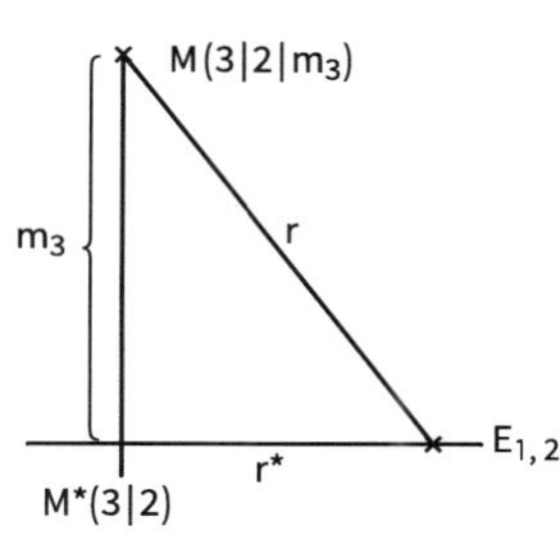

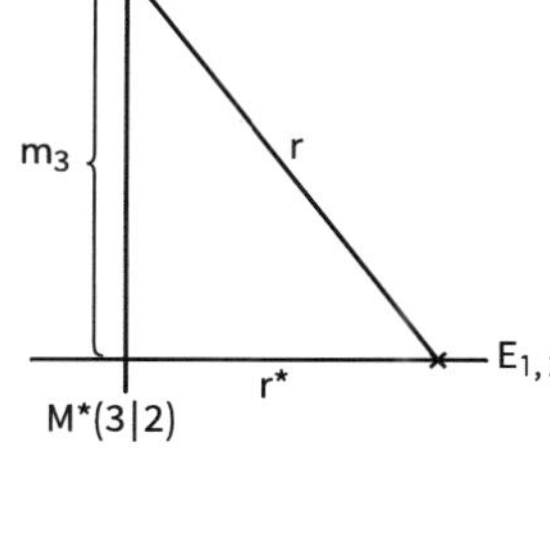

149

10. a) $B(-2|1|2)$, $E: \begin{pmatrix} 2 \\ -1 \\ -2 \end{pmatrix} * \vec{x} + 9 = 0$

b) $B(5|-8|13)$, $E: \begin{pmatrix} 2 \\ -6 \\ 9 \end{pmatrix} * \vec{x} - 175 = 0$

c) $K: \left(\vec{x} - \begin{pmatrix} 1 \\ 0 \\ -2 \end{pmatrix}\right)^2 = 49$, $B(3|-6|1)$, $E: \begin{pmatrix} 2 \\ -6 \\ 3 \end{pmatrix} * \vec{x} - 45 = 0$

11. a) M hat von E den Abstand $1\frac{13}{15} < 10$; E schneidet K.

b) $E: \begin{pmatrix} -14 \\ 5 \\ -2 \end{pmatrix} * \vec{x} = 204$

M hat von E den Abstand $15 > 7$; E und K haben keinen gemeinsamen Punkt.

12. $E': \begin{pmatrix} 3 \\ 2 \\ -6 \end{pmatrix} * \vec{x} = 35$, $E'': \begin{pmatrix} 3 \\ 2 \\ -6 \end{pmatrix} * \vec{x} = -63$

13. a) $\begin{pmatrix} 1 \\ -4 \\ 8 \end{pmatrix} * \begin{pmatrix} 3 \\ 3 \\ 1 \end{pmatrix} = -1$, also liegt B auf E.

$M_1(5|-5|17)$, $M_2(1|11|-15)$

b) $E: \begin{pmatrix} -6 \\ 2 \\ 3 \end{pmatrix} * \vec{x} = 17$, $\begin{pmatrix} -6 \\ 2 \\ 3 \end{pmatrix} * \begin{pmatrix} 2 \\ 4 \\ 7 \end{pmatrix} = 17$, also liegt B auf E.

$M_1(-16|10|16)$, $M_2(20|-2|-2)$

14. a) Für jede Tangente t gilt $(\vec{b} - \vec{m}) * (\vec{p} - \vec{b}) = 0$

Weiterhin gilt $\vec{p} - \vec{b} = (\vec{p} - \vec{m}) - (\vec{b} - \vec{m})$

Also: $(\vec{b} - \vec{m}) * \left((\vec{p} - \vec{m}) - (\vec{b} - \vec{m})\right) = 0$

$(\vec{b} - \vec{m}) * (\vec{p} - \vec{m}) - (\vec{b} - \vec{m}) * (\vec{b} - \vec{m}) = 0$

$(\vec{b} - \vec{m}) * (\vec{p} - \vec{m}) = (\vec{b} - \vec{m})^2$

$(\vec{b} - \vec{m}) * (\vec{p} - \vec{m}) = r^2$

alle Berührpunkte liegen somit in einer gemeinsamen Ebene:

$E: (\vec{x} - \vec{m}) * (\vec{p} - \vec{m}) = r^2$

149 **b)** $E: \left|\left(\vec{x} - \begin{pmatrix} 2 \\ -3 \\ 0 \end{pmatrix}\right) * \left(\begin{pmatrix} 4 \\ 3 \\ 0 \end{pmatrix} - \begin{pmatrix} 2 \\ -3 \\ 0 \end{pmatrix}\right)\right| = 16$

$E: 2x + 6y = 30$

M^* ist Schnittpunkt von E und g durch Punkt M

$g: \vec{x} = \begin{pmatrix} 4 \\ 3 \\ 0 \end{pmatrix} + s\begin{pmatrix} 2 \\ 6 \\ 0 \end{pmatrix}$

g in E liefert: $2(4 + 2s) + 6(3 + 6s) = 30$

$s = \frac{1}{10}$

$M^*(4{,}2 \mid 3{,}6 \mid 0)$

$r^* = \sqrt{r^2 - \overline{MM^*}^2} = \sqrt{16 - 0{,}4} \approx 3{,}95$

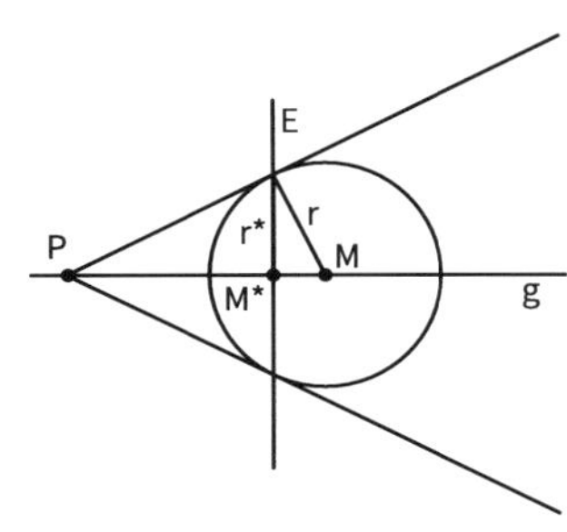

15. a) $r^2 = (\text{Abst}(P; E))^2 = \frac{100}{9}$

$K: \left[\overrightarrow{OX} - \begin{pmatrix} 2 \\ 1 \\ 2 \end{pmatrix}\right]^2 = \frac{100}{9}$; $B\left(\frac{28}{9} \middle| \frac{29}{9} \middle| \frac{38}{9}\right)$

b) 1. Punkt $\begin{pmatrix} 0 \\ 0 \\ 9 \end{pmatrix}$ muss in der Ebene E liegen: $\begin{pmatrix} 1 \\ 2 \\ 2 \end{pmatrix} * \begin{pmatrix} 0 \\ 0 \\ 9 \end{pmatrix} = 18$

2. Alle Geraden g_p müssen senkrecht zum Normalenvektor von E stehen:

$\begin{pmatrix} 2 \\ p \\ -p-1 \end{pmatrix} * \begin{pmatrix} 1 \\ 2 \\ 2 \end{pmatrix} = 2 + 2p - 2p - 2 = 0 \Rightarrow g_p$ liegt in E für alle p.

c) B ist der Berührpunkt von E und K, also muss B auf der Geraden g_p liegen, wenn g_p Tangente sein soll. Es muss also gelten:

$\begin{pmatrix} 0 \\ 0 \\ 9 \end{pmatrix} + t\begin{pmatrix} 2 \\ p \\ -p-1 \end{pmatrix} = \frac{1}{9}\begin{pmatrix} 28 \\ 29 \\ 38 \end{pmatrix}$

Diese Gleichung ist erfüllt für $p = \frac{29}{14}$.

Die Gerade $g_{\frac{29}{14}}$ ist Tangente an K.

2.7 Vermischte Aufgaben

150 **1.** Grundfläche: E_{ABCDE}: $x_3 = 0$

Deckfläche: E_{FGHIJ}: $x_3 = 5$

Vorderfläche: E_{BCHG}: $x_1 = 5$

Rückfläche: E_{EDIJ}: $x_1 = 0$

Seitenfläche: E_{ABGF}: $x_2 = 0$

E_{CDIH}: $x_2 = 5$

E_{AEJF}: $\vec{x} = \begin{pmatrix} 2 \\ 0 \\ 0 \end{pmatrix} + r \cdot \begin{pmatrix} 1 \\ -1 \\ 0 \end{pmatrix} + s \cdot \begin{pmatrix} 0 \\ 0 \\ 1 \end{pmatrix}$; $x_1 + x_2 = 2$

2. a) Skalarprodukt Normalenvektor mit Richtungsvektor:

$\begin{pmatrix} 2 \\ -1 \\ 2 \end{pmatrix} * \begin{pmatrix} -3 \\ 2 \\ 4 \end{pmatrix} = 0 \Rightarrow$ g parallel zu E

Lotgerade: $l: \vec{x} = \begin{pmatrix} 8 \\ -4 \\ 5 \end{pmatrix} + t \cdot \begin{pmatrix} 2 \\ -1 \\ 2 \end{pmatrix}$; Schnittpunkt $S(4 \mid -2 \mid 1)$

$\text{Abst}(g; E) = \left|2 \cdot \begin{pmatrix} 2 \\ -1 \\ 2 \end{pmatrix}\right| = 6$

150 **b)** Aus a) ist bekannt, dass $\begin{pmatrix}8\\-4\\5\end{pmatrix}-2\cdot\begin{pmatrix}2\\-1\\2\end{pmatrix}$ auf E liegt, verdoppelt man die Verschiebung um den Normalenvektor, so erhält man den symmetrisch liegenden Stützvektor:

$$\begin{pmatrix}8\\-4\\5\end{pmatrix}-4\cdot\begin{pmatrix}2\\-1\\2\end{pmatrix}\Rightarrow h\colon \vec{x}=\begin{pmatrix}0\\0\\-3\end{pmatrix}+s\cdot\begin{pmatrix}-3\\2\\4\end{pmatrix}$$

3. a) $\overrightarrow{OD}=\overrightarrow{OA}+\overrightarrow{BC}=\overrightarrow{OC}+\overrightarrow{BA}=\begin{pmatrix}11\\-12\\11\end{pmatrix}$ D(11|−12|11)

b) Ebene E, in der die Grundfläche liegt:

$E\colon \vec{x}=\begin{pmatrix}13\\-8\\7\end{pmatrix}+r\cdot\begin{pmatrix}-2\\2\\1\end{pmatrix}+s\cdot\begin{pmatrix}-1\\0\\1\end{pmatrix}$ bzw. $2x_1+x_2+2x_3-32=0$

Pyramidenhöhe h = Abstand des Punktes S von der Ebene E, in der die Grundfläche liegt.

$h=\frac{|2\cdot 20+10+2\cdot 20-32|}{3}=\frac{58}{3}$

Flächeninhalt der Grundfläche: $A_{Quadrat}=|\overrightarrow{AB}|^2=36$

Volumen der Pyramide: $V=\frac{1}{3}\cdot A_{Quadrat}\cdot h=\frac{1}{3}\cdot 36\cdot\frac{58}{3}=232$

c) Die Oberfläche der Pyramide besteht aus der Grundfläche und aus den Seitenflächen ABS, BCS, CDS und ADS.

Dreieck ABS: Grundseite $g_1=|\overrightarrow{AB}|=6$

Höhe h_1 = Abstand des Punktes S von der Geraden AB: $\vec{x}=\begin{pmatrix}13\\-8\\7\end{pmatrix}+k\cdot\begin{pmatrix}-2\\2\\1\end{pmatrix}$

Gesucht ist k so, dass $\begin{pmatrix}13-2k-20\\-8+2k-10\\7+k-20\end{pmatrix}*\begin{pmatrix}-2\\2\\1\end{pmatrix}=0$, also $k=\frac{35}{9}$

Lotfußpunkt: $F_1\left(\frac{47}{9}\middle|-\frac{2}{9}\middle|\frac{98}{9}\right)$

$$h_1=|\overrightarrow{F_1S}|=\left|\begin{pmatrix}\frac{133}{9}\\\frac{92}{9}\\\frac{82}{9}\end{pmatrix}\right|=\frac{\sqrt{3653}}{3}$$

Flächeninhalt: $A_{ABS}=\frac{1}{2}\cdot 6\cdot\frac{\sqrt{3653}}{3}=\sqrt{3653}\approx 60{,}4$

Dreieck BCS: Grundseite $g_2=|\overrightarrow{BC}|=6$

Höhe h_2 = Abstand des Punktes S von der Geraden BC: $\vec{x}=\begin{pmatrix}9\\-4\\9\end{pmatrix}+k\cdot\begin{pmatrix}-1\\-2\\2\end{pmatrix}$

Gesucht ist k so, dass $\begin{pmatrix}9-k-20\\-4-2k-10\\9+2k-20\end{pmatrix}*\begin{pmatrix}-1\\-2\\2\end{pmatrix}$, also $k=-\frac{17}{9}$

Lotfußpunkt: $F_2\left(\frac{98}{9}\middle|-\frac{2}{9}\middle|\frac{47}{9}\right)$

$$h_2=|\overrightarrow{F_2S}|=\left|\begin{pmatrix}\frac{82}{9}\\\frac{92}{9}\\\frac{133}{9}\end{pmatrix}\right|=\frac{\sqrt{3653}}{3}$$

Flächeninhalt: $A_{BCS}=\frac{1}{2}\cdot 6\cdot\frac{\sqrt{3653}}{3}=\sqrt{3653}\approx 60{,}4$

150 **Dreieck CDS**: Grundseite $g_3 = |\overrightarrow{CD}| = 6$

Höhe h_3 = Abstand des Punktes S von der Geraden CD: $\vec{x} = \begin{pmatrix} 7 \\ -8 \\ 13 \end{pmatrix} + k \cdot \begin{pmatrix} 2 \\ -2 \\ -1 \end{pmatrix}$

Gesucht ist k so, dass $\begin{pmatrix} 7+2k-20 \\ -8-2k-10 \\ 13-k-20 \end{pmatrix} * \begin{pmatrix} 2 \\ -2 \\ -1 \end{pmatrix}$, also $k = -\frac{17}{9}$

Lotfußpunkt: $F_3\left(\frac{29}{9} \middle| -\frac{38}{9} \middle| \frac{134}{9}\right)$

$$h_3 = |\overrightarrow{F_3S}| = \left|\begin{pmatrix} \frac{151}{9} \\ \frac{128}{9} \\ \frac{46}{9} \end{pmatrix}\right| = \frac{\sqrt{4589}}{3}$$

Flächeninhalt: $A_{CDS} = \frac{1}{2} \cdot 6 \cdot \frac{\sqrt{4589}}{3} = \sqrt{4589} \approx 67{,}7$

Dreieck ADS: Grundseite $g_4 = |\overrightarrow{AD}| = 6$

Höhe h_4 = Abstand des Punktes S von der Geraden AD: $\vec{x} = \begin{pmatrix} 13 \\ -8 \\ 7 \end{pmatrix} + k \cdot \begin{pmatrix} -1 \\ -2 \\ 2 \end{pmatrix}$

Gesucht ist k so, dass $\begin{pmatrix} 13-k-20 \\ -8-2k-10 \\ 7+2k-20 \end{pmatrix} * \begin{pmatrix} -1 \\ -2 \\ 2 \end{pmatrix} = 0$, also $k = -\frac{17}{9}$

Lotfußpunkt: $F_4\left(\frac{134}{9} \middle| -\frac{38}{9} \middle| \frac{29}{9}\right)$

$$h_4 = |\overrightarrow{F_4S}| = \left|\begin{pmatrix} \frac{46}{9} \\ \frac{128}{9} \\ \frac{151}{9} \end{pmatrix}\right| = \frac{\sqrt{4589}}{3}$$

Flächeninhalt: $A_{ADS} = \frac{1}{2} \cdot 6 \cdot \frac{\sqrt{4589}}{3} = \sqrt{4589} \approx 67{,}7$

Oberfläche: $O = A_{Quadrat} + A_{ABS} + A_{BCS} + A_{CDS} + A_{ADS} = 36 + 2 \cdot \left(\sqrt{3653} + \sqrt{4589}\right) \approx 292{,}4$

4. $E_{FGS}: \vec{x} = \begin{pmatrix} 0 \\ 8 \\ 18 \end{pmatrix} + s \cdot \begin{pmatrix} 8 \\ 0 \\ 0 \end{pmatrix} + t \cdot \begin{pmatrix} 4 \\ -4 \\ 8 \end{pmatrix};\ s, t \in \mathbb{R}$

Normalenvektor $\vec{n} = \begin{pmatrix} 0 \\ -64 \\ -32 \end{pmatrix}$

Fußpunkt des Mastes $P(4|0|18) \Rightarrow \text{Abst}(E_{FGS}; P) = \frac{16}{5}\sqrt{5} \approx 7{,}15$ m

Der Mast reicht 7,85 m ins Freie.

$g_{Mast}: \vec{x} = \begin{pmatrix} 4 \\ 0 \\ 18 \end{pmatrix} + r \cdot \begin{pmatrix} 0 \\ -64 \\ -32 \end{pmatrix};\ r \in \mathbb{R}$

Schnittpunkt g_{Mast} und E_{FGS}: $S\left(4 \middle| 6\frac{2}{5} \middle| 21\frac{1}{5}\right)$

5.
- Ebene E, in der die Grundfläche liegt

  $E: \vec{x} = \begin{pmatrix} 3 \\ -1 \\ -2 \end{pmatrix} + r \cdot \begin{pmatrix} 2 \\ -1 \\ 4 \end{pmatrix} + s \cdot \begin{pmatrix} 2 \\ -3 \\ -1 \end{pmatrix}$

  $E: 13x_1 + 10x_2 - 4x_3 = 37$
- Abstand von S zu E

  $\text{Abst}(S; E) = \frac{|13 \cdot (-23) + 10 \cdot (-19) - 4 \cdot 11 - 37|}{\sqrt{285}} = \frac{570}{\sqrt{285}} = 2 \cdot \sqrt{285} \approx 33{,}8$

  Die Pyramidenhöhe beträgt $2\sqrt{285} \approx 33{,}8$.

150

6. a) Da $\overrightarrow{BA} * \overrightarrow{BC} = \begin{pmatrix} -4 \\ 2 \\ 4 \end{pmatrix} * \begin{pmatrix} -2 \\ 4 \\ -4 \end{pmatrix} = 0$ ist, liegt bei B ein rechter Winkel.

$\Rightarrow \overrightarrow{OD} = \overrightarrow{OC} + \overrightarrow{BA} = \overrightarrow{OA} + \overrightarrow{BC} = \begin{pmatrix} 1 \\ 4 \\ 2 \end{pmatrix}$; D(1|4|2)

Außerdem ist $|\overrightarrow{BA}| = |\overrightarrow{BC}| = |\overrightarrow{CD}| = |\overrightarrow{DA}| = 6$, also ist das Viereck ABCD ein Quadrat.

b) Stützvektor des Mittelpunkts des Quadrats: $\overrightarrow{OM} = \overrightarrow{OB} + \frac{1}{2}\overrightarrow{BD} = \begin{pmatrix} 4 \\ 1 \\ 2 \end{pmatrix}$

Normalenvektor der Quadratebene mit Länge 6: $\vec{n} = \begin{pmatrix} 4 \\ 4 \\ 2 \end{pmatrix}$

$\Rightarrow \overrightarrow{OS} = \overrightarrow{OM} \pm \begin{pmatrix} 4 \\ 4 \\ 2 \end{pmatrix} = \begin{pmatrix} 4 \\ 1 \\ 2 \end{pmatrix} \pm \begin{pmatrix} 4 \\ 4 \\ 2 \end{pmatrix} \Rightarrow S_1(8|5|4)$; $S_2(0|-3|0)$

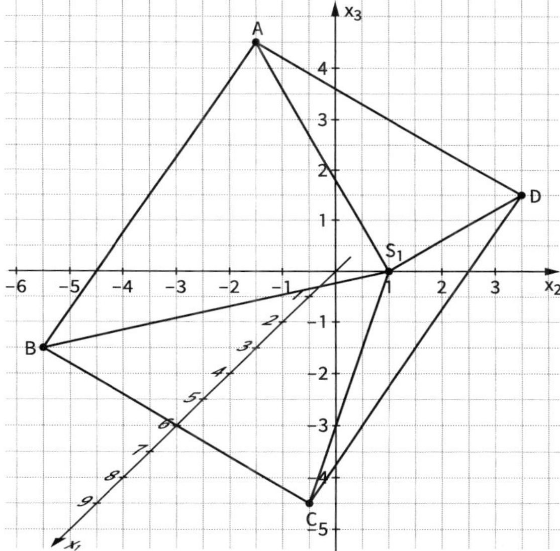

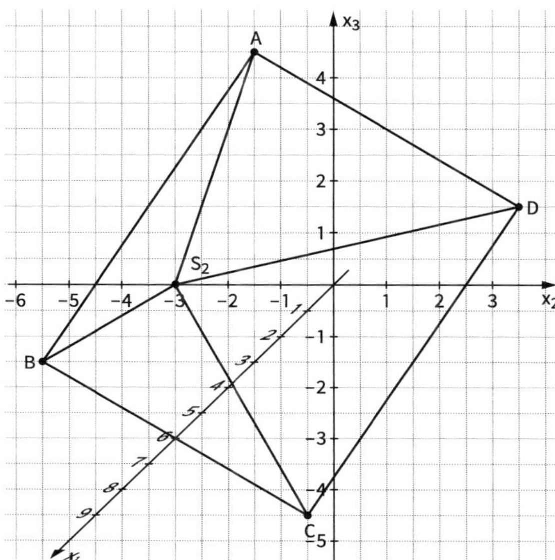

150 **c)** Für $k = 2$ ist $\vec{x} = \begin{pmatrix} 8 \\ 5 \\ 4 \end{pmatrix} = \overrightarrow{OS_1}$

Da $\begin{pmatrix} 1 \\ 1 \\ -4 \end{pmatrix} * \begin{pmatrix} 4 \\ 4 \\ 2 \end{pmatrix} = 0$, ist die Gerade zur Quadratebene parallel, die Höhe der Pyramide mit $S \in g$ ist immer 6 und somit ist $V = \frac{1}{3} G \cdot h$ konstant.

151 **7. a)** $S_1(12|0|0)$; $S_2(0|6|0)$; $S_3(0|0|6)$

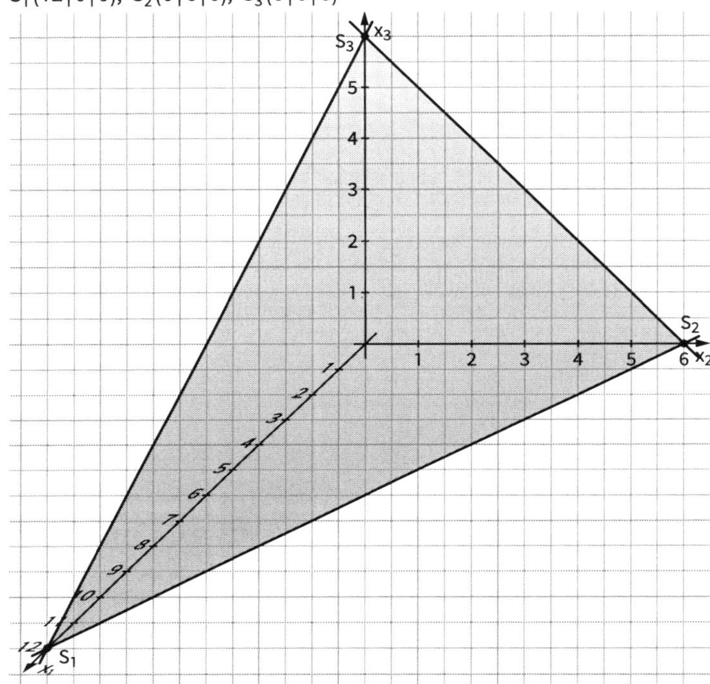

b) Wir betrachten das Dreieck OS_1S_2 als Grundfläche der Pyramide und den Punkt S_3 als Pyramidenspitze. Dann gilt:

Flächeninhalt der Grundfläche: $A_{OS_1S_2} = \frac{1}{2} \cdot 12 \cdot 6 = 36$

Pyramidenhöhe: $h = \left|\overrightarrow{OS_3}\right| = 6$

Volumen der Pyramide: $V = \frac{1}{3} \cdot A_{OS_1S_2} \cdot h = \frac{1}{3} \cdot 36 \cdot 6 = 72$

Die Oberfläche besteht aus den Dreiecken OS_1S_2, OS_1S_3, OS_2S_3 und $S_1S_2S_3$.

$A_{OS_1S_3} = \frac{1}{2} \cdot 12 \cdot 6 = 36$; $A_{OS_2S_3} = \frac{1}{2} \cdot 6 \cdot 6 = 18$

Das Dreieck $S_1S_2S_3$ ist ein gleichschenkliges Dreieck mit der Basis $\overline{S_2S_3}$.

$a = \left|\overrightarrow{S_2S_3}\right| = 6 \cdot \sqrt{2}$

Höhe des Dreiecks $S_1S_2S_3$: $h = \left|\overrightarrow{MS_1}\right| = \left|\begin{pmatrix} 12 \\ -3 \\ -3 \end{pmatrix}\right| = 9 \cdot \sqrt{2}$, wobei $M(0|3|3)$ der Mittelpunkt der Strecke $\overline{S_2S_3}$ ist.

$A_{S_1S_2S_3} = \frac{1}{2} \cdot 6\sqrt{2} \cdot 9\sqrt{2} = 54$

Oberfläche: $O = 36 + 36 + 18 + 54 = 144$

151

c) Z. B. über HNF an der Ebene

HNF: $E_1: x_1 = 0 \Rightarrow \text{Abst}(M; E_1) = |m_1|$

HNF: $E_2: x_2 = 0 \Rightarrow \text{Abst}(M; E_2) = |m_2|$

HNF: $E_3: x_3 = 0 \Rightarrow \text{Abst}(M; E_3) = |m_3|$

$\Rightarrow m_1 = m_2 = m_3 = m$, da M im 1. Quadranten

$\text{Abst}(M; E_G) = \frac{1}{3}(5m - 12) = m \Rightarrow M(6|6|6)$

8. a) $E_2: \frac{1}{\sqrt{50}}(5x_1 + 4x_2 + 3x_3 - 61) = 0$

E_1 und E_2 haben denselben Normalenvektor $\begin{pmatrix} 5 \\ 4 \\ 3 \end{pmatrix}$ und sind somit parallel.

Aus den HNF folgt: $\text{Abst}(E_1; E_2) = \frac{70}{\sqrt{50}} = 7\sqrt{2} \approx 9{,}9$

A liegt für $k = 1$ auf der Geraden g.

b) Schnittpunkt $S(3|-6|0)$

9. a) $B(4|4|0)$, $P(4|a|4)$ und $Q(a|4|4)$ mit jeweils $0 < a < 4$

Das Dreieck PBQ ist ein gleichschenkliges Dreieck mit der Basis $\overline{PQ}$.

$M\left(\frac{a+4}{2}\middle|\frac{a+4}{2}\middle|4\right)$ ist die Mitte der Basis.

Flächeninhalt des Dreiecks PBQ: $A_{PBQ} = \frac{1}{2}\cdot|\overrightarrow{PQ}|\cdot|\overrightarrow{MB}| = \frac{1}{2}\cdot|a-4|\cdot\sqrt{2}\cdot\frac{\sqrt{2\cdot(a^2-8a+48)}}{2}$

Bedingung: $A_{PBQ} = 6$,

also $\frac{1}{2}\cdot|a-4|\cdot\sqrt{2}\cdot\frac{\sqrt{2\cdot(a^2-8a+48)}}{2} = 6$ bzw. $|a-4|\cdot\sqrt{a^2-8a+48} = 12$

Durch Quadrieren erhalten wir: $(a-4)^2\cdot(a^2-8a+48) - 144 = 0$ bzw.

$a^4 - 16a^3 + 128a^2 - 512a + 624 = 0$

Diese Gleichung hat die Lösungen $a_1 = 2$; $a_2 = 6$.

Wegen $0 < a < 4$ kommt nur $a = 2$ infrage.

Also: $P(4|2|4)$ und $Q(2|4|4)$

b) Volumen der Pyramide mit der Grundfläche BQF und der Höhe $h = \overline{FP}$:

$V_{Pyramide} = \frac{1}{3}\cdot A_{BQF}\cdot|\overrightarrow{FP}| = \frac{1}{3}\cdot\left(\frac{1}{2}\cdot 2\cdot 4\right)\cdot 2 = \frac{8}{3}$

$V_{Restkörper} = V_{Würfel} - V_{Pyramide} = 4^3 - \frac{8}{3} = 61\frac{1}{3}$

10. a) Aus Symmetriegründen sind alle Innenwinkel zwischen zwei benachbarten Seitenflächen gleich groß.

$E_{BCS}: \vec{x} = \begin{pmatrix} 6 \\ 0 \\ 0 \end{pmatrix} + r\cdot\begin{pmatrix} 0 \\ 1 \\ 0 \end{pmatrix} + s\cdot\begin{pmatrix} 1 \\ -1 \\ -4 \end{pmatrix}$

$\overrightarrow{n_1} = \begin{pmatrix} 4 \\ 0 \\ 1 \end{pmatrix}$

$E_{CDS}: \vec{x} = \begin{pmatrix} 6 \\ 6 \\ 0 \end{pmatrix} + m\cdot\begin{pmatrix} 1 \\ 0 \\ 0 \end{pmatrix} + n\cdot\begin{pmatrix} 1 \\ 1 \\ -4 \end{pmatrix}$

$\overrightarrow{n_2} = \begin{pmatrix} 0 \\ 4 \\ 1 \end{pmatrix}$

$\cos(\alpha) = \frac{|\overrightarrow{n_1} * \overrightarrow{n_2}|}{|\overrightarrow{n_1}|\cdot|\overrightarrow{n_2}|} = \frac{1}{\sqrt{17}\cdot\sqrt{17}} = \frac{1}{17}$

$\alpha \approx 86{,}6°$

Innenwinkel: $180° - 86{,}6° \approx 93{,}4°$

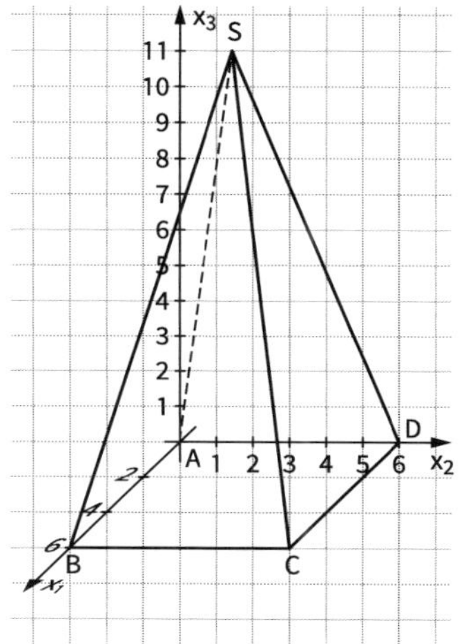

151

Winkel zwischen Seitenfläche und Grundfläche:

$\overrightarrow{n_1} = \begin{pmatrix} 4 \\ 0 \\ 1 \end{pmatrix}$, $\overrightarrow{n_3} = \begin{pmatrix} 0 \\ 0 \\ 1 \end{pmatrix}$

$\cos(\beta) = \frac{|\overrightarrow{n_1} * \overrightarrow{n_3}|}{|\overrightarrow{n_1}| \cdot |\overrightarrow{n_2}|} = \frac{1}{\sqrt{17}}$

$\beta \approx 76{,}0°$

Aus Symmetriegründen betragen alle Winkel zwischen einer Seiten- und der Grundfläche ca. 76,0°.

b) E: $\vec{x} = \begin{pmatrix} 6 \\ 0 \\ 0 \end{pmatrix} + r \cdot \begin{pmatrix} 0 \\ 1 \\ 0 \end{pmatrix} + s \cdot \begin{pmatrix} -5 \\ 5 \\ 4 \end{pmatrix}$

E: $4x_1 + 5x_3 = 24$

Kante $\overline{AS}$: $\vec{x} = k \cdot \begin{pmatrix} 1 \\ 1 \\ 4 \end{pmatrix}$

Schnitt von AS mit E: $4k + 20k = 24$, also $k = 1$; $Q(1\,|\,1\,|\,4)$

Das Viereck BCPQ ist ein gleichschenkliges Trapez.

Seitenlängen: $|\overrightarrow{BC}| = 6$, $|\overrightarrow{QP}| = 4$

$|\overrightarrow{BQ}| = \left|\begin{pmatrix} -5 \\ 1 \\ 4 \end{pmatrix}\right| = \sqrt{42} \approx 6{,}5$

$|\overrightarrow{CP}| = \left|\begin{pmatrix} -5 \\ -1 \\ 4 \end{pmatrix}\right| = \sqrt{42} \approx 6{,}5$

Innenwinkel:

Winkel bei B:

$\cos(\alpha) = \frac{\left|\begin{pmatrix} 5 \\ 1 \\ 4 \end{pmatrix} * \begin{pmatrix} 0 \\ 1 \\ 0 \end{pmatrix}\right|}{\sqrt{42}} = \frac{1}{\sqrt{42}}$, $\alpha \approx 81{,}1°$

Damit gilt für die übrigen drei Innenwinkel:

Winkel bei C: $\beta = \alpha \approx 81{,}1°$

Winkel bei P: $\gamma = 180° - \beta \approx 98{,}9°$

Winkel bei Q: $\delta = \gamma \approx 98{,}9°$

c) F_t: $4x_1 + 5x_3 = t$

F_t enthält den Punkt S, falls $12 + 60 = t$, also für $t = 72$

F_t enthält die Gerade durch A und D, also für $t = 0$

Die Ebenenschar F_t hat für $0 \leq t \leq 72$ gemeinsame Punkte mit der Pyramide.

11. Es reicht aufgrund der Symmetrie des Problems, eine Seitenfläche zu betrachten, z. B. ABS, die in der Ebene $E_{HNF}: \frac{1}{\sqrt{13}}(3x_1 + 2x_3 - 12) = 0$ liegt.

a) $\text{Abst}(P; E_{HNF}) = \frac{1}{\sqrt{13}}(-2a + 12)$, $a > 0$

b) $\frac{1}{\sqrt{13}}(-2a + 12) = 2$, also $a = 6 - \sqrt{13} \approx 2{,}394$

c) $\text{Abst}(O; E_{HNF})$; $E_{HNF} = \frac{12}{\sqrt{13}} = 3{,}328$

d) $\text{Abst}(P; E_{HNF}) = a \Rightarrow a = \frac{12}{\sqrt{13} + 2} \approx 2{,}141$

152

12. a) Festlegung eines Koordinatensystems
$A(8|0|0)$, $B(8|8|0)$, $P(0|8|p)$, $E(8|0|8)$
Wir betrachten das Dreieck ABE als Grundfläche und den Punkt P als Spitze der Pyramide.
Flächeninhalt der Grundfläche:
$\frac{1}{2}\cdot 8\cdot 8 = 32$
Höhe der Pyramide: Abstand des Punktes P von der Ebene E: $x_1 = 8$
Da die Gerade durch C und G parallel zur Ebene, in der die Grundfläche liegt, verläuft, haben alle Punkte P den Abstand 8 von E. Deshalb ist das Volumen $V = \frac{1}{3}\cdot 32\cdot 8$ von der Lage von P unabhängig.

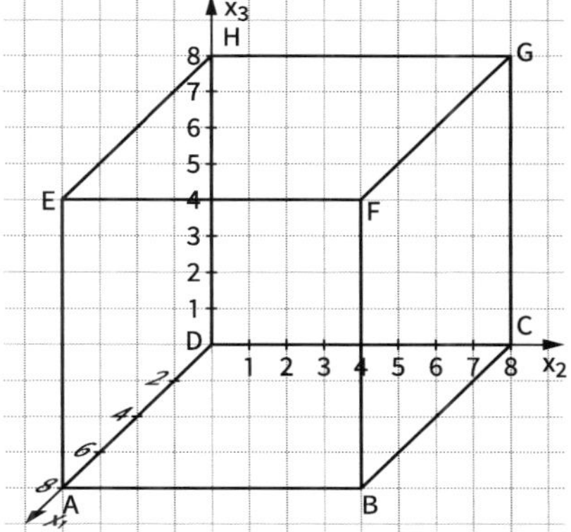

b) Raumdiagonale CE:
$\vec{x} = \begin{pmatrix} 0 \\ 8 \\ 0 \end{pmatrix} + k\cdot\begin{pmatrix} 1 \\ -1 \\ 1 \end{pmatrix}$

E_{ABP}: $\vec{x} = \begin{pmatrix} 8 \\ 0 \\ 0 \end{pmatrix} + r\cdot\begin{pmatrix} 0 \\ 1 \\ 0 \end{pmatrix} + s\cdot\begin{pmatrix} -8 \\ 8 \\ p \end{pmatrix}$

$p\cdot x_1 + 8x_3 = 8p$

Schnitt von CE und E_{ABP}

$p\cdot k + 8\cdot k = 8p$, also $k = \frac{8p}{p+8}$

$S\left(\frac{8p}{p+8}\middle|\frac{64}{p+8}\middle|\frac{8p}{p+8}\right)$

$|\overrightarrow{DS}| = \left|\begin{pmatrix} \frac{8p}{p+8} \\ \frac{64}{p+8} \\ \frac{8p}{p+8} \end{pmatrix}\right| = \frac{\sqrt{128(p^2+32)}}{p+8}$

$d(p) = \frac{8}{p+8}\sqrt{2p^2+64}$

Die Funktion d hat für $p = 4$ ein Minimum.
Der Abstand von D und S ist minimal, wenn P der Mittelpunkt der Strecke $\overline{CG}$ ist.

13. a) Gesucht ist der Abstand zwischen den Geraden P_1P_2 und Q_1Q_2.
g: $\overrightarrow{OX} = \overrightarrow{OP_1} + s\cdot\overrightarrow{P_1P_2} = \begin{pmatrix} 6 \\ -2 \\ 2 \end{pmatrix} + s\cdot\begin{pmatrix} -8 \\ 4 \\ 0 \end{pmatrix}$ und h: $\overrightarrow{OX} = \overrightarrow{OQ_1} + t\cdot\overrightarrow{Q_1Q_2} = \begin{pmatrix} 2 \\ 3 \\ 1 \end{pmatrix} + t\cdot\begin{pmatrix} -2{,}4 \\ 1 \\ 1{,}8 \end{pmatrix}$
Abst(g; h) $\approx 2{,}57$

152 **b)** Soll die Geschwindigkeit der Flugzeuge gleich sein, so müssen die Richtungsvektoren beider Geradengleichungen gleich lang sein.
Wir normieren sie hier auf Länge 1.

$\overrightarrow{OX_A} = \overrightarrow{OP_1} + t \cdot \frac{\overrightarrow{P_1P_2}}{\left|\overrightarrow{P_1P_2}\right|}$

$\overrightarrow{OX_B} = \overrightarrow{OQ_1} + t \cdot \frac{\overrightarrow{Q_1Q_2}}{\left|\overrightarrow{Q_1Q_2}\right|}$

$\overrightarrow{AB} = \overrightarrow{OX_B} - \overrightarrow{OX_A} = \overrightarrow{OQ_1} - \overrightarrow{OP_1} + t \cdot \left(\frac{\overrightarrow{Q_1Q_2}}{\left|\overrightarrow{Q_1Q_2}\right|} - \frac{\overrightarrow{P_1P_2}}{\left|\overrightarrow{P_1P_2}\right|} \right)$

$\overrightarrow{AB} = \begin{pmatrix} -4 \\ 5 \\ 1 \end{pmatrix} + t \begin{pmatrix} 0{,}1355 \\ -0{,}1310 \\ 0{,}5692 \end{pmatrix}$

Der Abstand der beiden Flugzeuge zum Zeitpunkt t ist

$d(t) = \left|\overrightarrow{AB}\right| = 0{,}5996\sqrt{t^2 - 9{,}825 + 116{,}825}$

Für die minimale Entfernung gilt:

$0 = d'(t) = \frac{0{,}5996\,(t - 4{,}912)}{\sqrt{t^2 - 9{,}825t + 116{,}825}}$

also $t = 4{,}912$

Daraus folgt $d(4{,}912) = 5{,}77$

Der minimale Abstand der beiden Flugzeuge voneinander beträgt ca. 5,8 km.

c) Überwachungsraum: $K: \left(\vec{x} - \begin{pmatrix} 0 \\ 1 \\ 0 \end{pmatrix}\right)^2 = 3^2$

$p: \overrightarrow{OX} = \overrightarrow{OP_1} + s\,\overrightarrow{P_1P_2}$ $\qquad \left[\overrightarrow{OP_1} - \overrightarrow{OM} + s\,\overrightarrow{P_1P_2}\right]^2 = r^2$

$p: \overrightarrow{OX} = \begin{pmatrix} 6 \\ -2 \\ 2 \end{pmatrix} + s \cdot \begin{pmatrix} -8 \\ 4 \\ 0 \end{pmatrix}$ $\qquad \left[\begin{pmatrix} 6 \\ -2 \\ 2 \end{pmatrix} - \begin{pmatrix} 0 \\ 1 \\ 0 \end{pmatrix} + s \cdot \begin{pmatrix} -8 \\ 4 \\ 0 \end{pmatrix}\right]^2 = 9$

$36 + 9 + 4 + 2s \cdot \begin{pmatrix} 6 \\ -3 \\ 2 \end{pmatrix}\begin{pmatrix} -8 \\ 4 \\ 0 \end{pmatrix} + s^2(64 + 16) = 9$

$80s^2 + 2 \cdot s(-48 - 12) + 40 = 0$

$80s^2 - 120s + 40 = 0$

$2s^2 - 3s + 1 = 0$

$s_1 = 1, \; s_2 = \frac{1}{2}$

$\overrightarrow{OL_1} = \begin{pmatrix} 6 \\ -2 \\ 2 \end{pmatrix} + \begin{pmatrix} -8 \\ 4 \\ 0 \end{pmatrix} = \begin{pmatrix} -2 \\ 2 \\ 2 \end{pmatrix}$ $\qquad \overrightarrow{OL_2} = \begin{pmatrix} 6 \\ -2 \\ 2 \end{pmatrix} + \begin{pmatrix} -4 \\ 2 \\ 0 \end{pmatrix} = \begin{pmatrix} 2 \\ 0 \\ 2 \end{pmatrix}$

Das Flugzeug A tritt am Punkt $L_2(2|0|2)$ in den Überwachungsraum ein und am Punkt $L_1(-2|2|2)$ wieder heraus.

152

14. a) Mittelpunkt M der Strecke $\overline{FG}$:

M(6|2|5)

$\overrightarrow{OC} = \overrightarrow{OA} + 2 \cdot \overrightarrow{AM} = \begin{pmatrix} 10 \\ 0 \\ 9 \end{pmatrix}$, C(10|0|9)

$\overrightarrow{OD} = \overrightarrow{OB} + 2 \cdot \overrightarrow{BM} = \begin{pmatrix} 10 \\ 6 \\ 3 \end{pmatrix}$; D(10|6|3)

Es gilt: $\overrightarrow{AB} * \overrightarrow{AD} = 0$, also ist die gemeinsame Grundfläche ABCD der beiden Pyramiden ein Quadrat.

Volumen des Oktaeder:

$V = 2 \cdot \frac{1}{3} \cdot |\overrightarrow{AB}|^2 \cdot |\overrightarrow{MG}| = 288$

Schrägbild

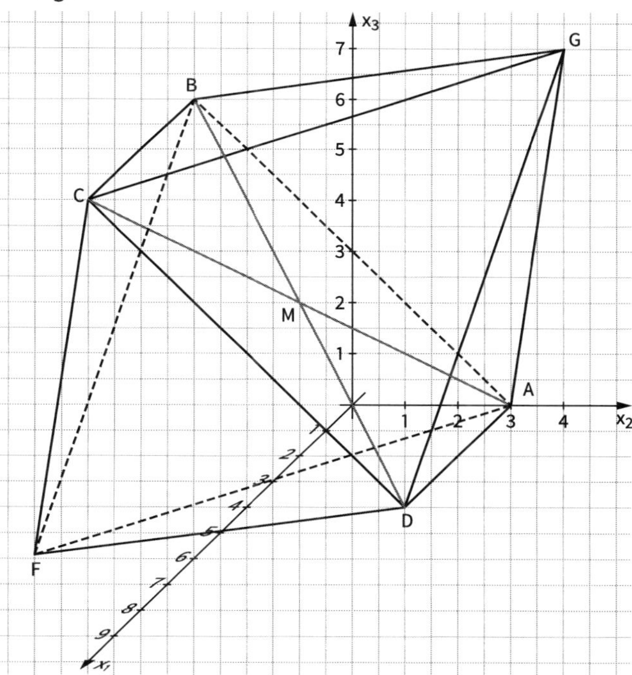

Innenwinkel:

E_{ABG}: $\vec{x} = \begin{pmatrix} 2 \\ 4 \\ 1 \end{pmatrix} + r \cdot \begin{pmatrix} 0 \\ -1 \\ 1 \end{pmatrix} + s \cdot \begin{pmatrix} 1 \\ 1 \\ 4 \end{pmatrix}$; $\overrightarrow{n_1} = \begin{pmatrix} 5 \\ -1 \\ -1 \end{pmatrix}$

E_{BCG}: $\vec{x} = \begin{pmatrix} 2 \\ -2 \\ 7 \end{pmatrix} + m \cdot \begin{pmatrix} 2 \\ 2 \\ -1 \end{pmatrix} + n \cdot \begin{pmatrix} -1 \\ 2 \\ 2 \end{pmatrix}$; $\overrightarrow{n_2} = \begin{pmatrix} -2 \\ 1 \\ -2 \end{pmatrix}$

$\cos(\alpha) = \frac{|\overrightarrow{n_1} * \overrightarrow{n_2}|}{|\overrightarrow{n_1}| \cdot |\overrightarrow{n_2}|} = \frac{9}{\sqrt{27} \cdot 3} \Rightarrow \alpha \approx 54{,}7°$

$\beta = 180° - \alpha \approx 125{,}3°$

Der Innenwinkel beträgt ca. 125,3°.

152 **b)** Mittelpunkt der Inkugel: M (6 | 2 | 5)

Abstand des Mittelpunktes von der Ebene:

E_{ABG}: $5x_1 - x_2 - x_3 = 5$

$\text{Abst}(M; E_{ABG}) = \frac{|5 \cdot 6 - 2 - 5 - 5|}{\sqrt{27}} = \frac{18}{\sqrt{27}} = 2\sqrt{3}$

Aus Symmetriegründen sind die Abstände des Punktes M von allen Seitenflächen gleich groß.

Der Radius der Inkugel beträgt $r = 2\sqrt{3}$.

c) Die Ebenenschar E_t ist parallel zur Ebene E_{ABCD}, in der die Grundfläche der beiden Pyramiden liegt.

F liegt in der Ebene E_t für $t = -10$.

G liegt in der Ebene E_t für $t = 26$.

Die Ebenen der Schar mit $-10 \le t \le 26$ schneiden das Oktaeder.

Ebene, in der die Grundfläche liegt:

E: $x_1 - 2x_2 - 2x_3 + 8 = 0$

FG: $\vec{x} = \begin{pmatrix} 8 \\ -2 \\ 1 \end{pmatrix} + k \cdot \begin{pmatrix} -4 \\ 8 \\ 8 \end{pmatrix}$

Schnitt von FG mit E:

$8 - 4k - 2(-2 + 8k) - 2(1 + 8k) + t = 0$, also $k = \frac{t + 10}{36}$; $S_t\left(\frac{62 - t}{9} \middle| \frac{2t + 2}{9} \middle| \frac{2t + 29}{9}\right)$

Abstand des Punktes S_t von der Grundflächenebene E:

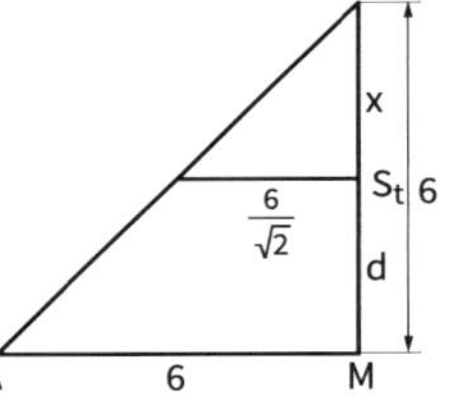

$\text{Abst}(S_t; E) = \frac{\left|\frac{1}{9}[62 - t - 2(2t + 2) - 2(2t + 29)] + 8\right|}{3} = \frac{|8 - t|}{3}$

Nach dem 2. Strahlensatz gilt:

$\frac{x}{6} = \frac{\frac{6}{\sqrt{2}}}{6}$, also $x = \frac{6}{\sqrt{2}}$ und $d = 6 - \frac{6}{\sqrt{2}}$

Damit gilt: $\frac{|8 - t|}{3} = 6 \cdot \left(1 - \frac{1}{\sqrt{2}}\right)$

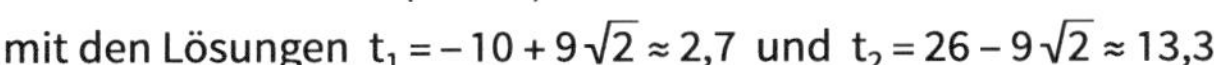

mit den Lösungen $t_1 = -10 + 9\sqrt{2} \approx 2{,}7$ und $t_2 = 26 - 9\sqrt{2} \approx 13{,}3$

Für diese beiden Werte schneiden die zugehörigen Ebenen ein Quadrat aus, dessen Flächeninhalt halb so groß ist wie der Flächeninhalt der Grundfläche.

152

15. a) E: $\vec{x} = \begin{pmatrix} 3 \\ -2 \\ 1 \end{pmatrix} + r \cdot \begin{pmatrix} 0 \\ 1 \\ 0 \end{pmatrix} + s \cdot \begin{pmatrix} 3 \\ 5 \\ 4 \end{pmatrix}$

$4x_1 - 3x_3 = 9$

$|\overrightarrow{AB}| = 5,\ |\overrightarrow{AC}| = \sqrt{50},\ |\overrightarrow{BC}| = 5$

Es gilt: $|\overrightarrow{AB}|^2 + |\overrightarrow{BC}|^2 = |\overrightarrow{AC}|^2$

Das Dreieck ABC ist ein gleichschenklig- rechtwinkliges Dreieck und kann zu einem Quadrat ergänzt werden.

$\overrightarrow{OD} = \overrightarrow{OA} + \overrightarrow{BC} = \begin{pmatrix} 6 \\ -2 \\ 5 \end{pmatrix}$, $D(6|-2|5)$

b) Es gilt:

$x_1 = 0 + 3k$

$x_2 = 3 + 5k$, also $\vec{x} = \begin{pmatrix} 0 \\ 3 \\ 9{,}5 \end{pmatrix} + k \cdot \begin{pmatrix} 3 \\ 5 \\ 4 \end{pmatrix}$

$x_3 = 9{,}5 + 4k$

Alle Punkte S_k liegen auf der Geraden

g: $\vec{x} = \begin{pmatrix} 0 \\ 3 \\ 9{,}5 \end{pmatrix} + k \cdot \begin{pmatrix} 3 \\ 5 \\ 4 \end{pmatrix}$

Parallelität von g und E:

$\begin{pmatrix} 3 \\ 5 \\ 4 \end{pmatrix} * \begin{pmatrix} 4 \\ 0 \\ -3 \end{pmatrix} = 0$, also sind g und E parallel zueinander.

Abstand von g zu E:

Wir berechnen den Abstand von S_0 zu E:

$\text{Abst}(S_0; E) = \frac{|4 \cdot 0 - 3 \cdot 9{,}5 - 9|}{5} = 7{,}5$

g hat den Abstand 7,5 zu E.

c) $F\left(\frac{a}{2}\middle|\frac{1}{2}\middle|3\right)$

$\overrightarrow{FS_k} = \begin{pmatrix} 3k - \frac{9}{2} \\ 5k + \frac{5}{2} \\ 4k + \frac{13}{2} \end{pmatrix}$

Die Gerade FS_k ist orthogonal zu E, wenn $\overrightarrow{FS_k}$ ein Vielfaches von $\vec{n} = \begin{pmatrix} 4 \\ 0 \\ -3 \end{pmatrix}$ ist.

Also $\begin{pmatrix} 3k - \frac{9}{2} \\ 5k + \frac{5}{2} \\ 4k + \frac{13}{2} \end{pmatrix} = r \cdot \begin{pmatrix} 4 \\ 0 \\ -3 \end{pmatrix}$

Diese Gleichung hat die Lösung $r = -\frac{3}{2};\ k = -\frac{1}{2}$

$S_{-\frac{1}{2}}\left(-\frac{3}{2}\middle|\frac{1}{2}\middle|\frac{15}{2}\right)$

3 Matrizen

3.1 Rechnen mit Matrizen

3.1.1 Matrizen – Addieren und Vervielfachen

164 **Einstiegsaufgabe ohne Lösung**

- Man erhält die Anzahl der einzelnen Straßen, indem man die einzelnen Zeilen in der Tabelle addiert:

Straße	Fahrzeuge
S_1	321
S_2	474
S_3	232

- Wenn man die einander entsprechenden Tabellenfelder addiert, erhält man die Anzahl der einzelnen Fahrzeugtypen in den jeweiligen Straßen zur Hauptverkehrszeit, also zwischen 16 und 18 Uhr:

Straße	Lkw	Pkw	Motorisierte Zweiräder	Fahrräder
S_1	133	939	34	20
S_2	209	1 165	40	0
S_3	0	359	12	192

- Um die Werte der Landeshauptstadt zu erhalten, multipliziert man jeden einzelnen Tabelleneintrag mit dem Faktor 3,4:

Straße	Lkw	Pkw	Motorisierte Zweiräder	Fahrräder
S_1	142,8	863,6	40,8	44,2
S_2	255	1 298,8	57,8	0
S_3	0	469,2	17	302,6

Für den Sachzusammenhang sind nur natürliche Zahlen sinnvoll, insofern sollte man dafür gerundete Werte verwenden.

167 **1.** $A = \begin{pmatrix} 3 & 5 & 4 & 0 \\ -2 & -2 & 0 & 1 \\ 1 & 4 & 5 & 0 \end{pmatrix}$

2. **a)** $A = \begin{pmatrix} 1 & 0 & 0 \\ 0 & 1 & 0 \\ 0 & 0 & 1 \end{pmatrix}$ **b)** $A = \begin{pmatrix} 0 & -1 & -2 & -3 \\ 1 & 0 & -1 & -2 \\ 2 & 1 & 0 & -1 \\ 3 & 2 & 1 & 0 \end{pmatrix}$ **c)** $A = \begin{pmatrix} 1 & 2 & 3 & 4 & 5 \\ 2 & 4 & 6 & 8 & 10 \\ 3 & 6 & 9 & 12 & 15 \end{pmatrix}$

3. **a)** $A + B = \begin{pmatrix} 5 & -2 & 0 \\ 1 & 2 & 4 \\ -2 & -2 & 0 \\ 9 & 6 & 4 \end{pmatrix}$ **d)** $A - B = \begin{pmatrix} 1 & -2 & 2 \\ -1 & 0 & 0 \\ 6 & 2 & -2 \\ -1 & 4 & 8 \end{pmatrix}$

b) $3 \cdot B = \begin{pmatrix} 6 & 0 & -3 \\ 3 & 3 & 6 \\ -12 & -6 & 3 \\ 15 & 3 & -6 \end{pmatrix}$ **e)** $-0{,}1 \cdot C = \begin{pmatrix} 0 & 0{,}4 & 0{,}2 \\ -0{,}2 & 0{,}1 & -0{,}2 \\ 0{,}2 & 0 & 0{,}3 \\ -0{,}4 & 0 & -0{,}6 \end{pmatrix}$

c) $C - 2 \cdot (A + B) = \begin{pmatrix} -10 & 0 & -2 \\ 0 & -5 & -6 \\ 2 & 4 & -3 \\ -14 & -12 & -2 \end{pmatrix}$ **f)** $A - (C - 2A) + C = 3 \cdot A = \begin{pmatrix} 9 & -6 & 3 \\ 0 & 3 & 6 \\ 6 & 0 & -3 \\ 12 & 15 & 18 \end{pmatrix}$

167

g) $A + B - C = \begin{pmatrix} 5 & 2 & 2 \\ -1 & 3 & 2 \\ 0 & -2 & 3 \\ 5 & 6 & -2 \end{pmatrix}$

i) $B - 2(A + B) + 3A = A - B = \begin{pmatrix} 1 & -2 & 2 \\ -1 & 0 & 0 \\ 6 & 2 & -2 \\ -1 & 4 & 8 \end{pmatrix}$

h) $2A - C = \begin{pmatrix} 6 & 0 & 4 \\ -2 & 3 & 2 \\ 6 & 0 & 1 \\ 4 & 10 & 6 \end{pmatrix}$

4. Es wurden zwei Matrizen unterschiedlichen Typs addiert. Dies ist nicht definiert.

5. Die Tabelle wird in eine Matrix geschrieben und diese mit dem Faktor $(8 + 3 \cdot 0{,}8 + 1{,}12) = 11{,}52$ multipliziert.

	Gießen	Fulda	Offenbach	Ludwigshafen	Mainz	Kaiserslautern
Müsli pur	3110,4	5253,12	1647,36	1428,48	3525,12	5483,52
Knuspermüsli	4216,32	1797,12	1209,6	1025,28	2626,56	6543,36
Fruchtmüsli	2050,56	4354,56	1128,96	1117,44	2154,24	8801,28
Schokomüsli	2568,96	2592	1002,24	898,56	1301,76	4101,12

6. **a)** $D = \begin{pmatrix} 0 & 2{,}2 & 2{,}3 & 2{,}6 & 2{,}0 \\ 2{,}2 & 0 & 1{,}8 & 1{,}9 & 2{,}4 \\ 2{,}3 & 1{,}8 & 0 & 2{,}7 & 1{,}7 \\ 2{,}6 & 1{,}9 & 2{,}7 & 0 & 3{,}0 \\ 2{,}0 & 2{,}4 & 1{,}7 & 3{,}0 & 0 \end{pmatrix}$

b) Wenn man die Matrix an der Diagonalen spiegelt, entsteht wieder die gleiche Matrix. Der erste Zeilenvektor ist der gleiche wie der erste Spaltenvektor und Entsprechendes gilt auch für die anderen Zeilen und Spalten. Dies liegt daran, dass die Entfernung zwischen zwei Filialen F_i und F_j gleich bleibt, unabhängig davon, von welcher Filiale man losfährt.

c) Eine Matrix $D = (d_{ij})$ nennt man *symmetrisch*, wenn gilt: $d_{ij} = d_{ji}$.

3.1.2 Multiplizieren einer Matrix mit einem Vektor

168

Einstiegsaufgabe ohne Lösung

Man multipliziert die für die einzelnen Packungen notwendigen Teesorten jeweils mit den Packungsmengen und summiert die Produkte.

Das lässt sich mithilfe der Matrixmultiplikation realisieren:

$$\begin{pmatrix} 0 & 0{,}025 & 0{,}05 & 0{,}1 \\ 0{,}05 & 0{,}05 & 0{,}05 & 0{,}1 \\ 0{,}1 & 0{,}1 & 0 & 0 \\ 0{,}05 & 0{,}5 & 0{,}1 & 0{,}1 \\ 0{,}1 & 0{,}1 & 0 & 0 \end{pmatrix} \cdot \begin{pmatrix} 150 \\ 100 \\ 100 \\ 20 \end{pmatrix} = \begin{pmatrix} 9{,}5 \\ 19{,}5 \\ 25 \\ 69{,}5 \\ 25 \end{pmatrix}$$

169

1. **a)** $\begin{pmatrix} 3 \\ 1 \end{pmatrix}$ **d)** $\begin{pmatrix} -6 \\ 3 \end{pmatrix}$ **g)** $\begin{pmatrix} 4 \\ 7 \\ 3 \end{pmatrix}$ **j)** $\begin{pmatrix} b \\ c \\ 0 \end{pmatrix}$

b) $\begin{pmatrix} -1 \\ 5 \end{pmatrix}$ **e)** $\begin{pmatrix} -4 \\ 3 \\ -13 \\ -7 \\ 8 \end{pmatrix}$ **h)** $\begin{pmatrix} 3 \\ 4 \\ 2 \end{pmatrix}$ **k)** $\begin{pmatrix} a+b \\ a \end{pmatrix}$

c) $\begin{pmatrix} -2 \\ 7 \\ -2 \end{pmatrix}$ **f)** (30) **i)** $\begin{pmatrix} 0 \\ 0 \\ 0 \end{pmatrix}$ **l)** $\begin{pmatrix} 0 \\ 0 \end{pmatrix}$

170

2. Statt das Skalarprodukt aus den Zeilenvektoren der Matrix mit dem Vektor zu bilden, wurde das Skalarprodukt aus den Spaltenvektoren der Matrix mit dem Vektor berechnet und das dann außerdem für das letzte Produkt nicht richtig.
Richtig wäre:

$$\begin{pmatrix} 2 & 1 & 3 \\ 0 & 4 & -1 \\ 1 & 1 & 5 \end{pmatrix} \cdot \begin{pmatrix} 3 \\ -2 \\ 1 \end{pmatrix} = \begin{pmatrix} 2\cdot 3 + 1\cdot(-2) + 3\cdot 1 \\ 0\cdot 3 + 4\cdot(-2) + (-1)\cdot 1 \\ 1\cdot 3 + 1\cdot(-2) + 5\cdot 1 \end{pmatrix} = \begin{pmatrix} 7 \\ -9 \\ 6 \end{pmatrix}$$

3. Berechne das Produkt

$$\begin{pmatrix} 20 & 10 & 20 & 10 \\ 10 & 15 & 10 & 20 \\ 15 & 20 & 10 & 5 \\ 5 & 10 & 5 & 10 \\ 0 & 5 & 0 & 10 \\ 15 & 10 & 20 & 10 \\ 5 & 0 & 5 & 5 \end{pmatrix} \cdot \begin{pmatrix} 30 \\ 25 \\ 45 \\ 12 \end{pmatrix} = \begin{pmatrix} 1\,870 \\ 1\,365 \\ 1\,460 \\ 745 \\ 245 \\ 1\,720 \\ 435 \end{pmatrix}$$

Damit: 1 870 ME Gerstenflocken; 1 365 ME Hafer geschrotet; 1 460 ME Maisflocken; 745 ME Weizengrießkleie; 245 ME Zuckerrübenmelasse; 1 720 ME Kräuter; 435 ME Pflanzenöl.

4. $$\begin{pmatrix} 0{,}4 & 0{,}25 \\ 0{,}3 & 0{,}3 \\ 0{,}3 & 0{,}45 \end{pmatrix} \cdot \begin{pmatrix} 25 \\ 15 \end{pmatrix} = \begin{pmatrix} 13{,}75 \\ 12 \\ 14{,}25 \end{pmatrix}$$

Der Kunde benötigt 13,75 t N, 12 t K_2O und 14,25 t CaO.

5. a) (1) $\begin{pmatrix} 2 & -1 \\ 3 & 2 \end{pmatrix} \cdot \begin{pmatrix} x \\ y \end{pmatrix} = \begin{pmatrix} 1 \\ 0 \end{pmatrix}$ führt zu $\left| \begin{array}{l} 2x - y = 1 \\ 3x + 2y = 0 \end{array} \right|$

$L = \left\{ \left(\frac{2}{7} \middle| -\frac{3}{7} \right) \right\}$

(2) $\begin{pmatrix} 4 & 1 & -2 \\ 2 & -1 & 3 \\ 9 & 11 & 5 \end{pmatrix} \cdot \begin{pmatrix} a \\ b \\ c \end{pmatrix} = \begin{pmatrix} 0 \\ 5 \\ 19 \end{pmatrix}$ führt zu $\left| \begin{array}{l} 4a + b - 2c = 0 \\ 2a - b + 3c = 5 \\ 9a + 11b + 5c = 19 \end{array} \right|$

$L = \left\{ \left(-\frac{116}{107} \middle| \frac{142}{107} \middle| \frac{303}{107} \right) \right\}$

b) (1) $L = \left\{ \left(\frac{300}{37} \middle| \frac{46}{37} \right) \right\}$ $\qquad \begin{pmatrix} 2 & -5 \\ 12 & 7 \end{pmatrix} \cdot \begin{pmatrix} \frac{300}{37} \\ \frac{46}{37} \end{pmatrix} = \begin{pmatrix} \frac{600}{37} - \frac{230}{37} \\ \frac{3\,600}{37} + \frac{322}{37} \end{pmatrix} = \begin{pmatrix} \frac{370}{37} \\ \frac{3\,922}{37} \end{pmatrix} = \begin{pmatrix} 10 \\ 106 \end{pmatrix}$

(2) $L = \{(3 \mid 2 \mid 1)\}$ $\qquad \begin{pmatrix} 5 & -1 & 1 \\ 1 & 1 & 1 \\ 1 & -3 & -1 \end{pmatrix} \cdot \begin{pmatrix} 3 \\ 2 \\ 1 \end{pmatrix} = \begin{pmatrix} 14 \\ 6 \\ -4 \end{pmatrix}$

6. a) $\overrightarrow{OP} = \begin{pmatrix} x \\ y \\ z \end{pmatrix}$ $\qquad \begin{pmatrix} 1 & 0 & 0 \\ 0 & 1 & 0 \\ 0 & 0 & -1 \end{pmatrix} \cdot \begin{pmatrix} x \\ y \\ z \end{pmatrix} = \begin{pmatrix} x \\ y \\ -z \end{pmatrix} = \overrightarrow{OP'}$

Spiegelung an der $x_1 x_2$-Ebene

b) $\overrightarrow{OP} = \begin{pmatrix} x \\ y \\ z \end{pmatrix}$ $\qquad \begin{pmatrix} -1 & 0 & 0 \\ 0 & 1 & 0 \\ 0 & 0 & -1 \end{pmatrix} \cdot \begin{pmatrix} x \\ y \\ z \end{pmatrix} = \begin{pmatrix} -x \\ y \\ -z \end{pmatrix} = \overrightarrow{OP'}$

Spiegelung an der x_2-Achse

c) $\overrightarrow{OP} = \begin{pmatrix} x \\ y \\ z \end{pmatrix}$ $\qquad \begin{pmatrix} -1 & 0 & 0 \\ 0 & -1 & 0 \\ 0 & 0 & -1 \end{pmatrix} \cdot \begin{pmatrix} x \\ y \\ z \end{pmatrix} = \begin{pmatrix} -x \\ -y \\ -z \end{pmatrix} = \overrightarrow{OP'}$

Spiegelung am Koordinatenursprung

3.1.3 Multiplizieren von Matrizen

171 **Einstiegsaufgabe ohne Lösung**

- Baumarkt *RegiTOP*:

$$\begin{pmatrix} 8 & 10 & 14 \\ 4 & 4 & 5 \\ 60 & 160 & 240 \\ 12 & 12 & 24 \end{pmatrix} \cdot \begin{pmatrix} 6 \\ 15 \\ 3 \end{pmatrix} = \begin{pmatrix} 240 \\ 99 \\ 3480 \\ 324 \end{pmatrix}$$

Dieser Baumarkt braucht 240 Kanthölzer, 99 Dachbalken, 3480 Bretter und 324 Dachlatten.

Baumarkt *multiBau*:

$$\begin{pmatrix} 8 & 10 & 14 \\ 4 & 4 & 5 \\ 60 & 160 & 240 \\ 12 & 12 & 24 \end{pmatrix} \cdot \begin{pmatrix} 11 \\ 10 \\ 0 \end{pmatrix} = \begin{pmatrix} 188 \\ 84 \\ 2260 \\ 252 \end{pmatrix}$$

Dieser Baumarkt braucht 188 Kanthölzer, 84 Dachbalken, 2260 Bretter und 252 Dachlatten.

- Der Sachbearbeiter erhält die 4×2-Matrix **C**, indem er die Materialbedarfsmatrix mit jedem Spaltenvektor von **B** multipliziert. Die erste Spalte der Matrix **C** gibt den Bedarf des Baumarkts *RegiTOP* an, die zweite den Bedarf des Baumarkts *multiBau*.

173 **1.** ▪ Beweis des Assoziativgesetzes

A sei eine $m \times n$, **B** eine $n \times p$ und **C** eine $p \times r$-Matrix.

Berechne erst $\mathbf{A} \cdot \mathbf{B}$, dann $(\mathbf{A} \cdot \mathbf{B}) \cdot \mathbf{C}$:

i-te Zeile von **A**: $a_{i1}\, a_{i2} \dots a_{in-1}\, a_{in}$;

j-te Spalte von B: $\begin{matrix} b_{1j} \\ b_{2j} \\ \vdots \\ b_{nj} \end{matrix}$

i-te Zeile von $\mathbf{A} \cdot \mathbf{B}$: $\sum_{\lambda=1}^{n} a_{i\lambda} b_{\lambda 1} \; \sum_{\lambda=1}^{n} a_{i\lambda} b_{\lambda 2} \; \dots \; \sum_{\lambda=1}^{n} a_{i\lambda} b_{\lambda p}$;

k-te Spalte von **C**: $\begin{matrix} c_{1k} \\ c_{2k} \\ \vdots \\ c_{pk} \end{matrix}$

i-te Zeile, k-te Spalte von $(\mathbf{A} \cdot \mathbf{B}) \cdot \mathbf{C}$:

$$\sum_{\lambda=1}^{n} a_{i\lambda} b_{\lambda 1} \cdot c_{1k} + \sum_{\lambda=1}^{n} a_{i\lambda} b_{\lambda 2} \cdot c_{2k} + \dots + \sum_{\lambda=1}^{n} a_{i\lambda} b_{\lambda p} \cdot c_{pk} = \sum_{\mu=1}^{p} \sum_{\lambda=1}^{n} a_{i\lambda} b_{\lambda\mu} c_{\mu k}$$

Berechne erst $\mathbf{B} \cdot \mathbf{C}$, dann $\mathbf{A} \cdot (\mathbf{B} \cdot \mathbf{C})$:

j-te Zeile von **B**: $b_{j1}\, b_{j2} \dots b_{jp-1}\, b_{jp}$;

k-te Spalte von **C**: $\begin{matrix} c_{1k} \\ c_{2k} \\ \vdots \\ c_{pk} \end{matrix}$

k-te Spalte von $\mathbf{B} \cdot \mathbf{C}$: $\begin{matrix} \sum_{\mu=1}^{p} b_{1\mu} c_{\mu k} \\ \sum_{\mu=1}^{p} b_{2\mu} c_{\mu k} \\ \vdots \\ \sum_{\mu=1}^{p} b_{n\mu} c_{\mu k} \end{matrix}$

173 i-te Zeile von **A**: $a_{i1}\, a_{i2} \dots a_{in-1}\, a_{in}$;

i-te Zeile, k-te Spalte von $\mathbf{A}\cdot(\mathbf{B}\cdot\mathbf{C})$:

$$a_{i1}\cdot\sum_{\mu=1}^{p} b_{1\mu}c_{\mu k} + a_{i2}\cdot\sum_{\mu=1}^{p} b_{2\mu}c_{\mu k} + \dots + a_{in}\cdot\sum_{\mu=1}^{p} b_{n\mu}c_{\mu k} = \sum_{\lambda=1}^{n}\sum_{\mu=1}^{p} a_{i\lambda}b_{\lambda\mu}c_{\mu k}$$

- Beweis des ersten Distributivgesetzes:
  Seien **A**, **B** $m\times n$-Matrizen und **C** eine $n\times p$-Matrix.
  Berechne erst $(\mathbf{A}+\mathbf{B})\cdot\mathbf{C}$:
  j-te Zeile von $\mathbf{A}+\mathbf{B}$: $a_{j1}+b_{j1} \dots a_{jn}+b_{jn}$

  k-te Spalte von **C**: $\begin{matrix} c_{1k} \\ \vdots \\ c_{nk} \end{matrix}$

  Element jk von $(\mathbf{A}+\mathbf{B})\cdot\mathbf{C}$:

  $$a_{j1}+b_{j1} \dots a_{jn}+b_{jn}\cdot\begin{matrix} c_{1k} \\ \vdots \\ c_{nk} \end{matrix} = \sum_{\mu=1}^{n}(a_{j\mu}+b_{j\mu})\cdot c_{\mu k} = \sum_{\mu=1}^{n} a_{j\mu}c_{\mu k} + \sum_{\mu=1}^{n} b_{j\mu}c_{\mu k}$$

  $$= \underbrace{a_{j1} \dots a_{jn}\cdot\begin{matrix} c_{1k} \\ \vdots \\ c_{nk} \end{matrix}}_{\text{Element jk aus } \mathbf{A}\cdot\mathbf{C}} + \underbrace{b_{j1} \dots b_{jn}\cdot\begin{matrix} c_{1k} \\ \vdots \\ c_{nk} \end{matrix}}_{\text{Element jk aus } \mathbf{B}\cdot\mathbf{C}}$$

- Beweis des 2. Distributivgesetz
  A sei eine $m\times n$, **B** und **C** eine $n\times p$-Matrix.
  Berechne erst $\mathbf{A}\cdot(\mathbf{B}+\mathbf{C})$:
  i-te Zeile von **A**: $a_{i1}\, a_{i2} \dots a_{in-1}\, a_{in}$;

  j-te Spalte von $\mathbf{B}+\mathbf{C}$: $\begin{matrix} b_{1j}+c_{1j} \\ b_{2j}+c_{2j} \\ \vdots \\ b_{nj}+c_{nj} \end{matrix}$

  i-te Zeile, j-te Spalte von $\mathbf{A}\cdot(\mathbf{B}+\mathbf{C})$:

  $$\sum_{\lambda=1}^{n} a_{i\lambda}\left(b_{\lambda j}+c_{\lambda j}\right) = \sum_{\lambda=1}^{n} a_{i\lambda}b_{\lambda j} + \sum_{\lambda=1}^{n} a_{i\lambda}c_{\lambda j}$$

  Berechne $\mathbf{A}\cdot\mathbf{B}+\mathbf{A}\cdot\mathbf{C}$:

  i-te Zeile, j-te Spalte von $\mathbf{A}\cdot\mathbf{B}$: $\sum_{\lambda=1}^{n} a_{i\lambda}b_{\lambda j}$

  i-te Zeile, j-te Spalte von $\mathbf{A}\cdot\mathbf{C}$: $\sum_{\lambda=1}^{n} a_{i\lambda}c_{\lambda j}$

  i-te Zeile, j-te Spalte von $\mathbf{A}\cdot\mathbf{B}+\mathbf{A}\cdot\mathbf{C}$: $\sum_{\lambda=1}^{n} a_{i\lambda}b_{\lambda j} + \sum_{\lambda=1}^{n} a_{i\lambda}c_{\lambda j}$

173

- Beweis von $(r\cdot\mathbf{A})(s\cdot\mathbf{B}) = rs\cdot\mathbf{A}\cdot\mathbf{B}$

A sei eine m × n-Matrix und B eine n × p-Matrix.

Berechne $(r\cdot\mathbf{A})(s\cdot\mathbf{B})$:

i-te Zeile von $r\cdot\mathbf{A}$: $ra_{i1}\,ra_{i2}\,\dots\,ra_{in-1}\,ra_{in}$;

j-te Spalte von $s\cdot\mathbf{B}$: $\begin{matrix} sb_{1j} \\ sb_{2j} \\ \vdots \\ sb_{nj} \end{matrix}$

i-te Zeile, j-te Spalte von $(r\cdot\mathbf{A})(s\cdot\mathbf{B})$: $\sum\limits_{\lambda=1}^{n} ra_{i\lambda} s b_{\lambda j} = rs\cdot\sum\limits_{\lambda=1}^{n} a_{i\lambda} b_{\lambda j}$

Berechne $rs\cdot\mathbf{A}\cdot\mathbf{B}$:

i-te Zeile von $\mathbf{A}$: $a_{i1}\,a_{i2}\,\dots\,a_{in-1}\,a_{in}$;

j-te Spalte von $\mathbf{B}$: $\begin{matrix} b_{1j} \\ b_{2j} \\ \vdots \\ b_{nj} \end{matrix}$

i-te Zeile, j-te Spalte von $rs\cdot\mathbf{A}\cdot\mathbf{B}$: $rs\cdot\sum\limits_{\lambda=1}^{n} a_{i\lambda} b_{\lambda j}$

174

2. **a)** $\begin{pmatrix} 20 & -1 \\ 3 & 4 \end{pmatrix}$ **d)** $\begin{pmatrix} 3 & 1 & -3 \\ 0 & 0 & -1 \\ 1 & 5 & 4 \end{pmatrix}$ **g)** (99)

b) $\begin{pmatrix} 5 & -8 & 1 \\ -2 & 8 & -4 \\ 4 & -20 & 11 \end{pmatrix}$ **e)** $\begin{pmatrix} -13 & -8 & 5 \\ 24 & 5 & 12 \end{pmatrix}$ **h)** $\begin{pmatrix} 12 & 21 & -6 \\ 44 & 77 & -22 \\ -20 & -35 & 10 \end{pmatrix}$

c) $\begin{pmatrix} -1 & 3 & 1 \\ 4 & -1 & 0 \\ 5 & 4 & 6 \end{pmatrix}$ **f)** $\begin{pmatrix} -11 & 0 & 0 \\ 6 & 1 & -8 \\ 0 & 0 & -11 \end{pmatrix}$ **i)** $\begin{pmatrix} 0 & 1 \\ -1 & 0 \end{pmatrix}$

3. **a)** Man kann diese beiden Matrizen nicht miteinander multiplizieren, da die Anzahl der Zeilen der ersten Matrix nicht mit der Spaltenzahl der zweiten übereinstimmt. Um dem Problem aus dem Weg zu gehen wurden die zwei Matrizen komponentenweise multipliziert.

b) Auch hier kann man die Matrizen nicht miteinander multiplizieren, da die Anzahl der Zeilen der ersten Matrix nicht mit der Spaltenzahl der zweiten übereinstimmt. In diesem Fall wäre es aber möglich sie zu multiplizieren, denn die Reihenfolge der Matrizen getauscht wird, es wurde hier auch so gerechnet, als würden sie andersrum stehen.

4. $\mathbf{A}\cdot\mathbf{C} = \begin{pmatrix} 17 & -1 \\ 14 & 6 \end{pmatrix}$ $\mathbf{B}\cdot\mathbf{A} = \begin{pmatrix} 8 & -3 & 4 \\ -1 & 11 & 2 \end{pmatrix}$ $\mathbf{C}\cdot\mathbf{A} = \begin{pmatrix} 11 & -2 & 6 \\ -3 & 16 & 2 \\ -20 & 33 & -4 \end{pmatrix}$ $\mathbf{C}\cdot\mathbf{B} = \begin{pmatrix} 7 & 1 \\ -1 & 7 \\ -11 & 12 \end{pmatrix}$

Die anderen Produkte, also $\mathbf{A}\cdot\mathbf{B}$ und $\mathbf{B}\cdot\mathbf{C}$ kann man nicht bilden.

5. **a)** $\mathbf{A}\cdot\mathbf{B} = \begin{pmatrix} -1 & 13 \\ 2 & -8 \end{pmatrix}$; $\mathbf{B}\cdot\mathbf{A} = \begin{pmatrix} 2 & 4 \\ -1 & -11 \end{pmatrix}$ **c)** $\mathbf{A}\cdot\mathbf{B} = \mathbf{B}\cdot\mathbf{A} = \begin{pmatrix} 3 & 2 & -7 \\ 0 & -5 & 6 \\ 8 & 5 & 2 \end{pmatrix}$

b) $\mathbf{A}\cdot\mathbf{B} = \begin{pmatrix} -11 & 3 \\ 9 & -2 \end{pmatrix}$; $\mathbf{B}\cdot\mathbf{A} = \begin{pmatrix} -11 & 3 \\ 9 & -2 \end{pmatrix}$ **d)** $\mathbf{A}\cdot\mathbf{B} = \begin{pmatrix} 2 & 6 & 8 \\ 2 & -8 & -6 \\ 12 & 2 & -5 \end{pmatrix}$; $\mathbf{B}\cdot\mathbf{A} = \begin{pmatrix} 2 & 3 & 4 \\ -4 & -8 & 6 \\ 24 & -2 & -5 \end{pmatrix}$

$\mathbf{A}\cdot\mathbf{B} = \mathbf{B}\cdot\mathbf{A}$.

Es gilt im Allgemeinen nicht $\mathbf{A}\cdot\mathbf{B} = \mathbf{B}\cdot\mathbf{A}$

e) –

174 **6.**

	Europa-Probe	Südweine
Deutschland	3	1
Frankreich	2	3
Italien	1	2

$$\begin{pmatrix} 3 & 1 \\ 2 & 3 \\ 1 & 2 \end{pmatrix} \cdot \begin{pmatrix} 10 & 20 & 16 & 0 & 14 \\ 12 & 30 & 10 & 8 & 4 \end{pmatrix} = \begin{pmatrix} 42 & 90 & 58 & 8 & 46 \\ 56 & 130 & 62 & 24 & 40 \\ 34 & 80 & 36 & 16 & 22 \end{pmatrix}$$

Die Supermärkte müssen folgende Flaschenmengen bestellen:

	Supermärkte				
	1	2	3	4	5
Deutschland	42	90	58	8	46
Frankreich	56	130	62	24	40
Italien	34	80	36	16	22

7. a)

$$\begin{pmatrix} 20 & 0 & 20 & 40 \\ 30 & 20 & 20 & 40 \\ 30 & 40 & 40 & 60 \\ 0 & 0 & 20 & 40 \\ 0 & 20 & 20 & 40 \\ 0 & 40 & 40 & 60 \end{pmatrix} \cdot \begin{pmatrix} 500 \\ 200 \\ 100 \\ 800 \end{pmatrix} = \begin{pmatrix} 44\,000 \\ 53\,000 \\ 75\,000 \\ 34\,000 \\ 38\,000 \\ 60\,000 \end{pmatrix} \begin{matrix} \text{Schrauben 30 mm} \\ \text{Schrauben 50 mm} \\ \text{Schrauben 90 mm} \\ \text{Dübel 30 mm} \\ \text{Dübel 50 mm} \\ \text{Dübel 90 mm} \end{matrix}$$

b) Jede Spalte der Matrix **A** ist ein Bestellvektor eines Baumarktes. So hat der zweite Baumarkt z. B. 150-mal Box-X, 250-mal Box-L, 0-mal Box-XL und 700-mal Box-XXL bestellt.

$$\begin{pmatrix} 20 & 0 & 20 & 40 \\ 30 & 20 & 20 & 40 \\ 30 & 40 & 40 & 60 \\ 0 & 0 & 20 & 40 \\ 0 & 20 & 20 & 40 \\ 0 & 40 & 40 & 60 \end{pmatrix} \cdot \begin{pmatrix} 200 & 150 & 300 \\ 700 & 250 & 600 \\ 300 & 0 & 800 \\ 650 & 700 & 400 \end{pmatrix} = \begin{pmatrix} 36\,000 & 31\,000 & 38\,000 \\ 52\,000 & 37\,500 & 53\,000 \\ 85\,000 & 56\,500 & 89\,000 \\ 32\,000 & 28\,000 & 32\,000 \\ 46\,000 & 33\,000 & 44\,000 \\ 79\,000 & 52\,000 & 80\,000 \end{pmatrix}$$

In der Produktmatrix ist in jeder Spalte der Bedarf für einen Baumarkt abzulesen. So sind für die Bestellung des dritten Baumarktes 38 000 Schrauben 30 mm, 53 000 Schrauben 50 mm, 83 000 Schrauben 90 mm usw. zu fertigen.

Die für diese Bestellung insgesamt erforderlichen Produktionsmengen ergeben sich aus der Zeilensumme der Produktionsmatrix. Insgesamt werden benötigt:

Schrauben	30 mm	105 000 Stück
Schrauben	50 mm	142 500 Stück
Schrauben	90 mm	230 500 Stück
Dübel	30 mm	92 000 Stück
Dübel	50 mm	123 000 Stück
Dübel	90 mm	211 000 Stück

175 **8. a)**

$$\begin{matrix} & Z_1 & Z_2 \\ R_1 & 0{,}3 & 0{,}5 \\ R_2 & 0{,}4 & 0{,}3 \\ R_3 & 0{,}3 & 0{,}2 \end{matrix} ; \quad \begin{matrix} & E_1 & E_2 & E_3 \\ Z_1 & 0{,}6 & 0{,}4 & 0{,}5 \\ Z_2 & 0{,}4 & 0{,}6 & 0{,}5 \end{matrix}$$

b) Achtung: da die Einträge der beiden Bedarfsmatrizen in Tonnen sind, muss auch der Bedarfsvektor in dieser Einheit sein.

Rohstoffbedarf:

$$\begin{pmatrix} 0{,}3 & 0{,}5 \\ 0{,}4 & 0{,}3 \\ 0{,}3 & 0{,}2 \end{pmatrix} \cdot \begin{pmatrix} 0{,}6 & 0{,}4 & 0{,}5 \\ 0{,}4 & 0{,}6 & 0{,}5 \end{pmatrix} \cdot \begin{pmatrix} 0{,}5 \\ 0{,}8 \\ 0{,}6 \end{pmatrix} = \begin{pmatrix} 0{,}38 & 0{,}42 & 0{,}4 \\ 0{,}36 & 0{,}34 & 0{,}35 \\ 0{,}24 & 0{,}24 & 0{,}25 \end{pmatrix} \cdot \begin{pmatrix} 0{,}5 \\ 0{,}8 \\ 0{,}6 \end{pmatrix} = \begin{pmatrix} 0{,}766 \\ 0{,}662 \\ 0{,}472 \end{pmatrix}$$

175

9. a)

$$A = \begin{matrix} & Z_1 & Z_2 & Z_3 \\ R_1 & 5 & 2 & 3 \\ R_2 & 0 & 4 & 3 \\ R_3 & 2 & 1 & 3 \end{matrix} \qquad B = \begin{matrix} & E_1 & E_2 \\ Z_1 & 2 & 2 \\ Z_2 & 1 & 4 \\ Z_3 & 1 & 1 \end{matrix}$$

b)

$$A \cdot B = \begin{matrix} & E_1 & E_2 \\ R_1 & 15 & 21 \\ R_2 & 7 & 19 \\ R_3 & 8 & 11 \end{matrix}$$

c) Rohstoffbedarf:

$$\begin{pmatrix} 5 & 2 & 3 \\ 0 & 4 & 3 \\ 2 & 1 & 3 \end{pmatrix} \cdot \begin{pmatrix} 2 & 2 \\ 1 & 4 \\ 1 & 1 \end{pmatrix} \cdot \begin{pmatrix} 8 & 15 & 0 \\ 10 & 7 & 3 \end{pmatrix} = \begin{pmatrix} 330 & 372 & 63 \\ 246 & 238 & 57 \\ 174 & 197 & 33 \end{pmatrix}$$

Zwischenproduktbedarf:

$$\begin{pmatrix} 2 & 2 \\ 1 & 4 \\ 1 & 1 \end{pmatrix} \cdot \begin{pmatrix} 8 & 15 & 0 \\ 10 & 7 & 3 \end{pmatrix} = \begin{pmatrix} 36 & 44 & 6 \\ 48 & 43 & 12 \\ 18 & 22 & 3 \end{pmatrix}$$

3.1.4 Einheitsmatrix und zueinander inverse Matrizen

177

1. a) $\mathbf{A} \cdot \mathbf{B} = \begin{pmatrix} 1 \cdot 4 + (-3) \cdot 1 & 1 \cdot (-3) + (-3) \cdot (-1) \\ 1 \cdot 4 + (-4) \cdot 1 & 1 \cdot (-3) + (-4) \cdot (-1) \end{pmatrix} = \mathbf{B} \cdot \mathbf{A} = \begin{pmatrix} 4 \cdot 1 + (-3) \cdot 1 & 4 \cdot (-3) + (-3) \cdot (-4) \\ 1 \cdot 1 + (-1) \cdot 1 & 1 \cdot (-3) + (-1) \cdot (-4) \end{pmatrix} = \mathbf{E}_2$

b) $\mathbf{A} \cdot \mathbf{B} = \frac{1}{4} \cdot \begin{pmatrix} (-1) \cdot (-2) + 2 \cdot 1 + 0 \cdot 1 & (-1) \cdot (-2) + 2 \cdot (-1) + 0 \cdot 2 & (-1) \cdot 2 + 2 \cdot 1 + 0 \cdot 1 \\ 0 \cdot (-2) + (-1) \cdot 1 + 1 \cdot 1 & 0 \cdot (-2) + (-1) \cdot (-1) + 1 \cdot 3 & 0 \cdot 2 + (-1) \cdot 1 + 1 \cdot 1 \\ 1 \cdot (-2) + 1 \cdot 1 + 1 \cdot 1 & 1 \cdot (-2) + 1 \cdot (-1) + 1 \cdot 3 & 1 \cdot 2 + 1 \cdot 1 + 1 \cdot 1 \end{pmatrix} = \mathbf{B} \cdot \mathbf{A} = \mathbf{E}_3$

2. a) $\begin{pmatrix} a & b \\ c & d \end{pmatrix} \cdot \begin{pmatrix} 0 & 2 \\ -2 & 0 \end{pmatrix} = \begin{pmatrix} 1 & 0 \\ 0 & 1 \end{pmatrix}$ liefert: $\left| \begin{matrix} -2b = 1 \\ 2a = 0 \end{matrix} \right|$ mit der Lösung $a = 0,\ b = -\frac{1}{2}$ und $\left| \begin{matrix} -2d = 0 \\ 2c = 1 \end{matrix} \right|$ mit der Lösung $d = 0,\ c = \frac{1}{2}$.

Daraus ergibt sich: $\mathbf{A}^{-1} = \begin{pmatrix} 0 & -\frac{1}{2} \\ \frac{1}{2} & 0 \end{pmatrix}$

b) $\begin{pmatrix} a & b \\ c & d \end{pmatrix} \cdot \begin{pmatrix} 2 & 1 \\ 1 & -1 \end{pmatrix} = \begin{pmatrix} 1 & 0 \\ 0 & 1 \end{pmatrix}$ liefert: $\left| \begin{matrix} 2a + b = 1 \\ a - b = 0 \end{matrix} \right|$ mit der Lösung $a = b = \frac{1}{3}$ und $\left| \begin{matrix} 2c + d = 0 \\ c - d = 1 \end{matrix} \right|$ mit der Lösung $d = -\frac{2}{3},\ c = \frac{1}{3}$.

Daraus ergibt sich: $\mathbf{A}^{-1} = \begin{pmatrix} \frac{1}{3} & \frac{1}{3} \\ \frac{1}{3} & -\frac{2}{3} \end{pmatrix}$

c) $\begin{pmatrix} a & b \\ c & d \end{pmatrix} \cdot \begin{pmatrix} 1 & 3 \\ 4 & 0 \end{pmatrix} = \begin{pmatrix} 1 & 0 \\ 0 & 1 \end{pmatrix}$ liefert: $\left| \begin{matrix} a + 4b = 1 \\ 3a \quad = 0 \end{matrix} \right|$ mit der Lösung $a = 0,\ b = \frac{1}{4}$ und $\left| \begin{matrix} c + 4d = 0 \\ 3c \quad = 1 \end{matrix} \right|$ mit der Lösung $d = -\frac{1}{12},\ c = \frac{1}{3}$.

Daraus ergibt sich: $\mathbf{A}^{-1} = \begin{pmatrix} 0 & \frac{1}{4} \\ \frac{1}{3} & -\frac{1}{12} \end{pmatrix}$

d) $\begin{pmatrix} a & b \\ c & d \end{pmatrix} \cdot \begin{pmatrix} -2 & 5 \\ -2 & 6 \end{pmatrix} = \begin{pmatrix} 1 & 0 \\ 0 & 1 \end{pmatrix}$ liefert: $\left| \begin{matrix} -2a - 2b = 1 \\ 5a + 6b = 0 \end{matrix} \right|$ mit der Lösung $a = -3,\ b = \frac{5}{2}$ und $\left| \begin{matrix} -2c - 2d = 0 \\ 5c + 6d = 1 \end{matrix} \right|$ mit der Lösung $d = 1,\ c = -1$.

Daraus ergibt sich: $\mathbf{A}^{-1} = \begin{pmatrix} -3 & \frac{5}{2} \\ -1 & 1 \end{pmatrix}$

177 **3. a)** $A^{-1} = \begin{pmatrix} 2 & 1 \\ \frac{5}{4} & \frac{1}{2} \end{pmatrix}$

b) $A^{-1} = \begin{pmatrix} \frac{19}{5} & \frac{8}{5} & \frac{1}{5} \\ \frac{13}{10} & \frac{3}{5} & \frac{1}{5} \\ -\frac{71}{10} & -\frac{16}{5} & -\frac{2}{5} \end{pmatrix}$

c) $A^{-1} = \begin{pmatrix} \frac{2}{9} & \frac{2}{9} & \frac{1}{9} \\ -\frac{1}{9} & \frac{2}{9} & -\frac{2}{9} \\ -\frac{2}{9} & \frac{1}{9} & \frac{2}{9} \end{pmatrix}$

d) $A \cdot \begin{pmatrix} a & b \\ c & d \end{pmatrix}$ führt auf das unlösbare Gleichungssystem $\left| \begin{matrix} 6a - 4c = 1 \\ 6b - 4d = 0 \\ 9a - 6c = 0 \\ 9b - 6d = 1 \end{matrix} \right|$

Blickpunkt: Das LEONTIEF-Modell

181 **1. a)**

	A	B	C	Interner Verbrauch	Konsum	Summe
A	1	2	2	5	5	10
B	3	4	1	8	12	20
C	4	2	3	9	16	25

b) $T = \begin{pmatrix} \frac{1}{10} & \frac{1}{10} & \frac{2}{25} \\ \frac{3}{10} & \frac{1}{5} & \frac{1}{25} \\ \frac{2}{5} & \frac{1}{10} & \frac{3}{25} \end{pmatrix}$

c) $\vec{x} = (\mathbf{E} - \mathbf{T})^{-1} \cdot \vec{y} = \begin{pmatrix} \frac{50}{41} & \frac{48}{287} & \frac{34}{287} \\ \frac{20}{41} & \frac{380}{287} & \frac{30}{287} \\ \frac{25}{41} & \frac{65}{287} & \frac{345}{287} \end{pmatrix} \cdot \begin{pmatrix} 15 \\ 12 \\ 16 \end{pmatrix} \approx \begin{pmatrix} 22{,}20 \\ 24{,}88 \\ 31{,}10 \end{pmatrix}$

d) $\vec{y} = (\mathbf{E} - \mathbf{T}) \cdot \vec{x} = \begin{pmatrix} \frac{9}{10} & -\frac{1}{10} & -\frac{2}{25} \\ -\frac{3}{10} & \frac{4}{5} & -\frac{1}{25} \\ -\frac{2}{5} & -\frac{1}{10} & \frac{22}{25} \end{pmatrix} \cdot \begin{pmatrix} 15 \\ 25 \\ 30 \end{pmatrix} \approx \begin{pmatrix} 8{,}6 \\ 14{,}3 \\ 17{,}9 \end{pmatrix}$

2. a) $T = \begin{pmatrix} \frac{1}{10} & \frac{1}{5} & \frac{3}{10} \\ \frac{3}{10} & \frac{2}{5} & \frac{1}{20} \\ \frac{7}{10} & \frac{1}{5} & \frac{1}{2} \end{pmatrix}$

b) Um zu berechnen, wie viel ein einzelner Sektor produzieren muss, addiert man den Bedarf an diesem der drei Sektoren und den Inlandskonsum dieses Sektors. Dies hat man auch schon für das Aufstellen der Technologiematrix benötigt.
Sektor A: 790; Sektor B: 735; Sektor C: 1 680

c) Sei $\vec{z}$ der Exportvektor und $\vec{a}$ der Inlandskonsumvektor, dann gilt:

$$\vec{z} = \vec{y} - \vec{a} = (\mathbf{E} - \mathbf{T}) \cdot \vec{x} - \vec{a} = \begin{pmatrix} \frac{9}{10} & -\frac{1}{5} & -\frac{3}{10} \\ -\frac{3}{10} & \frac{3}{5} & -\frac{1}{20} \\ -\frac{7}{10} & -\frac{1}{5} & \frac{1}{2} \end{pmatrix} \cdot \begin{pmatrix} 1\,500 \\ 1\,500 \\ 3\,000 \end{pmatrix} - \begin{pmatrix} 60 \\ 120 \\ 140 \end{pmatrix} = \begin{pmatrix} 90 \\ 180 \\ 10 \end{pmatrix}$$

Sektor A: 90; Sektor B: 180; Sektor C: 10

181 **d)** Mit $\vec{y} = 1{,}03 \cdot \begin{pmatrix} 60 \\ 120 \\ 140 \end{pmatrix} + 1{,}05 \cdot \begin{pmatrix} 90 \\ 180 \\ 10 \end{pmatrix} = \begin{pmatrix} 156{,}3 \\ 312{,}6 \\ 154{,}7 \end{pmatrix}$ gilt:

$$\vec{x} = (\mathbf{E} - \mathbf{T})^{-1} \cdot \vec{y} = \begin{pmatrix} \frac{29}{8} & 2 & \frac{19}{8} \\ \frac{37}{16} & 3 & \frac{27}{16} \\ 6 & 4 & 6 \end{pmatrix} \cdot \begin{pmatrix} 156{,}3 \\ 312{,}6 \\ 154{,}7 \end{pmatrix} = \begin{pmatrix} 1\,559{,}2 \\ 1\,560{,}3 \\ 3\,116{,}4 \end{pmatrix}$$

Sektor A: 1 559,2; Sektor B: 1 560,3; Sektor C: 3 116,4

3. **a)** $\mathbf{T} = \begin{pmatrix} \frac{1}{10} & \frac{1}{20} & \frac{4}{5} \\ \frac{6}{5} & \frac{1}{10} & \frac{3}{5} \\ 0 & \frac{1}{5} & 0 \end{pmatrix}$

b) $\vec{x} = (\mathbf{E} - \mathbf{T})^{-1} \cdot \vec{y} = \begin{pmatrix} \frac{26}{15} & \frac{7}{15} & \frac{5}{3} \\ \frac{8}{3} & 2 & \frac{10}{3} \\ \frac{8}{15} & \frac{2}{5} & \frac{5}{3} \end{pmatrix} \cdot \begin{pmatrix} 200 \\ 400 \\ 600 \end{pmatrix} \approx \begin{pmatrix} 1\,533{,}33 \\ 3\,333{,}33 \\ 1\,266{,}67 \end{pmatrix}$

Forstwirtschaft: 1 533,33; Fischfang: 3 333,33; Bootsbau: 1 266,67

4. Berechnung von $(\mathbf{E} - \mathbf{T})^{-1}$ mit $\mathbf{E} - \mathbf{T} = \begin{pmatrix} 0{,}9 & -0{,}3 & -0{,}1 \\ -0{,}2 & 0{,}8 & -0{,}4 \\ -0{,}7 & -0{,}5 & 0{,}5 \end{pmatrix}$ mit dem Rechner liefert keine Lösung. Damit hat das LGS $(\mathbf{E} - \mathbf{T}) \cdot \vec{x} = \vec{y}$ keine eindeutige Lösung, d. h. nicht zu jedem Konsumvektor $\vec{y}$ kann ein eindeutiger Produktionsvektor $\vec{x}$ angegeben werden.

3.2 Modellieren von Übergangsprozessen

3.2.1 Zustandsänderungen mithilfe von Übergangsmatrizen berechnen

182 **Einstiegsaufgabe ohne Lösung**

- Am Diagramm kann man beispielsweise ablesen, dass 20 % der Abonnenten von *kurz und knapp tv* bei dieser Zeitschrift bleiben, 50 % zu *Alles im Blick* wechseln und 30 % zu *Fernsehen heute*.
-

		Wechsel von		
		kurz und knapp tv	*Fernsehen heute*	*Alles im Blick*
Wechsel nach	*kurz und knapp tv*	0,2	0,1	0,05
	Fernsehen heute	0,3	0,4	0,25
	Alles im Blick	0,5	0,5	0,7

- Überträgt man die Daten aus der Tabelle in eine Matrix und multipliziert diese mit dem Vektor $\vec{x} = \begin{pmatrix} 0{,}45 \\ 0{,}2 \\ 0{,}35 \end{pmatrix}$ so erhält man die Verteilung nach einem Jahr:

$$\begin{pmatrix} 0{,}2 & 0{,}1 & 0{,}05 \\ 0{,}3 & 0{,}4 & 0{,}25 \\ 0{,}5 & 0{,}5 & 0{,}7 \end{pmatrix} \cdot \begin{pmatrix} 0{,}45 \\ 0{,}2 \\ 0{,}35 \end{pmatrix} = \begin{pmatrix} 0{,}1275 \\ 0{,}3025 \\ 0{,}57 \end{pmatrix}$$

Das heißt *kurz und knapp tv* hat nach einem Jahr einen Anteil von 12,75 %, *Fernsehen heute* einen Anteil von 30,25 % und *Alles im Blick* einen Anteil von 57 %.

185 **1. a)** $M = \begin{pmatrix} 0 & 5 & 2 & 0 \\ 0{,}2 & 0 & 0 & 0 \\ 0 & 0{,}7 & 0 & 0 \\ 0 & 0 & 0{,}4 & 0 \end{pmatrix}$

Es sind in diesem Fall nicht nur prozentuale Übergänge sondern auch absolute Werte als Reproduktionsraten gegeben. Daraus ergeben sich z. T. Spaltensummen, die größer als 1 sind, also ist die Matrix nicht stochastisch.

b) Für den Bestand nach n Zyklen gilt $\overrightarrow{x_n} = \mathbf{M}^n \cdot \begin{pmatrix} 0 \\ 50 \\ 20 \\ 0 \end{pmatrix}$.
Damit folgt

$\overrightarrow{x_1} = \begin{pmatrix} 290 \\ 0 \\ 35 \\ 8 \end{pmatrix}$; $\overrightarrow{x_2} = \begin{pmatrix} 70 \\ 58 \\ 0 \\ 14 \end{pmatrix}$; $\overrightarrow{x_3} = \begin{pmatrix} 290 \\ 14 \\ 41 \\ 0 \end{pmatrix}$; $\overrightarrow{x_4} = \begin{pmatrix} 152 \\ 58 \\ 10 \\ 16 \end{pmatrix}$; $\overrightarrow{x_5} = \begin{pmatrix} 310 \\ 30 \\ 41 \\ 4 \end{pmatrix}$

Nach 9 Jahren liegt der Bestand mit $\overrightarrow{x_9} = \begin{pmatrix} 414 \\ 63 \\ 49 \\ 13 \end{pmatrix}$ bei mehr als 500 Tieren.

2. a) $\begin{pmatrix} 0{,}1 & 0{,}8 \\ 0{,}9 & 0{,}2 \end{pmatrix}$ **b)** $\begin{pmatrix} 0{,}7 & 0 \\ 0{,}3 & 1 \end{pmatrix}$ **c)** $\begin{pmatrix} 0{,}4 & 0 & 0{,}8 \\ 0{,}1 & 0{,}2 & 0{,}2 \\ 0{,}5 & 0{,}8 & 0 \end{pmatrix}$

186 **3. a)**

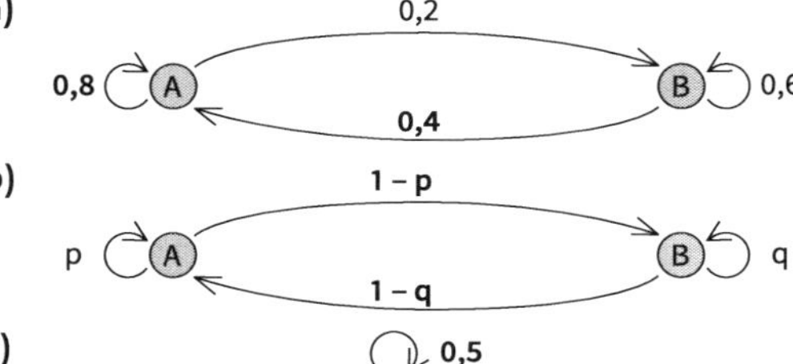

c)

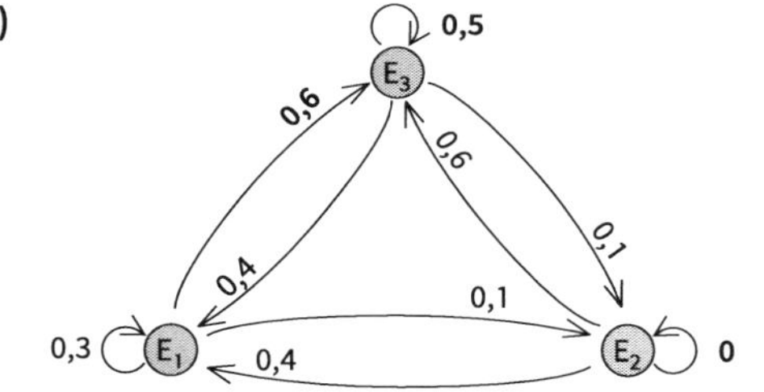

4. a)

0,3
0,7 A B 0,4
0,6

$M = \begin{pmatrix} 0{,}7 & 0{,}6 \\ 0{,}3 & 0{,}4 \end{pmatrix}$

b)

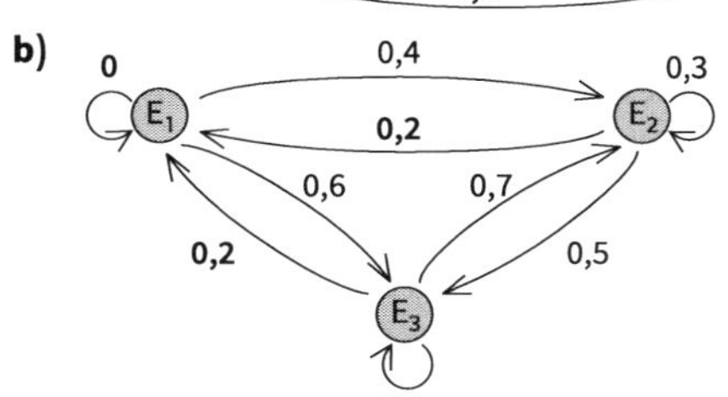

$M = \begin{pmatrix} 0 & 0{,}2 & 0{,}2 \\ 0{,}4 & 0{,}3 & 0{,}7 \\ 0{,}6 & 0{,}5 & 0{,}1 \end{pmatrix}$

186

c) Das Diagramm ist vollständig, da die übrigen Übergänge alle die Wahrscheinlichkeit 0 haben, d. h. man kann auf die Pfeile verzichten.

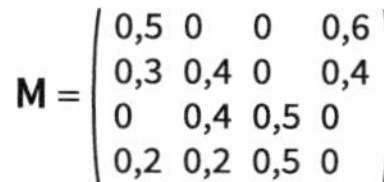

$$M = \begin{pmatrix} 0{,}5 & 0 & 0 & 0{,}6 \\ 0{,}3 & 0{,}4 & 0 & 0{,}4 \\ 0 & 0{,}4 & 0{,}5 & 0 \\ 0{,}2 & 0{,}2 & 0{,}5 & 0 \end{pmatrix}$$

5.

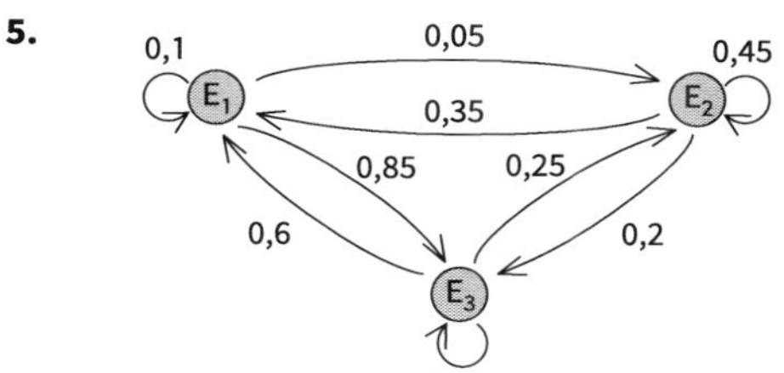

(1) Übergang von E_3 nach E_2

(2) 0,35

(3) Wahrscheinlichkeit für den Übergang von E_1 nach E_2

(4) 0,15

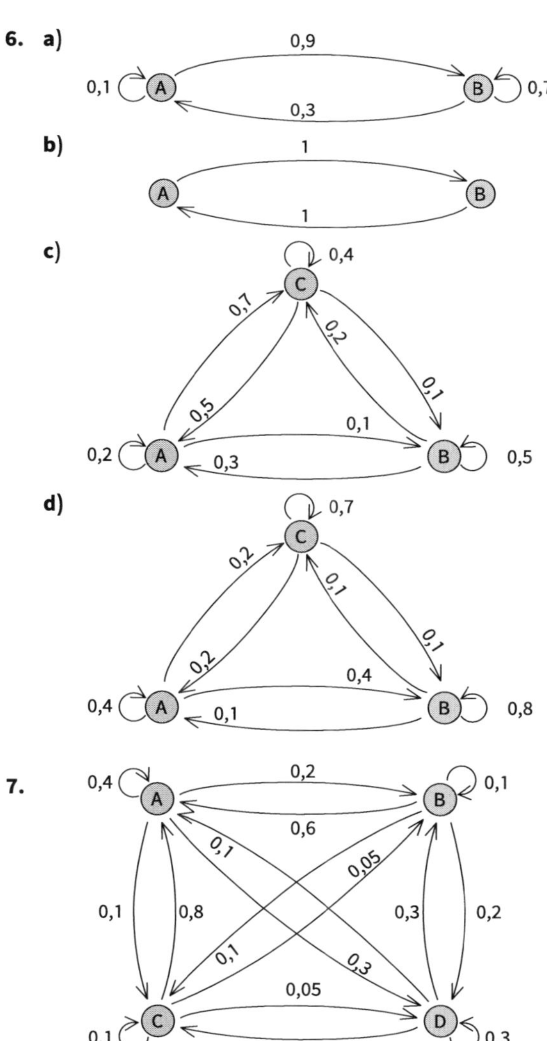

187

8. a) Vom Hauptbahnhof werden 50 % der Räder zum Rathaus gefahren, 20 % zum Rotebühlplatz und 20 % zu anderen Stationen.
Vom Rathaus werden 80 % der Räder zum Hauptbahnhof gefahren, 10 % zum Rotebühlplatz und 5 % zu anderen Stationen.
Vom Rotebühlplatz werden 60 % der Räder zum Rathaus gefahren, 20 % zum Hauptbahnhof und 10 % zu anderen Stationen.
Von den anderen Stationen werden 30 % zum Hauptbahnhof gefahren, 20 % zum Rathaus und 20 % zum Rotebühlplatz.

$$\mathbf{M} = \begin{pmatrix} 0,1 & 0,8 & 0,2 & 0,3 \\ 0,5 & 0,05 & 0,6 & 0,2 \\ 0,2 & 0,1 & 0,1 & 0,2 \\ 0,2 & 0,05 & 0,1 & 0,3 \end{pmatrix}$$

b) Startvektor: $\overrightarrow{x_0} = \begin{pmatrix} 0,3 \\ 0,25 \\ 0,15 \\ 0,3 \end{pmatrix}$

Verteilung der Fahrräder nach einem Tag: $\overrightarrow{x_1} = \mathbf{M} \cdot \overrightarrow{x_0} = \begin{pmatrix} 0,35 \\ 0,3125 \\ 0,16 \\ 0,1775 \end{pmatrix}$

c) Verteilung nach 2 Tagen: $\mathbf{M} \cdot \overrightarrow{x_1} = \begin{pmatrix} 0,37025 \\ 0,322125 \\ 0,15275 \\ 0,154875 \end{pmatrix}$

Wegen $\mathbf{M} \cdot \overrightarrow{x_1} = \mathbf{M} \cdot \left(\mathbf{M} \cdot \overrightarrow{x_0}\right) = \mathbf{M}^2 \cdot \overrightarrow{x_0}$ multipliziert man den Startvektor mit der Matrix $\mathbf{M}^2$ um direkt die Verteilung nach zwei Tagen bestimmen zu können.

9. a) $\begin{pmatrix} 0,5 & 0,1 & 0,05 & 0,1 \\ 0,2 & 0,4 & 0,05 & 0,2 \\ 0,1 & 0,3 & 0,8 & 0,1 \\ 0,2 & 0,2 & 0,1 & 0,6 \end{pmatrix}$

b) $\begin{pmatrix} 0,5 & 0,1 & 0,05 & 0,1 \\ 0,2 & 0,4 & 0,05 & 0,2 \\ 0,1 & 0,3 & 0,8 & 0,1 \\ 0,2 & 0,2 & 0,1 & 0,6 \end{pmatrix} \cdot \begin{pmatrix} 0,25 \\ 0,25 \\ 0,25 \\ 0,25 \end{pmatrix} = \begin{pmatrix} 0,1875 \\ 0,2125 \\ 0,3250 \\ 0,2750 \end{pmatrix}$ (nach einem Tag)

188

10.

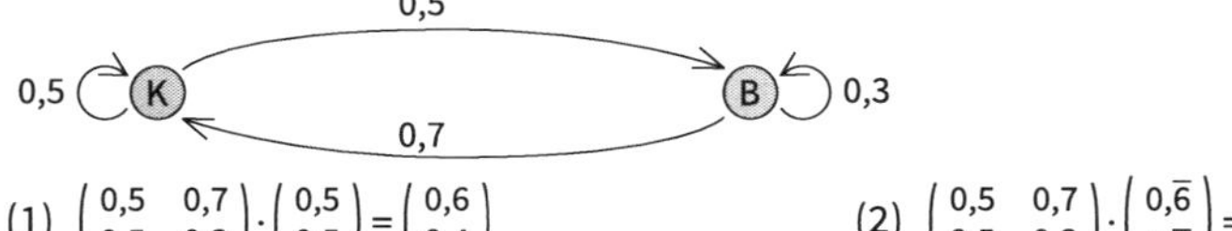

(1) $\begin{pmatrix} 0,5 & 0,7 \\ 0,5 & 0,3 \end{pmatrix} \cdot \begin{pmatrix} 0,5 \\ 0,5 \end{pmatrix} = \begin{pmatrix} 0,6 \\ 0,4 \end{pmatrix}$ (2) $\begin{pmatrix} 0,5 & 0,7 \\ 0,5 & 0,3 \end{pmatrix} \cdot \begin{pmatrix} 0,\overline{6} \\ 0,\overline{3} \end{pmatrix} = \begin{pmatrix} 0,5\overline{6} \\ 0,4\overline{3} \end{pmatrix}$

11. a) Übergangsmatrix (Reihenfolge: Modi – A-Kauf – Centy)

$\mathbf{M} = \begin{pmatrix} 0,80 & 0,10 & 0,05 \\ 0,05 & 0,70 & 0,05 \\ 0,15 & 0,20 & 0,90 \end{pmatrix}$; Startvektor $\vec{a} = \begin{pmatrix} 0,3 \\ 0,5 \\ 0,2 \end{pmatrix}$

Gesucht ist der Vektor $\vec{x} = \begin{pmatrix} x_1 \\ x_2 \\ x_3 \end{pmatrix}$, für den gilt: $\mathbf{M} \cdot \vec{x} = \vec{a}$.

Zu lösen ist das lineare Gleichungssystem $\left| \begin{array}{l} 0,8\ x_1 + 0,1\,x_2 + 0,05\,x_3 = 0,3 \\ 0,05\,x_1 + 0,7\,x_2 + 0,05\,x_3 = 0,5 \\ 0,15\,x_1 + 0,2\,x_2 + \ \ 0,9\,x_3 = 0,2 \end{array} \right|$

Mithilfe des Rechners findet man $x_1 \approx 0,287$; $x_2 \approx 0,692$; $x_3 \approx 0,021$.

b) Alternativ kann man die obige Gleichung auch umstellen: $\vec{x} = \mathbf{M}^{-1} \cdot \vec{a}$ und so mithilfe der inversen Matrix den Vektor $\vec{x}$ finden.

188

12. a) 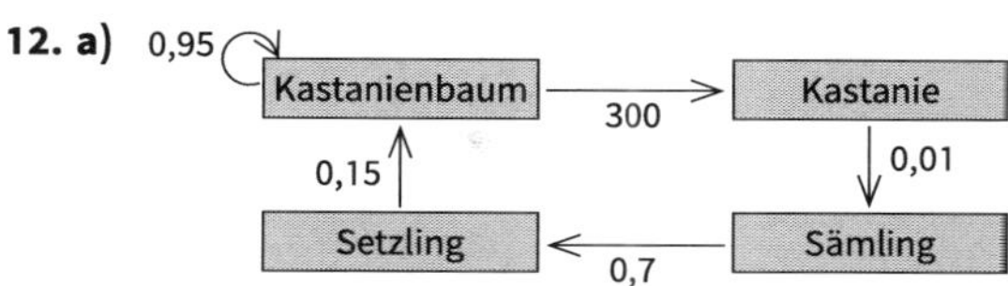

Reihenfolge: Kastanienbaum, Kastanie, Sämling, Setzling

$$M = \begin{pmatrix} 0{,}95 & 0 & 0 & 0{,}15 \\ 300 & 0 & 0 & 0 \\ 0 & 0{,}01 & 0 & 0 \\ 0 & 0 & 0{,}7 & 0 \end{pmatrix}$$

b) Man geht von dem Startvektor $\overrightarrow{x_0} = \begin{pmatrix} 264 \\ 0 \\ 0 \\ 0 \end{pmatrix}$ aus.

Zyklus	Kastanienbaum	Kastanie	Sämling	Setzling
1	250,8	79 200	0	0
2	238,2	75 240	792	0
3	226,3	71 478	752,4	554,4
4	298,2	67 904	714,8	526,7
5	362,3	89 457	679	500,3
6	419,2	108 685	894,6	475,3
7	469,6	125 766	1 086,9	626,2
8	540	140 867	1 257,7	760,8
9	627,1	162 003	1 408,7	880,4
10	727,8	188 139	1 620	986,1

c) In der Tabelle aus Aufgabenteil b) kann man ablesen, dass nach 6 Jahren ein Bestand von 400 Kastanienbäumen überschritten ist.

189

13. 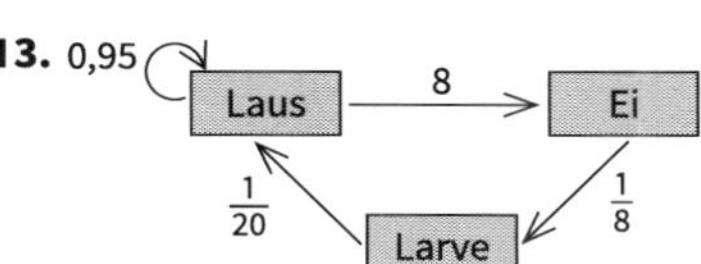

Reihenfolge: Laus, Ei, Larve

Übergangsmatrix: $M = \begin{pmatrix} \frac{29}{30} & 0 & \frac{1}{20} \\ 8 & 0 & 0 \\ 0 & \frac{1}{8} & 0 \end{pmatrix}$; Startvektor $\overrightarrow{x_0} = \begin{pmatrix} 1000 \\ 1000 \\ 800 \end{pmatrix}$

Der Arzt hat recht, aber es dauert noch gut ein Jahr, bis die Läuse verschwunden sind.

Tage	Laus	Ei	Larve
50	526	4 259	216
100	276	2 235	113
150	145	1 173	59
200	76	616	31
250	40	323	16
300	21	170	9
350	11	89	5
400	6	47	2

189 **14. a)** 1. Fall: $\mathbf{M} = \begin{pmatrix} 0 & 0 & 50 \\ 0{,}5 & 0 & 0 \\ 0 & 0{,}04 & 0 \end{pmatrix}$

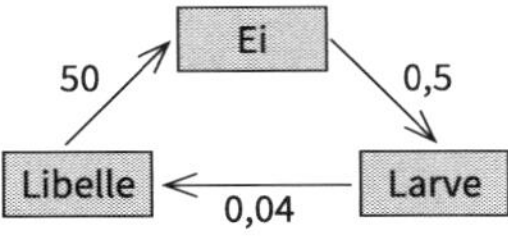

Jahr	0	1	2	3	4	5	6	7
Eier	1 000	5 000	800	1 000	5 000	800	1 000	5 000
Larven	400	500	2 500	400	500	2 500	400	500
Libellen	100	16	20	100	16	20	100	16

Jahr	8	9	10	11	12	13	14	15
Eier	800	1 000	5 000	800	1 000	5 000	800	1 000
Larven	2 500	400	500	2 500	400	500	2 500	400
Libellen	20	100	16	20	100	16	20	100

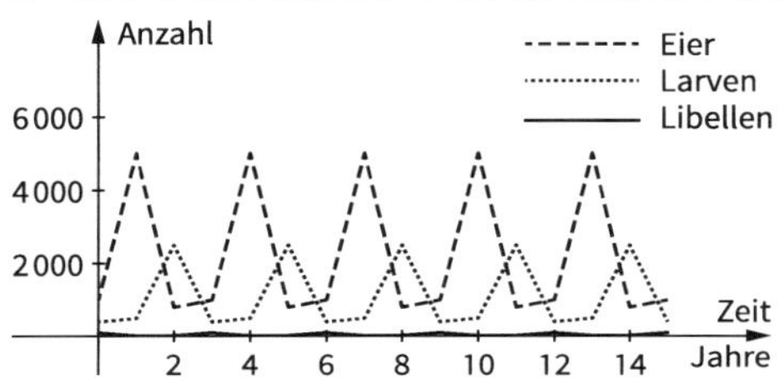

2. Fall: $\mathbf{M} = \begin{pmatrix} 0 & 0 & 40 \\ 0{,}5 & 0 & 0 \\ 0 & 0{,}04 & 0 \end{pmatrix}$

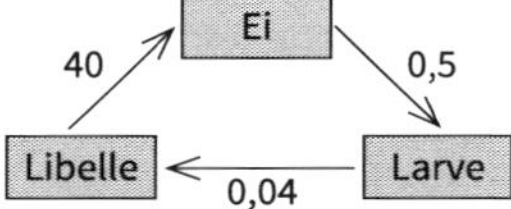

Jahr	0	1	2	3	4	5	6	7
Eier	1 000	4 000	640	800	3 200	520	640	2 560
Larven	400	500	2 000	320	400	1 600	260	320
Libellen	100	16	20	80	13	16	64	10

Jahr	8	9	10	11	12	13	14	15
Eier	400	520	2 040	320	400	1640	240	320
Larven	1 280	200	260	1 020	160	200	820	120
Libellen	13	51	8	10	41	6	8	33

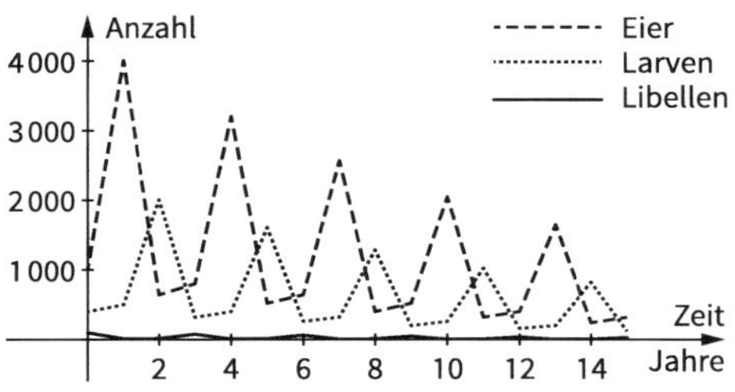

189

3\. Fall: $\mathbf{M} = \begin{pmatrix} 0 & 0 & 100 \\ 0{,}5 & 0 & 0 \\ 0 & 0{,}04 & 0 \end{pmatrix}$

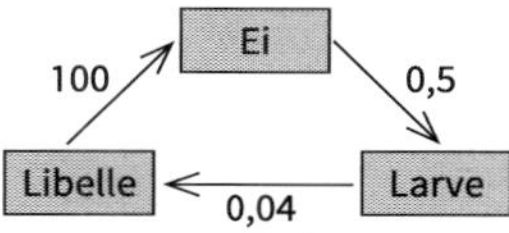

Jahr	0	1	2	3	4	5	6	7
Eier	1000	10000	1600	2000	20000	3200	4000	40000
Larven	400	500	5000	800	1000	10000	1600	2000
Libellen	100	16	20	200	32	40	400	64

Jahr	8	9	10	11	12	13	14	15
Eier	6400	8000	80000	12800	16000	160000	25600	32000
Larven	20000	3200	4000	40000	6400	8000	80000	12800
Libellen	80	800	128	160	1600	256	320	3200

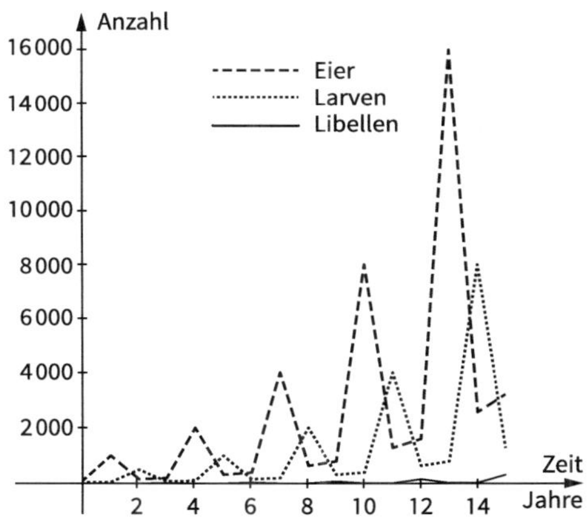

b) c ist die Anzahl der Eier pro Libelle, a der Anteil der Eier, die zu Larven werden und b der Anteil der Larven, die zu Libellen werden.
Die Matrix beschreibt einen Zyklus, der aus drei Phasen besteht.

Wegen $\mathbf{M}^4 = \begin{pmatrix} 0 & 0 & abc^2 \\ a^2bc & 0 & 0 \\ 0 & ab^2c & 0 \end{pmatrix} = abc \cdot \begin{pmatrix} 0 & 0 & c \\ a & 0 & 0 \\ 0 & b & 0 \end{pmatrix} = abc \cdot \mathbf{M}$

gilt: $abc \begin{cases} < 1: & \text{die Population stirbt aus} \\ = 1: & \text{die Population bleibt konstant} \\ > 1: & \text{die Population nimmt zu} \end{cases}$

3.2.2 MARKOW-Ketten und stationäre Zustände

190 **Einstiegsaufgabe ohne Lösung**

a) Es ergibt sich mit der Reihenfolge Hamburg, Düsseldorf, Dresden, München die

Übergangsmatrix $\mathbf{M} = \begin{pmatrix} 0{,}2 & 0{,}1 & 0{,}55 & 0{,}6 \\ 0{,}05 & 0{,}2 & 0{,}25 & 0{,}1 \\ 0{,}05 & 0{,}35 & 0{,}1 & 0{,}05 \\ 0{,}7 & 0{,}35 & 0{,}1 & 0{,}25 \end{pmatrix}$ und der Startvektor $\overrightarrow{x_0} = \begin{pmatrix} 0{,}22 \\ 0{,}18 \\ 0{,}3 \\ 0{,}3 \end{pmatrix}$.

Dann berechnet man: $\overrightarrow{x_1} = \mathbf{M} \cdot \overrightarrow{x_0} = \begin{pmatrix} 0{,}407 \\ 0{,}152 \\ 0{,}119 \\ 0{,}332 \end{pmatrix}$, $\overrightarrow{x_2} = \mathbf{M} \cdot \overrightarrow{x_1} = \begin{pmatrix} 0{,}35525 \\ 0{,}1127 \\ 0{,}10155 \\ 0{,}4305 \end{pmatrix}$, $\overrightarrow{x_3} = \mathbf{M} \cdot \overrightarrow{x_2} = \begin{pmatrix} 0{,}3965 \\ 0{,}1087 \\ 0{,}0889 \\ 0{,}4059 \end{pmatrix}$;

$\overrightarrow{x_7} = \mathbf{M}^7 \cdot \overrightarrow{x_0} = \begin{pmatrix} 0{,}3889 \\ 0{,}1038 \\ 0{,}0854 \\ 0{,}4219 \end{pmatrix}$ (nach einer Woche); $\overrightarrow{x_{14}} = \mathbf{M}^{14} \cdot \overrightarrow{x_0} = \begin{pmatrix} 0{,}3885 \\ 0{,}1038 \\ 0{,}0854 \\ 0{,}4224 \end{pmatrix}$ (nach zwei Wochen);

$\overrightarrow{x_{15}} = \mathbf{M}^{15} \cdot \overrightarrow{x_0} = \begin{pmatrix} 0{,}3885 \\ 0{,}1038 \\ 0{,}0854 \\ 0{,}4224 \end{pmatrix}$ (nach 15 Tagen).

b) Man sieht, dass sich der Zustandsvektor auf vier Nachkommastellen gerundet vom 14. auf den 15. Tag nicht mehr ändert und im weiteren Verlauf dann auch nicht mehr ändern wird (dies kann man auch an anderer Stelle feststellen, wenn man mit anderen Potenzen experimentiert). Also pendelt sich die Verteilung auf lange Sicht ein. Es gibt eine stabile Verteilung.

192 **1.** $\mathbf{M}^2 = \begin{pmatrix} 0{,}46 & 0{,}44 & 0{,}48 \\ 0{,}3 & 0{,}3 & 0{,}28 \\ 0{,}24 & 0{,}26 & 0{,}24 \end{pmatrix}$

$\mathbf{M}^4 = \begin{pmatrix} 0{,}459 & 0{,}459 & 0{,}459 \\ 0{,}295 & 0{,}295 & 0{,}295 \\ 0{,}246 & 0{,}246 & 0{,}249 \end{pmatrix}$

In jeder Spalte der Matrixpotenz $\mathbf{M}^4$ steht der Vektor $\vec{v}$, für den gilt: $\mathbf{M} \cdot \vec{v} = \vec{v}$.
Das ist auch bei den höheren Matrixpotenzen der Fall.

193 **2. a)** (1) $\left| \begin{array}{l} 0{,}2x + 0{,}1y + 0{,}2z = x \\ 0{,}3x + 0{,}8y + 0{,}4z = y \\ 0{,}5x + 0{,}1y + 0{,}4z = z \\ x + y + z = 1 \end{array} \right| \Leftrightarrow \left| \begin{array}{l} -0{,}8x + 0{,}1y + 0{,}2z = 0 \\ 0{,}3x - 0{,}2y + 0{,}4z = 0 \\ 0{,}5x + 0{,}1y - 0{,}6z = 0 \\ x + y + z = 1 \end{array} \right| \Leftrightarrow \left| \begin{array}{l} x \approx 0{,}136 \\ y \approx 0{,}644 \\ z \approx 0{,}220 \end{array} \right|$

(2) $\mathbf{M}^{50} \approx \begin{pmatrix} 0{,}136 & 0{,}136 & 0{,}136 \\ 0{,}644 & 0{,}644 & 0{,}644 \\ 0{,}220 & 0{,}220 & 0{,}220 \end{pmatrix}$

b) Fixvektor $\overrightarrow{v_F} = \begin{pmatrix} \frac{3}{11} \\ \frac{8}{11} \end{pmatrix} = \begin{pmatrix} 0{,}\overline{27} \\ 0{,}\overline{72} \end{pmatrix}$

c) Ein solcher Startvektor kann nicht existieren, da mit Wahrscheinlichkeit 100 % ein Übergang von Zustand A und B erfolgt und umgekehrt.

d) Fixvektor $\overrightarrow{v_F} = \begin{pmatrix} \frac{1}{6} \\ \frac{5}{6} \end{pmatrix} = \begin{pmatrix} 0{,}1\overline{6} \\ 0{,}8\overline{3} \end{pmatrix}$

e) Jeder Startvektor erfüllt die Bedingung, da sich die Zustände nicht ändern.

f) Fixvektor $\overrightarrow{v_F} = \begin{pmatrix} 0{,}\overline{148} \\ 0{,}\overline{4} \\ 0{,}\overline{259} \\ 0{,}\overline{148} \end{pmatrix}$

193 **3.** Gesucht ist der Fixvektor der Übergangsmatrix, da die Aufteilung der Anhänger dann stabil bleibt.

Lösung mithilfe eines linearen Gleichungssystems:

$$\left|\begin{array}{r} 0{,}75\,x + 0{,}08\,y + 0{,}04\,z = x \\ 0{,}10\,x + 0{,}80\,y + 0{,}06\,z = y \\ 0{,}15\,x + 0{,}12\,y + 0{,}90\,z = z \\ x + \quad y + \quad z = 1 \end{array}\right| \Leftrightarrow \left|\begin{array}{r} -0{,}25\,x + 0{,}08\,y + 0{,}04\,z = 0 \\ 0{,}10\,x - 0{,}20\,y + 0{,}06\,z = 0 \\ 0{,}15\,x + 0{,}12\,y - 0{,}10\,z = 0 \\ x + \quad y + \quad z = 1 \end{array}\right| \Leftrightarrow \left|\begin{array}{l} x \approx 0{,}173 \\ y \approx 0{,}257 \\ z \approx 0{,}569 \end{array}\right|$$

Lösung mithilfe von Matrixpotenzen:

$$\mathbf{M}^{20} = \begin{pmatrix} 0{,}174 & 0{,}175 & 0{,}173 \\ 0{,}258 & 0{,}260 & 0{,}256 \\ 0{,}567 & 0{,}566 & 0{,}571 \end{pmatrix};\ \mathbf{M}^{50} = \begin{pmatrix} 0{,}173 & 0{,}173 & 0{,}173 \\ 0{,}257 & 0{,}257 & 0{,}257 \\ 0{,}569 & 0{,}569 & 0{,}569 \end{pmatrix}$$

4. a) Der Übergang kann durch die Abbildung $f(\vec{x}) = \mathbf{M} \cdot \vec{x} + \vec{a}$ mit

$\mathbf{M} = \begin{pmatrix} 0{,}5 & 0{,}2 & 0{,}1 \\ 0{,}4 & 0{,}4 & 0{,}3 \\ 0 & 0{,}3 & 0{,}5 \end{pmatrix}$ und $\vec{a} = \begin{pmatrix} 2000 \\ 8000 \\ 0 \end{pmatrix}$ beschrieben werden.

Nach n Jahren gilt: $\vec{x_n} = \mathbf{M}^n \cdot \vec{x_0} + (\mathbf{M}^{n-1} + \mathbf{M}^{n-2} + \ldots + \mathbf{M} + \mathbf{E}_3) \cdot \vec{a}$

Anfangsvektor: $\vec{x_0} = \begin{pmatrix} 28\,856 \\ 47\,813 \\ 29\,891 \end{pmatrix}$

Nach einem Jahr: $\vec{x_1} = \mathbf{M} \cdot \begin{pmatrix} 28\,856 \\ 47\,813 \\ 29\,891 \end{pmatrix} + \vec{a} = \begin{pmatrix} 28\,979{,}7 \\ 47\,634{,}9 \\ 29\,289{,}4 \end{pmatrix}$

Nach zwei Jahren: $\vec{x_2} = \mathbf{M}^2 \cdot \begin{pmatrix} 28\,856 \\ 47\,813 \\ 29\,891 \end{pmatrix} + (\mathbf{M} + \mathbf{E}_3) \cdot \vec{a} = \begin{pmatrix} 28\,945{,}8 \\ 47\,432{,}7 \\ 28\,935{,}2 \end{pmatrix}$

Nach fünf Jahren: $\vec{x_5} = \mathbf{M}^5 \cdot \begin{pmatrix} 28\,856 \\ 47\,813 \\ 29\,891 \end{pmatrix} + (\mathbf{M}^4 + \mathbf{M}^3 + \mathbf{M}^2 + \mathbf{M} + \mathbf{E}_3) \cdot \vec{a} = \begin{pmatrix} 28\,631{,}8 \\ 46\,869{,}8 \\ 28\,372{,}1 \end{pmatrix}$

b) Löse das System $\mathbf{M} \cdot \vec{x} = \vec{x_0} - \vec{a} \Leftrightarrow \vec{x} = \mathbf{M}^{-1} \cdot \left(\vec{x_0} - \vec{a}\right)$.

Damit ist $\vec{x} = \begin{pmatrix} 4{,}07407 & -2{,}59259 & 0{,}740741 \\ -7{,}40741 & 9{,}25926 & -4{,}07407 \\ 4{,}44444 & -5{,}55556 & 4{,}44444 \end{pmatrix} \cdot \left(\begin{pmatrix} 28\,856 \\ 47\,813 \\ 29\,891 \end{pmatrix} - \begin{pmatrix} 2000 \\ 8000 \\ 0 \end{pmatrix}\right) = \begin{pmatrix} 28\,335{,}9 \\ 47\,927{,}4 \\ 31\,025{,}6 \end{pmatrix}$

c) Löse das System $\vec{x} = \mathbf{M} \cdot \vec{x} + \vec{a} \Leftrightarrow (\mathbf{E}_3 - \mathbf{M}) \cdot \vec{x} = \vec{a} \Leftrightarrow \vec{x} = (\mathbf{E}_3 - \mathbf{M})^{-1} \cdot \vec{a}$.

Damit ist $\vec{x} = \begin{pmatrix} 3{,}96226 & 2{,}45283 & 2{,}26415 \\ 3{,}77358 & 4{,}71698 & 3{,}58491 \\ 2{,}26415 & 2{,}83019 & 4{,}15094 \end{pmatrix} \cdot \begin{pmatrix} 2000 \\ 8000 \\ 0 \end{pmatrix} = \begin{pmatrix} 27\,547{,}2 \\ 45\,283 \\ 27\,169{,}8 \end{pmatrix}$

5. a)

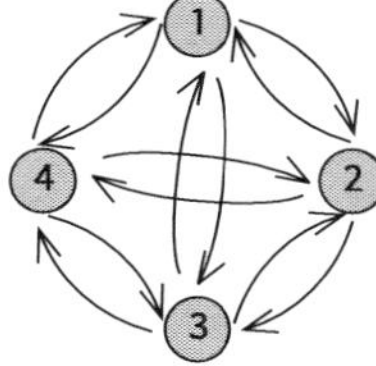

$$\mathbf{M} = \begin{pmatrix} 0 & \frac{1}{3} & \frac{1}{3} & \frac{1}{3} \\ \frac{1}{3} & 0 & \frac{1}{3} & \frac{1}{3} \\ \frac{1}{3} & \frac{1}{3} & 0 & \frac{1}{3} \\ \frac{1}{3} & \frac{1}{3} & \frac{1}{3} & 0 \end{pmatrix};\ \mathbf{M}^2 = \begin{pmatrix} \frac{3}{9} & \frac{2}{9} & \frac{2}{9} & \frac{2}{9} \\ \frac{2}{9} & \frac{3}{9} & \frac{2}{9} & \frac{2}{9} \\ \frac{2}{9} & \frac{2}{9} & \frac{3}{9} & \frac{2}{9} \\ \frac{2}{9} & \frac{2}{9} & \frac{2}{9} & \frac{3}{9} \end{pmatrix};\ \mathbf{M}^4 \approx \begin{pmatrix} 0{,}2593 & 0{,}2469 & 0{,}2469 & 0{,}2469 \\ 0{,}2469 & 0{,}2593 & 0{,}2469 & 0{,}2469 \\ 0{,}2469 & 0{,}2469 & 0{,}2593 & 0{,}2469 \\ 0{,}2469 & 0{,}2469 & 0{,}2469 & 0{,}2593 \end{pmatrix};$$

$$\mathbf{M}^8 \approx \begin{pmatrix} 0{,}2501 & 0{,}249962 & 0{,}249962 & 0{,}249962 \\ 0{,}249962 & 0{,}2501 & 0{,}249962 & 0{,}249962 \\ 0{,}249962 & 0{,}249962 & 0{,}2501 & 0{,}249962 \\ 0{,}249962 & 0{,}249962 & 0{,}249962 & 0{,}2501 \end{pmatrix}$$

193 **b)** $M = \begin{pmatrix} 0 & \frac{2}{5} & \frac{2}{5} & \frac{1}{3} \\ \frac{2}{5} & 0 & \frac{2}{5} & \frac{1}{3} \\ \frac{2}{5} & \frac{2}{5} & 0 & \frac{1}{3} \\ \frac{1}{5} & \frac{1}{5} & \frac{1}{5} & 0 \end{pmatrix}$; $M^2 = \begin{pmatrix} 0{,}38\overline{6} & 0{,}22\overline{6} & 0{,}22\overline{6} & 0{,}2\overline{6} \\ 0{,}22\overline{6} & 0{,}38\overline{6} & 0{,}22\overline{6} & 0{,}2\overline{6} \\ 0{,}22\overline{6} & 0{,}22\overline{6} & 0{,}38\overline{6} & 0{,}2\overline{6} \\ 0{,}16 & 0{,}16 & 0{,}16 & 0{,}2 \end{pmatrix}$;

$$M^4 \approx \begin{pmatrix} 0{,}294 & 0{,}269 & 0{,}269 & 0{,}277\overline{3} \\ 0{,}269 & 0{,}294 & 0{,}269 & 0{,}277\overline{3} \\ 0{,}269 & 0{,}269 & 0{,}294 & 0{,}277\overline{3} \\ 0{,}1664 & 0{,}1664 & 0{,}1664 & 0{,}168 \end{pmatrix}$$

$$M^8 \approx \begin{pmatrix} 0{,}278 & 0{,}277 & 0{,}277 & 0{,}277 \\ 0{,}277 & 0{,}278 & 0{,}277 & 0{,}277 \\ 0{,}277 & 0{,}277 & 0{,}278 & 0{,}277 \\ 0{,}166 & 0{,}166 & 0{,}166 & 0{,}166 \end{pmatrix} \rightarrow M^{\infty} = \begin{pmatrix} \frac{5}{18} & \frac{5}{18} & \frac{5}{18} & \frac{5}{18} \\ \frac{5}{18} & \frac{5}{18} & \frac{5}{18} & \frac{5}{18} \\ \frac{5}{18} & \frac{5}{18} & \frac{5}{18} & \frac{5}{18} \\ \frac{1}{6} & \frac{1}{6} & \frac{1}{6} & \frac{1}{6} \end{pmatrix}$$

3.3 Abbildungsmatrizen

3.3.1 Parallelprojektionen, Spiegelungen und Streckungen

194 **Einstiegsaufgabe ohne Lösung**

- Wir sehen von einem beliebigen Punkt $P(p_1 | p_2 | p_3)$ aus und betrachten die Projektionsgerade durch P mit dem Richtungsvektor $\vec{v}$.

  Die zugehörige Geradengleichung lautet: $\vec{x} = \begin{pmatrix} p_1 \\ p_2 \\ p_3 \end{pmatrix} + t \cdot \begin{pmatrix} 2 \\ -1 \\ -3 \end{pmatrix}$

  Die Bildpunkte der Projektion liegen alle in der x_1x_2-Ebene, somit muss für die dritte Koordinate gelten: $p_3 - 3t = 0$

  Dies ist für $t = \frac{1}{3}p_3$ der Fall.

  Ein Punkt P mit dem Ortsvektor $\overrightarrow{OP} = \begin{pmatrix} p_1 \\ p_2 \\ p_3 \end{pmatrix}$ hat bei dieser Projektion somit den Bildpunkt P′ mit dem Ortsvektor $\overrightarrow{OP} = \begin{pmatrix} p_1' \\ p_2' \\ 0 \end{pmatrix} = \begin{pmatrix} p_1 + \frac{2}{3}p_3 \\ p_2 - \frac{1}{3}p_3 \\ 0 \end{pmatrix}$

  Damit ergeben sich folgende Ortsvektoren der Bildpunkte:

  $\overrightarrow{OA'} = \begin{pmatrix} 3 \\ 2 \\ 0 \end{pmatrix}$; $\overrightarrow{OB'} = \begin{pmatrix} 2 + \frac{2}{3} \cdot 3 \\ 5 - \frac{1}{3} \cdot 3 \\ 0 \end{pmatrix} = \begin{pmatrix} 4 \\ 4 \\ 0 \end{pmatrix}$;

  $\overrightarrow{OC'} = \begin{pmatrix} 1 + \frac{2}{3} \cdot 6 \\ 4 - \frac{1}{3} \cdot 6 \\ 0 \end{pmatrix} = \begin{pmatrix} 5 \\ 2 \\ 0 \end{pmatrix}$

  Also:
  A′(3 | 2 | 0), B′(4 | 4 | 0), C′(5 | 2 | 0)

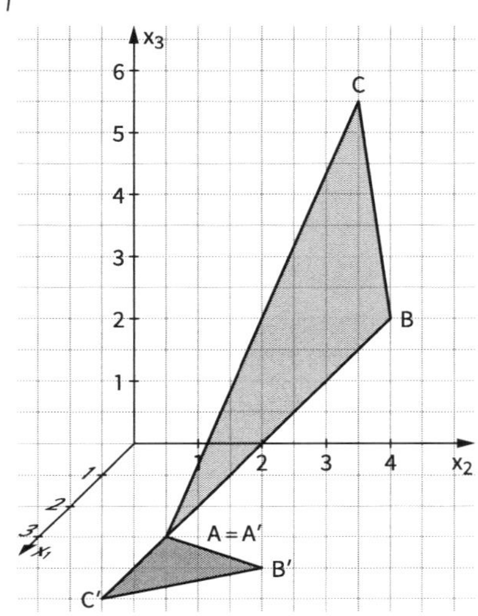

194 ■ $\begin{pmatrix} 1 & 0 & \frac{2}{3} \\ 0 & 1 & -\frac{1}{3} \\ 0 & 0 & 0 \end{pmatrix} \cdot \begin{pmatrix} 3 \\ 2 \\ 0 \end{pmatrix} = \begin{pmatrix} 3 \\ 2 \\ 0 \end{pmatrix}$ $\begin{pmatrix} 1 & 0 & \frac{2}{3} \\ 0 & 1 & -\frac{1}{3} \\ 0 & 0 & 0 \end{pmatrix} \cdot \begin{pmatrix} p_1 \\ p_2 \\ p_3 \end{pmatrix} = \begin{pmatrix} p_1 + \frac{2}{3}p_3 \\ p_2 - \frac{1}{3}p_3 \\ 0 \end{pmatrix}$

$\begin{pmatrix} 1 & 0 & \frac{2}{3} \\ 0 & 1 & -\frac{1}{3} \\ 0 & 0 & 0 \end{pmatrix} \cdot \begin{pmatrix} 2 \\ 5 \\ 3 \end{pmatrix} = \begin{pmatrix} 4 \\ 4 \\ 0 \end{pmatrix}$ $\begin{pmatrix} 1 & 0 & \frac{2}{3} \\ 0 & 1 & -\frac{1}{3} \\ 0 & 0 & 0 \end{pmatrix} \cdot \begin{pmatrix} 1 \\ 4 \\ 6 \end{pmatrix} = \begin{pmatrix} 5 \\ 2 \\ 0 \end{pmatrix}$

196 **1.** **a)** (1) Man erhält die Koordinaten der Bildpunkte, indem man die erste und dritte Koordinate beibehält und die zweite Koordinate mit (– 1) multipliziert: A′(1 | – 3 | 2), B′(3 | – 4 | – 2), C′(6 | – 8 | 10)

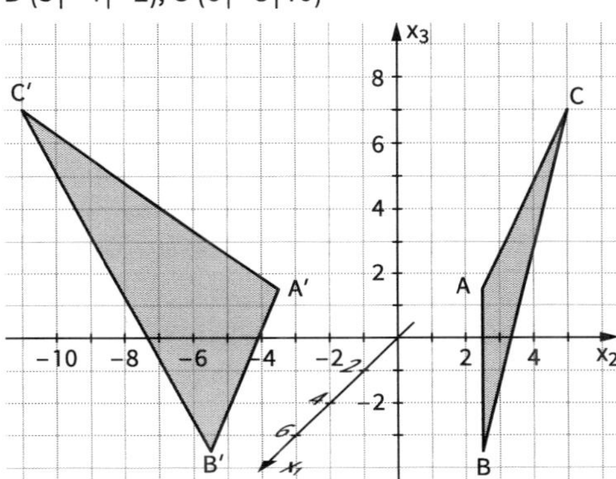

(2) $\begin{pmatrix} 1 & 0 & 0 \\ 0 & -1 & 0 \\ 0 & 0 & 1 \end{pmatrix} \cdot \begin{pmatrix} p_1 \\ p_2 \\ p_3 \end{pmatrix} = \begin{pmatrix} p_1 \\ -p_2 \\ p_3 \end{pmatrix}$

$P(p_1 | p_2 | p_3) \rightarrow P'(p_1 | -p_2 | p_3)$

b) Bei der zentrischen Streckung vom Koordinatenursprung aus mit dem Faktor 2,5 wird der Ortsvektor $\overrightarrow{OP} = \begin{pmatrix} p_1 \\ p_2 \\ p_3 \end{pmatrix}$ eines Punktes mit dem Faktor gestreckt.

Also $\overrightarrow{OP} = 2{,}5 \cdot \begin{pmatrix} p_1 \\ p_2 \\ p_3 \end{pmatrix}$

Dies wird durch die Abbildungsmatrix $\begin{pmatrix} 2{,}5 & 0 & 0 \\ 0 & 2{,}5 & 0 \\ 0 & 0 & 2{,}5 \end{pmatrix}$ erreicht.

197 **2.** **a)** $\begin{pmatrix} v_1 \\ v_2 \\ v_3 \end{pmatrix} = \begin{pmatrix} 2 \\ 2 \\ -3 \end{pmatrix}$ $T_P = \begin{pmatrix} 0 & 0 & 0 \\ -1 & 1 & 0 \\ \frac{3}{2} & 0 & 1 \end{pmatrix}$

Siehe Information von Seite 195.

b) $\begin{pmatrix} 0 & 0 & 0 \\ -1 & 1 & 0 \\ \frac{3}{2} & 0 & 1 \end{pmatrix} \cdot \begin{pmatrix} 1 \\ -2 \\ 3 \end{pmatrix} = \begin{pmatrix} 0 \\ 5 \\ 0 \end{pmatrix}$ also A′(0 | 5 | 0)

c) $\begin{pmatrix} 0 & 0 & 0 \\ -1 & 1 & 0 \\ \frac{3}{2} & 0 & 1 \end{pmatrix} \cdot \begin{pmatrix} p_1 \\ p_2 \\ p_3 \end{pmatrix} = \begin{pmatrix} 0 \\ -p_1 + p_2 \\ \frac{3}{2}p_1 + p_3 \end{pmatrix}$ also $P\left(0 \middle| -p_1 + p_2 \middle| \frac{3}{2}p_1 + p_3\right)$

197

3. **a)** $T_p = \begin{pmatrix} 1 & -1 & 0 \\ 0 & 0 & 0 \\ 0 & \frac{1}{2} & 1 \end{pmatrix}$

A'(0 | 0 | 3,5), B'(−4 | 0 | 5), C'(2 | 0 | 1)

b) $T_p = \begin{pmatrix} 1 & 4 & 0 \\ 0 & 0 & 0 \\ 0 & -5 & 1 \end{pmatrix}$

A'(15 | 0 | −13), B'(16 | 0 | −17), C'(2 | 0 | 1)

c) $T_p = \begin{pmatrix} 1 & 3 & 0 \\ 0 & 0 & 0 \\ 0 & -1 & 1 \end{pmatrix}$

A'(12 | 0 | −1), B'(12 | 0 | −1), C'(2 | 0 | 1)

A' = B'

4. $\vec{v} = \overrightarrow{PP'} = \begin{pmatrix} 2 \\ -2 \\ 4 \end{pmatrix}$, $T_p = \begin{pmatrix} 0 & 0 & 0 \\ 1 & 1 & 0 \\ 2 & 0 & 1 \end{pmatrix}$

5. Projektion in die x_1x_2-Ebene. Abbildungsmatrix $\mathbf{T} = \begin{pmatrix} 1 & 0 & -\frac{1}{2} \\ 0 & 1 & -\frac{1}{2} \\ 0 & 0 & 0 \end{pmatrix}$

A'(− 1,5 | − 1,5 | 0); B'(1,75 | − 1,25 | 0); C'(1,75 | 4,75 | 0); D'(− 1,5 | 4,5 | 0)

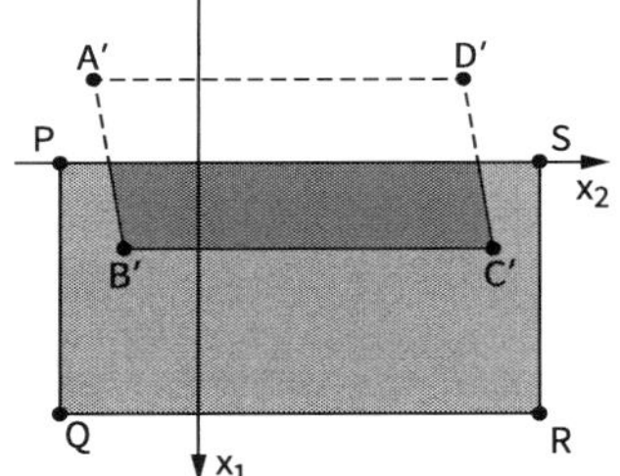

6. **a)** E: $\overrightarrow{OX} * \begin{pmatrix} 0 \\ 0 \\ 1 \end{pmatrix} = 0$ (Projektionsebene)

$v = -|v| \begin{pmatrix} 0 \\ \cos(60°) \\ \sin(60°) \end{pmatrix} = -\frac{|v|}{2} \begin{pmatrix} 0 \\ 1 \\ \sqrt{3} \end{pmatrix}$ (Projektionsrichtung)

Daraus ergibt sich die Abbildungsgleichung $\begin{pmatrix} x_1' \\ x_2' \\ x_3' \end{pmatrix} = \begin{pmatrix} 1 & 0 & 0 \\ 0 & 1 & -\frac{1}{\sqrt{3}} \\ 0 & 0 & 0 \end{pmatrix} \cdot \begin{pmatrix} x_1 \\ x_2 \\ x_3 \end{pmatrix} = \mathbf{T} \cdot \vec{x}$

b) $\overrightarrow{OA}' = \mathbf{T} \cdot \overrightarrow{OA} = \begin{pmatrix} a_1 \\ a_2 - \frac{a_3}{\sqrt{3}} \\ 0 \end{pmatrix} = \begin{pmatrix} 1 \\ 1 \\ 0 \end{pmatrix}$, analog erhält man $\overrightarrow{OB}' = \begin{pmatrix} 3 \\ 1 \\ 0 \end{pmatrix}$; $\overrightarrow{OC}' = \begin{pmatrix} 3 \\ 3 \\ 0 \end{pmatrix}$; $\overrightarrow{OD}' = \begin{pmatrix} 1 \\ 3 \\ 0 \end{pmatrix}$;

$\overrightarrow{OE}' = \begin{pmatrix} 1 \\ 1 - \frac{4}{\sqrt{3}} \\ 0 \end{pmatrix}$; $\overrightarrow{OF}' = \begin{pmatrix} 3 \\ 1 - \frac{4}{\sqrt{3}} \\ 0 \end{pmatrix}$; $\overrightarrow{OG}' = \begin{pmatrix} 3 \\ 3 - \frac{4}{\sqrt{3}} \\ 0 \end{pmatrix}$; $\overrightarrow{OH}' = \begin{pmatrix} 1 \\ 3 - \frac{4}{\sqrt{3}} \\ 0 \end{pmatrix}$; $\overrightarrow{OS}' = \begin{pmatrix} 2 \\ 2 - \frac{6}{\sqrt{3}} \\ 0 \end{pmatrix}$

197 **7. a)** Um den Vektor $\vec{v}$ zu erhalten, vergleicht man die gegebene Matrix **T** mit der allgemeinen Form von Seite 195 und erhält $-4 = -\frac{v_1}{v_3}$ und $3 = -\frac{v_2}{v_3}$. Da es um die Richtung geht, kann man $v_3 = 1$ wählen. Daraus ergibt sich die Projektionsrichtung $\vec{v} = \begin{pmatrix} 4 \\ -3 \\ 1 \end{pmatrix}$.

b) In gleicher Vorgehensweise wie in Teilaufgabe a) erhält man: $\vec{v} = \begin{pmatrix} -5 \\ 2 \\ 1 \end{pmatrix}$

c) In gleicher Vorgehensweise wie in Teilaufgabe a) erhält man: $\vec{v} = \begin{pmatrix} 1 \\ 0{,}5 \\ 1 \end{pmatrix}$

198 **8. a)** $A'(-2|-5|3)$, $B'(11|15|0)$, $C'(3|-13|23)$

$\mathbf{T}_s = \begin{pmatrix} 1 & 0 & 0 \\ 0 & -1 & 0 \\ 0 & 0 & 1 \end{pmatrix}$

b) $A'(5|-9|17)$, $B'(5|9|17)$, $C'(22|0|45)$

$A' = B,\ B' = A,\ C' = C$

Das Dreieck wird auf sich abgebildet.

c) Zum Beispiel

$A(3|0|-2)$, $B(4|3|7)$, $C(4|-3|-7)$

Es gilt: $A' = A,\ B' = C,\ C' = B$

9. a) $P'(12|66|-30)$ $\quad \mathbf{T} = \begin{pmatrix} 6 & 0 & 0 \\ 0 & 6 & 0 \\ 0 & 0 & 6 \end{pmatrix}$ **b)** $B'(12|66|-30)$, $B(-4|-22|10)$

10. a) Orthogonale Spieglung an der x_1x_2-Ebene.

$P(2|-1|-2)$

b) Zentrische Streckung vom Koordinatenursprung aus mit dem Faktor 5.

$P(2|-5|4)$

c) Orthogonale Spiegelung an der x_1x_3-Ebene.

$P(0|0|0)$

11. a) $\mathbf{A} = \begin{pmatrix} 1 & 2 & 0 \\ 0 & 0 & 0 \\ 0 & -\frac{3}{2} & 1 \end{pmatrix}$ Siehe Information auf Seite 195.

$P'(-10|0|10)$

b) $P''(-10|0|-10)$, $\mathbf{B} = \begin{pmatrix} 1 & 0 & 0 \\ 0 & 1 & 0 \\ 0 & 0 & -1 \end{pmatrix}$

c) $\mathbf{A} \cdot \overrightarrow{OP} = \overrightarrow{OP'}$ $\qquad \mathbf{B} \cdot \overrightarrow{OP'} = \overrightarrow{OP''}$

Also gilt: $\mathbf{B} \cdot \left(\mathbf{A} \cdot \overrightarrow{OP}\right) = \overrightarrow{OP''}$

$(\mathbf{B} \cdot \mathbf{A}) \cdot \overrightarrow{OP} = \overrightarrow{OP''}$

$\mathbf{C} = \mathbf{B} \cdot \mathbf{A} = \begin{pmatrix} 1 & 0 & 0 \\ 0 & 1 & 0 \\ 0 & 0 & -1 \end{pmatrix} \cdot \begin{pmatrix} 1 & 2 & 0 \\ 0 & 0 & 0 \\ 0 & -\frac{3}{2} & 1 \end{pmatrix} = \begin{pmatrix} 1 & 2 & 0 \\ 0 & 0 & 0 \\ 0 & \frac{3}{2} & -1 \end{pmatrix}$

198 d) $\mathbf{A}\cdot\mathbf{B}=\begin{pmatrix}1 & 2 & 0\\ 0 & 0 & 0\\ 0 & -\frac{3}{2} & 1\end{pmatrix}\cdot\begin{pmatrix}1 & 0 & 0\\ 0 & 1 & 0\\ 0 & 0 & -1\end{pmatrix}=\begin{pmatrix}1 & 2 & 0\\ 0 & 0 & 0\\ 0 & -\frac{3}{2} & -1\end{pmatrix}$

$\mathbf{A}\cdot\mathbf{B}\neq\mathbf{B}\cdot\mathbf{A}$

Wenn man die Reihenfolge der Abbildungen vertauscht, so erhält man einen anderen Bildpunkt, nämlich $P_*''(-10\,|\,0\,|\,8)$

e) Eine Abbildung A kann durch eine Matrix **A** beschrieben werden.
Eine andere Abbildung B wird durch eine Matrix **B** beschrieben.
Das Matrixprodukt $\mathbf{B}\cdot\mathbf{A}$ beschreibt dann eine Verknüpfung der beiden Abbildungen A und B, bei der zuerst die Abbildung A durchgeführt wird und danach die Abbildung B.

$\mathbf{A}\cdot\overrightarrow{OP}=\overrightarrow{OP'}\qquad\mathbf{B}\cdot\overrightarrow{OP'}=\overrightarrow{OP''}$

also $\mathbf{B}\cdot\left(\mathbf{A}\cdot\overrightarrow{OP}\right)=\overrightarrow{OP''}$

$(\mathbf{B}\cdot\mathbf{A})\cdot\overrightarrow{OP}=\overrightarrow{OP''}$

12. Die Spaltenvektoren von **T** sind die Bilder der Einheitsvektoren bei dieser Abbildung.

Einheitsvektoren: $\begin{pmatrix}1\\0\\0\end{pmatrix},\begin{pmatrix}0\\1\\0\end{pmatrix},\begin{pmatrix}0\\0\\1\end{pmatrix}$

$\mathbf{T}=\begin{pmatrix}a_{11} & a_{12} & a_{13}\\ a_{21} & a_{22} & a_{23}\\ a_{31} & a_{32} & a_{33}\end{pmatrix}$

$\mathbf{T}\cdot\begin{pmatrix}1\\0\\0\end{pmatrix}=\begin{pmatrix}a_{11}\\a_{21}\\a_{31}\end{pmatrix},\ \mathbf{T}\cdot\begin{pmatrix}0\\1\\0\end{pmatrix}=\begin{pmatrix}a_{12}\\a_{22}\\a_{32}\end{pmatrix},\ \mathbf{T}\cdot\begin{pmatrix}0\\0\\1\end{pmatrix}=\begin{pmatrix}a_{13}\\a_{23}\\a_{33}\end{pmatrix}$

13.
- Bei einer Parallelprojektion in eine Koordinatenebene sind alle Punkte dieser Koordinatenebene Fixpunkte.
- Bei einer orthogonalen Spiegelung an einer Koordinatenebene sind alle Punkte dieser Koordinatenebene Fixpunkte.
- Bei einer zentrischen Streckung vom Koordinatenursprung aus ist der Koordinatenursprung der einzige Fixpunkt.

3.3.2 Drehungen und Parallelprojektionen

199 **Einstiegsaufgabe ohne Lösung**

- $\overrightarrow{OA}=\begin{pmatrix}1\\0\end{pmatrix}\quad\overrightarrow{OA'}=\begin{pmatrix}\cos(30°)\\ \sin(30°)\end{pmatrix}$

  $\overrightarrow{OB}=\begin{pmatrix}0\\1\end{pmatrix},\ \overrightarrow{OB'}=\begin{pmatrix}-\sin(30°)\\ \cos(30°)\end{pmatrix}$

- $\overrightarrow{p_1}=\begin{pmatrix}5\\0\end{pmatrix}\quad\overrightarrow{p_1'}=\begin{pmatrix}5\cdot\cos(30°)\\ 5\cdot\sin(30°)\end{pmatrix}=5\cdot\overrightarrow{OA'}$

  $\overrightarrow{p_2}=\begin{pmatrix}0\\4\end{pmatrix}\quad\overrightarrow{p_2'}=\begin{pmatrix}-4\cdot\sin(30°)\\ 4\cdot\cos(30°)\end{pmatrix}=4\cdot\overrightarrow{OB'}$

  $\overrightarrow{OP'}=\overrightarrow{p_1'}+\overrightarrow{p_2'}=\begin{pmatrix}5\cos(30°)-4\sin(30°)\\ 5\sin(30°)+4\cos(30°)\end{pmatrix}$

  $=5\,\overrightarrow{OA'}+4\,\overrightarrow{OB'}$

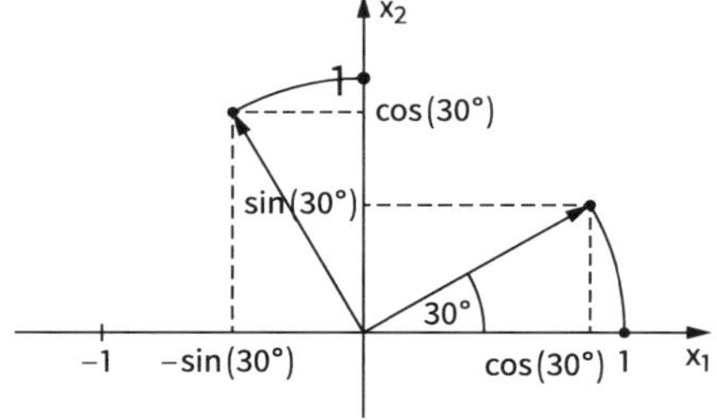

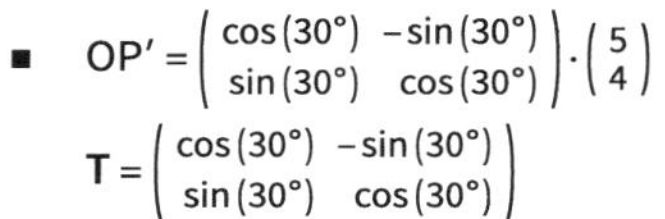

- $OP'=\begin{pmatrix}\cos(30°) & -\sin(30°)\\ \sin(30°) & \cos(30°)\end{pmatrix}\cdot\begin{pmatrix}5\\4\end{pmatrix}$

  $\mathbf{T}=\begin{pmatrix}\cos(30°) & -\sin(30°)\\ \sin(30°) & \cos(30°)\end{pmatrix}$

201

1. a) Die Projektionsgerade wird durch den Punkt gelegt, den der Ortsvektor des Einheitsvektors beschreibt. Die Projektionsgerade hat den Richtungsvektor $\vec{v}$.

- Also: $\vec{x} = \begin{pmatrix} 0 \\ 1 \\ 0 \end{pmatrix} + t \cdot \begin{pmatrix} 1 \\ 3 \\ -1 \end{pmatrix}$

  Der Bildpunkt ist der Schnittpunkt mit E.

  $2 \cdot t + 1 + 3 \cdot t + 3t = 0$, für $t = -\frac{1}{8}$

  $\overrightarrow{e_2'} = \begin{pmatrix} -\frac{1}{8} \\ 1 - \frac{3}{8} \\ \frac{1}{8} \end{pmatrix} = \begin{pmatrix} -\frac{1}{8} \\ \frac{5}{8} \\ \frac{1}{8} \end{pmatrix}$

- $\vec{x} = \begin{pmatrix} 0 \\ 0 \\ 1 \end{pmatrix} + t \cdot \begin{pmatrix} 1 \\ 3 \\ -1 \end{pmatrix}$

  $2 \cdot t + 3 \cdot t - 3 + 3t = 0$, für $t = \frac{3}{8}$

  $\overrightarrow{e_3'} = \begin{pmatrix} \frac{3}{8} \\ \frac{9}{8} \\ 1 - \frac{3}{8} \end{pmatrix} = \begin{pmatrix} \frac{3}{8} \\ \frac{9}{8} \\ \frac{5}{8} \end{pmatrix}$

b) $d = 8$

$\mathbf{T} = \begin{pmatrix} \frac{3}{4} & -\frac{1}{8} & \frac{3}{8} \\ -\frac{3}{4} & \frac{5}{8} & \frac{9}{8} \\ \frac{1}{4} & \frac{1}{8} & \frac{5}{8} \end{pmatrix} = \frac{1}{8} \cdot \begin{pmatrix} 6 & -1 & 3 \\ -6 & 5 & 9 \\ 2 & 1 & 5 \end{pmatrix}$

202

2. $\cos(60°) = \frac{1}{2}$ $\quad \sin(60°) = \frac{1}{2}\sqrt{3}$

a) $\mathbf{D}_1 = \begin{pmatrix} 1 & 0 & 0 \\ 0 & \frac{1}{2} & -\frac{1}{2}\sqrt{3} \\ 0 & \frac{1}{2}\sqrt{3} & \frac{1}{2} \end{pmatrix}$

$P'\left(-3 \,\middle|\, \frac{5}{2} - \frac{10}{2}\sqrt{3} \,\middle|\, \frac{5}{2}\sqrt{3} + \frac{10}{2}\right)$

$P'(-3 \mid \approx -6{,}16 \mid \approx 9{,}33)$

b) $\mathbf{D}_2 = \begin{pmatrix} \frac{1}{2} & 0 & \frac{1}{2}\sqrt{3} \\ 0 & 1 & 0 \\ -\frac{1}{2}\sqrt{3} & 0 & \frac{1}{2} \end{pmatrix}$

$P'\left(-\frac{3}{2} + \frac{10}{2}\sqrt{3} \,\middle|\, 5 \,\middle|\, -\frac{3}{2}\sqrt{3} + \frac{10}{2}\right)$

$P'(\approx 7{,}16 \mid 5 \mid \approx 2{,}4)$

c) $\mathbf{D}_3 = \begin{pmatrix} \frac{1}{2} & -\frac{1}{2}\sqrt{3} & 0 \\ \frac{1}{2}\sqrt{3} & \frac{1}{2} & 0 \\ 0 & 0 & 1 \end{pmatrix}$

$P'\left(-\frac{3}{2} - \frac{5}{2}\sqrt{3} \,\middle|\, -\frac{3}{2}\sqrt{3} + \frac{5}{2} \,\middle|\, 10\right)$

$P'(\approx -5{,}83 \mid \approx -0{,}098 \mid 10)$

3. Die Abbildungsgleichung lautet $\mathbf{D}_2 \cdot P = P'$, also $\begin{pmatrix} \cos(\varphi) & 0 & \sin(\varphi) \\ 0 & 1 & 0 \\ -\sin(\varphi) & 0 & \cos(\varphi) \end{pmatrix} \cdot \begin{pmatrix} 5 \\ 6 \\ 0 \end{pmatrix} = \begin{pmatrix} 5 \cdot \cos(\varphi) \\ 6 \\ -\sin(\varphi) \end{pmatrix} = \begin{pmatrix} 3 \\ 6 \\ 4 \end{pmatrix}$.
Daraus ergibt sich $\varphi = 53{,}13°$.

4. Es kommt nur eine Drehung um die x_2-Achse infrage. Wir suchen einen Winkel φ für den gilt: $\cos(\varphi) = 0$ und $\sin(\varphi) = -1$. Also $\varphi = 270°$.

202

5. Drehung um die x_1-Achse mit 5,19°.

$S(0|0|27{,}37)$; $\sin(5{,}19°) \approx 0{,}0905$; $\cos(5{,}19°) \approx 0{,}9959$

$$\mathbf{D}_1 = \begin{pmatrix} 1 & 0 & 0 \\ 0 & 0{,}9959 & -0{,}0905 \\ 0 & 0{,}0905 & 0{,}9959 \end{pmatrix}$$

$$\mathbf{D}_1 \cdot \begin{pmatrix} 0 \\ 0 \\ 27{,}37 \end{pmatrix} \approx \begin{pmatrix} 0 \\ -2{,}48 \\ 27{,}26 \end{pmatrix} \qquad S'(0|\approx -2{,}48|\approx 27{,}26)$$

6. Die Abbildungsmatrix lautet für den Winkel 60°:

$$\mathbf{D} = \begin{pmatrix} \cos(60°) & -\sin(60°) \\ \sin(60°) & \cos(60°) \end{pmatrix} = \begin{pmatrix} \frac{1}{2} & -\frac{\sqrt{3}}{2} \\ \frac{\sqrt{3}}{2} & \frac{1}{2} \end{pmatrix}.$$

Daraus ergeben sich die folgenden Bildpunkte:

$$\mathbf{D} \cdot \begin{pmatrix} -2 \\ -1 \end{pmatrix} = \begin{pmatrix} \frac{\sqrt{3}-2}{2} \\ \frac{-2\sqrt{3}-1}{2} \end{pmatrix}, \text{ also } A'\left(\frac{\sqrt{3}-2}{2}\middle|\frac{-2\sqrt{3}-1}{2}\right);$$

$$\mathbf{D} \cdot \begin{pmatrix} 2 \\ -1 \end{pmatrix} = \begin{pmatrix} \frac{\sqrt{3}+2}{2} \\ \frac{2\sqrt{3}-1}{2} \end{pmatrix}, \text{ also } B'\left(\frac{\sqrt{3}+2}{2}\middle|\frac{2\sqrt{3}-1}{2}\right);$$

$$\mathbf{D} \cdot \begin{pmatrix} 0 \\ 2 \end{pmatrix} = \begin{pmatrix} -\sqrt{3} \\ 1 \end{pmatrix}, \text{ also } C'\left(-\sqrt{3}\middle|1\right).$$

7. Bei Drehung um den Winkel φ besitzt das Bild von $(1|0)$ die Koordinaten $(\cos(\varphi)|\sin(\varphi))$.
Das Bild von $(0|1)$ ist um weitere 90° gedreht, also
$(\cos(\varphi + 90°)|\sin(\varphi + 90°)) = (-\sin(\varphi)|\cos(\varphi))$.

Damit: $\mathbf{T} = \begin{pmatrix} \cos(\varphi) & -\sin(\varphi) \\ \sin(\varphi) & \cos(\varphi) \end{pmatrix}$

8. $\varphi = \frac{\pi}{6} = 30°$

9. **a)** Das Koordinatensystem sollte so gewählt werden, dass die Drehachse auf einer der Koordinatenachsen liegt. Es kann mit oder gegen den Uhrzeigersinn gedreht werden.

b) Drehung parallel zur x_1x_2-Ebene und 3. Koordinate unverändert lassen:

$$\overrightarrow{OP}' = \begin{pmatrix} x_1 \\ x_2 \\ 0 \end{pmatrix} \cos(\varphi) + \begin{pmatrix} -x_2 \\ x_1 \\ 0 \end{pmatrix} \sin(\varphi) + \begin{pmatrix} 0 \\ 0 \\ x_3 \end{pmatrix} = \begin{pmatrix} \cos(\varphi) & -\sin(\varphi) & 0 \\ \sin(\varphi) & \cos(\varphi) & 0 \\ 0 & 0 & 1 \end{pmatrix} \cdot \begin{pmatrix} x_1 \\ x_2 \\ x_3 \end{pmatrix}.$$

203

10. a)

- $\overrightarrow{e_1} = \begin{pmatrix} 1 \\ 0 \\ 0 \end{pmatrix}$; Projektionsgerade: $\vec{x} = \begin{pmatrix} 1 \\ 0 \\ 0 \end{pmatrix} + t \cdot \begin{pmatrix} 1 \\ -2 \\ 2 \end{pmatrix}$

  Schnitt mit E:

  $1 + t + 4t = 0$ für $t = -\frac{1}{5}$; $\overrightarrow{e_1'} = \begin{pmatrix} 1 - \frac{1}{5} \\ \frac{2}{5} \\ -\frac{2}{5} \end{pmatrix} = \begin{pmatrix} \frac{4}{5} \\ \frac{2}{5} \\ -\frac{2}{5} \end{pmatrix} = \frac{1}{5} \cdot \begin{pmatrix} 4 \\ 2 \\ -2 \end{pmatrix}$

- $\overrightarrow{e_2} = \begin{pmatrix} 0 \\ 1 \\ 0 \end{pmatrix}$, Projektionsgerade: $\vec{x} = \begin{pmatrix} 0 \\ 1 \\ 0 \end{pmatrix} + t \cdot \begin{pmatrix} 1 \\ -2 \\ 2 \end{pmatrix}$

  Schnitt mit E:

  $t - 2 + 4t = 0$ für $t = \frac{2}{5}$; $\overrightarrow{e_2'} = \begin{pmatrix} 1 + \frac{2}{5} \\ -\frac{4}{5} \\ \frac{4}{5} \end{pmatrix} = \frac{1}{5} \cdot \begin{pmatrix} 7 \\ -4 \\ 4 \end{pmatrix}$

203

- $\overrightarrow{e_3} = \begin{pmatrix} 0 \\ 0 \\ 1 \end{pmatrix}$; Projektionsgerade: $\vec{x} = \begin{pmatrix} 0 \\ 0 \\ 1 \end{pmatrix} + t \cdot \begin{pmatrix} 1 \\ -2 \\ 2 \end{pmatrix}$

  Schnitt mit E:

  $t + 4t = 0$ für $t = 0$; $\overrightarrow{e_3'} = \overrightarrow{e_3} = \frac{1}{5} \cdot \begin{pmatrix} 0 \\ 0 \\ 5 \end{pmatrix}$

  $T = \frac{1}{5} \cdot \begin{pmatrix} 4 & 7 & 0 \\ 2 & -4 & 0 \\ -2 & 4 & 5 \end{pmatrix}$

  Man kann **T** auch direkt mit der Darstellung von Seite 201 aufstellen.

b) $T \cdot \begin{pmatrix} -1 \\ 6 \\ 2 \end{pmatrix} = \frac{1}{5} \cdot \begin{pmatrix} 38 \\ -26 \\ 36 \end{pmatrix}$, $A'\left(\frac{38}{5} \middle| -\frac{26}{5} \middle| \frac{36}{5}\right)$

$T \cdot \begin{pmatrix} 2 \\ -5 \\ 3 \end{pmatrix} = \frac{1}{5} \cdot \begin{pmatrix} -27 \\ 24 \\ -9 \end{pmatrix}$, $B'\left(-\frac{27}{5} \middle| \frac{24}{5} \middle| -\frac{9}{5}\right)$

$T \cdot \begin{pmatrix} 1 \\ 0 \\ 8 \end{pmatrix} = \frac{1}{5} \cdot \begin{pmatrix} 4 \\ 2 \\ 39 \end{pmatrix}$, $C'\left(\frac{4}{5} \middle| \frac{2}{5} \middle| \frac{39}{5}\right)$

11. **x_1x_2-Ebene**

$0 \cdot x_1 + 0 \cdot x_2 + 1 \cdot x_3 = 0$; $d = v_3$

$$T = \frac{1}{v_3} \cdot \begin{pmatrix} v_3 & 0 & -v_1 \\ 0 & v_3 & -v_2 \\ 0 & 0 & v_3 - v_3 \end{pmatrix} = \begin{pmatrix} 1 & 0 & -\frac{v_1}{v_3} \\ 0 & 1 & -\frac{v_2}{v_3} \\ 0 & 0 & 0 \end{pmatrix}$$

Siehe dazu Satz auf Seite 201 und Satz auf Seite 195.

x_2x_3-Ebene

$1 \cdot x_1 + 0 \cdot x_2 + 0 \cdot x_3 = 0$; $d = v_1$

$$T = \frac{1}{v_1} \cdot \begin{pmatrix} v_1 - v_1 & 0 & 0 \\ -v_2 & v_1 & 0 \\ -v_3 & 0 & v_1 \end{pmatrix} = \begin{pmatrix} 0 & 0 & 0 \\ -\frac{v_2}{v_1} & 1 & 0 \\ -\frac{v_3}{v_1} & 0 & 1 \end{pmatrix}$$

x_1x_3-Ebene

$0 \cdot x_1 + 1 \cdot x_2 + 0 \cdot x_3 = 0$; $d = v_2$

$$T = \frac{1}{v_2} \cdot \begin{pmatrix} v_2 & -v_1 & 0 \\ 0 & v_2 - v_2 & 0 \\ 0 & -v_3 & v_2 \end{pmatrix} = \begin{pmatrix} 1 & -\frac{v_1}{v_2} & 0 \\ 0 & 0 & 0 \\ 0 & -\frac{v_3}{v_2} & 1 \end{pmatrix}$$

12. a) $D_1 = \begin{pmatrix} 1 & 0 & 0 \\ 0 & \frac{\sqrt{2}}{2} & -\frac{\sqrt{2}}{2} \\ 0 & \frac{\sqrt{2}}{2} & \frac{\sqrt{2}}{2} \end{pmatrix}$ $\quad T = \begin{pmatrix} -1 & 0 & 0 \\ 0 & 1 & 0 \\ 0 & 0 & 1 \end{pmatrix}$

$$A = T \cdot D_1 = \begin{pmatrix} -1 & 0 & 0 \\ 0 & \frac{\sqrt{2}}{2} & -\frac{\sqrt{2}}{2} \\ 0 & \frac{\sqrt{2}}{2} & \frac{\sqrt{2}}{2} \end{pmatrix}$$

b) $T = \begin{pmatrix} 3 & 0 & 0 \\ 0 & 3 & 0 \\ 0 & 0 & 3 \end{pmatrix}$ $\quad D_2 = \begin{pmatrix} \cos(60°) & 0 & \sin(60°) \\ 0 & 1 & 0 \\ -\sin(60°) & 0 & \cos(60°) \end{pmatrix} = \begin{pmatrix} \frac{1}{2} & 0 & \frac{1}{2}\sqrt{3} \\ 0 & 1 & 0 \\ -\frac{1}{2}\sqrt{3} & 0 & \frac{1}{2} \end{pmatrix}$

$$A = D_2 \cdot T = \begin{pmatrix} \frac{3}{2} & 0 & \frac{3}{2}\sqrt{3} \\ 0 & 3 & 0 \\ -\frac{3}{2}\sqrt{3} & 0 & \frac{3}{2} \end{pmatrix}$$

203

c) $\mathbf{T} = \begin{pmatrix} 1 & 0 & 0 \\ 0 & 1 & 0 \\ 0 & 0 & -1 \end{pmatrix}$ $\quad$ $\mathbf{D}_2 = \begin{pmatrix} \frac{1}{2} & 0 & \frac{1}{2}\sqrt{3} \\ 0 & 1 & 0 \\ -\frac{1}{2}\sqrt{3} & 0 & -\frac{1}{2} \end{pmatrix}$

$\mathbf{A} = \mathbf{D}_2 \cdot \mathbf{T} = \begin{pmatrix} \frac{1}{2} & 0 & -\frac{1}{2}\sqrt{3} \\ 0 & 1 & 0 \\ -\frac{1}{2}\sqrt{3} & 0 & -\frac{1}{2} \end{pmatrix}$

d) $\mathbf{D}_1 = \begin{pmatrix} 1 & 0 & 0 \\ 0 & \cos(\varphi) & -\sin(\varphi) \\ 0 & \sin(\varphi) & \cos(\varphi) \end{pmatrix}$ $\quad$ $\mathbf{T} = \begin{pmatrix} -1 & 0 & 0 \\ 0 & 1 & 0 \\ 0 & 0 & 1 \end{pmatrix}$

$\mathbf{A} = \mathbf{T} \cdot \mathbf{D}_1 = \begin{pmatrix} -1 & 0 & 0 \\ 0 & \cos(\varphi) & -\sin(\varphi) \\ 0 & \sin(\varphi) & \cos(\varphi) \end{pmatrix}$

13. a) $\vec{v} = \overrightarrow{PP'} = \begin{pmatrix} 6 \\ 12 \\ -6 \end{pmatrix}$ Siehe dazu auf Seite 195.

$\mathbf{T} = \begin{pmatrix} 1 & 0 & 1 \\ 0 & 1 & 2 \\ 0 & 0 & 0 \end{pmatrix}$

b) $\mathbf{D}_2$ beschreibt eine Drehung um die x_2-Achse mit dem Winkel φ. $\mathbf{T} \cdot \mathbf{D}_2$ beschreibt die Nacheinanderausführung dieser Drehung um die x_2-Achse und einer anschließenden Projektion in die x_1x_2-Ebene mit dem Vektor $\vec{v} = \begin{pmatrix} 6 \\ 12 \\ -6 \end{pmatrix}$.

14. $\mathbf{D}_1 = \begin{pmatrix} 1 & 0 & 0 \\ 0 & \cos(80°) & -\sin(80°) \\ 0 & \sin(80°) & \cos(80°) \end{pmatrix}$ $\quad$ $\mathbf{D}_1^* = \begin{pmatrix} 1 & 0 & 0 \\ 0 & \cos(280°) & -\sin(280°) \\ 0 & \sin(280°) & \cos(280°) \end{pmatrix}$

$\mathbf{D}_1 \approx \begin{pmatrix} 1 & 0 & 0 \\ 0 & 0{,}1736 & -0{,}9848 \\ 0 & 0{,}9848 & 0{,}1736 \end{pmatrix}$ $\quad$ $\mathbf{D}_1^* \approx \begin{pmatrix} 1 & 0 & 0 \\ 0 & 0{,}1736 & +0{,}9848 \\ 0 & -0{,}9848 & 0{,}1736 \end{pmatrix}$

$\mathbf{D}_1 \cdot \mathbf{D}_1^* = \begin{pmatrix} 1 & 0 & 0 \\ 0 & 1 & 0 \\ 0 & 0 & 1 \end{pmatrix}$

Insgesamt wurde um 360° gedreht. Dabei wird jeder Punkt auf sich selbst abgebildet.

15. Beispiel: Spiegelung an der x_1-Achse

$\overrightarrow{e_1} = \begin{pmatrix} 1 \\ 0 \\ 0 \end{pmatrix}$ $\quad \overrightarrow{e_1'} = \begin{pmatrix} 1 \\ 0 \\ 0 \end{pmatrix}$ $\quad \overrightarrow{e_2} = \begin{pmatrix} 0 \\ 1 \\ 0 \end{pmatrix}$ $\quad \overrightarrow{e_2'} = \begin{pmatrix} 0 \\ -1 \\ 0 \end{pmatrix}$ $\quad \overrightarrow{e_3} = \begin{pmatrix} 0 \\ 0 \\ 1 \end{pmatrix}$ $\quad \overrightarrow{e_3'} = \begin{pmatrix} 0 \\ 0 \\ -1 \end{pmatrix}$

$\mathbf{T} = \begin{pmatrix} 1 & 0 & 0 \\ 0 & -1 & 0 \\ 0 & 0 & -1 \end{pmatrix}$

Drehung um die x_1-Achse mit 180° ergibt

$\mathbf{D}_1 = \begin{pmatrix} 1 & 0 & 0 \\ 0 & \cos(180°) & -\sin(180°) \\ 0 & \sin(180°) & \cos(180°) \end{pmatrix} = \begin{pmatrix} 1 & 0 & 0 \\ 0 & -1 & 0 \\ 0 & 0 & -1 \end{pmatrix} = \mathbf{T}$

Die Überlegungen für die anderen Achsen funktionieren entsprechend.

4 Wahrscheinlichkeitsrechnung

4.1 Zufallsexperiment – Wahrscheinlichkeiten

4.1.1 Wahrscheinlichkeit als zu erwartende relative Häufigkeit

210

Einstiegsaufgabe ohne Lösung

a) Wenn wir die Flächen beschriften, so können wir sechs verschiedene Ergebnisse unterscheiden. Wenn wir die Flächen nicht beschriften, dann sind zwei verschiedene Ergebnisse möglich: das Ergebnis *Fläche mit Loch* und das Ergebnis *Fläche ohne Loch*.

b) Bei einem nicht-durchbohrten Holzwürfel ist kein Grund ersichtlich, warum irgendeine der Flächen eher oben liegt als eine andere. Deshalb gehen wir davon aus, dass bei einem Würfel ohne Loch die Chancen für jedes der möglichen sechs Ergebnisse gleich groß sind. Beim durchbohrten Würfel könnte es jedoch sein, dass durch die Bohrung die Symmetrie des Würfels so verändert wurde, dass die sechs Flächen nicht mehr gleiche Chancen haben, nach einem Wurf oben zu liegen.
Es könnte also sein, dass die Chancen für Marie nicht gleich ein Drittel sind, wenn das Loch oben liegt. Die Wahrscheinlichkeit, dass Marie ein Feld weiterrücken kann, könnte größer oder kleiner als ein Drittel sein.
Um dies zu entscheiden, kann man das Experiment oft durchführen und beobachten, ob sich der Anteil der Würfe von einem Drittel unterscheidet. Dazu legt man eine Tabelle an, in der man die Gesamtzahl der Würfe protokolliert sowie die Anzahl der Würfe, bei denen eine Fläche mit Loch oben lag, und deren Anteil.

214

1. a) Wenn es zwei verschiedene mögliche Ergebnisse gibt, heißt das nicht, dass diese mit gleicher Wahrscheinlichkeit auftreten. Die Wahrscheinlichkeit für Lage *Kopf zur Seite* hängt von der Lage des Schwerpunkts ab.

b) Man kann das *empirische Gesetz der großen Zahlen* nutzen und eine Reißzwecke 1000-mal werfen. Die beobachteten relativen Häufigkeiten der beiden Ergebnisse liegen dann in der Nähe der tatsächlichen Wahrscheinlichkeiten.

c) Wenn die Plastikkappe entfernt wird, verlagert sich der Schwerpunkt in Richtung der Nadelspitze und die Wahrscheinlichkeit für Lage *Seite* nimmt zu.

d) $309 : 500 = 0{,}618 = 61{,}8\,\%$; $P(\textit{Seite}) \approx 61{,}8\,\%$; $P(\textit{Kopf}) \approx 38{,}2\,\%$

2. a) Nach dem Gesetz der großen Zahlen ändert sich die relative Häufigkeit eines Ergebnisses mit zunehmender Anzahl der Versuche immer weniger. Sie liegt dann in der Nähe der Wahrscheinlichkeit dieses Ergebnisses. Nach 100 Versuchen liegt die relative Häufigkeit für das Ergebnis „liegend" bei 37 % und für das Ergebnis „stehend" bei 63 %. Man kann also davon ausgehen, dass die Wahrscheinlichkeiten für diese Ergebnisse in der Nähe dieser Werte liegen. Besser wäre es allerdings, wenn man die Anzahl der Versuche noch erhöhen würde, z. B. auf 500 oder 1 000.

b) Das hängt von der Versuchsdurchführung ab. Wenn sich die Zylinder beim Werfen nicht gegenseitig anstoßen und damit ihre Lage beeinflussen, spielt das wohl keine Rolle.

214

3. **a)** $\frac{1}{37}$ **b)** 10-mal **c)** Die relativen Häufigkeiten stabilisieren sich bei $\frac{1}{37}$.

4. (1) 25 % von 50: ca. 12 bis 13 Spiele.
(2) 25 % von 30: ca. 7 bis 8 Spiele.
(3) 25 % von 100: ca. 25 Spiele.
Die zu erwartende relative Häufigkeit beträgt in allen Fällen ca. 25 %.

215

5. (1) Diese Aussage ist falsch. Als Mittelwertaussage mit dem Zusatz „im Mittel..." wäre sie jedoch richtig.
(2) falsch: Es gibt auch Wurfserien von 6 Würfen ohne 3.
(3) falsch: Der Würfel hat kein Gedächtnis.
(4) wahr
(5) falsch: siehe (2)
(6) wahr: So könnte man setzen, da die Wahrscheinlichkeit, dass beim nächsten Wurf keine 3 fällt, (wie bei jedem anderen Wurf) $\frac{5}{6}$ beträgt.

6. Es ist kein Grund ersichtlich, warum irgendeines der Ergebnisse eine größere Chance haben könnte aufzutreten (symmetrische Zufallsgeräte in (1) – (3), keine Bevorzugung in (4)). Daher kann man die Zufallsexperimente als LAPLACE-Experimente ansehen. Um die Wahrscheinlichkeit für die einzelnen Ergebnisse und für Ereignisse zu berechnen, müssen nur die möglichen Ergebnisse gezählt werden.
(1) Ergebnismenge $S = \{1, 2, 3, 4, 5, 6\}$; Wahrscheinlichkeit für jedes Ergebnis: $\frac{1}{6}$
(2) $S = \{1, 2, 3, 4\}$; Wahrscheinlichkeit für jedes Ergebnis: $\frac{1}{4}$
(3) Ergebnismenge $S = \{0, 1, 2, 3, 4, 5, 6, 7, 8, 9\}$; Wahrscheinlichkeit für jedes Ergebnis: $\frac{1}{10}$
(4) Ergebnismenge S = {Pik-Sieben, Pik-Acht, Pik-Neun, Pik-Zehn, Pik-Bube, Pik-Dame, Pik-König, Pik-Ass, Karo-Sieben, Karo-Acht, Karo-Neun, Karo-Zehn, Karo-Bube, Karo-Dame, Karo-König, Karo-Ass, Kreuz-Sieben, Kreuz-Acht, Kreuz-Neun, Kreuz-Zehn, Kreuz-Bube, Kreuz-Dame, Kreuz-König, Kreuz-Ass, Herz-Sieben, Herz-Acht, Herz-Neun, Herz-Zehn, Herz-Bube, Herz-Dame, Herz-König, Herz-Ass};
Wahrscheinlichkeit für jedes Ergebnis: $\frac{1}{32}$

7. Die Wahrscheinlichkeiten sind:
$P(1) = P(3) = \frac{1}{8}$
$P(2) = \frac{1}{4}$
$P(4) = P(5) = P(6) = \frac{1}{6}$
a) Ja, da die Wahrscheinlichkeit für ein weißes Feld über 50 % ist.
b) Ja. Die Wahrscheinlichkeit für eine Zahl größer als 3 ist genau 50 %.
c) Es handelt sich dabei um die gefärbten Sektoren. Die Wahrscheinlichkeit, dass der Zeiger auf einem solchen Sektor stehen bleibt, ist kleiner als 50 % und damit kleiner als die Wahrscheinlichkeiten der in a) und b) betrachteten Ereignisse.

8. (1) „Der Zeiger bleibt ...
... auf einem blauen oder einem grünen Sektor stehen. "
... auf einem blauen oder einem roten Sektor stehen."
... nicht auf einem gelben Sektor stehen."

215

(2) „Der Zeiger bleibt …
… auf einem grünen oder einem roten Sektor stehen."
… auf einem blauen oder einem gelben Sektor stehen."

9. Insgesamt leben 81,2 Millionen Menschen in Deutschland, davon sind 44,2 Millionen mindestens 21 Jahre alt, aber unter 60. Die Wahrscheinlichkeit, eine solche Person zufällig auszuwählen, beträgt daher $\frac{44,2}{81,2} \approx 0,544 = 54,4\,\%$.

10. E_1: „Die Augenzahl ist keine Primzahl";
E_2: „Die Augenzahl ist durch 2 oder durch 3 teilbar";
E_3: „Die Augenzahl ist durch 4 oder durch 6 teilbar";
E_4: „Die Augenzahl ist weder durch 4 noch durch 5 teilbar"

	Tetraeder	Hexaeder	Oktaeder	Dodekaeder	Ikosaeder
S	{1, 2, 3, 4}	{1, 2, 3, 4, 5, 6}	{1, 2, 3, 4, …, 8}	{1, 2, 3, 4, …, 12}	{1, 2, 3, 4, …, 20}
E_1	{1, 4} $P(E_1) = \frac{2}{4} = \frac{1}{2}$	{1, 4, 6} $P(E_1) = \frac{3}{6} = \frac{1}{2}$	{1, 4, 6, 8} $P(E_1) = \frac{4}{8} = \frac{1}{2}$	{1, 4, 6, 8, 9, 10, 12} $P(E_1) = \frac{7}{12}$	{1, 4, 6, 8, 9, 10, 12, 14, 15, 16, 18, 20} $P(E_1) = \frac{12}{20} = \frac{3}{5}$
E_2	{2, 3, 4} $P(E_2) = \frac{3}{4}$	{2, 3, 4, 6} $P(E_2) = \frac{4}{6} = \frac{2}{3}$	{2, 3, 4, 6, 8} $P(E_2) = \frac{5}{8}$	{2, 3, 4, 6, 8, 9, 10, 12} $P(E_2) = \frac{8}{12} = \frac{2}{3}$	{2, 3, 4, 6, 8, 9, 10, 12, 14, 15, 16, 18, 20} $P(E_2) = \frac{13}{20}$
E_3	{4} $P(E_3) = \frac{1}{4}$	{4, 6} $P(E_3) = \frac{2}{6} = \frac{1}{3}$	{4, 6, 8} $P(E_3) = \frac{3}{8}$	{4, 6, 8, 12} $P(E_3) = \frac{4}{12} = \frac{1}{3}$	{4, 6, 8,12, 16, 18, 20} $P(E_3) = \frac{7}{20}$
E_4	{1, 2, 3} $P(E_4) = \frac{3}{4}$	{1, 2, 3, 6} $P(E_4) = \frac{4}{6} = \frac{2}{3}$	{1, 2, 3, 6, 7} $P(E_4) = \frac{5}{8}$	{1, 2, 3, 6, 7, 9, 11} $P(E_4) = \frac{7}{12}$	{1, 2, 3, 6, 7, 9, 11, 13, 14, 17, 18, 19} $P(E_4) = \frac{12}{20} = \frac{3}{5}$

216

11. a) Ergebnismenge $S = \{1, 2, 3, 4, 5, 6\}$
Die Wahrscheinlichkeiten sind alle gleich:
$P(1) = P(2) = P(3) = P(4) = P(5) = P(6) = \frac{1}{6}$

b) E_1: „Die geworfene Zahl ist eine gerade Zahl"
$E_1 = \{2, 4, 6\}$; $P(E_1) = \frac{3}{6} = \frac{1}{2}$

c) E_2: „Die geworfene Zahl ist größer als Vier"
$E_2 = \{5, 6\}$; $P(E_2) = \frac{2}{6} = \frac{1}{3}$

d) E_3: „Die geworfene Zahl ist eine Primzahl"
$E_3 = \{2, 3, 5\}$; $P(E_3) = \frac{3}{6} = \frac{1}{2}$

e) E_4: „Die geworfene Zahl ist negativ" ist ein unmögliches Ereignis.
$P(E_4) = 0$
E_5: „Die geworfene Zahl ist kleiner als Sieben" ist ein sicheres Ereignis.
$P(E_5) = 1$

216 **12. a)** (1) P (Der Stein hat zwei gleiche Hälften) $= \frac{7}{28} = \frac{1}{4}$

(2) P (Die Summe der Augen ist gleich 5) $= \frac{3}{28}$

(3) P (Die Summe der Augen ist größer als 9) $= \frac{4}{28} = \frac{1}{7}$

b) (1) P (Der Stein hat zwei gleiche Hälften) $= \frac{6}{21}$

(2) P (Die Summe der Augen ist gleich 5) $= \frac{3}{21} = \frac{1}{7}$

(3) P (Die Summe der Augen ist größer als 9) $= \frac{1}{21}$

13. (1) P (Karte ist eine Pik-Karte) $= \frac{8}{32} = \frac{1}{4}$

(2) P (Karte trägt eine Zahl) $= \frac{16}{32} = \frac{1}{2}$

(3) P (Karte ist eine rote Karte) $= \frac{16}{32} = \frac{1}{2}$

(4) P (Karte ist ein schwarzes Ass) $= \frac{2}{32} = \frac{1}{16}$

14. $E_1 = \{2, 3, 5, 7, 11, 13, 17, 19, 23, 29, 31, 37, 41, 43, 47\}$; $P(E_1) = \frac{15}{50} = 0{,}3$

$E_2 = \{9, 18, 27, 36, 45\}$; $P(E_2) = \frac{5}{50} = 0{,}1$

$E_3 = \{1, 3, 5, 7, ..., 47, 49\}$; $P(E_3) = \frac{25}{50} = 0{,}5$

$E_4 = \{10, 11, 12, ..., 49, 50\}$; $P(E_4) = \frac{41}{50} = 0{,}82$

$E_5 = \{5, 10, 15, 20, 25, 30, 35, 40, 45, 50\}$; $P(E_5) = \frac{10}{50} = 0{,}2$

$E_6 = \{1, 2, 3, ..., 30, 31\}$; $P(E_6) = \frac{31}{50} = 0{,}62$

15. $P(F) = 0{,}81$, $P(M) = 0{,}73$, gesucht jeweils $P(F \cup M)$

Mindestanzahl der Haushalte mit mindestens einem der beiden Geräte: 81 %.
Dann hätte jeder, der einen Fernseher hat, auch eine Mikrowelle, d. h. es wäre $P(F \cap M) = 0{,}73$, also $P(F \cup M) = 0{,}81 + 0{,}73 - 0{,}73 = 0{,}81$
Die maximale Anzahl an Haushalten die mindestens eins von beiden hat, sind 100 %
Es gilt also: $0{,}81 \le P(F \cup M) \le 1$

16. $P(P_A \cup P_B) = 0{,}7 + 0{,}8 - 0{,}6 = 0{,}9 = 90\,\%$

217 **17.** $P(A) = \frac{12}{100}$, $P(D) = \frac{11}{100} + \frac{6}{100} - \frac{15}{100} = \frac{2}{100}$,

$P(B) = \frac{6}{100}$, $P(E) = \frac{8}{100} + \frac{6}{100} - \frac{13}{100} = \frac{1}{100}$,

$P(C) = \frac{12}{100} + \frac{11}{100} - \frac{22}{100} = \frac{1}{100}$, $P(F) = \frac{8}{100} + \frac{5}{100} - \frac{13}{100} = \frac{0}{100}$

18. a) $E = \{1; 2; 3; 4\}$; $P(E) = 4 \cdot 0{,}215 = 0{,}86$

b) E = {Oberseite; Unterseite}; $P(E) = 0{,}09 + 0{,}05 = 0{,}14$

c) E = {2; 3; Oberseite}; $P(E) = 2 \cdot 0{,}215 + 0{,}09 = 0{,}52$

217

19. (1) $\overline{E}$: Die Zahl ist nicht durch 3 teilbar.
$P(\overline{E}) = 1 - P(E) = 1 - \frac{33}{100} = \frac{67}{100}$

(2) $\overline{E}$: Die Zahl ist keine Primzahl.
$P(\overline{E}) = 1 - P(E) = 1 - \frac{25}{100} = \frac{75}{100}$

(3) $\overline{E}$: Die Zahl ist größer als 69.
$P(\overline{E}) = 1 - P(E) = 1 - \frac{69}{100} = \frac{31}{100}$

(4) $\overline{E}$: Die Zahl ist kleiner als 13 oder größer als 65.
$P(\overline{E}) = 1 - P(E) = \frac{12}{100} + \frac{35}{100} = \frac{47}{100}$

20. (1) Die 20 Personen haben lauter verschiedene Geburtstage.
(2) Beim 5-fachen Werfen wird keine 6 geworfen.
(3) Beim 10-fachen Werfen tritt mehr als 8-mal Wappen auf.
(4) Beim 50-fachen Werfen tritt höchstens 30-mal Zahl auf.
(5) Beim 50-fachen Werfen tritt mindestens 20-mal Wappen auf.

21. $P(E) = 0{,}85;\quad P(F) = 0{,}32;\quad P(R) = 0{,}23$
(1) $P(E \cup F) = P(E) + P(F) - P(E \cap F)$
Entweder alle, die Französisch sprechen, sprechen auch Englisch, dann ist $P(E \cap F) = 0{,}32$. Oder von denen, die Französisch sprechen, spricht nur die minimal mögliche Anzahl auch Englisch, dann ist $P(E \cap F) = 0{,}85 + 0{,}32 - 1 = 0{,}17$. Also:
$0{,}17 \le P(E \cap F) \le 0{,}32$
(2) analog zu (1) $0{,}08 \le P(E \cap R) \le 0{,}23$
(3) Da hier die Summe der beiden Wahrscheinlichkeiten kleiner als 1 ist, kann es auch sein, dass niemand Französisch und Russisch spricht, in diesem Fall ist dann also $P(R \cap F) = 0$. Die Obergrenze bestimmt sich wie in den Fällen (1) und (2).
Also: $0 \le P(R \cap F) \le 0{,}23$
(4) $0 \le P(E \cap F \cap R) \le 0{,}23$

22. Insgesamt wurden 250 Personen befragt: $137 + 85 + 76 - 48 = 250$
(1) $P(\text{A oder B}) = P(A) + P(B) - P(\text{A und B}) = \frac{137}{250} + \frac{85}{250} - \frac{48}{250} = 0{,}696$
(2) $P(\text{B oder C}) = \frac{85}{250} + \frac{76}{250} = 0{,}644$ Hinweis: B und $C = \{\ \}$
(3) $P(\text{weder A noch B}) = P(C) = \frac{76}{250} = 0{,}304$

Blickpunkt: Axiome der Wahrscheinlichkeitsrechnung

218

1. Betrachtet man zum Beispiel die Folge zum orangen Graphen, so erkennt man, dass kurz nach 250 Würfen die relative Häufigkeit bereits bei 0,5 lag. Aber nach etwas über 300 Würfen liegt die relative Häufigkeit über 0,51. Somit kann die relative Häufigkeit nach n Versuchen näher an der Wahrscheinlichkeit p liegen, als nach $n + 1$ Versuchen.
Die Wahrscheinlichkeit für eine größere Abweichung als 0,01 wird aber mit zunehmender Versuchszahl immer geringer und beträgt für 10 000 Versuche nur noch 4,4 %. Bei 500 Versuchen liegt sie aber noch bei 62,3 %, was auch die Abweichungen in den 5 Simulationen des 500-fachen Münzwurfs erklärt.

219

2. (1) Relative Häufigkeiten sind nichtnegative Zahlen.
   (2) Die Summe der relativen Häufigkeiten aller Ergebnisse einer Ergebnismenge beträgt 100 %.
   (3) Wenn zwei Ereignisse keine gleichen Ergebnisse aus der Ergebnismenge enthalten, so ist die relative Häufigkeit für beide Ereignisse gleich der Summe der relativen Häufigkeiten der einzelnen Ereignisse.

220

3. (1) *Elementare Summenregel*
   Man kann E zerlegen in $E_1 = \{a_1\}$ und $E_2 = \{a_2, a_3, \ldots, a_n\}$. Nach (K3) gilt dann:
   $P(E) = P(E_1 \cup E_2) = P(\{a_1\}) + P(E_2)$
   Nun kann man auch E_2 wieder zerlegen in $\{a_2\}$ und $E_3 = \{a_3, \ldots, a_n\}$. Nach (K3) gilt dann: $P(E) = P(E_1 \cup E_2) = P(\{a_1\}) + P(E_2) = P(\{a_1\}) + P(\{a_2\}) + P(E_3)$
   usw.
   (2) *Allgemeine Summenregel*
   $A = E_1 \cup E_2$; $B = E_2 \cup E_3$ mit $E_1 \cap E_2 = \{\ \}$ und $E_2 \cap E_3 = \{\ \}$ und $E_1 \cap E_3 = \{\ \}$;
   $A \cup B = E_1 \cup E_2 \cup E_3$ und $A \cap B = E_2$
   Nach (K3) gilt:
   $P(A) + P(B) = P(E_1 \cup E_2) + P(E_2 \cup E_3) = P(E_1) + P(E_2) + P(E_2) + P(E_3)$
   und
   $P(A \cup B) = P(E_1 \cup E_2 \cup E_3) = P(E_1) + P(E_2) + P(E_3) = P(A) + P(B) - P(E_2)$
   $= P(A) + P(B) - P(A \cap B)$
   (3) *Komplementärregel*
   Nach (K2) gilt $P(S) = 1$. Wegen $S = E_1 \cup \overline{E}_1$ und $E_1 \cap \overline{E}_1 = \{\ \}$ folgt aus (K3) schließlich
   $P(S) = P(E_1 \cup \overline{E}_1) = P(E_1) + P(\overline{E}_1) = 1$

4. *Regeln (1), (2), (3), (4)*
   Aus (1) und (2) folgt (K3).
   Aus (3) folgt wegen $\overline{S} = \{\ \}$ und $S = S \cup \overline{S}$ auch (K2).
   (K1) folgt direkt aus (4).
   Regeln (1), (2), (3), (5)
   Aus (1) und (2) folgt (K3).
   Aus (3) folgt wegen $\overline{S} = \{\ \}$ und $S = S \cup \overline{S}$ auch (K2).
   Wegen $P(E) \geq P(\{\ \}) = 0$ ergibt sich auch (K1) aus (5).
   Regeln (1), (2), (3), (6)
   Aus (1) und (2) folgt (K3).
   (K2) ist (6).
   Aus (3) und (6) folgt wegen $\overline{S} = \{\ \}$ und $S = S \cup \overline{S}$ auch $P(\{\ \}) = 0$.
   Wegen $P(E) \geq P(\{\ \}) = 0$ ergibt sich auch (K1).

4.1.2 Bestimmen von Wahrscheinlichkeiten durch Simulation

221 **Einstiegsaufgabe ohne Lösung**

Man könnte den Versuch mit einem Dodekaeder simulieren oder man benutzt den randInt-Befehl eines Taschenrechners. Siehe dazu im Schülerband die Seite 222.
In einem Beispiel von 20 Simulationen mit einem Rechner traten 5 Versuche auf, bei denen mehr als 8 verschiedene Zahlen auftauchten. In $\frac{3}{4}$ dieser Fälle war der Versuch also nicht erfolgreich. Die Wette könnte man also annehmen.

222 **1.** Man muss den einzelnen Augenzahlen Wappen bzw. Zahl zuordnen, z. B.
$1 \to W,\ 2 \to W,\ 3 \to W$
$4 \to Z,\ 5 \to Z,\ 6 \to Z$
oder gerade Augenzahl $\to W$ ungerade Augenzahl $\to Z$

2. (1) Beim Werfen mit einem Hexaeder beachtet man Würfe mit Augenzahl 5 oder 6 nicht.
Beim Werfen mit einem Oktaeder ordnet man die Augenzahlen z. B. wie folgt zu:

$1 \to 1$	$2 \to 2$	$3 \to 3$	$4 \to 4$
$5 \to 1$	$6 \to 2$	$7 \to 3$	$8 \to 4$

oder:

$1 \to 1$	$3 \to 2$	$5 \to 3$	$7 \to 4$
$2 \to 1$	$4 \to 2$	$6 \to 3$	$8 \to 4$

Entsprechende Zuordnungen nimmt man beim Werfen mit einem Dodekaeder vor:

$1 \to 1$	…	$4 \to 4$
$5 \to 1$	…	$8 \to 4$
$9 \to 1$	…	$12 \to 4$

… beim Werfen mit einem Ikosaeder …

$1 \to 1$	…	$4 \to 4$
$5 \to 1$	…	$8 \to 4$
$9 \to 1$	…	$12 \to 4$
$13 \to 1$	…	$16 \to 4$
$17 \to 1$	…	$20 \to 4$

(2) Analog zu (1) lässt man beim Oktaederwurf Würfe mit Augenzahlen 7, 8 weg bzw. ordnet beim Dodekaeder Augenzahlen zu:

$1 \to 1$	…	$4 \to 6$
$7 \to 1$	…	$12 \to 6$

bzw. ordnet zu und lässt 19, 20 weg

$1 \to 1$	…	$6 \to 6$
$7 \to 1$	…	$12 \to 6$
$13 \to 1$	…	$18 \to 6$

(3) und (4) analog zu (1) und (2)

223 **3.** Man kann sich mit einem Rechner sechsmal hintereinander Zufallszahlen zwischen 1 und 49 ausgeben lassen. Wenn sich eine Zahl wiederholt, wird dieser Durchgang nicht gewertet und man lässt sich eine neue Zufallszahl vom Rechner ausgeben.

223

4. Simulation z. B. mithilfe von 2 Kartenspielen (mit einer entsprechend reduzierten Kartenzahl).
Man deckt aus jedem Kartenstapel gleichzeitig eine Karte auf; bei Übereinstimmung der beiden Karten bedeutet dies, dass jemand sein eigenes Geschenk gezogen hat.
Vereinfachung des Versuchs: 1 feste Liste mit den Kartenbezeichnungen und Ziehung aus einem Kartenstapel.
Die Wahrscheinlichkeit für mindestens eine Übereinstimmung („Rencontre“) beträgt ca. 63 %.

5. **a)** Sind die notierten Augenzahlen alle unterschiedlich, dann dürfen alle drei Personen ihre Tafel behalten (Fall 1). Stimmen zwei der drei Augenzahlen überein, dann erhält nur die Person eine Tafel, deren Augenzahl nicht mit den übrigen übereinstimmt (Fall 2). Haben alle Personen die gleiche Augenzahl notiert, dann gehen alle leer aus (Fall 3).

b) Unter der Annahme, dass die Augenzahlen jeweils mit der gleichen Wahrscheinlichkeit aufgeschrieben werden, kann man die Situation mit einem Rechner als dreimaliges Werfen eines Würfels simulieren.
Theoretische Wahrscheinlichkeiten:
Die drei Fälle treten mit folgenden Wahrscheinlichkeiten auf:
$P(\text{Fall } 1) = \frac{6}{6} \cdot \frac{5}{6} \cdot \frac{4}{6} = \frac{20}{36} \approx 55{,}6\,\%$;
$P(\text{Fall } 2) = 3 \cdot \frac{6}{6} \cdot \frac{5}{6} \cdot \frac{1}{6} = \frac{15}{36} \approx 41{,}7\,\%$;
$P(\text{Fall } 3) = 6 \cdot \frac{1}{6} \cdot \frac{1}{6} \cdot \frac{1}{6} = \frac{1}{36} \approx 2{,}8\,\%$.

c) Im Mittel werden pro Spielrunde $\frac{20}{36} \cdot 3 + \frac{15}{36} \cdot 1 = \frac{75}{36} \approx 2{,}1$ Schokotäfelchen ausgegeben.

6. Wir beschriften 18 Spielsteine, je drei mit den Nummern 1, 2, 3, 4, 5, 6. Die Spielsteine werden in ein Gefäß gelegt und gut gemischt. Dann wird so lange aus dem Gefäß gezogen, bis drei Steine gezogen sind, die die gleiche Nummer tragen.
Beispiele für mögliche Ziehungen:
(1) Gezogene Nummern: 5 3 1 5 2 6 5
Der Spieler mit der Glückszahl 5 hat gewonnen.
Die Glückszahl 4 wurde noch nicht gezogen.
(2) Gezogene Nummern: 4 3 4 5 3 4
Der Spieler mit der Glückszahl 4 hat gewonnen.
Die Glückszahlen 1, 2 und 6 wurden noch nicht gezogen.
(3) Gezogene Nummern: 2 4 1 5 1 6 3 4 3 6 1
Der Spieler mit der Glückszahl 1 hat gewonnen.
Alle Glückszahlen wurden mindestens einmal gezogen.
Die Beispielziehungen (1) und (2) gehören zum interessierenden Ereignis E, Beispiel (3) nicht.
Die relativen Häufigkeiten stabilisieren sich zwischen 50 % und 60 %.

223 **7.** Beispielsweise kann man einen Würfel 6-mal werfen und die Ergebnisse „gerade Augenzahl“ bzw. „ungerade Augenzahl“ unterscheiden.
Es gibt $2^6 = 64$ verschiedene W-Z-Folgen, von denen 38 einen Run mindestens der Länge 3 enthalten, d. h. die Wahrscheinlichkeit für ein solches Ereignis beträgt ca. 59 %.
Wenn man den Versuch 100-mal simuliert, wird man in den meisten Fällen eine Sequenz vorliegen haben, in der mindestens ein Run mit mindestens der Länge 3 sein wird.

4.2 Berechnen von Wahrscheinlichkeiten

4.2.1 Mehrstufige Zufallsexperimente – Pfadregeln

224 **Einstiegsaufgabe ohne Lösung**

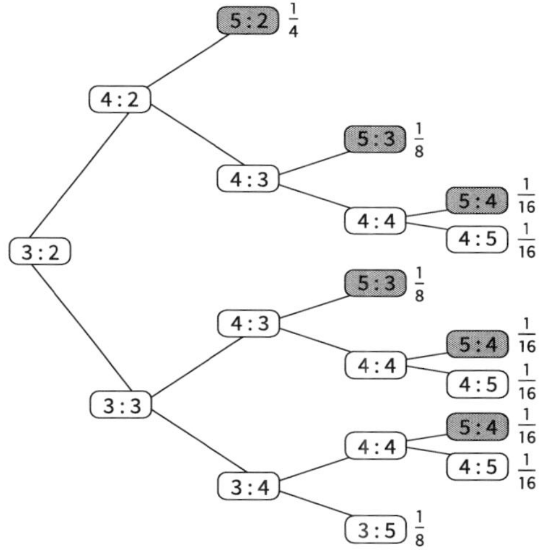

$P(5:2) = \frac{1}{4}$

$P(5:3) = \frac{1}{4}$

$P(5:4) = \frac{3}{16}$

$P(4:5) = \frac{3}{16}$

$P(3:5) = \frac{1}{8}$

P (Mannschaft A gewinnt)
$= \frac{1}{4} + 2 \cdot \frac{1}{8} + 3 \cdot \frac{1}{16} = \frac{11}{16}$

P (Mannschaft B gewinnt)
$= 1 - \frac{11}{16} = \frac{5}{16}$
$\left(\text{oder } = \frac{1}{8} + 3 \cdot \frac{1}{16} = \frac{5}{16}\right)$
Die Aufteilung sollte im Verhältnis 11 : 5 erfolgen.

228 **1.** Am Ende eines jeden Pfades ergibt sich eine Wahrscheinlichkeit von $0{,}5 \cdot 0{,}25 = 0{,}125$. Das Baumdiagramm hat vier Pfade, also ergibt sich für alle Ergebnisse insgesamt eine Wahrscheinlichkeit von $4 \cdot 0{,}125 = 0{,}5$. Die Summe der Wahrscheinlichkeiten für alle Ergebnisse eines Baumdiagramms muss allerdings den Wert 1 ergeben. Somit stellt das abgebildete Baumdiagramm nicht die Ergebnisse eines zweistufigen Zufallsexperiments dar.

228 **2.** Mit einem Glücksrad lassen sich mehrstufige Zufallsexperiment simulieren, bei denen die Wahrscheinlichkeit von Stufe zu Stufe gleichbleibt.

Das zufällige Ziehen von Gummibärchen aus eine Tüte kann zur Simulation von Zufallsexperimenten verwendet werden, bei denen sich die Wahrscheinlichkeit von Stufe zu Stufe dadurch ändern, dass nach dem Ziehen ein Objekt weniger in der Tüte vorhanden ist. Solche Zufallsexperimente können auch mithilfe einer Urne simuliert werden, in der sich Lose befinden. Auf jeder Stufe wird zufällig ein Los entnommen und nicht wieder zurückgelegt.

- *Aus einer Klasse wird eine Person zum Tafelwischen ausgelost.*
  Es handelt sich um ein einstufiges Zufallsexperiment und könnte deshalb mit einem Glücksrad oder auch durch Ziehen von Gummibärchen (Losen) simuliert werden.
  Glücksrad: Alle Felder sind gleich groß und es gibt so viele Felder wie Personen in der Klasse.
  Gummibärchen: Besser, man denkt statt an Gummibärchen hier an Lose. Pro Person ein Los mit dem Namen.
- *Eine Münze wird mehrmals geworfen.*
  Es handelt sich um ein mehrstufiges Zufallsexperiment, bei dem die Wahrscheinlichkeit auf jeder Stufe gleich ist und könnte deshalb mit einem Glücksrad simuliert werden:
  Zwei gleich große Felder, eins für Wappen und eins für Zahl. Oder, falls die Wahrscheinlichkeiten für Zahl oder Wappen bei der Münze nicht gleich sind, sollte die Größe der Felder der jeweiligen Wahrscheinlichkeit entsprechen.
- *Eine Frau bekommt Drillinge.*
  Es handelt sich um ein einstufiges Zufallsexperiment und könnte deshalb mit einem Glücksrad oder auch durch Ziehen von Gummibärchen (Losen) simuliert werden.
  Glücksrad: Die Felder haben unterschiedliche Größen. Ein Feld für 0 Kinder, eins für 1 Kind, eins für 2 Kinder, eins für 3 Kinder und eins für mehr als 3 Kinder. Die Größe der Felder entspricht dabei der jeweiligen Wahrscheinlichkeit des Ergebnisses.
  Gummibärchen: Besser, man denkt statt an Gummibärchen hier an Lose. Es gibt Lose für 0 Kinder, für 1 Kind, 2 Kinder, 3 Kinder und mehr als 3 Kinder. Die Anzahl der jeweiligen Lose geteilt durch die Gesamtzahl der Lose entspricht der jeweiligen Wahrscheinlichkeit.
- *Die Lottozahlen werden gezogen.*
  Es handelt sich um ein mehrstufiges Zufallsexperiment, bei dem sich die Wahrscheinlichkeiten von Stufe zu Stufe ändern und könnte deshalb durch Ziehen von Gummibärchen (Losen) simuliert werden:
  Besser, man denkt statt an Gummibärchen hier an Lose. Pro Lottozahl ein Los.
- *Bei einer zufällig ausgewählten Person wird die Blutgruppe bestimmt.*
  Es handelt sich um ein einstufiges Zufallsexperiment und könnte deshalb mit einem Glücksrad oder auch durch Ziehen von Gummibärchen (Losen) simuliert werden.
  Glücksrad: Die Felder haben unterschiedliche Größen, die der Wahrscheinlichkeit der jeweiligen Blutgruppe entsprechen. Es gibt so viele Felder, wie Blutgruppen (siehe Seite 230, Aufgabe 13 im Schülerband)
  Gummibärchen: Besser, man denkt statt an Gummibärchen hier an Lose. Für jede Blutgruppe gibt es Lose. Die Anzahl der Lose für eine Blutgruppe geteilt durch die Gesamtanzahl aller Lose in der Urne entspricht der Wahrscheinlichkeit der Blutgruppe.

228 **3.** Wahrscheinlichkeiten an den Glücksrädern:

Glücksrad		gelb	grün	blau
	(1)	$\frac{1}{4}$	$\frac{1}{4}$	$\frac{1}{2}$
	(2)	$\frac{1}{3}$	$\frac{1}{3}$	$\frac{1}{3}$
	(3)	$\frac{5}{12}$	$\frac{1}{3}$	$\frac{1}{4}$
	(4)	$\frac{2}{3}$	$\frac{1}{6}$	$\frac{1}{6}$

	(1)	(2)	(3)	(4)
a)	$\frac{1}{4}\cdot\frac{1}{4}=\frac{1}{16}$	$\frac{1}{3}\cdot\frac{1}{3}=\frac{1}{9}$	$\frac{1}{3}\cdot\frac{5}{12}=\frac{5}{36}$	$\frac{1}{6}\cdot\frac{2}{3}=\frac{1}{9}$
b)	$2\cdot\frac{1}{4}\cdot\frac{1}{4}=\frac{1}{8}$	$2\cdot\frac{1}{3}\cdot\frac{1}{3}=\frac{2}{9}$	$2\cdot\frac{1}{3}\cdot\frac{5}{12}=\frac{5}{18}$	$2\cdot\frac{1}{6}\cdot\frac{2}{3}=\frac{2}{9}$
c)	$\frac{1}{16}+\frac{1}{4}+\frac{1}{8}=\frac{7}{16}$	$\frac{2}{9}+\frac{1}{3}=\frac{5}{9}$	$\frac{1}{3}+\frac{5}{12}\cdot\frac{1}{3}+\frac{1}{4}\cdot\frac{1}{3}=\frac{5}{9}$	$\frac{2}{3}\cdot\frac{1}{6}+\frac{1}{6}\cdot\frac{1}{6}+\frac{1}{6}=\frac{11}{36}$
d)	$\left(\frac{1}{4}\right)^2+\left(\frac{1}{4}\right)^2+\left(\frac{1}{2}\right)^2=\frac{3}{8}$	$\left(\frac{1}{3}\right)^2+\left(\frac{1}{3}\right)^2+\left(\frac{1}{3}\right)^2=\frac{1}{3}$	$\left(\frac{1}{4}\right)^2+\left(\frac{5}{12}\right)^2+\left(\frac{1}{3}\right)^2=\frac{25}{72}$	$\left(\frac{2}{3}\right)^2+\left(\frac{1}{6}\right)^2+\left(\frac{1}{6}\right)^2=\frac{1}{2}$
e)	$1-\frac{1}{4}\cdot\frac{1}{4}=\frac{15}{16}$	$1-\frac{1}{3}\cdot\frac{1}{3}=\frac{8}{9}$	$1-\frac{1}{3}\cdot\frac{1}{3}=\frac{8}{9}$	$1-\frac{1}{6}\cdot\frac{1}{6}=\frac{35}{36}$

4. a)

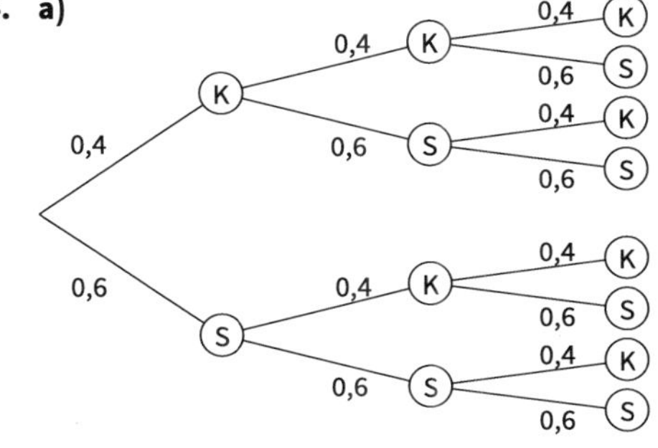

b) $0{,}4\cdot0{,}4\cdot0{,}6=0{,}096$

c) $0{,}4^3+3\cdot0{,}4^2\cdot0{,}6=0{,}352$

d) $0{,}4^3+0{,}6^3=0{,}28$

e) $1-0{,}6^3=0{,}784$

5. P (Disqualifikation) = p^2 bisheriges Verfahren

P (Disqualifikation) = $p^2+p\cdot(1-p)\cdot p$

$=p^2\cdot(2-p)$

p	p^2	$p^2\cdot(2-p)$
0,25	0,06	0,11
0,5	0,25	0,38
0,75	0,56	0,70
0,9	0,81	0,89

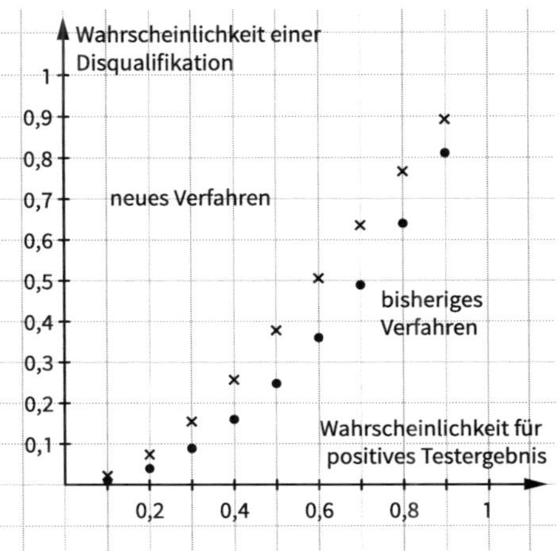

228 **b)** Altes Verfahren: $p^2 \geq 0{,}5$ für $p \geq \sqrt{0{,}5} \approx 0{,}7071$

Damit mit dem alten Verfahren mindestens die Hälfte der Dopingsünder überführt werden können, müsste die Wahrscheinlichkeit für ein positives Testergebnis über 0,7071 liegen, also ungefähr bei 71 % und mehr.

Neues Verfahren: $p^2 + p^2(1 - p) = p^2 \cdot (2 - p) \geq 0{,}5$

Mithilfe einer Wertetabelle eines Rechners findet man durch Probieren $p \geq 0{,}597$.

Damit mit dem neuen Verfahren mindestens die Hälfte der Dopingsünder überführt werden können, müsste die Wahrscheinlichkeit für ein positives Testergebnis über 0,597 liegen, also ungefähr bei 60 % und mehr.

229 **6.** (1) $\frac{1}{8}$ (2) $\frac{7}{8}$ (3) $\frac{1}{2}$ (4) $\frac{1}{2}$ (5) 0 (6) $\frac{1}{4}$

7. **a)** Jedem Schüler und jeder Schülerin wird eine Karte aus dem Kartenspiel eindeutig zugewiesen.

b) (1) $\frac{15}{27} \cdot \frac{14}{26} \cdot \frac{12}{25} \approx 14{,}4\,\%$

(2) $3 \cdot \frac{15 \cdot 14 \cdot 12}{27 \cdot 26 \cdot 25} \approx 43{,}1\,\%$

(3) $1 - \frac{15 \cdot 14 \cdot 13}{27 \cdot 26 \cdot 25} \approx 84{,}4\,\%$

c) P(erst zwei Mädchen, dann ein Junge) $= \frac{15}{27} \cdot \frac{14}{26} \cdot 1 \approx 29{,}9\,\%$

P(erst zwei Jungen, dann ein Mädchen) $= \frac{12}{27} \cdot \frac{11}{26} \cdot 1 \approx 18{,}8\,\%$

8. P(mindestens eine 6 beim 4-fachen Würfeln)

$= 1 - P(\text{4-mal keine 6}) = 1 - \left(\frac{5}{6}\right)^4 = 0{,}5177 > 50\,\%$

P(mindestens ein 6er-Pasch beim 24-fachen Doppelwurf)

$= 1 - P(\text{24-mal kein 6er-Pasch}) = 1 - \left(\frac{35}{36}\right)^{24} = 0{,}4914 < 50\,\%$

Für eine „kleine Anzahl" von Wiederholungen ist der Unterschied nicht erkennbar, da die Wahrscheinlichkeiten zu dicht beieinander liegen.

9. **a)** (1) Man kann davon ausgehen, dass es bzgl. der Blutgruppe keine Rolle spielt, wie alt der Spender ist, und umgekehrt unter den Personen einer Altersgruppe, welche Blutgruppe die betreffende Person hat, d. h. die Verteilung der Blutgruppen ist für alle Altersgruppen gleich.

Daher kann man davon ausgehen, dass etwa 12,9 % $(= 0{,}43 \cdot 0{,}30)$ beide Eigenschaften haben.

(2) In den sprachlichen Fächern werden oft ähnliche Anforderungen gestellt, so dass es oft dieselben Schüler/innen sind, die gute Noten in beiden Fächern erreichen, d. h. der Anteil wird vermutlich deutlich höher sein als 12,9 %.

b) Altersgruppen und Stimmanteile bei Wahlen

10. **a)** Hinweis: iOS ist das Betriebssystem von Apple.

Die Wahrscheinlichkeit, dass alle drei Kunden das Betriebssystem von Apple verwenden, beträgt $0{,}142^3 \approx 0{,}002863$, also unter 0,3 %.

229

b) Wenn die drei Kunden verschiedene Betriebssysteme haben, so fehlt also genau eines der vier Betriebssysteme. Es gibt 6 Möglichkeiten, die drei verschiedenen Betriebssysteme auf 3 Kunden zu verteilen (123, 132, 213, 231, 312, 321).

Apple fehlt:	$6 \cdot 0{,}792 \cdot 0{,}054 \cdot 0{,}011 \approx 0{,}002823$
Android fehlt:	$6 \cdot 0{,}142 \cdot 0{,}054 \cdot 0{,}011 \approx 0{,}000506$
Andere fehlen:	$6 \cdot 0{,}142 \cdot 0{,}054 \cdot 0{,}792 \approx 0{,}036438$
Windows fehlt:	$6 \cdot 0{,}142 \cdot 0{,}792 \cdot 0{,}011 \approx 0{,}007423$
Insgesamt:	0,047190

Mit einer Wahrscheinlichkeit von 4,72 % haben die drei Kunden verschiedene Betriebssysteme.

Alternativ kann man hier auch das Baumdiagramm mit 64 Pfaden zeichnen.

c) Die Wahrscheinlichkeit, dass keiner der drei Kunden Windows benutzt beträgt $(1 - 0{,}054)^3 \approx 0{,}8466$, also etwa 85 %.

d) Die Wahrscheinlichkeit, dass ein Kunde kein Android benutzt beträgt $1 - 0{,}792 = 0{,}208$.
Es gibt drei Möglichkeiten, welcher der Kunden kein Android benutzt.
$3 \cdot 0{,}208 \cdot 0{,}792^2 \approx 0{,}3914$
Mit einer Wahrscheinlichkeit von etwa 39 % nutzen zwei der drei Kunden Android und ein Kunde nicht.

230

11. Sorgfältig kontrolliert

Qualität	Wahrscheinlichkeit
1. Wahl	0,612
2. Wahl	0,329
3. Wahl	0,056
Ausschuss	0,003
Kontrolle	1,000

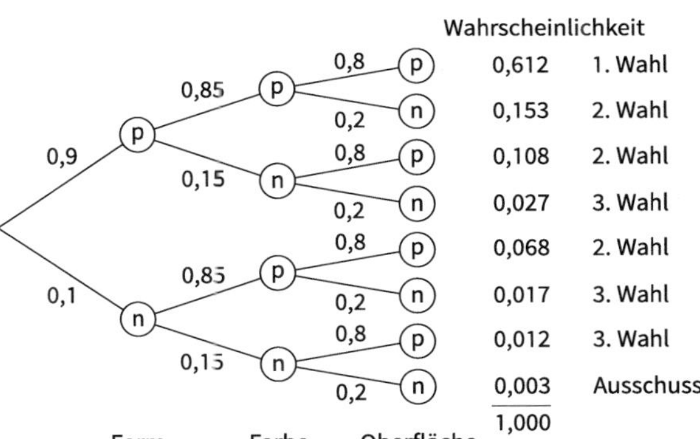

12. a) P(A funktioniert nicht) = 0,05; P(B funktioniert nicht) = 0,1

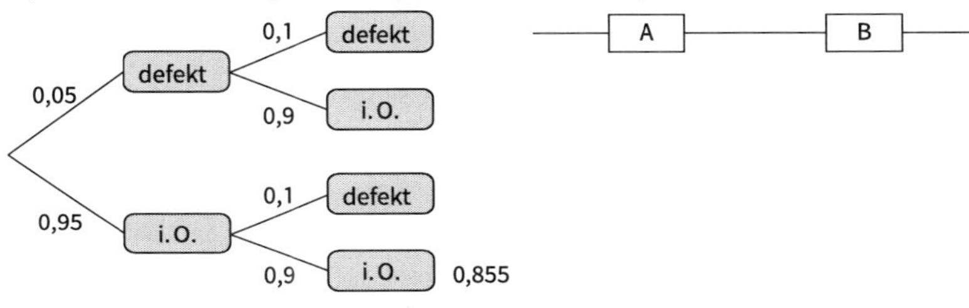

P(Gerät funktioniert nicht) = 1 − 0,855 = 0,145 = 14,5 %

230

b) Eine Einheit aus zwei parallel geschalteten Bauteilen funktioniert, wenn mindestens eines der Bauteile funktioniert.

(1) P(Einheit A funktioniert nicht) = $0{,}05^2 = 0{,}0025$;

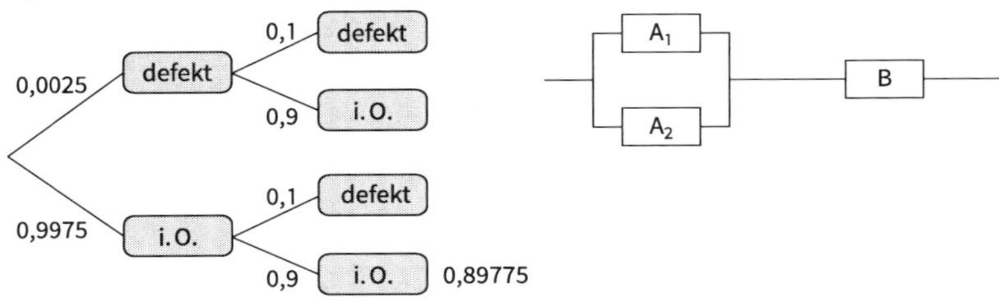

P(Gerät funktioniert nicht) = 1 − 0,89775 = 0,10225 ≈ 10,2 %

(2) P(Einheit B funktioniert nicht) = $0{,}1^2 = 0{,}01$;

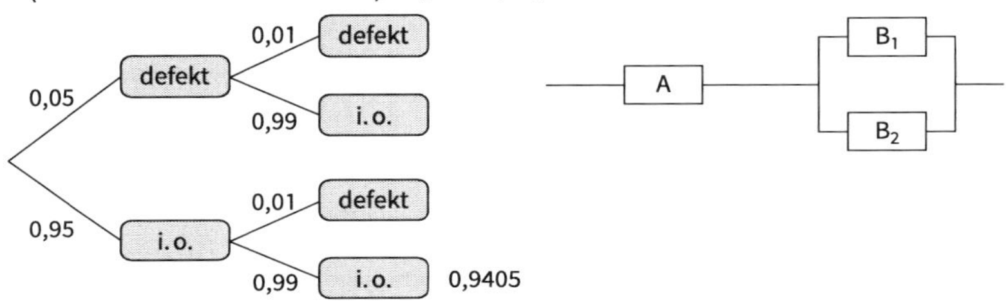

P(Gerät funktioniert nicht) = 1 − 0,9405 = 0,0595 ≈ 6 %

(3)

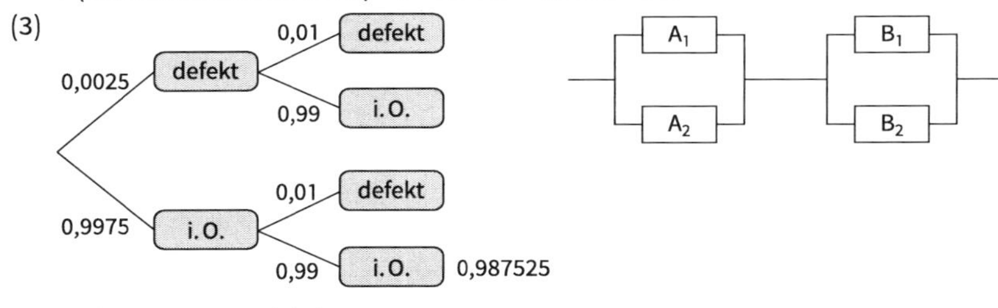

P(Gerät funktioniert nicht) = 1 − 0,987525 = 0,012475 ≈ 1,2 %

13. a) (1) P(alle die gleiche Blutgruppe)
$= 0{,}43^3 + 0{,}11^3 + 0{,}05^3 + 0{,}41^3 \approx 0{,}150$

(2) P(alle drei versch. Blutgruppen)
$= 6 \cdot 0{,}43 \cdot 0{,}11 \cdot 0{,}05 + 6 \cdot 0{,}43 \cdot 0{,}11 \cdot 0{,}41 + 6 \cdot 0{,}43 \cdot 0{,}05 \cdot 0{,}41 + 6 \cdot 0{,}11 \cdot 0{,}05 \cdot 0{,}41$
$\approx 0{,}197$

230 **b)**

Blutspende für Person mit Blutgruppe	möglicher Spender	Wahrscheinlichkeit P
0	0	0,41
A	A, 0	0,84
B	B, 0	0,52
AB	AB, A, B, 0	1

P(mindestens ein geeigneter Spender)
$= 1 - P(\text{drei nicht geeignete Spender}) = 1 - (1-p)^3$

Patient mit Blutgruppe	P(mindestens ein geeigneter Spender)
0	$1 - 0{,}59^3 = 0{,}795$
A	$1 - 0{,}16^3 = 0{,}996$
B	$1 - 0{,}48^3 = 0{,}889$
AB	$1 - 0^3 = 1$

4.2.2 Baumdiagramme und Vierfeldertafeln

231 **Einstiegsaufgabe ohne Lösung**

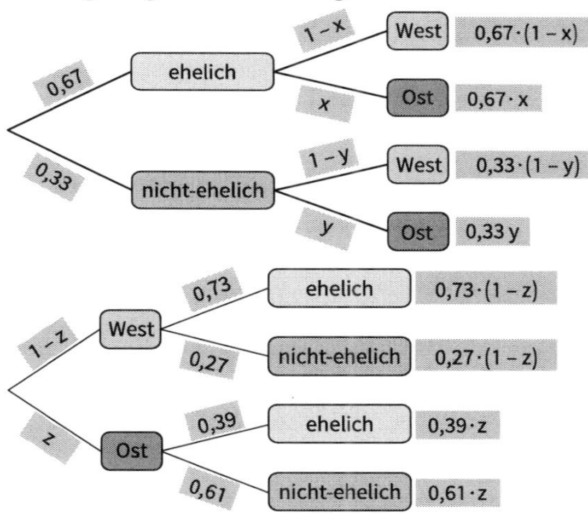

Folgende Pfadwahrscheinlichkeiten stimmen überein:

(1) $0{,}67 \cdot (1 - x) = 0{,}73 \cdot (1 - z)$

(2) $0{,}67 \cdot x = 0{,}39 \cdot z$

(3) $0{,}33 \cdot (1 - y) = 0{,}27 \cdot (1 - z)$

(4) $0{,}33 \cdot y = 0{,}61 \cdot z$

Aus (2) ergibt sich $x \approx 0{,}582 \cdot z$. Aus (4) ergibt sich $y \approx 1{,}848 \cdot z$. Durch Einsetzen in (1) oder in (3) erhält man $z \approx 0{,}176$ und somit $x \approx 0{,}102$ und $y \approx 0{,}325$.

Die Wahrscheinlichkeit, dass ein nicht-ehelich geborenes Kind aus dem Osten stammt beträgt somit etwa $0{,}33 \cdot 0{,}325 \approx 0{,}107$, das sind ungefähr 10,7 %.

Der Anteil der Lebendgeborenen aus dem Osten ist gleich z, also ungefähr 17,6 %.

234 **1.**

		Geschlecht		
		Männer	Frauen	gesamt
Studienfach	MINT	(26,9 %)	10,6 %	37,5 %
	andere Fächer	(25,8 %)	(36,7 %)	62,5 %
	gesamt	52,7 %	47,3 %	1

(Ellipse) ergänzt zu 100 %

(Rechteck) 28,2 % von 37,5 % $= 0{,}282 \cdot 0{,}375 \approx 0{,}106$

( ) ergänzt nach Berechnung von (Rechteck)

235 **2. a)** 46,4 % aller befragten Personen einer Untersuchung waren männlichen Geschlechts, darunter 35,1 % Raucher.
Der Anteil der Raucher unter den befragten Frauen betrug nur 20,6 %.

b) Die Pfadwahrscheinlichkeiten ergeben die inneren Werte der Vierfeldertafel (z. B. $0{,}464 \cdot 0{,}351 = 0{,}163 = 16{,}3\,\%$)

		Raucher		
		ja	nein	gesamt
Geschlecht	m	16,3 %	30,1 %	46,4 %
	w	11,0 %	42,6 %	53,6 %
gesamt		27,3 %	72,7 %	100 %

3. a)

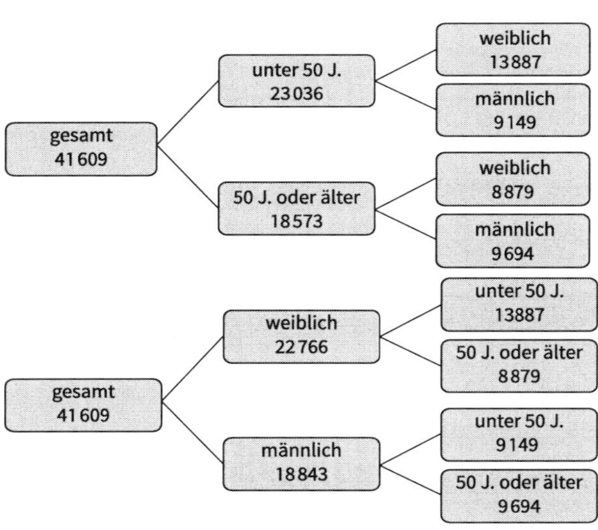

235 **b)**

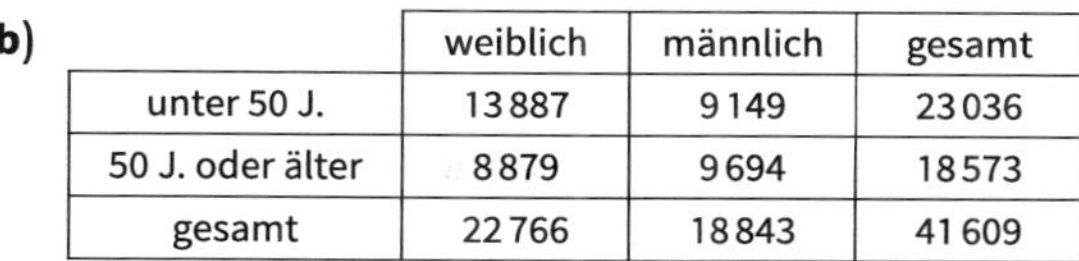

	weiblich	männlich	gesamt
unter 50 J.	13887	9149	23036
50 J. oder älter	8879	9694	18573
gesamt	22766	18843	41609

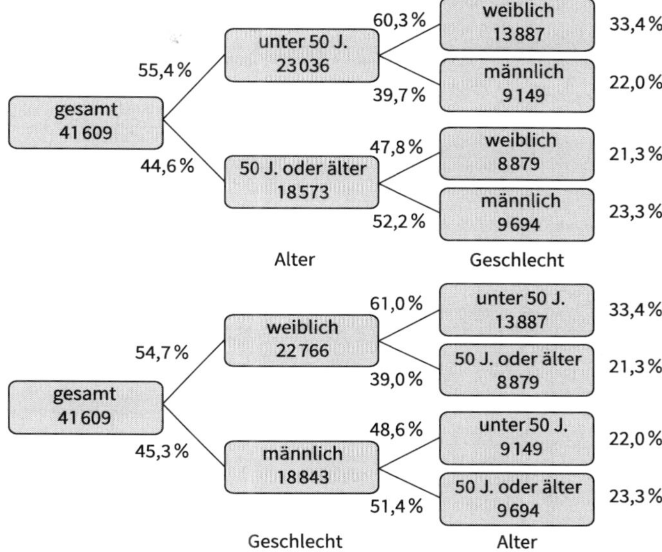

4. Es ergibt sich folgende Vierfeldertafel mit relativen Häufigkeiten:

		Röntgen-Untersuchung: kariös	Röntgen-Untersuchung: gesund	gesamt
klinische Untersuchung	kariös	3,0 %	0,1 %	3,1 %
	gesund	6,7 %	90,2 %	96,9 %
gesamt		9,7 %	90,3 %	100 %

Man erhält damit folgende Baumdiagramme für die verschiedenen Reihenfolgen der Untersuchungen:

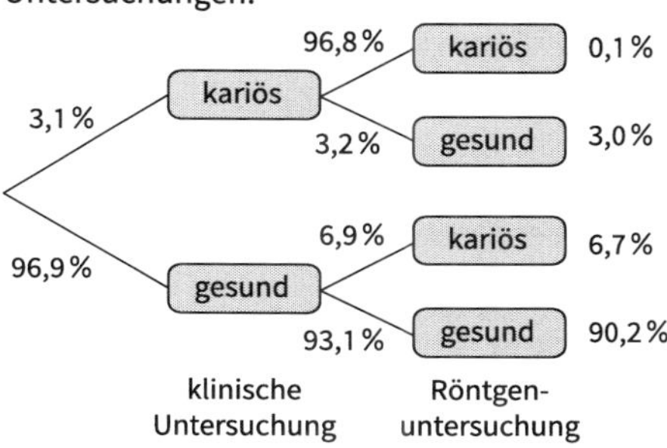

235

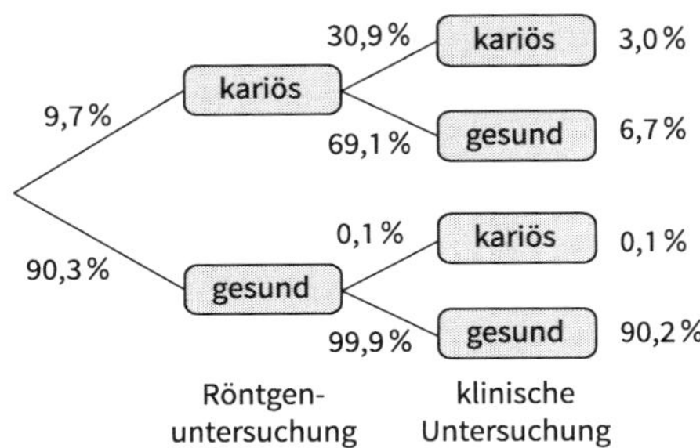

In 3,1 % der klinischen Untersuchungen wird bei Patienten Karies festgestellt; jedoch stellt sich bei einer Röntgenkontrolle nur in 3,2 % der Fälle heraus, dass tatsächlich Karies vorliegt. Andererseits haben 6,9 % Karies, obwohl diese Personen aufgrund der klinischen Analyse als „gesund" bezeichnet wurden.

9,7 % der untersuchten Personen haben Kariesschäden, jedoch wird dies nur bei 30,9 % der Personen durch eine klinische Untersuchung festgestellt. Andererseits vermuten Ärzte bei 0,1 % der Personen, die tatsächlich keine Kariesschäden haben, einen Kariesbefall.

236

5.

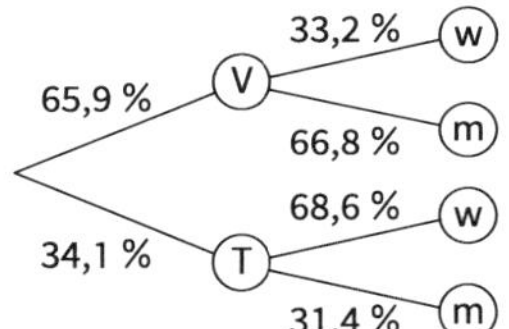

45,3 % w 48,3 % V
51,7 % T
54,7 % m 80,4 % V
19,6 % T

Geschlecht Beschäftigung

Anteil der Frauen an Menschen in Teilzeit: 68,6 %

Anteil der Männer an Menschen in Teilzeit: 31,4 %

Der Anteil der Frauen ist mehr als doppelt so groß wie der Anteil der Männer.

6. a)

		männlich	weiblich	gesamt
Führerschein entzogen	ja	20,5 %	2,5 %	23,0 %
	nein	61,5 %	15,5 %	77,0 %
gesamt		82,0 %	18,0 %	100,0 %

b)

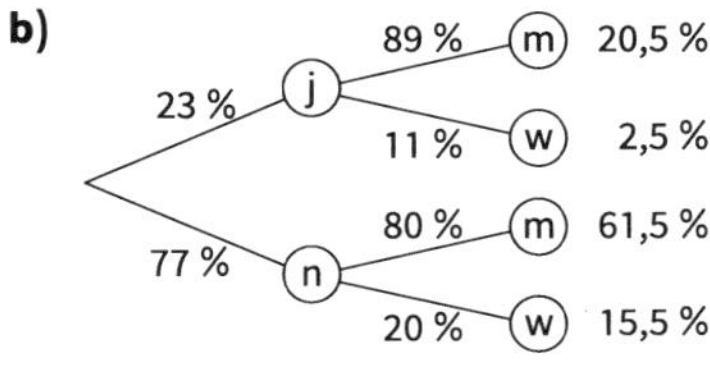

Bei 23 % der im Flensburger Zentralregister erfassten Personen war der Führerschein entzogen worden; hiervon waren 89 % männlich. Unter den übrigen erfassten Personen sind „nur" 80 % Männer.

236 **7. a)** (1)

	Urne	Brief	gesamt
CDU	105 369	66 020	171 389
übrige	234 003	113 997	348 000
gesamt	339 372	180 017	519 389

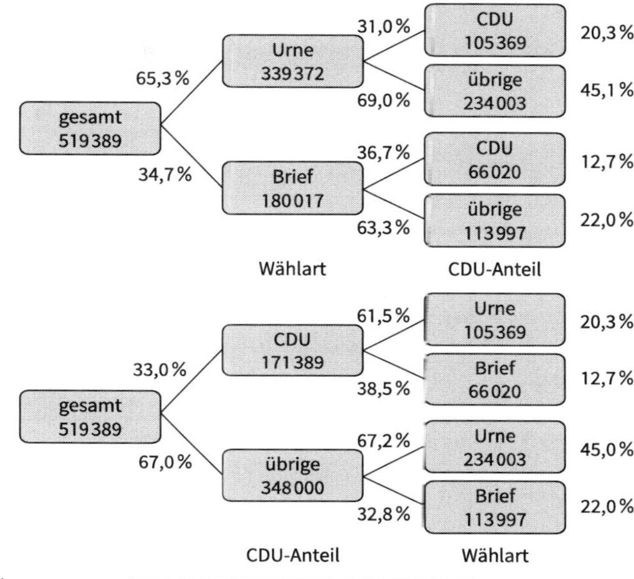

(2)

	Urne	Brief	gesamt
SPD	104 495	50 239	154 734
übrige	234 877	129 778	364 655
gesamt	339 372	180 017	519 389

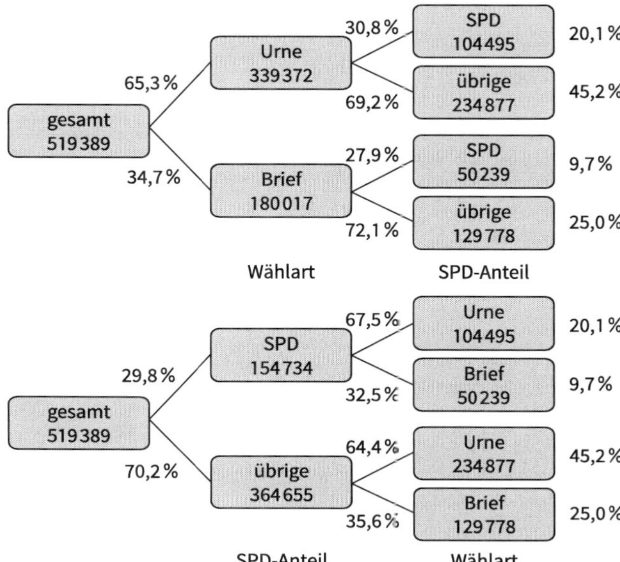

236 (3)

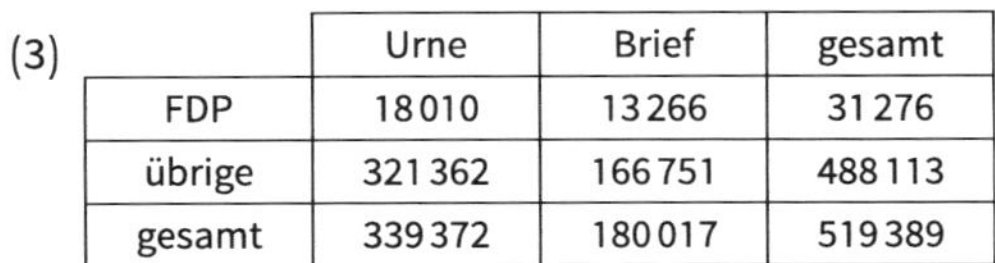

	Urne	Brief	gesamt
FDP	18010	13266	31276
übrige	321362	166751	488113
gesamt	339372	180017	519389

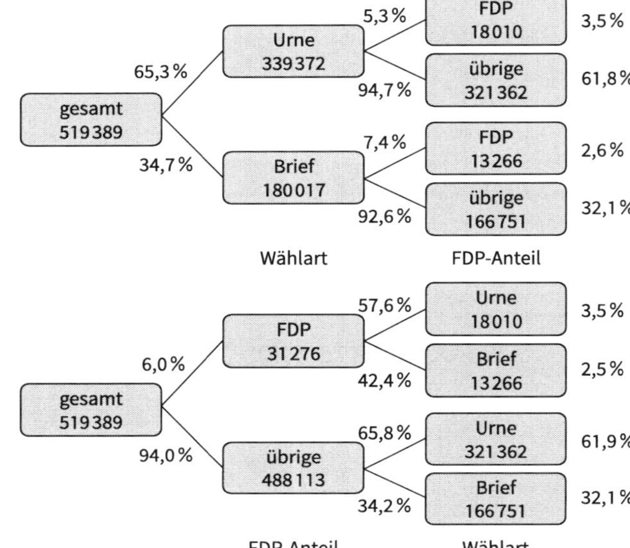

(4)

	Urne	Brief	gesamt
Grüne	48151	25242	73393
übrige	291221	154775	445996
gesamt	339372	180017	519389

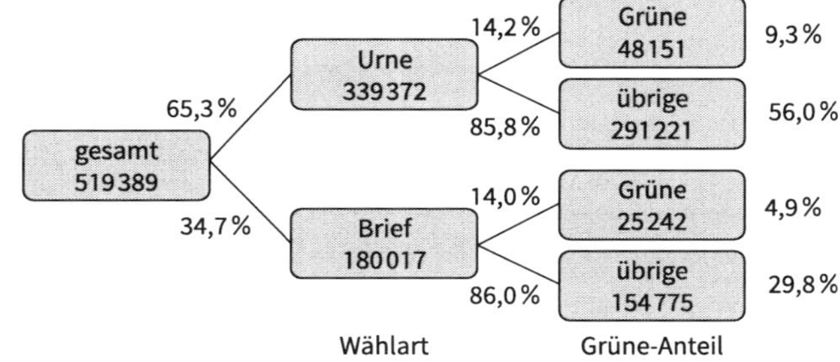

236

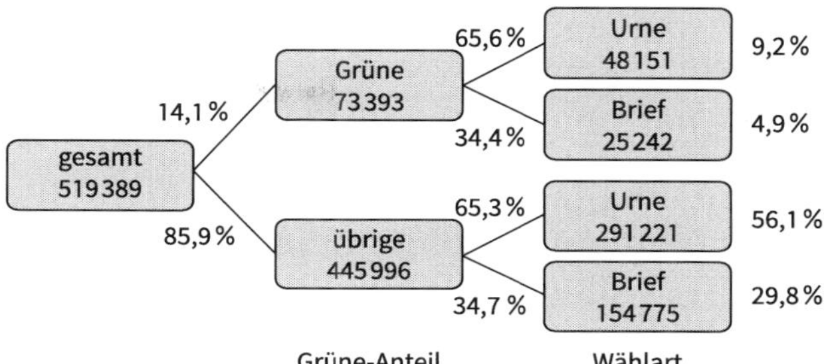

b) Die Aussage bezieht sich jeweils auf das unten stehende Baumdiagramm. Bei der SPD waren es 32,5 % Briefwähler, bei den Linken 25,4 %.

	Urne	Brief	gesamt
Linke	31358	10685	42043
übrige	308014	169332	477346
gesamt	339372	180017	519389

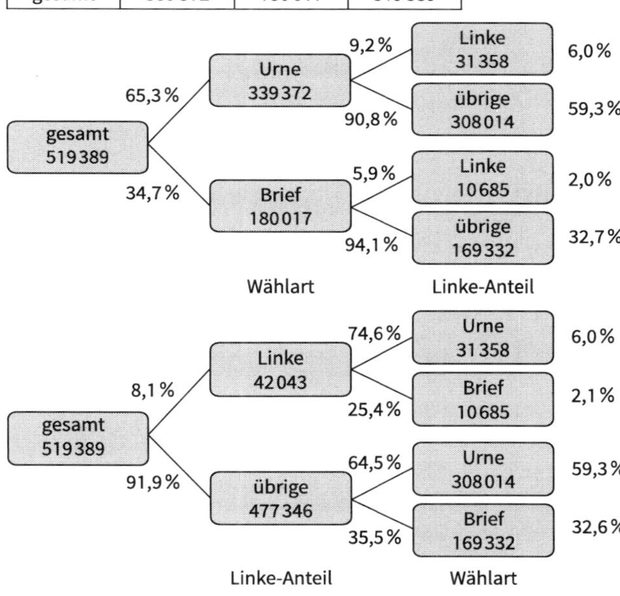

c) –

237 **8.**

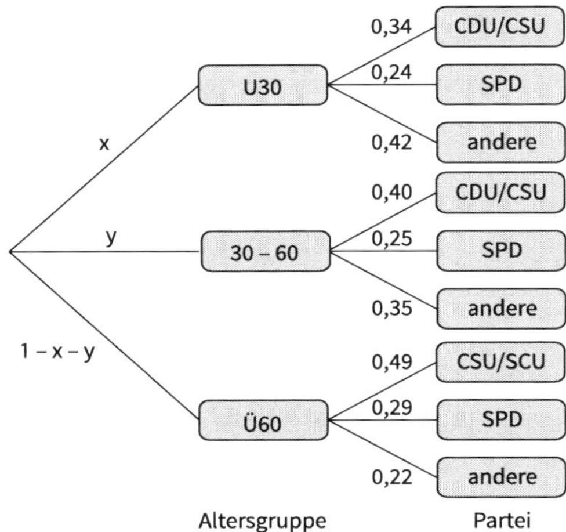

Das Gesamtwahlergebnis für die Parteien ergibt sich wie folgt:

$0{,}34\,x + 0{,}40\,y + 0{,}49\,(1 - x - y) = 0{,}415$

$0{,}24\,x + 0{,}25\,y + 0{,}29\,(1 - x - y) = 0{,}257$

$0{,}42\,x + 0{,}35\,y + 0{,}22\,(1 - x - y) = 0{,}328$

Umformungen führen auf das lineare Gleichungssystem

$0{,}15\,x + 0{,}09\,y = 0{,}075$

$0{,}05\,x + 0{,}04\,y = 0{,}033$

$0{,}20\,x + 0{,}13\,y = 0{,}108$

Die 3. Gleichung ergibt sich aus der Summe der 1. und 2. Gleichung und braucht daher nicht beachtet zu werden. Dass diese Gleichung keine neuen Informationen enthält, ist klar, denn die 3. Gleichung ergab sich aus den jeweils zu 100 % ergänzten Wahrscheinlichkeiten.

Lösung des Gleichungssystems: $x \approx 0{,}02;\ y \approx 0{,}8$

Diese Lösung passt zwar zu den o. g. Bedingungen, kann aber nicht den Anteilen der verschiedenen Wählergruppen entsprechen. Daher ist zu vermuten, dass Angaben aus der Befragung nicht stimmen. Da sie aus der Wahltagsbefragung stammen, sind sie mit großen Ungenauigkeiten verbunden (tatsächliche Anteile 13,5 % für U30, 36,5 % für Ü60). Nach Angaben der offiziellen Wahlstatistik (Januar 2014) haben ca. 34 % der unter 30 Jahre alten Wähler CDU/CSU gewählt und ca. 23 % SPD; bei den über 60 Jahre alten Wählern wählten ca. 48 % CDU/CSU und ca. 28 % SPD.

9. Baumdiagramm zum ersten Zeitungsartikel

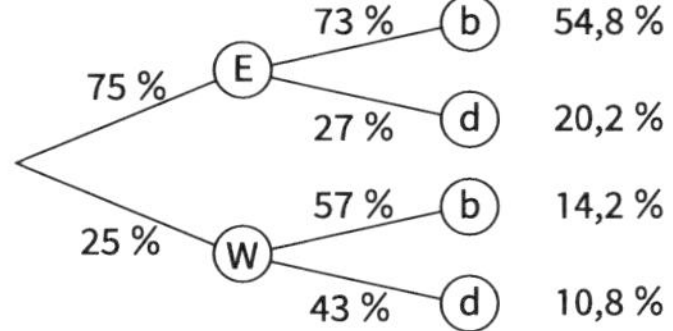

Baumdiagramm zum zweiten Zeitungsartikel

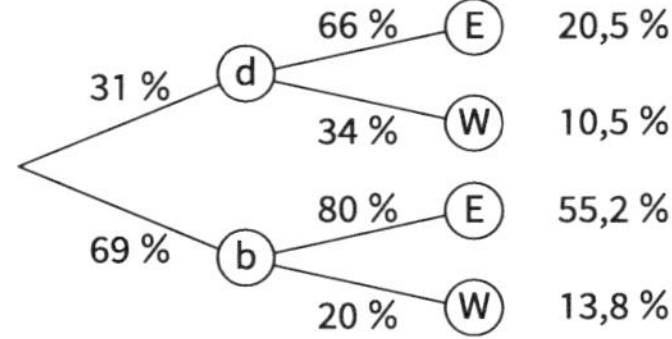

237 Folgende Vierfeldertafel mit gerundeten Werten passt zu beiden Baumdiagrammen:

Führerscheinprüfung	bestanden	durchgefallen	gesamt
Erstanmeldung	55 %	20 %	75 %
Wiederholungsprüfung	14 %	11 %	25 %
gesamt	69 %	31 %	100 %

10.

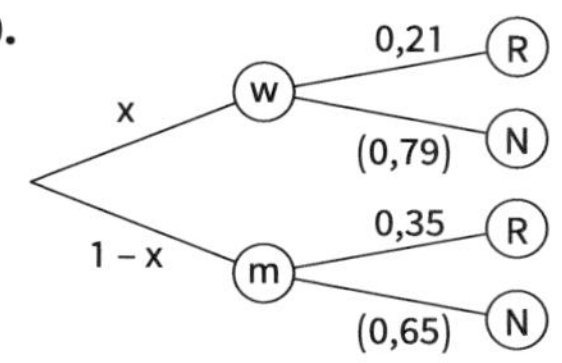

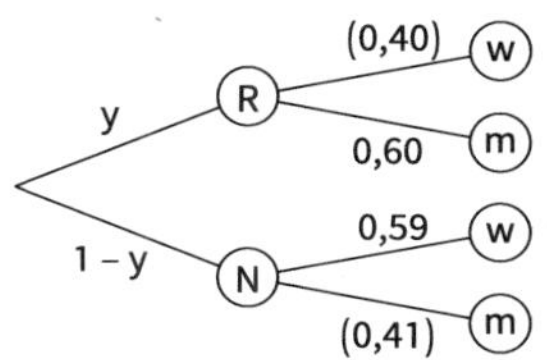

Die Angaben des Zeitungsartikels sind in den beiden Baumdiagrammen eingetragen, die Ergänzungen zu 100 % jeweils in Klammern. Hieraus ergeben sich folgende Gleichungen:

$$x \cdot 0{,}21 = y \cdot 0{,}40$$
$$x \cdot 0{,}79 = (1 - y) \cdot 0{,}59$$
$$(1 - x) \cdot 0{,}35 = y \cdot 0{,}60$$
$$(1 - x) \cdot 0{,}65 = (1 - y) \cdot 0{,}41$$

Hieraus folgt: $y \approx 0{,}28$; $x \approx 0{,}54$ (gerundet auf 2 Stellen)

11.

0,44 G: 0,61 F 0,268; 0,39 O 0,172
0,56 A: 0,20 F 0,112; 0,80 O 0,448
Schulform Abschluss

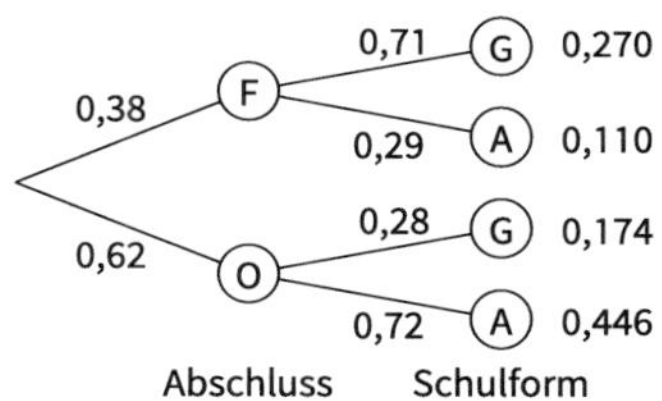

G = besuchen ein Gymnasium
A = eine andere Schulform } Schulform Kinder

F = mind. ein Elternteil hat FHR
O = beide Elternteile haben keine FHR } Abschluss Eltern

Während im ersten Artikel der Blick von den Kindern auf die Elternhäuser erfolgt, ist im zweiten Artikel die Abfolge der Generationen herausgestellt (und die Abhängigkeit der Schulform der Kinder vom Schulabschluss der Eltern).

4.2.3 Bedingte Wahrscheinlichkeiten – Stochastische Unabhängigkeit

238

Einstiegsaufgabe ohne Lösung

Die Wahrscheinlichkeit, dass ein Schüler ohne Abschluss die Nationalität deutsch hat, beträgt 1,622 % und dass er ohne Abschluss eine andere Nationalität hat, liegt unter 0,7 %.
Die Aussage ist also falsch.

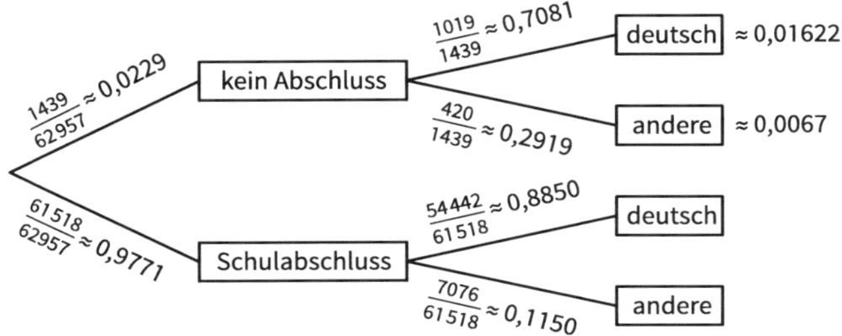

241

1. **a)** Beide Zeitungstexte enthalten Informationen über zwei Merkmale, nämlich über das Merkmal *Anteil der Zweitstimmen der Parteien* mit den Ausprägungen *CDU/CSU, SPD* und *andere Parteien* sowie über das Merkmal *Stimmanteil der Geschlechter* mit den Ausprägungen *Frauen* und *Männer*.

   b) Aus den beiden Zeitungstexten lassen sich daher die folgenden beiden Baumdiagramme erstellen:

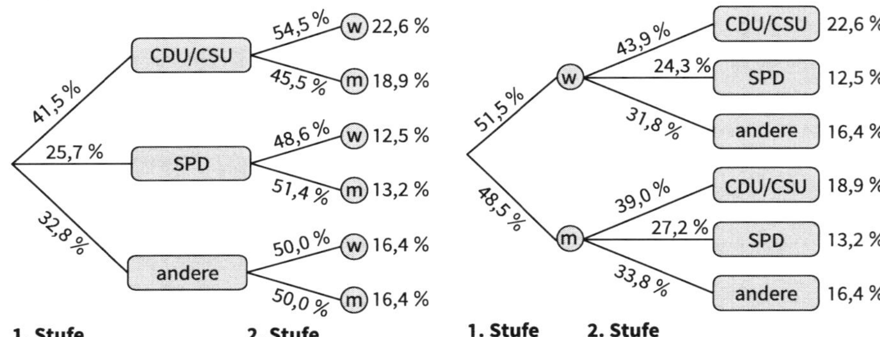

Vergleicht man die Baumdiagramme mit der Mehrfeldertafel, stellt man fest:

	CDU/CSU	SPD	andere	gesamt
Frauen	22,6 %	12,5 %	16,4 %	51,5 %
Männer	18,9 %	13,2 %	16,4 %	48,5 %
gesamt	41,5 %	25,7 %	32,8 %	100,0 %

- Die Wahrscheinlichkeiten der 1. Stufe stimmen jeweils mit den Rand-Wahrscheinlichkeiten der Mehrfeldertafel überein.
- Die Wahrscheinlichkeiten der 2. Stufe ergeben sich als Quotienten aus dem betreffenden inneren Feld der Mehrfeldertafel und dem zugehörigen Randfeld.

241 **c)** Wenn das Geschlecht für das Ergebnis der Bundestagswahl keine Rolle gespielt hätte, dann müssten die Teilbäume der 2. Stufe des rechts stehenden Baumdiagramms gleich sein. In beiden Teilbäumen müssten die Anteile 41,5 % für die CDU/CSU, 25,7 % für die SPD und 32,8 % für die anderen Parteien stehen.
Beim links stehenden Baumdiagramm müssten entsprechend alle drei Teilbäume der 2. Stufe die Anteile 51,5 % für die Frauen und 48,5 % für die Männer enthalten.
Da dies nicht so ist, spielte die Geschlechtszugehörigkeit der Wähler für das Ergebnis der Bundestagswahl eine entscheidende Rolle.

242 **2.**

0,4 → A: 0,15 → m: 0,06; 0,85 → o: 0,34
0,35 → B: 0,10 → m: 0,035; 0,90 → o: 0,315
0,25 → C: 0,07 → m: 0,0175; 0,93 → o: 0,2325
Mitarbeiter Mängel

$P(m) = 0{,}06 + 0{,}035 + 0{,}0175 = 0{,}1125$
$P(o) = 1 - 0{,}1125 = 0{,}8875$

(1) $P_o(A) = \frac{0{,}34}{0{,}8875} \approx 38{,}3\,\%$; $P_o(B) = \frac{0{,}315}{0{,}8875} \approx 35{,}5\,\%$, $P_o(C) = \frac{0{,}2325}{0{,}8875} \approx 26{,}2\,\%$

(2) $P_m(A) = \frac{0{,}06}{0{,}1125} \approx 53{,}3\,\%$; $P_m(B) = \frac{0{,}035}{0{,}1125} \approx 31{,}1\,\%$; $P_m(C) = \frac{0{,}0175}{0{,}1125} \approx 15{,}6\,\%$

3. a)

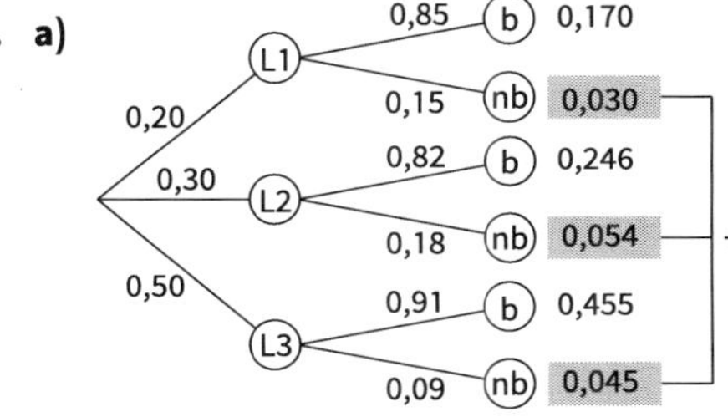

Anteil der unbrauchbaren Scheibenwischer 12,9 %.

b)

	Lieferant 1	Lieferant 2	Lieferant 3	gesamt
Scheibenwischer nicht brauchbar	3 %	5,4 %	4,5 %	12,9 %
Scheibenwischer brauchbar	17 %	24,6 %	45,5 %	87,1 %
gesamt	20 %	30 %	50 %	100 %

$P_{nb}(L_1) = \frac{0{,}030}{0{,}129} = 0{,}233 = 23{,}3\,\%$

$P_{nb}(L_2) = \frac{0{,}054}{0{,}129} = 0{,}419 = 41{,}9\,\%$

$P_{nb}(L_3) = \frac{0{,}045}{0{,}129} = 0{,}349 = 34{,}9\,\%$

243

4. a)

		Beschichtung		gesamt
		Silber	Gold	
Qualität	fehlerhaft	15	9	24
	in Ordnung	217	158	375
gesamt		232	167	399

b) (1) $\frac{24}{399} \approx 6\,\%$ (3) $\frac{15}{24} \approx 62{,}5\,\%$

(2) $\frac{15}{232} \approx 6{,}5\,\%$ (4) $\frac{9}{24} \approx 37{,}5\,\%$

5. a)

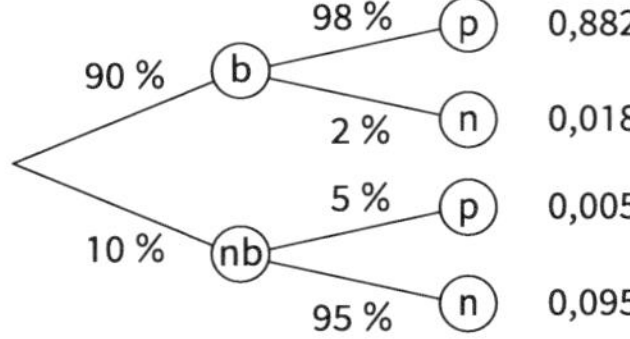

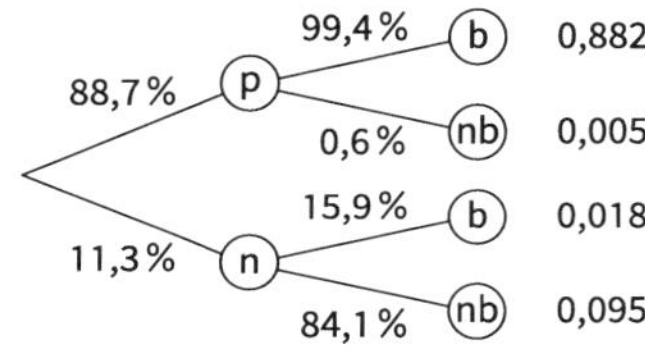

(1) Mit einer Wahrscheinlichkeit von 84,1 % ist die SIM-Karte tatsächlich fehlerhaft.

(2) Mit einer Wahrscheinlichkeit von 99,4 % ist die SIM-Karte tatsächlich funktionstüchtig.

b)

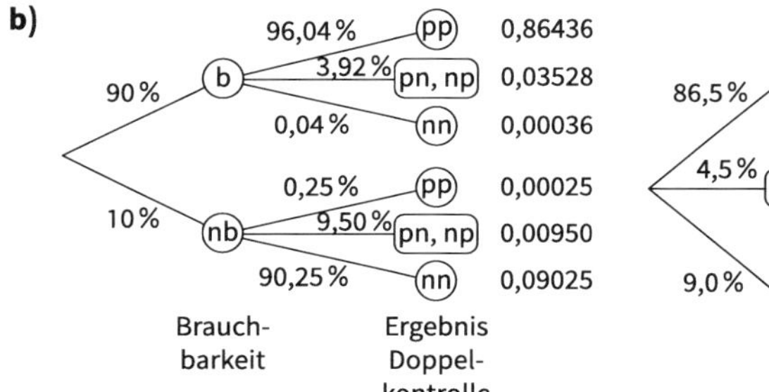

99,97 % (b) (2)
86,5 % (pp) – (nb)
4,5 % (pn, np) – (b), (nb)
9,0 % (nn) – (b)
99,60 % (nb) (1)

6.

abs. H.	NRW	andere Länder	gesamt
deutsch	15 931 171	58 109 466	74 040 637
ausländisch	1 607 080	4 562 280	6 169 360
gesamt	17 538 251	62 671 746	80 209 997

rel. H.	NRW	andere Länder	gesamt
deutsch	19,86 %	72,45 %	92,31 %
ausländisch	2,00 %	5,69 %	7,69 %
gesamt	21,87 %	78,13 %	100,00 %

243

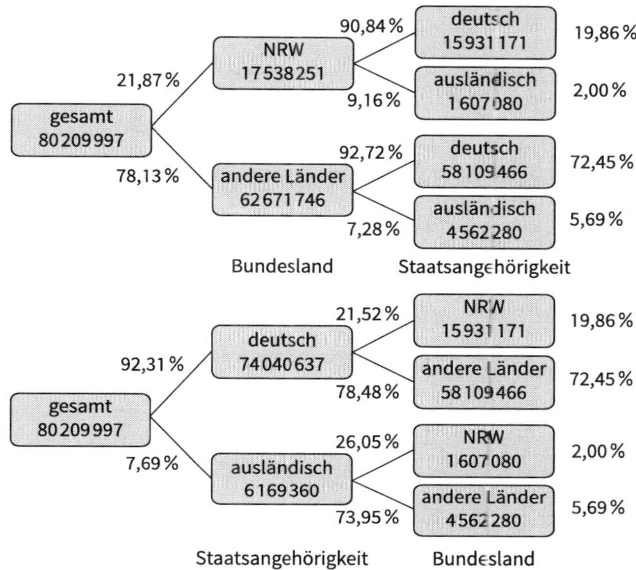

9,16 % der Einwohner von NRW besitzen eine ausländische Staatsangehörigkeit; in den anderen Bundesländern beträgt der Anteil (durchschnittlich) 7,28 %.
21,52 % der Einwohner Deutschlands mit deutscher Staatsangehörigkeit leben in NRW; bei den Einwohnern Deutschlands mit ausländischer Staatsangehörigkeit beträgt der Anteil 26,05 %.

7. a)

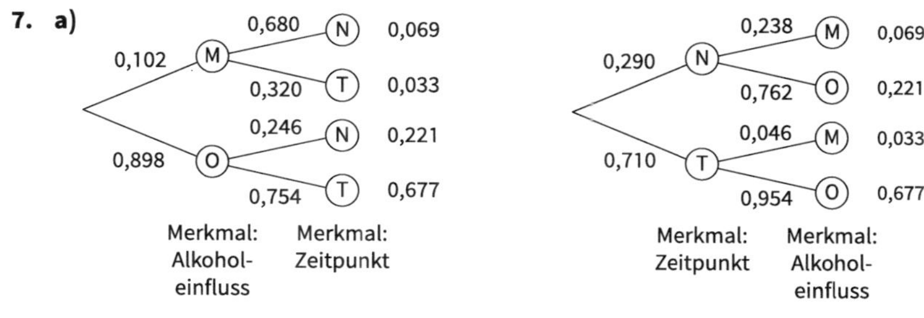

		Merkmal: Alkoholeinfluss		Summe
		mit	ohne	
Merkmal: Zeitpunkt	nachts	0,069	0,221	0,290
	tags	0,033	0,677	0,710
Summe		0,102	0,898	1,000

29 % aller Verkehrsunfälle mit Personenschaden ereignen sich zwischen 18 Uhr abends und 4 Uhr morgens, davon 23,8 % unter Alkoholeinfluss. Bei den Unfällen, die sich in der übrigen Zeit ereignen, spielt Alkohol nur in 4,6 % der Fälle eine Rolle.

b) (1) $P_T(M) = 0{,}046$ (2) $P_M(T) = 0{,}324$

244

8.

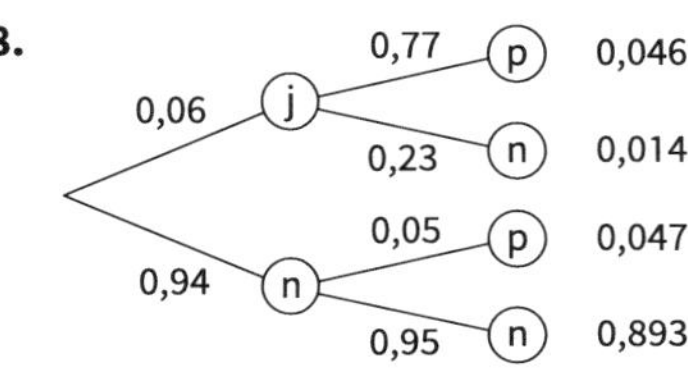

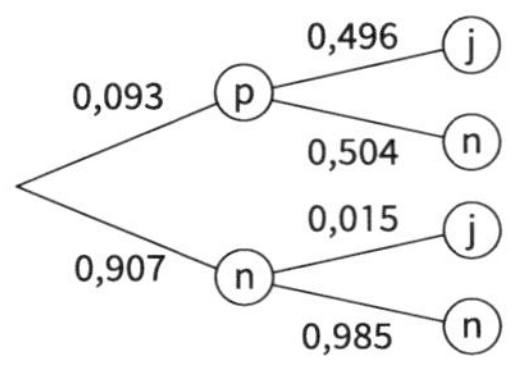

$P_{\text{Test positiv}}(\text{infiziert}) = 0{,}496$; $P_{\text{Test negativ}}(\text{nicht infiziert}) = 0{,}985$

9. a)

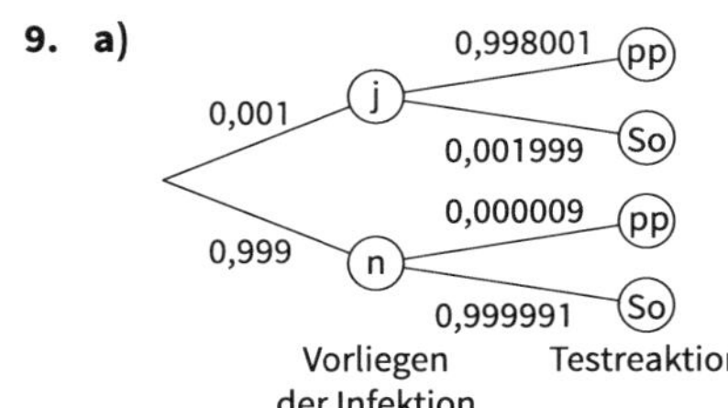

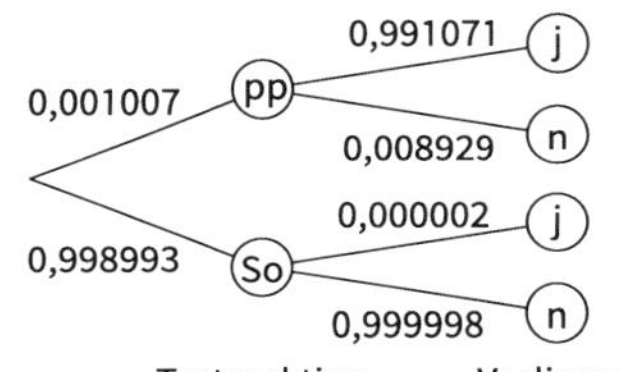

Wenn zweimal hintereinander eine positive Testreaktion erfolgte, dann ist die Wahrscheinlichkeit 99,1 %, dass eine Infektion vorliegt.

b)

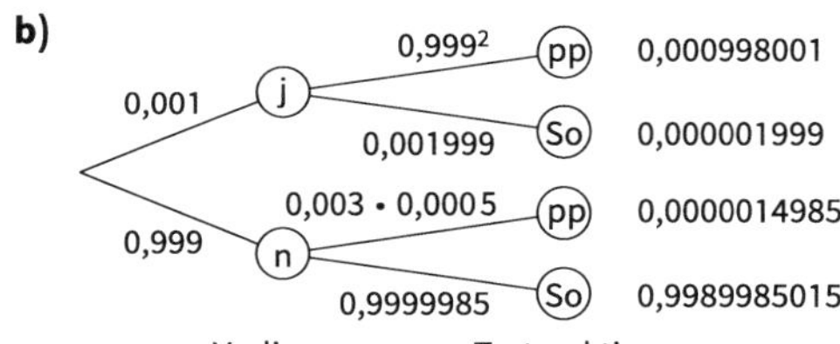

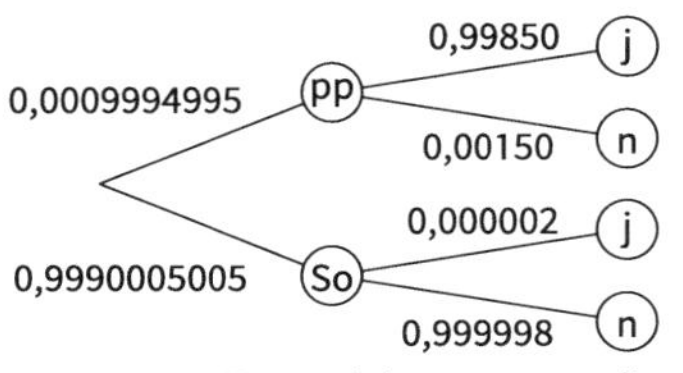

Wenn beide Tests mit positivem Ergebnis enden, dann ist die Wahrscheinlichkeit, dass tatsächlich eine Infektion vorliegt, gleich 99,85 %.

244 **10. a)** 30 % falsch-negative Befunde bedeutet, dass von den Tuberkulose-Kranken 30 % bei der Reihenuntersuchung einen negativen Befund erhalten, d. h. ihre Krankheit wird nicht entdeckt. 2 % falsch-positive Befunde bedeutet, dass 2 % der Untersuchten trotz eines positiven Befundes gesund sind.

b)

	positiv	negativ	gesamt
krank	140	60	200
gesund	2 000	97 800	99 800
gesamt	2 140	97 860	100 000

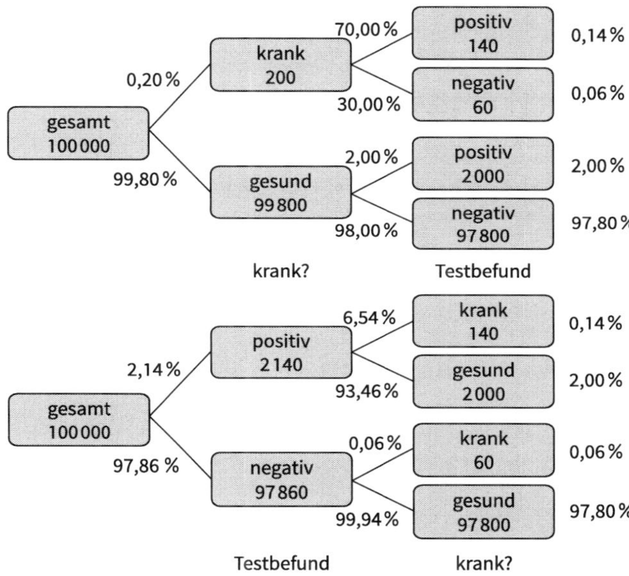

c) Ist das Ergebnis der Röntgenuntersuchung positiv, dann ist die Wahrscheinlichkeit, dass die Person tatsächlich an Tuberkulose leidet, 6,5 %. Ist das Ergebnis der Röntgenuntersuchung negativ, dann ist die Wahrscheinlichkeit, dass die Person tatsächlich nicht an Tuberkulose leidet, 99,94 %.

4.2.4 Zählstrategien bei der Bestimmung der Anzahl der Möglichkeiten

245 **Einstiegsaufgabe ohne Lösung**

1) **Lose**

1. Los: Es gibt 37 Möglichkeiten.
2. Los: Es gibt 36 Möglichkeiten.
3. Los: Es gibt 35 Möglichkeiten.
4. Los: Es gibt 34 Möglichkeiten.

Insgesamt gibt es also $37 \cdot 36 \cdot 35 \cdot 34 = 1\,585\,080$ Möglichkeiten.
Dabei kann ein Jugendlicher höchstens eine Karte bekommen.

245

2) **Rouletterad**

1. Drehung: Es gibt 37 Möglichkeiten.
2. Drehung: Es gibt 37 Möglichkeiten.
3. Drehung: Es gibt 37 Möglichkeiten.
4. Drehung: Es gibt 37 Möglichkeiten.

Insgesamt gibt es also $37 \cdot 37 \cdot 37 \cdot 37 = 37^4 = 1\,874\,161$ Möglichkeiten.
Dabei ist es möglich, dass ein Jugendlicher auch 2, 3 oder sogar alle 4 Karten erhält.

247

1. (1) Der Trainer hat für den ersten Elfmeter 8 Spieler zur Auswahl, für den zweiten Elfmeter 7 Spieler usw., insgesamt $8 \cdot 7 \cdot 6 \cdot 5 \cdot 4$ Möglichkeiten.

(2) Herr A. hat für den ersten Tag 8 Müslis zur Auswahl, für den zweiten Tag 7 Müslis usw., insgesamt $8 \cdot 7 \cdot 6 \cdot 5 \cdot 4$ Möglichkeiten der Auswahl – falls er Wert darauf legt, an jedem Tag eine andere Müslisorte zu essen. Andernfalls hat er 8^5 Möglichkeiten.

Im ersten Fall darf der Trainer einen Spieler nicht zweimal schießen lassen, d. h., es handelt sich um eine Auswahl ohne Wiederholung. Im zweiten Fall hängt es von der Laune oder den Gewohnheiten von Herrn A. ab, ob eine Wiederholung vorkommt oder nicht.

2. Es müssen n Entscheidungen getroffen werden. Auf der ersten Stufe gibt es n Möglichkeiten; auf der zweiten Stufe gibt es $n - 1$ Möglichkeiten; ...; auf der n-ten Stufe gibt es 1 Möglichkeit.
Nach dem allgemeinen Zählprinzip gibt es insgesamt $n \cdot (n-1) \cdot \ldots \cdot 1 = n!$ Möglichkeiten.

248

3. **a)** Die Kritik ist berechtigt, da so keine Losnummern mit mindestens zwei gleichen Ziffern gezogen werden können.

b) Nein, denn nicht alle Losnummern sind gleich wahrscheinlich.
Z. B. wird „111“ mit Wahrscheinlichkeit $\frac{3}{30} \cdot \frac{2}{29} \cdot \frac{1}{28} \approx 0{,}0002463$ gezogen,
„123“ dagegen mit $\frac{3}{30} \cdot \frac{3}{29} \cdot \frac{3}{28} \approx 0{,}00110837$.

4. **a)** $6! = 720$

b) $8! = 40\,320$

c) $7! = 5\,040$

d) $5! = 120$

e) $32 \cdot 31 \cdot 30 \cdot \ldots \cdot 5 = \frac{32!}{(30-28)!} = 10\,963\,784\,872\,237\,230\,423\,634\,083\,840\,000\,000 \approx 1{,}096 \cdot 10^{34}$
$[28! = 1\,304\,888\,344\,611\,713\,860\,501\,504\,000\,000 \approx 3{,}049 \cdot 10^{29}]$

f) $12 \cdot 11 \cdot 10 \cdot 9 \cdot 8 = \frac{12!}{(12-5)!} = 95\,040$

g) $3 \cdot 5 \cdot 4 = 60$

5. $3^{13} = 1\,594\,323$

6. Es gibt $12 \cdot 11 \cdot 10 = 1\,320$ verschiedene Möglichkeiten für die ersten drei Plätze: also $P(E) = \frac{1}{1\,320}$.
Es gibt $\binom{12}{3} = 220$ Möglichkeiten, die ersten drei Plätze zu besetzen, also: $P(E) = \frac{1}{220}$.

248

7. Siehe hierzu auch im Schülerband Seite 216, Aufgabe 13.
Es wird ohne Zurücklegen gezogen.

a) $P(\text{vier Asse}) = \frac{4}{32} \cdot \frac{3}{31} \cdot \frac{2}{30} \cdot \frac{1}{29} \approx 0{,}0000278$

b) $P(\text{acht Kreuz}) = \frac{8}{32} \cdot \frac{7}{31} \cdot \frac{6}{30} \cdot \frac{5}{29} \cdot \frac{4}{28} \cdot \frac{3}{27} \cdot \frac{2}{26} \cdot \frac{1}{25} \approx 0{,}000000095$

4.2.5 Binomialkoeffizienten

249

Einstiegsaufgabe ohne Lösung

Es gibt insgesamt $2^4 = 16$ Möglichkeiten:

LLLL	E	LRLL	D	RLLL	D	RRLL	C
LLLR	D	LRLR	C	RLLR	C	RRLR	B
LLRL	D	LRRL	C	RLRL	C	RRRL	B
LLRR	C	LRRR	B	RLRR	B	RRRR	A

Hinweis:

Wenn man alle Möglichkeiten notiert und sichergehen will, dass man keine Möglichkeit vergessen hat, geht man vor wie beim Aufzählen aller vierstelligen Zahlen aus den Ziffern L und R. Legt man noch $L < R$ fest, so ist LLLL die kleinste Zahl und RRRR die größte Zahl.

Man beginnt dann bei LLLL und überlegt immer, welches die nächst größere Zahl ist.

- Nur LLLL führt zu E und nur RRRR führt zu A.
- Alle Wege mit genau 3-mal R und einmal L führen zu B. Es gibt davon genau 4 Möglichkeiten, siehe oben.
- Alle Wege mit genau 3-mal L und einmal R führen zu D. Es gibt davon genauso viele Möglichkeiten, wie es Wege nach B gibt, also auch 4.
- Alle Wege mit 2-mal L und 2-mal R führen zu C. Davon gibt es 6 Möglichkeiten.
  Wir können uns 2 L auf vier Felder verteilt vorstellen. Für das erste L gibt es 4 Möglichkeiten und für das zweite L dann nur noch 3 Möglichkeiten es auf einem freien Feld zu platzieren. Da sich beide L nicht unterscheiden und es keine Rolle spielt, welches L zuerst und welches danach platziert wurde, kommt jede Möglichkeit nun zweimal vor. Die gesuchte Anzahl der Möglichkeiten ergibt sich somit aus $\frac{4 \cdot 3}{2} = 6$.

Wenn man das Labyrinth um eine Stufe erweitert, so gibt es 6 Endpunkte mit insgesamt $2^5 = 32$ möglichen Wegen.

Die Wege verteilten sich bei 4 Stufen auf die Endpunkte

	A	B	C	D	E	
mit	1	4	6	4	1	Möglichkeiten.

Bei 5 Stufen ergibt sich dann folgende Verteilung

	A	B	C	D	E	F	
mit	1	5	10	10	5	1	Möglichkeiten.

252

1. Gewinnwahrscheinlichkeiten

(1) $\frac{1}{\binom{35}{7}} = \frac{1}{6\,724\,520} = 0{,}000000149$

(2) $\frac{1}{\binom{42}{6}} = \frac{1}{5\,245\,786} = 0{,}000000191$

(3) $\frac{1}{\binom{39}{7}} = \frac{1}{15\,380\,937} = 0{,}000000065$

(4) $\frac{1}{\binom{55}{5}} = \frac{1}{3\,478\,761} = 0{,}000000287$

(5) $\frac{1}{\binom{30}{6}} = \frac{1}{593\,775} = 0{,}00000168$

(6) $\frac{1}{\binom{36}{7}} = \frac{1}{8\,347\,680} = 0{,}00000012$

(7) $\frac{1}{\binom{42}{5}} = \frac{1}{850\,668} = 0{,}000001176$

(8) $\frac{1}{\binom{45}{6}} = \frac{1}{8\,145\,060} = 0{,}000000123$

(9) $\frac{1}{\binom{90}{6}} = \frac{1}{622\,614\,630} = 0{,}00000000161$

2. **a)** (1) $P(E) = \frac{\binom{4}{4}}{\binom{32}{4}} = \frac{1}{35\,960}$

(2) $P(E) = \frac{\binom{4}{2}\cdot\binom{4}{2}}{\binom{32}{4}} = \frac{9}{8\,660}$

(3) $P(E) = \frac{\binom{4}{4}\cdot\binom{28}{0}}{\binom{32}{4}} + \frac{\binom{4}{3}\cdot\binom{28}{1}}{\binom{32}{4}} + \frac{\binom{4}{2}\cdot\binom{28}{2}}{\binom{32}{4}} = \frac{2\,381}{35\,960}$

b) (1) $P(E) = \frac{\binom{8}{8}}{\binom{32}{8}} = \frac{1}{10\,518\,300}$

(2) $P(E) = \frac{\binom{8}{4}\cdot\binom{8}{4}}{\binom{32}{8}} = \frac{49}{105\,183}$

(3) $P(E) = \frac{\binom{16}{8}}{\binom{32}{8}} = \frac{11}{8\,990}$

c) $P(E) = \frac{\binom{4}{1}\cdot\binom{4}{1}\cdot\binom{4}{1}\cdot\binom{4}{1}\cdot\binom{4}{1}\cdot\binom{4}{1}\cdot\binom{4}{1}\cdot\binom{4}{1}}{\binom{32}{8}} = \frac{16\,384}{2\,629\,575} \approx 0{,}006$

3. (1) Dabei wurde nicht berücksichtigt, dass die Reihenfolge, mit der die Zahlen gezogen wurden keine Rolle spielt. Es muss also noch durch $5! = 120$ dividiert werden, dann ergibt sich 1 086 008.

(2) Nach dem Satz von Seite 251 wird von $n = 44$ an abwärts gezählt bis $n - k + 1 = 44 - 5 + 1 = 40$; d. h. im Zähler ist der Faktor 39 zu viel.

4. **a)** $\binom{3}{1}\cdot\binom{8}{4}\cdot\binom{7}{4}\cdot\binom{5}{2} = 3\cdot 70\cdot 35\cdot 10 = 73\,500$

b) $\binom{3}{1}\cdot\binom{8}{4}\cdot\binom{7}{5}\cdot\binom{5}{1} = 3\cdot 70\cdot 21\cdot 5 = 22\,050$

5. Der Term $\frac{n\cdot(n-1)\cdot(n-2)\cdot\,\cdots\,\cdot(n-k+1)}{1\cdot 2\cdot\,\cdots\,\cdot k} = \frac{n\cdot(n-1)\cdot(n-2)\cdot\,\cdots\,\cdot(n-k+1)}{k!}$ wird erweitert mit $(n-k)!$.

Man erhält dann $\frac{n\cdot(n-1)\cdot(n-2)\cdot\,\cdots\,\cdot(n-k+1)\cdot((n-k)!)}{k!\cdot(n-k)!} = \frac{n!}{k!\cdot(n-k)!}$.

253

6. Die Erläuterung ist falsch. Es muss $3 \cdot 2 \cdot 1 = 6$ heißen. Dies kann man anhand der Verzweigungen in einem Baumdiagramm erläutern.

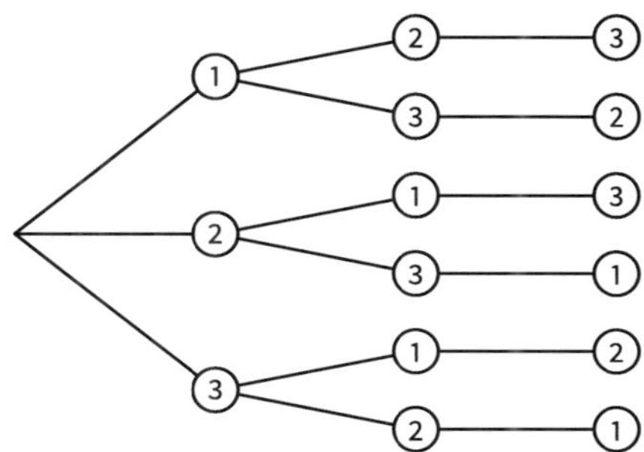

7. (1) $P(\text{k rote Kugeln}) = \frac{\binom{4}{k} \cdot \binom{5}{3-k}}{\binom{9}{3}}$

k	0	1	2	3
P (k rote Kugeln)	$\frac{10}{84}$	$\frac{40}{84}$	$\frac{30}{84}$	$\frac{4}{84}$

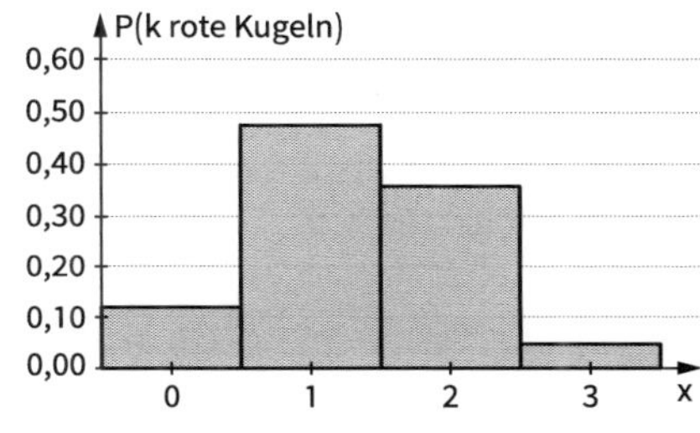

(2) $P(\text{k rote Kugeln}) = \frac{\binom{2}{k} \cdot \binom{4}{3-k}}{\binom{6}{3}}$

k	0	1	2	3
P (k rote Kugeln)	$\frac{4}{20}$	$\frac{12}{20}$	$\frac{4}{20}$	$\frac{0}{20}$

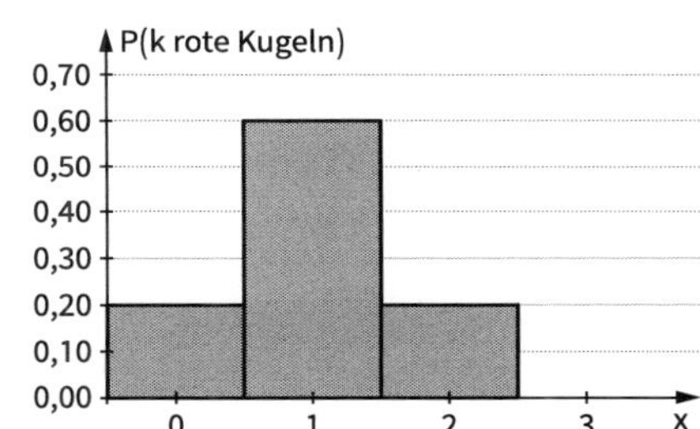

8. $P(\text{k Mädchen}) = \frac{\binom{14}{k} \cdot \binom{12}{3-k}}{\binom{26}{3}}$

k	0	1	2	3
P (k Mädchen)	0,085	0,355	0,420	0,140

9. Die Wahrscheinlichkeiten ergeben sich aus dem Ansatz: $P(\text{k Richtige}) = \frac{\binom{6}{k} \cdot \binom{43}{6-k}}{\binom{49}{6}}$

10. a), b) Von den 49 Zahlen sind 24 gerade und 25 ungerade.
Die Wahrscheinlichkeiten ergeben sich aus dem Ansatz:

$P(\text{k gerade Zahlen}) = \frac{\binom{24}{k} \cdot \binom{25}{6-k}}{\binom{49}{6}}$ für $k = 0, 1, 2, 3, 4, 5, 6$

k	0	1	2	3	4	5	6
P (k gerade Zahlen)	0,0127	0,0912	0,2497	0,3329	0,2280	0,0760	0,0096

Das in a) betrachtete Ereignis hat also die Wahrscheinlichkeit 0,0096.

253

c), d) 31 Zahlen kommen als Geburtstage infrage, 18 Zahlen nicht.

Die Wahrscheinlichkeiten ergeben sich aus dem Ansatz:

$$P(\text{k Zahlen zwischen 1 und 31}) = \frac{\binom{31}{k} \cdot \binom{18}{6-k}}{\binom{49}{6}} \quad \text{für } k = 0, 1, 2, 3, 4, 5, 6$$

k	0	1	2	3	4	5	6
P (k Zahlen zwischen 1 und 31)	0,0013	0,0190	0,1018	0,2623	0,3443	0,2187	0,0527

Das in c) betrachtete Ereignis hat also die Wahrscheinlichkeit 0,0527.

e), f) 15 der ersten 49 natürlichen Zahlen sind Primzahlen.

Die Wahrscheinlichkeiten ergeben sich aus dem Ansatz:

$$P(\text{k Primzahlen}) = \frac{\binom{15}{k} \cdot \binom{34}{6-k}}{\binom{49}{6}} \quad \text{für } k = 0, 1, 2, 3, 4, 5, 6$$

k	0	1	2	3	4	5	6
P (k Primzahlen)	0,0962	0,2985	0,3482	0,1947	0,0548	0,0073	0,0004

Das in e) betrachtete Ereignis hat also die Wahrscheinlichkeit 0,000358.

11. Die Reihenfolge, in der die Karten verteilt werden, spielt keine Rolle: 2 Karten kommen in den Skat, 30 Karten werden an die Spieler verteilt.

$$P(\text{k Buben im Skat}) = \frac{\binom{4}{k} \cdot \binom{28}{2-k}}{\binom{32}{2}} \quad \text{für } k = 0, 1, 2$$

k	0	1	2
P (k Buben im Skat)	0,7621	0,2258	0,0121

12. a) (1) 4 Möglichkeiten, (2) 6 Möglichkeiten, (3) 4 Möglichkeiten

b)

k	0	1	2	3	4
P (k-mal Wappen)	$\frac{1}{16}$	$\frac{4}{16}$	$\frac{6}{16}$	$\frac{4}{16}$	$\frac{1}{16}$

4.3 Wahrscheinlichkeitsverteilungen

4.3.1 Zufallsgröße – Erwartungswert einer Zufallsgröße

254

Einstiegsaufgabe ohne Lösung

Auszahlungsbetrag (in €)	erwartete relative Häufigkeit	gewichteter Auszahlungsbetrag (in €)
0	0,25	0,00
0,50	0,40	0,20
1,00	0,23	0,23
2,00	0,10	0,20
5,00	0,02	0,10
Summe	1	0,73

Auf lange Sicht ist ein Auszahlungsbetrag von 0,73 € pro Spiel zu erwarten, d. h. pro Spiel beträgt der mittlere Verlust 0,27 €.

257

1. **a)** Da es sich um konkrete Realisationen von Zufallsexperimenten handelt, weichen die relativen Häufigkeiten teilweise erheblich von den berechneten Wahrscheinlichkeiten ab. Man hat den Eindruck, dass die ermittelte Dreiecksform des Histogramms der Wahrscheinlichkeitsverteilung erst bei großer Versuchszahl zu erkennen ist.
   b) –

2. **a)** Wahrscheinlichkeitsverteilung

Augensumme	Wahrscheinlichkeit
2	$\frac{1}{36} \approx 2{,}8\,\%$
3	$\frac{2}{36} \approx 5{,}6\,\%$
4	$\frac{3}{36} \approx 8{,}3\,\%$
5	$\frac{4}{36} \approx 11{,}1\,\%$
6	$\frac{5}{36} \approx 13{,}9\,\%$
7	$\frac{6}{36} \approx 16{,}7\,\%$
8	$\frac{5}{36} \approx 13{,}9\,\%$
9	$\frac{4}{36} \approx 11{,}1\,\%$
10	$\frac{3}{36} \approx 8{,}3\,\%$
11	$\frac{2}{36} \approx 5{,}6\,\%$
12	$\frac{1}{36} \approx 2{,}8\,\%$

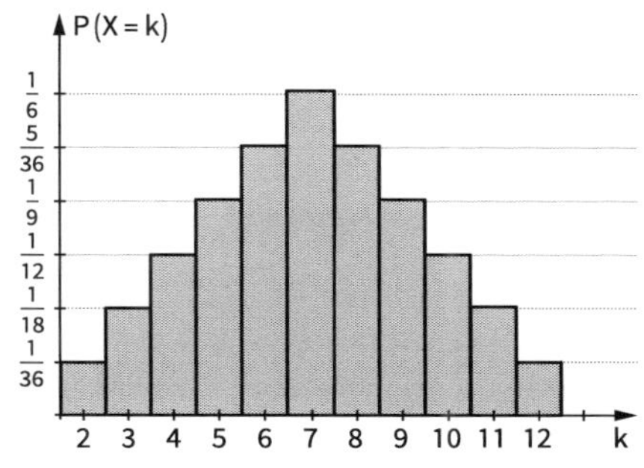

   b) Wahrscheinlichkeitsverteilung

Augenprodukt	1	2	3	4	6	8	9	12	16
Wahrscheinlichkeit	$\frac{1}{16}$	$\frac{2}{16}$	$\frac{2}{16}$	$\frac{3}{16}$	$\frac{2}{16}$	$\frac{2}{16}$	$\frac{1}{16}$	$\frac{2}{16}$	$\frac{1}{16}$

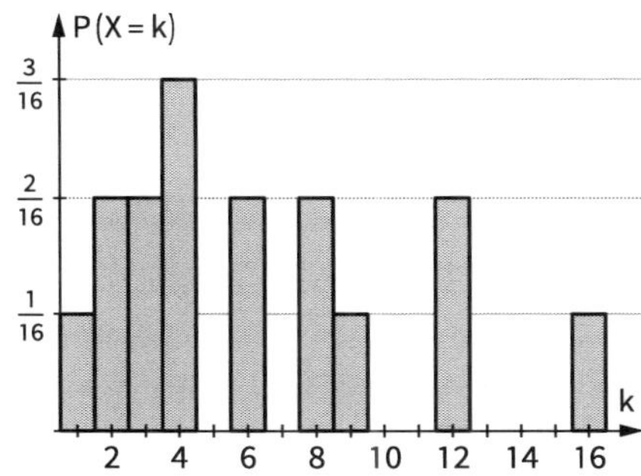

   c) Wahrscheinlichkeitsverteilung

Augensumme	3	4	5	6	7	8	9	10	11	12
Wahrscheinlichkeit	$\frac{1}{64}$	$\frac{3}{64}$	$\frac{6}{64}$	$\frac{10}{64}$	$\frac{12}{64}$	$\frac{12}{64}$	$\frac{10}{64}$	$\frac{6}{64}$	$\frac{3}{64}$	$\frac{1}{64}$

257

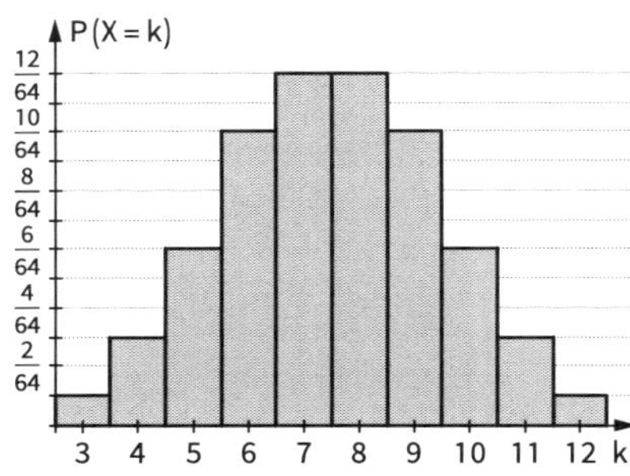

d) Wahrscheinlichkeitsverteilung

Augensumme	3	4	5	6	7	8	9	10
Wahrscheinlichkeit	$\frac{1}{216}$	$\frac{3}{216}$	$\frac{6}{216}$	$\frac{10}{216}$	$\frac{15}{216}$	$\frac{21}{216}$	$\frac{25}{216}$	$\frac{27}{216}$

Augensumme	11	12	13	14	15	16	17	18
Wahrscheinlichkeit	$\frac{27}{216}$	$\frac{25}{216}$	$\frac{21}{216}$	$\frac{15}{216}$	$\frac{10}{216}$	$\frac{6}{216}$	$\frac{3}{216}$	$\frac{1}{216}$

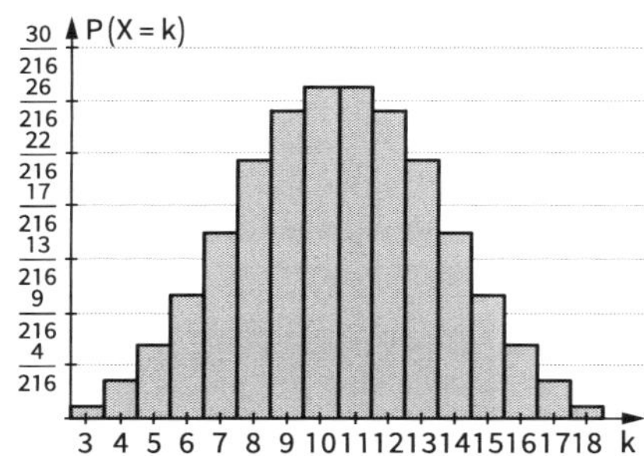

e) Wahrscheinlichkeitsverteilung

Augenprodukt	1	2	3	4	5	6	8	9	10
Wahrscheinlichkeit	$\frac{1}{36}$	$\frac{2}{36}$	$\frac{2}{36}$	$\frac{3}{36}$	$\frac{2}{36}$	$\frac{4}{36}$	$\frac{2}{36}$	$\frac{1}{36}$	$\frac{2}{36}$

Augenprodukt	12	15	16	18	20	24	25	30	36
Wahrscheinlichkeit	$\frac{4}{36}$	$\frac{2}{36}$	$\frac{1}{36}$	$\frac{2}{36}$	$\frac{2}{36}$	$\frac{2}{36}$	$\frac{1}{36}$	$\frac{2}{36}$	$\frac{1}{36}$

Hier wurden für eine bessere Übersicht Balken zu Werten mit Wahrscheinlichkeit $P(X = k) = 0$ weggelassen.

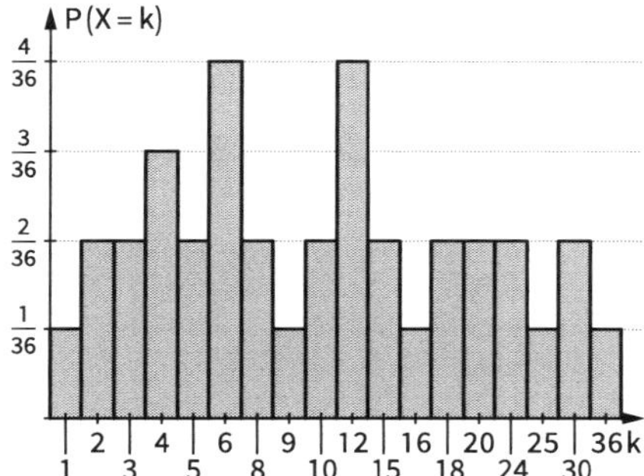

257

3. Hier ergibt sich durch Abzählen der Häufigkeit der möglichen Augensummen die gleiche Wahrscheinlichkeitsverteilung wie bei Tetraeder und Hexaeder mit üblicher Beschriftung:

Augensumme	2	3	4	5	6	7	8	9	10
Wahrscheinlichkeit	$\frac{1}{24}$	$\frac{2}{24}$	$\frac{3}{24}$	$\frac{4}{24}$	$\frac{5}{24}$	$\frac{4}{24}$	$\frac{3}{24}$	$\frac{2}{24}$	$\frac{1}{24}$

4. Die Wahrscheinlichkeiten können der Verteilung aus Aufgabe 2 a) entnommen werden:

a) $P(X \le 5) = \frac{1}{36} + \frac{2}{36} + \frac{3}{36} + \frac{4}{36} = \frac{10}{36} \approx 27{,}8\,\%$

b) (1) $P(X > 5)$
$= P(X = 6) + P(X = 7) + P(X = 8) + P(X = 9) + P(X = 10) + P(X = 11) + P(X = 12)$
$= 1 - P(X \le 5) = \frac{26}{36} \approx 72{,}2\,\%$

(2) $P(4 \le X \le 7)$
$= P(X = 4) + P(X = 5) + P(X = 6) + P(X = 7)$
$= \frac{3}{36} + \frac{4}{36} + \frac{5}{36} + \frac{6}{36} = \frac{1}{2}$

(3) $P(X < 6)$
$= P(X \le 5) = 1 - P(x > 5) = \frac{10}{36} \approx 27{,}8\,\%$

258

5. (1) $P(X \le 9) = \frac{30}{36}$ (4) $P(6 \le X \le 10) = \frac{23}{36}$

(2) $P(X < 10) = \frac{30}{36}$ (5) $P(X > 9 \text{ oder } X < 5) = \frac{12}{36}$

(3) $P(X \ge 5) = \frac{30}{36}$ (6) $P(X < 10 \text{ oder } X > 11) = \frac{31}{36}$

6. a) Die Wurfkombinationen {1; 4; 6}; {2; 3; 6}; {2; 4; 6} treten jeweils 6-mal, die Kombinationen {1; 5; 5}; {3; 3; 5}; {3; 4; 4} treten jeweils 3-mal auf. Damit führen 27 Ergebnisse der möglichen 216 auf die Augensumme 11.
Die Wurfkombinationen {1; 5; 6}; {2; 4; 6}; {3; 4; 5} treten jeweils 6-mal, die Kombinationen {3; 3; 6} und {2; 5; 5} treten jeweils 3-mal auf und die Kombination {4; 4; 4} nur einmal auf. Damit führen 25 Ergebnisse der möglichen 216 auf die Augensumme 12.

b)

k	P(X = k)	k	P(X = k)	k	P(X = k)	k	P(X = k)
3	$\frac{1}{216}$	7	$\frac{15}{216}$	11	$\frac{27}{216}$	15	$\frac{10}{216}$
4	$\frac{3}{216}$	8	$\frac{21}{216}$	12	$\frac{25}{216}$	16	$\frac{6}{216}$
5	$\frac{6}{216}$	9	$\frac{25}{216}$	13	$\frac{21}{216}$	17	$\frac{3}{216}$
6	$\frac{10}{216}$	10	$\frac{27}{216}$	14	$\frac{15}{216}$	18	$\frac{1}{216}$

258 **7.** Die Zufallsgröße X gibt die Summe der Bahnnummern an.

a) Man kann die Wahrscheinlichkeiten auf die folgende Weise ermitteln:
Ein Vertreter der ersten Mannschaft zieht drei Lose ohne Zurücklegen.
Da für die Summe die Reihenfolge nicht beachtet wird, gibt es $\binom{6}{3} = 20$ verschiedene Loskombinationen. Da alle Kombinationen gleich wahrscheinlich sind, tritt jede Kombination mit der Wahrscheinlichkeit $\frac{1}{20}$ auf.
Diese Anzahl von Kombinationen kann auch ohne Kombinatorikkenntnisse durch Aufschreiben aller Möglichkeiten ermittelt werden.

X	Loskombination	Wahrscheinlichkeit
9	(2, 3, 4)	$\frac{1}{20}$
10	(2, 3, 5)	$\frac{1}{20}$
11	(2, 3, 6), (2, 3, 5)	$\frac{2}{20}$
12	(2, 3, 7), (2, 4, 6), (3, 4, 5)	$\frac{3}{20}$
13	(2, 4, 7), (2, 5, 6), (3, 4, 6)	$\frac{3}{20}$
14	(2, 5, 7), (3, 4, 7), (3, 5, 6)	$\frac{3}{20}$
15	(2, 6, 7), (3, 5, 7), (4, 5, 6)	$\frac{3}{20}$
16	(3, 6, 7), (4, 5, 7)	$\frac{2}{20}$
17	(4, 6, 7)	$\frac{1}{20}$
18	(5, 6, 7)	$\frac{1}{20}$

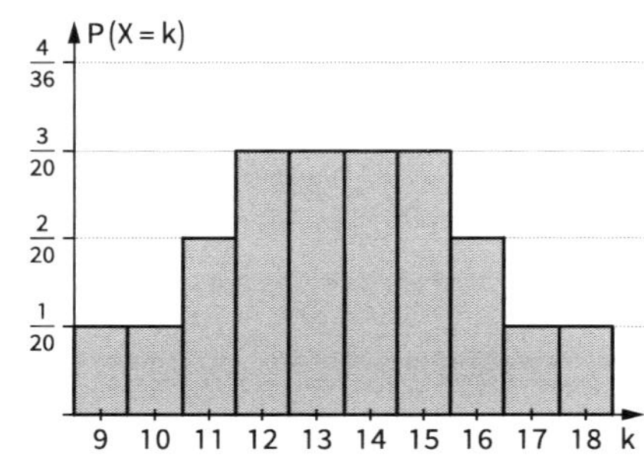

b) (1) $P(X < 12) = \frac{1}{20} + \frac{1}{20} + \frac{2}{20} = \frac{1}{5}$

(2) $P(X > 7) = 1$

(3) $P(X \geq 14) = \frac{3}{20} + \frac{3}{20} + \frac{2}{20} + \frac{1}{20} + \frac{1}{20} = \frac{1}{2}$

258

8. a)

k	2 Hexaeder P(X = k)	Tetraeder und Oktaeder P(X = k)
2	$\frac{1}{36} = \frac{8}{288}$	$\frac{1}{32} = \frac{9}{288}$
3	$\frac{2}{36} = \frac{16}{288}$	$\frac{2}{32} = \frac{18}{288}$
4	$\frac{3}{36} = \frac{24}{288}$	$\frac{3}{32} = \frac{27}{288}$
5	$\frac{4}{36} = \frac{32}{288}$	$\frac{4}{32} = \frac{36}{288}$
6	$\frac{5}{36} = \frac{40}{288}$	$\frac{4}{32} = \frac{36}{288}$
7	$\frac{6}{36} = \frac{48}{288}$	$\frac{4}{32} = \frac{36}{288}$
8	$\frac{5}{36} = \frac{40}{288}$	$\frac{4}{32} = \frac{36}{288}$
9	$\frac{4}{36} = \frac{32}{288}$	$\frac{4}{32} = \frac{36}{288}$
10	$\frac{3}{36} = \frac{24}{288}$	$\frac{3}{32} = \frac{27}{288}$
11	$\frac{2}{36} = \frac{16}{288}$	$\frac{2}{32} = \frac{18}{288}$
12	$\frac{1}{36} = \frac{8}{288}$	$\frac{1}{32} = \frac{9}{288}$

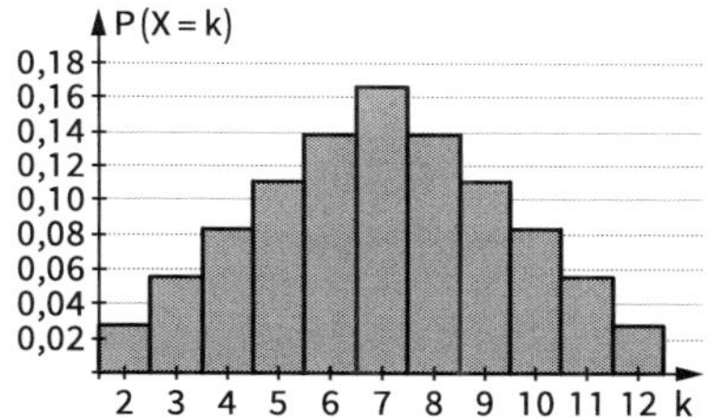

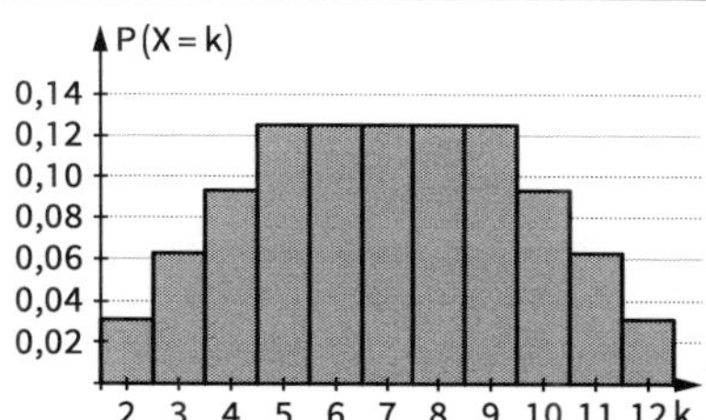

Die Wahrscheinlichkeitverteilungen stimmen nicht überein. Das Histogramm für die Augensumme zweier Hexaeder hat die typische Dreiecksgestalt, für die Augensumme von Tetraeder und Oktaeder eine Trapezform.

b)

	2 Hexaeder	Tetraeder und Oktaeder
(1) P(X = 4)	$\frac{24}{288}$	$\frac{27}{288}$
(2) P(X = 7)	$\frac{48}{288}$	$\frac{36}{288}$
(3) P(X < 7)	$\frac{120}{288}$	$\frac{126}{288}$
(4) P(X gerade)	$\frac{1}{2}$	$\frac{1}{2}$

258 c)

k	2	3	4	5	6	7	8	9
P(X = k)	$\frac{1}{64}$	$\frac{2}{64}$	$\frac{3}{64}$	$\frac{4}{64}$	$\frac{5}{64}$	$\frac{6}{64}$	$\frac{7}{64}$	$\frac{8}{64}$

k	10	11	12	13	14	15	16
P(X = k)	$\frac{7}{64}$	$\frac{6}{64}$	$\frac{5}{64}$	$\frac{4}{64}$	$\frac{3}{64}$	$\frac{2}{64}$	$\frac{1}{64}$

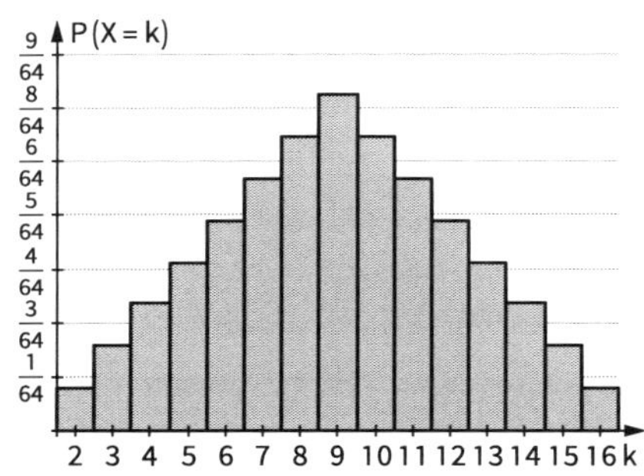

d)

k	2	3	4	5	6	7	8	9
P(X = k)	$\frac{1}{48}$	$\frac{2}{48}$	$\frac{3}{48}$	$\frac{4}{48}$	$\frac{4}{48}$	$\frac{4}{48}$	$\frac{4}{48}$	$\frac{4}{48}$

k	10	11	12	13	14	15	16
P(X = k)	$\frac{4}{48}$	$\frac{4}{48}$	$\frac{4}{48}$	$\frac{4}{48}$	$\frac{3}{48}$	$\frac{2}{48}$	$\frac{1}{48}$

e) Tetraeder + Ikosaeder
2 Dodekaeder } Augensummen 2, …, 24

9. **a)** Jedes der 16 Ergebnisse ist gleich wahrscheinlich. Damit tritt jede Symbolkombination mit der Wahrscheinlichkeit $\frac{1}{16}$ ein.
Erwartungswert:

$$2 \cdot \frac{1}{16} \cdot 0{,}00 + 4 \cdot \frac{1}{16} \cdot 0{,}10 + 4 \cdot \frac{1}{16} \cdot 0{,}20 + 3 \cdot \frac{1}{16} \cdot 0{,}30 + 2 \cdot \frac{1}{16} \cdot 0{,}40 + \frac{1}{16} \cdot 0{,}50 = 0{,}2125$$

b) Das Spiel ist fair, wenn der Einsatz 0,2125 € beträgt. Ein Einsatz für ein Spiel von 0,25 € erscheint angemessen; dann ist der durchschnittliche Verlust pro Spiel 0,0375 €.

259 **10. a)**

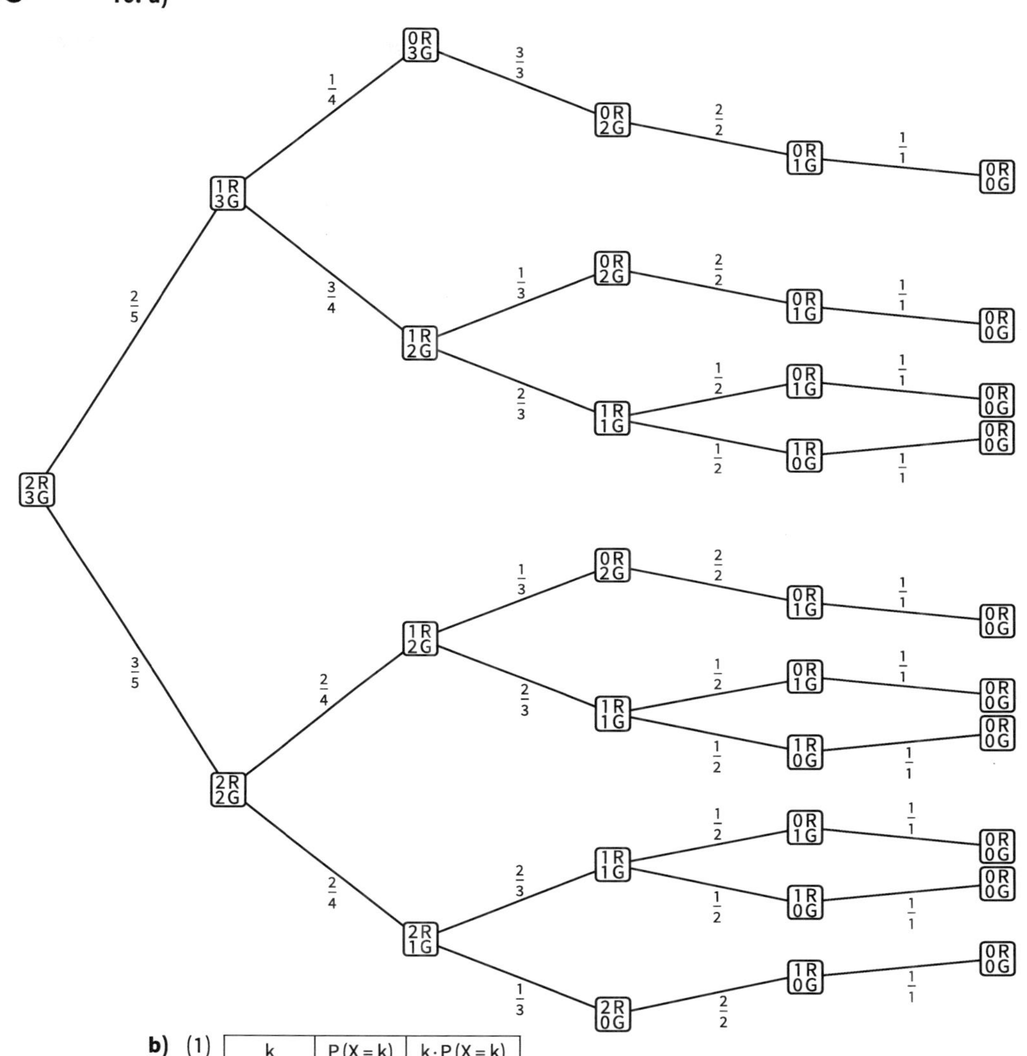

b) (1)

k	P (X = k)	k · P (X = k)
2	0,1	0,2
3	0,2	0,6
4	0,3	1,2
5	0,4	2,0
Summe	1	4,0

(2)

k	P (X = k)	k · P (X = k)
2	0,6	1,2
3	0,3	0,9
4	0,1	0,4
Summe	1	2,5

(3)

k	P (X = k)	k · P (X = k)
3	0,1	0,3
4	0,3	1,2
5	0,6	3,0
Summe	1	4,5

259

11.

Augensumme	Wahrscheinlichkeit Ziehen mit Zurücklegen	Wahrscheinlichkeit Ziehen ohne Zurücklegen
2	$\frac{1}{25} = 0{,}04$	$\frac{3}{15} \cdot \frac{2}{14} = 0{,}0286$
3	$\frac{2}{25} = 0{,}08$	$2 \cdot \frac{3}{15} \cdot \frac{3}{14} = 0{,}0857$
4	$\frac{3}{25} = 0{,}12$	$2 \cdot \frac{3}{15} \cdot \frac{3}{14} + \frac{3}{15} \cdot \frac{2}{14} = 0{,}1143$
5	$\frac{4}{25} = 0{,}16$	$4 \cdot \frac{3}{15} \cdot \frac{3}{14} = 0{,}1714$
6	$\frac{5}{25} = 0{,}2$	$4 \cdot \frac{3}{15} \cdot \frac{3}{14} + \frac{3}{15} \cdot \frac{2}{14} = 0{,}2000$
7	$\frac{4}{25} = 0{,}16$	$4 \cdot \frac{3}{15} \cdot \frac{3}{14} = 0{,}1714$
8	$\frac{3}{25} = 0{,}12$	$2 \cdot \frac{3}{15} \cdot \frac{3}{14} + \frac{3}{15} \cdot \frac{2}{14} = 0{,}1143$
9	$\frac{2}{25} = 0{,}08$	$2 \cdot \frac{3}{15} \cdot \frac{3}{14} = 0{,}0857$
10	$\frac{1}{25} = 0{,}04$	$\frac{3}{15} \cdot \frac{2}{14} = 0{,}0286$
Summe	1	1

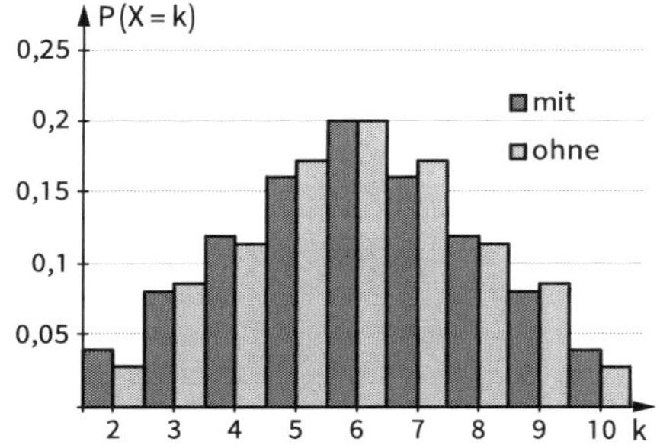

Histogramm:
dunkelgrau: Ziehen mit Zurücklegen;
hellgrau: Ziehen ohne Zurücklegen

12. a) X: *Anzahl der Würfe*

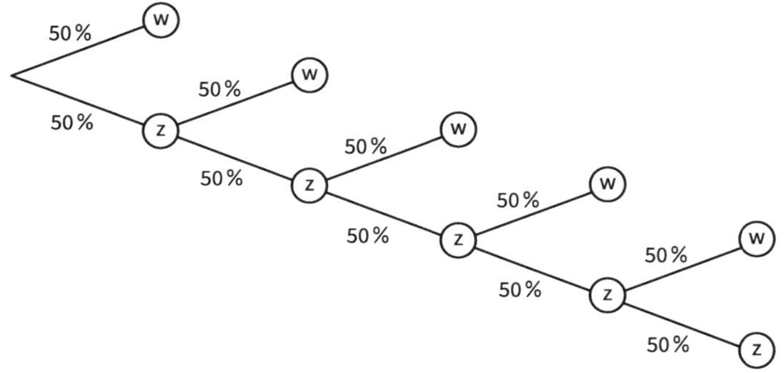

Mit $P(X = 1) = \frac{1}{2}$; $P(X = 2) = \frac{1}{4}$; $P(X = 3) = \frac{1}{8}$; $P(X = 4) = \frac{1}{16}$; $P(X = 5) = \frac{1}{32}$; $P(X = 7) = \frac{1}{32}$ folgt:

$E(X) = 1 \cdot \frac{1}{2} + 2 \cdot \frac{1}{4} + 3 \cdot \frac{1}{8} + 4 \cdot \frac{1}{16} + 5 \cdot \frac{1}{32} + 7 \cdot \frac{1}{32} = 2$

b) Das Spiel ist fair, wenn der Einsatz 2 € beträgt.

259

13. Setzen auf Rot

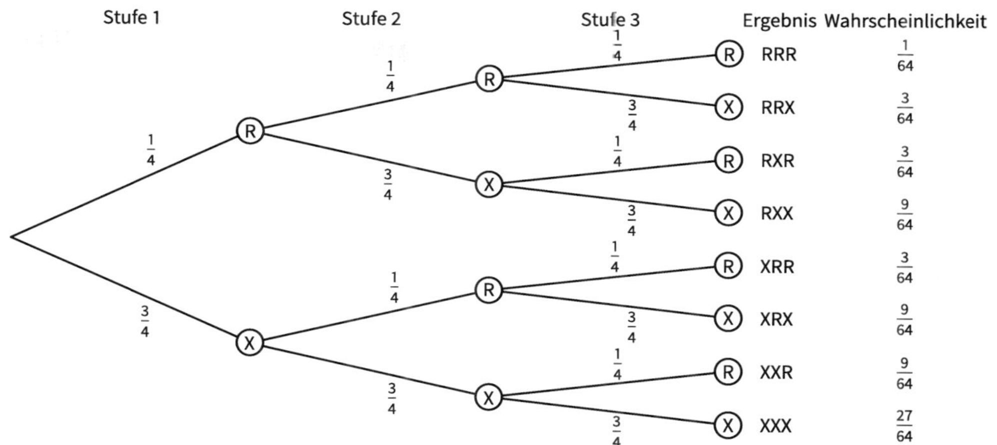

X: *Anzahl der Runden, bei denen der Zeiger auf einem roten Feld stehen bleibt*

k	Auszahlung a (in €)	P (X = k)	a · P (X = k) (in €)
0	0	$\frac{27}{64}$	0,0000
1	1,00	$\frac{27}{64}$	0,4219
2	2,50	$\frac{9}{64}$	0,3516
3	4,00	$\frac{1}{64}$	0,0625
Summe		1	0,8360

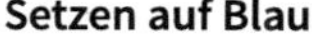

Setzen auf Blau

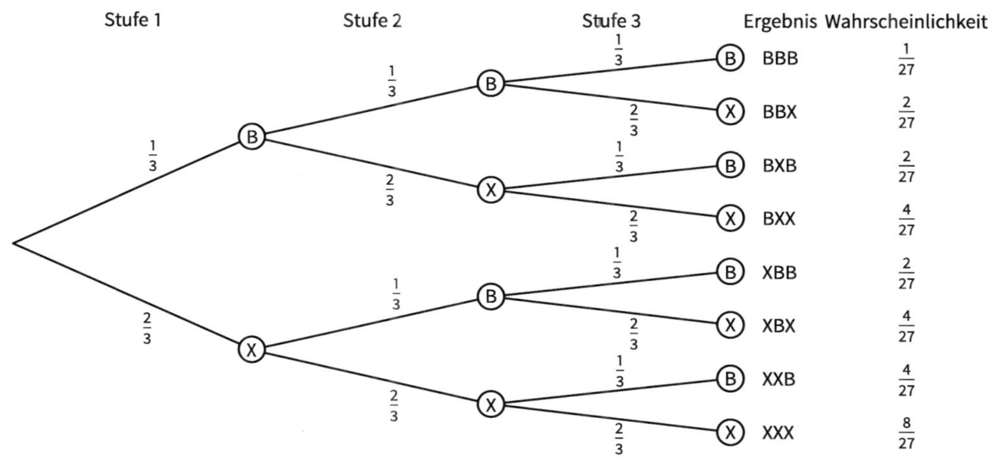

259 X: *Anzahl der Runden, bei denen der Zeiger auf einem blauen Feld stehen bleibt*

k	Auszahlung a (in €)	P (X = k)	a · P (X = k) (in €)
0	0	$\frac{8}{27}$	0,0000
1	0,50	$\frac{12}{27}$	0,2222
2	2,00	$\frac{6}{27}$	0,4444
3	5,00	$\frac{1}{27}$	0,1852
Summe		1	0,8518

Setzen auf Gelb

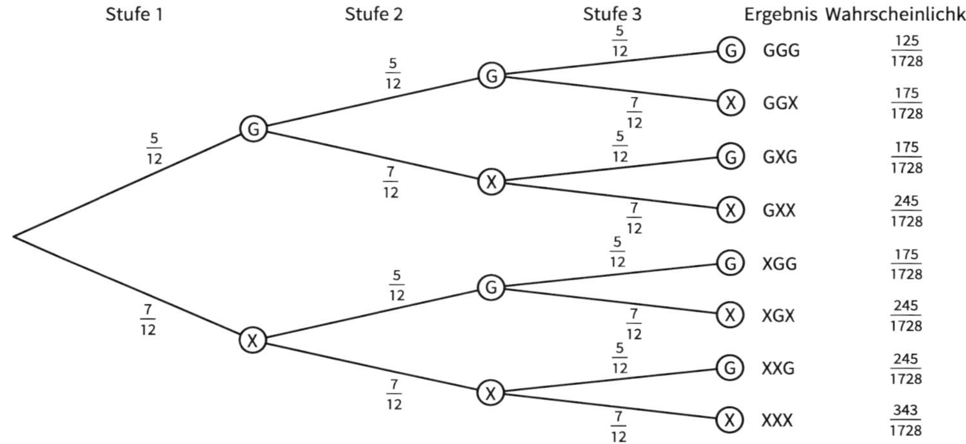

X: *Anzahl der Runden, bei denen der Zeiger auf einem gelben Feld stehen bleibt*

k	Auszahlung a (in €)	P (X = k)	a · P (X = k) (in €)
0	0	$\frac{343}{1728}$	0,0000
1	0,50	$\frac{735}{1728}$	0,2127
2	1,50	$\frac{525}{1728}$	0,4557
3	3,00	$\frac{125}{1728}$	0,2170
Summe		1	0,8854

Beim Setzen auf Gelb ist der geringste Verlust zu erwarten.

260 **14.** Verteilung der Gewinne auf dem Glücksrad:

Gewinn (in $)	1	2	5	10	20	40
Anzahl	24	15	7	3	3	2

Die Zufallsgröße X zählt den Gewinn, dann gilt:

$E(X) = 1 \cdot \frac{24}{54} + 2 \cdot \frac{15}{54} + 5 \cdot \frac{7}{54} + 10 \cdot \frac{3}{54} + 20 \cdot \frac{3}{54} + 40 \cdot \frac{2}{54} = \frac{259}{54} = 4{,}7963$

Ein Einsatz von mindestens 4,80 $ bringt Gewinn. Der Preis wird vermutlich bei 5 $ liegen.

260 **15.** $E(X) = \frac{1}{6} \cdot 2 + \frac{1}{6} \cdot 4 + \frac{1}{6} \cdot 8 + \frac{1}{6} \cdot 16 + \frac{1}{6} \cdot 32 + \frac{1}{6} \cdot 64 = 21$

16. Zu erwartende Kosten pro Gerät:

$0{,}15 \cdot 35{,}00\,€ + 0{,}10 \cdot 25{,}00\,€ + 0{,}02 \cdot 20{,}00\,€ = 8{,}15\,€$

17. a) Berechnung des zu erwartenden Gewinns bei der Herstellung von 15 Packungen:

Anzahl der verkauften Packungen	Gewinn in €	Wahrscheinlichkeit	zu erwartender Gewinn pro Packung
10	$10 \cdot 4 - 5 \cdot 6 = 10$	0,05	0,5
11	$11 \cdot 4 - 4 \cdot 6 = 20$	0,15	3,0
12	$12 \cdot 4 - 3 \cdot 6 = 30$	0,30	9,0
13	$13 \cdot 4 - 2 \cdot 6 = 40$	0,25	10,0
14	$14 \cdot 4 - 1 \cdot 6 = 50$	0,15	7,5
15	$15 \cdot 4 = 60$	0,10	6,0
insgesamt zu erwartender Gewinn pro Tag:			36,0

b) Berechnung des zu erwartenden Gewinns bei der Herstellung von 14 Packungen:

Anzahl der verkauften Packungen	Gewinn in €	Wahrscheinlichkeit	zu erwartender Gewinn pro Packung
10	$10 \cdot 4 - 4 \cdot 6 = 16$	0,05	0,8
11	$11 \cdot 4 - 3 \cdot 6 = 26$	0,15	3,9
12	$12 \cdot 4 - 2 \cdot 6 = 36$	0,30	10,8
13	$13 \cdot 4 - 1 \cdot 6 = 46$	0,25	11,5
14	$14 \cdot 4 = 56$	0,25	14,0
insgesamt zu erwartender Gewinn pro Tag:			41,0

c) Berechnung des zu erwartenden Gewinns bei der Herstellung von 13 Packungen:

Anzahl der verkauften Packungen	Gewinn in €	Wahrscheinlichkeit	zu erwartender Gewinn pro Packung
10	$10 \cdot 4 - 3 \cdot 6 = 22$	0,05	1,1
11	$11 \cdot 4 - 2 \cdot 6 = 32$	0,15	4,8
12	$12 \cdot 4 - 1 \cdot 6 = 42$	0,30	12,6
13	$13 \cdot 4 = 52$	0,50	26,0
insgesamt zu erwartender Gewinn pro Tag:			44,5

Berechnung des zu erwartenden Gewinns bei der Herstellung von 12 Packungen:

Anzahl der verkauften Packungen	Gewinn in €	Wahrscheinlichkeit	zu erwartender Gewinn pro Packung
10	$10 \cdot 4 - 2 \cdot 6 = 28$	0,05	1,4
11	$11 \cdot 4 - 1 \cdot 6 = 38$	0,15	5,7
12	$12 \cdot 4 = 48$	0,80	38,4
insgesamt zu erwartender Gewinn pro Tag:			45,5

Berechnung des zu erwartenden Gewinns bei der Herstellung von 11 Packungen:

Anzahl der verkauften Packungen	Gewinn in €	Wahrscheinlichkeit	zu erwartender Gewinn pro Packung
10	$10 \cdot 4 - 1 \cdot 6 = 34$	0,05	1,7
11	$11 \cdot 4 = 44$	0,95	41,8
insgesamt zu erwartender Gewinn pro Tag:			43,5

Der Gewinn ist also am größten, wenn 12 Sushi-Packungen hergestellt werden.

4.3.2 Standardabweichung einer Zufallsgröße

261 **Einstiegsaufgabe ohne Lösung**

X_1: *Augensumme beim Werfen zweier Würfel*

	1	2	3	4	5	6
1	2	3	4	5	6	7
2	3	4	5	6	7	8
3	4	5	6	7	8	9
4	5	6	7	8	9	10
5	6	7	8	9	10	11
6	7	8	9	10	11	12

Augensumme	2	3	4	5	6	7	8	9	10	11	12
Möglichkeiten	1	2	3	4	5	6	5	4	3	2	1
Wahrscheinlichkeiten	$\frac{1}{36}$	$\frac{2}{36}$	$\frac{3}{36}$	$\frac{4}{36}$	$\frac{5}{36}$	$\frac{6}{36}$	$\frac{5}{36}$	$\frac{4}{36}$	$\frac{3}{36}$	$\frac{2}{36}$	$\frac{1}{36}$

Erwartungswert: $\mu = 7$

Standardabweichung:

$$\sigma = \sqrt{(2-7)^2 \cdot \frac{1}{36} + (3-7)^2 \cdot \frac{2}{36} + (4-7)^2 \cdot \frac{3}{36} + (5-7)^2 \cdot \frac{4}{36} + \dots + (12-7)^2 \cdot \frac{1}{36}}$$

$\sigma \approx 2{,}415$

X_2: *Augensumme beim Werfen eines regelmäßigen Tetraeders und eines regelmäßigen Oktaeders*

	1	2	3	4	5	6	7	8
1	2	3	4	5	6	7	8	9
2	3	4	5	6	7	8	9	10
3	4	5	6	7	8	9	10	11
4	5	6	7	8	9	10	11	12

Augensumme	2	3	4	5	6	7	8	9	10	11	12
Möglichkeiten	1	2	3	4	4	4	4	4	3	2	1
Wahrscheinlichkeiten	$\frac{1}{32}$	$\frac{2}{32}$	$\frac{3}{32}$	$\frac{4}{32}$	$\frac{4}{32}$	$\frac{4}{32}$	$\frac{4}{32}$	$\frac{4}{32}$	$\frac{3}{32}$	$\frac{2}{32}$	$\frac{1}{32}$

Erwartungswert: $\mu = 7$

Standardabweichung:

$$\sigma = \sqrt{(2-7)^2 \cdot \frac{1}{32} + (3-7)^2 \cdot \frac{2}{32} + (4-7)^2 \cdot \frac{3}{32} + (5-7)^2 \cdot \frac{4}{32} + \dots + (12-7)^2 \cdot \frac{1}{32}}$$

$\sigma \approx 2{,}55$

Bei beiden Wahrscheinlichkeitsverteilungen werden den Augensummen 2 bis 12 Wahrscheinlichkeiten zugeordnet. Der Erwartungswert ist jeweils 7. Die Standardabweichung der Zufallsgröße X_2 ist größer als die von X_1.

Bei der Zufallsgröße X_1 hat der Erwartungswert die größte Wahrscheinlichkeit. Bei der Zufallsgröße X_2 haben noch 4 andere Augenzahlen diese Wahrscheinlichkeit.

263

1.

Auszahlung in €	Wahrscheinlichkeit	erwartete Auszahlung in €	erwartete quadratische Abweichung
0	$\frac{94}{180}$	0	$\left(0-\frac{157}{180}\right)^2 \cdot \frac{94}{180} \approx 0{,}397$
1	$\frac{1}{4}=\frac{45}{180}$	$\frac{45}{180}$	$\left(1-\frac{157}{180}\right)^2 \cdot \frac{45}{180} \approx 0{,}004$
2	$\frac{1}{9}=\frac{20}{180}$	$\frac{40}{180}$	$\left(2-\frac{157}{180}\right)^2 \cdot \frac{20}{180} \approx 0{,}141$
3	$\frac{1}{15}=\frac{12}{180}$	$\frac{36}{180}$	$\left(3-\frac{157}{180}\right)^2 \cdot \frac{12}{180} \approx 0{,}302$
4	$\frac{1}{20}=\frac{9}{180}$	$\frac{36}{180}$	$\left(4-\frac{157}{180}\right)^2 \cdot \frac{9}{180} \approx 0{,}489$
Summe	1	$\frac{157}{180} \approx 0{,}872$	$\approx 1{,}333$

Der Erwartungswert der Auszahlung ist $\mu \approx 0{,}872$ €, d. h. der Erwartungswert des Gewinns beträgt $-0{,}128$ €.
Die Standardabweichung beträgt $\sigma \approx 1{,}155$ €.

2. (1) mit Zurücklegen

Anzahl der Runden	Wahrscheinlichkeit	erwartete Anzahl	quadratische Abweichung
1	$\frac{1}{6}=\frac{216}{1296}$	$\frac{216}{1296}$	$\left(1-\frac{4651}{1296}\right)^2 \cdot \frac{216}{1296} \approx 1{,}117$
2	$\frac{5}{36}=\frac{180}{1296}$	$\frac{360}{1296}$	$\left(2-\frac{4651}{1296}\right)^2 \cdot \frac{180}{1296} \approx 0{,}351$
3	$\frac{25}{216}=\frac{150}{1296}$	$\frac{450}{1296}$	$\left(3-\frac{4651}{1296}\right)^2 \cdot \frac{150}{1296} \approx 0{,}040$
4	$\frac{125}{1296}$	$\frac{500}{1296}$	$\left(4-\frac{4651}{1296}\right)^2 \cdot \frac{125}{1296} \approx 0{,}016$
5	$\frac{625}{1296}$	$\frac{3125}{1296}$	$\left(5-\frac{4651}{1296}\right)^2 \cdot \frac{625}{1296} \approx 0{,}960$
Summe	1	$\frac{4651}{1296} \approx 3{,}589$	$\approx 2{,}484$

Der Erwartungswert der Anzahl der Runden beträgt $\mu \approx 3{,}6$.
Die Standardabweichung ist $\sigma \approx 1{,}576$.

(2) ohne Zurücklegen

Anzahl der Runden	Wahrscheinlichkeit	erwartete Anzahl	quadratische Abweichung
1	$\frac{1}{6}$	$\frac{1}{6}$	$\left(1-\frac{10}{3}\right)^2 \cdot \frac{1}{6} \approx 0{,}907$
2	$\frac{5}{6}\cdot\frac{1}{5}=\frac{1}{6}$	$\frac{2}{6}$	$\left(2-\frac{10}{3}\right)^2 \cdot \frac{1}{6} \approx 0{,}296$
3	$\frac{5}{6}\cdot\frac{4}{5}\cdot\frac{1}{4}=\frac{1}{6}$	$\frac{3}{6}$	$\left(3-\frac{10}{3}\right)^2 \cdot \frac{1}{6} \approx 0{,}185$
4	$\frac{5}{6}\cdot\frac{4}{5}\cdot\frac{3}{4}\cdot\frac{1}{3}=\frac{1}{6}$	$\frac{4}{6}$	$\left(4-\frac{10}{3}\right)^2 \cdot \frac{1}{6} \approx 0{,}074$
5	$\frac{2}{6}$	$\frac{10}{6}$	$\left(5-\frac{10}{3}\right)^2 \cdot \frac{2}{6} \approx 0{,}926$
	1	$\frac{20}{6} \approx 3{,}3$	$\approx 2{,}222$

Der Erwartungswert der Anzahl der Runden beträgt $\mu \approx 3{,}3$.
Die Standardabweichung ist $\sigma \approx 1{,}490$.

263 Dass der Erwartungswert der Anzahl der Runden beim Ziehen ohne Zurücklegen kleiner ist als beim Ziehen mit Zurücklegen, ist plausibel, da sich von Runde zu Runde die Wahrscheinlichkeit für das Ziehen der weißen Kugel erhöht, während sie beim Ziehen mit Zurücklegen jeweils gleich bleibt. Da beim Ziehen mit Zurücklegen die Wahrscheinlichkeit für 5 Runden sehr groß ist, wird sich dies auf die Größe der Standardabweichung auswirken.

3. Die Wahrscheinlichkeiten für die Augenzahlen 1, 2, …, n betragen jeweils $\frac{1}{n}$, wobei beim Tetraeder gilt $n = 4$, beim Hexaeder $n = 6$, beim Oktaeder $n = 8$, beim Dodekaeder $n = 12$. Daher gilt:

(1) Tetraeder: $\mu = \frac{1+2+3+4}{4} = \frac{10}{4} = 2{,}5$

$\sigma^2 = \frac{(1-2{,}5)^2 + \ldots + (4-2{,}5)^2}{4} = \frac{15}{12} = 1{,}25$; also $\sigma \approx 1{,}118$

(2) Hexaeder: $\mu = \frac{1+2+3+4+5+6}{6} = \frac{21}{6} = 3{,}5$

$\sigma^2 = \frac{(1-3{,}5)^2 + \ldots + (6-3{,}5)^2}{6} = \frac{35}{12} \approx 2{,}92$; also $\sigma \approx 1{,}708$

(3) Oktaeder: $\mu = \frac{1+2+3+4+5+6+7+8}{8} = \frac{36}{8} = 4{,}5$

$\sigma^2 = \frac{(1-4{,}5)^2 + \ldots + (8-4{,}5)^2}{8} = \frac{63}{12} = 5{,}25$; also $\sigma \approx 2{,}291$

(4) Dodekaeder: $\mu = \frac{1+2+3+4+5+6+7+8+9+10+11+12}{12} = \frac{78}{12} = 6{,}5$

$\sigma^2 = \frac{(1-6{,}5)^2 + \ldots + (12-6{,}5)^2}{12} = \frac{143}{12} \approx 11{,}92$; also $\sigma \approx 3{,}452$

4. **a)** Erwartungswert von X: $\mu = \frac{1+2+3+4+5+6}{6} = \frac{21}{6} = 3{,}5$

Erwartungswert von Y: $\mu = 2 \cdot \frac{1}{36} + 3 \cdot \frac{2}{36} + 4 \cdot \frac{3}{36} + \ldots + 12 \cdot \frac{1}{36} = 7$

(vgl. Lösung von Aufgabe 2 a) von Seite 257)

b) Standardabweichung von X:

$\sigma^2 = \frac{(1-3{,}5)^2 + \ldots + (6-3{,}5)^2}{6} = \frac{35}{12} \approx 2{,}92$; also $\sigma \approx 1{,}708$

Standardabweichung von Y:

$\sigma^2 = (2-7)^2 \cdot \frac{1}{36} + (3-7)^2 \cdot \frac{2}{36} + \ldots + (12-7)^2 \cdot \frac{1}{36} = \frac{35}{6} \approx 5{,}83$; also $\sigma \approx 2{,}415$

Zusammenhang: Das Quadrat der Standardabweichung von Y ist doppelt so groß wie das Quadrat der Standardabweichung von X.

c) Erwartungswert von X: $\mu = \frac{1+2+3+4}{4} = \frac{10}{4} = 2{,}5$

Erwartungswert von Y: $\mu = 2 \cdot \frac{1}{16} + 3 \cdot \frac{2}{16} + 4 \cdot \frac{3}{36} + \ldots + 8 \cdot \frac{1}{16} = 5$

(vgl. Lösung von Aufgabe 2 b) von Seite 257)

Standardabweichung von X:

$\sigma^2 = \frac{(1-2{,}5)^2 + \ldots + (4-2{,}5)^2}{4} = \frac{15}{12} \approx 1{,}25$; also $\sigma \approx 1{,}118$

Standardabweichung von Y:

$\sigma^2 = (2-5)^2 \cdot \frac{1}{16} + (3-5)^2 \cdot \frac{2}{16} + \ldots + (8-5)^2 \cdot \frac{1}{16} = \frac{15}{6} = 2{,}5$; also $\sigma \approx 1{,}581$

Der in Teilaufgabe b) genannte Zusammenhang zeigt sich auch hier.

263

5.

Auszahlung in €	Wahrscheinlichkeit			erwartete Auszahlung in €		
	(1)	(2)	(3)	(1)	(2)	(3)
0	$\frac{5}{10}$	$\frac{8}{12}$	$\frac{9}{16}$	0	0	0
1	$\frac{5}{10}$	$\frac{2}{12}$	$\frac{6}{16}$	$\frac{5}{10}$	$\frac{2}{12}$	$\frac{6}{16}$
2	0	$\frac{2}{12}$	$\frac{1}{16}$	0	$\frac{4}{12}$	$\frac{2}{16}$
Summe	1	1	1	$\mu = \frac{5}{10} = 0,5$	$\mu = \frac{6}{12} = 0,5$	$\mu = \frac{8}{16} = 0,5$

Auszahlung in €	Wahrscheinlichkeit			quadratische Abweichung		
	(1)	(2)	(3)	(1)	(2)	(3)
0	$\frac{5}{10}$	$\frac{8}{12}$	$\frac{9}{16}$	$(0-0,5)^2 \cdot \frac{5}{10} = \frac{1}{8}$	$(0-0,5)^2 \cdot \frac{8}{12} = \frac{1}{6}$	$(0-0,5)^2 \cdot \frac{9}{16} \approx 0,141$
1	$\frac{5}{10}$	$\frac{2}{12}$	$\frac{6}{16}$	$(1-0,5)^2 \cdot \frac{5}{10} = \frac{1}{8}$	$(1-0,5)^2 \cdot \frac{2}{12} = \frac{1}{24}$	$(1-0,5)^2 \cdot \frac{6}{16} \approx 0,094$
2	0	$\frac{2}{12}$	$\frac{1}{16}$	0	$(2-0,5)^2 \cdot \frac{2}{12} = \frac{3}{8}$	$(2-0,5)^2 \cdot \frac{1}{16} \approx 0,141$
Summe	1	1	1	$\frac{1}{4} = 0,125$	$\frac{7}{12} \approx 0,583$	$\frac{3}{8} = 0,375$
				$\sigma = 0,5$	σ 0,764	$\sigma \approx 0,612$

6.

Augensumme	Wahrscheinlichkeit	Auszahlung in €		erwartete Auszahlung in €	
		(1)	(2)	(1)	(2)
2 oder 12	$\frac{2}{36}$	5,00	10,00	$\frac{10}{36}$	$\frac{20}{36}$
3 oder 11	$\frac{4}{36}$	4,00	5,00	$\frac{16}{36}$	$\frac{20}{36}$
4 oder 10	$\frac{6}{36}$	3,00	3,00	$\frac{18}{36}$	$\frac{18}{36}$
5 oder 9	$\frac{8}{36}$	1,50	1,00	$\frac{12}{36}$	$\frac{8}{36}$
6 oder 8	$\frac{10}{36}$	1,00	0,00	$\frac{10}{36}$	0
7	$\frac{6}{36}$	0,00	0,00	0	0
Summe	1			$\mu = \frac{66}{36} \approx 1,83$	$\mu = \frac{66}{36} \approx 1,83$

In beiden Fällen wird im Mittel der gleiche Betrag ausgezahlt. Da die Wahrscheinlichkeit für die Auszahlung eines höheren Betrages bei Verfahren (2) höher ist als bei Verfahren (1), ist es günstiger das Verfahren (2) zu wählen.

5 Binomialverteilungen

5.1 Bernoulli-Ketten

272 **Einstiegsaufgabe ohne Lösung**

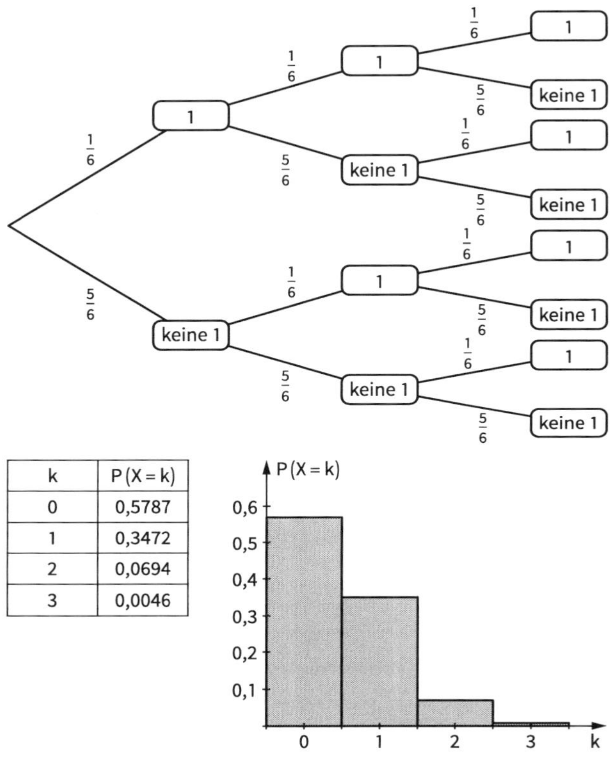

k	P(X = k)
0	0,5787
1	0,3472
2	0,0694
3	0,0046

274 **1.** (1) Die Reißzwecke bleibt entweder mit der Spitze nach oben oder mit der Spitze zur Seite liegen. Dies kann als Bernoulli-Kette aufgefasst werden, da die Wahrscheinlichkeiten für diese beiden möglichen Ergebnisse gleich bleiben und das Ergebnis eines Wurfs keinen Einfluss auf die folgenden Würfe hat.

(2) Dies ist keine Bernoulli-Kette, weil durch das Ziehen eines Loses die Wahrscheinlichkeiten für das Ziehen einer Niete oder eines Gewinnloses bei der nächsten Ziehung verändert werden.

(3) Wenn nach der Ziehung die Kugel wieder zurückgelegt wird, liegt eine Bernoulli-Kette vor. Die Erfolgswahrscheinlichkeit für die Ziehung einer roten Kugel ergibt sich aus dem Anteil der roten Kugeln in der Urne.

(4) Da das Ergebnis eines doppelten Münzwurfs keinen Einfluss hat auf den nächsten Münz-Doppelwurf, bleibt die Erfolgswahrscheinlichkeit p gleich. $p = P(WW, ZZ) = 0{,}5$.

(5) Wenn die Kugeln anschließend wieder zurückgelegt werden, liegt eine Bernoulli-Kette vor. Die Erfolgswahrscheinlichkeit beträgt $p = \frac{1}{120}$, weil es 120 Möglichkeiten einer 3er-Auswahl von Kugeln gibt.

275

2. (1) Wenn jeweils die Augenzahlen notiert werden, liegt nur dann eine BERNOULLI-Kette vor, wenn das Vorliegen einer bestimmten Augenzahl oder mehrerer bestimmter Augenzahlen als Erfolg angesehen wird. Es handelt sich dann um eine 7-stufige BERNOULLI-Kette, deren Erfolgswahrscheinlichkeit davon abhängt, wie viele Augenzahlen man als Erfolg ansieht $\left(\text{eine Augenzahl } p=\frac{1}{6};\ \text{zwei Augenzahlen } p=\frac{2}{6}=\frac{1}{3} \text{ usw.}\right)$

(2) Das zugrunde liegende Zufallsexperiment ist ein BERNOULLI-Experiment (Erfolg: Kugel ist weiß). Beim Ziehen mit Zurücklegen handelt es sich um eine BERNOULLI-Kette, da das BERNOULLI-Experiment unter gleichen Bedingungen wiederholt wird.
Beim Ziehen ohne Zurücklegen handelt es sich nicht um eine BERNOULLI-Kette, da sich die Bedingungen von Stufe zu Stufe ändern.

3. (1) Es muss festgelegt werden, welches der beiden Ergebnisse (Wappen bzw. Zahl) als Erfolg angesehen wird (beides mit Erfolgswahrscheinlichkeit $p = 0{,}5$); dann liegt ein Zufallsexperiment vor, das man als 10-stufige BERNOULLI-Kette auffassen kann, weil sich die Bedingungen für das Auftreten von Erfolg bzw. Misserfolg nicht verändern.

(2) Im Vergleich zu (1) ändert sich nichts, da man nur darauf achtet, wie viele Erfolge auftreten.

(3) Eigentlich handelt es sich bei diesem Experiment nicht um eine 8-stufige BERNOULLI-Kette, da der Versuch sicherlich als ein Ziehen ohne Zurücklegen organisiert wird. Da man jedoch von einer unbekannten, auf jeden Fall sehr großen Anzahl von produzierten Konservendosen ausgehen kann, spielt dies praktisch keine Rolle. Wenn man das Vorliegen eines „Normalgewichts" als Erfolg ansieht, dann ist $p = 0{,}95$ und $q = 0{,}05$.

(4) Wie in (3) kann man nicht von einem Ziehvorgang mit Zurücklegen ausgehen, weil man sicherlich nicht einen Haushalt doppelt oder mehrfach auswählen wird. Da man von einer sehr großen Anzahl von Haushalten ausgehen kann, lässt sich der Vorgang näherungsweise als 50-stufige BERNOULLI-Kette mit $p = 0{,}9$ auffassen (Erfolg = ein Internetanschluss ist vorhanden).

4. **a)** Da die Schrauben wieder zurückgelegt werden, ist die Voraussetzung für das Vorliegen eines BERNOULLI-Experiments gegeben. Die Erfolgswahrscheinlichkeit ergibt sich dann aus dem Anteil brauchbarer Schrauben.

b) Da die Wahrscheinlichkeit für einen erfolgreichen Torschuss von jedem einzelnen Spieler und seiner Tagesform abhängt, ist ein BERNOULLI-Ansatz nicht angemessen.

c) Wenn man das Ziehen der 6 Kugeln als *eine* Stufe eines Experiments ansieht, also das Ziehen von 6 Kugeln wiederholt durchführt, kann jede mögliche Zusammensetzung des Ergebnisses als Erfolg angesehen werden, beispielsweise *Erfolg = 3 weiße und 3 schwarze Kugeln werden gezogen, Misserfolg = unterschiedlich viele Kugeln werden gezogen.* Die Erfolgswahrscheinlichkeit für einen so definierten Erfolg hängt von der Zusammensetzung der Urne ab.

d) Ein näherungsweiser BERNOULLI-Ansatz ist angemessen, wenn die Auswahl von wenigen Personen zufällig aus einer großen Gesamtheit erfolgt. Die Erfolgswahrscheinlichkeit (z. B. Wahrscheinlichkeit für die Zustimmung zu einer bestimmten Meinung) ergibt sich aus dem Anteil der Erfolge in der Gesamtheit insgesamt.

275 **5.** 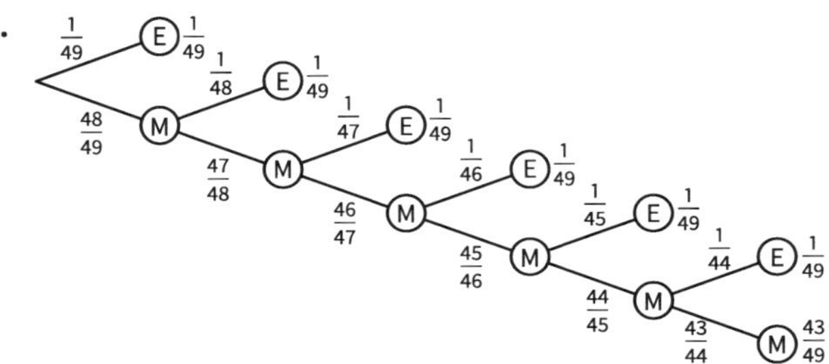

Die Wahrscheinlichkeit, dass eine bestimmte Zahl in einer der 6 Einzelziehungen einer Lottoziehung gezogen wird, beträgt $p = \frac{6}{49}$. Das 6-fache Ziehen ohne Zurücklegen wird im Jahr 104-mal wiederholt.

6. Als (Teil-) Erfolg wird es angesehen, wenn bei der Bestimmung der drei Ziffern der Losnummern eine Übereinstimmung vorliegt. Egal, welche Ziffern an erster, zweiter oder dritter Stelle vorliegen, die Erfolgswahrscheinlichkeit beträgt jedes Mal $p = \frac{1}{10} = 0{,}1$.

$P(1.\ \text{Preis}) = 0{,}1^3 = 0{,}001 = 0{,}1\,\%$

$P(2.\ \text{Preis}) = 3 \cdot 0{,}1^2 \cdot 0{,}9 = 0{,}027 = 2{,}7\,\%$

5.2 Berechnen von Wahrscheinlichkeiten – Bernoulli-Formel

276 **Einstiegsaufgabe ohne Lösung**

a)

Anzahl der Erfolge	zugehörige Sequenzen
0	MMMMM
1	EMMMM, MEMMM, MMEMM, MMMEM, MMMME
2	EEMMM, EMEMM, EMMEM, EMMME, MEEMM, MEMEM, MEMME, MMEEM, MMEME, MMMEE
3	EEEMM, EEMEM, EEMME, EMEEM, EMEME, EMMEE, MEEEM, MEEME, MEMEE, MMEEE
4	EEEEM, EEEME, EEMEE, EMEEE, MEEEE
5	EEEEE

b) Vertauscht man die E und M in den Sequenzen mit 2 E und 3 M, dann erhält man genau die Sequenzen mit 3 E und 2 M.

c) $n = 5;\ p = 0{,}9$

k	P(X = k)
0	$1 \cdot 0{,}1^5 = 0{,}00001$
1	$5 \cdot 0{,}1^4 \cdot 0{,}9 = 0{,}00045$
2	$10 \cdot 0{,}1^3 \cdot 0{,}9^2 = 0{,}0081$
3	$10 \cdot 0{,}1^2 \cdot 0{,}9^3 = 0{,}0729$
4	$5 \cdot 0{,}1 \cdot 0{,}9^4 = 0{,}32805$
5	$1 \cdot 0{,}9^5 = 0{,}59049$

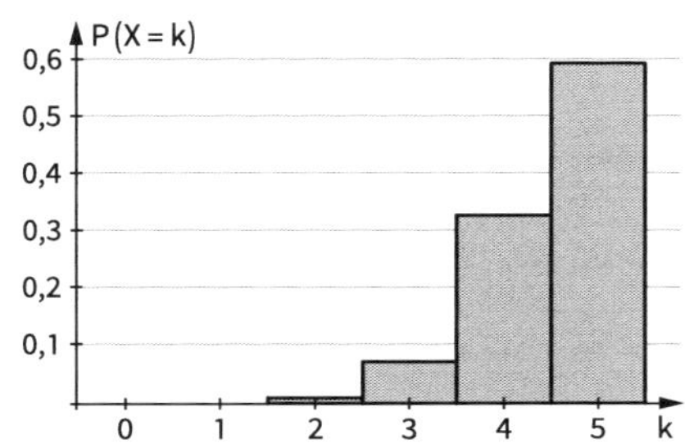

280 **1. a)** rote Kugel = Mädchen, grüne Kugel = Junge

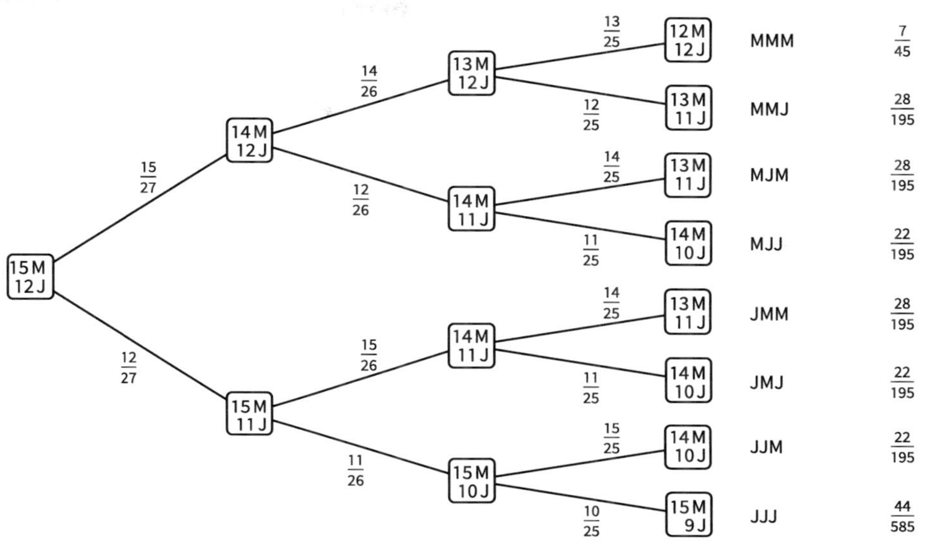

Im Baumdiagramm können die Knoten zusammengeführt werden:

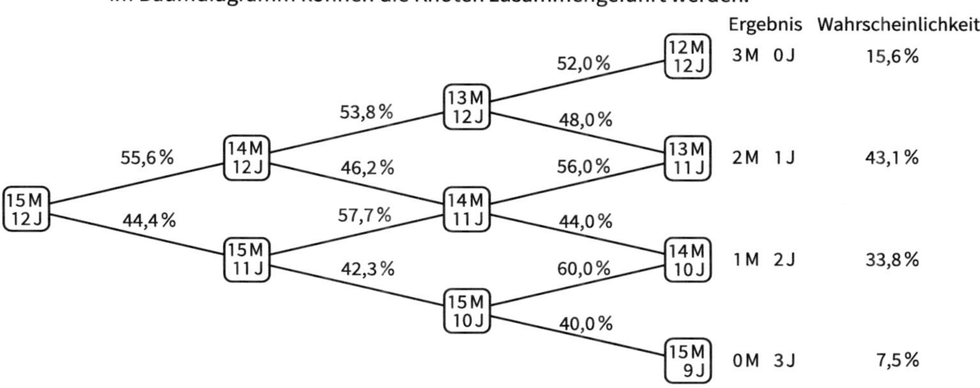

b) Vergleich mit Binomialverteilung mit $n = 3$ und $p = \frac{15}{27} = \frac{5}{9}$

k	P (Y = k)	P (X = k)
0	0,0878	0,0752
1	0,3292	0,3385
2	0,4115	0,4308
3	0,1715	0,1556

280 c)

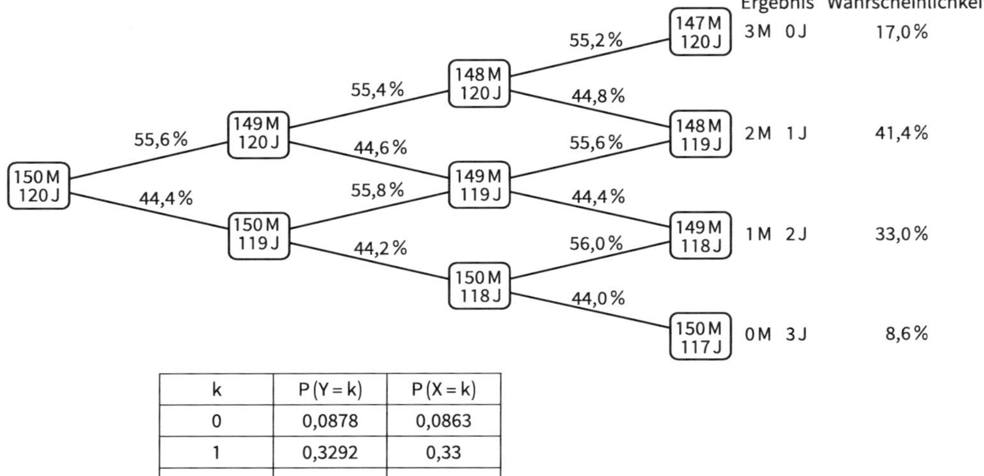

k	P (Y = k)	P (X = k)
0	0,0878	0,0863
1	0,3292	0,33
2	0,4115	0,4136
3	0,1715	0,17

d) Mit zunehmender Größe der Grundgesamtheit spielt das Zurücklegen bzw. nicht Zurücklegen einer Kugel immer weniger eine Rolle. Die Wahrscheinlichkeiten für die einzelnen Ergebnisse nähern sich an.

2. **a)** (1) n = 8; p = 0,25; P (X = 2) = 0,3115 (2) n = 8; p = 0,75; P (X = 6) = 0,3115

b) n = 10; p = 0,25

k	P (X = k)
0	0,056
1	0,188
2	0,282
3	0,250
4	0,146
5	0,058
6	0,016
7	0,003
8	0,00039
9	0,000029
10	0,000001

n = 10; p = 0,75

k	P (X = k)
0	0,000001
1	0,000029
2	0,00039
3	0,0031
4	0,016
5	0,058
6	0,146
7	0,250
8	0,282
9	0,188
10	0,056

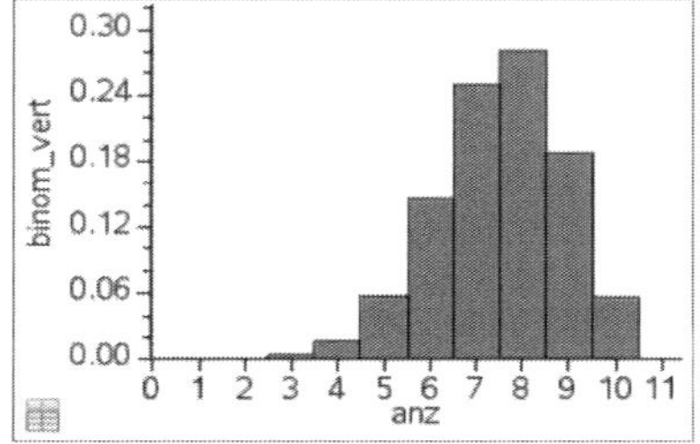

280 **3.** **a)** $n = 12;\ p = 0{,}514$

$P(\text{6 Jungen + 6 Mädchen}) = \binom{12}{6} \cdot 0{,}514^6 \cdot 0{,}486^6 = 0{,}225$

b) $n = 4;\ p = 0{,}486$

k	0	1	2	3	4
P(X = k)	0,070	0,264	0,374	0,236	0,056

c) $n = 6;\ p = 0{,}514$

P(mehr Jungen als Mädchen) = P(mindestens 4 Jungen) = 0,370

4. **a)** 10-stufige BERNOULLI-Kette mit $p = 0{,}4$; Wahrscheinlichkeit für 3 Erfolge

b) 7-stufige BERNOULLI-Kette mit $p = 0{,}7$; Wahrscheinlichkeit für 2 Erfolge

c) 20-stufige BERNOULLI-Kette mit $p = 0{,}5$; Wahrscheinlichkeit für 9 Erfolge

281 **5.** **a)** (1) 0,2009; (2) 0,0080

b) (1) 0,3927; (2) 0,1963

c) (1) 0,0581; (2) 0,0119

d) (1) 0,1887; (2) 0,0133

6. (1) $p = \frac{12}{37}$; $P(X = 3) = 0{,}263$

(2) $p = \frac{6}{37}$; $P(X = 2) = 0{,}287$

(3) $p = \frac{12}{37}$; $P(X = 4) = 0{,}221$

(4) $p = \frac{36}{37}$; $P(X = 10) = 0{,}76$

(5) $p = \frac{18}{37}$; $P(X = 5) = 0{,}245$

(6) $p = \frac{2}{37}$; $P(X = 1) = 0{,}328$

(7) $p = \frac{18}{37}$; $P(X = 6) = 0{,}194$

7. (1) ohne Zurücklegen

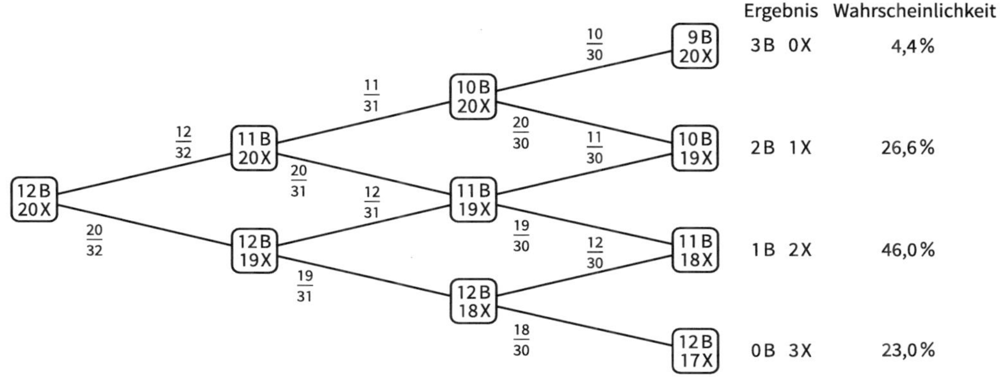

281 (2) mit Zurücklegen

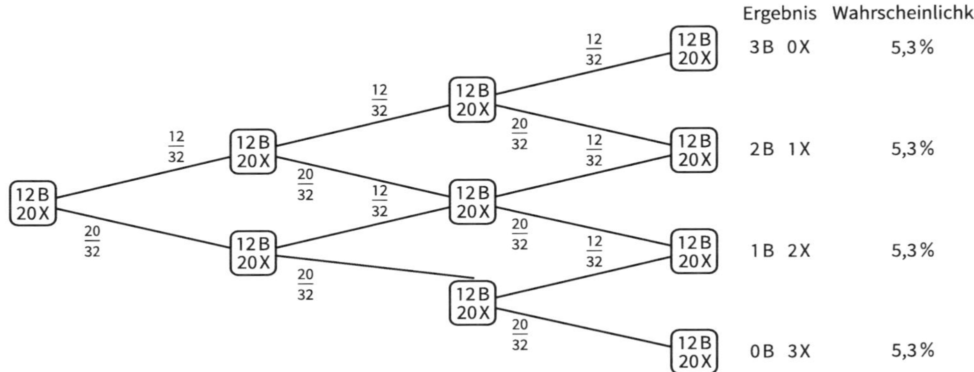

genauere Wahrscheinlichkeiten:

k	ohne	mit
0	0,23	0,244
1	0,46	0,439
2	0,266	0,264
3	0,044	0,053

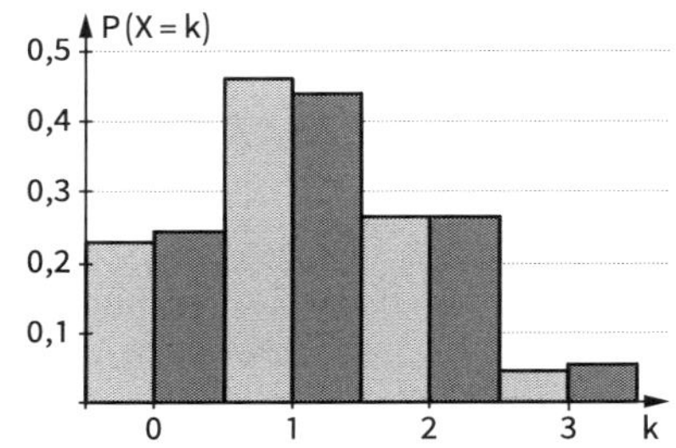

8. **a)** $P(E_1) = \binom{6}{2}\left(\frac{1}{6}\right)^2\left(\frac{5}{6}\right)^4 = 0{,}2009$

$P(E_2) = \binom{6}{4}\left(\frac{1}{6}\right)^4\left(\frac{5}{6}\right)^2 = 0{,}0080$

$P(E_3) = \binom{12}{4}\left(\frac{1}{6}\right)^4\left(\frac{5}{6}\right)^8 = 0{,}0888$

$P(E_1)$ ist weder doppelt so groß wie $P(E_2)$, noch genau so groß wie $P(E_3)$.

b) $P(X \geq 1) = 1 - P(X = 0) = 1 - \left(\frac{5}{6}\right)^6 = 0{,}335$; kein sicheres Ereignis

9. Verteilung der Zufallsgröße X: *Anzahl der Wappen beim 3-fachen Münzwurf*

k	0	1	2	3
P(X = k)	$\frac{1}{8}$	$\frac{3}{8}$	$\frac{3}{8}$	$\frac{1}{8}$

(1) $n = 6$; $p_0 = \frac{3}{8}$ (2 Wappen)

P(4-mal 2 Wappen) $= \binom{6}{4}\left(\frac{3}{8}\right)^4\left(\frac{5}{8}\right)^2 = 0{,}1159$

(2) $n = 6$; $p_0 = \frac{7}{8}$ (mindestens 1 Wappen)

P(5-mal mindestens 1 Wappen) $= \binom{6}{5}\left(\frac{7}{8}\right)^5\left(\frac{1}{8}\right)^1 = 0{,}3847$

(3) $n = 6$; $p_0 = \frac{1}{8}$ (lauter Wappen)

P(2-mal lauter Wappen) $= \binom{6}{2}\left(\frac{1}{8}\right)^2\left(\frac{7}{8}\right)^4 = 0{,}1374$

(4) $n = 6$; $p_0 = \frac{4}{8}$ (höchstens 1 Wappen)

P(3-mal höchstens 1 Wappen) $= \binom{6}{3}\left(\frac{4}{8}\right)^3\left(\frac{4}{8}\right)^3 = 0{,}3125$

281 (5) $n = 6$; $p_0 = \frac{1}{8}$ (kein Wappen)

$P(\text{1-mal kein Wappen}) = \binom{6}{1}\left(\frac{1}{8}\right)^1\left(\frac{7}{8}\right)^5 = 0{,}3847$

282 **10.**

Anzahl der Runden mit blauem Sektor	Wahrscheinlichkeit für das Ereignis	Auszahlung (in €)	gewichteter Wert (in €)
0	$1 \cdot \left(\frac{4}{7}\right)^0 \cdot \left(\frac{3}{7}\right)^3 \approx 0{,}079$	0	0
1	$3 \cdot \left(\frac{4}{7}\right)^1 \cdot \left(\frac{3}{7}\right)^2 \approx 0{,}315$	0,50	0,1575
2	$3 \cdot \left(\frac{4}{7}\right)^2 \cdot \left(\frac{3}{7}\right)^1 \approx 0{,}420$	1,00	0,4200
3	$3 \cdot \left(\frac{4}{7}\right)^3 \cdot \left(\frac{3}{7}\right)^0 \approx 0{,}187$	2,00	0,3740
Summe	1	zu erwartende Auszahlung	0,9515

Wenn ein Einsatz von 1,00 € verlangt wird, kann die Schule pro Spiel einen Gewinn von ca. 0,05 € erwarten.

11. (1)

Anzahl der Sechsen	Wahrscheinlichkeit für das Ereignis	Auszahlung (in €)	gewichteter Wert (in €)
0	0,40188	0	0
1	0,40188	0	0
2	0,16075	0,20	0,03215
3	0,03215	0,50	0,01608
4	0,00322	1,00	0,00322
5	0,00001286	5,00	0,00064
Summe	1	zu erwartende Auszahlung	0,05209

Der erwartete Gewinn des Veranstalters (= Verlust des Spielteilnehmers) pro Spiel beträgt ca. 4,8 Cent.

(2)

Anzahl der Sechsen	Wahrscheinlichkeit für das Ereignis	Auszahlung (in €)	gewichteter Wert (in €)
0	0,40188	0	0
1	0,40188	0,10	0,04019
2	0,16075	0,20	0,03215
3	0,03215	0,50	0,01608
4	0,00322	1,00	0,00322
5	0,00001286	5,00	0,00064
Summe	1	zu erwartende Auszahlung	0,09228

Der erwartete Gewinn des Veranstalters (= Verlust des Spielteilnehmers) pro Spiel beträgt ca. 0,8 Cent.

282 (3) Beispiel

Anzahl der Sechsen	Wahrscheinlichkeit für das Ereignis	Auszahlung (in €)	gewichteter Wert (in €)
0	0,40188	0	0
1	0,40188	0,10	0,04019
2	0,16075	0,20	0,03215
3	0,03215	0,70	0,02251
4	0,00322	1,50	0,00482
5	0,00001286	4,00	0,00051
Summe	1	zu erwartende Auszahlung	0,10018

Da der erwartete Gewinn des Veranstalters (ungefähr) gleich null ist, ist dies ein fairer Gewinnplan.

12. (1)

Anzahl defekter Bauteile	Stückpreis (in €)	Wahrscheinlichkeit	gewichteter Wert
0	4,90	0,36603	1,7936
1	4,60	0,36973	1,7008
2	4,60	0,18486	0,8504
3	4,60	0,06100	0,2806
> 3	4,00	0,01838	0,0672
		E (Stückpreis)	≈ 4,70 €

(2)

Anzahl defekter Bauteile	Stückpreis (in €)	Wahrscheinlichkeit	gewichteter Wert
0	4,90	0,36603	1,7936
1	4,80	0,36973	1,7747
2	4,70	0,18486	0,8689
3	4,60	0,06100	0,2806
4	4,50	0,01494	0,0672
5	4,40	0,00290	0,0128
> 5	4,00	0,00053	0,0021
		E (Stückpreis)	≈ 4,80 €

13. (1) $n = 3$; $p = 0{,}7$; $P(X = 2) = 0{,}441$

(2) $3 \cdot \frac{21 \cdot 20 \cdot 9}{30 \cdot 29 \cdot 28} = 0{,}4655$

(3) Beim Ziehen ohne Zurücklegen verändert sich die Zusammensetzung von Stufe zu Stufe. Daher spielt es eine Rolle, ob die Auswahl mit oder ohne Zurücklegen geschieht. Auch in (1) liegt eigentlich ein Ziehen ohne Zurücklegen vor, da man darauf achten wird, nicht zweimal dieselbe Person auszuwählen, aber da das Verhältnis „Umfang der Gesamtheit“ zu „Umfang der Stichprobe“ sehr groß ist, ist der Binomialansatz zulässig.

5.3 Kumulierte Binomialverteilung

5.3.1 Kumulierte Binomialverteilung – ein Auslastungsmodell

283

Einstiegsaufgabe ohne Lösung

a) Eine Modellierung als 120-stufiges BERNOULLI-Experiment setzt voraus, dass die 120 Bankkunden unabhängig voneinander in Bankfilale eintreffen und einen Bankauszug drucken wollen. Der Ansatz von $p = \frac{1}{60}$ ist angemessen, wenn man den Zeitraum von einer Stunde in 1-Minuten-Intervalle unterteilt. Dann betrachtet man irgendeine dieser 60 Zeiteinheiten von je einer Minute; dieses Intervall wird mit I bezeichnet.
Das Ereignis *Eine Person kommt im Intervall I an* wird als Erfolg interpretiert und hat daher die Erfolgswahrscheinlichkeit $p = \frac{1}{60}$ und die Misserfolgswahrscheinlichkeit $q = \frac{59}{60}$.
Dann ist die Zufallsgröße X: *Anzahl der im Zeitintervall I an den Kontoauszugautomaten eintreffenden Bankkunden* binomialverteilt mit $n = 120$ und $p = \frac{1}{60}$.

b)

k	0	1	2	3	4	5	6	7	...
P(X = k)	0,133	0,271	0,273	0,182	0,090	0,0355	0,0115	0,0032	...
P(X ≤ k)	0,133	0,404	0,677	0,859	0,949	0,984	0,9959	0,9990	...
P(X > k)	0,867	0,596	0,323	0,141	0,051	0,016	0,0041	0,0010	...

Wenn zwei Automaten aufgestellt werden, dann könnte dies in ca. 68 % der Fälle ausreichend sein, also in ca. 32 % der Fälle nicht. Wenn drei Automaten aufgestellt werden, dann könnte dies in ca. 86 % der Fälle ausreichend sein, also in ca. 14 % der Fälle nicht. Wenn vier Automaten aufgestellt werden, dann könnte dies in ca. 95 % der Fälle ausreichend sein, also in ca. 5 % der Fälle nicht. usw.

c) Bei der Modellierung werden Zeitintervalle berücksichtigt, aber die Situation dahingehend vereinfacht, dass die Kunden grundsätzlich zu Beginn eines solchen Zeitintervalls eintreffen. Das Modell geht von Durchschnittswerten für die benötigte Dauer der Nutzung und für die Anzahl der Kunden aus. In der Realität kann es mehr oder weniger starke Abweichungen davon geben.

286

1. Eine Modellierung als 60-stufiges BERNOULLI-Experiment setzt voraus, dass die Mitarbeiter unabhängig voneinander Kopien anfertigen müssen. Der Ansatz von $p = \frac{1}{30}$ ist angemessen, wenn man den Zeitraum von einer Stunde in 2-Minuten-Intervalle unterteilt. Dann betrachtet man irgendeine dieser 30 Zeiteinheiten von je zwei Minuten; dieses Intervall wird mit I bezeichnet.
Das Ereignis *Eine Person kommt im Intervall I an* wird als Erfolg interpretiert und hat daher die Erfolgswahrscheinlichkeit $p = \frac{1}{30}$ und die Misserfolgswahrscheinlichkeit $q = \frac{29}{30}$.
Dann ist die Zufallsgröße X: *Anzahl der im Zeitintervall I zum Kopiergerät kommenden Mitarbeiter* binomialverteilt mit $n = 60$ und $p = \frac{1}{30}$.

k	0	1	2	3	4	5	...
P(X = k)	0,131	0,271	0,275	0,184	0,090	0,035	...
P(X ≤ k)	0,131	0,401	0,677	0,860	0,950	0,985	...
P(X > k)	0,869	0,599	0,323	0,140	0,050	0,015	...

286 Wenn zwei Kopierer aufgestellt werden, dann könnte dies in ca. 68 % der Fälle ausreichend sein, also in ca. 32 % der Fälle nicht. Wenn drei Kopierer aufgestellt werden, dann könnte dies in ca. 86 % der Fälle ausreichend sein, also in ca. 14 % der Fälle nicht. Wenn vier Kopierer aufgestellt werden, dann könnte dies in ca. 95 % der Fälle ausreichend sein, also in ca. 5 % der Fälle nicht. usw.
Vereinfachend werden die durchschnittlich 60 Kopiervorgänge pro Stunde als unabhängige Vorgänge betrachtet . Außerdem werden bei der Modellierung Zeitintervalle berücksichtigt, aber die Situation dahingehend vereinfacht, dass die Mitarbeiter grundsätzlich zu Beginn eines solchen Zeitintervalls am Kopierer eintreffen. Das Modell geht von Durchschnittswerten für die benötigte Dauer der Nutzung eines Kopierers und für die Anzahl der Kopiervorgänge pro Stunde aus. In der Realität kann es mehr oder weniger starke Abweichungen davon geben.

2.
- Eine Modellierung als 100-stufiges Bernoulli-Experiment setzt voraus, dass die 100 Bankkunden unabhängig voneinander in der Bankfiliale eintreffen und einen Mitarbeiter ansprechen. Der Ansatz von $p = \frac{1}{40}$ ist angemessen, wenn man den Zeitraum von vier Stunden in 6-Minuten-Intervalle unterteilt. Dann betrachtet man irgendeine dieser 40 Zeiteinheiten von je sechs Minuten; dieses Intervall wird mit I bezeichnet. Das Ereignis *Eine Person kommt im Intervall I an* wird als Erfolg interpretiert und hat daher die Erfolgswahrscheinlichkeit $p = \frac{1}{40}$ und die Misserfolgswahrscheinlichkeit $q = \frac{39}{40}$.
  Dann ist die Zufallsgröße X: *Anzahl der im Zeitintervall I eintreffenden Bankkunden* binomialverteilt mit $n = 100$ und $p = \frac{1}{40}$.
- $P(X \leq 3) = 0{,}759$; $P(X > 3) = 0{,}241$
  Wenn drei Mitarbeiter zur Verfügung stehen, dann könnte dies in ca. 76 % der Fälle ausreichend sein, also in ca. 24 % der Fälle nicht.
- Bei der Modellierung werden Zeitintervalle berücksichtigt, aber die Situation dahingehend vereinfacht, dass die Kunden grundsätzlich zu Beginn eines solchen Zeitintervalls eintreffen. Das Modell geht von Durchschnittswerten für die benötigte Dauer der Nutzung und für die Anzahl der Kunden aus. In der Realität kann es mehr oder weniger starke Abweichungen davon geben.

3.
- Eine Modellierung als 100-stufiges Bernoulli-Experiment setzt voraus, dass die 100 Kunden unabhängig voneinander auf dem Parkplatz eintreffen und einkaufen gehen. Der Ansatz von $p = \frac{1}{15}$ ist angemessen, wenn man den Zeitraum von drei Stunden in 12-Minuten-Intervalle unterteilt. Dann betrachtet man irgendeine dieser 15 Zeiteinheiten von je 12 Minuten; dieses Intervall wird mit I bezeichnet.
  Das Ereignis *Ein Fahrzeug kommt im Intervall I an* wird als Erfolg interpretiert und hat daher die Erfolgswahrscheinlichkeit $p = \frac{1}{15}$ und die Misserfolgswahrscheinlichkeit $q = \frac{14}{15}$.
  Dann ist die Zufallsgröße X: *Anzahl der im Zeitintervall I eintreffenden Fahrzeuge* binomialverteilt mit $n = 100$ und $p = \frac{1}{15}$.

286
- Da $P(X > 30) \approx 0$, kann man davon ausgehen, dass die Anzahl der Parkplätze ausreicht.
- Bei der Modellierung werden Zeitintervalle berücksichtigt, aber die Situation dahingehend vereinfacht, dass die Kunden grundsätzlich zu Beginn eines solchen Zeitintervalls eintreffen. Das Modell geht von Durchschnittswerten für die benötigte Dauer der Nutzung und für die Anzahl der Kunden aus. In der Realität kann es mehr oder weniger starke Abweichungen davon geben.

4. **a)** Eine Modellierung als 100-stufiges BERNOULLI-Experiment setzt voraus, dass die 100 Personen unabhängig voneinander im Callcenter anrufen und ihr Anliegen vortragen.
Der Ansatz von $p = \frac{1}{12}$ ist angemessen, wenn man den Zeitraum von einer Stunde in 5-Minuten-Intervalle unterteilt. Dann betrachtet man irgendeine dieser 12 Zeiteinheiten von je fünf Minuten; dieses Intervall wird mit I bezeichnet.
Das Ereignis *Eine Person ruft im Intervall I an* wird als Erfolg interpretiert und hat daher die Erfolgswahrscheinlichkeit $p = \frac{1}{12}$ und die Misserfolgswahrscheinlichkeit $q = \frac{11}{12}$.
Dann ist die Zufallsgröße X: *Anzahl der im Zeitintervall I eintreffenden Anrufe* binomialverteilt mit $n = 100$ und $p = \frac{1}{12}$.
$P(X \le 12) = 0{,}928$; $P(X > 12) = 0{,}072$
Wenn 12 Mitarbeiter zur Verfügung stehen, dann könnte dies in ca. 93 % der Fälle ausreichend sein, also in ca. 7 % der Fälle nicht.

b) Entsprechend wird hier der Ansatz $n = 100$ und $p = \frac{1}{15}$ gewählt:
$P(X \le 10) = 0{,}930$; $P(X > 10) = 0{,}070$
Wenn 10 Mitarbeiter zur Verfügung stehen, dann könnte dies in ca. 93 % der Fälle ausreichend sein, also in ca. 7 % der Fälle nicht.

Zu a) und b): Bei der Modellierung werden Zeitintervalle berücksichtigt, aber die Situation dahingehend vereinfacht, dass die Kunden grundsätzlich zu Beginn eines solchen Zeitintervalls anrufen. Das Modell geht von Durchschnittswerten für die benötigte Dauer und für die Anzahl der Anrufer aus. In der Realität kann es mehr oder weniger starke Abweichungen davon geben.

5.3.2 Berechnen von Intervall-Wahrscheinlichkeiten

288
1. $n = 20$, $p = 0{,}25$; X: *Anzahl der Einsen*
(1) $P(X = 4) = 0{,}1897$
(2) $P(X \le 4) = 0{,}4148$
(3) $P(X \ge 4) = 1 - P(X \le 3) = 0{,}7748$
(4) $P(X > 2) = 1 - P(X \le 2) = 0{,}9087$
(5) $P(X < 6) = P(X \le 5) = 0{,}6172$
(6) $P(3 \le X \le 7) = P(X \le 7) - P(X \le 2) = 0{,}8069$
(7) $P(4 < X < 10) = P(5 \le X \le 9) = P(X \le 9) - P(X \le 4) = 0{,}5713$
(8) $P(X \ge 1) = 1 - P(X = 0) = 0{,}9968$

288

2. **a)** 0,057
b) 0,055
c) 0,099
d) 0,080
e) 0,998 – 0,650 = 0,348
f) 0,479 – 0,018 = 0,461
g) 0,902 – 0,336 = 0,566
h) 0,995 – 0,451 = 0,544

289

3. **a)** $P(X_2 = 3) = 0{,}250$ $(p_2 = 0{,}25)$
b) $P(X_2 = 6) = 0{,}182$ $\left(p_2 = \frac{1}{3}\right)$
c) $P(X_2 = 10) = 0{,}016$ $(p_2 = 0{,}1)$
d) $P(2 \le X_2 \le 7) = 0{,}624$ $(p_2 = 0{,}25)$
e) $P(X_2 \le 5) = 0{,}898$ $\left(p_2 = \frac{1}{6}\right)$
f) $P(22 \le X_2 \le 30) = 0{,}340$ $(p_2 = 0{,}2)$
g) $1 - P(X \le 6) = 0{,}055$ $(p = 0{,}4)$
h) $P(X_2 \ge 3) = 1 - P(X_2 \le 2) = 0{,}323$ $(p_2 = 0{,}1)$
i) $P(X_2 \ge 9) = 1 - P(X_2 \le 8) = 0{,}982$ $(p_2 = 0{,}3)$
j) $1 - P(X \le 30) = 0{,}006$ $(p = 0{,}2)$

4. **a)** $n = 100$; $p = 0{,}29$; X: *Anzahl der Haushalte mit Hometrainer*
(1) $P(X > 29) = 1 - P(X \le 29) = 1 - 0{,}55 = 0{,}45$
(2) $P(X \ge 29) = 1 - P(X \le 28) = 1 - 0{,}462 = 0{,}538$
(3) $P(24 < X < 28) = P(25 \le X \le 27) = 0{,}376 - 0{,}161 = 0{,}215$
(4) $P(X \le 37) = 0{,}967$

b) $n = 100$; $p = 0{,}71$; Y: *Anzahl der Haushalte ohne Hometrainer*
(1) $P(Y = 68) = 0{,}069$
(2) $P(Y < 71) = P(Y \le 70) = 0{,}45$
(3) $P(Y \le 68) = 0{,}287$
(4) $P(Y > 71) = 1 - P(Y \le 71) = 0{,}462$

5. $n = 50$, $p = \frac{1}{5} = 0{,}2$; X: *Anzahl der richtig beantworteten Items*
(1) $P(X > 20) = 1 - P(X \le 20) = 0{,}00032$
(2) $P(10 \le X \le 20) = P(X \le 20) - P(X \le 9) = 0{,}556$
(3) $P(X < 10) = P(X \le 9) = 0{,}444$
(4) $P(X = 15) = 0{,}030$

6. (1) P(höchstens 3-mal Augenzahl 2) = 0,567
(2) P(mehr als 8-mal Augenzahl 5 oder 6) = 0,191
(3) P(mindestens 6-mal eine Augenzahl kleiner als 5) = 0,9998
(4) P(weniger als 10-mal eine Augenzahl größer als 1) = 0,0001
(5) P(höchstens 4-mal oder mindestens 9-mal Augenzahl 2 oder 3)
= 0,1515 + 0,1915 = 0,3430
(6) P(weniger als 11-mal oder mehr als 14-mal keine Sechs) = 0,0006 + 0,8982 = 0,8988

7. (1) $P(X = 80) = 0{,}099$
(2) $P(X \ge 80) = 1 - P(X \le 79) = 0{,}599$
(3) $P(X > 80) = 1 - P(X \le 80) = 0{,}460$

289 **8.** $n = 100$; $p = 0{,}4$; X: *Anzahl der Personen mit Blutgruppe A*

(1) $P(X = 45) = 0{,}048$

(2) $P(X > 35) = 1 - P(X \leq 35) = 1 - 0{,}179 = 0{,}821$

(3) $P(X \leq 48) = 0{,}958$

(4) $P(30 \leq X \leq 50) = P(X \leq 50) - P(X \leq 29) = 0{,}983 - 0{,}015 = 0{,}968$

290 **9.** Damit ein Binomialansatz gemacht werden kann, muss angenommen werden, dass die Entscheidungen der Angestellten, das Mittagessen in der Kantine einzunehmen, unabhängig voneinander erfolgen (was vermutlich problematisch ist). Außerdem muss angenommen werden, dass die Entscheidung der einzelnen Angestellten tatsächlich zufällig mit Erfolgswahrscheinlichkeit $p = 0{,}6$ erfolgt, also beispielsweise mithilfe eines Zufallsgenerators geschieht (eher ist anzunehmen, dass die Entscheidung durch das jeweils angebotene Gericht beeinflusst wird).

Unter diesen Annahmen kann eine Modellierung mit $n = 100$ und $p = 0{,}6$ vorgenommen werden:

(1) $P(X > 60) = 1 - P(X \leq 60) = 0{,}462$

(2) $P(X < 60) = P(X \leq 59) = 0{,}457$

(3) $P(X \leq 69) = 0{,}975$

(4) $P(X \geq 70) = P(X \leq 69) = 0{,}025$

(5) $P(X = 70) = 0{,}010$

(6) $P(X \leq 40) = 0{,}00002$

10. Damit ein Binomialansatz gemacht werden kann, muss angenommen werden, dass die Entscheidungen der Angestellten, mit dem Auto zur Arbeit zu kommen, unabhängig voneinander erfolgen (was wegen der oft möglichen Fahrgemeinschaften problematisch ist). Außerdem muss angenommen werden, dass die Entscheidung der einzelnen Angestellten tatsächlich zufällig mit Erfolgswahrscheinlichkeit $p = 0{,}4$ erfolgt, also beispielsweise mithilfe eines Zufallsgenerators geschieht. (Eher ist anzunehmen, dass die Entscheidung durch das jeweils herrschende Wetter beeinflusst wird.) Unter diesen Annahmen kann eine Modellierung mit $n = 100$ und $p = 0{,}4$ vorgenommen werden:

Wahrscheinlichkeit, dass ein Parkplatz mit 50 Plätzen genügt

$= P(X \leq 50) = 0{,}983$

Mindestens 46 Plätze sollten zur Verfügung stehen, denn

$P(X \leq 46) = 0{,}907 > 90\,\%$ und $P(X \leq 45) = 0{,}869 < 90\,\%$

11. a) X: *Anzahl der brauchbaren Schrauben*; $p = 0{,}9$

$n = 50$: $P(X \geq 40) = 1 - P(X \leq 39) = 0{,}991$

b) $n = 100$: $P(X > 40 + 50) = 1 - P(X \leq 90) = 0{,}451$

c) $p = 0{,}92$

$n = 50$: $P(X \geq 40) = 1 - P(X \leq 39) = 0{,}998$

$n = 100$: $1 - P(X \leq 90) = 0{,}722$

12. X: *Anzahl der richtig geratenen Antworten*; $n = 12$, $p = \frac{1}{3}$

$P(X \geq 6) = 1 - P(X \leq 5) = 0{,}178$

290 **13.** Modellierungsannahme: Der Anteil von 60 % der bisher gewonnenen Einzelspiele gilt auch zukünftig und wird nicht vom jeweiligen Ausgang des vorangegangenen Spiels beeinflusst (wenn zwei Spiele hintereinander stattfinden, kann diese Annahme problematisch sein).

X: *Anzahl der Einzelspiele, die Ben gewinnt*; $n = 15$; $p = 0{,}6$

$P(X \geq 8) = 1 - P(X \leq 7) = 0{,}787$

14. a) X: *Anzahl der Personen, die zu einer Befragung bereit sind*; $p = 0{,}5$

n	180	190	200	210	220	230
$P(X \geq 100)$	0,783	0,257	0,528	0,776	0,922	0,980

Hier wurde zur Lösung ein GTR verwendet: Zur Vorbereitung der grafischen Darstellung kann man mithilfe des seq-Befehls zwei Folgen mit der Anzahl der ausgewählten Personen sowie der zugehörigen Wahrscheinlichkeit 1 – binomcdf(n, 0.5, 100) erzeugen. Die grafische Darstellung kann dann als Schnellgraph (mit Punkten) oder als Ergebnisdiagramm (mit Säulen) erfolgen.

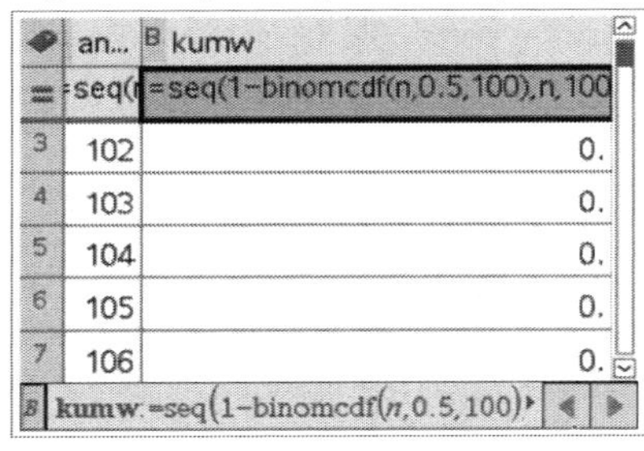

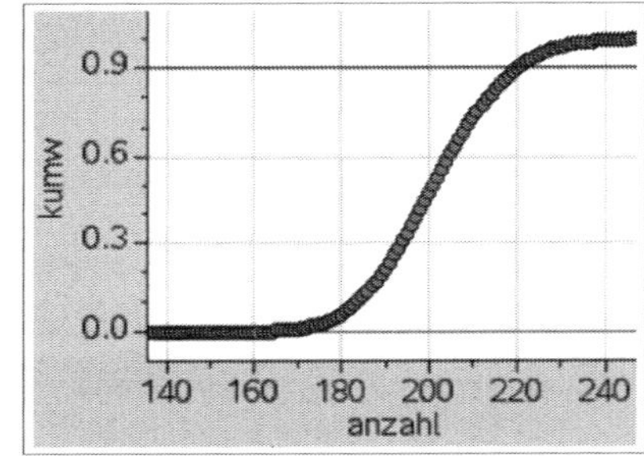

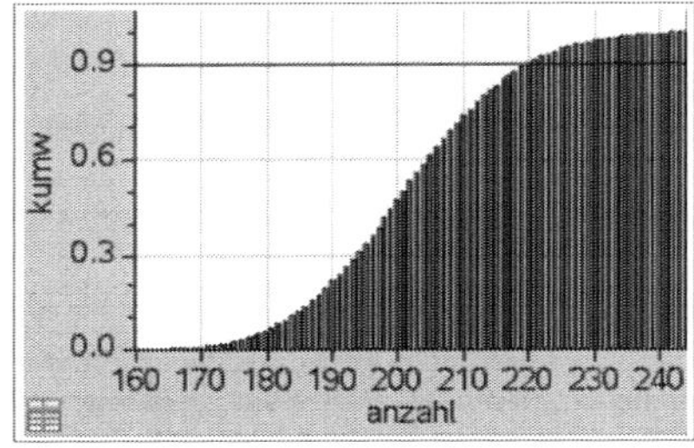

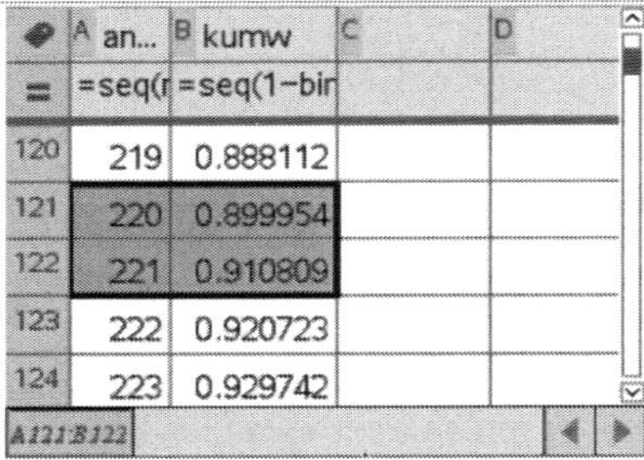

b) Nach Veränderung der Folgenvorschrift auf $p = 0{,}75$ kann man an der Tabelle oder der Grafik ablesen, dass die Bedingung für $n = 142$ erfüllt ist.

291 **15.** Überbuchung von 12 % für 150 Sitzplätze bedeutet: $n = 168$

Wahrnehmung der Buchung: $p = 0{,}85$

X: *Anzahl der tatsächlich zum Check-in kommenden Personen*

Die Anzahl der Sitzplätze reicht aus, wenn $X \le 150$.

$P(X \le 150) = 0{,}957$

Mit einer Wahrscheinlichkeit von ca. 95,7 % können alle tatsächlich erscheinenden Passagiere mitfliegen.

16. (1) $P(37 \le X \le 56) = 0{,}90001$ $P(41 \le X \le 57) = 0{,}90495$ $P(42 \le X \le 58) = 0{,}91137$

$P(43 \le X \le 59) = 0{,}90495$ $P(43 \le X \le 60) = 0{,}91580$ $P(43 \le X \le 61) = 0{,}92290$

(2) $P(37 \le X \le 58) = 0{,}95237$ $P(40 \le X \le 59) = 0{,}95396$ $P(41 \le X \le 60) = 0{,}95396$

$P(42 \le X \le 61) = 0{,}94520$ $P(42 \le X \le 62) = 0{,}94967$ $P(43 \le X \le 63) = 0{,}945237$

17. (1) $P(X \le k) > 0{,}3$ gilt für $k > 22$

(2) $P(X > k) \le 0{,}5$ also $1 - P(X \le k) \le 0{,}5$ oder $0{,}5 \le P(X \le k)$ gilt für $k > 23$

18. Hexaeder:

$P(\text{mindestens eine Sechs}) = 1 - P(\text{keine Sechs}) = 1 - \left(\frac{5}{6}\right)^n = 1 - \left(\frac{5}{6}\right)^4 = 0{,}5177 > 0{,}5$

(1) Oktaeder: $1 - \left(\frac{7}{8}\right)^6 = 0{,}5512$

Vorteilhaft ist es darauf zu wetten, dass bei 6 Würfen z. B. mindestens eine Eins auftritt (oder mindestens eine 2, …).

(2) Dodekaeder: $1 - \left(\frac{11}{12}\right)^8 = 0{,}5015$

Vorteilhaft (allerdings nur wenig vorteilhaft) ist es darauf zu wetten, dass bei 8 Würfen z. B. mindestens eine Eins auftritt.

(3) Ikosaeder: $1 - \left(\frac{19}{20}\right)^{14} = 0{,}5123$

Vorteilhaft (allerdings nur wenig vorteilhaft) ist es darauf zu wetten, dass bei 14 Würfen z. B. mindestens eine Eins auftritt.

5.4 Wahrscheinlichkeit für mindestens einen Erfolg

292 **Einstiegsaufgabe ohne Lösung**

$P(\text{mindestens eine Sechs in 9 Würfen}) = 1 - \left(\frac{5}{6}\right)^9 = 0{,}806$

$P(\text{keine Sechs in 9 Würfen}) = \left(\frac{5}{6}\right)^9 = 0{,}194$

n	10	12	14	13
$1 - \left(\frac{5}{6}\right)^n$	0,838	0,888	0,922	0,907

Wenn man mindestens 13-mal würfelt, dann ist die Wahrscheinlichkeit, dass unter den 13 Würfen mindestens eine Sechs ist, mindestens 90 %.

293 **1.** (1) Die Wahrscheinlichkeit für einen Misserfolg beim 1. Versuch ist q.
Die Wahrscheinlichkeit, dass beim 1. und 2. Versuch ein Misserfolg eingetreten ist beträgt q^2.
Die Wahrscheinlichkeit, dass vom 1.- bis zum (k – 1)-ten Versuch nur Misserfolge eingetreten sind beträgt q^{k-1}. Die Wahrscheinlichkeit, dass nach $k-1$ Misserfolgen im k-ten Versuch ein Erfolg eintritt ist $q^{k-1}p = p\,q^{k-1} = P(W = k)$.
(2) Um nach mehr als k-Versuchen erst einen Erfolg zu erlangen, müssen die k-Versuche alle Misserfolge gewesen sein. Somit gilt $P(W > k) = q^k$.
(3) $P(W \leq k) = 1 - P(W > k) = 1 - q^k$. D. h. Regel (3) ergibt sich direkt aus (2).

294 **2.** **a)** (1) $1 - \left(\frac{5}{6}\right)^{17} = 0{,}955 > 0{,}95$; man muss mindestens 17-mal würfeln
(2) $1 - \left(\frac{11}{12}\right)^{35} = 0{,}952 > 0{,}95$; man muss mindestens 35-mal würfeln
(3) $1 - \left(\frac{19}{20}\right)^{59} = 0{,}952 > 0{,}95$; man muss mindestens 59-mal würfeln
b) $1 - 0{,}962^{60} = 0{,}902 > 0{,}90$; man muss mindestens 60 Haushalte auswählen
c) $1 - 0{,}986^{50} = 0{,}506 > 0{,}50$; man muss mindestens 50 Stimmzettel auswählen
Alternative Rechnungen mithilfe des Logarithmus:
a) (1) $\log_{\frac{5}{6}}(0{,}05) = 16{,}4$ (2) $\log_{\frac{11}{12}}(0{,}05) = 34{,}4$ (3) $\log_{\frac{19}{20}}(0{,}05) = 58{,}4$
b) $\log_{0.962}(0{,}9) = 59{,}4$
c) $\log_{0.986}(0{,}5) = 49{,}2$

3. **a)** Blutspenden der Blutgruppe 0 können für Menschen mit beliebigen Blutgruppen verwendet werden, da sie von allen vertragen werden. Menschen der Blutgruppe AB können Blutspenden beliebiger Blutgruppen vertragen.
b) Um mit einer Wahrscheinlichkeit von mindestens 90 % einen Spender der Blutgruppe 0– zu finden, müssen mindestens 38 Personen untersucht werden, denn es gilt:
(1) 0 –: $\log_{0,94}(0{,}10) = 37{,}2$
Analog:
(2) 0 +: $\log_{0,65}(0{,}10) = 5{,}3$; also mindestens 6 Personen
(3) B –: $\log_{0,98}(0{,}10) = 113{,}97$; also mindestens 114 Personen
(4) B +: $\log_{0,91}(0{,}10) = 24{,}4$; also mindestens 25 Personen
(5) A –: $\log_{0,94}(0{,}10) = 37{,}2$; also mindestens 38 Personen
(6) A +: $\log_{0,63}(0{,}10) = 4{,}98$; also mindestens 5 Personen
(7) AB –: $\log_{0,99}(0{,}10) = 229{,}1$; also mindestens 230 Personen
(8) AB +: $\log_{0,96}(0{,}10) = 56{,}4$; also mindestens 57 Personen

294

4. Systematisches Probieren:

n	P(X = 0)	P(X = 1)	P(X ≥ 2)
10	0,1615	0,3230	0,5155
20	0,0261	0,1043	0,8696
21	0,0217	0,0913	0,8870
22	0,0181	0,0797	0,9022
23	0,0151	0,0694	0,9155
24	0,0126	0,0604	0,9270
25	0,0105	0,0524	0,9371
26	0,0087	0,0454	0,9458
27	0,0073	0,0393	0,9534

Man muss einen Würfel mindestens 22-mal (27-mal) werfen, um mit einer Wahrscheinlichkeit von mindestens 90 % (95 %) mindestens zweimal Augenzahl 6 zu haben.

Allgemeine Lösung:

P(mindestens 2 Erfolge)

= 1 − [P(kein Erfolg) + P(genau 1 Erfolg)]

$= 1 - [q^n + n \cdot p \cdot q^{n-1}]$

$= 1 - q^{n-1} \cdot [q + n \cdot p]$

$= 1 - q^{n-1} \cdot [q + n \cdot (1 - q)]$

$= 1 - q^{n-1} \cdot [q + n - n \cdot q]$

$= 1 - q^{n-1} \cdot [n - (n - 1) \cdot q]$

Gelöst werden muss also die Gleichung für $q = \frac{5}{6}$:

Mithilfe des Gleichungslösers des GTR erhält man beispielsweise für die Mindest-Wahrscheinlichkeit 90 %: $n \approx 21{,}84$, d. h. man benötigt mindestens 22 Würfe für mindestens zwei Erfolge.

5. $p = \frac{1}{37}$; $q = 1 - p = \frac{36}{37}$

X: Anzahl der Versuche bis zum Erfolg

a) $P(X = k) = \left(\frac{36}{37}\right)^{k-1} \cdot \frac{1}{37}$

Siehe dazu auch Aufgabe 1 auf Seite 293 im Schülerband.

b) $P(X > k) = \left(\frac{36}{37}\right)^{k}$

c) Gesucht ist k, sodass $1 - \left(\frac{36}{37}\right)^{k} \geq 0{,}9$. Durch Probieren findet man, dass man mindestens 85 Versuche braucht, damit die Wahrscheinlichkeit für mindestens eine Eins bei 90 % liegt.

Blickpunkt: Das Kugel-Fächer-Modell

295

1. Zur Vereinfachung nehmen wir an, dass das Jahr 365 Tage hat, lassen also die Schaltjahre unberücksichtigt.

   a) Das Überprüfen der Schülerkartei auf mögliche Geburstagskinder kann man als 150-stufige BERNOULLI-Kette auffassen: Bei jedem Datensatz der Schülerkartei kann man feststellen, ob die betreffende Person am ersten Schultag Geburtstag hat, d. h. für die Erfolgswahrscheinlichkeit gilt: $p = \frac{1}{365}$, also $q = \frac{364}{365}$

   Die Wahrscheinlichkeiten für bestimmte Ergebnisse dieses Zufallsexperiments werden mithilfe der Binomialverteilung mit $n = 150$ und $p = \frac{1}{365}$ berechnet.

   Die exakte Wahrscheinlichkeitsberechnung ergibt:

   $P(0 \text{ Geburtstagskinder}) = \left(\frac{364}{365}\right)^{150} \approx 0{,}663 = 66{,}3\,\%$

   $P(1 \text{ Geburtstagskind}) = \binom{150}{1} \cdot \left(\frac{1}{365}\right)^{1} \cdot \left(\frac{364}{365}\right)^{149} \approx 0{,}273 = 27{,}3\,\%$

   $P(2 \text{ Geburtstagskinder}) = \binom{150}{2} \cdot \left(\frac{1}{365}\right)^{2} \cdot \left(\frac{364}{365}\right)^{148} \approx 0{,}056 = 5{,}6\,\%$

   $P(\text{mehr als 2 Geburtstagskinder}) = 1 - P(\text{höchstens zwei Geburtstagskinder})$
   $\approx 1 - (0{,}663 + 0{,}273 + 0{,}056) = 0{,}008$
   $= 0{,}8\,\%$

   b) Für **jeden** Tag des Jahres gilt: Die Wahrscheinlichkeit beträgt 66 %, dass keines der Kinder an diesem Tag Geburtstag hat. Wenn man 365-mal ein Zufallsexperiment durchführt, bei dem ein bestimmtes Ereignis/Ergebnis mit Wahrscheinlichkeit 66 % eintritt, kann man mit dem $(365 \cdot 0{,}66 \approx)$ 241-fachen Eintreten des Ereignisses/Ergebnisses rechnen.

2. **a)** X: *Anzahl der Rosinen in einem beliebigen ausgewählten Brötchen*

   $n = 500;\ p = \frac{1}{100}$

   $P(X = 0) = \left(\frac{99}{100}\right)^{500} \approx 0{,}66\,\%$

   b) $P(X = 0) = \left(\frac{99}{100}\right)^{n} \approx \frac{10}{100}$ ist erfüllt für $n \approx 229$.

3. **a)** $P(X = 0) = \left(\frac{36}{37}\right)^{n}$

   b) $\left(\frac{36}{37}\right)^{n} \approx \frac{10}{37}$ (Anteil der nicht besetzten Felder)

   ↑ (Wahrscheinlichkeit, dass ein Feld nicht besetzt wird)

   Lösung durch systematisches Probieren oder durch Logarithmieren:

   $n \approx 48$, denn $\left(\frac{36}{37}\right)^{47} \approx 0{,}2759$; $\left(\frac{36}{37}\right)^{48} \approx 0{,}2684$; $\frac{10}{37} \approx 0{,}2703$

296

4. a) $n = 400,\ p = \frac{1}{365}$:

$P(X=0) = \binom{400}{0} \cdot \left(\frac{1}{365}\right)^0 \cdot \left(\frac{364}{365}\right)^{400} \approx 0{,}3337$

$P(X=1) = P(X=0) \cdot \frac{400}{1} \cdot \frac{1}{364} \approx 0{,}3667$

$P(X=2) = P(X=1) \cdot \frac{399}{2} \cdot \frac{1}{364} \approx 0{,}2010$

$P(X>2) = 1 - P(X \le 2) \approx 1 - (0{,}3337 + 0{,}3667 + 0{,}2010) = 1 - 0{,}9014 = 0{,}0986$

Es treten ca. $365 \cdot 0{,}3337 \approx 122$ Tage ohne Alarm,
ca. $365 \cdot 0{,}3667 \approx 134$ Tage mit einem Alarm,
ca. $365 \cdot 0{,}2010 \approx 73$ Tage mit zwei Alarmen,
ca. $365 \cdot 0{,}0986 \approx 36$ Tage mit drei Alarmen auf.

b) $P(X=0) = \left(\frac{364}{365}\right)^n$:

$365 \cdot \left(\frac{364}{365}\right)^n = 100 \Leftrightarrow n = \frac{\ln\left(\frac{100}{365}\right)}{\ln\left(\frac{364}{365}\right)} \Leftrightarrow n \approx 472$

Ca. 472-mal wurde die Feuerwehr alarmiert.

5. a) $n = 100,\ p = 0{,}01$:

(1) $P(X=0) = \binom{100}{0} \cdot 0{,}01^0 \cdot 0{,}99^{100} \approx 0{,}3660$

$P(X=1) = P(X=0) \cdot \frac{100}{1} \cdot \frac{1}{99} \approx 0{,}3697$

$P(X=2) = P(X=1) \cdot \frac{99}{2} \cdot \frac{1}{99} \approx 0{,}1849$

$P(X>2) = 1 - P(X \le 2) \approx 1 - (0{,}3660 + 0{,}3697 + 0{,}1849) = 1 - 0{,}9206 = 0{,}0794$

(2) $0{,}3660 \cdot 100 \approx 37$ Samentüten ohne Unkrautsamen
$0{,}3697 \cdot 100 \approx 37$ Samentüten mit 1 Unkrautsamen
$0{,}1847 \cdot 100 \approx 18$ Samentüten mit 2 Unkrautsamen
$0{,}0794 \cdot 100 \approx 8$ Samentüten mit mehr als 2 Unkrautsamen

b) $p = 0{,}01$:

(1) $P(X=0) = \binom{n}{0} \cdot 0{,}01^0 \cdot 0{,}99^n = 0{,}99^n$

(2) $100 \cdot 0{,}99^n$

(3) $100 \cdot 0{,}99^n = 50 \Leftrightarrow \ln(100) + n \cdot \ln(0{,}99) = \ln(50)$

$\Leftrightarrow n = \frac{\ln(50) - \ln(100)}{\ln(0{,}99)} = \frac{\ln(0{,}5)}{\ln(0{,}99)} \approx 68{,}96 \approx 69$

ca. 69 Unkrautsamen sind in die Abfüllmenge gelangt.

6. a) $n = 60;\ p = \frac{1}{400}$ (60 Kugeln werden zufällig auf 400 Fächer verteilt)

k	0	1	2	3	4	5	6	7	8
P(X = k)	0,861	0,129	0,009	0,0005	0	0	0	0	0

b) $P(X \ge 2) = 1 - P(X \le 1) \approx 0{,}01 = 1\,\%$

Es wurde die Modellannahme gemacht, dass die Fehler zufällig auf die Seiten verteilt sind. Fächer = Seite; Kugel = Fehler.

296

7. a) Unbekannte Zahl n der Schüler der anderen Jahrgangsstufe

$P(X=0)=\left(\frac{364}{365}\right)^n$ = Wahrscheinlichkeit dafür, dass an einem bestimmten Tag des Jahres kein Schüler Geburtstag hat, d. h. es gibt ca. $365\cdot\left(\frac{364}{365}\right)^n$ Tage im Jahr mit 0 Geburtstagskindern.

$365\cdot\left(\frac{364}{365}\right)^n \approx 260 \Leftrightarrow \left(\frac{364}{365}\right)^n \approx \frac{260}{365}$ ist für $n \approx 124$ erfüllt.

b) –

8. $n = 85$; $p = \frac{1}{100}$; X: *Anzahl der Wassertierchen in einem Feld*

k	P (X = k)	100 · P (X = k)
0	0,426	≈ 43
1	0,365	≈ 37
2	0,155	≈ 16
3	0,043	≈ 4
4	0,001	≈ 0

9. a) Ansatz: $n = 968$, $p = \frac{1}{306}$

Anzahl der Tore	0	1	2	3	4	5	6	7	8	9
Modell	0,042	0,133	0,212	0,223	0,177	0,112	0,059	0,026	0,010	0,004
Häufigkeits-interpretation	13	41	65	68	54	34	18	8	3	1
Realität	13	34	72	67	56	35	18	6	5	0

b)

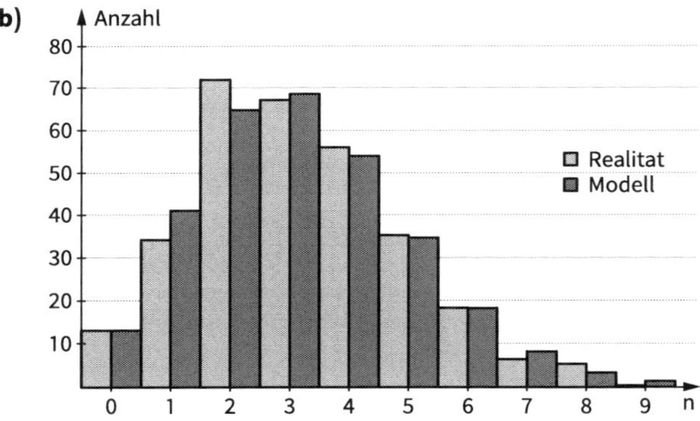

5.5 Erwartungswert einer Binomialverteilung

297 **Einstiegsaufgabe ohne Lösung**

- Im Mittel ist die Sechs bei 6 Würfen ungefähr 1-mal aufgetreten.
- Binomialverteilung für $n = 6$ und $p = \frac{1}{6}$

Anzahl der Sechsen bei 6 Würfen	0	1	2	3	4	5	6
Wahrscheinlichkeit gerundet	0,3349	0,4019	0,2009	0,0536	0,0080	0,0006	0,00002

Die Verteilung der relativen Häufigkeiten des Experiments entspricht nicht der Wahrscheinlichkeitsverteilung der Binomialverteilung. Erst bei großen Versuchsreihen, nähern sich die relativen Häufigkeiten den Wahrscheinlichkeiten der Binomialverteilung.

- **$n = 300$:** Prognose: $300 \cdot \frac{1}{6} = 50$; die Augenzahl 6 tritt ungefähr 50-mal auf.

  Binomialverteilung: $P(X = 49) = 0{,}0614$; $P(X = 50) = 0{,}0617$; $P(X = 51) = 0{,}0605$
  Die Wahrscheinlichkeit für 50-mal Augenzahl 6 ist am größten.

  $n = 600$: Prognose: $600 \cdot \frac{1}{6} = 100$; die Augenzahl 6 tritt ungefähr 100-mal auf.

  Binomialverteilung: $P(X = 99) = 0{,}0436$; $P(X = 100) = 0{,}0437$; $P(X = 101) = 0{,}0432$
  Die Wahrscheinlichkeit für 100-mal Augenzahl 6 ist am größten.

  $n = 1200$: Prognose: $1200 \cdot \frac{1}{6} = 200$; die Augenzahl 6 tritt ungefähr 200-mal auf.

  Binomialverteilung: $P(X = 199) = 0{,}030858$; $P(X = 200) = 0{,}030889$; $P(X = 201) = 0{,}030735$
  Die Wahrscheinlichkeit für 200-mal Augenzahl 6 ist am größten.

  $n = 3000$: Prognose: $3000 \cdot \frac{1}{6} = 500$; die Augenzahl 6 tritt ungefähr 500-mal auf.

  Binomialverteilung: $P(X = 499) = 0{,}019533$; $P(X = 500) = 0{,}019541$; $P(X = 501) = 0{,}019502$
  Die Wahrscheinlichkeit für 500-mal Augenzahl 6 ist am größten.

299 **1.** **(1)** (1) Das Maximum der Verteilungen liegt bei $k = n \cdot p$.
Dies kann man mithilfe der Tabellenfunktion eines Rechners herausfinden, hier für $n = 20$, $p = 0{,}3$ abgebildet.
Entsprechend findet man:
$n = 40$: $P(k_{max} = 12) = 0{,}136574$;
$n = 80$: $P(k_{max} = 24) = 0{,}096951$

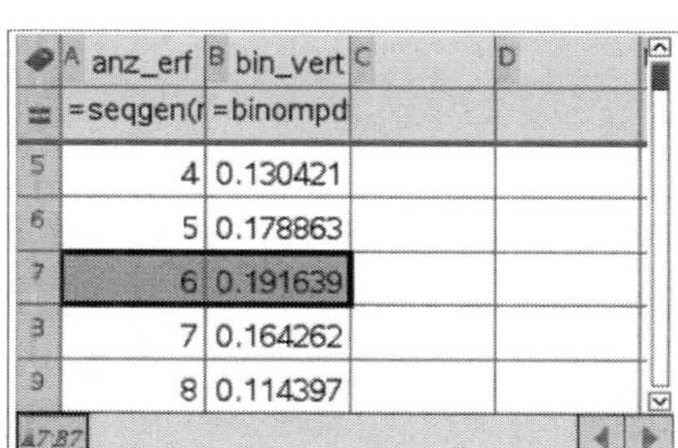

(2) $p = 0{,}25$
$n = 20$: $P(k_{max} = 5) = 0{,}202331$
$n = 40$: $P(k_{max} = 10) = 0{,}144364$
$n = 80$: $P(k_{max} = 20) = 0{,}102543$

299 **(2)** (1) p = 0,3: n = 20

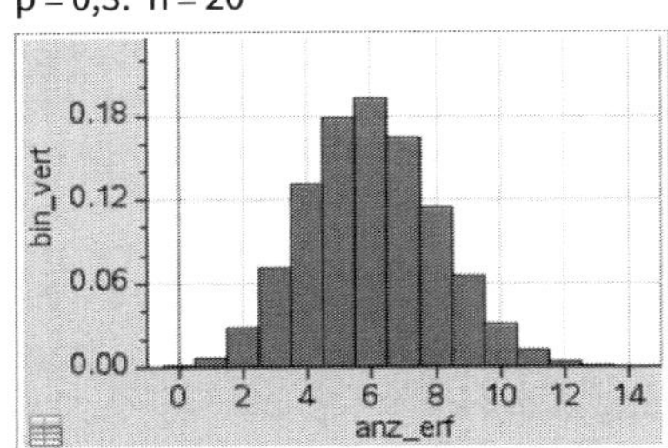

n = 40

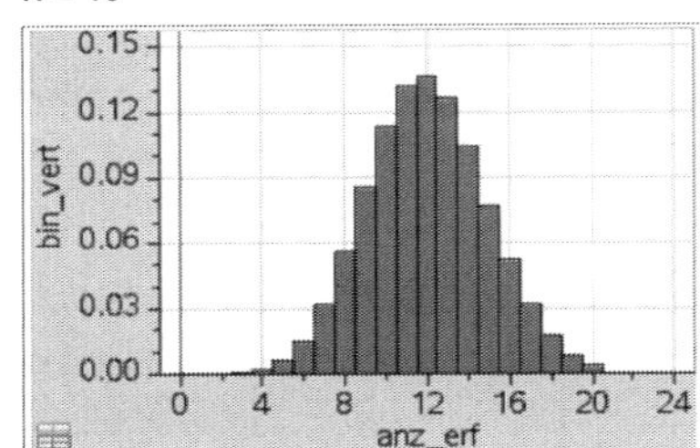

n = 80

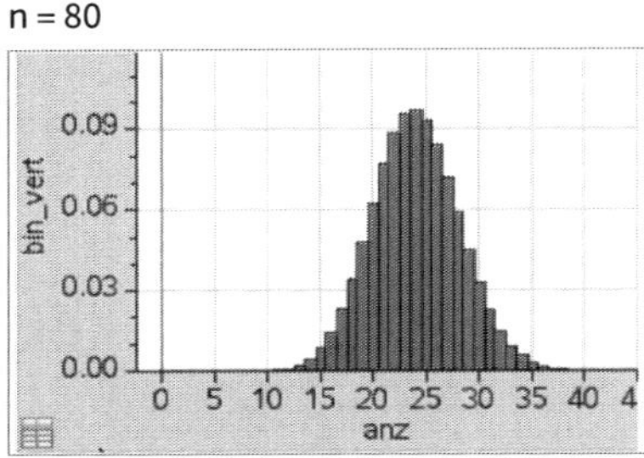

Die Histogramme werden flacher (dies ist hier durch den angepassten Zoom kompensiert) und breiter; vor allem: die Gestalt wird zunehmend symmetrisch.

(2) p = 0,25: n = 20

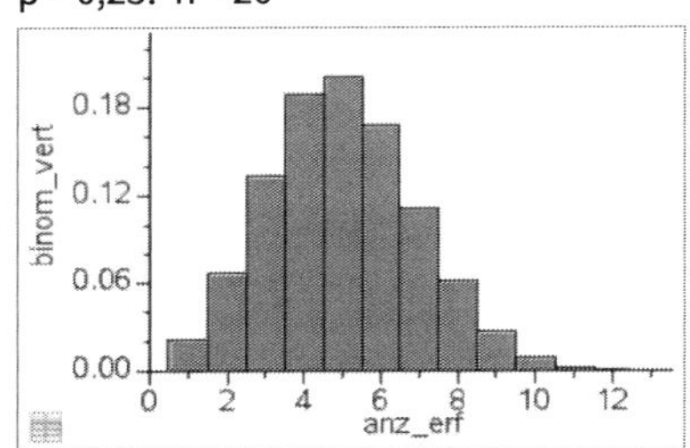

n = 40

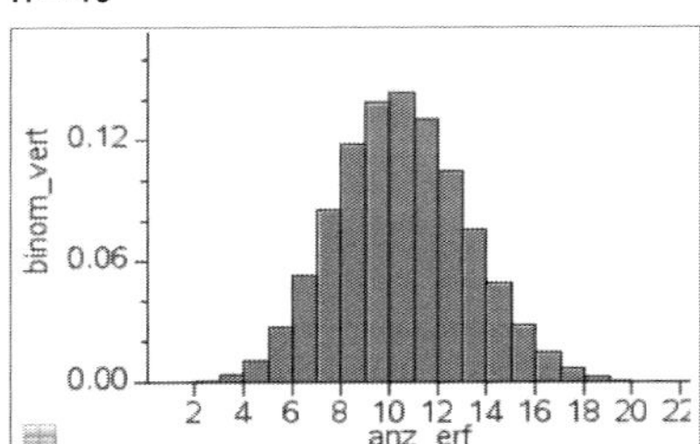

n = 80

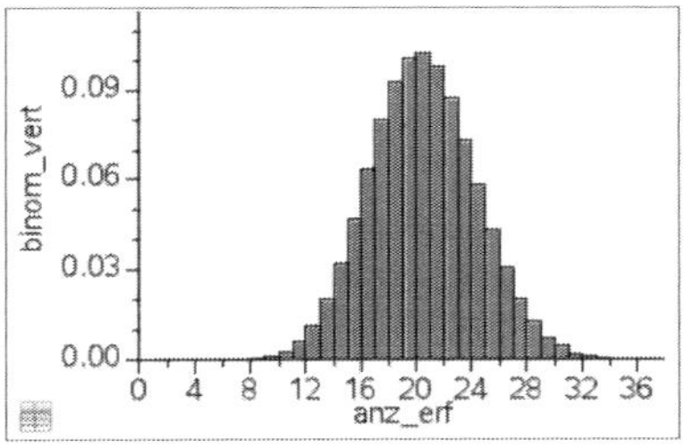

299 **(3)** Vergleich der Umgebungen: Am Quotienten in der rechten Spalte $\frac{P(X > \mu)}{P(X < \mu)}$ ist ablesbar, dass die Symmetrie zunimmt.

(1)

n	$\mu = 0{,}3 \cdot n$	$P(X < \mu)$	$P(X > \mu)$	Vergleich
20	6	0,416	0,392	94,2 %
40	12	0,441	0,423	95,9 %
80	24	0,458	0,445	97,2 %

(2)

n	$\mu = 0{,}25 \cdot n$	$P(X < \mu)$	$P(X > \mu)$	Vergleich
20	5	0,415	0,383	92,3 %
40	10	0,440	0,416	94,5 %
80	20	0,457	0,440	96,3 %

2.

k	$P(X = k)$	$k \cdot P(X = k)$
0	$\frac{6561}{65536}$	0
1	$\frac{17496}{65536}$	$\frac{17496}{65536}$
2	$\frac{20412}{65536}$	$\frac{40824}{65536}$
3	$\frac{13608}{65536}$	$\frac{40824}{65536}$
4	$\frac{5670}{65536}$	$\frac{22680}{65536}$
5	$\frac{1512}{65536}$	$\frac{7560}{65536}$
6	$\frac{252}{65536}$	$\frac{1512}{65536}$
7	$\frac{24}{65536}$	$\frac{168}{65536}$
8	$\frac{1}{65536}$	$\frac{8}{65536}$
	Summe: 1	$\mu = \frac{131072}{65536} = 2$

$n \cdot p = 8 \cdot \frac{1}{4} = 2$

3. (1) $n = 30;\ p = 0{,}7;\ \mu = 21 = 30 \cdot 0{,}7;$

Rechnereingabe:
$$\sum_{x=0}^{30} \left(x \cdot (30\,\text{nCr}\,x) \cdot 0{,}7^{x} \cdot 0{,}3^{30-x}\right)$$

$n = 200;\ p = 0{,}6;\ \mu = 120 = 200 \cdot 0{,}6;$

Rechnereingabe:
$$\sum_{x=0}^{200} \left(x \cdot (200\,\text{nCr}\,x) \cdot 0{,}6^{x} \cdot 0{,}4^{30-x}\right)$$

(2) Die Rechnerergebnisse stimmen jeweils mit dem Produkt $n \cdot p$ überein.

(3) Der Vergleich untereinander bestätigt dies.

4. (1) $p = 0{,}4$ (2) $n = 60$ (3) $\mu = 24$ (4) $p = 0{,}1$ (5) $n = 16$ (6) $p = 0{,}2$

299

5.

	n	p	$\mu = n \cdot p$	k_{max}
(1)	20	0,3	6	6
(2)	19	0,4	7,6	7 und 8 *)
(3)	17	0,5	8,5	8 und 9 *)
(4)	11	0,6	6,6	7
(5)	16	0,7	11,2	11
(6)	17	0,75	12,75	13
(7)	31	0,25	7,75	7 und 8 *)
(8)	32	0,25	8	8

*) k-Werte mit gleicher Wahrscheinlichkeit (zwei Maxima)

6. Für die Teilaufgaben (1) bis (4) gilt, dass jeweils die Stufenzahl n größer wird. Da die Zufallsgröße X: *Anzahl der Erfolge* immer mehr Werte annehmen kann, werden die Histogramme immer flacher. Das Histogramm zu (1) ist wegen $p = 0{,}5$ symmetrisch zum Erwartungswert. Obwohl die anderen Histogramme nicht symmetrisch sind, erscheint die Gestalt wegen der größeren Stufenzahl nahezu symmetrisch.

(1)

(2)

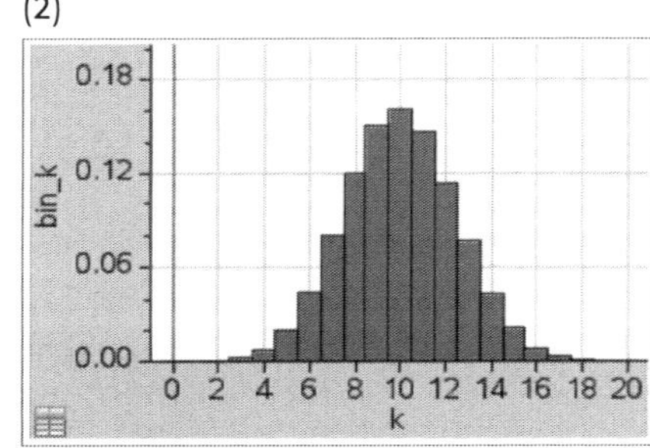

(3)

(4)

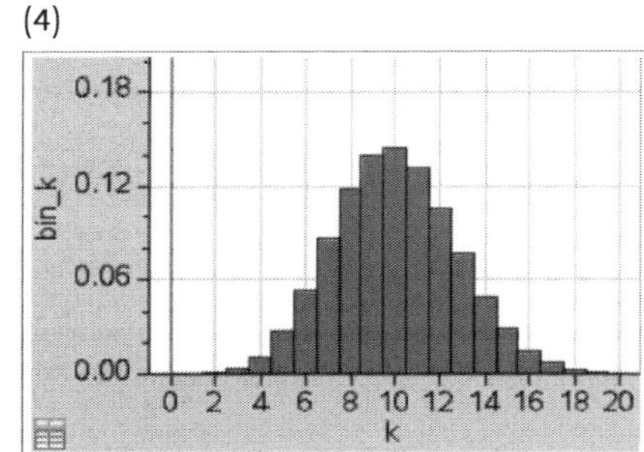

300

7. Das Maximum der Verteilung liegt bei $k = 3 \approx 12 \cdot p$, also $p \approx 0{,}25$.
Das Maximum der Verteilung liegt bei $k = 9 \approx 12 \cdot p$, also $p \approx 0{,}75$.
Das Maximum der Verteilung liegt bei $k = 6 \approx 12 \cdot p$, also $p \approx 0{,}5$.
Der Vergleich mit den vollständigen Tabellen der jeweiligen Binomialverteilungen zeigt, dass die angegebenen Erfolgswahrscheinlichkeiten richtig sind.

300

8. Die Gleichung $k_{max} \approx n \cdot p$ wird nach n aufgelöst: $n \approx \frac{k_{max}}{p}$. Für $p = 0{,}36$ ergibt sich:
1. Grafik: Das Maximum liegt bei $k_{max} = 5$. Hieraus folgt: $n \approx 14$.
2. Grafik: Das Maximum liegt bei $k_{max} = 8$. Hieraus folgt: $n \approx 22$.
3. Grafik: Das Maximum liegt bei $k_{max} = 10$. Hieraus folgt: $n \approx 28$.
Um diese Schätzungen zu überprüfen, müssen die zugehörigen Binomialverteilungen zu diesen vermuteten Stufenzahlen ermittelt werden. Man stellt fest, dass die ersten beiden Schätzungen richtig sind, bei der 3. Grafik muss auf $n = 29$ korrigiert werden.

9. **a)** In allen drei Beispielen gilt: $P(X = 5) = P(X = 6)$

b) Es gilt $P(X = k) \geq P(X = k - 1)$ für alle k mit $\frac{n-k+1}{k} \cdot \frac{p}{q} \geq 1$.
$\frac{n-k+1}{k} \cdot \frac{p}{q} \geq 1 \Leftrightarrow (n - k + 1) \cdot p \geq k \cdot q \Leftrightarrow (n + 1) \cdot p \geq k$
Für das größte k gilt also: $(n + 1) \cdot p - 1 \leq k \leq (n + 1) \cdot p$
Dies kann auch wie folgt notiert werden:
$(n + 1) \cdot p - 1 \leq k \leq (n + 1) \cdot p \Leftrightarrow n \cdot p - (1 - p) \leq k \leq n \cdot p + p \Leftrightarrow \mu - q \leq k \leq \mu + p$
Wenn $\mu = n \cdot p$ nicht ganzzahlig ist, dann liegt μ im Intervall $[\mu - q;\ \mu + p]$.
Dieses Intervall hat die Länge 1; daher ist auch der Fall möglich, dass zwei Maxima auftreten, nämlich dann, wenn $\mu - q$ ganzzahlig ist (dann ist ja auch $\mu + p$ ganzzahlig).

10. Vergrößert man den Radius einer Umgebung um $\mu = n \cdot p$ proportional zur Stufenzahl n, dann wächst die Wahrscheinlichkeit für eine solche Umgebung mit wachsendem n.

r	(1) $n = 50$, $\mu = 25$	(2) $n = 100$, $\mu = 50$	(3) $n = 200$, $\mu = 100$
1	0,328	0,383	0,475
2	0,520	0,632	0,771
3	0,678	0,807	0,923
4	0,797	0,911	0,981
5	0,881	0,965	0,996

5.6 Standardabweichung einer Binomialverteilung

301

Einstiegsaufgabe ohne Lösung

- Bei allen drei Binomialverteilungen gilt: $\mu = 40$
  (1) $n = 100$ und $p = 0{,}4$; Grund: $P(X = 40) = 0{,}08122$
  (2) $n = 50$ und $p = 0{,}8$; Grund: $P(X = 40) = 0{,}13982$
  (3) $n = 400$ und $p = 0{,}1$; Grund: $P(X = 40) = 0{,}06635$
- Obwohl alle drei Binomialverteilungen denselben Erwartungswert haben, sind die Wahrscheinlichkeiten für den Erwartungswert unterschiedlich groß. Je größer die Wahrscheinlichkeit für den Erwartungswert, desto höher und schmaler ist das Histogramm.

302

1. a) Die Tabelle ist geeignet, das Quadrat der Standardabweichung gemäß Definition zu bestimmen: In der 1. Spalte stehen die möglichen Werte der Zufallsgröße, in der 3. Spalte die zugehörigen Wahrscheinlichkeiten. In der 2. Spalte wird die quadratische Abweichung der Anzahl der Erfolge vom Erwartungswert erfasst, sodass in der 4. Spalte die Produkte notiert werden können.
Die Sume der Produkte ist dann
$p^2 \cdot (1-p) + p \cdot (1-p)^2 = p \cdot (1-p) \cdot [p + (1-p)] = p \cdot (1-p) = p \cdot q$

b) Für $\mu = 2 \cdot p$ ergibt sich analog

k	$(k-\mu)^2$	$P(X=k)$	$(k-\mu)^2 \cdot P(X=k)$
0	$4p^2$	$(1-p)^2$	$4p^2(1-p)^2$
1	$(1-2p)^2$	$2p(1-p)$	$2p(1-p)(1-2p)^2$
2	$(2-2p)^2$	p^2	$4p^2(1-p)^2$

und für die Summe:
$2p(1-p) \cdot [2p - 2p^2 + 1 - 4p + 4p^2 + 2p - 2p^2] = 2p(1-p) \cdot 1 = 2pq$

303

2. a) $\sigma_1^2 = 100 \cdot 0{,}1 \cdot 0{,}9 = 9$; also $\sigma_1 = 3$ $\quad$ $\sigma_2^2 = 50 \cdot 0{,}2 \cdot 0{,}8 = 8$; also $\sigma_2 \approx 2{,}83$
Die zweite Verteilung hat eine geringere Streuung.
Den geringen Unterschied kann man allerdings kaum der Grafik entnehmen.

b) Weitere Beispiele:
$n_1 = 40$; $p_1 = 0{,}3$; $\mu_1 = 12$; $\sigma_1 \approx 2{,}90$ $\quad$ $n_3 = 24$; $p_3 = 0{,}5$; $\mu_3 = 12$; $\sigma_3 \approx 2{,}45$
$n_2 = 100$; $p_2 = 0{,}12$; $\mu_2 = 12$; $\sigma_2 \approx 3{,}25$ $\quad$ $n_4 = 72$; $p_3 = \frac{1}{6}$; $\mu_3 = 12$; $\sigma_4 \approx 3{,}16$
Vergleicht man zwei Binomialverteilungen mit übereinstimmendem Erwartungswert, dann hat die Verteilung mit der geringeren Stufenzahl auch die geringere Streuung. Denn: Die geringere Stufenzahl muss durch eine höhere Erfolgswahrscheinlichkeit „ausgeglichen" werden, was zu einer niedrigeren Misserfolgswahrscheinlichkeit führt und somit auch eine kleinere Standardabweichung zur Folge hat.

3. a) (1) $\sigma = \sqrt{48 \cdot 0{,}5 \cdot 0{,}5} = \sqrt{12} \approx 3{,}46$ $\quad$ (3) $\sigma = \sqrt{98 \cdot \frac{6}{7} \cdot \frac{1}{7}} = \sqrt{12} \approx 3{,}46$
(2) $\sigma = \sqrt{54 \cdot \frac{1}{3} \cdot \frac{2}{3}} = \sqrt{12} \approx 3{,}46$

b) Weitere Binomialverteilungen mit Standardabweichung $\sqrt{12}$:
(1) $\sigma = \sqrt{50 \cdot 0{,}4 \cdot 0{,}6} = \sqrt{12} \approx 3{,}46$ $\quad$ (3) $\sigma = \sqrt{64 \cdot \frac{1}{4} \cdot \frac{3}{4}} = \sqrt{12} \approx 3{,}46$
(2) $\sigma = \sqrt{75 \cdot 0{,}2 \cdot 0{,}8} = \sqrt{12} \approx 3{,}46$ $\quad$ (4) $\sigma = \sqrt{49 \cdot \frac{3}{7} \cdot \frac{4}{7}} = \sqrt{12} \approx 3{,}46$

4. a)

p	σ^2
0,1	4,5
0,2	8
0,3	10,5
0,4	12
0,5	12,5
0,6	12
0,7	10,5
0,8	8
0,9	4,5

σ^2 wird für $p = 0{,}5$ am größten.

b) $f(p) = n \cdot p \cdot (1-p) = np - np^2$
Der Graph ist eine nach unten geöffnete Parabel.
$f'(p) = n - 2np$
$f'(p) = 0 \Leftrightarrow n - 2np = 0 \Leftrightarrow p = \frac{1}{2}$
Damit nimmt f das Maximum bei $p = \frac{1}{2}$ an.

303 **5.** Lösungsansatz: Berechne σ^2, dann den Quotienten $\frac{\sigma^2}{\mu} = \frac{n \cdot p \cdot q}{n \cdot p} = q$

(1) $q = 0{,}7 \Rightarrow p = 1 - q = 0{,}3 \Rightarrow n = \frac{\mu}{p} = 84$

(2) $q = 0{,}1 \Rightarrow p = 1 - q = 0{,}9 \Rightarrow n = \frac{\mu}{p} = 81$

(3) $q = 0{,}8 \Rightarrow p = 1 - q = 0{,}2 \Rightarrow n = \frac{\mu}{p} = 64$

(4) $q = 0{,}75 \Rightarrow p = 1 - q = 0{,}25 \Rightarrow n = \frac{\mu}{p} = 48$

(5) $q = 0{,}4 \Rightarrow p = 1 - q = 0{,}6 \Rightarrow n = \frac{\mu}{p} = 96$

(6) $q = 0{,}5 \Rightarrow p = 1 - q = 0{,}5 \Rightarrow n = \frac{\mu}{p} = 144$

5.7 Umgebungen um den Erwartungswert einer Binomialverteilung – Sigma-Regeln

304 **Einstiegsaufgabe ohne Lösung**

	n = 50			n = 100		
p	σ	k-Werte	Vielfache	σ	k-Werte	Vielfache
0,1	2,12	2, 3, …, 7, 8	$\frac{7}{\sigma} \approx 3{,}3$	3	6, 7, …, 13, 14	$\frac{9}{\sigma} = 3$
0,2	2,82	6, 7, …, 13, 14	$\frac{9}{\sigma} \approx 3{,}2$	4	14, 15, …, 25, 26	$\frac{13}{\sigma} = 3{,}25$
0,3	3,24	10, 11, …, 19, 20	$\frac{11}{\sigma} \approx 3{,}4$	4,58	23, 24, …, 36, 37	$\frac{15}{\sigma} \approx 3{,}3$
0,4	3,46	15, 16, …, 24, 25	$\frac{11}{\sigma} \approx 3{,}2$	4,90	32, 33, …, 47, 48	$\frac{17}{\sigma} \approx 3{,}5$
0,5	3,53	20 ,21, …, 29, 30	$\frac{11}{\sigma} \approx 3{,}1$	5	42, 43, …, 57, 58	$\frac{17}{\sigma} = 3{,}4$

Der Durchmesser der 90 %-Umgebungen ist ungefähr gleich; er beträgt ca. 3,3 σ.

306 **1. a)**

p	μ ± σ	1 σ-Umg.	2 σ-Umg.	3 σ-Umg.	2,58 σ-Umg.
0,1	10 ± 3	0,759	0,972	0,998	0,995
0,2	20 ± 4	0,740	0,967	0,998	0,996
0,25	25 ± 4,33	0,702	0,951	0,998	0,992
0,3	30 ± 4,58	0,674	0,963	0,997	0,988
0,4	40 ± 4,90	0,642	0,948	0,997	0,990
0,5	50 ± 5	0,729	0,965	0,998	0,988

b) Hier betrachtet man die zu a) gehörigen Misserfolgswahrscheinlichkeiten. Da die Standardabweichungen für p und $1 - p$ jeweils übereinstimmen und die Wahrscheinlichkeitsverteilungen durch Spiegelung aus den o. a. Verteilungen hervorgehen, ergeben sich dieselben Wahrscheinlichkeiten für die betrachteten Umgebungen.

306

2. Für $n = 100$ und $p = 0{,}05$ gilt: $\mu = 5$ und $\sigma \approx 2{,}18 < 3$:
$P(1\,\sigma\text{-Umgebung von } \mu) = P(3 \le X \le 7) = 0{,}754$;
$P(2\,\sigma\text{-Umgebung von } \mu) = P(1 \le X \le 9) = 0{,}966$;
$P(3\,\sigma\text{-Umgebung von } \mu) = P(0 \le X \le 11) = 0{,}996$;
$P(1{,}64\,\sigma\text{-Umgebung von } \mu) = P(2 \le X \le 8) = 0{,}900$;
$P(1{,}96\,\sigma\text{-Umgebung von } \mu) = P(1 \le X \le 9) = 0{,}966$;
$P(2{,}58\,\sigma\text{-Umgebung von } \mu) = P(0 \le X \le 10) = 0{,}989$

3. (A) $P(2{,}5\,\sigma\text{-Umgebung von } \mu) = 0{,}989$
(B) $P(2\,\sigma\text{-Umgebung von } \mu) = 0{,}960$
(C) $P(1{,}6\,\sigma\text{-Umgebung von } \mu) = 0{,}901 \leftarrow$ Dies ist die gesuchte Umgebung!
(D) $P(1{,}3\,\sigma\text{-Umgebung von } \mu) = 0{,}823$
(E) nicht symmetrisch zu μ; $P(200 \le X \le 232) = 0{,}519$

4. In einem symmetrischen Bereich um den Erwartungswert überlagern sich die Flächen der Histogramme am stärksten. Außerhalb dieses Bereiches sind die Überlagerungen geringer.

5. … unterhalb von $\mu - 1{,}96\,\sigma$ oder oberhalb von $\mu + 1{,}96\,\sigma$ liegen.
Mit einer Wahrscheinlichkeit von ca. 10 % wird die Anzahl der Erfolge unterhalb von $\mu - 1{,}64\,\sigma$ oder oberhalb von $\mu + 1{,}64\,\sigma$ liegen.
Mit einer Wahrscheinlichkeit von ca. 1 % wird die Anzahl der Erfolge unterhalb von $\mu - 2{,}58\,\sigma$ oder oberhalb von $\mu + 2{,}58\,\sigma$ liegen.

307

6. **a)** (1) $\mu = 20$; $\sigma \approx 3{,}16$ (2) $\mu = 20$; $\sigma \approx 3{,}46$
Eine größere Streuung bedeutet, dass die Wahrscheinlichkeit für gleiche Umgebungen um den Erwartungswert kleiner ist, z. B.
(1) $P(16 \le X \le 24) = 0{,}846$ (2) $P(16 \le X \le 24) = 0{,}807$.

b) (1) Mit einer Wahrscheinlichkeit von 99 % liegt die Anzahl der Erfolge zwischen $\mu - 2{,}58\,\sigma$ und $\mu + 2{,}58\,\sigma$:
$n = 40$; $p = 0{,}5$; $2{,}58\,\sigma \approx 8{,}15$: $P(12 \le X \le 28) = 0{,}994$ bzw.
$n = 50$; $p = 0{,}4$; $2{,}58\,\sigma \approx 8{,}93$: $P(11 \le X \le 29) = 0{,}994$
(2) In 95,5 % der Fälle gilt: X liegt zwischen $\mu - 2\sigma$ und $\mu + 2\sigma$
$n = 40$; $p = 0{,}5$; $2\sigma \approx 6{,}32$: $P(14 \le X \le 26) = 0{,}962$ bzw.
$n = 50$; $p = 0{,}4$; $2\sigma \approx 6{,}92$: $P(13 \le X \le 27) = 0{,}971$
(3) $|X - \mu| > 1{,}64\,\sigma$ gilt nur in ca. 10 % der Fälle:
$n = 40$; $p = 0{,}5$; $1{,}64\,\sigma \approx 5{,}18$: $P(X < 15 \text{ oder } X > 25) = 0{,}081$ bzw.
$n = 50$; $p = 0{,}4$; $1{,}64\,\sigma \approx 5{,}67$: $P(X < 15 \text{ oder } X > 25) = 0{,}111$

7. **a)** $\mu = 20$; $\sigma = 4$
b) Mit einer Wahrscheinlichkeit von ca. 90 % wird man mindestens 14-mal und höchstens 26-mal gewinnen $\left(P(14 \le X \le 26) \approx 0{,}897\right)$.
c) Das Intervall entspricht der $1\,\sigma$-Umgebung von μ. Diese hat ca. eine Wahrscheinlichkeit von 68 %. Konkret: $P(16 \le X \le 24) \approx 0{,}740$. Dies ist also eine günstige Wette.
d) Die Aussage bedeutet $P(X < 10) \approx 0$. Mithilfe der σ-Regeln kann man sagen:
$P(X < \mu - 2{,}5\,\sigma) \approx \frac{1}{2} \cdot 0{,}01 = 0{,}005$. Tatsächlich gilt: $P(X < 10) = 0{,}002$.

307

8. $p = 0{,}38;\ \mu = 100 \cdot 0{,}38 = 38;\ \sigma = \sqrt{100 \cdot 0{,}38 \cdot 0{,}62} \approx 4{,}85$
90 % Intervall $[\mu - 1{,}64 \cdot \sigma;\ \mu + 1{,}64 \cdot \sigma] \approx [30; 46]$
Überprüfung mit einem Rechner: $P(30 \le X \le 46) = 0{,}9207$ und $P(31 \le X \le 45) = 0{,}8782$

9. a) $n = 300;\ p = 0{,}56;\ \mu = 168;\ \sigma = 8{,}60$
$P(162 \le X \le 174) = P(161{,}5 \le X \le 174{,}5) \approx P(\mu - 0{,}76\sigma \le X \le \mu + 0{,}76\sigma) = 0{,}533$
$P(X < 162) \approx \frac{1}{2} \cdot (1 - 0{,}553) \approx 0{,}224$

b) $n = 160;\ p = 0{,}45;\ \mu = 72;\ \sigma = 6{,}29$
$P(69 \le X \le 75) = P(68{,}5 \le X \le 75{,}5) \approx P(\mu - 0{,}56\sigma \le X \le \mu + 0{,}56\sigma) = 0{,}425$
$P(X \ge 76) \approx \frac{1}{2} \cdot (1 - 0{,}425) \approx 0{,}288$

c) $n = 240;\ p = \frac{1}{3};\ \mu = 80;\ \sigma = 7{,}30$
$P(X = 80) = P(79{,}5 \le X \le 80{,}5) \approx P(\mu - 0{,}07\sigma \le X \le \mu + 0{,}07\sigma) = 0{,}056$
$P(X > 80) \approx \frac{1}{2} \cdot (1 - 0{,}056) = 0{,}472$

d) $n = 200;\ p = 0{,}63;\ \mu = 126;\ \sigma = 6{,}83$
$P(111 \le X \le 141) = P(110{,}5 \le X \le 141{,}5) \approx P(\mu - 2{,}27\sigma \le X \le \mu + 2{,}27\sigma) = 0{,}977$
$P(X \le 110) \approx \frac{1}{2} \cdot (1 - 0{,}977) \approx 0{,}012$

e) $n = 250;\ p = 0{,}26;\ \mu = 65;\ \sigma = 6{,}94$
$P(60 \le X \le 70) = P(59{,}5 \le X \le 70{,}5) \approx P(\mu - 0{,}79\sigma \le X \le \mu + 0{,}79\sigma) = 0{,}571$
$P(X < 60) \approx \frac{1}{2} \cdot (1 - 0{,}571) \approx 0{,}215$

10. Für das untere bzw. obere Quartil gilt:
(1) $Q_1 = 233;\ Q_3 = 247;\ P(233 \le X \le 247) \approx 0{,}556$
(2) $Q_1 = 114;\ Q_3 = 126;\ P(114 \le X \le 126) \approx 0{,}556$
(3) $Q_1 = 120;\ Q_3 = 130;\ P(120 \le X \le 130) \approx 0{,}513$
Für Erwartungswert und Standardabweichung gilt hier:
(1) $\mu = 240;\ \sigma \approx 9{,}80;\ \frac{1}{2} \cdot \frac{\text{Quartilabstand}}{\sigma} = \frac{7}{\sigma} \approx 0{,}71$
(2) $\mu = 120;\ \sigma \approx 8{,}49;\ \frac{1}{2} \cdot \frac{\text{Quartilabstand}}{\sigma} = \frac{6}{\sigma} \approx 0{,}71$
(3) $\mu = 125;\ \sigma \approx 7{,}91;\ \frac{1}{2} \cdot \frac{\text{Quartilabstand}}{\sigma} = \frac{5}{\sigma} \approx 0{,}63$

6 Beurteilende Statistik

6.1 Prognoseintervalle und Konfidenzintervalle

6.1.1 Schluss von der Gesamtheit auf die Stichprobe

312 **Einstiegsaufgabe ohne Lösung**

- 90 %-Umgebung von $\mu = 250$: $\sigma \approx 11{,}18$; $1{,}64\sigma \approx 18{,}3$; $P(232 \le X \le 268) = 0{,}902$
- n-facher Münzwurf

	(1)	(2)	(3)	(4)
n	1 000	789	10 000	1 234
μ	500	394,5	5 000	617
σ	15,81	14,04	50	17,56
$1{,}64\sigma$	25,93	23,03	82	28,81
$1{,}96\sigma$	30,99	27,53	98	34,43
$2{,}58\sigma$	40,79	36,23	129	45,32
90 %	$P(474 \le X \le 526)$ $= 0{,}906$	$P(371 \le X \le 418)$ $= 0{,}913$	$P(4\,918 \le X \le 5\,082)$ $= 0{,}901$	$P(588 \le X \le 646)$ $= 0{,}907$
95 %	$P(469 \le X \le 531)$ $= 0{,}954$	$P(367 \le X \le 422)$ $= 0{,}954$	$P(4\,902 \le X \le 5\,098)$ $= 0{,}951$	$P(583 \le X \le 651)$ $= 0{,}951$
99 %	$P(459 \le X \le 541)$ $= 0{,}991$	$P(358 \le X \le 431)$ $= 0{,}992$	$P(4\,871 \le X \le 5\,129)$ $= 0{,}990$	$P(572 \le X \le 662)$ $= 0{,}990$

315 **1.**

p	μ	σ	$\mu - 1{,}64\sigma$	$\mu + 1{,}64\sigma$	Kontrollrechnung
0,67	482,4	12,62	461,7	503,1	$P(461 \le X \le 504) = 0{,}919$; $P(462 \le X \le 503) = 0{,}904$
0,72	518,4	12,05	498,6	538,2	$P(498 \le X \le 539) = 0{,}919$; $P(499 \le X \le 538) = 0{,}903$
0,57	410,4	13,28	388,6	432,2	$P(388 \le X \le 433) = 0{,}917$; $P(389 \le X \le 432) = 0{,}902$
0,40	288,0	13,15	266,4	309,6	$P(266 \le X \le 310) = 0{,}913$; $P(267 \le X \le 309) = 0{,}898$

316 **2.** **a)** $P(X > 360) = 1 - P(X \le 360) = 0{,}093 = 9{,}3\,\%$

b)

	n	μ	$1{,}64\sigma$	90 %-Intervall	5 % oberhalb von
(1)	375	330	10,32	$319 \le X \le 341$	341
(2)	390	343,2	10,52	$332 \le X \le 354$	354
(3)	410	360,8	10,79	$350 \le X \le 372$	372
c)	400	352	10,66	$341 \le X \le 363$	363
	396	348,48	10,61	$337 \le X \le 360$	360
	397	349,36	10,62	$338 \le X \le 360$	360

Kontrollrechnung: $n = 397$: $P(X > 360) = 0{,}039$; $n = 398$: $P(X > 360) = 0{,}053$

316

3. X: *Anzahl der Beschäftigten, die mit dem Auto zur Arbeit kommen*;
$n = 200$; $p = 0{,}4$; $\mu = 80$; $1{,}28\sigma \approx 8{,}87$;
$P(71 \le X \le 89) \approx 80\,\%$, also: $P(X \le 89) \approx 90\,\%$

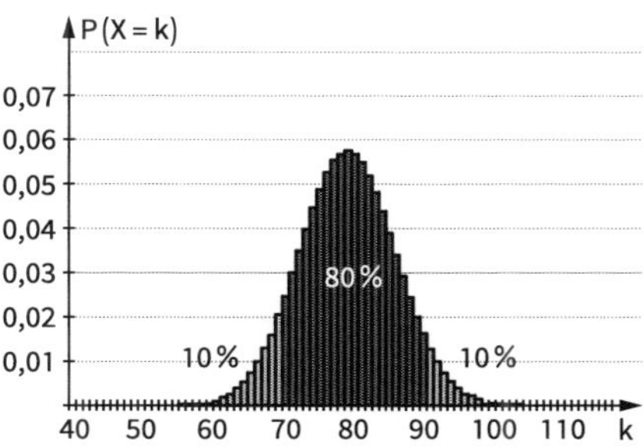

4. a) **Anmerkung zur ersten Auflage:** Die Aufgabenstellung in a) ist allgemein gehalten, sinnvoll wäre es aber, das 80 %-Niveau zu verwenden, als Vorbereitung für b).
X: *Anzahl der Fluggäste, die tatsächlich fliegen wollen*

	n	μ	1,28σ	symmetrisches 80 %-Intervall	Folgerung	1,64σ	symmetrisches 90 %-Intervall	Folgerung
(1)	290	261	6,54	$254 \le X \le 268$	$P(X \le 268) \approx 90\,\%$	8,38	$253 \le X \le 269$	$P(X \le 269) \approx 95\,\%$
(2)	300	270	6,65	$263 \le X \le 277$	$P(X \le 277) \approx 90\,\%$	8,52	$261 \le X \le 279$	$P(X \le 279) \approx 95\,\%$
(3)	320	288	6,87	$281 \le X \le 295$	$P(X \le 295) \approx 90\,\%$	8,80	$279 \le X \le 297$	$P(X \le 297) \approx 95\,\%$

b) Aus den 80 %-Intervallen kann man ablesen:
Wenn 290 Buchungen angenommen werden, dann müssen mit einer Wahrscheinlichkeit von ca. 90 % etwa 268 Plätze in einer Maschine zur Verfügung stehen.
Bei 300 Buchungen … 277 Plätze, bei 320 Buchungen … 295 Plätze.
Hinweis: Nicht gestellt ist hier die Frage: Wie viel Buchungen dürfen angenommen werden, damit in 90 % der Fälle die 270 Plätze ausreichen.
Dieses Problem könnte durch systematisches Probieren gelöst werden:

n	μ	1,28σ	80 %-Intervall	Folgerung
292	262,8	6,56	$256 \le X \le 270$	$P(X \le 270) \approx 90\,\%$
293	263,7	6,57	$256 \le X \le 271$	$P(X \le 271) \approx 90\,\%$

oder mithilfe des Gleichungslösers des Rechners:
Ansatz: $\mu + 1{,}28\sigma \le 270 \Leftrightarrow n \cdot 0{,}9 + 1{,}28 \cdot \sqrt{n \cdot 0{,}9 \cdot 0{,}1} \le 270$
Der Rechner findet als Lösung der Gleichung den Wert $n \approx 292{,}7$.
Kontrollrechnung:
$n = 292$: $P(X \le 270) = 0{,}938$; $n = 293$: $P(X \le 270) = 0{,}911$; $n = 294$: $P(X \le 270) = 0{,}876$

5. a) X: *Anzahl der Fahrgäste, die zum Interview bereit sind;* $n = 800$; $p = 0{,}56$; $\mu = 448$;
$1{,}64\sigma \approx 23{,}03$; $P(424 \le X \le 472) \approx 0{,}90$

b)

n	μ	1,64σ	90 %-Intervall	Konsequenz
1 000	560	25,74	$534 \le X \le 586$	$P(X \ge 534) \approx 95\,\%$
950	532	25,09	$506 \le X \le 558$	$P(X \ge 506) \approx 95\,\%$
940	526,4	24,96	$501 \le X \le 552$	$P(X \ge 501) \approx 95\,\%$
938	525,28	24,93	$500 \le X \le 551$	$P(X \ge 500) \approx 95\,\%$

316 Kontrollrechnung:

$n = 936$: $P(X \geq 500) = 0{,}948$; $\mathbf{n = 937}$: $\mathbf{P(X \geq 500) = 0{,}951}$; $n = 938$: $P(X \geq 500) = 0{,}955$

Wenn 937 Personen angesprochen werden, kann man mit einer Wahrscheinlichkeit von ca. 95 % davon ausgehen, dass man mindestens 500 ausgefüllte Fragebögen erhält.

6.1.2 Schluss von der Stichprobe auf die Gesamtheit

317 **Einstiegsaufgabe ohne Lösung**

- Stichprobenergebnisse, die in einer 95 %-Umgebung vom Erwartungswert liegen, werden als verträglich mit der Erfolgswahrscheinlichkeit p bezeichnet. Bei Ergebnisse außerhalb dieser Umgebung sagt man, dass sie signifikant vom Erwartungswert abweichen.
  Erwartungswert bei $n = 100$: $\mu = 100 \cdot p$
  Standardabweichung: $\sigma = \sqrt{100 \cdot p \cdot (1-p)}$
  95 %-Umgebung um den Erwartungswert: $[\mu - 1{,}96 \cdot \sigma;\ \mu + 1{,}96 \cdot \sigma]$
  Stichprobenergebnis: 20
  Für $p = 17\,\% = 0{,}17$ ergeben sich dann daraus folgende Werte:
  $\mu = 17$; $\sigma \approx 4{,}02$ und die ungefähre 95 %-Umgebung mit $[9; 25]$.
  Für $p = 25\,\% = 0{,}25$ ergeben sich dann daraus folgende Werte:
  $\mu = 25$; $\sigma \approx 4{,}33$ und die ungefähre 95 %-Umgebung mit $[17; 33]$.
  Das Stichprobenergebnis 20 ist also mit der Erfolgswahrscheinlichkeit 17 % und auch mit 25 % verträglich.
- Wenn das Stichprobenergebnis in der 95 %- Umgebung liegt, so gilt:
  $\mu - 1{,}96 \cdot \sigma \leq 20 \leq \mu + 1{,}96 \cdot \sigma$
  Im Extremfall kommen also solche Erfolgswahrscheinlichkeiten p in Frage, für die gilt:
  $20 = \mu - 1{,}96 \cdot \sigma = 100 \cdot p - 1{,}96 \cdot \sqrt{100 \cdot p \cdot (1-p)}$ bzw.
  $20 = \mu + 1{,}96 \cdot \sigma = 100 \cdot p + 1{,}96 \cdot \sqrt{100 \cdot p \cdot (1-p)}$
  Mithilfe eines Rechners und dem Befehl num-solve erhalten wir die Lösungen der Gleichungen:
  $20 = 100 \cdot p - 1{,}96 \cdot \sqrt{100 \cdot p \cdot (1-p)}$ für $p \approx 0{,}289$
  $20 = 100 \cdot p + 1{,}96 \cdot \sqrt{100 \cdot p \cdot (1-p)}$ für $p \approx 0{,}133$
  Das Stichprobenergebnis 20 ist also mit allen Erfolgswahrscheinlichkeiten p mit $13{,}3\,\% \leq p \leq 28{,}9\,\%$ verträglich.

318 **1.** **a)** Ergibt sich aus b).
b) kleinste Wahrscheinlichkeit: $p = 0{,}590$;
größte Wahrscheinlichkeit: $p = 0{,}649$

319 **2.** (1) 93,5 % entsprechen 7 480 Haushalten. Damit haben wir $n = 8\,000$ und $k = 7\,480$.
$7\,480 = 8\,000 \cdot p - 1{,}96 \cdot \sqrt{8\,000 \cdot p \cdot (1-p)}$ für $p \approx 0{,}940$
$7\,480 = 8\,000 \cdot p + 1{,}96 \cdot \sqrt{8\,000 \cdot p \cdot (1-p)}$ für $p \approx 0{,}929$
Das 95 %-Konfidenzintervall für die Erfolgswahrscheinlichkeit p ist $[0{,}929; 0{,}940]$.

319 (2) 35,2 % entsprechen 2 816 Haushalten. Damit haben wir $n = 8000$ und $k = 2816$.

$2816 = 8000 \cdot p - 1{,}96 \cdot \sqrt{8000 \cdot p \cdot (1-p)}$ für $p \approx 0{,}362$

$2816 = 8000 \cdot p + 1{,}96 \cdot \sqrt{8000 \cdot p \cdot (1-p)}$ für $p \approx 0{,}342$

Das 95 %-Konfidenzintervall für die Erfolgswahrscheinlichkeit p ist [0,342; 0,362].

(3) 84,9 % entsprechen 6792 Haushalten. Damit haben wir $n = 8000$ und $k = 6792$.

$6792 = 8000 \cdot p - 1{,}96 \cdot \sqrt{8000 \cdot p \cdot (1-p)}$ für $p \approx 0{,}857$

$6792 = 8000 \cdot p + 1{,}96 \cdot \sqrt{8000 \cdot p \cdot (1-p)}$ für $p \approx 0{,}841$

Das 95 %-Konfidenzintervall für die Erfolgswahrscheinlichkeit p ist [0,841; 0,857].

(4) 14,3 % entsprechen 1144 Haushalten. Damit haben wir $n = 8000$ und $k = 1144$.

$1144 = 8000 \cdot p - 1{,}96 \cdot \sqrt{8000 \cdot p \cdot (1-p)}$ für $p \approx 0{,}151$

$1144 = 8000 \cdot p + 1{,}96 \cdot \sqrt{8000 \cdot p \cdot (1-p)}$ für $p \approx 0{,}135$

Das 95 %-Konfidenzintervall für die Erfolgswahrscheinlichkeit p ist [0,135; 0,151].

3. a) 95 %-Konfidenzintervall für die unbekannte Wahrscheinlichkeit p: [0,526; 0,660]
Es lohnt sich also, zu wetten.

b) 95 %-Konfidenzintervall für die unbekannte Wahrscheinlichkeit p: [0,482; 0,672]
Es lohnt sich also nicht, zu wetten.

c) $n = 300$, damit ergeben sich die Gleichungen

$k = 300 \cdot p - 1{,}96 \cdot \sqrt{300 \cdot p \cdot (1-p)}$

$k = 300 \cdot p + 1{,}96 \cdot \sqrt{300 \cdot p \cdot (1-p)}$

k	10	20	30	40	50	60
95 %- Konfidenz-intervall	[0,018; 0,060]	[0,044; 0,101]	[0,071; 0,139]	[0,099; 0,176]	[0,129; 0,213]	[0,159; 0,249]

4. 2016

- war für mich persönlich gut: [0,660; 0,717]; weiß nicht: [0,030; 0,054]; schlecht: [0,244; 0,298]
- war für Deutschland gut: [0,410; 0,470]; weiß nicht: [0,038; 0,065]; schlecht: [0,480; 0,540]
- war für die Welt gut: [0,263; 0,318]; weiß nicht: [0,039; 0,065]; schlecht: [0,631; 0,688]

2017

- wird für mich persönlich gut: [0,754; 0,804]; weiß nicht: [0,047; 0,076]; schlecht: [0,139; 0,184]
- wird für Deutschland gut: [0,302; 0,359]; weiß nicht: [0,039; 0,065]; schlecht: [0,590; 0,649]
- wird für die Welt gut: [0,322; 0,380]; weiß nicht: [0,056; 0,087]; schlecht: [0,550; 0,610]

320 **5.** für ein Verbot: [0,641; 0,698]
gegen ein Verbot: [0,177; 0,225]
„weiß nicht, was Scientology ist“: [0,065; 0,098]
„weiß nicht“/keine Angabe: [0,039; 0,065]

320 **6.** **a)** $n = 1\,000$; Stichprobenergebnis $k = 889$; Damit ergeben sich folgende Gleichungen:
$889 = 1\,000 \cdot p - 1{,}96 \cdot \sqrt{1\,000 \cdot p \cdot (1 - p)}$ für $p \approx 0{,}907$
$889 = 1\,000 \cdot p + 1{,}96 \cdot \sqrt{1\,000 \cdot p \cdot (1 - p)}$ für $p \approx 0{,}868$
Konfidenzintervall: [0,868; 0,907]
b) –

7. Der Erwartungswert $\mu = n \cdot p$ liegt im 95 %-Konfidenzintervall, daher gilt:
$n \cdot p - 1{,}96 \cdot \sqrt{n \cdot p \cdot (1 - p)} \le n \cdot p \le n \cdot p + 1{,}96 \cdot \sqrt{n \cdot p \cdot (1 - p)}$
Dividiert man durch n, so ergibt sich
$p - 1{,}96 \cdot \frac{\sqrt{n \cdot p \cdot (1 - p)}}{n} \le p \le p + 1{,}96 \cdot \frac{\sqrt{n \cdot p \cdot (1 - p)}}{n}$
$p - 1{,}96 \cdot \sqrt{\frac{p \cdot (1 - p)}{n}} \le p \le p + 1{,}96 \cdot \sqrt{\frac{p \cdot (1 - p)}{n}}$
In der hier dargestellten Rechnung wurde allerdings einfach $p = 0{,}1 = \frac{40}{400}$ eingesetzt, was nicht richtig ist, da p nicht bekannt ist.
Das 95 %-Konfidenzintervall für $n = 400$ mit dem Stichprobenergebnis 40 ist [0,075; 0,133].

8. **a)** [0,395; 0,462]
b) Erwartungswerte für alle p aus dem Konfidenzintervall: [128 375; 150 150]

9. (1) [0,136; 0,205]
Die Anzahl der Rentiere liegt zwischen ca. 972 und 1481.
(2) [0,151; 0,289]
Die Anzahl der Fische liegt zwischen ca. 414 und 795.

6.1.3 Wahl eines genügend großen Stichprobenumfangs

323 **1.** (1) $n \ge \frac{2{,}58^2 \cdot 0{,}5 \cdot 0{,}5}{0{,}005^2} = 66\,564$ (2) $n \ge \frac{2{,}58^2 \cdot 0{,}06 \cdot 0{,}94}{0{,}002^2} \approx 93\,855$

2. Die Mehrheit entspricht z. B. 50,1 %. Der angegebene Wert 53,4 % darf also um höchstens 3,3 Prozentpunkte abweichen: $n \ge \left(\frac{1{,}96}{0{,}033}\right)^2 \cdot 0{,}534 \cdot (1 - 0{,}534) \approx 878$

324

3. Für $n = 1\,250$ ergibt sich

wenn $p \approx 0{,}4$: $2 \cdot \sqrt{\frac{0{,}4 \cdot 0{,}6}{1250}} \approx 0{,}028 \approx 0{,}03$

wenn $p \approx 0{,}1$: $2 \cdot \sqrt{\frac{0{,}1 \cdot 0{,}9}{1250}} \approx 0{,}017 \approx 0{,}02$

Der zweite Teil der Aussage bezieht sich darauf, dass den Bereichen unterschiedlich große Wahrscheinlichkeiten zukommen. Die Ergebnisse von Zufallsexperimenten konzentrieren sich auf die Bereiche in der Nähe des Erwartungswerts:

$P(0{,}5\,\sigma\text{-Umgebung von }\mu) \approx 0{,}383$

$P(1\,\sigma\text{-Umgebung von }\mu) \approx 0{,}683$,

d. h. Zuwachs um 30 Prozentpunkte gegenüber der $0{,}5\,\sigma$-Umgebung.

$P(1{,}5\,\sigma\text{-Umgebung von }\mu) \approx 0{,}866$,

d. h. Zuwachs um 18,3 Prozentpunkte gegenüber der $1\,\sigma$-Umgebung.

$P(2\,\sigma\text{-Umgebung von }\mu) \approx 0{,}954$,

d. h. Zuwachs um 8,8 Prozentpunkte gegenüber der $1{,}5\,\sigma$-Umgebung.

$P(2{,}5\,\sigma\text{-Umgebung von }\mu) \approx 0{,}988$,

d. h. Zuwachs um 3,4 Prozentpunkte gegenüber der $2\,\sigma$-Umgebung.

$P(3\,\sigma\text{-Umgebung von }\mu) \approx 0{,}997$,

d. h. Zuwachs um 1,7 Prozentpunkte gegenüber der $2{,}5\,\sigma$-Umgebung.

4. Nein. Bei einer Sicherheit von 90 % kann wegen $\left|\frac{X}{n} - p\right| \le 1{,}64\frac{\sigma}{n} \le 1{,}64\sqrt{\frac{0{,}25}{3500}} \approx 0{,}0138$ nur eine Breite von 0,014 erreicht werden.

Eine Genauigkeit von drei Stellen erfordert eine Intervallbreite von 0,001.

Bei einer Sicherheitswahrscheinlichkeit von 90 % gilt $\left(\frac{1{,}64}{0{,}001}\right)^2 \cdot 0{,}25 \le n$, also $n \ge 672\,400$.

5. a) Durch $x^2 + y^2 = 1$ wird ein Kreis um den Koordinatenursprung mit Radius 1 beschrieben. Ein Viertel seiner Fläche enthält Punkte mit nicht-negativen Koordinaten, daher gilt: $p = \frac{1}{4} \cdot 1^2 \cdot \pi = \frac{\pi}{4}$

b) 95 %-Umgebung von $\frac{\pi}{4}$: $\left[\frac{\pi}{4} - 0{,}25;\ \frac{\pi}{4} + 0{,}25\right] = [0{,}760;\ 0{,}811]$

Daraus ergibt sich für π die Schätzung $[3{,}040;\ 3{,}243]$

c) $2{,}58\sqrt{\frac{\frac{\pi}{4}\left(1 - \frac{\pi}{4}\right)}{n}} \le 0{,}001 \Leftrightarrow n \ge 1{,}12 \cdot 10^6$

6. Auflösen der Gleichung $1{,}96 \cdot \sqrt{\frac{0{,}23 \cdot 0{,}77}{n}} = 0{,}01$ nach n ergibt: $n = \left(\frac{1{,}96}{0{,}01}\right)^2 \cdot 0{,}23 \cdot 0{,}77 \approx 6\,800$

Man benötigt also ca. 6 800 Würfe für die Schätzung.

7. Mit $d = 0{,}01$ und $p = 0{,}75$ ergibt sich: $n \ge \left(\frac{1{,}96}{0{,}01}\right)^2 \cdot 0{,}75 \cdot 0{,}25 = 7203$

Für die Hauptuntersuchung ergibt sich ein Stichprobenumfang von mindestens 7 203.

6.2 Testen von Hypothesen

6.2.1 Entscheidungsverfahren und mögliche Fehler

327

1.

	Es regnet.	Es regnet nicht.
Der Wetterbericht hat den Regen vorausgesagt.	Der Wetterbericht lag **richtig**. Man hat Regenkleidung gewählt, die man auch braucht.	Der Wetterbericht lag **falsch**. Man hat Regenkleidung gewählt, obwohl man sie nicht braucht.
Der Wetterbericht hat den Regen nicht vorausgesagt.	Der Wetterbericht lag **falsch**. Man hat keine Regenkleidung gewählt, obwohl man sie braucht.	Der Wetterbericht lag **richtig**. Man hat keine Regenkleidung gewählt, die man auch nicht braucht.

2.

	Die Ware erfüllt die Qualitätsstandards.	Die Ware erfüllt die Qualitätsstandards nicht.
Bei der Kontrolle wird die Ware für gut befunden.	Der Kontrolleur lag richtig. Die gute Ware wird an den Konsumenten geliefert.	Der Kontrolleur lag falsch. Die schlechte Ware wird an den Konsumenten geliefert. (Fehler 2. Art, Konsumentenrisiko)
Bei der Kontrolle wird die Ware für schlecht befunden.	Der Kontrolleur lag falsch. Die Ware wird nicht an den Konsumenten geliefert, obwohl sie gut ist. (Fehler 1. Art, Produzentenrisiko)	Der Kontrolleur lag richtig. Die schlechte Ware wird nicht an den Konsumenten geliefert.

3. a) Der Großhändler vertritt hier die Hypothese $p \geq 0{,}8$ für die Wahrscheinlichkeit p, dass ein Ball die Wettkampfbedingungen erfüllt.
Fehler 1. Art: Obwohl $p \geq 0{,}8$ richtig ist, wird diese Hypothese aufgrund des Testergebnisses verworfen.
Fehler 2. Art: Obwohl $p \geq 0{,}8$ falsch ist, wird diese Hypothese aufgrund des Testergebnisses nicht verworfen.

b) Der Großhändler möchte den Fehler 1. Art aus Teilaufgabe a) vermeiden.
Der Ladenbesitzer vertritt die Hypothese $p < 0{,}8$. Sein Interesse ist es, den Fehler 2. Art aus der Teilaufgabe a) zu vermeiden.

4. Die Hypothese $p \geq 0{,}9$ für die Wahrscheinlichkeit p, dass das Pestizid wirkt, wird hier angezweifelt.
Somit ist hier die Nullhypothese $p \geq 0{,}9$ zu testen. Der Hersteller möchte den Fehler 1. Art vermeiden.
Fehler 1. Art: Obwohl $p \geq 0{,}9$ richtig ist, wird diese Hypothese aufgrund des Testergebnisses verworfen.

327 **5.** Bekanntheitsgrad p des Waschmittels.

	Es gilt: $p \geq 0{,}7$	Es gilt: $p < 0{,}7$
Der Test spricht für $p \geq 0{,}7$.	Die Werbeagentur ist zufrieden. Der Test bestätigt, dass ihre Kampagne erfolgreich war.	Diesen Fehler möchte der Auftraggeber vermeiden. Er hat eine teure Kampagne bezahlt, die aber keine Wirkung zeigt.
Der Test spricht für $p < 0{,}7$.	Diesen Fehler möchte die Werbeagentur vermeiden. Obwohl sie eine erfolgreiche Kampagne geführt haben, fällt der Test schlecht aus.	Der Auftraggeber sieht seine Zweifel bestätigt. Die Kampagne der Werbeagentur hat nichts gebracht.

Getestet wird die Hypothese, die man anzweifelt:

(1) Die Werbeagentur möchte durch einen Test die Hypothese $p < 0{,}7$ verwerfen.

(2) Der Auftraggeber möchte durch einen Test die Hypothese $p \geq 0{,}7$ verwerfen.

6.2.2 Alternativtest

328 **Einstiegsaufgabe ohne Lösung**

- Beispiel: Nullhypothese $p = \frac{1}{6}$; $n = 100$

  Es gilt: $P(X \leq 20) \approx 0{,}8481$; $P(X \leq 21) \approx 0{,}8998$; $P(X \leq 22) \approx 0{,}9369$
  Wenn $p = \frac{1}{6}$, so liegt das Testergebnis in über 93 % aller Fälle im Intervall [0; 22]. Deshalb kann man z. B. folgende Entscheidungsregel aufstellen: Liegt das Testergebnis außerhalb des Intervalls [0; 22], so verwirft man die Nullhypothese zugunsten von $p = 0{,}25$.
- 22 liegt noch im Intervall [0; 22]. Nach der obigen Entscheidungsregel würde man die Nullhypothese $p = \frac{1}{6}$ deshalb nicht verwerfen. Wenn man sich allerdings für das Intervall [0; 21] entschieden hätte, würde man die die Nullhypothese bei diesem Ergebnis zugunsten von $p = 0{,}25$ verwerfen.
  Man kann anhand des Ergebnisses also nicht wirklich sagen, ob der Würfel gezinkt ist oder nicht.
  In insgesamt 7 % aller Fälle kann auch für $p = \frac{1}{6}$ das Testergebnis außerhalb des Intervalls [0; 22] liegen.

330 **1. a)** Hypothese: $p = 0{,}5$
$P_{0,5}(X \geq 31) = 0{,}059 > 0{,}05$; $P_{0,5}(X \geq 32) = 0{,}032 < 0{,}05$
Verwirf $p = 0{,}5$, falls mindestens 32 Erfolge auftreten.
Hypothese: $p = 0{,}6$
$P_{0,6}(X \leq 23) = 0{,}031 < 0{,}05$; $P_{0,6}(X \leq 24) = 0{,}057 > 0{,}05$
Verwirf $p = 0{,}6$, falls höchstens 23 Erfolge auftreten.

b) Hypothese: $p = 0{,}4$
$P_{0,4}(X \geq 48) = 0{,}064 > 0{,}05$; $P_{0,4}(X \geq 49) = 0{,}042 \leq 0{,}05$
Verwirf $p = 0{,}4$, falls mindestens 49 Erfolge auftreten.
Hypothese: $p = 0{,}6$
$P_{0,6}(X \leq 51) = 0{,}042 \leq 0{,}05$; $P_{0,6}(X \leq 52) = 0{,}064 > 0{,}05$
Verwirf $p = 0{,}6$, falls höchstens 51 Erfolge auftreten.

330 **c)** Hypothese: $p = 0{,}25$

$P_{0,25}(X \geq 32) = 0{,}070 > 0{,}05$; $P_{0,25}(X \geq 33) = 0{,}045 \leq 0{,}05$

Verwirf $p = 0{,}25$, falls mindestens 33 Erfolge auftreten.

Hypothese: $p = 0{,}75$

$P_{0,75}(X \leq 67) = 0{,}045 \leq 0{,}05$; $P_{0,75}(X \leq 68) = 0{,}070 > 0{,}05$

Verwirf $p = 0{,}75$, falls höchstens 67 Erfolge auftreten.

d) Hypothese: $p = \frac{1}{6}$

$P_{\frac{1}{6}}(X \geq 13) = 0{,}063 > 0{,}05$; $P_{\frac{1}{6}}(X \geq 14) = 0{,}031 \leq 0{,}05$

Verwirf $p = \frac{1}{6}$, falls mindestens 14 Erfolge auftreten.

Hypothese: $p = \frac{1}{3}$

$P_{\frac{1}{3}}(X \leq 10) = 0{,}028 \leq 0{,}05$; $P_{\frac{1}{3}}(X \leq 11) = 0{,}057 > 0{,}05$

Verwirf $p = \frac{1}{3}$, falls höchstens 10 Erfolge auftreten.

331 **2.** $p_1 = 0{,}2$; $p_2 = 0{,}3$; $n = 40$

k	8	9	10	11	12
Annahmebereich	[0; 8]	[0; 9]	[0; 10]	[0; 11]	[0; 12]
Sicherheitswahrscheinlichkeit $P_{0,2}(X \leq k)$	0,5931	0,7318	0,8392	0,9125	0,9568
$\alpha = 1 - P_{0,2}(X \leq k)$	0,4069	0,2682	0,1608	0,0875	0,0432
$\beta = P_{0,3}(X \leq k)$	0,1110	0,1959	0,3087	0,4406	0,5772

3.

Kritischer Wert k	$\alpha = P_{0,1}(X > k)$	$\beta = P_{\frac{1}{6}}(X \leq k)$
9,5	0,549	0,021
10,5	0,417	0,043
11,5	0,297	0,078
12,5	0,198	0,130
13,5	0,124	0,200
14,5	0,073	0,287
15,5	0,040	0,388
16,5	0,021	0,494
17,5	0,010	0,599

4. Nullhypothese: $p_1 = 0{,}5$; $p_2 = 0{,}6$

- $n = 1000$
- $P_{0,5}(X \leq 526) \approx 0{,}9532$; Annahmebereich [0; 526]
  $\alpha = 1 - P_{0,5}(X \leq 526) \approx 0{,}0468$; $\beta = P_{0,6}(X \leq k) \approx 0$
  Wenn das Testergebnis im Intervall [0; 526] liegt, gibt der Test keinen Anlass, an $p_1 = 0{,}5$ zu zweifeln. Liegt das Testergebnis über dem kritischen Wert 526, so wird die Nullhypothese zugunsten von $p_2 = 0{,}6$ verworfen.
  Ein Fehler 1. Art entsteht, wenn die Nullhypothese wahr ist, aber das Testergebnis außerhalb des Annahmebereichs liegt. Die Wahrscheinlichkeit für diesen Fehler liegt ungefähr bei 4,68 %.
  Ein Fehler 2. Art entsteht, wenn die Nullhypothese falsch ist, aber das Testergebnis trotzdem im Annahmebereich liegt. Die Wahrscheinlichkeit für einen Fehler 2. Art liegt ungefähr bei 0.

331

5. In einer Stichprobe vom Umfang $n = 40$ soll über die Hypothesen H_1: $p = 0{,}08$ oder H_2: $p = 0{,}15$ entschieden werden.
Die Erwartungswerte sind $\mu_1 = 40 \cdot 0{,}08 = 3{,}2$ und $\mu_2 = 40 \cdot 0{,}15 = 6$.
Man könnte also einen kritischen Wert zwischen diesen beiden Erwartungswerten festlegen. Hierfür gilt (vgl. Tabelle unten):
$P_{p=0{,}08}(X \geq 5) = 1 - 0{,}787 = 0{,}213$ und $P_{p=0{,}15}(X \leq 4) = 0{,}263$
d. h. mit einer Wahrscheinlichkeit von 21,3 % würde die Anzahl der Dachziegel mit Mängeln oberhalb des kritischen Werts liegen, obwohl es sich um Dachziegel 1. Wahl handelt, und mit einer Wahrscheinlichkeit von 26,3 % würde die Anzahl der Dachziegel mit Mängeln unterhalb des kritischen Werts liegen, obwohl es sich um Dachziegel 2. Wahl handelt.
Hier geht es aber nicht um die Entscheidung eines Außenstehenden, der daher den kritischen Wert zwischen den beiden Erwartungswerten wählt, sondern um die Entscheidung aufgrund eines Standpunkts.
Der Bauunternehmer (Kunde) nimmt einen skeptischen Standpunkt ein, d. h. vermutet also, dass es sich um Dachziegel 2. Wahl handelt , d. h. $p = 0{,}15$ der Stichprobe zugrunde liegt. Von diesem Standpunkt lässt er sich nur abbringen, wenn die Anzahl von Dachziegeln mit Mängeln deutlich unterhalb des Erwartungswerts μ_2 liegt.
An der Tabelle der Wahrscheinlichkeitsverteilung lesen wir ab:

k	$P(X \leq k)$ für $p = 0{,}08$	$P(X \leq k)$ für $p = 0{,}15$
0	0,036	0,002
1	0,159	0,012
2	0,369	0,049
3	0,601	0,130
4	0,787	0,263
5	0,903	0,433
6	0,962	0,607
7	0,987	0,756

Wenn der Bauunternehmer (Kunde) als Entscheidungsregel festlegt, die Hypothese $p = 0{,}15$ zu verwerfen, falls weniger als 3 mangelhafte Dachziegel gefunden werden, dann ist die Wahrscheinlichkeit für einen Fehler 1. Art gleich $P_{p=0{,}15}(X \leq 2) = 0{,}049$.
Dagegen wird ein Vertreter der Firma anders argumentieren: Es handelt sich um Dachziegel 1. Wahl, d. h. es gilt: $p = 0{,}08$. Von diesem Standpunkt lasse ich mich nur abbringen, wenn in der Stichprobe ungewöhnlich viele defekte Dachziegel gefunden werden. Er wird daher beispielsweise formulieren:
Verwirf die Hypothese $p = 0{,}08$, falls mehr als 6 defekte Dachziegel in der Stichprobe gefunden werden; hierfür gilt:
$P_{p=0{,}08}(X > 6) = 1 - 0{,}962 = 0{,}038$

331 **6. a)**

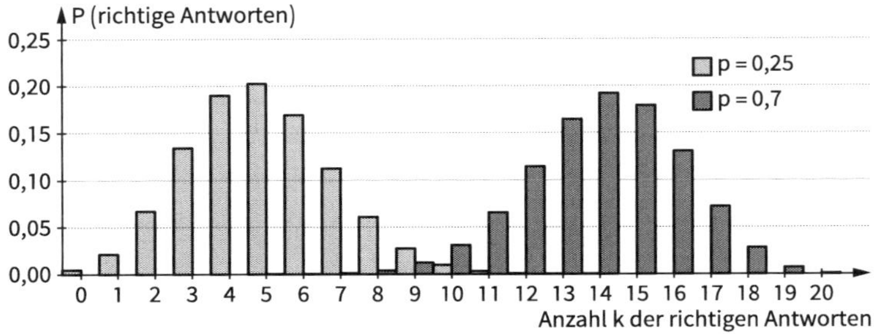

Die Grafik zeigt, dass man annehmen kann, dass der Kandidat über eine gute Allgemeinbildung verfügt, wenn er mindestens 10 Fragen richtig beantwortet.

b) Jemand beantwortet durch Raten mehr als 9 Fragen richtig, oder jemand mit einer guten Allgemeinbildung beantwortet weniger als 10 Fragen richtig.

7. a) Alternativen:

(1) Die Trefferwahrscheinlichkeit des Kandidaten ist 0,75.

(2) Die Trefferwahrscheinlichkeit ist 0,5.

Standpunkt: $p = 0{,}75$ gilt, wenn 13 von 20 Vorhersagen richtig sind.

b) Fehler 1. Art: Kandidat schafft höchstens 13 richtige Ergebnisse, obwohl er es in 75 % der Fälle richtig voraussagen kann.

$\alpha = P_{p=0{,}75}(X \leq 13) = 0{,}214$

Fehler 2. Art: Kandidat schafft mehr als 13 Treffer durch blindes Raten.

$\beta = 1 - P_{p=0{,}5}(X \leq 13) = 0{,}058$

c) Der Kandidat behauptet, hellseherisch begabt zu sein, wenn er mindestens 15 Treffer bei 20 Würfen erzielt.

Fehler 1. Art: Obwohl der Kandidat hellseherisch begabt ist, schafft er höchstens 14 Treffer.

$\alpha = P_{p=0{,}75}(X \leq 14) = 0{,}38$

Fehler 2. Art: Durch Raten schafft er mindestens 15 Treffer:

$\beta = 1 - P_{p=0{,}5}(X \leq 14) = 0{,}02$

6.2.3 Testen einer einseitigen Hypothese

332 **Einstiegsaufgabe ohne Lösung**

X sei die Anzahl der Jugendlichen, die die Marke kennen.

Es gilt: $P_{0{,}3}(X \geq 67) = 0{,}1579$, d. h. die Wahrscheinlichkeit, dass bei einem Bekanntheitsgrad von 30 % mindestens 67 Jugendliche die Marke kennen, liegt bei ca. 16 %. Wenn der wahre Bekanntheitsgrad kleiner als 30 % ist, verringert sich diese Wahrscheinlichkeit noch weiter. Bei einem geringen Bekanntheitsgrad ist das beobachtete Ereignis also vergleichsweise unwahrscheinlich. Damit kann man der Aussage des Herstellers Glauben schenken. Bewiesen ist sie damit nicht.

333

1. **a)** Untersucht werden soll, ob sich der Anteil erhöht hat. Die alternative Hypothese ist: Der Anteil hat sich nicht erhöht oder ist sogar kleiner geworden.

   b) Für $n = 750$ und $p = 0{,}4$ ergibt sich $\mu = 300$ und $\sigma \approx 13{,}42$; $\mu + 1{,}28\sigma \approx 317{,}2$;
   für $p < 0{,}4$ ist $\mu + 1{,}28\sigma < 317{,}2$.
   Kontrollrechnung: $P_{p=0,4}(X > 317) = 1 - P(X \leq 317) \approx 0{,}096 < 0{,}10$
   Entscheidungsregel: Verwirf die Hypothese $p \leq 0{,}4$, falls mehr als 317 Personen in der Stichprobe mobiles Internet nutzen.

334

2. Lässt sich die Hypothese $p > 0{,}5$ aufgrund des Stichprobenergebnisses verwerfen?
   Für $p = 0{,}5$; $n = 800$ wäre $\mu = 400$; $\sigma = 14{,}14$ und $\mu - 1{,}64\sigma = 376{,}81$.
   Für $p > 0{,}5$ ist $\mu - 1{,}64\sigma > 376{,}81$.
   Entscheidungsregel: Verwirf die Hypothese $p > 0{,}5$, falls weniger als 377 Personen in der Stichprobe die Regierung unterstützen würden. Da in der Stichprobe 382 Personen wieder die Regierungspartei wählen würden, kann man nicht über die Hypothese entscheiden.

3. **a)** Nullhypothese: $p \geq 0{,}75$; $n = 102$; Signifikanzniveau 95 %
   $P(X \leq 69) \approx 0{,}0576 > 0{,}05$; $P(X \leq 68) \approx 0{,}0366$
   Entscheidungsregel: Bei 68 oder weniger Treffern wird die Nullhypothese verworfen.
   Mit 74 verwandelten Foul-Elfmetern liegt das Ergebnis im Annahmebereich.
   Der Test gibt somit keinen Anlass an der Hypothese zu zweifeln, dass es keine Rolle spielt, ob der Gefoulte selbst zum Strafstoß antritt oder nicht.

   b) Mit einer Wahrscheinlichkeit von 95 % werden von 102 Foul-Elfmetern mindestens 69 verwandelt.

   c) In etwa 5 % aller Fälle können von 102 Foul-Elfmetern nur 68 oder weniger Elfmeter verwandelt werden. Unabhängig davon, ob der Gefoulte selbst schießt oder nicht.

4. **a)** Der Händler wird einen skeptischen Standpunkt einnehmen, d. h. die Hypothese $p \leq 0{,}7$ (Anteil der brauchbaren Elektronik-Bauteile) testen. Diese Hypothese wird verworfen bei signifikanter Abweichung nach oben.
   Für $p \leq 0{,}7$ und $n = 60$ ist $\mu = 42$; $\sigma = 3{,}55$; also $\mu + 1{,}28\sigma \leq 46{,}54$. Der Händler wird erst bei mehr als 46 brauchbaren (d. h. weniger als 14 unbrauchbaren) Elektronik-Bauteilen kaufen.

   b) Alle Anteile mit $0{,}65 \leq p < 0{,}7$ sind mit $X = 45$ verträglich, aber für den Händler ungünstig.

   c) Alle Anteile $0{,}7 < p \leq 0{,}728$ sind mit $X = 38$ verträglich, aber für den Händler günstig.

5. **a)** $n = 30$, $k = 13$, Nullhypothese: $p = 0{,}5$; $P(X \leq 13) \approx 0{,}2923$
   Mit einer Wahrscheinlichkeit von ungefähr 29 % verwirft Ringo seine Hypothese, obwohl sie stimmt.

   b) $P(X \leq 10) \approx 0{,}0494$
   Bei 10 Stimmen oder weniger sollte Ringo seine Hypothese verwerfen, wenn er ein Sicherheitsniveau von 95 % erreichen will. Ein Fehler 2. Art tritt ein, wenn Ringos Hypothese falsch ist, aber das Testergebnis dennoch im Annahmebereich liegt.
   $P_{0,4}(X > 10) = 1 - P_{0,4}(X \leq 10) \approx 1 - 0{,}2915 \approx 0{,}7085$
   Die Wahrscheinlichkeit für einen Fehler 2. Art liegt für $p = 40\,\%$ ungefähr bei 71 %.

335

6. **a)** Standpunkt des Kunden: Der Anteil ist geringer als 20 % $(p < 0{,}2)$. Für $p = 0{,}2$ ist $\mu = 14{,}4$; $\sigma = 3{,}39$; also $\mu + 1{,}28\sigma = 18{,}74$.
Entscheidungsregel: Verwirf die Hypothese $p < 0{,}2$, falls unter den 72 sichtbaren Briefmarken mehr als 18 einen Katalogwert von mindestens 0,30 € haben.

b) Bei nur 10 Briefmarken mit Mindest-Katalogwert 0,30 € kauft der Kunde nicht (vgl. a). Es ist aber dennoch möglich, dass $p \geq 0{,}2$ ist. Selbst ein Stichprobenergebnis von $X = 10$ ist mit Anteilen $0{,}2 \leq p \leq 0{,}219$ verträglich.

c) Der Anbieter wird die Hypothese $p \geq 0{,}2$ vorschlagen, die nur bei signifikanter Abweichung nach unten $(X < 11)$ verworfen wird.
Fehler 1. Art: Die Briefmarken haben tatsächlich einen höheren Wert, aber die Stichprobe führt zum Verwerfen der Hypothese.
Fehler 2. Art: Die Briefmarken sind nicht so wertvoll, aber dies wird nicht erkannt.

7. **a)** Da im Großmarkt untersucht wird, wird die Hypothese H_0: $p \leq 0{,}1$ getestet.
Für $p = 0{,}1$ gilt: $\mu = 10$; $\sigma = 3$; $1{,}64\sigma = 4{,}92$
Entscheidungsregel: Falls mehr als 14 Packungen weniger als 400 g wiegen, verwirf die Hypothese H_0.

b) Da der Test beim Abnehmer stattfindet, wird folgende Hypothese untersucht:
H_1: $p > 0{,}1$ (Rechnung wie in a)) $1{,}64\sigma = 5{,}39$
Entscheidungsregel: Falls weniger als 7 Packungen Mindergewicht haben, verwirf die Hypothese H_1.

c) Für H_0 gilt:
Ein Fehler 1. Art tritt auf, wenn mehr als 14 Packungen Mindergewicht haben, obwohl $p \geq 0{,}1$ ist. Ein Fehler 2. Art tritt auf, wenn weniger als 15 Packungen Mindergewicht haben, obwohl $p > 0{,}1$ ist.
Für H_1 gilt:
Ein Fehler 1. Art tritt auf, wenn weniger als 7 Packungen Mindergewicht haben, obwohl $p > 0{,}1$ ist. Ein Fehler 2. Art tritt auf, wenn mehr als 6 Packungen Mindergewicht haben, obwohl $p \leq 0{,}1$ ist.

8. Es soll untersucht werden, wie groß der Anteil der weiblichen Autofahrer ist.

- 1. Standpunkt: Der Anteil liegt bei mindestens 37,1 %. Dann wäre der Anteil der weiblichen Autofahrer unter den Unfallverursachern geringer als erwartet, was den Schluss zuließe, dass weibliche Autofahrer die besseren sind.
  Hypothese H_0: $p \geq 0{,}371$; $P(X < K) \leq 5\,\%$ gilt für $K \leq 80$
  Entscheidungsregel: Verwirf die Hypothese $p \geq 0{,}371$, falls weniger als 80 weibliche Fahrer gezählt werden.
  Fehler 1. Art: Der Anteil liegt tatsächlich bei mindestens 37,1 %. In der Stichprobe befinden sich aber weniger als 80 Frauen, sodass die wahre Hypothese verworfen wird.
  Fehler 2. Art: Der Anteil liegt tatsächlich unter 37,1 %. In der Stichprobe befinden sich aber mindestens 80 Frauen, sodass die falsche Hypothese nicht verworfen wird.

335 - 2. Standpunkt: Der Anteil liegt unter 37,1 %. Dann wäre der Anteil der weiblichen Autofahrer unter den Unfallverursachern höher als erwartet, was den Schluss zuließe, dass weibliche Autofahrer nicht die besseren sind.
  Hypothese H_0: $p < 0{,}371$; $P(X > K) \leq 5\,\%$ gilt für $K \geq 105$
  Entscheidungsregel: Verwirf die Hypothese $p < 0{,}371$, falls mehr als 105 weibliche Fahrer gezählt werden.
  Fehler 1. Art: Der Anteil liegt tatsächlich unter 37,1 %. In der Stichprobe befinden sich aber mindestens 105 Frauen, sodass die wahre Hypothese verworfen wird.
  Fehler 2. Art: Der Anteil liegt tatsächlich bei mindestens 37,1 %. In der Stichprobe befinden sich aber weniger als 105 Frauen, sodass die falsche Hypothese nicht verworfen wird.

9. **a)** Erwartungswert: $\mu = 320 \cdot 0{,}596 \approx 191$; 95 %-Intervall: [174; 208]
b) 90 %-Intervall: [177; 205]
Es soll die Frage untersucht werden, ob es immer noch eine Tendenz zu nicht wahrheitsgemäßen Aussagen zum Wählerverhalten gibt.

- 1. Standpunkt: „Nichtwähler machen tendenziell nach wie vor falsche Angaben".
  Hypothese H_0: $p > 0{,}596$. Entscheidungsregel: Verwirf die Hypothese $p > 0{,}596$, falls weniger als 177 Personen angeben, gewählt zu haben.
  Fehler 1. Art: Der Anteil liegt tatsächlich bei mehr als 59,6 %. Das Stichprobenereignis spricht aber dagegen, sodass die wahre Hypothese verworfen wird.
  Fehler 2. Art: Der Anteil liegt tatsächlich bei höchstens 59,6 %. Das Stichprobenereignis spricht aber dagegen, sodass die falsche Hypothese nicht verworfen wird.
- 2. Standpunkt: „Wähler geben neuerdings häufiger an, nicht gewählt zu haben".
  Hypothese H_0: $p \leq 0{,}596$. Entscheidungsregel: Verwirf die Hypothese $p \leq 0{,}596$, falls mehr als 205 Personen angeben, gewählt zu haben.
  Fehler 1. Art: Der Anteil liegt tatsächlich bei höchstens 59,6 %. Das Stichprobenereignis spricht aber dagegen, sodass die falsche Hypothese nicht verworfen wird.
  Fehler 2. Art: Der Anteil liegt tatsächlich bei mehr als 59,6 %. Das Stichprobenereignis spricht aber dagegen, sodass die wahre Hypothese verworfen wird.

6.2.4 Testen von zweiseitigen Hypothesen

336 **Einstiegaufgabe ohne Lösung**

Grundsätzlich ist jedes Ergebnis mit der Annahme $p = \frac{1}{6}$ verträglich. Die Frage ist, wie wahrscheinlich das beobachtete Ergebnis ist. Dabei reicht es aber nicht, lediglich die Wahrscheinlichkeit des beobachteten Ergebnisses zu berechnen. Diese wird bei großem n immer relativ klein sein. Stattdessen betrachtet man Intervalle um den Erwartungswert. Weicht der gemessene Wert zu weit vom Erwartungswert ab, kann dies ein Indiz dafür sein, dass die angenommene Erfolgswahrscheinlichkeit nicht korrekt ist.
95%-Intervall um $\mu = 100$: [82; 118]. Der erste beobachtete Wert 121 liegt nicht im Intervall. Das passiert unter der Annahme, dass $p = \frac{1}{6}$ wahr ist, nur in 5 % aller Fälle. Dieses Ereignis tritt demnach so selten ein, dass man die Annahme verwerfen könnte. Allerdings besteht die Gefahr einer Fehlentscheidung, denn in 5 % aller Fälle tritt das beobachtete Ereignis für $p = \frac{1}{6}$ doch ein. Der zweite Wert 88 liegt im Intervall. Es spricht daher diesmal nichts gegen die Vermutung $p = \frac{1}{6}$.

339

1. **a)** Nullhypothese: $p = 40\,\%$; Man testet die Hypothese, die man anzweifelt.

b) Der untere kritische Wert k_u ist die kleinste Zahl mit der Eigenschaft $P(X \le k_u) \ge 0{,}025$.
Der obere kritische Wert k_o ist die kleinste Zahl mit der Eigenschaft $P(X \le k_o) \ge 0{,}975$.
Mithilfe eines Rechners und des Befehls Binomialcdf findet man folgende Wahrscheinlichkeiten:

k	30	31	40	49	50
$P(X \le k)$	0,0248	**0,0398**	0,9577	0,9730	**0,9832**

Hier erhält man so $k_u = 31$ und $k_o = 50$.

c) 28 liegt nicht innerhalb des Intervalls [31; 50], 28 liegt also im Verwerfungsbereich. Die Nullhypothese wird damit verworfen.

d) Wenn Lara 40-mal gewinnt, so liegt das Testergebnis im Intervall [31; 50] und es gibt keinen Grund an der Nullhypothese $p = 0{,}4$ zu zweifeln.
Das ist aber noch lange kein Grund, die Nullhypothese als gültig anzusehen. Ist in Wirklichkeit z. B. $p = 0{,}35$, dann ist
$P_{0,35}(31 \le X \le 50) = P_{0,35}(X \le 50) - P_{0,35}(X \le 30) \approx 0{,}9993 - 0{,}1730 \approx 0{,}8263$.
Das heißt mit einer Wahrscheinlichkeit von 82,63 % würden wir in diesem Fall $p = 0{,}4$ annehmen, obwohl $p = 0{,}35$ gilt.

2. **a)** $n = 300$, Nullhypothese $p = 0{,}2$; $\alpha \le 0{,}05$
Gesucht werden die kleinste Zahl k_u mit $P(X \le k_u) \ge 0{,}025$ und die kleinste Zahl k_o mit $P(X \le k_o) \ge 0{,}975$. Mithilfe eines Rechners findet man $k_u = 47$ und $k_o = 74$.
Ablehnungsbereich: [0; 46] und [75; 300]

b) $n = 600$, Nullhypothese $p = 0{,}3$; $\alpha \le 0{,}03$
Gesucht werden die kleinste Zahl k_u mit $P(X \le k_u) \ge 0{,}015$ und die kleinste Zahl k_o mit $P(X \le k_o) \ge 0{,}985$. Mithilfe eines Rechners findet man $k_u = 156$ und $k_o = 205$.
Das Testergebnis sollte im Intervall [156; 205] liegen, damit die Nullhypothese nicht verworfen wird.

c) Nullhypothese $p = 0{,}85$; $\alpha \le 0{,}01$
Gesucht werden die kleinste Zahl k_u mit $P(X \le k_u) \ge 0{,}005$ und die kleinste Zahl k_o mit $P(X \le k_o) \ge 0{,}995$.
(1) $n = 500$: Mithilfe eines Rechners findet man $k_u = 404$ und $k_o = 445$.
(2) $n = 800$: Mithilfe eines Rechners findet man $k_u = 653$ und $k_o = 705$.
(3) $n = 1\,000$: Mithilfe eines Rechners findet man $k_u = 820$ und $k_o = 878$.
(4) $n = 1\,200$: Mithilfe eines Rechners findet man $k_u = 988$ und $k_o = 1051$.

d) Nullhypothese $p = 0{,}2$; Für z. B. $n = 1\,000$ und $\alpha \le 0{,}05$ sucht man die kleinste Zahl k_u mit $P(X \le k_u) \ge 0{,}025$ und die kleinste Zahl k_o mit $P(X \le k_o) \ge 0{,}975$. Mithilfe eines Rechners findet man $k_u = 176$ und $k_o = 225$.
Verwerfungsbereich: [0; 175] und [226; 1000]

339 **3.** **a)** Die Aufgabenstellung gibt vor, dass die Hypothese H: $p = \frac{1}{7}$ getestet wird. Man führt den Versuch n-mal durch und macht eine Prognose, in welchem Bereich die absolute Häufigkeit der betrachteten Augenzahl mit einer vorgegebenen Sicherheitswahrscheinlichkeit liegen muss. Hierfür muss man den Erwartungswert $\mu = n \cdot \frac{1}{7}$ und $\sigma = \sqrt{n \cdot \frac{1}{7} \cdot \frac{6}{7}}$ und die zugehörige σ-Umgebung von μ berechnen. Wenn die absolute Häufigkeit der betrachteten Augenzahl außerhalb der σ-Umgebung liegt, bezweifelt man die Richtigkeit des LAPLACE-Ansatzes; andernfalls hat man dazu keine Veranlassung.

b) Falls es sich um einen LAPLACE-Würfel handelt, kann zufällig die absolute Häufigkeit der betrachteten Augenzahl außerhalb der σ-Umgebung liegen; d. h. der LAPLACE-Würfel wird irrtümlich nicht als fairer Würfel angesehen (Fehler 1. Art).
Falls es sich nicht um einen LAPLACE-Würfel handelt, kann trotzdem zufällig die absolute Häufigkeit der betrachteten Augenzahl innerhalb der σ-Umgebung liegen; d. h. der Würfel wird irrtümlich als LAPLACE-Würfel angesehen (Fehler 2. Art).

4. **a)** Hypothese: Der Angeklagte hat den Diebstahl nicht begangen.
Fehler 1. Art: Der Angeklagte wird verurteilt, weil die Indizien gegen ihn sprechen; in Wirklichkeit ist er aber unschuldig.
Fehler 2. Art: Der Angeklagte wird nicht verurteilt, weil die Indizien nicht ausreichen; in Wirklichkeit ist er jedoch schuldig.

b) Hypothese: Die Glühbirnen sind von langer Lebensdauer.
Fehler 1. Art: Die Glühbirnen werden für kurzlebig gehalten, weil das Ergebnis einer Stichprobe zufällig ungünstig ist; tatsächlich sind sie von langer Lebensdauer.
Fehler 2. Art: Die Glühbirnen sind von kurzer Lebensdauer; man merkt es jedoch bei einer Stichprobe nicht.

c) Hypothese: Die Äpfel sind 1. Wahl.
Fehler 1. Art: Die Äpfel sind von 1. Wahl. Bei der Kontrolle treten so viele schlechte Äpfel auf, dass die Hypothese fälschlicherweise abgelehnt wird.
Fehler 2. Art: Die Äpfel sind von 2. Wahl. Bei der Kontrolle treten so viele gute Äpfel auf, dass die Hypothese fälschlicherweise akzeptiert wird.

340 **5.** $n = 250$; Nullhypothese $p = 0{,}5$; $\alpha \le 0{,}05$:
Gesucht werden die kleinste Zahl k_u mit $P(X \le k_u) \ge 0{,}025$ und die kleinste Zahl k_o mit $P(X \le k_o) \ge 0{,}975$. Mithilfe eines Rechners findet man $k_u = 110$ und $k_o = 140$.
Beide Ergebnisse liegen also noch im Intervall [110; 140] und geben daher keinen Anlass an der Hypothese $p = 0{,}5$ zu zweifeln.

340 **6.** ▪ $n = 10$; Nullhypothese $p = 0{,}5$; Verwerfungsbereich: $[6; 10]$
Ein Fehler 1. Art kann nur auftreten, wenn das Testergebnis im Verwerfungsbereich liegt, also gilt:
$\alpha = P(6 \leq X \leq 10) = 1 - P(X \leq 5) \approx 1 - 0{,}6230 = 0{,}3770$
Ein Fehler 2. Art kann nur auftreten, wenn das Testergebnis nicht im Verwerfungsbereich liegt, also gilt: $\beta = P_{0,6}(X \leq 5) \approx 0{,}3669$

▪ $n = 20$; Nullhypothese $p = 0{,}5$; Verwerfungsbereich: $[12; 20]$
Ein Fehler 1. Art kann nur auftreten, wenn das Testergebnis im Verwerfungsbereich liegt, also gilt: $\alpha = P(12 \leq X \leq 20) = 1 - P(X \leq 11) \approx 1 - 0{,}7483 = 0{,}2517$
Ein Fehler 2. Art kann nur auftreten, wenn das Testergebnis nicht im Verwerfungsbereich liegt, also gilt: $\beta = P_{0,6}(X \leq 11) \approx 0{,}4044$

▪ $n = 50$; Nullhypothese $p = 0{,}5$; Verwerfungsbereich: $[28; 50]$
Ein Fehler 1. Art kann nur auftreten, wenn das Testergebnis im Verwerfungsbereich liegt, also gilt: $\alpha = P(28 \leq X \leq 50) = 1 - P(X \leq 27) \approx 1 - 0{,}7601 = 0{,}2399$
Ein Fehler 2. Art kann nur auftreten, wenn das Testergebnis nicht im Verwerfungsbereich liegt, also gilt: $\beta = P_{0,6}(X \leq 27) \approx 0{,}2340$

▪ $n = 100$; Nullhypothese $p = 0{,}5$; Verwerfungsbereich: $[56; 100]$
Ein Fehler 1. Art kann nur auftreten, wenn das Testergebnis im Verwerfungsbereich liegt, also gilt: $\alpha = P(56 \leq X \leq 100) = 1 - P(X \leq 55) \approx 1 - 0{,}8644 = 0{,}1356$
Ein Fehler 2. Art kann nur auftreten, wenn das Testergebnis nicht im Verwerfungsbereich liegt, also gilt: $\beta = P_{0,6}(X \leq 55) \approx 0{,}1789$

7. a) $n = 250$, H_0: $p = 0{,}5$, $X = 108$; $P(X \leq 108) \approx 0{,}0183 < 0{,}025$.
Abweichung nach unten, H_0 wird verworfen.

b) $n = 1000$, H_0: $p = 0{,}75$, $X = 767$; $P(X \leq 767) \approx 0{,}9001 < 0{,}975$ und $0{,}9001 > 0{,}025$.
Keine Abweichung nach unten oder oben. Das Testergebnis gibt keinen Anlass an H_0 zu zweifeln.

c) $n = 287$, H_0: $p = 0{,}12$, $X = 46$; $P(X \leq 46) \approx 0{,}9828 > 0{,}975$
Abweichung nach oben, H_0 wird verworfen.

d) $n = 1276$, H_0: $p = 0{,}46$, $X = 636$; $P(X \leq 636) \approx 0{,}9973 > 0{,}975$
Abweichung nach oben, H_0 wird verworfen.

e) $n = 12$, H_0: $p = 0{,}3$, $X = 1$; $P(X \leq 1) \approx 0{,}0850 > 0{,}025$ und $0{,}0850 < 0{,}975$
Keine Abweichung nach unten oder oben. Das Testergebnis gibt keinen Anlass an H_0 zu zweifeln.

8. Der Erwartungswert ist 50. Das Testergebnis gibt keinen Anlass an $p = 0{,}5$ zu zweifeln. Damit ist aber noch nicht bewiesen, dass es sich tatsächlich um eine faire Münze handelt. Testet man mit einem Signifikanzniveau von 5 %, so liegt dieses Ergebnis auch für z. B. $p = 0{,}4$ nicht im Verwerfungsbereich, denn es gilt $P_{0,4}(X \leq 49) \approx 0{,}9729 < 0{,}975$ und $0{,}9729 > 0{,}025$.
Somit würde das Testergebnis $X = 49$ auch im Fall $p = 0{,}4$ keinen Anlass geben, an der Hypothese $p = 0{,}5$ zu zweifeln.

340

9. a) $p = 0{,}2;\; n = 400;\; \mu = 80;\; \sigma = 8$
Annahmebereich: $65 \le X \le 95$
Falls weniger als 65 oder mehr als 95 Körner der einen Substanz in der Stichprobe von 400 Körnern gefunden werden, verwirf die Hypothese $p = 0{,}2$.

b) $p = 0{,}2;\; n = 127;\; \mu = 25{,}4;\; \sigma = 4{,}51$
A: $17 \le X \le 34$. Die Hypothese $p = 0{,}2$ kann nicht verworfen werden.

341

10. a) Der angegebene Verwerfungsbereich bezieht sich auf die dominante Merkmalsausprägung. Der Erwartungswert liegt ungefähr in der Mitte des Intervalls zwischen 67 und 83, also hier bei 75.
Es wird also die Nullhypothese $p = 0{,}75$ für $n = 100$ getestet.
Für $n = 100$ gilt:
$P_{0,75}(67 \le X \le 83) = P_{0,75}(X \le 83) - P_{0,75}(X \le 66) \approx 0{,}9789 - 0{,}0276 = 0{,}9513$
H_0 wird also mit einem Signifikanzniveau von 5 % getestet.

b) Fehler 1. Art: Tatsächlich haben 75 % der Nachkommen die dominante Merkmalsausprägung. Zufällig liegt aber das Testergebnis im Verwerfungsbereich. Die Wahrscheinlichkeit für diesen Fehler liegt jedoch bei $1 - 0{,}9513 = 0{,}0487$, also unter 5 %.
Fehler 2. Art: Es ist falsch, dass 75 % der Nachkommen die dominante Merkmalsausprägung haben. Aber zufällig liegt das Testergebnis nicht im Verwerfungsbereich. Wie groß die Wahrscheinlichkeit für diesen Fehler ist, kann man nur berechnen, wenn man den wirklichen Wert für p kennt.

c) Ein Fehler zweiter Art kann nur auftreten, wenn das Testergebnis im Intervall [67; 83] liegt. Daher gilt für die Wahrscheinlichkeit β dieses Fehlers im Fall $p = 0{,}7$ und $n = 100$:
$P_{0,7}(67 \le X \le 83) = P_{0,7}(X \le 83) - P_{0,7}(X \le 66) \approx 0{,}9990 - 0{,}2207 = 0{,}7783$
Die Wahrscheinlichkeit, dass die Hypothese $p = 0{,}75$ nicht verworfen wird, obwohl $p = 0{,}7$ richtig ist, liegt ungefähr bei 78 %.

11. a) Bei weniger als 5 grünen Gummibärchen oder mehr als 15 grünen Gummibärchen in der Stichprobe würde man die Hypothese, dass der Anteil der grünen Gummibärchen 20 % beträgt, verwerfen.

b) Ein Fehler 1. Art kann nur auftreten, wenn das Stichprobenergebnis im Verwerfungsbereich liegt. Die Wahrscheinlichkeit α für diesen Fehler ergibt sich somit wie folgt:
$\alpha = 1 - P(5 \le X \le 15) = 1 - P(X \le 15) + P(X \le 4) \approx 1 - 0{,}9692 + 0{,}0185 = 0{,}0493$

12. Getestet wird die Hypothese „Die Form des Schuhs spielt keine Rolle“, d. h. linke oder rechte Schuhe werden mit gleicher Wahrscheinlichkeit am Strand gefunden.
Wir betrachten die Zufallsgröße X: *Anzahl der linken Schuhe in der Stichprobe* und testen die Hypothese $p = 0{,}5$.
Holland: $n = 107;\; \mu = 53{,}5;\; \sigma = 10{,}14$. Bei einer Sicherheitswahrscheinlichkeit von 95 % ergibt sich der Annahmebereich $44 \le X \le 64$. Damit wird die Hypothese verworfen.
Schottland: $n = 156;\; \mu = 78;\; \sigma = 12{,}24$. Bei einer Sicherheitswahrscheinlichkeit von 95 % ergibt sich der Annahmebereich $66 \le X \le 90$. Damit wird die Hypothese verworfen.

6.3 Normalverteilung

6.3.1 Approximation von Binomialverteilungen durch Normalverteilungen

342 **Einstiegsaufgabe ohne Lösung**

Für $n = 50$ und $p = 0{,}5$ ist $\mu = 25$ und $\sigma = \sqrt{12{,}5}$.

1. Schritt: Verschieben zum Erwartungswert

Der Graph der Glockenkurve φ ist symmetrisch zu $x = 0$ und hat dort sein Maximum.
Das Histogramm der Binomialverteilung ist symmetrisch zum Erwartungswert $\mu = 25$.
Daher muss der Graph von φ um 25 Einheiten nach rechts verschoben werden.
Dieser Graph hat die Funktionsgleichung $f(x) = \varphi(x-25) = \frac{1}{\sqrt{2\pi}} \cdot e^{-0{,}5\cdot(x-25)^2}$,
allgemein also $f(x) = \varphi(x-\mu) = \frac{1}{\sqrt{2\pi}} \cdot e^{-0{,}5\cdot(x-\mu)^2}$.

2. Schritt: Strecken in Richtung der y-Achse

Diese Glockenkurve ist noch zu hoch. Daher wird die Höhe mit dem Kehrwert der Standardabweichung gekürzt, d. h. mit dem Faktor $\frac{1}{\sqrt{12{,}5}}$ in Richtung der y-Achse gestreckt.
Dieser Graph hat die Funktionsgleichung $g(x) = \frac{1}{\sqrt{12{,}5}} \cdot \varphi(x-25) = \frac{1}{\sqrt{12{,}5}} \cdot \frac{1}{\sqrt{2\pi}} \cdot e^{-0{,}5\cdot(x-25)^2}$,
allgemein also $g(x) = \frac{1}{\sigma} \cdot \varphi(x-\mu) = \frac{1}{\sigma} \cdot \frac{1}{\sqrt{2\pi}} \cdot e^{-0{,}5\cdot(x-\mu)^2}$.

3. Schritt: Strecken in Richtung der x-Achse

Der Graph hat jetzt dieselbe Höhe wie das Histogramm der Binomialverteilung, ist aber noch zu schmal. Da alle Rechtecke des Histogramms zusammen den Flächeninhalt 1 haben und durch die Streckung mit dem Faktor $\frac{1}{\sqrt{12{,}5}}$ in Richtung der y-Achse verkleinert wurde, muss jetzt der Graph in Richtung der x-Achse mit dem Faktor $\sqrt{12{,}5}$ gestreckt werden.
Dieser Graph hat die Funktionsgleichung

$h(x) = \frac{1}{\sqrt{12{,}5}} \cdot \varphi\left(\frac{x-25}{\sqrt{12{,}5}}\right) = \frac{1}{\sqrt{12{,}5}} \cdot \frac{1}{\sqrt{2\pi}} \cdot e^{-0{,}5\cdot\left(\frac{x-25}{\sqrt{12{,}5}}\right)^2}$,

allgemein also: $h(x) = \frac{1}{\sigma} \cdot \varphi\left(\frac{x-\mu}{\sigma}\right) = \frac{1}{\sigma} \cdot \frac{1}{\sqrt{2\pi}} \cdot e^{-0{,}5\cdot\left(\frac{x-\mu}{\sigma}\right)^2}$

345 **1.** (1) Der Graph von φ ist achsensymmetrisch zur y-Achse, denn $\varphi(-x) = \varphi(x)$.

(2) $\varphi(x) \to 0$ für $x \to \pm\infty$

(3) $\varphi'(x) = \varphi(x)\cdot(-x) = 0 \Leftrightarrow x = 0$ (mit VZW von + nach –), daher liegt an der Stelle $x = 0$ ein lokales Maximum vor mit $\varphi(0) \approx 0{,}40$.

(4) $\varphi''(x) = \varphi'(x)\cdot(-x) + \varphi(x)\cdot(-1) = \varphi(x)\cdot(-x)\cdot(-x) - \varphi(x) = \varphi(x)\cdot(x^2-1) = 0$
$\Leftrightarrow x = -1$ oder $x = +1$
(Nullstellen mit VZW), daher liegen an den Stellen $x = -1$ und $x = +1$ Wendestellen vor mit $\varphi(-1) = \varphi(1) \approx 0{,}24$.

346

2. a) (1) $\mu = 24;\ \sigma = \sqrt{14{,}4} \approx 3{,}79$ (2) $\mu = 24;\ \sigma = \sqrt{16{,}8} \approx 4{,}10$

b) Zunächst wird das Histogramm gezeichnet. Dann werden die Schritte

1. Verschieben um μ in Richtung der x-Achse,
2. Streckung mit dem Faktor $\frac{1}{\sigma}$ in Richtung der y-Achse,
3. Streckung mit dem Faktor σ in Richtung der x-Achse durchgeführt.

Dann erhält man die folgenden Grafiken:

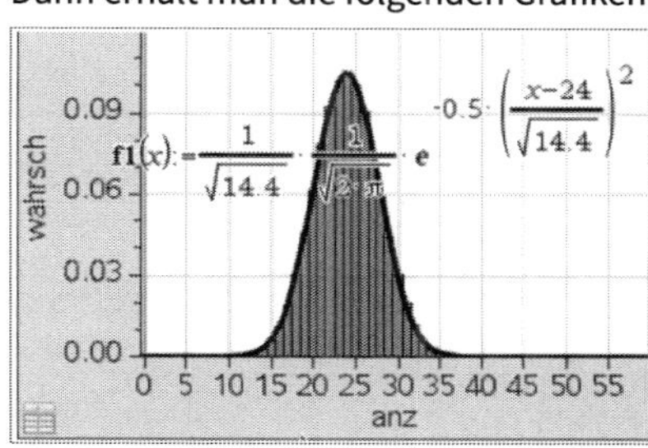

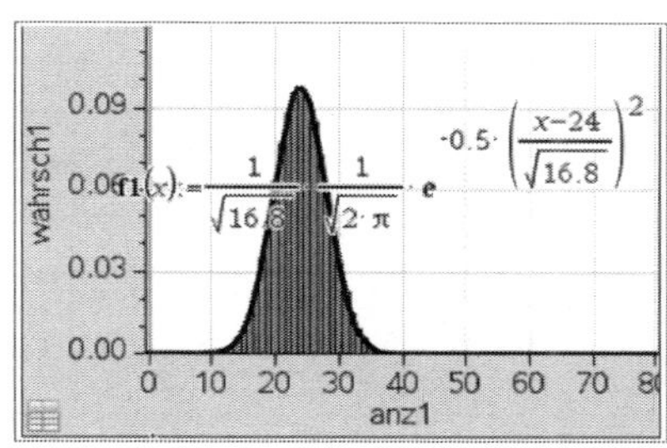

3. a) Die Höhen der Rechtecke ergeben sich aus dem Logarithmus der Wahrscheinlichkeiten aus der linken Grafik.
Z. B. ist $\ln(P(X = 40)) = \ln(0{,}0108439) = -4{,}52416$

b) Es gilt: $\ln\left(\frac{1}{5\sqrt{2\pi}} \cdot e^{-\frac{(x-50)^2}{2\cdot 5^2}}\right) = \ln\left(\frac{1}{5\sqrt{2\pi}}\right) + \ln\left(e^{-\frac{(x-50)^2}{2\cdot 5^2}}\right)$

$$= -2{,}52838 - \frac{(x-50)^2}{50} = -0{,}02x^2 + 2x - 52{,}5284 = y(x)$$

Wegen $\ln(P(X = k)) \approx \ln(\varphi_{50;\,5}(k)) = y(k)$ liegen die logarithmierten Wahrscheinlichkeiten in der rechten Grafik etwa auf der Parabel y.

$\ln(f(x)) = -0{,}02x^2 + 2x - 52{,}53 \Leftrightarrow f(x) = e^{-0{,}02x^2 + 2x - 52{,}53}$

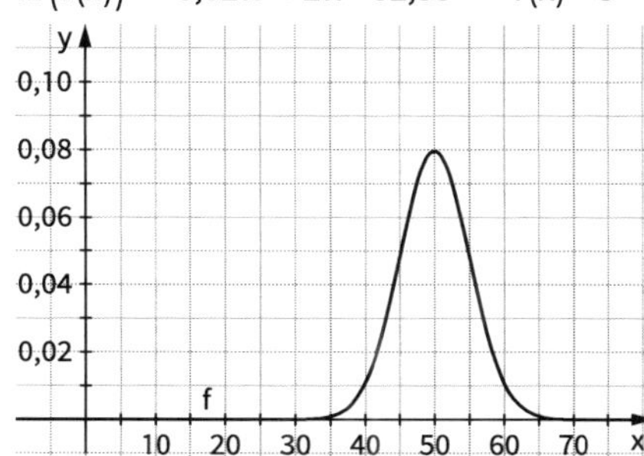

346 **4.** Hier ist $\mu = 12$ und $\sigma = \sqrt{6}$. Für die Ableitungsfunktion der zugehörigen Dichtefunktion f

mit $f(x) = \frac{1}{\sqrt{6}}\frac{1}{\sqrt{2\pi}} \cdot e^{-0,5\cdot\left(\frac{x-12}{\sqrt{6}}\right)^2}$ gilt:

$$f'(x) = \frac{1}{\sqrt{6}}\frac{1}{\sqrt{2\pi}} \cdot e^{-0,5\cdot\left(\frac{x-12}{\sqrt{6}}\right)^2} \cdot 2 \cdot \left(-0,5 \cdot \frac{x-12}{\sqrt{6}}\right) \cdot \frac{1}{\sqrt{6}} = \frac{1}{\sqrt{6}}\frac{1}{\sqrt{2\pi}} \cdot e^{-0,5\cdot\left(\frac{x-12}{\sqrt{6}}\right)^2} \cdot \left(-\frac{x-12}{6}\right)$$

Der Graph dieser Funktion wurde mit einem GTR gezeichnet; er stimmt sehr gut mit dem Polygonzug der Aufgabenstellung überein.

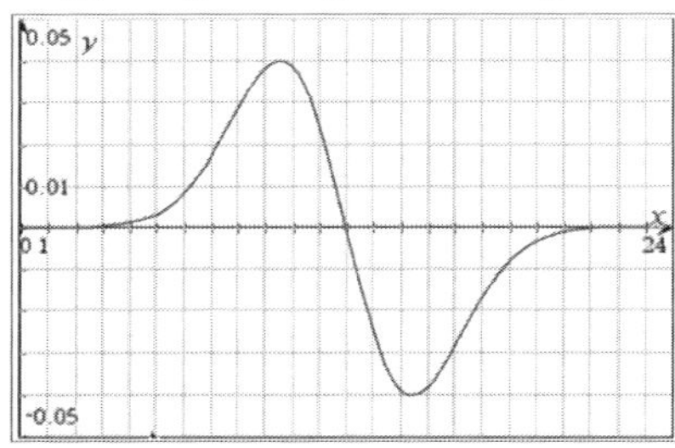

5. a) Die Wahrscheinlichkeit für genau k Erfolge wird im Histogramm durch ein Rechteck dargestellt. Dessen Fläche kann näherungsweise durch das Integral der Normalverteilungsfunktion von $k - 0,5$ bis $k + 0,5$ berechnet werden.

b) Es gilt: $\mu = n \cdot p = 100 \cdot \frac{1}{6} \approx 16,7$ und $\sigma = \sqrt{100 \cdot \frac{1}{6} \cdot \frac{5}{6}} = \sqrt{\frac{125}{9}} \approx 3,73$. Dann ist:

$$P(14 \le X \le 14) = P(13,5 \le X \le 14,5) \approx \Phi\left(\frac{14,5 - 16,7}{3,73}\right) - \Phi\left(\frac{13,5 - 16,7}{3,73}\right) \approx 0,0827$$

(zum Vergleich erhält man mit der Binomialverteilung $\approx 0,0874$)

347 **6. a)** $P(X = 160) = \Phi_{166,5;9}(160,5) - \Phi_{166,5;9}(159,5) \approx 0,03405$
(zum Vergleich erhält man mit der Binomialverteilung $\approx 0,03403$)

b) $P(X = 134) = \Phi_{110,5;7,33}(134,5) - \Phi_{110,5;7,33}(133,5) \approx 0,000322$
(zum Vergleich erhält man mit der Binomialverteilung $\approx 0,000309$)

c) $P(X = 101) = \Phi_{98,7;6,9}(101,5) - \Phi_{98,7;6,9}(100,5) \approx 0,05444$
(zum Vergleich erhält man mit der Binomialverteilung $\approx 0,05446$)

d) $P(X = 169) = \Phi_{160,4;8,8} - \Phi_{160,4;8,8}(168,5) \approx 0,02802$
(zum Vergleich erhält man mit der Binomialverteilung $\approx 0,02806$)

7. a) Die Wahrscheinlichkeit für höchstens k Erfolge wird im Histogramm durch $(k + 1)$ Rechtecke dargestellt $(0, 1, 2, \ldots, k)$. Deren Gesamtflächen kann insgesamt näherungsweise durch das Integral der Normalverteilungsfunktion von 0 bis $k + 0,5$ berechnet werden.

b) $P(X \le 20) = \Phi_{16,7;3,73}(20,5) \approx 0,84816$

(zum Vergleich erhält man mit der Binomialverteilung $\approx 0,84811$)
Es genügt, als untere Grenze einen Wert zu wählen, der 5σ unterhalb von μ liegt.

347

8. $n = 1200,\ p = 0{,}8$

a) $P(X > 900) = 1 - P(X \le 900)$

$\approx 1 - \Phi_{960;\,13{,}87}(900{,}5) \approx 0{,}999991$

(zum Vergleich mit der Binomialverteilung $\approx 0{,}999986$)

b) $P(X \ge 900) = 1 - P(X \le 899)$

$\approx 1 - \Phi_{960;\,13{,}87}(899{,}5) \approx 0{,}999994$

(zum Vergleich mit der Binomialverteilung $\approx 0{,}999989$)

c) $P(X \le 950) \approx \Phi_{960;\,13{,}87}(950{,}5) \approx 0{,}2465$

(zum Vergleich mit der Binomialverteilung $\approx 0{,}2453$)

d) $P(970 \le X \le 1\,000) \approx \Phi_{960;\,13{,}87}(1\,000{,}5) - \Phi_{960;\,13{,}87}(969{,}5) \approx 0{,}2447$

(zum Vergleich mit der Binomialverteilung $\approx 0{,}2463$)

9. $n = 300,\ p = \frac{1}{6}$

a) $P(X = 50) \approx 0{,}06174$

(zum Vergleich mit der Binomialverteilung $\approx 0{,}06170$)

b) $P(40 \le X \le 53) \approx 0{,}6543$

(zum Vergleich mit der Binomialverteilung $\approx 0{,}6617$)

c) $P(X \ge 70) = 1 - P(X \le 69) \approx 0{,}00126$

(zum Vergleich mit der Binomialverteilung $\approx 0{,}00185$)

d) $P(X < 40) = P(X \le 39) \approx 0{,}0519$

(zum Vergleich mit der Binomialverteilung $\approx 0{,}0486$)

10. $n = 230;\ p = 0{,}4$

a) $P(X \le 100) = 0{,}873;\ P(X \le 130) = 0{,}99999984$

b) $P(X \le 101) = 0{,}899;\ P(X \le 102) = 0{,}921$

$n = 230;\ p = 0{,}5$

a) $P(X \le 100) = 0{,}028;\ P(X \le 130) = 0{,}99663$

b) $P(X \le 124) = 0{,}895;\ P(X \le 125) = 0{,}917$

11. a) $n = 100;\ p = 0{,}5;\ \mu = 50;\ \sigma = 5$

(1) $P(X = 48) = 0{,}073$

(2) $P(X = 48) \approx \frac{1}{5} \cdot \varphi(-0{,}4) = 0{,}074$

(3) $P(X = 48) \approx \Phi(-0{,}3) - \Phi(-0{,}5) = 0{,}074$

b) $n = 100;\ p = 0{,}4;\ \mu = 40;\ \sigma = 4{,}90$

(1) $P(X = 50) = 0{,}010$

(2) $P(X = 50) \approx \frac{1}{4{,}9} \cdot \varphi(2{,}04) = 0{,}010$

(3) $P(X = 50) \approx \Phi(2{,}134) - \Phi(1{,}939) = 0{,}010$

c) $n = 100;\ p = 0{,}3;\ \mu = 30;\ \sigma = 4{,}58$

(1) $P(X = 28) = 0{,}081$

(2) $P(X = 28) \approx \frac{1}{4{,}58} \cdot \varphi(-0{,}436) = 0{,}079$

(3) $P(X = 28) \approx \Phi(-0{,}327) - \Phi(-0{,}546) = 0{,}079$

347 **d)** $n = 100;\ p = 0{,}25;\ \mu = 25;\ \sigma = 4{,}33$

(1) $P(X = 24) = 0{,}091$

(2) $P(X = 24) \approx \frac{1}{4{,}33} \cdot \varphi(-0{,}231) = 0{,}090$

(3) $P(X = 24) \approx \Phi(-0{,}115) - \Phi(-0{,}346) = 0{,}090$

e) $n = 100;\ p = 0{,}2;\ \mu = 20;\ \sigma = 4$

(1) $P(X = 22) = 0{,}085$

(2) $P(X = 22) \approx \frac{1}{4} \cdot \varphi(0{,}5) = 0{,}088$

(3) $P(X = 22) \approx \Phi(0{,}625) - \Phi(0{,}375) = 0{,}088$

f) $n = 100;\ p = 0{,}1;\ \mu = 10;\ \sigma = 3$

(1) $P(X = 10) = 0{,}132$

(2) $P(X = 10) \approx \frac{1}{3} \cdot \varphi(0) = 0{,}133$

(3) $P(X = 10) \approx \Phi(0{,}167) - \Phi(-0{,}167) = 0{,}133$

12. $n = 500;\ p = \frac{1}{365};\ \mu = 1{,}370;\ \sigma = 1{,}169$

(1)	(2)
$P(X = 0) = 0{,}2537$	$P(X = 0) \approx \frac{1}{1{,}169} \cdot \varphi(-1{,}172) = 0{,}172$
$P(X = 1) = 0{,}3484$	$P(X = 1) \approx \frac{1}{1{,}169} \cdot \varphi(-0{,}316) = 0{,}325$
$P(X = 2) = 0{,}2388$	$P(X = 2) \approx \frac{1}{1{,}169} \cdot \varphi(0{,}539) = 0{,}295$
$P(X = 3) = 0{,}1089$	$P(X = 3) \approx \frac{1}{1{,}169} \cdot \varphi(1{,}395) = 0{,}129$
$P(X = 4) = 0{,}0372$	$P(X = 4) \approx \frac{1}{1{,}169} \cdot \varphi(2{,}250) = 0{,}027$
$P(X = 5) = 0{,}0101$	$P(X = 5) \approx \frac{1}{1{,}169} \cdot \varphi(3{,}106) = 0{,}003$

6.3.2 Wahrscheinlichkeiten bei normalverteilten Zufallsgrößen

350 **1.** (1) $P(45 \le X < 53) \approx 0{,}364$

(2) $P(X \ge 45) \approx 0{,}982$

(3) $P(X \le 50) \approx 0{,}184$

(4) $P(X = 60) \approx 0{,}048$

2. **a)** (1) $P(39{,}5 < X < 40{,}5) = P(39{,}6 \le X \le 40{,}4) \approx 0{,}866$

(2) $P(X < 39{,}0) = P(X \le 38{,}9) \approx 0{,}00023$

(3) $P(X > 41{,}0) = 1 - P(X \le 41{,}0) \approx 0{,}00023$

(4) $P(X = 40{,}0) \approx 0{,}132$

b) 90 %-Umgebung ≈ 0,5 mm:

(1) … zwischen 39,5 mm und 40,5 mm

(2) … mindestens 40,5 mm

350 **3.** **a)** (1) $P(X > 163) = 1 - P(X \leq 162) \approx 0{,}801$

(2) $P(162 \leq X \leq 175) \approx 0{,}717$

b) 80 %-Umgebung von $\mu = 1{,}28\,\sigma$-Umgebung von μ, unterhalb bzw. oberhalb liegen jeweils 10 % der Ergebnisse:

$1{,}28 \cdot 6{,}5\,\text{cm} \approx 8{,}3\,\text{cm}$: $P_{10} \approx 168\,\text{cm} - 8{,}3\,\text{cm} = 159{,}7\,\text{cm}$; $P_{90} \approx 168\,\text{cm} + 8{,}3\,\text{cm} = 176{,}3\,\text{cm}$

50 %-Umgebung von $\mu = 0{,}67\,\sigma$-Umgebung, unterhalb bzw. oberhalb liegen jeweils 25 % der Ergebnisse

$0{,}67 \cdot 6{,}5\,\text{cm} \approx 4{,}4\,\text{cm}$: $P_{25} \approx 168\,\text{cm} - 4{,}4\,\text{cm} = 163{,}6\,\text{cm}$; $P_{75} \approx 168\,\text{cm} + 4{,}4\,\text{cm} = 172{,}4\,\text{cm}$

351 **4.** Frauen:

$\mu = 60{,}2\,\text{kg}$; $P_{10} = 50{,}0\,\text{kg}$ folgt: $60{,}2 - 50{,}0 = 10{,}2 = 1{,}28\,\sigma$, also $\sigma \approx 7{,}97\,\text{kg} \neq 9{,}8\,\text{kg}$

$\mu = 60{,}2\,\text{kg}$; $P_{90} = 73{,}9\,\text{kg}$ folgt: $73{,}9 - 60{,}2 = 13{,}7 = 1{,}28\,\sigma$, also $\sigma \approx 10{,}70\,\text{kg} \neq 9{,}8\,\text{kg}$

$\mu = 60{,}2\,\text{kg}$; $P_{50} = 59{,}9\,\text{kg}$; diese Werte müssten eigentlich übereinstimmen.

Männer:

$\mu = 73{,}2\,\text{kg}$; $P_{10} = 60{,}0\,\text{kg}$ folgt: $73{,}2 - 60{,}0 = 13{,}2 = 1{,}28\,\sigma$, also $\sigma \approx 10{,}31\,\text{kg} \neq 11{,}1\,\text{kg}$

$\mu = 73{,}2\,\text{kg}$; $P_{90} = 87{,}1\,\text{kg}$ folgt: $87{,}1 - 73{,}2 = 13{,}9 = 1{,}28\,\sigma$, also $\sigma \approx 10{,}86\,\text{kg} \neq 11{,}1\,\text{kg}$

$\mu = 73{,}2\,\text{kg}$; $P_{50} = 72{,}0\,\text{kg}$; diese Werte müssten eigentlich übereinstimmen.

5. Aussagen des 2. Artikels:

Zwei Drittel (= 1 σ-Umgebung von μ) haben einen IQ zwischen 85 und 115:
Stimmt überein, da $\sigma = 15$.

50 % sind intelligenter als der Durchschnitt: Stimmt überein, da $P(X > \mu) = 0{,}5$.

2 % haben IQ über 130 (= oberhalb von $\mu + 2\sigma$): Stimmt überein, da
$P(2\sigma\text{-Umgebung}) \approx 0{,}955$, also $P(X > \mu + 2\sigma) \approx \frac{1}{2} \cdot 0{,}045 = 0{,}0225 \approx 2\,\%$.

6. **a)** 1. Wahl: Abweichung höchstens $0{,}15\,\text{mm} = 0{,}75\,\sigma$

$P(\mu - 0{,}75\,\sigma \leq X \leq \mu + 0{,}75\,\sigma) \approx 54{,}7\,\%$

b) Ausschuss: Abweichung um mehr als $0{,}3\,\text{mm} = 1{,}5\,\sigma$

$P(\mu - 1{,}5\,\sigma \leq X \leq \mu + 1{,}5\,\sigma) \approx 86{,}6\,\%$

$P(X < \mu - 1{,}5\,\sigma \vee X > \mu + 1{,}5\,\sigma) = 1 - 0{,}866 = 13{,}4\,\%$

2. Wahl: $100\,\% - 54{,}7\,\% - 13{,}4\,\% = 31{,}2\,\%$

7. **a)** $P(65 \leq X \leq 75) \approx 0{,}789$

b) Wenn die Standardabweichung vergrößert (verkleinert) wird, wird die Wahrscheinlichkeit kleiner (größer).

c) Wenn μ verändert wird, wird die Wahrscheinlichkeit für das Intervall geringer, da μ nicht mehr in der Mitte des Intervalls liegt.

6.3.3 Bestimmen der Parameter bei normalverteilten Zufallsgrößen

352 **Einstiegsaufgabe ohne Lösung**

- (1) $\mu \approx 66{,}5\,\text{cm}$; $1{,}88\sigma \approx 70{,}5\,\text{cm} - 62{,}0\,\text{cm} = 8{,}5\,\text{cm}$, also $\sigma \approx 4{,}52\,\text{cm}$
  (2) $\mu \approx 75{,}0\,\text{cm}$; $1{,}88\sigma \approx 79{,}5\,\text{cm} - 70{,}5\,\text{cm} = 9\,\text{cm}$, also $\sigma \approx 4{,}79\,\text{cm}$
- (1) $\mu \approx 60{,}0\,\text{cm}$; $1{,}88\sigma \approx 64{,}0\,\text{cm} - 57{,}5\,\text{cm} = 6{,}5\,\text{cm}$, also $\sigma \approx 3{,}46\,\text{cm}$
  (2) Bei Körpergewicht 8 kg:
  $\mu = 67{,}5\,\text{cm}$; $1{,}88\sigma \approx 72{,}5\,\text{cm} - 63{,}5\,\text{cm} = 9\,\text{cm}$, also $\sigma \approx 4{,}79\,\text{cm}$

355 **1. a)**

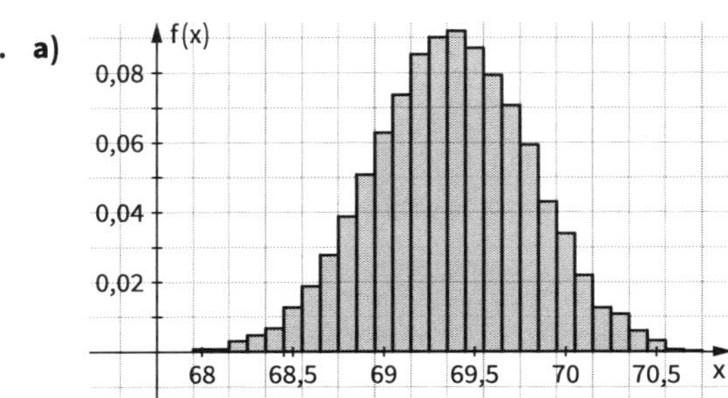

b) Mittelwert: 69,37 mm; Stichprobenstreuung: 0,4316 mm

c) Normalverteilung mit $\mu = 69{,}37$; $\sigma = 0{,}4316$

d) $P(68{,}85 \le X \le 70{,}05) = 0{,}8283$
Ein genauer Vergleich ist nicht möglich, da die Klassierung der Daten zu grob ist. Allerdings liefert die Summe der Klassen 68,8 bis 70,1 den Wert 0,889. Summiert man die Klassen 68,9 bis 70,0, erhält man den Wert 0,828.

2. a) Mittelwert: 23,71 g; Stichprobenstreuung: 4,0861 g
Normalverteilung mit $\mu = 23{,}71$; $\sigma = 4{,}0861$

b) (1) 0,1819 (2) 0,0619 (3) 0,7562

3. Das Gewicht X der Eier ist normalverteilt mit $\mu = 68\,\text{g}$ und $\sigma = 2{,}3\,\text{g}$.
$P(X \le 65) \approx 0{,}0961$
Die Lieferbedingung wird eingehalten.

4. Körpergröße Jungen: Mittelwert: 53,49 cm; Stichprobenstreuung: 2,3516 cm
Normalverteilung mit $\mu = 53{,}49$; $\sigma = 2{,}3516$
Körpergröße Mädchen: Mittelwert: 52,66 cm; Stichprobenstreuung: 2,2101 cm
Normalverteilung mit $\mu = 52{,}66$; $\sigma = 2{,}2101$

356 **5. a)** Height-for-age GIRLS stellt die Körpergröße in Abhängigkeit des Alters von Mädchen dar. Die 5 Linien markieren die prozentualen Anteile aller Mädchen, die eine gewisse Körpergröße nicht überschreiten.
Head-circumference-for-age BOYS stellt den Kopfumfang in Abhängigkeit des Alters von Jungen dar. Die Linien markieren die verschiedenen Abweichungen vom Erwartungswert, gemessen in σ-Radien.

356

b) $\mu \approx 139\,\text{cm}$; Radius der 94 %-Umgebung von μ: $\approx 12\,\text{cm}$.
Mit dem Rechner erhält man 1,88, d. h. $P(\mu - 1{,}88\,\sigma \le X \le \mu + 1{,}88\,\sigma) \approx 94\,\%$, also
$\sigma \approx \frac{12\,\text{cm}}{1{,}88} \approx 6{,}4\,\text{cm}$

Anmerkung zu den Lösungen von c), d): Je nachdem, wie man die Aufgabenstellung interpretiert, erhält man voneinander abweichende Wahrscheinlichkeiten:

c) $\mu \approx 151\,\text{cm}$; Radius der 94 %-Umgebung von μ: ungefähr 13 cm
Also $\sigma = \frac{13\,\text{cm}}{1{,}88} \approx 6{,}9\,\text{cm}$ oder $1\,\text{cm} \approx 0{,}144\,\sigma$
Wenn „kleiner als 150 cm“ im wörtlichen Sinne interpretiert wird, dann ergibt sich:
$P(X < 150\,\text{cm}) \approx P(X < \mu - 0{,}144\sigma) \approx 44\,\%$
Wenn eine Messgenauigkeit von 1 cm beachtet wird, bedeutet „kleiner als 150 cm“, dass das Mädchen kleiner ist als 149,5 cm. Dann ergibt sich:
$P(X < 149{,}5\,\text{cm}) \approx P(X < \mu - 0{,}216\sigma) \approx 41\,\%$

d) $\mu \approx 49{,}5\,\text{cm}$; $3\,\sigma \approx 3{,}5\,\text{cm}$; d. h. $1\,\text{cm} \approx 0{,}86\sigma$
Wenn „über 50 cm“ im wörtlichen Sinne interpretiert wird, dann ergibt sich:
$P(X > 50\,\text{cm}) \approx P(X > \mu + 0{,}43\,\sigma) \approx 67\,\%$
Wenn eine Messgenauigkeit von 1 cm beachtet wird, bedeutet „größer als 50 cm“, dass der Kopfumfang größer ist als 50,5 cm. Dann ergibt sich:
$P(X \ge 50{,}5\,\text{cm}) = 1 - P(X < 50{,}5\,\text{cm}) \approx P(X < 0{,}86\,\sigma) \approx 80\,\%$

6. (1) Dem Intervall von 985 g bis 1000 g muss eine Wahrscheinlichkeit von 48 % zukommen.
Es gilt: $P(\mu - 2{,}054\,\sigma \le X \le \mu) \approx 0{,}48$; daher gilt:
$\sigma \approx \frac{15\,\text{g}}{2{,}054} \approx 7{,}30\,\text{g}$

(2) Verpackungsgröße 500 g: $\sigma \approx 7{,}30\,\text{g}$

(3) Verpackungsgröße 100 g: Dem Intervall von 95,5 g bis 100 g muss eine Wahrscheinlichkeit von 48 % zukommen, also: $\sigma \approx \frac{4{,}5\,\text{g}}{2{,}054} \approx 2{,}19\,\text{g}$

(4) Verpackungsgröße 250 ml: analog $\sigma \approx \frac{9\,\text{ml}}{2{,}054} \approx 4{,}38\,\text{ml}$

7 Aufgaben zur Vorbereitung auf das Abitur

7.1 Aufgaben zur Analytischen Geometrie

364

1. a) h: $\vec{x} = \begin{pmatrix} 1 \\ -3 \\ 6 \end{pmatrix} + t \cdot \begin{pmatrix} 0 \\ 2 \\ -4 \end{pmatrix}$

   b) Die beiden Richtungsvektoren $\begin{pmatrix} 0 \\ 1 \\ -2 \end{pmatrix}$ und $\begin{pmatrix} 0 \\ 2 \\ -4 \end{pmatrix}$ sind Vielfache voneinander, somit sind g und h parallel zueinander.

   Punktprobe: $\begin{pmatrix} 1 \\ -3 \\ 6 \end{pmatrix} = \begin{pmatrix} 0{,}5 \\ -1{,}5 \\ 3 \end{pmatrix} + k \cdot \begin{pmatrix} 0 \\ 1 \\ -2 \end{pmatrix}$

   ist für keinen Wert von k erfüllbar, somit sind g und h parallel zueinander, aber verschieden voneinander.

2. $C(6-2r \mid 4+r \mid 5+2r)$

   $\overrightarrow{CA} = \begin{pmatrix} 2r-3 \\ -r-2 \\ -2r-6 \end{pmatrix}$; $\overrightarrow{CB} = \begin{pmatrix} 2r+1 \\ -r-8 \\ 1-2r \end{pmatrix}$

   Rechter Winkel bei C, falls $\overrightarrow{CA} * \overrightarrow{CB} = 0$, also $9r^2 + 16r + 7 = 0$, also für $r = -1$ oder $r = -\frac{7}{9}$.

   Als mögliche Punkte kommen die Punkte $C_1(8 \mid 3 \mid 3)$ und $C_2\left(\frac{68}{9} \middle| \frac{29}{9} \middle| \frac{31}{9}\right)$ infrage.

3. a) $\overrightarrow{AB} = \begin{pmatrix} 4 \\ 3 \\ 0 \end{pmatrix}$; $\overrightarrow{AC} = \begin{pmatrix} 1 \\ 7 \\ 0 \end{pmatrix}$; $\overrightarrow{BC} = \begin{pmatrix} -3 \\ 4 \\ 0 \end{pmatrix}$

   $\overrightarrow{AB} * \overrightarrow{BC} = 0$, also ist das Dreieck ABC ein rechtwinkliges Dreieck mit dem rechten Winkel bei B.

   $|\overrightarrow{AB}| = |\overrightarrow{BC}| = 5$

   Das Dreieck ABC ist ein gleichschenklig-rechtwinkliges Dreieck und kann zu einem Quadrat ergänzt werden.

   b) Für D gilt: $\overrightarrow{OD} = \overrightarrow{OA} + \overrightarrow{BC} = \begin{pmatrix} 0 \\ 6 \\ 0 \end{pmatrix}$

   $D(0 \mid 6 \mid 0)$

   c) Für die Koordinaten von M gilt (Mittelpunkt z. B. der Strecke $\overline{AC}$):

   $\overrightarrow{OM} = \frac{1}{2}\left(\overrightarrow{OA} + \overrightarrow{OC}\right) = \begin{pmatrix} 3{,}5 \\ 5{,}5 \\ 0 \end{pmatrix}$, also $M(3{,}5 \mid 5{,}5 \mid 0)$

   d) $\vec{n} = \begin{pmatrix} 0 \\ 0 \\ 1 \end{pmatrix}$ ist ein Normalenvektor zu der Ebene, in der das Quadrat liegt.

   g: $\vec{x} = \begin{pmatrix} 3{,}5 \\ 5{,}5 \\ 0 \end{pmatrix} + r \cdot \begin{pmatrix} 0 \\ 0 \\ 1 \end{pmatrix}$

364

4. a) g: $\vec{x} = \begin{pmatrix} 6 \\ -2 \\ -1 \end{pmatrix} + k \cdot \begin{pmatrix} -2 \\ 1 \\ 1 \end{pmatrix}$

Schnittpunkt von g mit der x_2x_3-Ebene:

$x_1 = 6 - 2k = 0$, also $k = 3$; $S(0|1|2)$

b) $\overrightarrow{PQ} = \begin{pmatrix} -10 \\ 5 \\ 5 \end{pmatrix}$; $\overrightarrow{PS} = \begin{pmatrix} -6 \\ 3 \\ 3 \end{pmatrix} = \frac{3}{5} \begin{pmatrix} -10 \\ 5 \\ 5 \end{pmatrix}$, d.h. S liegt zwischen P und Q.

c) Wir wählen als Richtungsvektor der Geraden h z. B. $\begin{pmatrix} 1 \\ 0 \\ 2 \end{pmatrix}$.

Es gilt: $\begin{pmatrix} -2 \\ 1 \\ 1 \end{pmatrix} * \begin{pmatrix} 1 \\ 0 \\ 2 \end{pmatrix} = 0$

Mögliche Geraden h: $\vec{x} = \begin{pmatrix} 0 \\ 1 \\ 2 \end{pmatrix} + r \cdot \begin{pmatrix} 1 \\ 0 \\ 2 \end{pmatrix}$

5. a) $\text{Abst}(O; E) = \frac{|-20|}{3} = \frac{20}{3}$

b) $\text{Abst}(A; E) = \frac{|2a - 1 + 8 - 20|}{3} = \frac{|2a - 13|}{3}$

$\text{Abst}(A; E) = 1$, also $\frac{|2a - 13|}{3} = 1$

mit den Lösungen $a = 5$ oder $a = 8$.

Die Punkte $A_1(5|1|4)$ und $A_2(8|1|4)$ haben den Abstand 1 zu E.

c) Die Punkte, die zu E den Abstand 1 haben, liegen auf den beiden Ebenen E_1 und E_2, die parallel zu E sind und von E den Abstand 1 haben. Dies sind die beiden Ebenen

E_1: $2x_1 - x_2 + 2x_3 - 17 = 0$ und E_2: $2x_1 - x_2 + 2x_3 - 23 = 0$

6. a) Man bestimmt zwei Punkte G und H auf g und h so, dass der Vektor $\overrightarrow{GH}$ orthogonal zu den Richtungsvektoren von g und h ist. $|\overrightarrow{GH}|$ ist dann der Abstand der windschiefen Geraden.

b) $\begin{pmatrix} 4 \\ 1 \\ -1 \end{pmatrix}$ und $\begin{pmatrix} -4 \\ 0 \\ 2 \end{pmatrix}$ sind keine Vielfache voneinander, somit sind g und h nicht parallel zueinander.

Die Gleichung $\begin{pmatrix} 3 \\ -2 \\ 4 \end{pmatrix} + t \cdot \begin{pmatrix} 4 \\ 1 \\ -1 \end{pmatrix} = \begin{pmatrix} 2 \\ -4 \\ 7 \end{pmatrix} + r \cdot \begin{pmatrix} -4 \\ 0 \\ 2 \end{pmatrix}$ hat keine Lösung.

Also sind g und h windschief zueinander.

$\overrightarrow{GH} = \begin{pmatrix} -4r - 4t - 1 \\ -t - 2 \\ 2r + t + 3 \end{pmatrix}$

$\overrightarrow{GH} * \begin{pmatrix} 4 \\ 1 \\ -1 \end{pmatrix} = 0$, also $-18r - 18t - 9 = 0$

$\overrightarrow{GH} * \begin{pmatrix} -4 \\ 0 \\ 2 \end{pmatrix} = 0$, also $20r + 18t + 10 = 0$

Das LGS $\left| \begin{matrix} -18r - 18t = 9 \\ 20r + 18t = -10 \end{matrix} \right|$ hat die Lösung $r = -\frac{1}{2}$, $t = 0$.

$\overrightarrow{GH} = \begin{pmatrix} 1 \\ -2 \\ 2 \end{pmatrix}$

$\text{Abst}(g; h) = \left| \begin{pmatrix} 1 \\ -2 \\ 2 \end{pmatrix} \right| = 3$

c) $G(3|-2|4)$; $H(4|-4|6)$

364 **7.** Spitze des Baumes vor dem Umknicken: B(3 | 1 | 2)
Punkt, in dem der Baum umknickt: K(3 | 1 | z) mit $0 < z < 2$

Es gilt: $|\overrightarrow{KS}| = |\overrightarrow{KB}|$, also $\left|\begin{pmatrix} -1 \\ 1 \\ -z \end{pmatrix}\right| = \left|\begin{pmatrix} 0 \\ 0 \\ 2-z \end{pmatrix}\right|$

$\sqrt{z^2+2} = 2 - z;\ 0 < z < 2$

$z^2 + 2 = 4 - 4z + z^2$

$z = \frac{1}{2}$

Der Baum knickt in 5 m Höhe um.

365 **8.** **a)** C(0 | c | 0)

$\overrightarrow{BA} = \begin{pmatrix} 0 \\ -4 \\ 3 \end{pmatrix}$; $\overrightarrow{BC} = \begin{pmatrix} -6 \\ c-4 \\ 0 \end{pmatrix}$

$\overrightarrow{BA} * \overrightarrow{BC} = 0$, also $-4c + 16 = 0$, d. h.

$c = 4$; C(0 | 4 | 0)

$\overrightarrow{OD} = \overrightarrow{OA} + \overrightarrow{BC} = \begin{pmatrix} 0 \\ 0 \\ 3 \end{pmatrix}$, also D(0 | 0 | 3)

$|\overrightarrow{AB}| = 5$; $|\overrightarrow{BC}| = 6$

Flächeninhalt des Rechtecks:

$|\overrightarrow{AB}| \cdot |\overrightarrow{BC}| = 30$

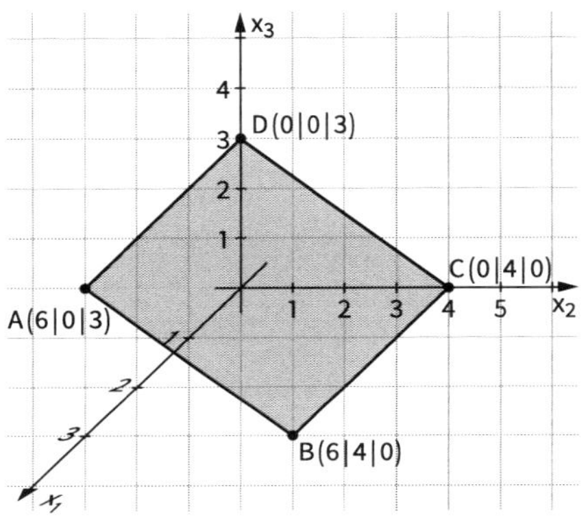

b) $\overrightarrow{OS} = \frac{1}{2}(\overrightarrow{OA} + \overrightarrow{OC}) = \begin{pmatrix} 3 \\ 2 \\ 1{,}5 \end{pmatrix}$, also S(3 | 2 | 1,5)

Für den Richtungsvektor $\vec{u} = \begin{pmatrix} u_1 \\ u_2 \\ u_3 \end{pmatrix}$ von g gilt

(1) $\vec{u} * \overrightarrow{AC} = 0$

(2) $\vec{u} * \overrightarrow{BD} = 0$, also

(1) $-6u_1 + 4u_2 - 3u_3 = 0$

(2) $-6u_1 - 4u_2 + 3u_3 = 0$

Mögliche Lösung $u_1 = 0$, $u_2 = 3$; $u_3 = 4$ also $\vec{u} = \begin{pmatrix} 0 \\ 3 \\ 4 \end{pmatrix}$

g: $\vec{x} = \begin{pmatrix} 3 \\ 2 \\ 1{,}5 \end{pmatrix} + t \cdot \begin{pmatrix} 0 \\ 3 \\ 4 \end{pmatrix}$

c) $P_t(3 \mid 2+3t \mid 1{,}5+4t)$

$|\overrightarrow{SP_t}| = \left| t \cdot \begin{pmatrix} 0 \\ 3 \\ 4 \end{pmatrix} \right| = 5 \cdot |t|$

Aus $|\overrightarrow{SP_t}| = 15$ folgt $t = 3$ oder $t = -3$.

Die gesuchten Punkte sind $P_1(3 \mid 11 \mid 13{,}5)$ und $P_2(3 \mid -7 \mid -10{,}5)$.

365

9. a) $|\overrightarrow{AB}| = \left|\begin{pmatrix} -52 \\ 7 \\ 29 \end{pmatrix}\right| = \sqrt{3594} \approx 59{,}95$

$|\overrightarrow{AC}| = \left|\begin{pmatrix} -81 \\ 10 \\ 38 \end{pmatrix}\right| = \sqrt{8105} \approx 90{,}03$

$|\overrightarrow{BC}| = \left|\begin{pmatrix} -29 \\ 3) \\ 9 \end{pmatrix}\right| = \sqrt{931} \approx 30{,}51$

$|\overrightarrow{AC}|^2 \neq |\overrightarrow{AB}|^2 + |\overrightarrow{BC}|^2$, das Dreieck ist nicht rechwinklig.

$E: \vec{x} = r \cdot \begin{pmatrix} -52 \\ 7 \\ 29 \end{pmatrix} + s \cdot \begin{pmatrix} -81 \\ 10 \\ 38 \end{pmatrix}$

Normalenvektor von E: $\vec{n} = \begin{pmatrix} 24 \\ 373 \\ -47 \end{pmatrix}$

$E: \begin{pmatrix} 24 \\ 373 \\ -47 \end{pmatrix} * \left(\vec{x} - \begin{pmatrix} 0 \\ 0 \\ 0 \end{pmatrix}\right) = 0$

$E: 24x_1 + 373x_2 - 47x_3 = 0$

b) Ein Punkt, der von A, B und C den gleiche Abstand hat, ist der Schnittpunkt der Mittelsenkrechten des Dreiecks.

- Mittelsenkrechte der Seite $\overline{AB}$:

  $M_{AB}\left(-26 \middle| \frac{7}{2} \middle| \frac{29}{2}\right)$

  Für den Richtungsvektor $\overrightarrow{u_1}$ gilt:

  (1) $\overrightarrow{u_1} * \begin{pmatrix} 24 \\ 373 \\ -47 \end{pmatrix} = 0$ (2) $\overrightarrow{u_1} * \begin{pmatrix} -52 \\ 7 \\ 29 \end{pmatrix} = 0$

  Also $\overrightarrow{u_1} = \begin{pmatrix} 5573 \\ 874 \\ 9782 \end{pmatrix}$

  $m_{AB}: \vec{x} = \begin{pmatrix} -26 \\ \frac{7}{2} \\ \frac{29}{2} \end{pmatrix} + r \cdot \begin{pmatrix} 5573 \\ 874 \\ 9782 \end{pmatrix}$

- Mittelsenkrechte der Seite $\overline{AC}$:

  $M_{AC}\left(-\frac{81}{2} \middle| 5 \middle| 19\right)$

  Für den Richtungsvektor $\overrightarrow{u_2}$ gilt:

  (1) $\overrightarrow{u_2} * \begin{pmatrix} 24 \\ 373 \\ -47 \end{pmatrix} = 0$ (2) $\overrightarrow{u_2} * \begin{pmatrix} -81 \\ 10 \\ 38 \end{pmatrix} = 0$

  Also $\overrightarrow{u_2} = \begin{pmatrix} 14644 \\ 2895 \\ 30453 \end{pmatrix}$

  $m_{AC}: \vec{x} = \begin{pmatrix} -\frac{81}{2} \\ 5 \\ 19 \end{pmatrix} + s \cdot \begin{pmatrix} 14644 \\ 2895 \\ 30453 \end{pmatrix}$

- Schnittpunkt der Geraden m_{AB} und m_{AC}

  $\begin{pmatrix} -26 \\ \frac{7}{2} \\ \frac{29}{2} \end{pmatrix} + r \cdot \begin{pmatrix} 5573 \\ 874 \\ 9782 \end{pmatrix} = \begin{pmatrix} -\frac{81}{2} \\ 5 \\ 19 \end{pmatrix} + s \cdot \begin{pmatrix} 14644 \\ 2895 \\ 30453 \end{pmatrix}$ mit $r = -\frac{2721}{141914}$, $s = -\frac{895}{141914}$

  Schnittpunkt $S(-132{,}9 \mid -13{,}3 \mid -173{,}1)$

  Die Punkte, die von A, B und C den gleichen Abstand haben, liegen auf der Orthogonalen durch S zu E.

  $S: \vec{x} = \begin{pmatrix} -132{,}9 \\ -13{,}3 \\ -173{,}1 \end{pmatrix} + k \cdot \begin{pmatrix} 24 \\ 373 \\ -47 \end{pmatrix}$

365

c)
- $A' = A(0|0|0)$
- Den Bildpunkt B′ erhält man durch Schnitt der Geraden BW: $\vec{x} = \begin{pmatrix} 64 \\ 0 \\ 0 \end{pmatrix} + k \cdot \begin{pmatrix} 116 \\ -7 \\ -29 \end{pmatrix}$ mit der x_2x_3-Ebene.
  $x_1 = 64 + 116k = 0$, also $k = -\frac{16}{29}$
  $B'\left(0 \middle| \frac{112}{29} \middle| 16\right)$
- Bildpunkt C′
  BC: $\vec{x} = \begin{pmatrix} 64 \\ 0 \\ 0 \end{pmatrix} + r \cdot \begin{pmatrix} 145 \\ -10 \\ -38 \end{pmatrix}$
  $x_1 = 64 + 145r = 0$, also $r = -\frac{64}{145}$
  $C'\left(0 \middle| \frac{128}{29} \middle| \frac{2432}{145}\right)$
  $B'(0|3{,}9|16)$, $C'(0|4{,}4|16{,}8)$

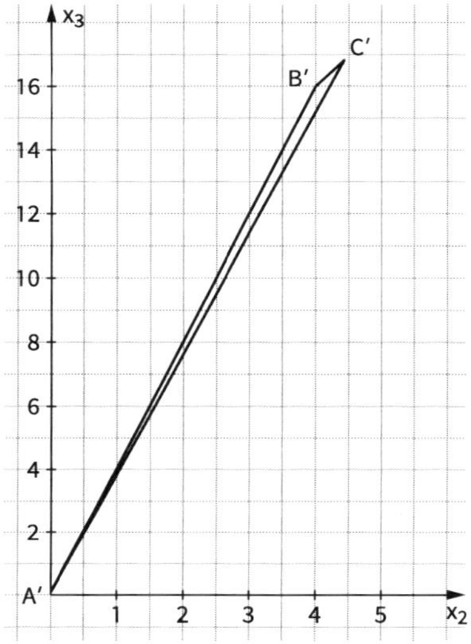

10. a) (1)

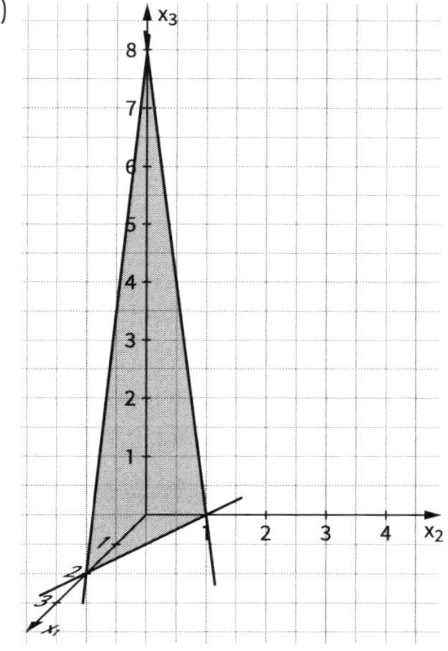

(2) g: $\vec{x} = t \cdot \begin{pmatrix} 4 \\ 8 \\ 1 \end{pmatrix}$

$4 \cdot 4t + 8 \cdot 8t + t = 8 \Leftrightarrow t = \frac{8}{81}$

Lotfußpunkt: $F\left(\frac{32}{81} \middle| \frac{64}{81} \middle| \frac{8}{81}\right)$

$\text{Abst}(O; E) = \text{Abst}(O; F) = |\overrightarrow{OF}| = \frac{8}{9}$

h: $\vec{x} = \begin{pmatrix} 11 \\ 15 \\ 6 \end{pmatrix} + s \cdot \begin{pmatrix} 4 \\ 8 \\ 1 \end{pmatrix}$

$4 \cdot (11 + 4s) + 8 \cdot (15 + 8s) + 6 + s = 8$

$\Leftrightarrow s = -2$

Schnittpunkt von h mit E:

$S(3|-1|4)$

(3) $\begin{pmatrix} 11 \\ 15 \\ 6 \end{pmatrix} - 4 \cdot \begin{pmatrix} 4 \\ 8 \\ 1 \end{pmatrix} = \begin{pmatrix} -5 \\ -17 \\ 2 \end{pmatrix}$

$\Rightarrow P^*(-5|-17|2)$

365 **b)** (1) $g_a: \vec{x} = \begin{pmatrix} -2a \\ 1 \\ 8a \end{pmatrix} + t \cdot \begin{pmatrix} 1 \\ -1 \\ 4 \end{pmatrix} = \begin{pmatrix} 0 \\ 1 \\ 0 \end{pmatrix} + a \cdot \begin{pmatrix} -2 \\ 0 \\ 8 \end{pmatrix} + t \cdot \begin{pmatrix} 1 \\ -1 \\ 4 \end{pmatrix}$

Umformen in die Koordinatenform liefert $g_a: 4x_1 + 8x_2 + x_3 = 8$

(2) $h: \vec{x} = \begin{pmatrix} 0 \\ 1 \\ 0 \end{pmatrix} + s \cdot \begin{pmatrix} -2 \\ 0 \\ 8 \end{pmatrix}$

Der Schnittwinkel hängt nur von den Richtungsvektoren der beiden Geraden ab. Diese sind konstant.

$$\cos(\alpha) = \frac{\left| \begin{pmatrix} 1 \\ -1 \\ 4 \end{pmatrix} * \begin{pmatrix} -2 \\ 0 \\ 8 \end{pmatrix} \right|}{\left| \begin{pmatrix} 1 \\ -1 \\ 4 \end{pmatrix} \right| \cdot \left| \begin{pmatrix} -2 \\ 0 \\ 8 \end{pmatrix} \right|} \Leftrightarrow \alpha \approx 31°$$

c) (1)

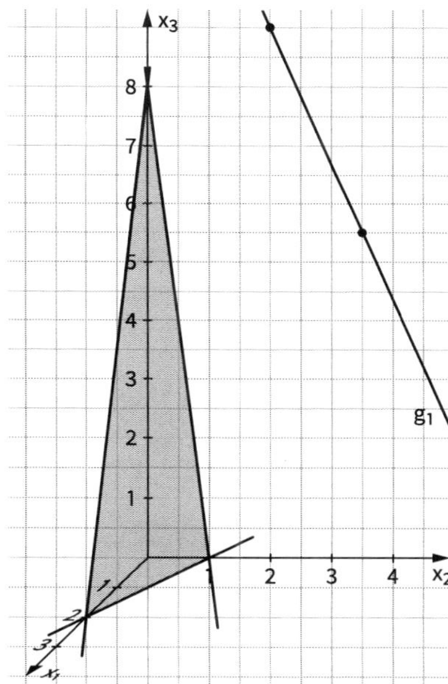

Gleichung einer Ebene, die P enthält und orthogonal zu g_1 ist:

$E': \vec{x} = \begin{pmatrix} 11 \\ 15 \\ 6 \end{pmatrix} + r \cdot \begin{pmatrix} 1 \\ 1 \\ 0 \end{pmatrix} + s \cdot \begin{pmatrix} 0 \\ 4 \\ 1 \end{pmatrix}$

gleichsetzen mit g_1 liefert $r = -13{,}5,\ s = 0,\ t = -0{,}5$.

$\Rightarrow \overrightarrow{OP'} = \begin{pmatrix} 11 \\ 15 \\ 6 \end{pmatrix} - 27 \cdot \begin{pmatrix} 1 \\ 1 \\ 0 \end{pmatrix} = \begin{pmatrix} -16 \\ -12 \\ 6 \end{pmatrix}$, d. h. $P'(-16\,|\,-12\,|\,6)$

(2) $\begin{pmatrix} 3 \\ -1 \\ 4 \end{pmatrix} = \begin{pmatrix} -2\bar{a} \\ 1 \\ 8\bar{a} \end{pmatrix} + t \cdot \begin{pmatrix} 1 \\ -1 \\ 4 \end{pmatrix} \Leftrightarrow t = 2$ und $\bar{a} = -0{,}5$

(3) Bestimmen des Abstands von g_1 und $g_{-0,5}$ mit einer Hilfsebene:

$E'': \vec{x} = \begin{pmatrix} 1 \\ 1 \\ -4 \end{pmatrix} + r \cdot \begin{pmatrix} 1 \\ 1 \\ 0 \end{pmatrix} + s \cdot \begin{pmatrix} 0 \\ 4 \\ 1 \end{pmatrix}$

Schnittpunkt von g_1 und E'': $(-4{,}5\,|\,3{,}5\,|\,-2)$

$\text{Abst}(g_1; g_{-0,5}) = \left| \begin{pmatrix} 1 \\ 1 \\ -4 \end{pmatrix} - \begin{pmatrix} -4{,}5 \\ 3{,}5 \\ -2 \end{pmatrix} \right| = \left| \begin{pmatrix} 5{,}5 \\ -2{,}5 \\ -2 \end{pmatrix} \right| = \sqrt{40{,}5} \approx 6{,}36$

365 (4) $\overrightarrow{PP^*} = \begin{pmatrix} -16 \\ -32 \\ -4 \end{pmatrix}$, $\overrightarrow{P^*P'} = \begin{pmatrix} -11 \\ 5 \\ 4 \end{pmatrix}$, $\overrightarrow{P'P} = \begin{pmatrix} -27 \\ -27 \\ 0 \end{pmatrix}$

$\overrightarrow{PP^*} * \overrightarrow{P^*P'} = (-16)\cdot(-11) + (-32)\cdot 5 + (-4)\cdot 4 = 0$

Ja, das Dreieck hat einen rechten Winkel im Punkt P*.

366 **11. a)** (1) $g_1\!: \vec{x} = \begin{pmatrix} -1 \\ 11 \\ 0 \end{pmatrix} + t\cdot\begin{pmatrix} \frac{1}{3} \\ -\frac{2}{3} \\ \frac{2}{3} \end{pmatrix}$ $\qquad \begin{pmatrix} -1 \\ 11 \\ 0 \end{pmatrix} + 30\cdot\begin{pmatrix} \frac{1}{3} \\ -\frac{2}{3} \\ \frac{2}{3} \end{pmatrix} = \begin{pmatrix} 9 \\ -9 \\ 20 \end{pmatrix}$

Nach 30 Zeiteinheiten hat F_1 den Punkt (9 | −9 | 20) erreicht.

Der Punkt P (3 | 3 | 6) liegt nicht auf der Geraden g_1, daher fliegt F_1 nicht durch diesen Punkt.

Die Gleichung $\begin{pmatrix} -2 \\ 13 \\ -2 \end{pmatrix} = \begin{pmatrix} -1 \\ 11 \\ 0 \end{pmatrix} + t\cdot\begin{pmatrix} \frac{1}{3} \\ -\frac{2}{3} \\ \frac{2}{3} \end{pmatrix}$ hat die Lösung $t = -3$.

F_1 startet zum Zeitpunkt $t = 0$, es fliegt nur durch Punkte auf g_1 mit positivem Parameter.

(2) $\left(-1 + \frac{1}{3}t\right) - 2\cdot\left(11 - \frac{2}{3}t\right) + 2\cdot\left(\frac{2}{3}t\right) = 4 \Leftrightarrow t = 9$

$\Rightarrow g_1$ schneidet E, g_1 geht nach 9 Zeiteinheiten durch E.

Berechnung des Schnittwinkels:

$$\sin(\varphi) = \frac{\left|\begin{pmatrix} \frac{1}{3} \\ -\frac{2}{3} \\ \frac{2}{3} \end{pmatrix} * \begin{pmatrix} 1 \\ -2 \\ 2 \end{pmatrix}\right|}{\left|\begin{pmatrix} \frac{1}{3} \\ -\frac{2}{3} \\ \frac{2}{3} \end{pmatrix}\right| \cdot \left|\begin{pmatrix} 1 \\ -2 \\ 2 \end{pmatrix}\right|} \Leftrightarrow \sin(\varphi) = 1 \Leftrightarrow \varphi = 90°$$

b)

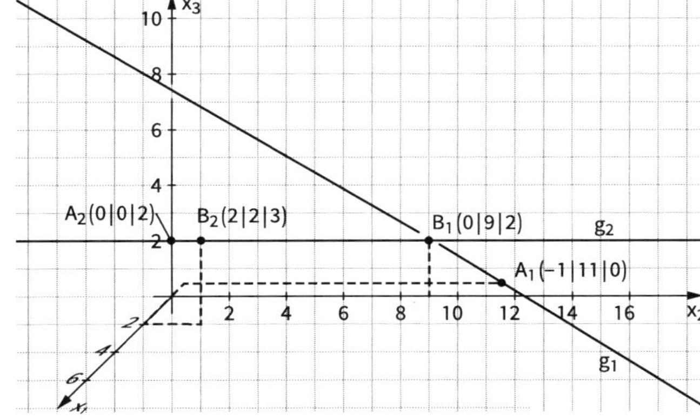

366

(1) $g_2\colon \vec{x} = \begin{pmatrix} 0 \\ 0 \\ 2 \end{pmatrix} + s \cdot \begin{pmatrix} \frac{1}{3} \\ \frac{1}{3} \\ \frac{1}{6} \end{pmatrix}$

$$\begin{pmatrix} -1 \\ 11 \\ 0 \end{pmatrix} + t \cdot \begin{pmatrix} \frac{1}{3} \\ -\frac{2}{3} \\ \frac{2}{3} \end{pmatrix} = \begin{pmatrix} 0 \\ 0 \\ 2 \end{pmatrix} + s \cdot \begin{pmatrix} \frac{1}{3} \\ \frac{1}{3} \\ \frac{1}{6} \end{pmatrix}$$

hat keine Lösung, g_1 und g_2 haben also keinen gemeinsamen Punkt.

(2) Abstand der Geraden g_1 und g_2:

Hilfsebene E_1, die g_2 enthält und parallel zu g_1 ist:

$$E_1\colon \vec{x} = \begin{pmatrix} 0 \\ 0 \\ 2 \end{pmatrix} + t_1 \cdot \begin{pmatrix} \frac{1}{3} \\ -\frac{2}{3} \\ \frac{2}{3} \end{pmatrix} + t_2 \cdot \begin{pmatrix} \frac{1}{3} \\ \frac{1}{3} \\ \frac{1}{6} \end{pmatrix}$$

Normalenvektor von E_1: $\vec{n} = \begin{pmatrix} -2 \\ 1 \\ 2 \end{pmatrix}$

Lotgerade g durch A_1 zu E_1: $g\colon \vec{x} = \begin{pmatrix} -1 \\ 11 \\ 0 \end{pmatrix} + s_1 \cdot \begin{pmatrix} -2 \\ 1 \\ 2 \end{pmatrix}$

Lotfußpunkt: $F(1\,|\,10\,|\,-2)$

$\text{Abst}(g_1; g_2) = \text{Abst}(g_2; E_1) = \text{Abst}(A_2; E_1) = \left|\overrightarrow{A_2F}\right| = \sqrt{2^2 + (-1)^2 + (-2)^2} = 3$

Der Abstand zwischen g_1 und g_2 beträgt also 3 Längeneinheiten.

Bestimmen des Punktes auf g_2, dem F_1 bei seiner Bewegung am nächsten kommt:

$$\begin{pmatrix} -1 + \frac{1}{3}t \\ 11 - \frac{2}{3}t \\ \frac{2}{3}t \end{pmatrix} + r \cdot \begin{pmatrix} -2 \\ 1 \\ 2 \end{pmatrix} = \begin{pmatrix} 0 \\ 0 \\ 2 \end{pmatrix} + s \cdot \begin{pmatrix} \frac{1}{3} \\ \frac{1}{3} \\ \frac{1}{6} \end{pmatrix}$$

Lösen des zugehörigen Gleichungssystems ergibt $t = 9$, $r = -1$ und $s = 12$.

$$\begin{pmatrix} 0 \\ 0 \\ 2 \end{pmatrix} + 12 \cdot \begin{pmatrix} \frac{1}{3} \\ \frac{1}{3} \\ \frac{1}{6} \end{pmatrix} = \begin{pmatrix} 4 \\ 4 \\ 4 \end{pmatrix}$$

Der Punkt auf g_2, dem F_1 bei seiner Bewegung am nächsten kommt, hat also die Koordinaten $(4\,|\,4\,|\,4)$. F_1 kommt g_2 nach 9 Zeiteinheiten am nächsten.

c) (1) $\text{Abst}(A_1; A_2) = \left|\overrightarrow{A_1A_2}\right| = \left|\begin{pmatrix} 1 \\ -11 \\ 2 \end{pmatrix}\right| = 3\sqrt{14} \approx 11{,}23$

Nach 6 Zeiteinheiten befinden sich F_1 und F_2 in den Punkten $C_1(1\,|\,7\,|\,4)$ und $C_2(2\,|\,2\,|\,3)$.

$\text{Abst}(C_1; C_2) = \left|\overrightarrow{C_1C_2}\right| = \left|\begin{pmatrix} 1 \\ -5 \\ -1 \end{pmatrix}\right| = \sqrt{27} \approx 5{,}20$

Bestimmen des Zeitpunktes, zu dem sich F_1 und F_2 am nächsten kommen:

$$d(t) = \left|\begin{pmatrix} \frac{1}{3}t \\ \frac{1}{3}t \\ 2 + \frac{1}{6}t \end{pmatrix} - \begin{pmatrix} -1 + \frac{1}{3}t \\ 11 - \frac{2}{3}t \\ \frac{2}{3}t \end{pmatrix}\right| = \left|\begin{pmatrix} 1 \\ t - 11 \\ -\frac{1}{2}t + 2 \end{pmatrix}\right| = \sqrt{1{,}25\,t^2 - 24\,t + 126}$$

$$d'(t) = \frac{1{,}25\,t - 12}{\sqrt{1{,}25\,t^2 - 24\,t + 126}}$$

$d'(t) = 0 \Leftrightarrow t = 9{,}6$

366

(2) Nach 9,6 Zeiteinheiten ist der Abstand der beiden Flugobjekte am kleinsten. Danach nimmt der Abstand stetig zu und ist daher zu einem Zeitpunkt t* wieder so groß wie zu Beginn.

12. a) $E_1 \perp E_2 \Rightarrow \overrightarrow{n_1} * \overrightarrow{n_2} = 0$ $\quad \begin{pmatrix} -1 \\ 2 \\ -2 \end{pmatrix} * \begin{pmatrix} 2 \\ -1 \\ -2 \end{pmatrix} = -2 - 2 + 4 = 0$

$$\left.\begin{array}{l} E_1\colon -x_1 + 2x_2 - 2x_3 = 3 \\ E_2\colon 2x_1 - x_2 - 2x_3 = -3 \end{array}\right\} \Rightarrow \begin{array}{l} -3x_1 + 3x_2 = 6 \\ x_2 = 2 + x_1 \end{array}$$

$-x_1 + 4 + 2x_1 - 2x_3 = 3$

$2x_3 = x_1 + 1$

$x_3 = \frac{1}{2}x_1 + \frac{1}{2}$

$$\overrightarrow{OX} = \begin{pmatrix} s \\ 2+s \\ \frac{1}{2}s + \frac{1}{2} \end{pmatrix} = \begin{pmatrix} 0 \\ 2 \\ \frac{1}{2} \end{pmatrix} + s\begin{pmatrix} 1 \\ 1 \\ \frac{1}{2} \end{pmatrix},\ s \in \mathbb{R}$$

b) $\begin{pmatrix} 1 \\ 1 \\ -4 \end{pmatrix} * \begin{pmatrix} s \\ 2+s \\ \frac{1}{2}s + \frac{1}{2} \end{pmatrix} = 0$

$s + 2 + s - 2s - 2 = 0 \Rightarrow$ g liegt in E_3.

$$\cos(\sphericalangle(E_1; E_3)) = \frac{\overrightarrow{n_1} * \overrightarrow{n_3}}{|\overrightarrow{n_1}| \cdot |\overrightarrow{n_3}|} = \cos(\sphericalangle(E_2; E_3)) = \frac{\overrightarrow{n_2} * \overrightarrow{n_3}}{|\overrightarrow{n_2}| \cdot |\overrightarrow{n_3}|}$$

$$\frac{\overrightarrow{n_1} * \overrightarrow{n_3}}{|\overrightarrow{n_1}| \cdot |\overrightarrow{n_3}|} = \frac{9}{3 \cdot |\overrightarrow{n_3}|} = \frac{3}{|\overrightarrow{n_3}|} \qquad \frac{\overrightarrow{n_2} * \overrightarrow{n_3}}{|\overrightarrow{n_2}| \cdot |\overrightarrow{n_3}|} = \frac{9}{3 \cdot |\overrightarrow{n_3}|} = \frac{3}{|\overrightarrow{n_3}|} \Rightarrow \sphericalangle(E_1; E_3) = \sphericalangle(E_2; E_3) = 45°$$

c) Sei M Mittelpunkt von K_t.

$$h_1^2 = [\text{Abst}(M; E_1)]^2 = \frac{(d - \vec{n} * \overrightarrow{OM})^2}{\vec{n}^2} = \frac{\left[3 - \begin{pmatrix} -1 \\ 2 \\ -2 \end{pmatrix} * \begin{pmatrix} 4t \\ 0 \\ t \end{pmatrix}\right]^2}{9} = \frac{(3 + 4t + 2t)^2}{9} = (1 + 2t)^2$$

$h_1 = 1 + 2t \Rightarrow h_1 = r \Rightarrow E_1$ berührt K_t

$$h_2^2 = [\text{Abst}(M; E_2)]^2 = \frac{\left[-3 - \begin{pmatrix} 2 \\ -1 \\ -2 \end{pmatrix} * \begin{pmatrix} 46 \\ 0 \\ t \end{pmatrix}\right]^2}{9} = \frac{(-3 - 8t + 2t)^2}{9} = (1 + 2t)^2$$

$h_2 = 1 + 2t \Rightarrow h_2 = r \Rightarrow$ die Ebene E_2 berührt die Kugel K_t

Die Mittelpunkte der Kugeln K_t liegen alle in E_3.

d) **Anmerkung zu ersten Auflage:** Im zweiten Satz der Aufgabenstellung ist natürlich auch E_4 gemeint, nicht E_3 aus Teilaufgabe b).

$E_4 \perp E_1$ und $E_4 \perp E_2$

$\overrightarrow{n_4} = \overrightarrow{n_2} \times \overrightarrow{n_1}$

$$\overrightarrow{n_4} = \begin{pmatrix} -1 \\ 2 \\ -2 \end{pmatrix} \times \begin{pmatrix} 2 \\ -1 \\ -2 \end{pmatrix} = \begin{pmatrix} -4-2 \\ -4-2 \\ 1-4 \end{pmatrix} = -3\begin{pmatrix} 2 \\ 2 \\ 1 \end{pmatrix}$$

$E_4\colon \overrightarrow{OX} * \begin{pmatrix} 2 \\ 2 \\ 1 \end{pmatrix} = 0$

$$h_4^2 = (\text{Abst}(K_t; E_4))^2 = \frac{\left(-\begin{pmatrix} 2 \\ 2 \\ 1 \end{pmatrix} * \begin{pmatrix} 4t \\ 0 \\ t \end{pmatrix}\right)^2}{9} = \frac{81t^2}{9} \qquad h_4 = |3t|$$

Damit die Ebene E_4 die Kugel K_t berührt, muss gelten $h_4 = r$.

$2t + 1 = \pm 3t$

$t_1 = 1;\ t_2 = -\frac{1}{5}$

Für $t_1 = 1$ und $t_2 = -\frac{1}{5}$ berührt die Ebene E_4 die Kugel K_t.

366 **13. a)** Schnittgerade von E_1 und E_2:

E_1: $3x_1 + 4x_2 + 5x_3 = 15$

E_2: $6x_1 + 8x_2 + 5x_3 = 30$

Mit $x_1 = r$ erhält man das LGS $\left|\begin{array}{l} 4x_2 + 5x_3 = 15 - 3r \\ 8x_2 + 5x_3 = 30 - 6r \end{array}\right|$ mit der Lösung $x_2 = \frac{15}{4} - \frac{3}{4}r$; $x_3 = 0$

Schnittgerade s von E_1 und E_2:

$$g\colon \vec{x} = \begin{pmatrix} 0 \\ \frac{15}{4} \\ 0 \end{pmatrix} + r \cdot \begin{pmatrix} 4 \\ -3 \\ 0 \end{pmatrix}$$

Zu zeigen: g liegt in jeder Ebene E_t

$3t \cdot (4r) + 4t \cdot \left(\frac{15}{4} - 3r\right) + 5 \cdot 0 - 15t = 0$

$12tr + 15t - 12tr - 15t = 0$

$0 = 0$

D. h. g liegt in jeder der Ebenen E_t.

$g\colon \vec{x} = \begin{pmatrix} 0 \\ \frac{15}{4} \\ 0 \end{pmatrix} + r \cdot \begin{pmatrix} 4 \\ -3 \\ 0 \end{pmatrix}$ ist die Schnittgerade aller Ebenen der Schar.

b) Zwei Ebenen E_{t_1} und E_{t_2} sind zueinander orthogonal, wenn ihre Normalenvektoren zueinander orthogonal sind.

Also: $\begin{pmatrix} 3t_1 \\ 4t_1 \\ 5 \end{pmatrix} * \begin{pmatrix} 3t_2 \\ 4t_2 \\ 5 \end{pmatrix} = 0$ bzw. $25t_1 \cdot t_2 + 25 = 0$

Zwei Ebenen E_{t_1} und E_{t_2} sind zueinander orthogonal, falls $t_1 \cdot t_2 = -1$ bzw. $t_2 = -\frac{1}{t_1}$

c) Schnittpunkt von E_t mit der x_3-Achse:

$5x_3 = 15t$, also $x_3 = 3t$

$S_t(0|0|3t)$

Schnittpunkt von E_{t_1} mit der x_3-Achse:

$S_{t_1}(0|0|3t_1)$

Schnittpunkt von E_{t_2} mit der x_3-Achse:

$S_{t_2}\left(0\middle|0\middle|-\frac{3}{t_1}\right)$

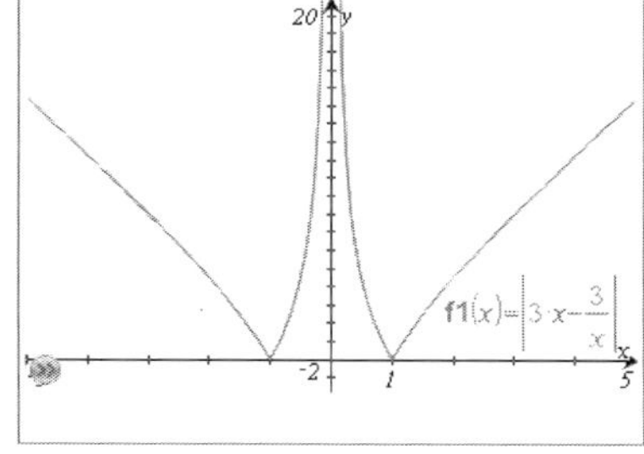

Abstand von S_{t_1} und S_{t_2}:

$d(t_1) = \left|3t_1 - \frac{3}{t_1}\right|$

$d(t_1)$ wird minimal für $t_1 = 1$ oder $t_1 = -1$.

Für die beiden Ebenen E_1 und E_{-1} wird der Abstand der beiden Schnittpunkte minimal.

367 **14. a)** $D(-4\,|\,9\,|\,0)$; Mittelpunkt der Grundfläche: $M\left(-\frac{1}{2}\,\middle|\,8{,}5\,\middle|\,0\right) \Rightarrow S\left(-\frac{1}{2}\,\middle|\,8{,}5\,\middle|\,8\right)$

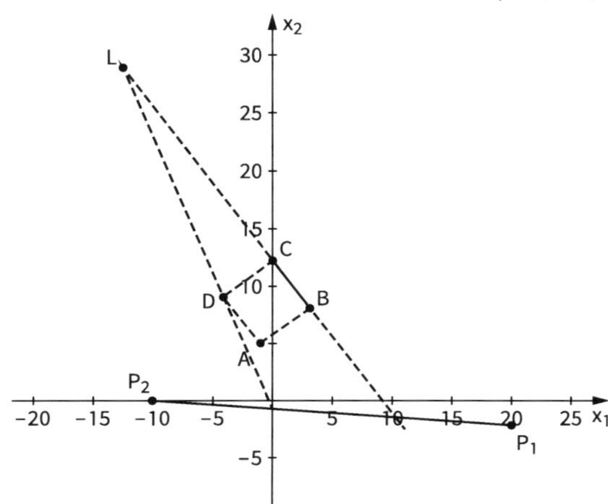

b)
- Gerade durch L und S: $g_1\colon \vec{x} = \begin{pmatrix} -12 \\ 28 \\ 0 \end{pmatrix} + r_1 \cdot \begin{pmatrix} 11{,}5 \\ -19{,}5 \\ 8 \end{pmatrix}$

  Hauswand Ebene: $x_1 + 15x_2 = -10$

  Der Schnittpunkt $S_1(5{,}11\,|\,-1{,}01\,|\,11{,}9)$ liegt auf der Wand.
- Gerade durch L und D: $g_2\colon \vec{x} = \begin{pmatrix} -12 \\ 28 \\ 0 \end{pmatrix} + r_2 \cdot \begin{pmatrix} 8 \\ -19 \\ 0 \end{pmatrix}$;

  Schnittpunkt mit Ebene $S_2(0{,}07\,|\,-0{,}67\,|\,0)$
- Gerade durch L und B: $g_3\colon \vec{x} = \begin{pmatrix} -12 \\ 28 \\ 0 \end{pmatrix} + r_3 \cdot \begin{pmatrix} 15 \\ -20 \\ 0 \end{pmatrix}$;

  Schnittpunkt mit Ebene $S_3(10\,|\,-1{,}33\,|\,0)$

c) $L_t' = \begin{pmatrix} -12 \\ 28 \\ 0 \end{pmatrix} + t \cdot \begin{pmatrix} 11{,}5 \\ -19{,}5 \\ 0 \end{pmatrix}$; $0 \le t < 1$

Geradenschar durch L_t' und S: $g_t\colon \vec{x} = \begin{pmatrix} -\frac{1}{2} \\ 8{,}5 \\ 8 \end{pmatrix} + s \cdot \begin{pmatrix} 11{,}5(1-t) \\ -19{,}5(1-t) \\ 8 \end{pmatrix}$

Schnittpunkt mit Ebene: $S_t\left(5{,}11\,\middle|\,-1{,}01\,\middle|\,8 - \frac{1096}{281\,(t-1)}\right)$

Für $t > 0{,}4428$ liegt S_t nicht mehr auf der Hauswand, da dann $8 + \frac{1096}{281} \cdot \frac{1}{1-t} > 15$.

367 **15. a)** Spurpunkte: $S_1(4t|0|0)$, $S_2(0|3|0)$, $S_3\left(0|0|\frac{2}{t}\right)$

Grundfläche OS_1S_2 der Pyramide: $A_{OS_1S_2} = \frac{1}{2} \cdot \left|\overrightarrow{OS_1}\right| \cdot \left|\overrightarrow{OS_2}\right| = \frac{1}{2} \cdot |4t| \cdot 3 = \left|\frac{3}{2}\right| \cdot |4t|$

Pyramidenhöhe: $h = \left|\overrightarrow{OS_3}\right| = \frac{2}{t}$

Volumen: $V = \frac{1}{3} \cdot \frac{3}{2} \cdot |4t| \cdot \left|\frac{2}{t}\right| = 4$ unabhängig von t

b) $\text{Abst}(O; E_t) = d(t) = \frac{|-12t|}{\sqrt{36t^4 + 16t^2 + 9}} = \frac{|12t|}{\sqrt{36t^4 + 16t^2 + 9}}$ für $t \neq 0$

Der Graph der Funktion d hat ein Minimum an der Stelle $t = 0$. Da dieser Wert ausgeschlossen ist, gibt es keine Ebene der Schar, die einen minimalen Abstand zu O hat.
Die Maxima des Graphen liegen bei $t_{1,2} \approx 0{,}707$.
Für die beiden Werte hat die Ebene E_t einen maximalen Abstand zu O.

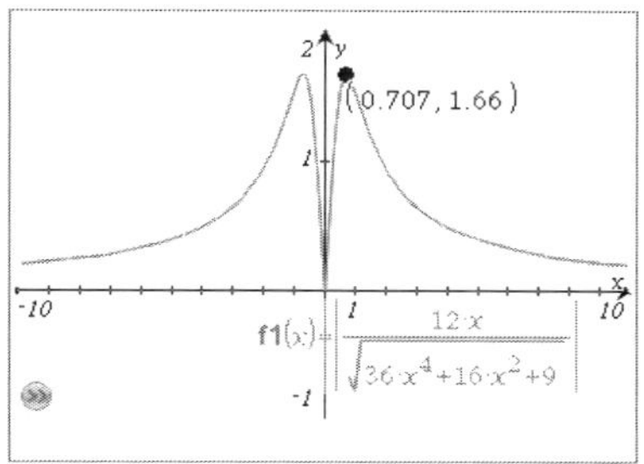

7.2 Aufgaben zu Matrizen

1. a) $\mathbf{M} = \begin{pmatrix} a & b \\ d & c \end{pmatrix}$

b) Da vom Zustand A aus entweder ein Übergang nach A oder nach B erfolgt, muss die Summe der Wahrscheinlichkeiten a und d gleich 1 sein. Entsprechendes gilt für die Übergänge von B aus. Daher gilt: $a + d = 1$ und $b + c = 1$.

c) $\overrightarrow{v_1} = \begin{pmatrix} a & b \\ d & c \end{pmatrix} \cdot \begin{pmatrix} 1 \\ 0 \end{pmatrix} = \begin{pmatrix} a \\ d \end{pmatrix}$; $\overrightarrow{v_2} = \begin{pmatrix} a & b \\ d & c \end{pmatrix} \cdot \begin{pmatrix} a \\ d \end{pmatrix} = \begin{pmatrix} a^2 + b \cdot d \\ a \cdot d + c \cdot d \end{pmatrix}$

d) Es muss gelten: $\begin{pmatrix} a & b \\ d & c \end{pmatrix} \cdot \begin{pmatrix} 0{,}5 \\ 0{,}5 \end{pmatrix} = \begin{pmatrix} 0{,}5 \\ 0{,}5 \end{pmatrix}$, also $0{,}5a + 0{,}5b = 0{,}5$ ($\Leftrightarrow a + b = 1$) und $0{,}5d + 0{,}5c = 0{,}5$ ($\Leftrightarrow d + c = 1$). Da außerdem noch die Bedingungen aus Teilaufgabe b) gelten müssen, ergibt sich ein lineares Gleichungssystem mit 4 Gleichungen und 4 Variablen:

$$\left| \begin{array}{l} a + b = 1 \\ c + d = 1 \\ a + d = 1 \\ b + c = 1 \end{array} \right|$$

Hinweis: Dieses Gleichungssystem besitzt unendlich viele Lösungen: $(1 - t; t; 1 - t; t)$ mit $0 \leq t \leq 1$

368 **2. a)** Da die Übergangswahrscheinlichkeiten von den Zuständen A, B, C zu den Zuständen A, B, C jeweils zusammen 100 % betragen müssen, ergibt sich: $x = 0{,}7$ und $y = 0{,}7$ sowie $a = 0{,}2$; $b = 0{,}5$; $c = 0{,}5$.

b) $\mathbf{M}_2 = \begin{pmatrix} 0{,}3 & 0{,}3 \\ 0{,}7 & 0{,}7 \end{pmatrix}$; $\mathbf{M}_3 = \begin{pmatrix} 0{,}3 & 0{,}3 & 0{,}3 \\ 0{,}2 & 0{,}2 & 0{,}2 \\ 0{,}5 & 0{,}5 & 0{,}5 \end{pmatrix}$

c) $\begin{pmatrix} 0{,}3 & 0{,}3 \\ 0{,}7 & 0{,}7 \end{pmatrix} \cdot \begin{pmatrix} x \\ y \end{pmatrix} = \begin{pmatrix} 0{,}3x + 0{,}3y \\ 0{,}7x + 0{,}7y \end{pmatrix} = \begin{pmatrix} 0{,}3 \cdot (x + y) \\ 0{,}7 \cdot (x + y) \end{pmatrix} = \begin{pmatrix} 0{,}3 \\ 0{,}7 \end{pmatrix}$, da $x + y = 1$.

$\begin{pmatrix} 0{,}3 & 0{,}3 & 0{,}3 \\ 0{,}2 & 0{,}2 & 0{,}2 \\ 0{,}5 & 0{,}5 & 0{,}5 \end{pmatrix} \cdot \begin{pmatrix} x \\ y \\ z \end{pmatrix} = \begin{pmatrix} 0{,}3 \cdot (x + y + z) \\ 0{,}2 \cdot (x + y + z) \\ 0{,}5 \cdot (x + y + z) \end{pmatrix} = \begin{pmatrix} 0{,}3 \\ 0{,}2 \\ 0{,}5 \end{pmatrix}$, da $x + y + z = 1$.

368

3. a) Übergangsmatrix $\mathbf{T} = \begin{pmatrix} 0 & 1{,}25 & 0 \\ 0{,}8 & 0 & 0 \\ 0 & 0{,}95 & 0 \end{pmatrix}$

Population $\vec{p}_0 = \begin{pmatrix} J_0 \\ M_0 \\ A_0 \end{pmatrix} \Rightarrow \vec{p}_1 = \mathbf{T} \cdot \vec{p}_0$

b) Wegen $\mathbf{T}^3 = \mathbf{T}$ folgt die Behauptung, d. h. es gilt $\mathbf{T}^3 \cdot \vec{p}_0 = \mathbf{T} \cdot \vec{p}_0 = \vec{p}_1$

4. a) Mittelpunkt von $\overrightarrow{PQ}$:

$\overrightarrow{OM} = \frac{1}{2}\left(\overrightarrow{OP} + \overrightarrow{OQ}\right) = \begin{pmatrix} 6 \\ 3 \\ 0 \end{pmatrix} \Rightarrow M(6|3|0)$

Ebene durch M mit Normalenvektor $\vec{n} = \overrightarrow{PQ}$:

E: $\begin{pmatrix} 1 \\ -2 \\ 2 \end{pmatrix} * \vec{x} = 0$

b) $s\begin{pmatrix} 2 \\ 2 \\ 1 \end{pmatrix} * \begin{pmatrix} 1 \\ -2 \\ 2 \end{pmatrix} = 0 \Leftrightarrow s(2-4+2) = 0 \Leftrightarrow s \cdot 0 = 0$ gilt für alle $s \in \mathbb{R} \Rightarrow g$ liegt in E.

g schneidet E^* orthogonal $\Rightarrow \begin{pmatrix} 2 \\ 2 \\ 1 \end{pmatrix}$ ist Normalenvektor von E^*.

P liegt auf $E^* \Rightarrow \begin{pmatrix} 2 \\ 2 \\ 1 \end{pmatrix} * \vec{x} - \begin{pmatrix} 2 \\ 2 \\ 1 \end{pmatrix} * \begin{pmatrix} 7 \\ 1 \\ 2 \end{pmatrix} = 0$, also $E^*: \begin{pmatrix} 2 \\ 2 \\ 1 \end{pmatrix} * \vec{x} - 18 = 0$

c) $\begin{pmatrix} 2 \\ 2 \\ 1 \end{pmatrix} * \left(s \cdot \begin{pmatrix} 2 \\ 2 \\ 1 \end{pmatrix}\right) - 18 = 9s - 18 = 0 \Rightarrow s = 2 \Rightarrow \overrightarrow{OS} = 2 \cdot \begin{pmatrix} 2 \\ 2 \\ 1 \end{pmatrix} = \begin{pmatrix} 4 \\ 4 \\ 2 \end{pmatrix}$

$\cos(\sphericalangle PSQ) = \frac{\overrightarrow{SP} * \overrightarrow{SQ}}{|\overrightarrow{SP}| \cdot |\overrightarrow{SQ}|} = \frac{\begin{pmatrix} 3 \\ -3 \\ 0 \end{pmatrix} * \begin{pmatrix} 1 \\ 1 \\ -4 \end{pmatrix}}{|\overrightarrow{SP}| \cdot |\overrightarrow{SQ}|} = 0 \Rightarrow \sphericalangle PSQ = 90°$

$\overrightarrow{OP'} = \frac{1}{v_1^2 + v_2^2 + v_3^2} \begin{pmatrix} v_1^2 - v_2^2 - v_3^2 & 2v_1v_2 & 2v_1v_2 \\ 2v_1v_2 & -v_1^2 + v_2^2 - v_3^2 & 2v_2v_3 \\ 2v_1v_3 & v_2v_3 & -v_1^2 - v_2^2 + v_3^2 \end{pmatrix} \cdot \overrightarrow{OP}$

$\overrightarrow{OP'} = \frac{1}{9}\begin{pmatrix} -1 & 8 & 4 \\ 8 & -1 & 4 \\ 4 & 4 & -7 \end{pmatrix} \cdot \begin{pmatrix} 7 \\ 1 \\ 2 \end{pmatrix} = \frac{1}{9}\begin{pmatrix} 9 \\ 63 \\ 18 \end{pmatrix} = \begin{pmatrix} 1 \\ 7 \\ 2 \end{pmatrix}$

d) $\mathbf{U} = \frac{1}{u^2 + v^2 + w^2} \begin{pmatrix} u^2 - v^2 - w^2 & 2uv & 2uw \\ 2uv & -u^2 + v^2 - w^2 & 2vw \\ 2uw & 2vw & -u^2 - v^2 + w^2 \end{pmatrix}$

g: $\overrightarrow{OX} = s\begin{pmatrix} u \\ v \\ w \end{pmatrix}$; $\mathbf{U} = \frac{1}{9}\begin{pmatrix} -1 & 8 & 4 \\ 8 & -1 & 4 \\ 4 & 4 & -7 \end{pmatrix}$; $\mathbf{T} = \frac{1}{9}\begin{pmatrix} 4 & 1 & 8 \\ 7 & 4 & -4 \\ 4 & 8 & 1 \end{pmatrix}$

5. a) $\overrightarrow{OX} = \overrightarrow{OA} + s \cdot \overrightarrow{AB} + t \cdot \overrightarrow{AC}$

$\overrightarrow{OX} = \begin{pmatrix} -2 \\ -5 \\ -5 \end{pmatrix} + s\begin{pmatrix} 3 \\ 3 \\ 12 \end{pmatrix} + t\begin{pmatrix} 3 \\ 12 \\ 3 \end{pmatrix}$ oder $\overrightarrow{OX} = \begin{pmatrix} -2 \\ -5 \\ -5 \end{pmatrix} + s'\begin{pmatrix} 1 \\ 1 \\ 4 \end{pmatrix} + t'\begin{pmatrix} 1 \\ 4 \\ 1 \end{pmatrix}$

$\vec{n} = \overrightarrow{AB} \times \overrightarrow{AC} = \begin{pmatrix} 1 - 16 \\ 4 - 1 \\ 4 - 1 \end{pmatrix} = \begin{pmatrix} -15 \\ 3 \\ 3 \end{pmatrix} = 3\begin{pmatrix} -5 \\ 1 \\ 1 \end{pmatrix}$

$\overrightarrow{OX} * \vec{n} = \overrightarrow{OB} * \vec{n} = d$; $d = \begin{pmatrix} 1 \\ -2 \\ 7 \end{pmatrix} * \begin{pmatrix} -5 \\ 1 \\ 1 \end{pmatrix} \cdot 3 = 0$

E: $\overrightarrow{OX} * \begin{pmatrix} 5 \\ -1 \\ -1 \end{pmatrix} = 0$

368 **b)** $\overline{AB} = \sqrt{9(1+1+16)} = 9\sqrt{2}$

$\overline{AC} = \sqrt{9(1+1+16)} = 9\sqrt{2}$

$\overline{BC} = \sqrt{81+81} = 9\sqrt{2}$

c) Berechne zunächst den Schwerpunkt S des Dreiecks ABC:

$$\overrightarrow{OS} = \frac{1}{3}\left(\overrightarrow{OA} + \overrightarrow{OB} + \overrightarrow{OC}\right) = \frac{1}{3}\left(\begin{pmatrix} -2 \\ -5 \\ -5 \end{pmatrix} + \begin{pmatrix} 1 \\ -2 \\ 7 \end{pmatrix} + \begin{pmatrix} 1 \\ 7 \\ -2 \end{pmatrix}\right) = \frac{1}{3}\begin{pmatrix} 0 \\ 0 \\ 0 \end{pmatrix} = \begin{pmatrix} 0 \\ 0 \\ 0 \end{pmatrix}$$

Man erhält D über folgende Rechnung:

$\overrightarrow{OD} = \overrightarrow{OS} + s\vec{n} = s\begin{pmatrix} 5 \\ -1 \\ -1 \end{pmatrix}$, wobei $\vec{n}$ der Normalenvektor der Ebene E ist, in der das Dreieck ABC liegt.

Für das Tetraeder muss gelten: $|\overrightarrow{AD}|^2 = \left(|\overrightarrow{OD} - \overrightarrow{OA}|\right)^2 = |\overrightarrow{AB}|^2$

Also: $|s\vec{n} - \overrightarrow{OA}|^2 = s^2|\vec{n}|^2 - 2s \cdot \vec{n} * \overrightarrow{OA} + |\overrightarrow{OA}|^2 = |\overrightarrow{AB}|^2$

$27s^2 - 0 + 54 = 162$

$s^2 = 4$, also $s = \pm 2$

Für $D(10|-2|-2)$ und $D(-10|2|2)$ ist die Figur ABCD ein regelmäßiges Tetraeder.

d) Zu zeigen ist $\mathbf{T} \cdot \overrightarrow{OX} = \overrightarrow{OX}$

Setze beliebigen Punkt der Gerade ein:

$$\mathbf{T} \cdot \overrightarrow{OX} = \frac{1}{9}\begin{pmatrix} 8 & -4 & -1 \\ -1 & -4 & 8 \\ -4 & -7 & -4 \end{pmatrix} \cdot \left(s \cdot \begin{pmatrix} -5 \\ 1 \\ 1 \end{pmatrix}\right) = \frac{1}{9} \cdot s \cdot \begin{pmatrix} 8 & -4 & -1 \\ -1 & -4 & 8 \\ -4 & -7 & -4 \end{pmatrix} \cdot \begin{pmatrix} -5 \\ 1 \\ 1 \end{pmatrix} = \frac{1}{9} \cdot s \cdot \begin{pmatrix} -45 \\ 9 \\ 9 \end{pmatrix} = s \cdot \begin{pmatrix} -5 \\ 1 \\ 1 \end{pmatrix} = \overrightarrow{OX}$$

Die durch die Matrix **T** vermittelte Abbildung bildet jeden Punkt der Gerade g auf sich selbst ab.

$$\overrightarrow{OA'} = \mathbf{T} \cdot \overrightarrow{OA} = \begin{pmatrix} 1 \\ -2 \\ 7 \end{pmatrix} = \overrightarrow{OB}$$

$$\overrightarrow{OB'} = \mathbf{T} \cdot \overrightarrow{OB} = \begin{pmatrix} 1 \\ 7 \\ -2 \end{pmatrix} = \overrightarrow{OC}$$

$$\overrightarrow{OC'} = \mathbf{T} \cdot \overrightarrow{OC} = \begin{pmatrix} -2 \\ -5 \\ -5 \end{pmatrix} = \overrightarrow{OA}$$

Die zu **T** gehörige Abbildung bildet das Dreieck ABC auf A'B'C' ab, wobei $A' = B$, $B' = C$ und $C' = A$.

369 **6. a)** Reihenfolge: KR, WR, GR, OA

Übergangsmatrix: $\mathbf{M} = \begin{pmatrix} 0{,}8 & 0{,}7 & 0{,}6 & 0{,}1 \\ 0{,}2 & 0{,}2 & 0 & 0 \\ 0 & 0{,}1 & 0{,}3 & 0 \\ 0 & 0 & 0{,}1 & 0{,}9 \end{pmatrix}$;

Anfangsvektor $\vec{a} = \begin{pmatrix} 30\,000 \\ 8\,000 \\ 2\,000 \\ 1\,000 \end{pmatrix}$

Nach 1. Quartal:

$\mathbf{M} \cdot \vec{a} = \begin{pmatrix} 30\,900 \\ 7\,600 \\ 1\,400 \\ 1\,100 \end{pmatrix}$;

nach 2. Quartal:

$\mathbf{M}^2 \cdot \vec{a} = \begin{pmatrix} 30\,990 \\ 7\,700 \\ 1\,180 \\ 1\,130 \end{pmatrix}$;

nach 3. Quartal:

$\mathbf{M}^3 \cdot \vec{a} = \begin{pmatrix} 31\,003 \\ 7\,738 \\ 1\,124 \\ 1\,135 \end{pmatrix}$;

nach 4. Quartal:

$\mathbf{M}^4 \cdot \vec{a} = \begin{pmatrix} 31\,006{,}9 \\ 7\,748{,}2 \\ 1\,111 \\ 1\,133{,}9 \end{pmatrix}$

369

Die Prognose über 4 Quartale zeigt, dass sich das Zahlungsverhalten positiv verändert: Während die Anzahl der Kunden mit wenig und großen Zahlungsrückstand zurück gehen, nimmt die Zahl der Kunden, die immer pünktlich zahlen, um etwa 1 000 zu. Die Anzahl der Haushalte ohne Telefonanschluss nimmt dazu im Verhältnis nur leicht zu. Bei der Prognose geht man jedoch davon aus, dass sich das Zahlungsverhalten für jedes Quartal gleich verändert, was natürlich nicht realistisch ist.

b) KR $0{,}7 \cdot 40\,000 = 28\,000$
WR $0{,}05 \cdot 40\,000 = 2\,000$
GR $0{,}25 \cdot 40\,000 = 10\,000$ Summe: 40 000
OA 1 000

Startvektor $\vec{b} = \begin{pmatrix} 28\,000 \\ 2\,000 \\ 10\,000 \\ 1\,000 \end{pmatrix}$

Nach 1. Quartal
$\mathbf{M} \cdot \vec{b} = \begin{pmatrix} 29\,900 \\ 6\,000 \\ 3\,200 \\ 1\,900 \end{pmatrix}$;

Nach 2. Quartal
$\mathbf{M}^2 \cdot \vec{b} = \begin{pmatrix} 30\,230 \\ 7\,180 \\ 1\,560 \\ 2\,030 \end{pmatrix}$;

Nach 3. Quartal
$\mathbf{M}^3 \cdot \vec{b} = \begin{pmatrix} 30\,349 \\ 7\,482 \\ 1\,186 \\ 1\,983 \end{pmatrix}$;

Nach 4. Quartal
$\mathbf{M}^4 \cdot \vec{b} = \begin{pmatrix} 30\,427 \\ 7\,566 \\ 1\,104 \\ 1\,903 \end{pmatrix}$

Die Zahl der Kunden mit großem Zahlungsrückstand geht dadurch schnell zurück. Vergleicht man diese Prognose mit der unter Aufgabenteil a), so ist der Stand im 4. Quartal eher schlechter. Hinzu kommen noch die Verluste für den Erlass der Schulden.

Es dürfte also besser sein, die alte Strategie beizubehalten.

7. a) Multiplikation von links bewirkt eine Zeilenvertauschung:

$$\begin{pmatrix} 0 & 1 & 0 \\ 0 & 0 & 1 \\ 1 & 0 & 0 \end{pmatrix} \cdot \begin{pmatrix} 4 & 6 & -10 \\ -14 & 30 & 14 \\ 10 & -6 & -4 \end{pmatrix} = \begin{pmatrix} -14 & 30 & 14 \\ 10 & -6 & -4 \\ 4 & 6 & -10 \end{pmatrix}$$

Multiplikation von rechts bewirkt eine Spaltenvertauschung:

$$\begin{pmatrix} 4 & 6 & -10 \\ -14 & 30 & 14 \\ 10 & -6 & -4 \end{pmatrix} \cdot \begin{pmatrix} 0 & 1 & 0 \\ 0 & 0 & 1 \\ 1 & 0 & 0 \end{pmatrix} = \begin{pmatrix} -10 & 4 & 6 \\ 14 & -14 & 30 \\ -4 & 10 & -6 \end{pmatrix}$$

b) $\begin{pmatrix} 1 & 0 & 0 \\ 0 & 1 & 0 \\ 0 & 0 & 1 \end{pmatrix}$; $\begin{pmatrix} 1 & 0 & 0 \\ 0 & 0 & 1 \\ 0 & 1 & 0 \end{pmatrix}$; $\begin{pmatrix} 0 & 1 & 0 \\ 1 & 0 & 0 \\ 0 & 0 & 1 \end{pmatrix}$; $\begin{pmatrix} 0 & 1 & 0 \\ 0 & 0 & 1 \\ 1 & 0 & 0 \end{pmatrix}$; $\begin{pmatrix} 0 & 0 & 1 \\ 1 & 0 & 0 \\ 0 & 1 & 0 \end{pmatrix}$; $\begin{pmatrix} 0 & 0 & 1 \\ 0 & 1 & 0 \\ 1 & 0 & 0 \end{pmatrix}$

c)

$$\begin{pmatrix} a_{11} & a_{12} & a_{13} \\ a_{21} & a_{22} & a_{23} \\ a_{31} & a_{32} & a_{33} \end{pmatrix} \cdot \begin{pmatrix} 1 & 0 & 0 \\ 0 & 1 & 0 \\ 0 & 0 & 1 \end{pmatrix} = \begin{pmatrix} a_{11} & a_{12} & a_{13} \\ a_{21} & a_{22} & a_{23} \\ a_{31} & a_{32} & a_{33} \end{pmatrix}$$

$$\begin{pmatrix} a_{11} & a_{12} & a_{13} \\ a_{21} & a_{22} & a_{23} \\ a_{31} & a_{32} & a_{33} \end{pmatrix} \cdot \begin{pmatrix} 1 & 0 & 0 \\ 0 & 0 & 1 \\ 0 & 1 & 0 \end{pmatrix} = \begin{pmatrix} a_{11} & a_{13} & a_{12} \\ a_{21} & a_{23} & a_{22} \\ a_{31} & a_{33} & a_{32} \end{pmatrix}$$

$$\begin{pmatrix} a_{11} & a_{12} & a_{13} \\ a_{21} & a_{22} & a_{23} \\ a_{31} & a_{32} & a_{33} \end{pmatrix} \cdot \begin{pmatrix} 0 & 1 & 0 \\ 1 & 0 & 0 \\ 0 & 0 & 1 \end{pmatrix} = \begin{pmatrix} a_{12} & a_{11} & a_{13} \\ a_{22} & a_{21} & a_{23} \\ a_{32} & a_{31} & a_{33} \end{pmatrix}$$

$$\begin{pmatrix} a_{11} & a_{12} & a_{13} \\ a_{21} & a_{22} & a_{23} \\ a_{31} & a_{32} & a_{33} \end{pmatrix} \cdot \begin{pmatrix} 0 & 1 & 0 \\ 0 & 0 & 1 \\ 1 & 0 & 0 \end{pmatrix} = \begin{pmatrix} a_{13} & a_{11} & a_{12} \\ a_{23} & a_{21} & a_{22} \\ a_{33} & a_{31} & a_{32} \end{pmatrix}$$

$$\begin{pmatrix} a_{11} & a_{12} & a_{13} \\ a_{21} & a_{22} & a_{23} \\ a_{31} & a_{32} & a_{33} \end{pmatrix} \cdot \begin{pmatrix} 0 & 0 & 1 \\ 1 & 0 & 0 \\ 0 & 1 & 0 \end{pmatrix} = \begin{pmatrix} a_{12} & a_{13} & a_{11} \\ a_{22} & a_{23} & a_{21} \\ a_{32} & a_{33} & a_{31} \end{pmatrix}$$

$$\begin{pmatrix} a_{11} & a_{12} & a_{13} \\ a_{21} & a_{22} & a_{23} \\ a_{31} & a_{32} & a_{33} \end{pmatrix} \cdot \begin{pmatrix} 0 & 0 & 1 \\ 0 & 1 & 0 \\ 1 & 0 & 0 \end{pmatrix} = \begin{pmatrix} a_{13} & a_{12} & a_{11} \\ a_{23} & a_{22} & a_{21} \\ a_{33} & a_{32} & a_{31} \end{pmatrix}$$

369 **d)** Eine Permutationsmatrix **P** entsteht durch Vertauschung der Spalten

$e_1 = \begin{pmatrix} 1 \\ 0 \\ \vdots \\ 0 \end{pmatrix}$, $e_2 = \begin{pmatrix} 0 \\ 1 \\ \vdots \\ 0 \end{pmatrix}$, …, $e_n = \begin{pmatrix} 0 \\ 0 \\ \vdots \\ 1 \end{pmatrix}$ der Einheitsmatrix.

Multipliziert man eine beliebige Matrix **A** von rechts mit **P**, überträgt sich die Vertauschung auf die Spalten von **A**.

e) Eine Permutationsmatrix **P** entsteht durch Vertauschung der Zeilen (1; 0; …; 0); (0; 1; …; 0); …; (0; 0; …; 1) der Einheitsmatrix.

Multipliziert man eine beliebige Matrix **A** von links mit **P**, überträgt sich die Vertauschung auf die Zeilen von **A**.

7.3 Aufgaben zur Wahrscheinlichkeitsrechnung

1. a)

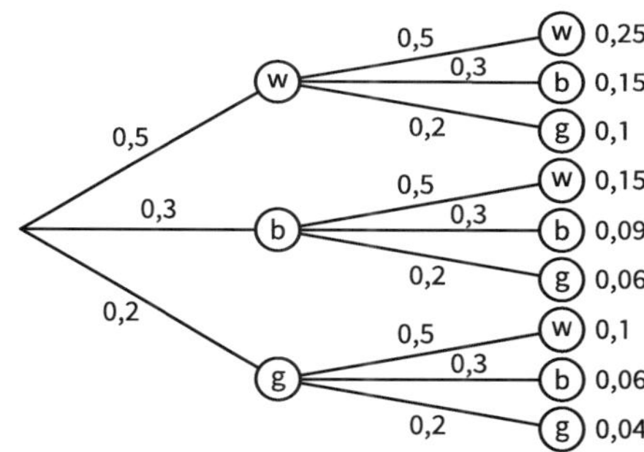

b) $P(E) = 0{,}5^2 + 0{,}3^2 + 0{,}2^2 = 0{,}38$

c) Zufallsgröße X: *Auszahlung in €*

$E(X) = 0{,}38 \cdot 2\,€ + 0{,}62 \cdot 0\,€ = 0{,}76\,€$

Im Mittel werden pro Spiel 0,76 € ausgezahlt, d. h. der Spielbetreiber hat im Mittel einen Gewinn von 0,24 € pro Spiel.

370 **2. a)** Aus dem Histogramm ist zu entnehmen:

$P(X=0) = P(X=4) = \frac{1}{9}$; $P(X=1) = P(X=3) = \frac{2}{9}$ sowie $P(X=2) = \frac{3}{9}$

Da das Histogramm symmetrisch ist, müsste $p = 0{,}5$ sein; allerdings ist dann:

$P(X=0) = P(X=4) = 0{,}5^4 = 0{,}0625$; $P(X=1) = P(X=2) = 4 \cdot 0{,}5^4 = 0{,}25$ und

$P(X=3) = 6 \cdot 0{,}5^4 = 0{,}375$, was nicht mit den Werten des Histogramms übereinstimmt.

Alternativ kann man schließen: Aus $P(X=0) = p^4 = \frac{1}{9}$, dass gilt: $p = \frac{1}{\sqrt[4]{9}} = \frac{1}{\sqrt{3}}$;

andererseits müsste wegen $P(X=4) = (1-p)^4$ auch gelten: $q = \frac{1}{\sqrt[4]{9}} = \frac{1}{\sqrt{3}}$.

Da aber $p + q = 1$ sein muss, kann das abgebildete Histogramm nicht zu einer Binomialverteilung gehören.

b) Wenn $p = 0{,}5$ ist, dann ist auch $q = 0{,}5$ und daher vereinfacht sich die Berechnung gemäß Bernoulli-Formel: $P(X=k) = \binom{n}{k} \cdot 0{,}5^k$. Da für die Binomialkoeffizienten gilt $\binom{n}{k} = \binom{n}{n-k}$, d. h. der Binomialkoeffizient ist symmetrisch, folgt

$P(X=n-k) = \binom{n}{n-k} \cdot 0{,}5^k = \binom{n}{k} \cdot 0{,}5^k = P(X=k)$.

370

c) Die Wahrscheinlichkeitsverteilung wurde bereits in der Lösung von Teilaufgabe b) angegeben:

k	P(X = k)
0	0,0625
1	0,2500
2	0,3750
3	0,2500
4	0,0625

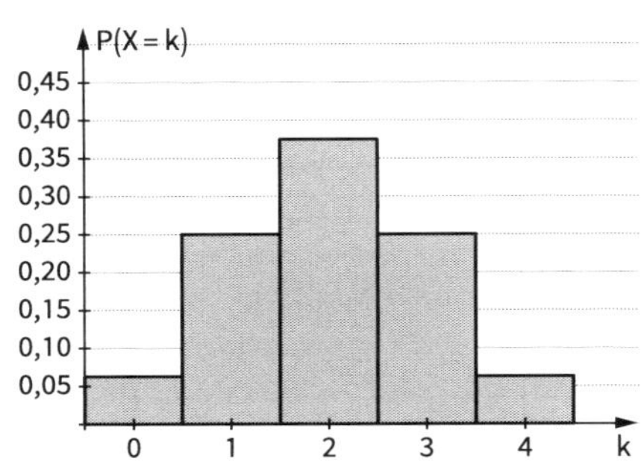

d) Da n ungerade ist, ist der Erwartungswert nicht ganzzahlig. Hier ergibt sich: $E(X) = 5 \cdot 0{,}5 = 2{,}5$. Daher gibt es zwei Anzahlen von Erfolgen, für welche die Wahrscheinlichkeit maximal ist:
Es gilt $P(X = 2) = P(X = 3) = 10 \cdot 0{,}5^5 = 0{,}3125$

3. **a)** $\mu = n \cdot p = 150 \cdot 0{,}4 = 60$; $\sigma = \sqrt{150 \cdot 0{,}4 \cdot 0{,}6} = \sqrt{36} = 6$

b) Die LAPLACE-Bedingung $(\sigma > 3)$ ist erfüllt. Daher lassen sich die Sigma-Regeln anwenden. $1{,}96 \cdot \sigma \approx 11{,}76$. Mit einer Wahrscheinlichkeit von ca. 95 % wird die Anzahl der gewonnenen Spiele also zwischen 49 und 71 (einschließlich) liegen.

c) In der 1 σ-Umgebung von μ liegen ungefähr zwei Drittel der Ergebnisse, d. h. die Wahrscheinlichkeit, dass die Anzahl der gewonnenen Spiele in das Intervall $54 \le X \le 66$ fällt, ist deutlich größer als 50 %, also ist die Wette vorteilhaft.

4. **a)** X: *Anzahl der tatsächlich belegten Plätze*; $n = 54$; $p = 0{,}9$;
$P(X < 51) = P(X \le 50) = 0{,}802$

b) $n = 120$; $p = 0{,}9$; $P(X \le 108) = 0{,}544$

c) $n = 200$; $p = 0{,}95$;
$P(X \le 180) = 0{,}0027$

d) X: *Anzahl der Buchungen*; $n = 150$, $p = 0{,}45$;
Prognose (Intervallschätzung): $\mu = 67{,}5$; $1{,}96\sigma \approx 11{,}94$; also σ-Regel:
$P(55 \le X \le 80) \approx 0{,}95$ (Kontrollrechnung: $P(55 \le X \le 80) = 0{,}967$; $P(56 \le X \le 79) = 0{,}951$)
Das Ergebnis $X = 59$ weicht nicht signifikant von μ ab.

e) X: *Anzahl der Einzelzimmer-Buchungen*; $p = 0{,}23$;
$P(X \ge 1) = 1 - P(X = 0) = 1 - 0{,}77^n \ge 0{,}99 \Leftrightarrow 0{,}77^n \le 0{,}01 \Leftrightarrow n \ge \log_{0{,}77}(0{,}01) \approx 17{,}6$
Mindestens 18 Buchungen müssen abgewartet werden, bis darunter mit einer Wahrscheinlichkeit von mindestens 99 % mindestens eine Einzelzimmerbuchung ist.

5. **a)** X: *Anzahl der Sportbegeisterten*; $n = 250$, $p = 0{,}7$
(1) $P(X = 175) = 0{,}055$
(2) $P(X < 180) = P(X \le 179) = 0{,}731$
(3) $P(170 \le X \le 185) = 0{,}705$

371 **b)**

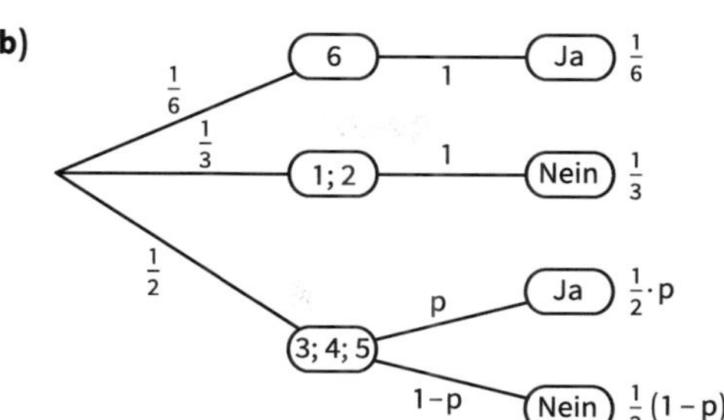

(1) $P(\text{„Ja"}) = \frac{1}{6} + \frac{1}{2} \cdot 0{,}21$
$\approx 27{,}2\,\%$

(2) $\frac{1}{6} + \frac{1}{2} \cdot p = 0{,}35$
$\Rightarrow p \approx 36{,}7\,\%$

c) X: *Anzahl der Jugendlichen, deren Lieblingsfach Geschichte ist*;
für $n = 180$; $p = \frac{1}{3}$ ist $\mu = 60$; $1{,}64\sigma \approx 10{,}4$: $P(49 \leq X \leq 71) \approx 0{,}90$
(Kontrollrechnung: $P(49 \leq X \leq 71) = 0{,}931$; $P(50 \leq X \leq 70) = 0{,}904$)
Entscheidungsregel: Wenn weniger als 50 oder mehr als 70 Mädchen in der Befragung Geschichte als Lieblingsfach bezeichnen, würde man den Ansatz $p = \frac{1}{3}$ für falsch halten.
Fehler 1. Art: Tatsächlich ist auch bei den Mädchen der Anteil ein Drittel, aber in der Stichprobe weicht das Ergebnis signifikant vom Erwartungswert ab. Man geht irrtümlich davon aus, dass die Beliebtheit des Fachs Geschichte bei Jungen und Mädchen unterschiedlich ist.
Fehler 2. Art: Tatsächlich gibt es Unterschiede hinsichtlich der Beliebtheit des Fachs Geschichte bei Jungen und Mädchen, aber aufgrund des Stichprobenergebnisses im Annahmebereich wird dies nicht aufgedeckt.

d) X: *Anzahl der Jugendlichen, die zum Interview bereit sind*; $p = 0{,}4$

n	600	650	660	670	675	676
$P(X \geq 250) = 1 - P(X \leq 249)$	0,214	0,800	0,876	0,928	0,947	0,950

Alternative Lösung mithilfe der σ-Regeln: $P(\mu - 1{,}64\sigma \leq X \leq \mu + 1{,}64\sigma) \approx 0{,}9$;
also $P(X \geq \mu - 1{,}64\sigma) \approx 0{,}95$.
Gesucht wird die Lösung der Ungleichung $0{,}4 \cdot n - 1{,}64 \cdot \sqrt{n \cdot 0{,}5 \cdot 0{,}6} \geq 250$.
Mithilfe des Gleichungslösers eines Rechners findet man $n \geq 677{,}3$.
Durch Kontrollrechnung kann dann dieser Näherungswert korrigiert werden.

6. a)

Anzahl Pralinen	Wahrscheinlichkeit	Gewinn* in €	Berechnung des Erwartungswertes
0	0,5	−1	−0,5
2	0,1	−0,6	−0,06
4	0,1	−0,2	−0,02
6	0,1	+0,2	+0,02
8	0,1	+0,6	+0,06
10	0,1	+1	+0,1
		E(Gewinn*) =	−0,4

* Gewinn aus der Sicht des Spielteilnehmers

Der Betreiber des Spiels gewinnt im Mittel 0,40 € pro Spiel.

371 **b)**

Anzahl Pralinen	Wahrscheinlichkeit	Gewinn* in €	Berechnung des Erwartungswertes
1	0,5	−0,8	−0,4
a	0,3	0,2 a − 1	0,06 a − 0,3
2a	0,1	0,2 a − 1	0,02 a − 0,1
5a	0,1	0,5 a − 1	0,05 a − 0,1
		E (Gewinn) =	0,13 a − 0,9

Dieser Erwartungswert des Gewinns ist für $a \in \{1; 2; \ldots; 6\}$ negativ, d. h. günstig für den verfolgten Zweck.

c) $p = 0{,}2$; X: Anzahl der Pralinen vom Typ *Kult*

$n = 10$

(1) $P(X = 2) = \binom{10}{2} \cdot 0{,}2^2 \cdot 0{,}8^8 \approx 0{,}302$

(2) $P(X \leq 4) \approx 0{,}967$

(3) $P(3 < X < 6) = P(X = 4) + P(X = 5) \approx 0{,}115$

d) $n = 100$

(1) $P(18 \leq X \leq 22) \approx 0{,}468$

(2) $P(X > 25) = 1 - P(X \leq 25) \approx 0{,}087$

e) $P(X \geq 1) = 1 - P(X = 0) \geq 0{,}99$; $P(X = 0) = 0{,}8^n$

Aus $1 - 0{,}8^n \geq 0{,}99$ folgt $0{,}8^n \leq 0{,}01$. $n \geq \log_{0{,}8}(0{,}01) \approx 20{,}6$

Dies ist erfüllt für $n \geq 21$.

372 **7. a)** $n = 100$; $p = \frac{1}{6}$; X: *Anzahl beschädigter Pralinen*

Wahrscheinlichkeit	Gewinn durch den Verkauf von 100 Pralinen in 10 Tüten
$P(X = 0) \approx 0$	$10 \cdot 3{,}50\,€ = 35{,}00\,€$
$P(1 \leq X \leq 10) \approx 0{,}0427$	$9 \cdot 3{,}50\,€ + 1 \cdot 0{,}50\,€ = 32{,}00\,€$
$P(11 \leq X \leq 20) \approx 0{,}8054$	$8 \cdot 3{,}50\,€ + 2 \cdot 0{,}50\,€ = 29{,}00\,€$
$P(21 \leq X \leq 30) \approx 0{,}1516$	$7 \cdot 3{,}50\,€ + 3 \cdot 0{,}50\,€ = 26{,}00\,€$
$P(31 \leq X \leq 40) \approx 0{,}0003$	$6 \cdot 3{,}50\,€ + 4 \cdot 0{,}50\,€ = 23{,}00\,€$

$E(\text{Gewinn}) = 0 \cdot 35 + 0{,}0427 \cdot 32 + \ldots + 0{,}0003 \cdot 23 \approx 28{,}67\,€$

b) Es geht um die Frage, ob die Qualität besser, d. h. der Anteil beschädigter Pralinen geringer geworden ist, und nicht um die Frage, ob sich der Anteil verändert hat.
Hersteller: Der Anteil beschädigter Pralinen ist geringer geworden $\left(p > \frac{5}{6}\right)$. Von diesem Standpunkt gehe ich nur ab, wenn in einer Stichprobe extrem viele beschädigte Pralinen gefunden werden.
Skeptischer Kunde: Der Anteil beschädigter Pralinen ist nicht geringer geworden $\left(p \leq \frac{5}{6}\right)$. Von diesem Standpunkt gehe ich nur ab, wenn in einer Stichprobe extrem wenige beschädigte Pralinen gefunden werden.

c) $n = 250$; für $p = \frac{5}{6}$ ergibt sich $\mu \approx 208{,}3$; $\sigma \approx 5{,}89$.

$\mu - 1{,}28\sigma \approx 200{,}8$; $\mu + 1{,}28\sigma \approx 215{,}9$

Entscheidungsregeln (nach Kontrollrechnung):

- Verwirf die Hypothese $p > \frac{5}{6}$, wenn in der Stichprobe mehr als 49 beschädigte Pralinen gefunden werden.
- Verwirf die Hypothese $p \leq \frac{5}{6}$, wenn in der Stichprobe weniger als 34 beschädigte Pralinen gefunden werden.

372

d) Hypothese $p > \frac{5}{6}$:

Auswirkungen Fehler 1. Art:

In der Stichprobe sind zufällig viele beschädigte Pralinen, obwohl die Qualität gegenüber früher verbessert wurde. Die Verbesserung der Qualität wird nicht erkannt.

Auswirkungen Fehler 2. Art:

In der Stichprobe sind zufällig so viele beschädigte Pralinen, dass man keinen Anlass hat, die Hypothese $p > \frac{5}{6}$ zu verwerfen, obwohl die Qualität nicht verbessert wurde.

Hypothese $p \leq \frac{5}{6}$:

Auswirkungen Fehler 1. Art:

In der Stichprobe sind zufällig nur wenige beschädigte Pralinen, obwohl die Qualität gegenüber früher nicht verbessert wurde. Man geht davon aus, dass die Qualität verbessert wurde, obwohl das nicht zutrifft.

Auswirkungen Fehler 2. Art:

In der Stichprobe sind zufällig so viele beschädigte Pralinen, dass man keinen Anlass hat, die Hypothese $p \leq \frac{5}{6}$ zu verwerfen, obwohl die Qualität verbessert wurde.

e) $p > \frac{5}{6}$: Annahmebereich: $A_1 = \{201; 202; \ldots; 250\}$

$p \leq \frac{5}{6}$: Annahmebereich: $A_2 = \{0; \ldots; 215; 216\}$

$P_{p=0,75}(A_1) \approx 2{,}65\,\%$; $P_{p=0,9}(A_2) \approx 4{,}1\,\%$

f) Mit einer Wahrscheinlichkeit von ca. 90 % unterscheidet sich die relative Häufigkeit in einer Stichprobe vom Umfang n von der zugrunde liegenden Erfolgswahrscheinlichkeit p um höchstens $1{,}64\frac{\sigma}{n}$:

$\left|\frac{X}{n} - p\right| \leq 1{,}64\frac{\sigma}{n}$; $p \approx \frac{5}{6}$

Wenn $1{,}64\frac{\sigma}{n} \leq 0{,}01$, also $1{,}64 \cdot \sqrt{\frac{\frac{1}{6}\cdot\frac{5}{6}}{n}} \leq 0{,}01$, d. h. $n \geq \frac{1{,}64^2}{0{,}01^2} \cdot \frac{1}{6} \cdot \frac{5}{6} \approx 3736$,

dann ist die Bedingung mit einer Wahrscheinlichkeit von 90 % erfüllt.

8. a) (1) $\mu = \frac{192 + 169}{2}\,\text{cm} = 180{,}5\,\text{cm}$ $\qquad \sigma = \frac{192{,}5 - 168{,}5}{1{,}88 \cdot 2} = 6{,}38\,\text{cm}$

(2) $P(X > 180{,}5\,\text{cm}) = P(X < 180{,}5\,\text{cm}) = 50\,\%$

$P(\mu - 0{,}674\sigma \leq X \leq \mu + 0{,}674\sigma) = P(176{,}2\,\text{cm} \leq X \leq 184{,}8\,\text{cm}) = 50\,\%$

(3) $\sigma_{\overline{X}} = \frac{6{,}38\,\text{cm}}{\sqrt{100}} = 0{,}638\,\text{cm}$

$P(X > 184\,\text{cm}) = P(X \geq 184{,}5\,\text{cm}) = P\left(X \geq 180{,}5\,\text{cm} + 6{,}3 \cdot \sigma_{\overline{X}}\right) = 0\,\%$

b) $p = 0{,}25$; $n = 138$; $\mu = 34{,}5$; $\sigma = 5{,}087$; $1{,}64\sigma = 8{,}34$

90 %-Umgebung von μ: $27 \leq X \leq 42$

Mit einer Wahrscheinlichkeit von 90 % liegt die Anzahl der 18-jährigen in der Stichprobe im Intervall [27; 42].

c) Ernährungswissenschaftler gehen davon aus, dass der Anteil seit dem letzten Mikrozensus gestiegen ist, d. h. sie vertreten den Standpunkt: $p > 0{,}25$. Von ihrer Meinung lassen sie sich nur abbringen durch signifikante Abweichungen nach unten.

Für $p = 0{,}25$ und $n = 500$ wäre $\mu = 500 \cdot 0{,}25 = 125$ und $\sigma = \sqrt{500 \cdot 0{,}25 \cdot 0{,}75} \approx 9{,}68$, also $\mu - 1{,}64\sigma \approx 109{,}12$.

Wenn $p = 0{,}25$ ist, dann gilt: $P(X < \mu - 1{,}64\sigma) = P(X < 109) \approx 0{,}95$.

Für $p > 0{,}25$ ist auch $\mu - 1{,}64\sigma > 109$.

372 *Entscheidungsregel:* Verwirf die Hypothese $p > 0{,}25$, falls in der Stichprobe weniger als 109 18-jährige Männer angetroffen werden, die mehr als 70 kg wiegen.

Befürworter von Fast-Food gehen davon aus, dass der Anteil seit dem letzten Mikrozensus höchstens kleiner geworden ist, d. h. sie vertreten den Standpunkt: $p \leq 0{,}25$. Von ihrer Meinung lassen sie sich nur abbringen durch signifikante Abweichungen nach oben.

Für $p = 0{,}25$ und $n = 500$ wäre $\mu = 500 \cdot 0{,}25 = 125$ und $\sigma = \sqrt{500 \cdot 0{,}25 \cdot 0{,}75} \approx 9{,}68$, also $\mu + 1{,}64\sigma \approx 140{,}88$. Wenn $p = 0{,}25$ ist, dann gilt:
$P(X > \mu + 1{,}64\sigma) = P(X > 140) \approx 0{,}95$.
Für $p < 0{,}25$ ist auch $\mu + 1{,}64\sigma < 140$.

Entscheidungsregel: Verwirf die Hypothese $p \leq 0{,}25$, falls in der Stichprobe mehr als 140 18-jährige Männer angetroffen werden, die mehr als 70 kg wiegen.

d) Das Stichprobenergebnis $X = 130$ ist sowohl verträglich mit der Hypothese $p > 0{,}25$ als auch $p \leq 0{,}25$, d. h. keine der beiden Hypothesen kann gemäß Entscheidungsregel verworfen werden.

e) Mit einer Wahrscheinlichkeit von ca. 95 % unterscheidet sich die relative Häufigkeit $\frac{X}{n}$ in der Stichprobe von der zugrunde liegenden Erfolgswahrscheinlichkeit p um höchsten $\frac{1{,}96\sigma}{n}$. Wenn also $\left|\frac{X}{n} - p\right| \leq \frac{1{,}96\sigma}{n} \leq 0{,}01$, dann ist die Bedingung in 95 % der Stichproben erfüllt.

Aus der Ungleichung $\frac{1{,}96\sigma}{n} \leq 0{,}01$ ergibt sich für $p \approx 0{,}25$ die Bedingung:
$n \geq \left(\frac{1{,}96}{0{,}01}\right)^2 \cdot 0{,}25 \cdot 0{,}75 \approx 7\,200$. Mindestens 7 200 Männer müssen also für die Stichprobe ausgewählt werden, um den Anteil auf 1 Prozentpunkt zu schätzen.

373 **9. a)** $n = 100;\ p = 0{,}7$

(1) $P(X > 60) = 1 - P(X \leq 60) = 0{,}979$

(2) $P(55 \leq X \leq 70) = 0{,}537$

b) $P(X \geq 1) = 1 - P(X = 0) = 1 - (0{,}3)^n \geq 0{,}9 \Rightarrow n \geq 2$

c) (1) *Hypothese 1:* Der Anteil der Jugendlichen, die ein Fernsehgerät besitzen, ist in bestimmten Schichten größer als 70 %: $p > 0{,}7$

Von diesem Standpunkt lassen sich die Vertreter des Standpunkts nur abbringen, wenn in der Stichprobe signifikant wenige Jugendliche mit Fernsehgerät angetroffen werden.

Für $p = 0{,}7$ ist $\mu = 140$ und $\sigma = 6{,}48$, also $\mu - 1{,}28\sigma = 131{,}7$.
Für $p > 0{,}7$ ist $\mu - 1{,}28\sigma > 131{,}7$.

Entscheidungsregel:
Verwirf die Hypothese $p > 0{,}7$, falls in der Stichprobe weniger als 132 Haushalte von Jugendlichen mit eigenem Fernsehgerät vorgefunden werden.

Fehler 1. Art:
Tatsächlich ist der Anteil in bestimmten Schichten größer als 70 %.
Zufällig werden in der Stichprobe weniger als 132 Haushalte vorgefunden. Man erhält eine richtige Hypothese nicht länger aufrecht.

Fehler 2. Art:
Tatsächlich gibt es keine besonderen Unterschiede in verschiedenen gesellschaftlichen Schichten. Wegen des nicht signifikanten Stichprobenergebnisses geht man nicht von der falschen Hypothese ab.

373

Hypothese 2:

Der Anteil der Jugendlichen, die ein eigenes Fernsehgerät besitzen, ist in einer bestimmten Schicht genau so hoch wie sonst: $p \leq 0{,}7$

Von dieser Meinung gehen die Vertreter des Standpunktes nur bei signifikanten Abweichungen nach oben ab.

Für $p = 0{,}7$ ist $\mu = 140$ und $\sigma = 6{,}48$, also $\mu + 1{,}28\sigma = 148{,}3$.

Für $p < 0{,}7$ ist $\mu + 1{,}28\sigma < 148{,}3$.

Entscheidungsregel:

Verwirf die Hypothese $p \leq 0{,}7$, falls in der Stichprobe mehr als 148 Haushalte von Jugendlichen mit eigenem Fernsehgerät gefunden werden.

Fehler 1. Art:

Tatsächlich gibt es keine Unterschiede zwischen den gesellschaftlichen Schichten. Zufällig werden aber in der Stichprobe mehr als 148 Haushalte gefunden, sodass man von gesellschaftlichen Unterschieden ausgeht.

Fehler 2. Art:

Es gibt zwar Unterschiede zwischen unterschiedlichen gesellschaftlichen Schichten. Wegen des unauffälligen Stichprobenergebnisses wird dies jedoch nicht erkannt.

(2) Hypothese 1: $p > 0{,}7$; Annahmebereich: $X \geq 132$; $P_{p=0{,}65}(X \geq 132) = 0{,}415 = 41{,}5\,\%$
Hypothese 2: $p \leq 0{,}7$; Annahmebereich: $X \leq 148$; $P_{p=0{,}75}(X \leq 148) = 0{,}398 = 39{,}8\,\%$

(3) Ein solches Ergebnis kann zufällig auftreten, auch wenn der Anteil der Jugendlichen mit eigenem Fernsehgerät auch dort 70 % beträgt.
Die Wahrscheinlichkeit hierfür beträgt allerdings nur
$P_{p=0{,}7}(X \geq 152) = 1 - P_{p=0{,}7}(X \leq 151) \approx 0{,}036 = 3{,}6\,\%$

10. Fehler in der 1. Auflage des Schülerbandes: richtig: **d)** (3) … tatsächlich 65 % beträgt.

a) $n = 100$; $p = 0{,}6$

(1) $P(X = 60) = 0{,}081$

(2) $P(55 < X < 65) = P(56 \leq X \leq 64) = 0{,}642$

b) $p = 0{,}89$; X: *Anzahl der 3-Jährigen, die regelmäßig fernsehen*

$P(X \geq 1) = 1 - P(X = 0) = 1 - 0{,}11^n \geq 0{,}9$

Auflösen nach n: $0{,}11^n \leq 0{,}1$; d. h. $n \geq 2$

c) $P\left(\left|\frac{X}{n} - p\right| \leq 1{,}64\frac{\sigma}{n}\right) \approx 0{,}90$; $p \approx 0{,}6$

Wenn $1{,}64 \cdot \sqrt{\frac{0{,}6 \cdot 0{,}4}{n}} \leq 0{,}02$, also $n \geq \frac{1{,}64^2}{0{,}02^2} \cdot 0{,}6 \cdot 0{,}4 \approx 1614$, dann ist die Bedingung mit einer Wahrscheinlichkeit von 90 % erfüllt.

d) (1) Beim „statistischen Beweis“ stellt man das logische Gegenteil dessen, was man „beweisen“ möchte, als Hypothese auf in der Hoffnung, diese verwerfen zu können.

Hypothese: $p \leq 0{,}6$

Für $p = 0{,}6$ und $n = 200$ ist $\mu = 120$; $\sigma \approx 6{,}93$; $\mu + 1{,}28\sigma \approx 128{,}9$.

Entscheidungsregel: Verwirf die Hypothese $p \leq 0{,}6$, falls mehr als 128 Kinder in der Stichprobe regelmäßig fernsehen.

Fehler 1. Art: In der Stichprobe sind zufällig extrem viele 2-Jährige, die regelmäßig fernsehen, obwohl der Anteil eigentlich höchstens 60 % beträgt. Die Soziologen werden in ihrer Meinung bestätigt, obwohl sie falsch ist.

373 Fehler 2. Art: In der Stichprobe sind zufällig weniger als 129 Kinder, die regelmäßig fernsehen, obwohl der Anteil eigentlich größer ist als bisher vermutet. Die Soziologen können ihre richtige Vermutung nicht statistisch beweisen.

(2) Gemäß Entscheidungsregel kann die Hypothese $p \leq 0{,}6$ nicht verworfen werden.

(3) Annahmebereich $A = \{0; 1; \ldots; 128\}$. $P_{p=0{,}65}(A) \approx 0{,}409$

374

11. a) $n = 5$; $p = 0{,}4$ (X: *Anzahl der Freikarten für Jungen*)

$P(X \geq 3) = P(X = 3) + P(X = 4) + P(X = 5) = \binom{5}{3} 0{,}4^3 \cdot 0{,}6^2 + \binom{5}{4} 0{,}4^4 \cdot 0{,}6^1 + \binom{5}{5} 0{,}4^5 \cdot 0{,}6^0$

$= 0{,}2304 + 0{,}0768 + 0{,}01024 = 0{,}31744$

b) $P(\text{lauter Misserfolge}) = \left(\frac{19}{20}\right)^n$

$P(\text{mindestens ein Erfolg}) = 1 - \left(\frac{19}{20}\right)^n \geq 0{,}9 \Leftrightarrow n \geq 45$

c) Kugel-Fächer-Modell: 50 Kugeln werden zufällig auf 20 Fächer verteilt $\left(n = 50;\ p = \frac{1}{20}\right)$

$P(X = 0) = 0{,}95^{50} = 0{,}077$

$P(X = 1) = \binom{50}{1} 0{,}05^1 \cdot 0{,}95^{49} = 0{,}202$

$P(X = 2) = \binom{50}{2} 0{,}05^2 \cdot 0{,}95^{48} = 0{,}261$

$P(X = 3) = \binom{50}{3} 0{,}05^3 \cdot 0{,}95^{47} = 0{,}220$

$P(X > 3) = 1 - P(X \leq 3) = 0{,}240$

d) Bestimmen einer 90 %-Umgebung um $\mu = n \cdot p = 60 \cdot 0{,}6 = 36$:

$\sigma = \sqrt{60 \cdot 0{,}6 \cdot 0{,}4} = \sqrt{14{,}4} \approx 3{,}795$; $1{,}64\sigma \approx 6{,}22$.

Mit einer Wahrscheinlichkeit von ca. 90 % wird das Ergebnis der Stichprobe im Intervall [30; 42] liegen. Da das Stichprobenergebnis $X = 40$ verträglich ist mit $p = 0{,}6$, haben die Jungen keinen Grund, an der korrekten Handlungsweise des Lehrers zu zweifeln.

e) Aus der Ungleichung $|40 - 60 \cdot p| \leq 1{,}64\sigma$ oder $\left|\frac{40}{60} - p\right| \leq \frac{1{,}64\sigma}{60}$ ergibt sich das 90 %-Konfidenzintervall: $0{,}562 \leq p \leq 0{,}757$. Es enthält alle Anteile p, für die gilt, dass das Stichprobenergebnis $X = 40$ in der 90 %-Umgebung dieser p liegt.

12. a) Um die Aussage „statistisch zu beweisen", muss die Hypothese $p \leq 0{,}305$ (höchstens 30,5 % der ledigen bzw. geschiedenen 40- bis 65-Jährigen rauchen) getestet werden. Für $n = 500$; $p = 0{,}305$; $\mu = 152{,}5$; $\sigma \approx 10{,}30$ ist $\mu + 1{,}28\sigma \approx 165{,}7$; für $p < 0{,}305$ ergibt sich ein kleinerer Wert für $\mu + 1{,}28\sigma$.

Entscheidungsregel auf dem Signifikanzniveau von 10 %: Verwirf die Hypothese $p \leq 0{,}305$, falls in der Stichprobe mehr als 165 Raucher sind.

b) Aus den Angaben $\mu \approx 22{,}7\,\frac{\text{kg}}{\text{m}^2}$ und $P(X \leq 25) \approx 0{,}824$ muss auf σ geschlossen werden.

$\Phi(0{,}93) \approx 0{,}824$; d. h. $\mu + 0{,}93 \cdot \sigma \approx 25$; also $\sigma \approx \frac{25 - 22{,}7}{0{,}93} \approx 2{,}5$

Alternativ kann man mithilfe eines Rechners und der Funktion Normalcdf in einer Wertetabelle nachschauen, für welche Standardabweichung sich 0,824 ergibt.

c) $\mu - 1{,}64\sigma \approx 16{,}84$; $\mu + 1{,}64\sigma \approx 26{,}36$

Ca. 90 % der jungen Frauen haben einen BMI, der zwischen $16{,}84\,\frac{\text{kg}}{\text{m}^2}$ und $26{,}36\,\frac{\text{kg}}{\text{m}^2}$ liegt.

374

13. a)

Kombination	Anzahl	Wahrscheinlichkeit	Kombination	Anzahl	Wahrscheinlichkeit
1; 6; 6	3	0,001	4; 4; 6	3	0,00484
2; 5; 6	6	0,00324	4; 5; 5	3	0,007128
2; 6; 6	3	0,0018	4; 5; 6	6	0,00396
3; 4; 6	6	0,00484	4; 6; 6	3	0,0022
3; 5; 5	3	0,007128	5; 5; 5	1	0,005832
3; 5; 6	6	0,00396	5; 5; 6	3	0,00324
3; 6; 6	3	0,0022	5; 6; 6	3	0,0018
4; 4; 5	3	0,008712	6; 6; 6	1	0,001

P(Augenzahl > 12) = 0,2230

b) Die Zufallsgröße X zählt die Augensumme nach einem Wurf.
Erwartungswert $E(X) = 1 \cdot 0{,}1 + 2 \cdot 0{,}18 + 3 \cdot 0{,}22 + 4 \cdot 0{,}22 + 5 \cdot 0{,}18 + 6 \cdot 0{,}1 = 3{,}5$.
Man kann die Augensumme 350 erwarten.

c) Die Zufallsgröße X zählt die Einsen und Sechsen in 250 Würfen.
$n = 250$; $p = 0{,}2$; $P(45 < X < 55) = 0{,}5232$

d) $n = 500$; $p = 0{,}18$; $\mu - 1{,}96\sigma = 73{,}162$; $\mu + 1{,}96\sigma = 106{,}838$;
Intervall: [73; 107]

e) Löse die Gleichung $|X - n \cdot p| \leq 1{,}96\sqrt{np(1-p)}$ mit $n = 1\,000$ und $X = 180$
$\Rightarrow p \in [0{,}157; 0{,}205]$

f) $n \geq \left(\frac{1{,}64}{0{,}02}\right)^2 \cdot 0{,}25 = 1\,681$